體驗經濟下的廣告與新媒體管理

Advertisement and New Media Management
in the Era of Modern Experience Economy

主編 艾進、李先春

財經錢線

前 言

  人類經濟發展的歷程經歷了從農業到工業、從工業到服務業等不同階段；經歷了由商品唯一論到商品與服務結合論的不同認識階段。然而縱觀近年來的國內和國外市場的實踐，產品和服務消費模式正發生著巨大變化：顧客消費的整個過程變得比產品和服務本身更重要；與消費過程間接相關的細節和附加價值成為顧客感知和評價的關鍵點；顧客更在乎從產品的物質價值去獲得更多的精神附加價值；顧客消費的過程開始於實際消費之前，完結於很久之後，甚至持續到永遠，整個過程充滿了共享性、互動性、個性化的特徵……由此，消費的過程即體驗，其本身已經成為一種甚至比核心產品更為重要的產品，需要企業在內部和外部的各個方面，持續不斷地用心經營。

  社會發展到今天，由於技術突破以及信息和生活與娛樂方式的改變，逐漸形成了一種萬物皆媒體的嶄新的行銷傳播環境。新媒體與其說是眾多新興媒體的傳播方式，還不如說是一種無所不用的傳播環境，它以互動傳播為特徵，以數字信息技術為基礎，事實上獲得了「所有人對所有人的傳播」效果。這種具有強烈交互性、即時性、海量性、共享性的個性化與社群化的傳播形式無疑給傳統的媒體人和行銷管理者提出了新的機遇與挑戰！

  在這樣的新趨勢下，傳統的管理職能研究與學科知識體系和疆界已被打破，新的管理路徑和手段不僅急需新的多元學科交叉的經濟和管理理論來總結和說明，更需要新的實踐案例來進一步剖析、提煉和解讀。同樣，在這樣的新經濟趨勢下，企業管理也將從關注企業員工的內部體驗開始，逐步開展對其外部產品設計、改造以及CIS（企業形象識別）系統執行的優化工作；從連續不斷的企業內部行銷入手，激發員工與顧客的工作和生活情境的感官認知，塑造心理和意識的情感共鳴，引導思考過程，促進行動和關聯行為的產生，從而達成購買產品和服務的目的，進而達到顧客滿意度和購後意向的提升。因此，體驗管理的理念，在某種程度上相當於以往的對顧客購買過程的引導和管理。當然這具體反應在了溝通方式、溝通頻率、溝通深度、賣場氛圍以及售前、售中、售後資源投放量等行銷廣告管理的工作上。同時，這個過程還將需要迎合當今人們休閒娛樂時間碎片化的特徵，滿足其隨時隨地互動性表達、娛樂和傳播信息的需要以及直面其對信息傳播選擇性與個性化的需求。這就要求企業和組織的廣告管理工作必須能夠對大眾同時提供富於人性化內容的各種新媒體資源，使信息傳播的主體和接受者融合成為對等的交流者，從而讓無數的交流者相互間可以同時進行互動式的人性化交流，進而有效及時地傳播信息和引導市場消費行為。

  目前學術界和實務界有關新媒體的定義有十多種，但是對該概念的內涵與外延、邊界與範疇尚沒有一個統一的認識。這不僅反應出新媒體發展的速度之快、變化之多，還顯示了目前國內外對新媒體的研究和應用仍不夠準確和系統。由此，如何通過市場前沿案例和目標受眾新的生活與娛樂行為模式來識別、應用、管理以及把握新媒體未來變化的趨勢，

1

已成為當今廣告管理乃至企業管理工作有效和創新的關鍵所在。同時，學術界還未曾有過將體驗經濟特徵及其理論應用在廣告管理行業或職能上的，系統且全面的研究與探索；實務界也還缺乏將體驗管理融入廣告行銷管理的經驗總結與專項探索。這已經成為一個緊迫而現實的問題，亟待解決。

　　為了彌合現實需求與學術探索之間的巨大差距，本書嘗試性地對上述趨勢與理論展開了討論與應用，並將這些理念進行拆分和重組，結合最新案例，重新建立了有關廣告管理知識體系的框架與內容。本書在汲取國內外廣告學著作精華的同時，結合當今時代所處的背景———體驗經濟和新媒體環境，以新的視角和新的案例，交叉了經濟學、管理學、市場行銷學、傳播學、行為學、心理學和旅遊學等多元學科的核心內容，圍繞體驗經濟的相關理論、新媒體應用和發展的具體內容以及大量編者自行收集整理和提煉的最新案例來對現代廣告和新媒體管理的相關知識進行新的詮釋。這些是以前的廣告類教材從未有過的。

　　本書分為 8 個部分共 20 章，匯總了體驗經濟下廣告管理與新媒體管理涉及的相關理論、原則、流程。本書在重新梳理和優化上述內容後，又嘗試著依照理論邏輯和管理流程的順序進行分類與整合工作，將其細分為體驗經濟下的現代廣告管理、廣告的基本理論與原理、廣告策劃、廣告內容、廣告媒體及其發展趨勢、廣告執行、世界著名廣告公司以及整合行銷的廣告策劃案例八大部分。每一部分前均設計了開篇的引導案例和內容提示。本書的最後一部分通過一個真實的原創案例去總結和歸納體驗式廣告與新媒體管理的一系列流程與方法，即如何將體驗的元素用於市場調研、數據分析、市場分析、市場定位、主題提煉、廣告的表現與設計、新媒體的應用與計劃等。

　　本書與當前的廣告業發展現狀緊密結合，列舉和原創了大量生動的廣告案例並配以圖片（另有大量視頻與平面廣告資源提供下載），有助於加深讀者對本書所述內容的理解。

編者

教材編寫說明

六年間，由我編寫的有關廣告策劃與管理的教材已經有整整四本了。我編寫第一本廣告學教材的初始目的就是希望在教學內容中體現出廣告學由多學科組成的交叉性，反應最新時代背景下廣告理論和實踐的新趨勢和新探索的成果，並適應不同層次學生培養的廣泛性。而當時，這樣的教材還沒有合適的，我只有根據教學內容、課堂探討和國內外相關研究分別進行整理和總結。

其實，自 2011 年《廣告學》教材出版以來，使用最多最頻繁的人就是我自己。我將書上體驗經濟、廣告心理、廣告主題和品牌以及 STP 等內容進行重新充實、總結和提煉，並先後嘗試開發和推廣了研究生的「體驗式廣告管理」和本科生的「體驗行銷」「旅遊企業廣告管理」三門課程。的確，《廣告學》一書在這一過程中顯得力不從心，無法從深度和廣度兩方面達到培養人才的目標。因此，主觀上，我已經有了按照我逐步更新的教案和授課的知識體系出版新編教材的想法。

在我一字一句地對新書所涉及的內容進行梳理、製作教案和課件的過程中，我產生了兩個感受：第一，編輯校訂工作是一門大學問，不僅需要寫作者和文字編輯者反覆溝通、協作甚至苛刻地推敲字句，而且要求有過目不忘的能力來對前後內容進行詳細的審視與協調。第二，我們所在的當今社會，信息爆炸，創新無處不在，可以說唯一不變的僅僅是變化本身。因此，任何知識和內容的本身已經顯得不是那麼的重要。因為在短期內，今天的知識內容和理論假都可能在明天就被推翻或被替代。

由此，我開始著手進行兩方面的編撰工作：一是對書上部分內容的用詞用句進行調整，對部分專業內容進行整合或剝離，力圖使本書具有較好的邏輯性、可讀性和準確性。二是持續不斷地收集整理和提煉最新的相關理論和案例，希望能及時地把國內外最新的理論研究動態和實務界的最新實踐、創新和探索融入本書，以增加本書內容的及時性和實用性。

然而，上述工作說來簡單，其實際操作卻何其難也！新文獻的收集，圖片案例的收集、整理和製作，數據的整理和總結……我的團隊成員們忙得夜以繼日，不亦樂乎！

我於 2012 年出版的《廣告管理》教材在「體驗行銷」「廣告學」「廣告經營管理」「旅遊企業廣告管理」等課程上均有使用。三年後，我重新更新了教材的部分章節，並按照本科生培養目標和學生反應的建議做出了結構上的調整。之後，在學術型碩士研究生的「體驗式廣告管理」「企業廣告經營管理」以及在 MBA 與 MTA 的「市場行銷」與「體驗經濟下的廣告管理」課程中我試用了更新後的教材。根據學生的反饋，我重寫了本書的第一部分，重新整合其中的各個章節，形成了 6 個部分 16 章，最後又根據課程需要，增加了第十七章整合案例（《成都夢幻島主題公園大二期項目戰略定位的選擇與啟示》），並調整了此案例中的數據分析部分

然而，世事變化之快，完全出乎我的意料。2015年10月出版的《體驗經濟下的廣告管理：新趨勢、新方法與新案例》使用了僅僅一年，由於新媒體革命帶來的行銷環境衝擊和改變，我又不得不重新優化上述書中的所有內容，對新媒體環境的內容、體驗經濟的理論進行提煉和總結，重新設計了新的框架，融合了更多更新的理論與案例

艾進

目 錄

第一部分　體驗經濟下的現代廣告管理

1 體驗經濟及其影響 (5)
 1.1 體驗經濟的到來 (5)
  1.1.1 體驗經濟的產生背景和實例解讀 (5)
  1.1.2 體驗經濟的來臨 (8)
  1.1.3 顧客體驗的構成維度 (10)
 1.2 體驗經濟下的廣告趨勢 (11)
  1.2.1 體驗式廣告 (11)
  1.2.2 廣告中對各種體驗維度的運用 (11)
  1.2.3 體驗經濟下廣告的發展趨勢 (14)
  1.2.4 星巴克的體驗行銷廣告 (14)
  1.2.5 《印象·劉三姐》的桂林灕江目的地廣告 (17)
 本章小結 (19)
 思考題 (19)
 參考文獻 (19)

2 體驗的原理 (20)
 2.1 我們的感覺器官 (21)
 2.2 眼睛與視覺 (21)
  2.2.1 視覺的原理和視覺特徵 (21)
  2.2.2 視覺特徵的廣告應用 (22)
 2.3 耳朵與聽覺 (24)
  2.3.1 聽覺的原理 (24)
  2.3.2 聽覺特徵的廣告應用 (24)
 2.4 舌頭與味覺 (25)

2.4.1　味覺的原理 …………………………………………………………（25）
　　2.4.2　味覺的特徵 …………………………………………………………（25）
　　2.4.3　味覺特徵的廣告應用 ………………………………………………（26）
2.5　鼻子與嗅覺 ……………………………………………………………………（27）
　　2.5.1　嗅覺的原理 …………………………………………………………（27）
　　2.5.2　嗅覺的特徵 …………………………………………………………（27）
　　2.5.3　嗅覺特徵的廣告應用 ………………………………………………（28）
2.6　膚覺 ……………………………………………………………………………（29）
　　2.6.1　膚覺的原理 …………………………………………………………（29）
　　2.6.2　膚覺的特徵 …………………………………………………………（29）
　　2.6.3　膚覺特徵的廣告應用 ………………………………………………（30）
2.7　感官與體驗 ……………………………………………………………………（30）
本章小結 …………………………………………………………………………………（31）
思考題 ……………………………………………………………………………………（32）
參考文獻 …………………………………………………………………………………（32）
第一部分總結 ……………………………………………………………………………（32）

第二部分　廣告的基本理論與原理

3　廣告概述 ………………………………………………………………………………（36）
開篇案例 …………………………………………………………………………………（36）
本章提要 …………………………………………………………………………………（36）
3.1　廣告的概念與職能 ……………………………………………………………（36）
　　3.1.1　廣告概念的演變 ……………………………………………………（36）
　　3.1.2　廣告的概念 …………………………………………………………（37）
　　3.1.3　廣告的職能 …………………………………………………………（38）
3.2　廣告的歷史演變 ………………………………………………………………（39）
　　3.2.1　中國廣告的歷史演變 ………………………………………………（39）
　　3.2.2　國外廣告的歷史演變 ………………………………………………（50）
　　3.2.3　國內外廣告歷史發展的比較 ………………………………………（52）

3.3 廣告的分類 ………………………………………………… (54)
　　　　3.3.1 根據廣告的目的分類 ………………………………… (54)
　　　　3.3.2 根據廣告的內容分類 ………………………………… (55)
　　　　3.3.3 根據廣告行銷的傳播媒體分類 ……………………… (56)
　　　　3.3.4 根據廣告行銷的市場範圍分類 ……………………… (57)
　　　　3.3.5 根據廣告行銷的訴求方式分類 ……………………… (58)
　本章小結 ………………………………………………………… (59)
　思考題 …………………………………………………………… (60)
　參考文獻 ………………………………………………………… (60)

4 廣告心理學 ……………………………………………………… (61)

　開篇案例 ………………………………………………………… (61)
　本章提要 ………………………………………………………… (61)
　4.1 廣告心理學的研究對象 …………………………………… (61)
　　　4.1.1 心理過程 ………………………………………………… (62)
　　　4.1.2 心理基礎 ………………………………………………… (67)
　4.2 廣告對消費者的影響 ……………………………………… (68)
　　　4.2.1 馬斯洛的需求層次理論 ………………………………… (68)
　　　4.2.2 消費者的動機、行為和目標 …………………………… (69)
　　　4.2.3 廣告影響消費者的行為 ………………………………… (73)
　　　4.2.4 人格心理學對廣告的影響 ……………………………… (75)
　4.3 廣告心理學的研究原則與程序 …………………………… (76)
　　　4.3.1 廣告心理學的研究原則 ………………………………… (76)
　　　4.3.2 廣告心理學的研究程序 ………………………………… (76)
　4.4 廣告心理學的研究方法 …………………………………… (77)
　　　4.4.1 第一步：確定研究課題 ………………………………… (77)
　　　4.4.2 第二步：分析問題 ……………………………………… (77)
　　　4.4.3 第三步：提出假設 ……………………………………… (78)
　　　4.4.4 第四步：設計與實施研究方案 ………………………… (78)
　　　4.4.5 第五步：整理與分析研究結果 ………………………… (79)

  4.4.6　第六步：撰寫研究報告 …………………………………………（79）
 本章小結 ………………………………………………………………………（79）
 思考題 …………………………………………………………………………（79）
 參考文獻 ………………………………………………………………………（80）

5　廣告的表現策略 ……………………………………………………………（81）
 開篇案例 ………………………………………………………………………（81）
 本章提要 ………………………………………………………………………（81）
 5.1　廣告表現 …………………………………………………………………（81）
  5.1.1　廣告表現的概念 ……………………………………………………（81）
  5.1.2　廣告表現策劃的主要過程 …………………………………………（82）
  5.1.3　廣告表現與廣告主題、創意的關係 ………………………………（82）
 5.2　USP 策略的評價及其應用 ………………………………………………（83）
  5.2.1　USP（Unique Selling Proposition）策略的定義及要點 …………（84）
  5.2.2　USP 策略的成功廣告案例 …………………………………………（84）
 5.3　品牌形象（BI）策略 ……………………………………………………（87）
  5.3.1　品牌形象（Brand Identity, BI）策略的定義及要點 ……………（87）
  5.3.2　樹立品牌形象的方法 ………………………………………………（88）
  5.3.3　BI 策略經典案例 ……………………………………………………（89）
 5.4　廣告的定位（Positioning）策略的評價及其應用 ……………………（91）
  5.4.1　廣告的定位策略的定義及要點 ……………………………………（91）
  5.4.2　廣告定位的作用與意義 ……………………………………………（92）
  5.4.3　廣告的定位策略經典案例 …………………………………………（93）
 5.5　其他策略評價及其應用 …………………………………………………（94）
  5.5.1　整體形象（CI）創意策略 …………………………………………（94）
  5.5.2　品牌個性論（Brand Character）策略 ……………………………（95）
  5.5.3　共鳴論策略 …………………………………………………………（96）
  5.5.4　ROI 創意策略 ………………………………………………………（97）
 本章小結 ………………………………………………………………………（98）
 思考題 …………………………………………………………………………（98）
 參考文獻 ………………………………………………………………………（98）

6 廣告的行銷管理 (99)

- 開篇案例 (99)
- 本章提要 (101)
- 6.1 行銷概述 (101)
  - 6.1.1 行銷觀念的演變 (102)
  - 6.1.2 行銷的概念 (103)
  - 6.1.3 行銷的概念體系 (104)
  - 6.1.4 行銷體系 (106)
- 6.2 廣告與行銷 (110)
  - 6.2.1 廣告與行銷的關係 (110)
  - 6.2.2 廣告與行銷的交叉 (112)
  - 6.2.3 消費品和產業用品的廣告差異 (112)
- 6.3 廣告與 STP 戰略 (113)
  - 6.3.1 廣告與市場細分 (114)
  - 6.3.2 廣告與目標市場 (115)
  - 6.3.3 廣告與市場定位 (121)
- 6.4 整合行銷傳播 (123)
  - 6.4.1 什麼是整合行銷傳播 (123)
  - 6.4.2 整合行銷傳播的特徵 (124)
  - 6.4.3 整合行銷傳播的層次 (125)
  - 6.4.4 廣告與整合行銷傳播 (126)
  - 6.4.5 整合行銷傳播的步驟 (129)
- 本章小結 (130)
- 思考題 (131)
- 參考文獻 (131)
- 第二部分總結 (132)

第三部分　廣告策劃

7　廣告策劃概述 ……………………………………………………………（135）
　　開篇案例 ……………………………………………………………（135）
　　本章提要 ……………………………………………………………（135）
　　7.1　廣告策劃的概念與基本特徵 ……………………………………（136）
　　　　7.1.1　廣告策劃的概念 ……………………………………………（136）
　　　　7.1.2　廣告策劃的基本特徵 ………………………………………（136）
　　7.2　廣告策劃的原則 …………………………………………………（137）
　　　　7.2.1　系統原則 ……………………………………………………（138）
　　　　7.2.2　動態原則 ……………………………………………………（139）
　　　　7.2.3　創新原則 ……………………………………………………（139）
　　　　7.2.4　效益原則 ……………………………………………………（140）
　　7.3　廣告策劃的意義和作用 …………………………………………（142）
　　7.4　現代行銷策劃與廣告策劃及廣告策劃在企業行銷策劃中的重要作用 ……（143）
　　　　7.4.1　現代行銷策劃與廣告策劃 …………………………………（143）
　　　　7.4.2　廣告策劃在企業行銷策劃中的重要作用 …………………（144）
　　本章小結 ……………………………………………………………（146）
　　思考題 ………………………………………………………………（147）
　　參考文獻 ……………………………………………………………（147）

8　廣告策劃的內容與撰寫 …………………………………………………（148）
　　開篇案例 ……………………………………………………………（148）
　　本章提要 ……………………………………………………………（150）
　　8.1　廣告策劃的內容 …………………………………………………（150）
　　　　8.1.1　廣告策劃市場調查與分析 …………………………………（150）
　　　　8.1.2　確立廣告目標 ………………………………………………（152）
　　　　8.1.3　目標市場和產品定位 ………………………………………（152）

8.1.4　廣告創意表現 …………………………………………………… (153)
　　　8.1.5　廣告媒介選擇 …………………………………………………… (154)
　　　8.1.6　廣告實施計劃 …………………………………………………… (155)
　8.2　廣告策劃書的撰寫 ……………………………………………………… (155)
　　　8.2.1　廣告策劃書的定義、作用和形式 …………………………… (155)
　　　8.2.2　廣告策劃書的內容 …………………………………………… (156)
　　　8.2.3　廣告策劃書的評審要求 ……………………………………… (158)
　　　8.2.4　廣告策劃書的完整寫作格式 ………………………………… (159)
　參考案例 …………………………………………………………………………… (161)
　本章小結 …………………………………………………………………………… (167)
　思考題 ……………………………………………………………………………… (168)
　參考文獻 …………………………………………………………………………… (168)

9　廣告預算編製 …………………………………………………………………… (169)
　開篇案例 …………………………………………………………………………… (169)
　本章提要 …………………………………………………………………………… (170)
　9.1　廣告預算與廣告目的的關係 ……………………………………………… (170)
　　　9.1.1　以促進銷售和加強競爭力來表示時廣告預算所受的制約 … (171)
　　　9.1.2　以宣傳說服保牌的傳播效果來表示時廣告預算所受的制約 … (172)
　　　9.1.3　以知名度創牌傳播效果來表示時廣告預算所受的制約 …… (173)
　　　9.1.4　廣告預算分配對廣告目的的影響 …………………………… (173)
　9.2　廣告預算的影響因素 ……………………………………………………… (173)
　　　9.2.1　企業的經營狀況 ………………………………………………… (174)
　　　9.2.2　企業的行銷目標和廣告目標 ………………………………… (174)
　　　9.2.3　企業外部環境變化 ……………………………………………… (174)
　9.3　廣告預算編製的方法 ……………………………………………………… (175)
　　　9.3.1　比率法 …………………………………………………………… (175)
　　　9.3.2　目標達成法 ……………………………………………………… (175)
　　　9.3.3　力所能及法 ……………………………………………………… (176)
　　　9.3.4　競爭對等法 ……………………………………………………… (176)

本章小結 ………………………………………………………… (177)
思考題 …………………………………………………………… (177)
參考文獻 ………………………………………………………… (177)

10 廣告效果評估 ………………………………………………… (178)
開篇案例 ………………………………………………………… (178)
本章提要 ………………………………………………………… (180)
10.1 廣告效果測評概述 …………………………………………… (181)
 10.1.1 廣告效果的概念與特點 …………………………… (181)
 10.1.2 廣告效果的分類 …………………………………… (182)
 10.1.3 測評廣告效果的原則 ……………………………… (182)
 10.1.4 測評廣告效果的程序 ……………………………… (183)
 10.1.5 測評廣告效果的作用 ……………………………… (184)
10.2 廣告心理效果測評 …………………………………………… (189)
 10.2.1 廣告心理效果測評的概念 ………………………… (189)
 10.2.2 廣告心理效果測評的指標 ………………………… (189)
 10.2.3 廣告心理效果測評的要求 ………………………… (191)
 10.2.4 廣告心理效果測評的方法 ………………………… (191)
10.3 廣告促銷效果測評 …………………………………………… (193)
 10.3.1 廣告促銷效果測評的概念 ………………………… (193)
 10.3.2 廣告銷售效果測評的方法 ………………………… (193)
 10.3.3 廣告銷售效果測評的要求 ………………………… (195)
 10.3.4 麥當勞奧運助威團活動案例 ……………………… (195)
10.4 廣告社會效果測評 …………………………………………… (198)
 10.4.1 廣告社會效果測評的原則 ………………………… (198)
 10.4.2 廣告社會效果測評的要求 ………………………… (199)
本章小結 ………………………………………………………… (200)
思考題 …………………………………………………………… (201)
參考文獻 ………………………………………………………… (201)
第三部分總結 …………………………………………………… (201)

第四部分　廣告內容

11　廣告創意 (208)
本章提要 (208)
11.1　廣告創意的原則 (208)
11.1.1　目標性原則 (208)
11.1.2　關聯性原則 (209)
11.1.3　原創性原則 (209)
11.1.4　震撼性原則 (210)
11.1.5　簡潔性原則 (211)
11.1.6　合規性原則 (212)
11.2　廣告創意的步驟與基本方法 (213)
11.2.1　廣告創意的步驟 (213)
11.2.2　廣告創意的基本方法 (215)
11.3　廣告創意的基本思路 (220)
11.3.1　替換 (221)
11.3.2　改編 (224)
11.3.3　拼接組合 (225)
11.3.4　放大或增加 (226)
11.3.5　減法與省略 (227)
11.3.6　製造幽默 (228)
11.3.7　解構與重構 (229)
11.3.8　痴人說夢 (230)
11.3.9　產品的新用途 (231)
11.3.10　顛倒 (231)
11.3.11　互動與遊戲 (232)
11.3.12　挑釁 (233)
11.4　中國廣告的創意問題 (233)
11.4.1　廣告創意的內容及表現手法雷同 (233)

  11.4.2 創意內容誇大其詞 …… (234)
  11.4.3 廣告創意過度依賴名人效應 …… (234)
  11.4.4 廣告創意低俗 …… (235)
 本章小結 …… (235)
 思考題 …… (235)
 參考文獻 …… (236)

12　廣告表現手法 …… (237)
 本章提要 …… (237)
 12.1 無文案廣告 …… (237)
 12.2 圖文結合 …… (238)
 12.3 對比 …… (239)
 12.4 重複與堆砌 …… (239)
 12.5 誇張 …… (240)
 12.6 隱喻與類比 …… (241)
 12.7 標志符號 …… (243)
 12.8 講故事 …… (243)
 12.9 媒介的創意運用 …… (244)
 本章小結 …… (247)
 思考題 …… (247)
 第四部分總結 …… (247)

第五部分　廣告媒體及其發展趨勢

13　廣告媒體的應用與發展趨勢 …… (250)
 開篇案例 …… (250)
 本章提要 …… (252)
 13.1 廣告媒體概述 …… (252)
  13.1.1 廣告媒體的概念體系 …… (252)

13.1.2　廣告媒體的特點 ………………………………………………… (253)
　　　13.1.3　廣告媒體的功能 ………………………………………………… (254)
　　　13.1.4　廣告媒體的分類 ………………………………………………… (258)
　13.2　常規媒體特色及趨勢（主流廣告媒體）…………………………… (259)
　　　13.2.1　平面媒體 …………………………………………………………… (259)
　　　13.2.2　電波媒體 …………………………………………………………… (264)
　13.3　自制媒體特色及趨勢（非主流廣告媒體）………………………… (268)
　　　13.3.1　店鋪廣告 …………………………………………………………… (268)
　　　13.3.2　戶外廣告 …………………………………………………………… (269)
　　　13.3.3　商業廣告信函 ……………………………………………………… (272)
　　　13.3.4　網絡廣告與體驗廣告 ……………………………………………… (272)
　　　13.3.5　媒體創新 …………………………………………………………… (274)
　　　13.3.6　商業廣告新形式 …………………………………………………… (276)
　13.4　廣告媒體計劃 ……………………………………………………………… (279)
　　　13.4.1　考評廣告媒體實力——確定戰略考慮的因素 ………………… (279)
　　　13.4.2　明確廣告目標 ……………………………………………………… (280)
　　　13.4.3　影響媒體選擇的因素 ……………………………………………… (282)
　　　13.4.4　廣告媒體選擇的原則 ……………………………………………… (282)
　　　13.4.5　制訂廣告媒體計劃 ………………………………………………… (283)
　　　13.4.6　媒體組合 …………………………………………………………… (286)
　參考案例 …………………………………………………………………………… (288)
　本章小結 …………………………………………………………………………… (290)
　思考題 ……………………………………………………………………………… (291)
　參考文獻 …………………………………………………………………………… (291)

14　廣告新媒體概論 ……………………………………………………………… (292)

　開篇案例 …………………………………………………………………………… (292)
　本章提要 …………………………………………………………………………… (292)
　14.1　媒體的演進與發展 ………………………………………………………… (293)
　　　14.1.1　印刷傳媒的產生、發展及其影響 ………………………………… (293)

14.1.2　廣播媒介的產生、發展及其影響 ……………………………（294）
　　　14.1.3　新媒體的產生、發展及其演變趨勢 ……………………（295）
　14.2　新媒體概念的提出與定義 ………………………………………（297）
　　　14.2.1　新媒體概念的提出 ……………………………………（298）
　　　14.2.2　新媒體的定義 …………………………………………（298）
　14.3　新媒體的特徵 ……………………………………………………（299）
　　　14.3.1　新媒體的本體特徵 ……………………………………（300）
　　　14.3.2　與傳統媒體相比，新媒體的「新」特徵 …………………（300）
　本章小結 …………………………………………………………………（302）
　思考題 ……………………………………………………………………（302）
　參考文獻 …………………………………………………………………（302）

15　新媒體的應用 ……………………………………………………（303）
　本章提要 …………………………………………………………………（303）
　15.1　導航類新媒體 ……………………………………………………（303）
　　　15.1.1　導航類新媒體的概念及特徵 …………………………（303）
　　　15.1.2　廣告在導航類新媒體中的應用 …………………………（304）
　15.2　網絡社區新媒體 …………………………………………………（305）
　　　15.2.1　網絡社區新媒體的概念及特徵 …………………………（305）
　　　15.2.2　廣告在各類網絡社區媒體中的應用 ……………………（306）
　　　15.2.3　網絡社區廣告的優勢 ……………………………………（307）
　　　15.2.3　網絡社區廣告的應用案例 ………………………………（307）
　15.3　內容發布新媒體 …………………………………………………（310）
　　　15.3.1　內容發布新媒體的概念及特徵 …………………………（310）
　　　15.3.2　廣告在內容發布新媒體中的應用 ………………………（310）
　15.4　視聽娛樂新媒體 …………………………………………………（312）
　　　15.4.1　視聽娛樂新媒體的概念及特徵 …………………………（312）
　　　15.4.2　廣告在視聽娛樂新媒體中的應用 ………………………（312）
　本章小結 …………………………………………………………………（316）
　思考題 ……………………………………………………………………（316）

參考文獻 …………………………………………………………………… (316)

第五部分總結 ……………………………………………………………… (317)

第六部分　廣告的執行

16　廣告製作 …………………………………………………………………… (320)

開篇案例 ……………………………………………………………………… (320)

本章提要 ……………………………………………………………………… (320)

16.1　平面印刷廣告製作 …………………………………………………… (321)

16.1.1　基本要求 …………………………………………………… (321)

16.1.2　主要程序 …………………………………………………… (321)

16.1.3　報紙 ………………………………………………………… (322)

16.1.4　雜志 ………………………………………………………… (326)

16.2　電子媒體廣告製作 …………………………………………………… (328)

16.2.1　電視廣告 …………………………………………………… (328)

16.2.2　廣播廣告 …………………………………………………… (333)

16.3　其他媒體廣告製作 …………………………………………………… (334)

16.3.1　燈箱廣告 …………………………………………………… (334)

16.3.2　霓虹燈廣告 ………………………………………………… (335)

16.3.3　車身廣告 …………………………………………………… (336)

16.4　網絡廣告製作 ………………………………………………………… (336)

16.4.1　來源 ………………………………………………………… (336)

16.4.2　類型 ………………………………………………………… (338)

16.5　其他廣告形式 ………………………………………………………… (349)

16.5.1　屏保 ………………………………………………………… (349)

16.5.2　書簽和工具欄 ……………………………………………… (349)

16.5.3　指針 ………………………………………………………… (350)

16.5.4　其他形式 …………………………………………………… (350)

16.6　廣告材料 ……………………………………………………………… (350)

16.6.1　廣告材料的應用 …………………………………………… (350)

16.6.2　紙張的尺寸 …………………………………………………（350）
　　16.6.3　紙張的重量 …………………………………………………（351）
　　16.6.4　主要的廣告紙張 ……………………………………………（351）
本章小結 ………………………………………………………………（353）
思考題 …………………………………………………………………（354）
參考文獻 ………………………………………………………………（354）

17　廣告法規概述 …………………………………………………（355）

開篇案例 ………………………………………………………………（355）
本章提要 ………………………………………………………………（355）
17.1　廣告法規管理的含義與必要性 …………………………………（356）
　　17.1.1　廣告法規管理的含義 ………………………………………（356）
　　17.1.2　廣告法規管理的必要性 ……………………………………（356）
17.2　中國廣告管理的法規和機構 ……………………………………（356）
　　17.2.1　中國廣告管理的法規 ………………………………………（357）
　　17.2.2　《廣告法》概述 ……………………………………………（358）
　　17.2.3　《廣告法》的基本原則 ……………………………………（361）
　　17.2.4　中國廣告法規的管理機構 …………………………………（367）
17.3　廣告法規管理的主要內容 ………………………………………（369）
　　17.3.1　對廣告內容的法規管理 ……………………………………（369）
　　17.3.2　對廣告活動的法規管理 ……………………………………（369）
　　17.3.3　對廣告違法行為的法規管理 ………………………………（370）
17.4　國外廣告法規管理 ………………………………………………（371）
　　17.4.1　美國廣告法規 ………………………………………………（371）
　　17.4.2　美國廣告管理 ………………………………………………（372）
17.5　中國廣告法規管理的現狀 ………………………………………（373）
本章小結 ………………………………………………………………（373）
思考題 …………………………………………………………………（374）
參考文獻 ………………………………………………………………（374）
第六部分總結 …………………………………………………………（374）

第七部分　世界著名廣告公司

18　概述 …………………………………………………………（377）
18.1　廣告公司的產生及發展 ……………………………（377）
18.2　全球廣告行業格局 ……………………………………（377）

19　世界著名廣告公司簡介 …………………………………（379）
19.1　恒美廣告公司 …………………………………………（379）
19.1.1　公司簡介 ………………………………………（379）
19.1.2　公司起源 ………………………………………（379）
19.1.3　公司理念 ………………………………………（379）
19.1.4　廣告風格 ………………………………………（380）
19.1.5　啟示 ……………………………………………（381）
19.2　天聯廣告公司 …………………………………………（381）
19.2.1　公司簡介 ………………………………………（381）
19.2.2　公司起源 ………………………………………（382）
19.2.3　公司理念 ………………………………………（382）
19.2.4　廣告風格 ………………………………………（382）
19.2.5　啟示 ……………………………………………（383）
19.3　李奧貝納廣告公司 ……………………………………（384）
19.3.1　公司簡介 ………………………………………（384）
19.3.2　公司起源 ………………………………………（384）
19.3.3　公司理念 ………………………………………（385）
19.3.4　廣告風格 ………………………………………（385）
19.3.5　啟示 ……………………………………………（386）
19.4　智威湯遜廣告公司 ……………………………………（387）
19.4.1　公司簡介 ………………………………………（387）
19.4.2　公司起源 ………………………………………（387）

19.4.3　公司理念 …………………………………………………（387）
   19.4.4　廣告風格 …………………………………………………（388）
   19.4.5　啟示 ………………………………………………………（389）
 19.5　奧美廣告公司 ………………………………………………………（390）
   19.5.1　公司簡介 …………………………………………………（390）
   19.5.2　公司起源 …………………………………………………（390）
   19.5.3　公司理念 …………………………………………………（390）
   19.5.4　廣告風格 …………………………………………………（391）
   19.5.5　啟示 ………………………………………………………（392）
 參考文獻 ……………………………………………………………………（393）

第八部分　整合行銷的廣告策劃案例

20　廣告整合行銷的案例 ……………………………………………………（395）

第一部分
體驗經濟下的
現代廣告管理

讓你聽得見、看得見並且感覺得到文森特・梵谷

圖 1 星空 (Starry Night) 作者文森特・梵谷 (Vincent Van Gogh, 1853—1890)
圖片來源：百度圖片

1. 梵谷的星空

　　翻開那記載著歷史的書卷的每一頁，你會發現過去的許多藝術大家們總是在重複著同樣的悲慘並輝煌的故事。貝多芬在失聰的折磨下曾一遍遍重複協調著《歡樂女神》的每一個音調；舒伯特在寒冷飢餓中顫顫巍巍地書寫著《搖籃曲》的音符以換取一份土豆充饑。

是的，還有很多這樣的故事已經和正在發生著，而其中最為苦澀的莫過於文森特·凡·高（Vincent Van Gogh）。

生於荷蘭的梵·谷(1853—1890)在今天被譽為後印象派的三大巨匠之一。多數資料和傳記中形容梵·谷是藝術的天才，是生活的狂徒，也是悲劇的主角。凡·高生前事事受挫，始終不得志，曾經流連於菸花柳巷，曾經流落於街頭巷尾，也曾經被送進瘋人院。梵·谷的畫作在其生前也飽嘗寂寞，凡·高終其一生僅僅賣出了一幅油畫和兩張素描，然而他的畫作卻於他自殺後在繪畫市場上屢創天文數字般的高價。

1889年5月8日，梵·谷被送到聖雷米的精神病院。那時，醫生允許他白天外出寫生。

1889年6月，也就是梵·谷住院一個月後，寂寞的梵·谷根據聖雷米村莊的原型，憑自己的記憶和想像完成了名為《星空》(Starry Night）的一幅油畫（其真品現存於紐約現代藝術館）。

梵·谷的宇宙和他心中的苦悶、哀傷、同情以及希望都可以在《星空》中永存。這是一種幻象，超出了拜占庭或羅馬藝術家當初在表現基督教的偉大與神祕時所做的任何嘗試。梵·谷畫的那些爆發的星星，和那個時代空間探索的密切關係，要勝過那個神祕信仰時代的關係。然而這種幻象，是用花了一番功夫的準確筆觸造成的，這本身就是一種勇氣。那奔放的筆法，或者是像火焰般的筆觸，來自直覺或自發的表現行動，並不受理性的思想過程或嚴謹技法的約束。凡·高繪畫的標新立異，在於他超自然的或者至少是超感覺的體驗。而這種體驗，可以用一種小心謹慎的筆觸來加以證明。這種筆觸，就像藝術家在絞盡腦汁，準確無誤地臨摹著他正在觀察著的眼前的束西……

梵·谷眼裡的世界並非寫實的、真實的，或者應該說他看到的只是一種幻象。雖然是山谷裡的小村莊，村莊裡的人們還在尖頂教堂的庇護之下有如千百年來一樣的麻木的安靜並沉寂著，而宇宙裡所有的恒星和行星卻無一不是在掙扎著 旋轉著 扭曲著……一場突變即將爆發。梵·谷的內心是彩色的、複雜的：那沉寂的色彩是深藍色和紫色的，跳動著的星星是黃色的、光明的，張牙舞爪的柏樹是棕色的，它們燃燒著、翻騰著、包圍著這個世界的茫茫黑暗延伸到很遠很遠……正如凡·高眼中自己的生命，是痛苦的、矛盾的，是一種無休無止的折磨。

其實作為非專業人士的我們往往在欣賞藝術作品時都會是淡然且麻木的。作者那驚濤拍岸、波瀾起伏的心情往往難以一時間有如靈魂附體般地感動我們每一個人。畢竟感悟是來源於個人生活經歷和知識的累積，感悟因人而異。

2. 歌曲 Starry, Starry Night（星空）

Starry starry night/繁星點點的夜晚

Paint your palette blue and grey/為你的調色盤塗上灰與藍

Look out on a summer's day/你在那夏日向外遠眺

With eyes that know the darkness in my soul/用你那雙能洞悉我靈魂的雙眼

Shadows on the hills/山丘上的陰影

Sketch the trees and the daffodils/描繪出樹木與水仙的輪廓

Catch the breeze and the winter chills/捕捉微風與冬日的凛冽

In colors on the snowy linen land/以色彩呈現在雪白的畫布上

Now I understand what you try to say to me/如今我才明白你想對我說的是什麼

And how you suffered for your sanity/你為自己的清醒承受了多少的苦痛

And how you tried to set them free/你多麼努力地想讓其得到解脫

They would not listen/但是人們卻拒絕理會
They did not know how/那時他們不知道該如何傾聽
Perhaps they'll listen now/或許他們現在會願意聽
Starry starry night/繁星點點的夜晚
Flaming flowers that brightly blaze/火紅的花朵明豔耀眼
Swirling clouds in violet haze/卷雲在紫色的薄靄裡飄浮
Reflect in Vinecent's eyes of china blue/映照在文森特湛藍的瞳孔中
Colors changing hue, morning fields of amber grain/色彩變化萬千，清晨裡琥珀色的田野
Weathered faces lined in pain/滿布風霜的臉孔刻畫著痛苦
Are soothed beneath the artist's loving hand/在藝術家充滿愛的畫筆下得到了撫慰
For they could not love you/因為他們當時無法愛你
But still your love was true/可是你的愛卻依然真實
And when no hope was left inside/而當你眼中見不到任何希望
On that starry starry night/在那個繁星點點的夜晚
You took your life as lovers often do/你像許多絕望的戀人般結束了自己的生命
But I could have told you, Vincent/我多麼希望能有機會告訴你，文森特
This world was never meant for one as beautiful as you/這個世界根本配不上像你如此好的一個人

Starry starry night/繁星點點的夜晚
Portraits hung in empty halls/空曠的大廳裡掛著一幅幅畫像
Frameless heads on nameless walls/無框的臉孔倚靠在無名的壁上
With eyes that watch the world and can't forget/有著註視人世而令人無法忘懷的眼睛
Like the strangers that you've met/就像你曾見過的陌生人
The ragged man in ragged clothes/那些衣著襤褸、境遇堪憐的人
The silver thorn of bloody rose/就像血紅玫瑰上的銀刺
Lie crushed and broken on the virgin snow/飽受踐踏之後靜靜躺在剛飄雪的地上
Now I think I know what you tried to say to me/如今我想我已明白你想對我說的是什麼
And how you suffered for your sanity/你為自己的清醒承受了多少的苦痛
And how you tried to set them free/你多麼努力地想讓其得到解脫
They would not listen/但是人們卻拒絕理會
They're not listening still/他們依然沒有在傾聽
Perhaps they never will/或許他們永遠也不會理解

　　這首名為《星空》（Starry, Starry Night）的歌曲的主題和內容的創作都源自《星空》這幅油畫。歌曲旋律流暢得渾如天成，歌詞也是如畫般的唯美，讓人想起德國小說家施托姆的詩意小說中大段大段描寫的空蒙月色。歌詞也是如此的淒婉，一字一句地訴說了凡·高的孤獨、梵·谷內心的掙扎以及凡·高那無盡的蹉跎與遺憾。整首曲子的配器就是一把木吉他，極致的簡約、純淨。

　　自歌曲首次發行後，荷蘭的梵·谷博物館每天都會定時播放這首歌曲。歌唱者迪克蘭·加爾布雷斯（Declan Galbraith）因此獲得了極大的榮譽。當然，那幅名為《星空》的畫更是變得家喻戶曉，成為所在博物館的鎮館之寶！

　　試想置身於博物館內，視野裡充滿了整幅《星空》，聽覺的每個細胞都感受並聆聽著那

3

首唯美的史詩般的歌曲，我們又會怎麼樣。思緒裡的情景與來自歌詞的故事一定會交融，思緒裡的梵・谷一定會與此時的自己相互重疊，而此時此刻此地的我們每一個人都有可能成為彼時彼刻彼地的梵・谷，從無奈到掙扎再到嘆息。

這裡講述的故事在美術學、建築學和社會學中有很多原理和理論可以去演繹和解讀（如場所理論）。當然，在管理學和經濟學中也有提示。當經濟發展到了今天，從製造業經濟途徑的服務經濟到今天的體驗經濟，作為參觀者和顧客的我們更願意在遊覽和消費的過程中完成消費，希望在娛樂和故事中體味整個產品，希望自己成為這一過程的主角。同時，需要在多元化感官刺激的影響下，激發一種情緒和共鳴，去主動地思考和同情（相同的感情）。

這就是今天新形勢下產生的對消費及其相關環節的新需求。這種需求將改變我們的生產經營的各個環節。當然，最重要的是這種需求正在改變著我們身邊的一切，成為一種視角、一種理念和一種哲學！

1 體驗經濟及其影響

　　如果你走進廣州地鐵站，你就會突然發現自己進入了一個麥當勞的世界。迎面而來的是地鐵的進口處的一則廣告，廣告語很特別：「想吃只需多走幾步。」似乎人們是為了吃麥當勞才往車內走的。的確，車門一開，誰又不是在往裡走呢？接著就是在地鐵的車門邊，有兩幅以漢堡包為畫面的大型廣告。廣告語是：「張口閉口都是麥當勞。」隨著車門的一開一合，整個廣告就好像一張嘴巴在一張一合地吃麥當勞。進入地鐵，車內面對門的位置，一包薯條占據廣告畫面一側：「站臺人多不要緊，薯條越多越開心！」就連我們在車上擠來擠去的這種滋味，它都知道。車窗上也有廣告：「越看它越像麥辣雞翅？一定是你餓了！」廣告畫面是一塊麥辣雞翅，烤得橙黃橙黃的，很是誘人。在座位的上方，原先各站點的指示牌也被取代為麥當勞的指示牌了，廣告語——「站站都想吃」，每一個「站臺」都是麥當勞在中國推出的產品，逐個相繼標出，並用連線串起：「巨無霸」—「薯條」—「麥辣雞翅」—「麥樂雞」—「麥香豬柳」—「板燒雞腿」—「奶昔」—「圓筒冰淇淋」—「麥辣雞腿漢堡」—「開心樂園餐」。

　　這就是 2002 年 11 月，麥當勞在廣州地鐵上大規模推出的一種新型廣告——體驗廣告。這種廣告就是將體驗符號化，通過各種媒介傳播出來。這種形式讓人耳目一新。因為每一則廣告都是經過精心設計、周密策劃而來的，包括廣告張貼的位置以及廣告語的創意，無論哪一幅都做到了把握住消費者的體驗情緒，刺激感覺、傳播感受、影響思維、促進行動。在牢牢地抓住消費者「眼球」的同時，又為人們提供更多值得回味的情景和氛圍。廣告畫面設置的是人們能夠輕鬆體驗到的內容，廣告語則替我們把我們的體驗情緒都說了出來，就像一個老朋友把我們的心裡話一一說了出來，很是中聽。因此，我們能體驗到麥當勞的無處不在。漸漸地，麥當勞產品在我們的腦海裡就留下了深刻的印象。體驗廣告的互動性最容易使人產生強烈的共鳴，進而產生購買產品的衝動。

1.1 體驗經濟的到來

1.1.1 體驗經濟的產生背景和實例解讀

　　我們現今的管理學體系有著這些視角：第一是從生產運作的角度切入企業整體管理和運行。這實質上是一種以生產為主要目標整合企業相關資源進行管理的理念。在這種理念指導下，企業一切管理行為和措施都圍繞著如何生產出更好更多的產品，即提升生產效率來進行安排和制定。而企業行銷和廣告管理等工作的基本出發點就是體現企業的產品質量，幫助完成其生產能力所對應的銷售目標，有效溝通企業對市場的產品信息。第二是從成本管理和資本運作的視角對企業進行開源節流的管理理念。在這種理念的影響下，產品和服務成本根據具體企業確定的產品和服務的種類來核算，而成本的其他部分又演繹出關於企

業定位以及產品的定位，並最終整合企業行銷資源，分配在行銷組合（即產品、定價、促銷和渠道）的各個方面。第三是從企業文化與組織價值觀的視角來安排企業管理的各個職能與流程。這個企業為什麼而存在？企業的使命是什麼？由此使命決定的企業內部和外部行為準則，流程與制度將分別與企業的主流價值觀或企業主要管理者的價值觀進行匹配，並由此演繹出企業的各項管理風格與管理細節。當然還有所謂的人力資本視角與市場行銷視角。

在這些視角中，管理者總是對自我認識的市場和管理重心進行解讀和資源配置，卻往往忽略了消費者的視角與參與。正如不少攻擊科特勒市場行銷體系及觀念的學者認為的那樣，現今的行銷是披著市場需求外衣的生產銷售導向的騙局，其實質是一種以某一管理職能為主導的管理思路。因為在這個體系中並沒有任何體現消費者參與和意見的環節，忽略了消費者的個體意願，孤立了企業各個職能部門，是真正的「行銷近視」。也正如早在1986年美國學者克朗普頓和萊姆（Cropton & Lamb）所質疑的那樣，我們現今的管理未能解決兩個重要的問題，即我們（管理者）為什麼要做現在所做的一切，我們現在做的和五年前有什麼不一樣。

當然也許有人會質疑現今管理視角究竟有什麼不妥。畢竟市場中各個企業仿佛都在已經和正在進行著這樣的管理途徑。美國人總是喜歡這樣說：「If it is not broken, keep it。」

然而事實真是這樣的嗎？

2012年11月7日，管理學界赫赫有名的競爭理論大師麥克·波特（Micheal E. Poter，見圖1-1）的著名管理諮詢公司摩立特集團宣布破產，公司負債約5億美元。

波特於1979年在《哈佛商業評論》中發表論文指出：產業內的競爭狀況由五項外力決定。它們是新進者的威脅、替代性產品的威脅、供貨商的議價能力、顧客的議價能力及產業內部的競爭對手。波特由此制定了由上述五力的合力來決定企業最終的獲利潛力的五力競爭模型。

波特的競爭理論贏得了世界管理學界極大的認可與推崇。波特本人也因此在世界管理思想界被譽為是「活著的傳奇」，被評為當今全球第一戰略權威，也是商業管理界公認的「競爭戰略之父」，在2005年世界管理思想家50強排行榜上位居第一。

1983年，波特創立了摩立特集團。該公司專門為企業主管和各國政府提供管理諮詢服務。摩立特集團紅極一時，與著名的管理諮詢公司貝恩公司及波士頓顧問集團分庭抗禮。在幫助眾多的世界五百強企業進行戰略佈局和戰略制定的工作外，摩立特集團還曾接受利比亞提供的300萬美元，以協助卡扎菲提升世界形象，改善利比亞國際聲譽。

然而，摩立特集團還是在新的經濟形勢下水土不服，逐漸衰落了。究其原因，可以得知波特的競爭力模型理念的實質是以結構性障礙來保護企業自身免於競爭的衝擊。在今天，新的經濟形勢下，企業之間的競爭已非當年的企業戰爭，未必要對手失敗才能造就自身的成功。雙贏、共贏和多贏已經是今天企業之間產業內部的主旋律。此外，根據蘋果公司和亞馬遜公司等企業的成功經驗可知，今天的企業必須以不斷創新為手段來為客戶提供更多的附加值。因此，以創新的理念找到新方法來討客戶歡心才是競爭中的勝利之道。而波特的公司也好，模型也罷，都未能與時俱進地體現上述變化。

是的，今天迅猛的市場變化已經使得昨天的知識和技能不斷的過時。相對獨立的職能管理模式已經不再適應當今日新月異的變化，並且阻礙了公司中各個部門共同參與到提升顧客滿意的工作中去。1994年，一本名為《基業長青》（Build to Last: Successful Habits of Visionary Companies，見圖1-2）的管理學著作橫空出世。書中跟蹤並記錄了眾多的成功「百

年老店」式的企業。在收集整理和提煉這些企業管理共性之後，作者指出其企業文化是強大的，經營遠景是明確的，同時企業管理制度是統一且堅持的，因此具備核心競爭力，企業也由此才能達到所謂的「基業長青」。此書一出便引起了管理學界的共鳴，一時之間，「核心競爭力」一詞成為熱詞，受到廣泛認同並被推崇。《福布斯》雜誌評論該書為 20 世紀 20 本最佳商業暢銷書之一。然而時隔四年即 1998 年，有人對該書所提及的企業進行了回訪，發現這些公司中的 80% 並不盈利，而且其中 40% 已經宣布破產或被併購。由此，有人建議另寫作一部與此書內容相反的書，名曰《基業常變》(Build To Change) 來反應當今的市場變化的激烈形勢，因為在當今市場，唯一不變的就是變化。

圖 1-1 麥克·波特 (Micheal E. Poter)
圖片來源：百度圖片

圖 1-2 《基業長青》一書的封面
圖片來源：百度圖片

如何去把握現今這些瞬息萬變的變化規律，如何提煉其對今天管理者的參考與啟示呢？也許我們應該在最近的學術研究和具體企業管理的成功案例中去找尋這些答案。

2006 年，普渡大學的兩位學者（Young & Jang）在針對中國香港中檔餐飲行業的調研中發現：從消費者的角度出發，中檔餐飲企業的菜品品質主要體現在菜品的呈現方式、菜單的選擇性、健康的選擇、菜品的味道、原材料的新鮮程度以及菜品的溫度這六個方面。這也就是說一個餐館如需提升其菜品品質，不需要做其他的嘗試，有效工作可以就在上述六個方面展開。研究進一步還發現，餐館的管理者如需提升其顧客滿意度，並不用全面開展以上六個方面的工作。他們只需要增加菜單菜品的選擇性、提供更多的健康方面的菜品製作選擇，以及更強調其菜品原材料的新鮮程度，做這三件事即可。這也就解釋了為什麼日本伊藤洋華堂的快食部都重視展示菜品的製作過程，提供其原材料的呈現，並告知健康的餐飲知識。而其結果是高滿意度的顧客消費過程和評價。研究還發現，如果餐館需要有效提高顧客用餐後的這些行為意向的比例，如更多地告知其他人本餐館正面的信息、推薦其他人來消費、自己多次重複消費等，管理人員也只需做三件事。這三件事分別是提供更多的菜品選擇、更好地展示其原材料的新鮮程度以及提供適當溫度的菜品。

讓我們再看一個五星級酒店的例子。在一項針對四季酒店、凱悅酒店和萬豪酒店顧客的研究中發現，這些五星級店的顧客更關注以下這些方面：

我們合理的需求能否被盡量滿足？
我們旅行的壓力是否能得到全面的舒解？
酒店是否擁有難忘的裝修和特色服務？
酒店提供的服務是不是值得信賴的、絕對不會出錯的？

針對上述這些顧客的關注點，四季酒店開發製作了一系列名為「Not the usual」的平面廣告（見圖 1-3）。

圖 1-3　四季酒店的「NOT THE USUAL」廣告
圖片來源：百度圖片

四季酒店的廣告中並沒有涉及豪華裝修的客房以及獨特的建築外觀這些大多數酒店廣告使用的元素。廣告中別具匠心地從一位正在泳池水下的顧客的視角去展示並感受其所見：潔淨的池水顯示出酒店設施設備的完善；笑容可掬的服務人員一手端著飲料，一手拿著浴巾，在顧客出水上岸之前就已經站立等候在池邊……這是怎樣的關心、怎樣的服務啊！廣告下面還謙虛地寫著「NOT THE USUAL」，而沒有用「UNUSUAL」一詞。的確，四季酒店的這些細節並不是那麼不得了，僅僅是「不那麼平常」（NOT THE USUAL）而已。

當然還有這許許多多各行各業的例子，它們的共性在於提醒我們今天的消費特徵：今天我們吃的、玩的、買的、住的以及所有的消費產品和服務，其重心已經不再是產品和服務本身。正如顧客評價餐館的菜品已經不再僅僅是味道和分量，評價酒店也不再僅僅是房間和那些露出八顆牙齒傻笑著的服務員。今天的消費過程比最終產品或服務的本身更為重要，消費者往往更加強調通過產品的物質價值、服務的附加價值去獲得自身的精神價值，一個故事怎麼說似乎已經比說什麼更能打動人心。

用一句話來總結：今天消費的過程——體驗，已經成了一種產品，其重要程度已經正在超越其所依附的產品或服務本身！

1.1.2　體驗經濟的來臨

1970 年，著名未來學家阿爾文·托夫勒（Alvin Toffler）在《未來的衝擊》一書中提出：繼服務業之後體驗業將成為未來經濟發展的支柱，但是這一說法在當時沒有得到足夠

的認可,並逐漸被經濟理論界所淡忘。直到 1998 年美國經濟學家 B. 約瑟夫・派恩(B. Josehp Pine Ⅱ)與詹姆斯・H. 吉爾摩(James H. Gilmore)在《哈佛商業評論》7/8 月號期刊上撰文《歡迎進入體驗經濟》,並隨後於 1999 年出版《體驗經濟》一書,專門對體驗經濟進行論述,才引起了人們的關注。《體驗經濟》一書闡述了體驗的經濟含義和價值、體驗經濟活動的類型和階段以及體驗經濟產品的設計。

派恩和吉爾摩將「體驗經濟」解釋為「一種企業以服務為舞臺,以商品為道具,以消費者為中心,創造能夠使消費者參與、值得消費者回憶的活動的經濟形態」。他們認為,繼農業經濟、工業經濟、服務經濟之後,體驗經濟已逐漸成為第四個經濟發展階段。派恩和吉爾摩把體驗經濟同產品經濟、商品經濟和服務經濟做了比較(見表 1-1)。

表 1-1　　　　　　　　　　　　不同經濟類型的比較

經濟類型＼項目	產品經濟	商品經濟	服務經濟	體驗經濟
經濟提供物	產品	商品	服務	體驗
經濟	農業	工業	服務	體驗
經濟功能	採掘提煉	製造	傳遞	舞臺展示
提供物的性質	可替換的	有形的	無形的	難忘的
關鍵屬性	自然的	標準化的	定制的	個性化的
供給方法	大批儲存	生產後庫存	按需求傳遞	在一段時期後披露
賣方	貿易商	製造商	提供者	展示者
買方	市場	用戶	客戶	客人
需求要素	特點	特色	利益	突出感受

在派恩和吉爾摩看來,體驗就是以商品產品為媒介激活消費者的內在心理空間的積極主動性,引起消費者內心的熱烈反響,創造出消費者難以忘懷的活動。於是體驗經濟要求經營者的首要任務是把整個企業運作過程當作一個大戲院,設置一個大舞臺。這個舞臺的表演者說不定就是消費者自己,吸引消費者參與,使消費者感同身受地扮演人生劇作的一個角色,沉醉於整個情感體驗過程之中,從而得到滿足,進而心甘情願地為如此美妙的心理感受支付一定的費用。因此,無形的體驗能創造出比產品或服務本身更有價值的經濟利益。在體驗的過程中,消費者珍惜的是因為參與其中而獲得的感覺,當產生體驗的活動結束後,這些活動所創造的價值會一直留在曾參與其中的個體的記憶裡,這也是其經濟價值高於產品或服務的緣故。換言之,企業在體驗經濟中扮演的角色已經從實體產品提供者轉變成體驗創造的催生者,而這種體驗為主的經濟形態稱為體驗經濟。時代發生變化了,人們的經濟消費形態也就勢必跟著變遷。

體驗事實上是當一個人達到情緒、體力、智力甚至是精神的某一特定水準時,其意識中所產生的美好感覺。如果體驗經濟的實質是產生美好的感覺,那麼體驗經濟的發展以及人們對它的認識,將是人類經濟生活在 21 世紀的一場最為深刻的革命。因為人類有史以來的經濟活動都是以謀取物質利益為直接目的,而體驗經濟卻是以產生美好感覺為直接目的,突出了表演性,這是一個值得人們矚目和思考的變化。

1.1.3 顧客體驗的構成維度

伯恩德·H. 施密特在他寫的《體驗式行銷》(Experiential Marketing) 一書中，從心理學、社會學、哲學和神經生物學等多學科的理論出發，把顧客體驗分成感官（Sense）體驗、情感（Feel）體驗、思考（Think）體驗、行動（Act）體驗和關聯（Relate）體驗五種類型，並把這些不同類型的體驗稱為戰略體驗（Strategic Experience Modules，SEM）（見表1-2）。

表 1-2　　　　　　　　　　消費體驗的構成維度

體驗模組		刺激目標與方式
個人體驗	感官體驗	感官是以視覺、聽覺、嗅覺、味覺與觸覺等感官為媒介產生刺激，並由此激勵消費者去區分不同的公司與產品，引發購買動機和提升其產品價值。
	情感體驗	刺激顧客內在的情感及情緒。大部分自覺情感是在消費期間發生的。情感行銷需要真正去瞭解什麼刺激能觸動消費者內在的情感和情緒，並在消費行為中營造出特定情感以促使消費者的自動參與積極性。
	思考體驗	刺激的是消費者的思考動機，目標是創造消費者解決問題的體驗。通過知覺的注意和興趣的建立來激勵顧客進行集中或分散的思考，積極參與消費過程，更好地使情感轉移。
共享體驗	行動體驗	影響身體行為的體驗，強調互動性。涉及消費者身體的體驗，讓其參與到消費的過程中並感受其行為帶來的刺激。
	關聯體驗	關聯體驗包括體驗的感官、情感、思考與行動等各個方面。關聯影響不同個體的交流溝通，並結合個體的各自體驗，而讓個體與理想的自我、其他人或是所在文化產生關聯。關聯體驗之所以能成為有效的體驗是由於特定環境中的社會文化對特定的消費者產生相互的作用。

資料來源：作者整理自 Experiential Marketing (Schmitt, 1999)。

施密特提出的策略體驗模組量表，可評價消費者對各體驗形式的體驗結果，並可以衡量結果得知特定體驗媒介是否能產生特定的體驗形式。

除了施密特對體驗維度構成進行了研究之外，其他一些學者也進行了大量相關的研究，如派恩、吉爾摩根據顧客的參與程度（主動參與、被動參與）和投入方式（吸入方式、沉浸方式）兩個變量將體驗分成四種類型，即娛樂（Entertainment）、教育（Education）、逃避現實（Escape）和審美（Estheticism）。其中，娛樂體驗是顧客被動地通過感覺吸引體驗，是一種最古老的體驗之一；教育體驗包含了顧客更多的積極參與，要確實擴展一個人的視野，增加其知識，教育體驗必須積極使用大腦和身體；逃避現實體驗是顧客完全沉溺其中，同時也是更加積極的參與者；審美體驗是顧客沉浸於某一事物或環境中，而他們自己對事物環境極少產生或根本沒有影響，因此環境基本上未被改變。派恩和吉爾摩認為，單一的體驗類型很難使顧客體驗豐富化，最豐富的顧客體驗應該包含四種顧客體驗的每一類型，這四種顧客體驗類型的結合點就是所謂的「甜蜜的亮點」。

1.2 體驗經濟下的廣告趨勢

1.2.1 體驗式廣告

在國內，從麥當勞在廣州地鐵上推行的體驗廣告開始，有關體驗式廣告的一些研究便隨之產生並且不斷深入發展。現在，體驗式廣告創意被越來越多地運用於各類廣告作品和廣告媒介中，並且離我們的日常生活越來越近，甚至是普通的日用品廣告也不甘落後，迎頭趕上體驗式廣告的潮流。

體驗式廣告是將傳統廣告中以產品功能或服務質量為主要的訴求點，轉變為以消費者體驗為主要訴求點，通過一系列與體驗層次和維度相關的設計（將無形的、不能直接被感覺或觸摸的廣告體驗進行有形的展示，或使用一些可視可聽的、與體驗有關的實物因素等協助廣告的展示效果）幫助消費者正確地理解以及評價企業產品和服務信息的廣告形式和理念。體驗式廣告或通過營造某種戲劇性的情節和相應的環境氛圍來表現體驗過程，從而刺激消費者的需求和慾望；或通過誇張的藝術手法的運用來獲得受眾的注意和認同；或通過給受眾留下充分的想像空間，凸顯其非常個性化的體驗感受，引發消費者對品牌的忠誠與熱愛。總之，有特色的體驗訴求和有效的表達會讓訴諸目標受眾體驗心理的廣告卓有成效。廣告體驗者在一定的物質或精神激勵的刺激下，主動地、深入地、全面地去瞭解或試用某個需要做廣告推廣的產品。

1.2.2 廣告中的各種體驗維度的運用

按照伯恩德·H.施密特的觀點，體驗行銷的核心是感覺、情感、思維、行動、關聯，它們既可以單獨運用在行銷中，也可以兩個或全部組合在一起運用。在體驗廣告中，廣告創意策劃人員圍繞體驗行銷的五個維度進行廣告的設計。在體驗廣告中，消費者同樣受到感覺、感受、思維、行動和關聯方面的體驗。

1.2.2.1 廣告的感覺體驗

在廣告中，感覺體驗是消費者接受廣告信息過程中最本能的行為，也是引起廣告注意、產生興趣、達到購買目的最簡單的方法。因此，感覺體驗在廣告中往往可以直接產生購買行為。感覺體驗是通過視覺、聽覺、觸覺、味覺和嗅覺建立感官上的體驗，是體驗的第一個環節。

最常見的影視廣告主要是以視聽語言作為傳播媒介的，影視廣告中畫面和聲音是展示廣告創意的必備手段，共同發揮視聽廣告的宣傳功效。對於視聽媒體而言，單純畫面常常很難表達一些非直觀的、抽象的信息，這時聲音就可以幫助畫面完成創意者的既定想法。同時，畫外音又可以擴大畫面的信息量，給予畫面深層次地詮釋，也為廣告創意提供更加廣闊的空間。另外，聲音又可以強化情緒的轉變，從聽覺上起到突出作用，比畫面的表達顯得更加隱蔽。有了這種聲音與畫面互補式的感官體驗，才使影視廣告如此地吸引廣大消費者。[1]

---

[1] 雷鳴，李麗. 廣告中感官體驗的延伸

只要不局限於傳統媒體，在每一個與消費者的接觸點上去思考，廣告除了給消費者視聽體驗外，還可以延伸到消費者的觸覺、嗅覺、味覺的體驗中去。寶潔公司曾為一種新的洗髮水展開廣告宣傳攻勢，寶潔公司在公共汽車站亭張貼出能散發香味的海報。這種新的去屑洗髮水帶有柑橘香味，旨在吸引更多的青少年和女性受眾。由盛世公司設計的芳香海報上，一位年輕女子一頭秀髮隨風飄揚，上面還有「請按此處」的字樣，按一下，一股霧狀香味氣體便隨之噴出。海報底部，一條宣傳語寫著：「感受清新柑橘的芳香。」

美國市場上第一個天然植物洗髮露——伊卡璐草本精華洗髮露，策劃者利用消費者使用產品的感覺，做了一則「白胡男友」的電視廣告：一位女郎走進浴室，開始洗長髮。洗髮露的清香和柔滑讓她忘記了洗髮的時間，也忘記了在客廳等她的帥氣男友。等她心滿意足地吻著秀髮香味邁出浴室時，才發現男友已經變成了老頭，而她在秀髮的映襯下卻愈發的楚楚動人。策劃者威爾斯在廣告中突出表現的不是產品能夠使頭髮亮麗的功能，而是使用產品的感覺：「一種充滿生機的體驗」。

1.2.2.2 廣告的情感體驗

廣告應運用不同消費情景引發顧客的聯想，讓顧客體驗到那種情感，從而決定是否採取行動。情感體驗廣告的訴求是要觸動消費者內心的情感，目的在於創造喜好的體驗，引導消費者從對廣告對象略有好感到產生強烈的偏愛。廣告中可引出一種心情或者一種特定情緒，表明消費過程中充滿感情色彩。這種廣告訴求的運作需要真正瞭解什麼刺激可以引起某種情緒，以及能使消費者自然地受到感染，並融入這種情景中來。

通常可以利用的正面的、積極的情感，包括愛情、親情和友情，滿足感、自豪感和責任感等。或是在訴求點上追求消費者的情感認同，但需要注意的是情感體驗廣告不能僅僅把訴求點放在產品本身上，還要將對消費者的關懷與產品利益點完美結合，獲得廣大消費者的共鳴。德芙巧克力的電視廣告是以流動的絲綢來突出巧克力的爽滑口感。感受體驗行銷是要觸動顧客的內心情感，目的在於創造喜好的體驗，引導顧客從對某品牌略有好感到強烈地偏愛。

新加坡航空公司是世界十大航空公司之一和獲利最多的航空公司之一，原因在於該公司以帶給乘客快樂為主題，營造了一個全新的起飛體驗。該公司制定嚴格的標準，要求空姐學會如何微笑，並製作快樂手冊，要求以什麼樣的音樂、什麼樣的情景來「創造」快樂。

前面提到的伊卡璐草本精華洗髮露在「白胡男友」廣告之後，其廣告又找到了新的魔法：伊卡璐草本精華洗髮露童話篇。在延續原有廣告歡欣、愉悅、浪漫的前提下，伊卡璐草本精華洗髮露相繼推出了「睡美人」和「伊甸園的誘惑」，把觀眾帶入了浪漫、溫馨的童話世界，使人們感受伊卡璐草本精華洗髮露給人帶來的童話。

臺灣大眾銀行請亞洲著名廣告導演塔諾拍攝了一部名為《母親的勇氣》的形象廣告片。廣告片中，塔諾塑造了一位平凡且偉大的母親，她不懂外文，從未乘坐過飛機，更沒有出過境。但是她為了遠在3萬千米以外的才生育後的女兒，獨自經過三天三夜，乘坐飛機，輾轉3個國家……這位母親在巴西機場轉機時，當地機場安保人員誤會其攜帶的給孕婦進補的中藥是違禁藥品而將其按倒在地，她苦苦掙扎。由於語言不通和文化的差異，周圍的人們和機場工作人員冷漠且敵視地看著這位老婦人。這位母親最終歷盡波折才抵達目的地。廣告片中的這位母親的平凡與母愛的偉大形成鮮明的對比，在觀眾心中形成強烈震撼的同時，也塑造了大眾銀行在觀眾心中的良好形象。

1.2.2.3 廣告的思維體驗①

思維行銷啓發人們的智力，創造性地讓顧客獲得認識和解決問題的體驗。思維行銷運用驚奇、興奮引發顧客的各種想法。思維體驗的另一功效是記憶。心理學研究表明，人們在努力理解一件事的時候，處於聚精會神的狀態，對細節格外關注，並以過去的經驗、知識為基礎，集中腦力，以便對事物做出最佳解釋和說明。過後，事情依然能在腦海中留下深刻的印象。激起人們思考的狀態有很多，如驚訝、好奇、感興趣、被挑釁等，而思考的目的是鼓勵顧客進行有創意的思維活動，從而能認知並記憶廣告中的畫面和產品。

2006年戛納廣告節獲獎的戶外作品——碧浪路線（ARIEL Route）可以說是廣告思維體驗的典範。廣告圖片中，一條野外的公路伸向遠方，汽車飛奔而過，公路旁是一塊巨大的廣告牌，上面畫有一件白襯衫，此外就只有碧浪的廣告語。大家想不到，廣告的精華竟然是廣告牌前的一棵小樹。仔細閱讀這則廣告才明白，當汽車距離廣告牌很遠的時候，小樹的枝葉正好擋在廣告牌襯衫的胸部，就像衣服上的污點；隨著汽車的駛近，小樹由於視覺誤差而逐漸向旁邊退去，好像污點逐步離開襯衫一樣；當駕駛者到達廣告牌時，就只能看到乾淨的襯衫和碧浪的廣告語了。看完這則廣告，我們真為其創意所折服：這則廣告利用人類視覺的誤差，現場演繹了污漬離開襯衫的過程，讓大眾觀察的同時也在思考，直到明白廣告所表達的意思。其構思可謂獨具一格。

廣告中的思維體驗，讓消費者如臨其境，就像是舞臺中的一名舞者，跟隨著廣告的韻律翩翩起舞，體驗特別驚喜。體驗廣告在與消費者交流和互動中，傳達了感覺、感受、思維以及行為體驗，讓「體驗的車輪」滾動起來。體驗廣告不但牢牢抓住消費者的心，而且提供給人們愉悅的體驗情景，淡化了廣告的商業色彩，激發了人們對消費的熱忱，讓消費者在自身的滿足中，不知不覺地認可廣告、認同產品或服務，從而成為體驗經濟時代的強勁競爭力。

1.2.2.4 廣告的行動體驗

行動體驗是消費者在某種經歷之後而形成的體驗，這種經歷或與消費者的身體有關，或與消費者的生活方式有關，或與消費者與人接觸後獲得的經歷有關等。行動體驗廣告訴求主要側重於影響人們的身體體驗、生活方式等，通過提高人們的生理體驗，展示做事情的其他方法或生活方式，以豐富消費者的生活。耐克廣告「Just Do It」家喻戶曉，其潛臺詞是「無需思考，直接行動」，十分具有煽動性。

葉茂中行銷策劃有限公司的廣告策劃人員在為伊利的冰品（後將其命名為「伊利四個圈」）進行廣告創意設計時，設計就有感於其自己小時候的買冰棍和糖塊的經歷。在創作「伊利四個圈」的電視廣告時，廣告策劃人員找了一個貼近兒童生活的切入點——以孩子們最熟悉的課堂為背景展開。廣告中的情節是：下課鈴聲剛一響起，一名小男孩頭上就冒出4個虛幻的光圈（小男孩對「伊利四個圈」冰淇淋的幻想），然後小男孩飛速地繞過課桌，衝出教室，奔跑著去買「伊利四個圈」冰淇淋。小男孩越過障礙物、掠過櫥窗，一邊跑一邊擦汗，飛快地奔向冰淇淋售貨亭，手劃著圈圈，氣喘吁吁地對售貨小姐說他要「伊利四個圈」冰淇淋，售貨小姐很默契地把產品遞給他，並重複道：「伊利四個圈。」當小男孩手拿冰淇淋，氣喘吁吁地坐在課桌前時，同學們圍著他，異口同聲地說：「太誇張了吧？」小

---

① 朱琳. 體驗廣告的魅力解讀［J］. 廣告大觀（綜合版），2007（3）：147-148.

男孩咬了一口冰淇淋，冰淇淋冒出4個發亮的圈。「伊利四個圈，吃了就知道！」小男孩一臉自得的表情。同學們突然回過神來，唰地一下全往外跑。上課鈴聲響起，所有的同學都非常精神地坐在座位上，有的同學臉上還粘著冰淇淋渣。老師很詫異地看著所有同學說：「太誇張了吧？」同學們一邊用手畫著圈，一邊齊聲說：「伊利四個圈，吃了就知道。」

在廣告簡潔的畫面中，透過小男孩的奔跑，產品的誘惑力演繹得淋灕盡致，同時也勾起了消費者對自己曾有過類似經歷的回憶，看到這則廣告的人們不管大人還是小孩往往會露出會心一笑。

1.2.2.5　廣告的關聯體驗

關聯體驗包括感官、情感、思考與行動等層面，但它超越了「增加個人體驗」的私人感受，把個人與其理想中的自我、他人和文化有機聯繫起來。消費者非常樂意在某種程度上建立與人際關係類似的品牌關係或品牌社群，成為產品的真正主人。關聯體驗廣告的訴求正是要激發廣告受眾對自我改進的個人渴望或周圍人對自己產生好感的慾望等。

曾有表店在一款瑞士名表的附卡上面說明400年後回來店裡調整閏年，其寓意是在說明該瑞士名表的壽命之長、品質之精，該表店以此卡片來傳達商品的價值。

廣告要從不同的體驗行銷目的出發，有針對性地採取不同的廣告戰略，充分傳達各種不同的體驗感受，達到銷售商品和服務或某種體驗的目的。

1.2.3　體驗經濟下廣告的發展趨勢

在體驗經濟時代，消費者不僅重視物品和服務，更渴望獲得體驗的滿足。力圖滿足消費者體驗需要的廣告市場的變化也因此悄然發生。過去廣告只是作為單純的產品銷售的工具，而在體驗經濟時代，廣告中的體驗成為一種新的核心價值源泉。

因此，企業應在深刻把握現今經濟所需體驗的基礎上，制定廣告需求相應的體驗策略，並通過多種方式向消費者提供體驗。只有盡快把當今體驗經濟廣告需求的理念付諸實踐，企業才能在激烈的市場競爭中贏得先機。

1.2.4　星巴克的體驗行銷廣告[①]

星巴克（Starbucks）是一家於1971年誕生在美國西雅圖的咖啡公司，專門購買並烘焙高質量的純咖啡豆，並在其遍布全球的零售店中出售。此外，星巴克還銷售即磨咖啡、濃咖啡式飲品、茶以及與咖啡有關的食物和用品（見圖1-4和圖1-5）。

圖 1-4　星巴克標誌

圖 1-5　星巴克咖啡廳

---

① 陳培愛. 世界廣告案例精解［M］. 廈門：廈門大學出版社，2008：72-78.

就像麥當勞一直倡導銷售歡樂一樣，星巴克把典型美式文化逐步分解成可以體驗的元素：視覺的溫馨、聽覺的隨心所欲、嗅覺的咖啡香味等。試想，透過巨大的玻璃窗，看著人潮洶湧的街頭，輕輕啜飲一口香濃的咖啡，在忙忙碌碌的都市生活中是何等令人向往。

星巴克認為：其產品不單是咖啡，咖啡只是一種載體，正是通過咖啡這種載體，星巴克把一種獨特的格調傳送給顧客。這種獨特的格調指的就是人們對咖啡的體驗。以向顧客提供有價值、有意義的體驗為宗旨，以服務和商品為媒介，星巴克通過提供使消費者在心理和情感上得到滿足的「星巴克體驗」來吸引顧客的忠誠度，成功締造了星光燦爛的咖啡王國，從古老的咖啡裡發展出獨特的「體驗文化」。

《公司宗教》一書的作者杰斯帕·昆得（Jesper Kunde）指出：星巴克的成功在於在消費者需求的中心由產品轉向服務、由服務轉向體驗的時代，成功地創立了一種以創造「星巴克體驗」為特點的「咖啡宗教」。也正是通過這種顧客的體驗，星巴克每時每刻都在向目標消費群傳遞著其核心的文化價值訴求。

1.2.4.1 一流品質的咖啡體驗

咖啡是星巴克體驗的載體，為了讓所有熱愛星巴克的人品嘗到口味純正的頂級咖啡，星巴克嚴格把握產品質量，從購買到炒制再到銷售，層層把關。

為保證星巴克咖啡具有一流的純正口味，星巴克設有專門的採購系統。採購系統常年與印度尼西亞、東非和拉丁美洲一帶的咖啡種植者、出口商交流溝通，為的是能夠購買到世界上最好的咖啡豆。採購系統工作的最終目的是讓所有熱愛星巴克的人都能體驗到：星巴克所使用的咖啡豆都是來自世界主要的咖啡豆產地的極品。

星巴克恪守親自考察咖啡地然後選擇優質原料的原則，從品種到產地到顆粒形狀，星巴克的咖啡豆經過挑剔的選擇，全是來自世界主要咖啡產地的極品。所有的咖啡豆都是在西雅圖烘焙，星巴克對產品質量達到了發狂的程度。無論是原料及其運輸、烘焙、配製、配料的添加、水的濾除，還是員工把咖啡端給顧客的那一刻，一切都必須符合最嚴格的標準，都要恰到好處。精挑細選的原料被送往烘焙車間後，會按照嚴格的標準接受烘焙和混合，最後被裝進保鮮袋中運往星巴克的連鎖店，這一系列過程都有星巴克專利技術的支持。星巴克嚴格規定：保鮮袋一旦打開，其中的咖啡豆必須在7天內銷售出去，過了這個期限的咖啡豆不能再銷售。

星巴克咖啡的配製十分嚴格，小杯蒸餾咖啡必須在23秒之內配置完成，牛奶必須升溫到150～170華氏度（65.6～76.7攝氏度）並保持一段時間。星巴克的員工們都要接受「煮制極品咖啡」的訓練，以將咖啡的風味發揮到極致。

星巴克按照消費者的不同要求把咖啡細分為許多口味，如「活潑的風味」指口感較輕且活潑、香味誘人並讓人精神振奮的咖啡；「濃鬱的風味」指口感圓潤、香味均衡、質地滑順、醇度飽滿的咖啡；「粗獷的風味」指具有獨特的香味、吸引力強的咖啡。這樣方便消費者享受到自己喜歡的、符合自己個性的咖啡。

1.2.4.2 感性色彩的環境體驗

咖啡店是消費者體驗咖啡的場所，環境本身也可以給消費者帶來美好的體驗。完美的體驗需要全面的感官刺激，除了用咖啡刺激消費者的嗅覺、味覺，星巴克還想方設法全面刺激消費者的視覺、聽覺、觸覺，更深刻地影響人們的感受。好的消費環境是完成這一切的必需，也是打造難忘體驗的重要因素。

在星巴克的連鎖店裡，所有擺設都經過悉心設計，風格鮮明的起居室、舒適別致的桌

椅和沙發，都在恰如其分的燈光投射下散發出溫馨，加上煮咖啡時發出的嘶嘶聲、將咖啡粉末從過濾器敲擊下來時發出的啪啪聲、金屬勺子攪拌咖啡時發出撞擊聲以及輕柔的音樂、精美的書刊，一切都烘托出獨具魅力的「星巴克格調」，充滿感性色彩。

消費者到咖啡店，不僅為了咖啡，更可能是為了擺脫繁忙的工作、休息放鬆或是約會。星巴克通過情景設計盡力去營造一種溫馨的家的和諧氛圍。在環境布置上，星巴克的定位是第三空間，即在辦公室和家庭之外，另外一個享受生活的地方和一個舒服的社交聚會場所。

1.2.4.3 周到貼心的服務體驗

最簡單但最難模仿的就是服務，服務會在無形中加強消費者對企業的好感，有助於建立消費者的忠誠度。服務更是體驗行銷的T型臺，是體驗產品的載體。「星巴克體驗」中最重要也是最難被競爭者複製的，正是星巴克對消費者貼心的服務。

星巴克以咖啡為媒介，以服務於人為定位，要求員工不僅要懂得銷售咖啡，更要能傳達企業的熱情和專業知識。客人走進星巴克，吧臺服務員再忙都會回頭招呼，遇見熟客，店員會直喚客人的名字，奉上客人喜愛的產品。星巴克的員工被稱為「快樂的咖啡調制師」，除提供優質服務外，他們還會詳細介紹咖啡的知識與調制方法。星巴克會為3人以上結伴而來的客人配備專門服務的咖啡師，咖啡師負責講解咖啡豆的選擇、衝泡、烘焙時應注意的事項，細緻解答疑問，幫助消費者找到最適合自己口味的咖啡，體味星巴克的咖啡文化。

星巴克的貼心服務體驗還體現在許多細節上，比如在咖啡杯上標出刻度，以便調制師按照標尺調制出完全符合消費者口味需求的咖啡；在杯子上套上套子，方便消費者去拿熱飲料；為吸菸的消費者開闢專門區域；等等。

1.2.4.4 店鋪之外的延伸體驗

為了調動顧客的參與熱情，星巴克還把體驗延伸到店鋪之外，在更多的點上與顧客保持接觸，為顧客提供體驗。

星巴克通過創建會員俱樂部吸收自發加入的會員，網羅了最忠實的顧客。會員顧客不僅可以在星巴克店內獲得特別的服務，還隨時會在店鋪之外通過互聯網收到星巴克發送的信息。星巴克通過發送會員電子期刊與顧客深度溝通。

星巴克店鋪的主題活動格外引人注目，這些活動讓顧客在咖啡之外體驗更多濃鬱的馨香。例如，舉辦「自帶咖啡杯」活動，支持顧客自帶杯子，給予自帶杯子的顧客優惠折扣，倡導珍惜地球資源，減少一次性用品的使用。

星巴克經常選擇與其產品相關度高且最容易引起人們廣泛關注的公益事業為活動主題。在這些主題活動中，星巴克顧客得以用自己的行動改善公共環境，行動體驗超越了咖啡本身的價值，豐富並深化了顧客的體驗感受。

1.2.4.5 不斷拓展的創新體驗

創新是企業生命力的延續，實施體驗行銷必須不斷創新以保持競爭優勢。星巴克將客戶的體驗融入創新戰略，根據行銷環境的變化，推出新的體驗業務，以不斷更新的差異化體驗來吸引顧客。

2002年起，星巴克與T-Mobile公司、惠普公司合作，在咖啡店開展了一種「T-Mobile Hot Spot」無線上網服務。顧客用筆記本電腦和掌上電腦就可以在星巴克店內查收電子郵

件、上網衝浪、觀看網上視頻節目和下載文件等。2004年，星巴克開始推出店內音樂服務活動，顧客一邊喝著咖啡，一邊可以戴著耳機利用惠普平板電腦來選擇自己喜愛的音樂，還可以購買舊的音樂光盤，做成個性化的光盤帶回家。

在金融服務方面，星巴克引入了一種預付卡。顧客提前向卡內存入5美元至500美元後，就可以通過高速因特網的連接，在星巴克1,000多個連鎖店刷卡付款。雖然預付卡沒有折扣，但由於結帳時間縮短了一半，依舊受到追捧。

1.2.4.6 星巴克的啟示

「這不是一杯咖啡，這是一杯星巴克。」沒有花費巨額的廣告費用和促銷預算，星巴克的魅力卻因為顧客之間的口耳相傳而廣為人知，這就得益於「星巴克體驗」造就的品牌忠誠。

1.2.5 《印象·劉三姐》的桂林灘江目的地廣告[①]

《印象·劉三姐》是全球最大的山水實景演出，創作歷經5年零5個月、有1.654平方千米水域和12座著名山峰、由67位中外著名藝術家參與創作、經109次修改演出方案、有600多名演職人員參加演出。

《印象·劉三姐》於2004年3月20日正式公演。世界旅遊組織官員看過演出後評價：「這是全世界其他地方看不到的演出，從地球上任何地方買張機票來看再飛回去都值得。」2004年11月，以桂林山水實景演出《印象·劉三姐》為核心項目的中國·灘江山水劇場（原劉三姐歌圩）榮獲國家首批「文化產業示範基地」稱號。

劉三姐是中國壯族民間傳說中一個美麗的歌仙，圍繞她有許多優美動人、富有傳奇色彩的故事。1961年，電影《劉三姐》誕生了，影片中美麗的桂林山水、美麗的劉三姐、美麗的山歌迅速風靡了全國及整個東南亞。從此，前來遊覽桂林山水、尋訪劉三姐和廣西山歌，便成了一代又一代人的夢想。《印象·劉三姐》以山水勝地桂林山水美麗的陽朔風光實景作為舞臺和觀眾席，以經典傳說劉三姐為素材，以張藝謀為總導演，以國家一級編劇梅帥元為總策劃、製作人，並有王潮歌、樊躍兩位年輕導演加盟，數易其稿，努力製作而成，集灘江山水風情、廣西少數民族文化及中國精英藝術家創作之大成，是全世界第一部全新概念的「山水實景演出」。《印象·劉三姐》集唯一性、藝術性、震撼性、民族性、視覺性於一身，是一次演出的革命、一次視覺的革命，是桂林山水之美再一次的與藝術相結合的昇華表現。

在2平方千米的陽朔風光美麗的灘江水域上以12座山峰為背景，廣袤無際的天穹構成了迄今為止世界上最大的山水劇場。傳統演出是在劇院有限的空間裡進行的，這場演出則以自然造化為實景舞臺，放眼望去，灘江的水、桂林的山，化為中心的舞臺，給人寬廣的視野和超凡的感受，讓人完全沉溺在這美麗的陽朔風光裡。傳統的舞臺演出是人的創作，而山水實景演出是人與自然的共同的創作。山峰的隱現、水鏡的倒影、菸雨的點綴、竹林的輕吟、月光的披瀝隨時都會加入演出，成為最美妙的插曲。晴天灘江的清風倒影特別迷人，菸雨灘江賜給人們的則是另一種美的享受。細雨如紗，飄飄瀝瀝，雲霧繚繞，似在仙宮，如入夢境……演出正是利用晴、菸、雨、霧、春、夏、秋、冬不同的自然氣候，創造出無窮的神奇魅力，使那裡的演出每場都是新的。演出以「印象·劉三姐」為總題，在紅

[①] 資料來源：百度百科（http://baike.baidu.com/view/32018.htm? fr=ala0_1_1）。

色、白色、銀色、黃色四個主題色彩的系列裡，寫意地將劉三姐的經典山歌、民族風情、灕江漁火等元素創新組合，不著痕跡地溶入山水，還原於自然，成功詮釋了人與自然的和諧關係，創造出天人合一的境界，被稱為「與上帝合作之杰作」（見圖1-6）。

《印象·劉三姐》以現代山水實景為演出背景，支撐這個超級實景舞臺最直觀的是現代燈光科技。演出也同樣體現了一種淋漓盡致的豪華氣派，利用目前國內最大規模的環境藝術燈光工程及獨特的菸霧效果工程，創造出如詩如夢的視覺效果。自古以來，桂林山水頭一回讓人領略到華燈之下的優美、柔和、嬌美、豔美和神祕的美。《印象·劉三姐》很大程度上可以說是一次真正豪華的燈會，構建了一個空前壯觀的舞臺燈光藝術聖堂，從一個新的角度昇華了桂林山水。演出把廣西舉世聞名的兩個旅遊文化資源——桂林山水和劉三姐的傳說進行巧妙地嫁接和有機地融合，讓陽朔風光與人文景觀交相輝映。演出立足於廣西，與廣西的音樂資源、自然風光、民俗風情完美地結合，看演出的同時，也看灕江人的生活。觀眾在觀看演出之餘，既體驗了壯美的桂林山水文化，又體驗了灕江人特有的生活情趣。

圖1-6　《印象·劉三姐》演出照片

《印象·劉三姐》演出究其本質是一出結合城市景觀和城市人文與城市形象的城市（區域）廣告。與一般廣告不同的是，它把目標受眾一起放入了這個過程，把廣告的主題（「說什麼」）、廣告的表現（「怎麼說」）以及體驗的各個環節緊密結合，體現出中國式哲學的天、地、人三者合一的一種意境。與一般城市形象廣告一樣，《印象·劉三姐》一邊述說著桂林風光人文，一邊傳遞著這個城市和區域的精神價值和傳統。但是它同時吸納了每一位觀眾在這廣告之中，並讓他們心甘情願地為觀看而付費。這樣的基於體驗環節並將其獨立成為一種體驗產品的新形式和新創意廣告徹底地顛覆了傳統意義的廣告要素，即付費人是確定的廣告主，大眾媒體是其主要手段等。

《印象·劉三姐》、星巴克等一系列成功案例和實踐反應了這樣的事實：體驗的設計水準反應著體驗經濟和體驗管理的發展水準。外觀體驗設計、運作流程設計、管理流程設計都是體驗設計的體現和主要任務。體驗管理從關注企業員工的內部體驗，到外部產品設計、改造、落實企業識別系統開始，連續不斷地從企業內部行銷入手，來激發員工與顧客的生

活與情境的感官的認知，塑造心理和意識的情感共鳴，引導思考過程，促進行動和關聯行為的產生，從而達成購買產品和服務的目的，進而達到顧客滿意度和購後意向的提升。因此，體驗管理的理念在某種程度上相當於以往的對顧客購買過程的引導和管理，當然這具體反應在了溝通方式、溝通頻率、溝通深度、賣場氛圍以及售前、售中、售後資源投放量等行銷廣告管理的工作上。

本章小結

　　體驗經濟下，體驗廣告在與消費者的溝通和互動中，不但牢牢地抓住了消費者的「眼球」，而且提供給人們值得回味的情景，淡化了廣告的功利色彩，避免了受眾對廣告的反感，讓深陷體驗愉悅之中的受眾不知不覺中認同了廣告中的商品、服務和觀念。

　　體驗式廣告從傳統的廣告以產品功能或服務質量為主要訴求點轉變為以消費者體驗為主要訴求點，通過將無形的、不能直接被感覺或觸摸的廣告體驗進行有形展示，用一些可視可聽的、與體驗有關的實物因素幫助消費者正確地理解、評價體驗；通過營造某種戲劇性的情節和相應的環境氛圍來表現體驗過程，從而刺激起消費者的需求和慾望；通過誇張的藝術手法的運用來獲得受眾的注意和認同；通過給受眾留下充分的想像空間，凸顯其非常個性化的體驗感受，引發消費者對品牌的忠誠與熱愛。

思考題

　　1. 請你談談對體驗經濟的理解，以及體驗經濟對管理職能與流程的影響。
　　2. 體驗經濟下，廣告中體驗的維度有哪些，現實中有哪些例子（請指出並描繪你所見到的體驗式廣告）？
　　3. 試論述體驗式廣告產生的經濟背景。
　　4. 結合第一章內容，查閱相關的文獻，請談談未來的體驗式廣告會有哪些創新，為什麼？

參考文獻

　　[1] 雷鳴，李麗. 廣告中感官體驗的延伸 [J]. 商場現代化，2007（3）：249-250.
　　[2] 朱琳. 體驗廣告的魅力解讀 [J]. 廣告大觀（綜合版），2007（3）：147-148.
　　[3] 陳培愛. 世界廣告案例精解 [M]. 廈門：廈門大學出版社，2008：72-78.

2　體驗的原理

　　2005 年，中國一汽新一代馬自達 6 轎車上市之初曾發布了一系列平面廣告。這些廣告無一例外地以時尚運動為設計原則，協助該款車型成了中國運動和年輕時尚潮流的先驅車型。

　　廣告中（見圖 2-1），銀灰色（即黑色和白色漸變的無彩系列顏色的應用）給予消費者以科技和時尚的質感，畫面中線條與陰影的應用也刻畫出無限延伸的空間或立體現代的氛圍。廣告主角——汽車的擺放位置打破常規：以由下向上或左右側立的空間扭曲的錯覺原則進行展示，吸引了廣泛的顧客關注與對其科技含量的遐想。廣告下方的「魅‧力‧科技」的標示更是畫龍點睛，對廣告的觀看者的心理暗示進行了提示和印證，並最終凸顯了馬自達 6 作為中國第一輛轎跑汽車的形象定位。

圖 2-1　中國一汽馬自達 6 轎車上市平面廣告

　　其實，我們看到的僅僅不過是一個灰色的倒置擺放的轎車。為什麼我們卻能夠產生如此豐富和奇異的聯想和感覺呢？這就不得不引入我們的下一話題：我們如何感知我們身邊的世界萬物與信息。

　　美國社會心理學家威廉‧詹姆士（William James）曾經說過：「我們對世界的感知，部分依賴於對客觀事物的感覺，而另一部分，可能是更重要的一部分，來自我們的思維。」這段話明確指出了人是憑藉自身感覺器官來主觀感覺世界萬物的。個人的經歷、價值觀等因素影響著客觀事物的被感知特徵與理解。

這樣我們的主觀感知體系或過程就分為了兩個部分：感覺與知覺。其中，感覺是客觀事物直接作用於人的感覺器官，在人腦中所產生的對事物的個別屬性的反應。知覺是客觀事物直接作用於人的感覺器官時，人腦對客觀事物整體的反應和解讀。

因此，知覺以感覺為基礎，但不是感覺的簡單相加，而是對所有感覺信息進行綜合加工後形成的有機整體。由此知覺帶有主觀意識性，並能在一定程度上調節人的行為。

2.1　我們的感覺器官

人類擁有五種感覺，分別是與我們眼睛對應的視覺、與我們耳朵對應的聽覺、與我們鼻子對應的嗅覺、與我們舌頭對應的味覺以及與我們肌膚對應的膚覺。其中，膚覺包含了人體的痛覺、冷熱覺和觸壓覺。

人體各種感覺不是分離的，即不是獨立開展對外刺激的接受與解讀工作的。在各種感覺之間存在著「聯覺」的現象，即各種感覺產生相互作用。具體來說，對於人類而言，一種感官的刺激作用將觸發另一種感覺，如視覺中的色彩的感覺可以引起味覺和聽覺的相關聯動。奶黃色往往引發人們感覺到香甜的口感，這也是為什麼麵包店或蛋糕店往往大量使用這個顏色；藍色和綠色往往引發清涼的口感和膚感，這就是為什麼啤酒、可口可樂以及夏季飲料的宣傳和包裝往往使用這兩個顏色；等等。此外，色彩的感覺還能引起相應的聽覺，如現代的「彩色音樂」概念就是這一原理的運用。

人體的各種感覺還擁有「感覺適應」的特徵，即在一種感覺的主要刺激下，人體會自動產生適應或忽略的現象，不再對該感覺刺激予以關注。例如，嗅覺的適應現象，「入芝蘭之室，久而不聞其香；入鮑魚之肆，久而不聞其臭」；視覺明暗的適應現象，由明亮的場所進入昏暗的地方，人眼需要一定時間來調整，但之後就不再覺得刺激或是模糊。

由於我們對外界的主觀感知體系直接基於我們的上述感覺器官，各器官所對應的各感覺特徵由此需要我們系統且全面地進行分析和解讀。

2.2　眼睛與視覺

2.2.1　視覺的原理和視覺特徵

人類眼睛視覺的產生基礎是可見光對視覺感受器──視網膜上的感官細胞的刺激。與其他生物不同，人類眼睛的可見光範圍是波長為380～780納米區間的電磁波。在我們的眼睛裡面有兩種感光細胞。其中，視錐細胞約有600萬個，是分辨顏色和物體的細節的感光細胞；視杆細胞約有1.2億個，是用來感受物體的明暗，卻不能分辨顏色和物體的細節的視覺細胞。

人類的視覺因眼睛的細微差別與感光細胞的數量，在個體視覺上因人而異。但是人眼都有以下特徵：

第一，視覺適應。由明亮處進入黑暗的環境時，人往往會在視覺上感覺一片黑暗，什麼都看不到；而由黑暗處進入明亮的環境時，人眼往往會感覺刺痛，暫時無法睜眼，甚至失明──這就是視覺的適應。輕微的上述轉換可以在短時間恢復，而嚴重極端的轉換會讓

人不適或給眼睛造成永遠的傷害。

第二，後像。後像是指刺激物對眼睛感受器的作用停止以後，感覺現象並不立即消失，能保留一個短暫時間。後像可以分為正後像和負後像。後像的品質與刺激物相同叫正後像；後像的品質與刺激物相反叫負後像。關於後像，我們可以在陽光下做這樣的實驗：在陽光的反射下，用眼觀看一件反光的淺色物體，然後閉上雙眼，這時眼睛裡會有一個與物體形狀一樣的發光輪廓，這就是正後像；在同樣條件和環境下，觀看一個深色的物體，讓後閉上雙眼，此時眼內也會有一個與該物體形狀一樣的發光輪廓，這便是負後像。

第三，閃光融合。閃光融合是指斷斷續續的閃光由於頻率增加，人會得到光源恒定即融合的感覺。日常生活中有很多這樣的例子，如日光燈和電腦屏幕總是在按照一定頻率閃動著，而其頻率正好大於人肉眼的感知範圍，因此我們認為其是沒有閃動的。如果用攝像機進行拍攝，影片中的屏幕會是閃爍跳躍的，日光燈也會是忽暗忽明的。

2.2.2 視覺特徵的廣告應用

人類的視覺可以被特定環境和設備下的現象誤導或操控。例如，閃爍的霓虹燈廣告可以製造一種流暢的畫面變化的視覺效果；一些城市的雨滴發光二極管（LED）顯示的雨滴慢慢下落其實是不同燈珠交互變換的效果（閃光融合現象）；面積少許的亮色調在大規模深色背景下會有一種閃亮跳躍和凸顯的效果，如三金西瓜霜的戶外平面廣告（明暗對比現象，見圖2-2）。

人類的視覺還受到個體記憶、個體價值觀以及參考因素的影響。例如，一些空間扭曲的錯覺圖片中，觀看者往往困惑於所見物體的真實性。無論從哪個視角看，該物體或空間都成立，但是各個元素組合在一起之後的整體事物卻是絕不可能在現實中存在的。這其實是因為我們在觀看此平面兩維圖片時，會將自己對三維空間中對距離和空間的識別和判斷因素，如線條的延伸、陰影的重疊等用於評價該兩維圖片，因此會產生錯覺（見圖2-3）。

圖2-2 三金西瓜霜的戶外平面廣告　　　　圖2-3 錯亂空間的三角架

又如，一幅讓人震撼和心生恐懼的廣告往往能夠抓住我們的注意力，卻無法讓我們正確地理解和記憶。這是因為我們對外部刺激的防禦體系的自我保護功能已經啟動，為了更好地維持體的良好狀態，我們潛意識會選擇忽略該信息，而最終的結果就是我們可能視而不見，見而不想（見圖2-4）。

再如，觀看同一事物，對其大小、結構和顏色等特點的判斷可能更多地來自其他事物的對比參照。同一事物和信息可能因為參照物的不同而讓我們產生判斷的偏差。如圖2-5中顯示的兩個中心大白點，我們會覺得左邊的要大一些。其實兩個中心大白點一樣大，只是旁邊的參照點的大小導致了我們產生這種錯覺。

圖 2-4　關注燒傷兒童的戶外廣告 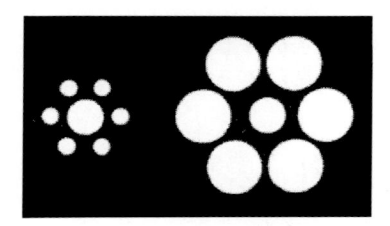　　　　　圖 2-5　參照物與視覺判斷

利用上述視覺特徵進行廣告的差異化設計，是現今廣告設計製作人的重要切入點。一方面，視覺是我們感知外部信息最主要的渠道；另一方面，因為不同類型視覺的刺激會產生放大和強化相關視覺信息的效果。以下是一組有關視覺強化的戶外廣告，分別針對了不同的視覺特性。

圖 2-6 就是利用對比效應將參照物（背景）與視覺對象進行融合以達到強化對象信息的目的。圖 2-7 則是通過利用視覺的延伸效應，以電話線的形式將平面廣告與廣告架打造成為一個整體，借以提升整個戶外廣告的外延面積，進而強化並放大廣告的視覺效果。同理，圖 2-8 也是這樣的原理，而圖 2-9 則是以線條和物體大小的特殊組合，將我們在真實的三維世界中關於空間和運動的經驗進行提煉，並放入二維的平面圖形中，由此帶來視覺刺激中有關空間與運動的效果。

圖 2-6　廣告中的視覺放大效果 　　　　　圖 2-7　廣告中的視覺延伸效果

圖 2-8　廣告中的視覺放大和延伸效果 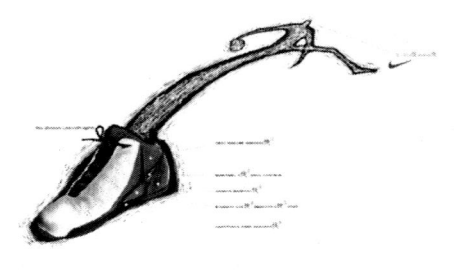　　圖 2-9　廣告中的視覺空間與動態效果

美國好萊塢就曾經解讀過自身影音產業的核心價值是提供給其消費者獨特的視覺和聽覺經歷，讓其在此過程中感受歡樂或憂傷、驚悚或溫馨⋯⋯好萊塢的「自由女神裸奔」廣告就很好地體現出這一理念（請欣賞視頻2-1。註：本書涉及的視頻和平面廣告都請參考與本書配套的電子輔助課件）。

2.3 耳朵與聽覺

2.3.1 聽覺的原理

聲波振動我們耳朵的鼓膜產生的感覺就是聽覺。人類聽覺的感受器是內耳的柯蒂氏器官內的毛細胞。當聲音刺激引起毛細胞興奮，而興奮的刺激沿著聽覺神經傳達到大腦的聽覺中樞，聽覺就產生了。

引起我們聽覺的刺激是頻率，即發聲物體每秒鐘振動的次數。人類耳朵能接收的是頻率為16~20,000赫茲的聲波。我們稱為次聲波的是低於16赫茲的振動，而超聲波則是頻率高於20,000赫茲的振動，這兩種聲波都是人耳所不能接受和接收的。

常用的關於聲音刺激的關鍵詞分別是音高、響度和音色。其中，音高對應的是發聲物體振動的頻率；響度對應的是發聲物的聲壓級；音色則是把除音高和響度之外的音質差異進行歸納的概念。

不同的聲音刺激會導致人體不同的情緒，引起不同聽後效果。例如，寶潔公司飄柔品牌在泰國的一則關於一個聾啞女孩兒的廣告視頻中，激盪的小提琴D大調（音色）的應用成功地展現了主人公內心對於命運的抗爭與跌宕起伏的情感，隨著女主人公的飄逸長發飄飄揚揚，展示著飄柔的功效與品牌價值。

就常規來說，我們耳語聲的響度是20分貝，普通談話的響度是60分貝，繁忙的街道的響度是80分貝，響雷的響度是120分貝。實驗也證明，長時間處於85分貝以上環境中的人會產生聽力受損、精神失常。因此，響度也控制著我們的情緒與感受。例如，商場的背景音樂的響度應該是低於60分貝高於20分貝，這才不影響購物者的購物氣氛；影院的聲音應該高於60分貝低於80分貝，這才不至於引起觀眾的聽覺疲勞或降低視聽效果。

2.3.2 聽覺特徵的廣告應用

聲音也是我們判斷所見信息乃至所吃食物特徵的重要輔助。如當我們拿到食物時，一般會下意識地聽聽食物掰開發出的聲音以判斷該食物是干硬的還是濕軟的，以及該食物將帶來什麼樣的口感等。

國外有一個非常有趣的CEVAL牌黃油廣告，貫穿整個廣告的是一首歌曲。演唱者抒情的歌聲在畫面呈現大量的黃油塗抹食物後突然變為大口吞咽的聲音，其演唱的歌曲由此變為滿足的聲調並混雜著食物咀嚼聲。通過這樣的聲音傳播，觀眾也會產生對塗抹了黃油的食品的渴望，並由此產生對該產品的購買和嘗試慾望（請欣賞視頻2-2）。

聲音還會引發人們不同情緒的產生。這一點也是廣告的製作設計者往往重點關注和利用的地方。例如，抒情悠揚的歌曲讓人精神放鬆、情緒平和，激烈快節奏的聲音使人緊張和亢奮等。這就是為什麼快餐店往往以快節奏和吵鬧的背景音樂讓消費者的消費過程變短，借以達到接待更多顧客的目的；而高檔的消費場所則往往使用慢節奏的輕音樂，讓顧客舒

緩下來慢慢地享受環境和消費的過程。德國大眾帕薩特汽車在英國的廣告就是利用了這些聲音的特徵，使用了單調和沉悶的聲音成功塑造了一位沉悶、嚴謹並有強迫症的汽車質量檢測專家。在單調的、反覆的開關器物聲中，我們的厭倦情緒與好奇情緒均被強化，直到聽到帕薩特汽車的關門聲響是那樣乾脆且厚實。該廣告最終成功暗示了帕薩特汽車的良好密封性和安全性（請欣賞視頻2-3）。

聽覺還能有效刺激我們的潛意識，並最終影響我們的行為。在成都電視臺的一組開關廣告中，12個廣告共持續了4分30多秒。這組廣告的播放時間處於該電視臺當年最為昂貴的時間段（新聞節目之後，本地天氣預報前）。12個廣告中共有8個寶潔公司的產品，占了大約4分鐘時間。雖然當觀眾看到廣告的出現一般會選擇換臺，而換臺的模式往往是頻道順序向上調整。這一時期的寶潔採用的廣告傳播方式是將各地方臺進行整合購買，即購買各地方臺同一時間播放同一內容。如果觀眾看到廣告並進行頻道的調整，往往的結果是換一個臺看到相同的廣告內容，再換一個臺也是如此。雖然觀眾並不會刻意注意廣告的具體內容，但是這些反覆出現的聲音已經刺激了觀眾的潛意識。做一個實驗，同事小明今天要去購買洗髮水，他分別要買去屑的、柔順的以及專業的，你會推薦什麼品牌？如果不出意外的話，多數人會分別推薦海飛絲、飄柔和莎宣，全是寶潔的產品。如此這般，再通過對超市貨架的控制（多數超市日用快消品貨架上寶潔的產品往往在最顯著、最方便拿取的位置），寶潔實質上控制並壟斷了行業的信息，並最終獲得了市場的壟斷地位（請欣賞視頻2-4）。

2.4 舌頭與味覺

2.4.1 味覺的原理

我們的口腔內有一層由堅實的肌肉組成的片狀物，該片狀物占據了人體口腔內的大部分空間。舌頭極其柔軟，並且形狀容易改變，因此舌頭可以用來品嘗、擠壓和吞嚥食物，還可以幫助我們說話和發聲。在舌頭的表面上，是許多突起，在其之上又分佈有許多味蕾。

舌頭的不同部位對味覺的感受能力並不一樣，舌尖對甜味、舌根對苦味、舌兩側前部對咸味、舌兩側後部對酸味較敏感。這也揭示了我們為什麼自然而然的習慣用舌尖舔冰淇淋；為什麼品鑒紅酒需要用舌頭卷住紅酒慢慢用舌頭中部的兩側去感受其果酸和葡萄的芬芳；為什麼喝了苦口的中藥會感覺藥始終停留在喉部，沒有完全吞嚥下去；等等。

2.4.2 味覺的特徵

人類的舌頭可以感知出五種味道，分別是酸、甜、苦、咸、鮮。人類對味覺的認知與味覺感官的逐漸演化來自人類自身的進化歷程。正確判斷食物安全與否關係到人類的生存，從而確保我們只愛吃那些能夠安全食用的食物，而不愛吃那些危險的食物。例如，我們喜歡甜，因為甜味代表能量，是我們時刻必需的基本動力；我們討厭酸和苦，是因為在自然界中，有毒的或不新鮮的食物往往是酸的或苦的；我們能夠品嘗出咸味，是因為咸味代表著鹽分，而人類維持生命需要鹽，鹽有許多重要的功能，影響著我們整個身體的導電性，控制著我們心臟的跳動和許多其他的生理過程；我們能夠清楚地分辨出鮮味，是因為鮮味的主要構成為谷氨酸，谷氨酸是機體的必需氨基酸，是構成蛋白質的基本單位，對我們的

生存必不可少。

　　遠古人類本能地根據自身需要進化出味覺分辨能力與喜好特徵，同時也進化出味覺的辨別速度能力。例如，當我們把食物送進嘴裡，就得判斷是該吞進去還是吐出來，這是關乎生死的決定，需要非常迅速地做出判斷。我們由此對苦酸味的食物特別敏感，辨別反應速度也最快。

　　實驗證明，人類的味覺是有記憶性的，在國外的味覺實驗中，在狼群的餵養過程中，對狼的食物羊肉塗抹瀉藥。一段時間後，該狼群聞到羊味，吃到有羊味的食物就會產生對食物的抗拒，甚至有害怕和發抖的反應。

　　由此可以看出，一方面，對美食的追求可以說是人類的一種本能，這種本能從本質上看，是生命的需要，是趨利避害、繁衍生命的需要；另一方面，人類因後天的體驗和經歷也會形成對不同味道的喜好。例如，有苦味的食物被灌輸了有益的觀念後，人們對苦味食物的抗拒心理就會降低，對苦味的忍耐度就會提高。

2.4.3　味覺特徵的廣告應用

　　人們很早就意識到了味覺、視覺和聽覺的聯動效應。中國古代就有「君子以飲食宴樂」和「君子有酒，嘉賓式燕以樂」的記載。人們很早就認識到大自然的美景可以使人心曠神怡，欣賞各種藝術可以使人得到美的享受，而一次美食的品嘗活動又何嘗不能使人得到難以忘懷的身心愉悅呢？這些活動又是相通的，是可以相互提升和影響的。由此可見，人類味覺審美能力來自其審美感情。「趣」和「味」是相連的，審美感情直接影響審美能力。當我們進行味覺體驗時，在視覺上，我們會下意識地觀察食物的外表，看看食物的顏色是否鮮亮；在膚覺上，我們會觸摸食物，判斷食物是硬還是軟；在聽覺上，我們會在把食物掰開時，聽聽發出的聲音來判斷食物究竟是干硬的還是濕軟的；我們還會下意識地聞聞食物的味道，看看有沒有令人愉悅的味道。所有這些印象都會告訴我們對送入嘴巴的食物抱有怎樣的期望，並由此幫助我們完成對整個食物品嘗過程的綜合性評價。這也是為什麼在有關食物和飲料的廣告中，其顏色的都是鮮明的、有特色的，傳遞出強烈的味覺口感（見圖 2-10，第 5 季飲料的藍色背景的使用，傳遞出冰涼清爽的味覺口感）；其畫面往往非常突出光滑的質感，暗示出食物和飲料的順滑口感等。

圖 2-10　第 5 季飲料的平面廣告

　　味覺與情緒也有直接關係。文學作品中常常都有以味道來形容心情的修辭手法。例如，「酸酸甜甜」往往用來形容初戀的那種青澀與彷徨。芬達飲料在日本的廣告更是把這樣的口

味與心情的概念用到了極致。廣告中，一幅幅中學的上課場景被搞怪地誇張成不同身分的教師的古怪授課方式。夜場樂手、李小龍、江戶時代的將軍、拍賣師以及海盜等教師形象的出現和各種古怪的課堂問題的提出都分別對應了一種芬達汽水的口味並暗示了一種中學生的心情，讓其目標受眾（學生）對產品的口味產生好奇，對產品的嘗試充滿期待（請欣賞視頻2-5）。

2.5 鼻子與嗅覺

2.5.1 嗅覺的原理

當氣體進入鼻腔，氣味的分子便分散滲入了覆蓋著黏液的鼻黏膜，然後到達嗅覺傳感器。嗅覺傳感器的神經末梢受到氣味的刺激，將信號傳遞到大腦，大腦破解信號後，嗅覺就產生了，我們便感知到氣味了。值得一提的是，有些味道只有通過鼻子的輔助才能讓人辨別出來，舌頭是無法獨立識別這些味道的。例如，當緊緊捏住鼻子，我們將不能用舌頭分辨出桂皮粉、辣椒粉和胡椒粉。

嗅覺為人類生存提供重要的信息。這是因為嗅覺是一種遠感，即嗅覺是通過長距離感受化學刺激的感覺。在我們祖先的進化過程中，對周邊環境的危險信號做出快速有效的識別和判斷是人類生存的重要前提，而嗅覺感官則正是由此而生。對於人類而言，嗅覺雖然發生了一定程度的退化，但仍有影響食慾和情緒、警示危險信號等重要作用。有研究指出，嗅覺障礙患者發生意外的概率是嗅覺正常者的2倍。因此，嗅覺障礙會嚴重影響人的生活質量，甚至因為感覺不到危險有毒氣體或危險動植物的刺激味道而危及生命。

2.5.2 嗅覺的特徵

人的鼻子對臭味最敏感，這不僅僅是因為臭味總是和潛在的危險緊密聯繫，如大型食肉動物的體味和排泄物的味道往往很臭；由細菌分解蛋白質和脂肪（往往是人和動物的屍體）留下的硫化物的分子輕、運動快，容易被人的鼻子迅速感知。美國耶魯大學曾接受美國聯邦政府的委託——研製出世界上最臭的氣味用於軍事和治安維護。在一系列實驗和測試之後，耶魯大學的學者們配製出了世界上最臭的氣味，其核心配方是硫化物加上酊酸，即腐敗物和排泄物的「精華」。但是在隨後的真人測試中，該配方宣布失敗。這是因為不同文化背景和飲食習慣的人對於臭味的敏感度和耐受力不同。這也證明了個體經歷對氣味的感知以及由此引發的情緒是有差異的。

針對人體嗅覺的相關研究證明，人類的嗅覺刺激可以喚起人們的記憶和情緒。當氣味分子刺激位於人體鼻孔前上方鼻黏膜中的嗅覺神經末梢時，控制著味覺和辨識氣味的約500萬個傳感器將該刺激信號傳入人腦。人類通過該過程可以分辨約3,000種不同的氣味。這些氣味結合相應的環境、當事人情緒、經歷或生理狀態而變得擁有不同的意義，並記憶在人的大腦中。由此，人們才會有那些因氣味兒產生的認知功能，如聞到青草和泥土的溫暖潮濕的味道，我們會意識到春天來了；聞到落葉夾雜著涼風的干燥的味道，我們就想到了秋天。這正如一首歌曲所唱到的：「想念你白色襪子和你身上的味道……和手指淡淡菸草味道……」可以理解的是，不是因為白色襪子和菸味有多麼好聞而讓歌曲中描述的痴情人難以忘懷，而是因為當時與味道相關的經歷或情感讓其思緒萬千和難以忘懷，並由此形成了

深深的記憶讓其懷念、流戀和歌唱。

2.5.3 嗅覺特徵的廣告應用

　　嗅覺的上述特徵讓廣告者和行銷者增加了一項對顧客進行引導和影響的工具。2008 年，在北京奧運會賽程中，北京會議中心負責接待 1,800 家海外媒體。北京會議中心結合其中心擁有不少鬆樹的特徵，管理層還將房間以及餐巾等物品噴灑上鬆樹鬆脂的味道，將視覺和嗅覺進行有效統一，得到了各國媒體人的好評，並提升了中國的海外形象。2010 年，海南三亞的呀諾達熱帶風情景區為吸引更多的路過遊客，將其景區門內的熱帶植物和果實進行統一規劃並配上噴霧機，這一舉措形成了獨特的實體廣告效果。遊客在景區大門進行觀望選擇之時會感到涼涼的濕潤和濃濃的熱帶氣味。遊客由此明顯感覺到景區裡的獨特的熱帶氣氛和環境，充滿了對景區裡風景和內容的好奇，並形成購買門票的實際行為。

　　當然除了上述這些利用嗅覺刺激的成功行銷案例，廣告界也積極使用嗅覺這一元素來創作設計各類型的廣告。僅以香水廣告為例，迪奧的華氏香水廣告利用情景的表現，將使用迪奧華氏香水後的感受進行了描繪（見圖 2-11）。紀梵希香水將使用者在該香味中愉悅的自我陶醉進行了表現，通過該平面廣告，受眾雖不能聞到具體的香味，但該香水讓人充滿愉悅與自信的效果卻足以讓人們對其充滿遐想和期待（見圖 2-12）。在眾多以香水為主體的廣告中，雅詩蘭黛香水的「直覺」系列香水廣告最為獨特，其香味通過圖形被抽象化。廣告中模特兒的憂鬱且不失睿智的眼神（見圖 2-13）、不再年輕的外貌以及香水瓶身的設計都暗示出成熟品味女性的個性和共性，即什麼是女人的直覺。女人的直覺從何而來？女人的直覺是女人心中的淚滴，其實質是女人經歷的故事與滄桑凝聚而成的對外部事物和人的體會與評價。通過這樣的廣告描繪，香水的味道雖未說明，其適用的人群、使用後的效果以及帶來的個人和社會的認同，乃至身分的識別等信息內容都一一融入該廣告之中。那種香味應該是淡雅的、柔和的，不華麗更不強烈，讓人感到淡定、從容和大氣的芬芳。

圖 2-11　迪奧華氏香水　　圖 2-12　紀梵希香水　　圖 2-13　雅詩蘭黛香水廣告

2.6 膚覺

2.6.1 膚覺的原理

　　膚覺包括觸壓覺、溫度覺和痛覺。皮膚是人體面積最大的結構之一，由表皮、真皮、皮下組織三個主要的表層和皮膚衍生物（汗腺、毛髮、皮脂腺、指甲）組成。從功能上講，皮膚對人體有防衛和保護的功能，有散熱和保溫的作用，同時還具有「呼吸」功能。皮膚內有豐富的神經末梢，因此皮膚還是人體最大的一個感覺器官，對人的情緒發展也有重要作用。研究證明，人的膚覺，特別是痛覺常伴有個體生理變化和情緒反應，而人體也總是在主動和被動地尋找膚覺的刺激。

　　千百年來，膚覺被公認為最強的人類軀體經驗的生命因素，是人類進行一切創造活動的一個原點。例如，亞里士多德就說過，「沒有觸覺就不可能有其他的感覺」，而托馬斯·阿奎那更是明確地提出，「觸覺是所有感覺的基礎」。

2.6.2 膚覺的特徵

　　國內外眾多的研究都指出，由於膚覺的實質是一種軀體經驗，其中包含著的濃重的生命情感色彩。因此，膚覺在審美創造活動中具有潛在的支配作用。這一潛在的支配作用既通過直接膚覺進行審美創造，也借助於膚覺經驗的「視覺化」形成的膚覺間接的審美創造。即使在人類思維的形而上學層次中，依然存在有膚覺—軀體經驗的因素。這是由於膚覺與視覺的先天聯繫，即膚覺和視覺有很強的同一性，兩者在相當多的情況下是相互融通、相互支持的，因此膚覺的直接創造性完全可以在視覺中得到一定的反應。從另一個角度來看，由於這種先天聯繫，在純粹視覺感受中的事物存在著一定程度的膚覺—軀體經驗的體驗、經驗、創造等的因素，也就是說，視覺的創造物中也包含著一定的膚覺—軀體經驗的創造。曾經是膚覺的直接創造物的屬性與在視覺中感受到的屬性基本上是一致的，只是由於視覺的靈便性，它們更多地被歸結為視覺內容。當我們再度觀賞我們或者他人雙手的創造物時，已經融入其中的我們自己的或他人的膚覺經驗就會借助視覺影像而被調動出來。比如說一位玉石工匠打磨好了一個細膩而光滑的玉雕，當他再度看這一玉雕時，直接進入其眼睛和大腦的是玉雕的影像，但同時伴隨著的還有打磨製作玉雕時的膚覺經驗。所有的手工創造物中的膚覺經驗，基本上都可以在再度觀看時被調動出來，因此觀賞的過程從某種程度上也可以說是膚覺體驗的再創造過程或者是判斷過程。也正是由於這一因素，我們在文藝欣賞之時才能真正結合切身的感受，被調動出真情，產生共鳴。

　　另外，膚覺創造的形象性、情感性的貫穿主要表現在對一個事物判斷或將兩個事物結合起來時是以膚覺感受的形象性、情感性為線索的。在現實中，我們無法直接得到對樹的判斷，同樣也無法得到對森林、大海、天際的陰霾的直接的膚覺感受，但我們又必須對這些做出判斷，於是其中一個常用的辦法就是根據我們的膚覺經驗以其相似性，通過比喻的方式去意向性地判斷。有的情況下就是「臆想」，是近乎中國古代的「遷想妙得」，而與真正的事實完全不同。人類的許多認識可能都是這樣，特別是在人類的早期，在文學、美學當中，在大眾的「臆想」裡，有很多這樣的感受。縱然是虛假的、錯誤的，人們也寧願在這虛假的、錯誤的境界中得到心靈的應和與滿足。這是人類的另一條創造之路，即在科學

創造的同時，人類還不懈地進行著虛幻的創造，而且樂此不疲、津津有味，縱然是科學也打不破這樣的美夢。

2.6.3 膚覺特徵的廣告應用

膚覺的上述特性也被用在了廣告創作與設計中。迪奧的一款女士香水利用添加了黃色的黑白漸變的視覺效果打造出了如絲般順滑的膚覺效果（見圖2-14）。廣告中模特兒的肌膚以及香水的瓶身也是利用色彩漸變的原則進行處理，由此畫面中的人、衣和背景有機地相互融合，把視覺的元素傳遞到了觀看者對膚覺的感知上來，從而突出了該香水經典、潤滑、流暢的使用感受以及雍容典雅的香氣暗示。

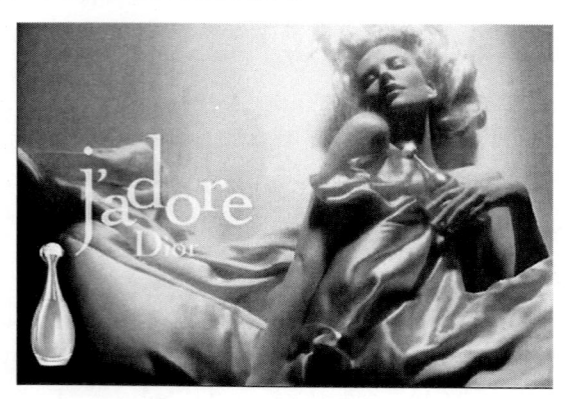

圖2-14　迪奧香水準面廣告

2.7　感官與體驗

根據美國學者施密特（Schmitt B. H.）從心理學、社會學、哲學和神經生物學等多學科的理論出發，提出並驗證的人腦模塊化的顧客體驗學說，我們對外部事物和刺激的感知首先通過感覺器官刺激大腦，而隨之則是對各感官刺激解讀。我們首先會形成對各刺激綜合性判斷的情感解讀，其次是進一步思考有關刺激與事物以及各信息之間的聯繫。之後我們會產生對應該刺激的行為選擇與意向（Intention）。最終我們將把連續的感官、情感、思考和行動環節打通，形成相互環節交融共生的關聯體驗環節。

上述過程就是我們感知外部事物的順序和原理，也是當今廣告行銷者重點關注並嘗試創作的基礎。例如，前面提到過的通過對視覺、聽覺的重點刺激，泰國著名廣告導演塔諾以中國的「親情」為主題，為臺灣大眾銀行創作了一個名為「母親的勇氣」的形象宣傳廣告。廣告中，通過解說者毫無情感流露的介紹以及廣告情節中擁擠喧鬧的國外機場、繁雜繚亂的外文指示牌、機場工作人員冷漠和懷疑的態度，一位平凡且偉大的母親的形象被成功地塑造出來。她個子矮小，卻個性堅強；她不懂外文，從未出國，卻敢於獨自在異國奔波3天，飛行32,000千米，在3個國家轉機……這看似平凡的母親，為了普通的理由——親情（去給遠在外國才生完孩子的女兒炖湯），卻完成了一件對她來說艱辛且似乎不可能完成的任務（獨自出國歷經3國飛行3天）。導演在此處還刻意使用了兩個元素來強化這種艱

辛的場景：一是一位面部表情冷漠呆滯的亞裔工作人員，他分明不懂中文；二是這位母親被誤會所帶的中草藥是毒品而被機場保安撲倒在地並不停地掙扎。該廣告通過感官給觀眾以極大的刺激和疑問，並通過我們內心對家庭、對親人的基本價值為情感刺激，引起我們的同情和感動，隨之打出了平凡大眾的品質「堅韌、勇敢、愛」，繼而推出銀行的品牌——大眾銀行向普通大眾致敬（請欣賞視頻2-6）。

又如，大眾汽車30年的形象宣傳片中將其各種車型用帶有「心」字底的文字在優美的歌曲中展現。與各車型和文字配套的則是與每款車型的使用情感匹配的生活情景。最後廣告中所有的文字中的「心」字底變到了文字中，變化為一個繁體的「愛」字，此處出現了大眾汽車的廣告詞來強調其品牌精神「有多少心，用多少心，中國路，大眾心」。該廣告首先以美妙的歌聲刺激我們的聽覺，使用溫馨和熟悉的場景畫面來打動我們的視覺和情感，最終通過我們對其廣告詞中品牌精神的認同來強化我們對其品牌和產品的好感和正面印象。由此，該廣告把每款車型的定位用中國式的方式進行了表達（各「心」字底的文字和畫面情節），告訴我們總有一款車適合我們自己；把德國大眾汽車嚴謹的造車理念和用心創新的企業價值觀反覆強化，引導我們把其產品、品牌精神、消費需求進行聯動思考，並有效結合。其實這也是大眾汽車一直堅持的生產和行銷原則（請欣賞視頻2-7）。

再如，Xbox的360系列廣告之「手槍」篇中，創作者通過兩幫人在火車站的對峙首先塑造了一種令人緊張的氣氛和情緒，再通過雙方以手為槍進行戰鬥的場面讓受眾產生極強的好奇和疑問。在此過程中，仿真的爆破聲和傷亡場景刺激了觀眾聽覺和視覺，讓觀眾的好奇和疑問加重並累積直至最後一位出租車司機的出現打破了這一切，原來這不過是一場遊戲。而最終廣告「Jump In（參與）」口號的出現更是繼感官體驗、情感體驗、思考體驗後將觀眾對該廣告的體驗提升到「行動」的階段，讓人迫不及待想參與其中（請欣賞視頻2-8）。

本章小結

人類對於世界萬物的認識憑藉的是其自身的五項感覺器官（功能）。這樣的過程是主觀的、因人而異的。一個人的經歷、態度和價值觀等因素都影響著其對客觀事物的感知認識與理解。這正如「蘿蔔白菜各有所愛」以及「一千個人眼中就有一千個哈姆雷特」的道理一樣。然而，拋開個人因素，人類對事物的認識基礎，即感官特徵又是有規律可循的。這樣的特徵機理是客觀事物直接作用於人的感覺器官，在人腦中所產生的對事物的個別屬性的反應。

人類的感官由大腦統籌管理，並不是獨立開展對外刺激的接受與解讀工作的，因此導致了人類個體具有由此及彼的「聯覺」的現象。「聯覺」使得我們個人的各種感覺產生相互作用，進而形成統一且完整的對外部刺激的認識。另外，人體的各種感覺還擁有「感覺適應」的特徵，這使得我們個體能夠更好地適應外部環境，能夠分清楚外界刺激中的關鍵或主要內容，分清楚刺激的對象與背景的相對關係。這最終讓人類擁有分辨主與次的能力。

人類的感覺功能各有特徵，形成了當今廣告創造與創新的基礎和原理，因此瞭解這些特徵並善加應用對於每一個行銷者、廣告的策劃者與管理者來說意義重大。

思考題

1. 人體各感官的共性有哪些？作為廣告的創作者和管理者，可以怎樣利用這些特徵進行廣告的創作？
2. 人體各感官的特徵對創作廣告有什麼樣的啟示？
3. 試討論，根據施密特的體驗階段論，如何利用廣告的刺激過程打造聯覺體驗效果。

參考文獻

[1] 亞里士多德. 亞里士多德全集：第3卷 [M]. 苗力田，譯. 北京：中國人民大學出版社，1992.

[2] 莫特瑪·阿德勒. 西方思想寶庫 [M]. 西方思想寶庫編委會，譯. 北京：中國廣播電視出版社，1991.

[3] 郝葆源，等. 實驗心理學 [M]. 北京：北京大學出版社，1983.

第一部分總結

人類的經濟發展的歷程經歷了從農業到工業、從工業到服務業等不同階段；經歷了由商品唯一論到商品與服務結合論的不同認識階段。然而縱觀近年來的國內和國外市場的實踐，產品和服務消費模式正發生著巨大變化：顧客消費的整個過程變得比產品和服務本身更重要；顧客更願意由物質產品去獲得精神價值；消費的過程開始於實際消費之前，並未完結於消費之後，終身顧客的概念由此產生……由此，消費的過程，即體驗，其本身已經成為一種甚至比其核心產品更為重要的產品。

「體驗」這一名詞正越來越廣泛地被使用。「體驗」一詞有著非常寬泛的含義，最初對「體驗」進行界定的是哲學、美學和心理學，隨後經濟學和管理學都開始關注這一概念。1970年，美國未來學家托夫勒把「體驗」作為一個經濟術語來使用，這標誌著體驗開始進入經濟學的研究範疇。市場行銷對體驗的研究的時間就更晚一些。早期的研究主要集中在情感體驗（Havlena & Holbrook, 1986；Westbrook & Oliver, 1991；Richins, 1997）、消費體驗（Lofman, 1991；Mano & Oliver, 1993）、服務體驗（Padgett & Allen, 1997）等方面，而體驗真正成為一個熱門研究方向的標誌是美國學者派恩和吉爾摩的《體驗經濟》以及美國體驗行銷大師施密特的《體驗行銷》的出版。

眾多最新的學術研究成果都指出，體驗的設計水準反應著體驗經濟和體驗管理的發展水準。外觀體驗設計、運作流程設計、管理流程設計都是體驗設計的體現和主要任務。體驗管理從關注企業員工的內部體驗到關注外部產品設計、改造、落實企業識別系統，從連續不斷的企業內部行銷入手來激發員工與顧客的生活與情景的感官的認知，塑造心理和意識的情感共鳴，引導思考過程，促進行動和關聯行為的產生，從而達成購買產品和服務的目的，進而達到顧客滿意度和購後意向的提升。因此，體驗管理的理念，在某種程度上相

當於以往的對顧客購買過程的引導和管理，當然這具體反應在了溝通方式、溝通頻率、溝通深度、賣場氛圍以及售前、售中、售後資源投放量等行銷廣告管理的工作上。

　　本部分結合相關案例，重點介紹了美國學者派恩和吉爾摩的體驗特徵理論以及美國體驗行銷大師施密特的體驗階段論的基本假設與內容，並由此深入體驗的基本原理；根據美國社會心理學家威廉·詹姆士指出的感覺器官是人類進行主觀體驗世界萬物的基本途徑的論點，介紹了人體各感覺器官（功能）的特徵與共性，分析了人腦對客觀事物整體進行反應和解讀的過程與機制；最終結合涉及多個行業的全球化案例，進一步總結並提煉了與上述體驗過程相關的感覺作用機理與特徵，力圖形成與當今廣告創造與創新相關的基礎和原理，以供廣告與行銷的操作者與管理參考與借鑑。

第二部分
廣告的基本
理論與原理

豐田「霸道」的廣告風波

　　崎嶇的山路上，一輛豐田「陸地巡洋艦」迎坡而上，後面的鐵鏈上拉著一輛看起來笨重的「東風」大卡車；一輛行駛在路上的豐田「霸道」引來路旁一只石獅的垂首側目，另一只石獅還抬起右爪敬禮。該廣告的文案為「霸道，你不得不尊敬」。

　　刊載於《汽車之友》和美國《商業周刊》（中文版）2003年第12期的這兩則豐田新車廣告剛一露面，就在讀者中引起了軒然大波（見圖1和圖2）。「這是明顯的辱華廣告！」看到過這兩幅廣告的讀者認為石獅子有象徵中國的意味，豐田「霸道」廣告卻讓它們向一輛日本品牌的汽車「敬禮」「鞠躬」。「考慮到盧溝橋、石獅子、抗日戰爭三者之間的關係，更加讓人憤恨。」對於拖拽卡車的豐田「陸地巡洋艦」廣告，很多人則認為廣告圖中的卡車系國產東風汽車，綠色的東風卡車與中國的軍車非常相像，有污辱中國軍車之嫌。選擇這樣的畫面做廣告極不嚴肅。在輿論的強大壓力下，豐田公司和負責製作此廣告的盛世長城廣告公司不得不在2003年12月4日公開向中國讀者致歉。

圖1　豐田「陸地巡洋艦」廣告
圖片來源：百度圖片

圖2　豐田「霸道」廣告
圖片來源：百度圖片

无疑，丰田「陆地巡洋舰」和丰田「霸道」的这两则广告是失败的，究其原因，有如下三点：

首先，错误运用争议广告。有媒体报导，这是丰田公司的一种宣传手段，想利用争议之声吸引消费者的注意力。一些引起争议的广告在短期内可能对企业知名度或产品销售等方面产生效果，从长期来看却可能对企业的品牌有破坏性，损害品牌形象。虽然广告本身是以影响力来衡量的，并且一个广告能够引起争议，从某种程度上来说是一件好事，因为这相当于扩大了广告的力度，如果使用得当，对企业的产品宣传、品牌树立能起到事半功倍的效果。反之，如果使用不好，可能会给企业带来很多负面后果。因此，对于争议广告的使用风险也就更大，对创意的要求和把握也就要求更高。丰田「霸道」和「陆地巡洋舰」这两款车的确在短时间内利用多方争议一举成名，但利用这种争议换来的名声几乎都是负面的，对产品的销售和品牌情感的建立几乎没有积极意义。

其次，广告设计放大负面情绪。细看丰田公司的这两则广告，可以看出这两则广告都在传达着同样一个信息，那就是霸道！「霸道」一词在《现代汉语辞典》中的解释为「蛮横，不讲理」。丰田公司的这两则广告正是准确传达了这样蛮横不讲理的信息：在恶劣条件下，东风卡车只有被丰田车拖着才能前进；丰田车驶过，连石狮子也「不得不敬礼，不得不尊重」。人们对「霸道」的人和事，大多是厌恶、反感的。丰田公司将「Prado」（本意为「平原」）译为「霸道」，并用广告去阐述，实际上是在引导一种不良的价值取向，在暗示购买这种产品的人的霸道身分。近年来，日本的教科书事件、参拜靖国神社事件、遗留毒气弹伤人事件，一再揭开日本侵华战争那道历史的伤痕，让中国人生起警惕与愤慨之心，从而激化了对立的情绪，让相当多的中国人不肯忘却与谅解，只要稍有风吹草动，民间的愤怒情绪就会再一次发作。不管怎样为这种民间的愤怒命名，无论说是狭隘还是偏激，都不能不承认是一种客观存在，是历史事实在当代的折射，因此无论是从事经济还是文化活动，都不能不考虑到中国人的这种情绪。丰田公司这两则广告的设计者正是忽略了这个愤怒与疼痛的「语境」，在运用狮子符号时又过于轻率，才导致了这场尴尬的局面。

最后，这两则广告忽视中国人特有的品牌情感联系。在2002年年末，美国博达大桥国际广告公司（FCB Worldwide）公布了其独家研究调查数据。数据显示，中国消费者忠于国际品牌的基础主要是建立在情感联系，而非品牌是否处于市场领导地位。其他国家的消费者忠于国际品牌的基础则是建立在品牌产品是否完美配合自己，只是渴望「量身打造」的关系。消费者与品牌的关系跟人与人之间的关系十分相似，这些关系的层面由毫无感觉到满意，甚至产生共鸣、舒适、志趣相投。对于作为日系车的丰田汽车，也许本来就与中国消费者之间有一定的情感距离，如果仅凭市场地位、技术性能，就认为可以在中国市场「横行霸道」了，恐怕是行不通的。

那么，什么样的广告才是好的、成功的广告呢？从上述的案例中我们可以知道一则好的广告不仅要有好的表现手法，还要激起潜在消费者情感上的共鸣。本部分阐述有关广告的基本理论与原理，包括广告概述、广告心理学、广告的表现策略以及广告行销管理等内容。本部分想要达到的目的是使学生在学习本部分后，能够对广告的相关基本理论与原理有所了解，能够简单分析一则广告。

3 廣告概述

開篇案例

「滴滴香濃，意猶未盡」（麥氏咖啡）「味道好極了」（雀巢咖啡）「鑽石恆久遠，一顆永流傳」（戴比爾斯鑽石）「牛奶香濃，絲般感覺」（德芙巧克力）「人類失去聯想，世界將會怎樣？」（聯想集團）「Hello，Moto」（摩托羅拉）「農夫山泉有點甜」（農夫山泉）「不是所有的牛奶都是特侖蘇」（特侖蘇）……相信大家讀到上面的語句，腦海中都會浮現出一些具體的畫面或是聲音。這，就是好的廣告詞的魅力所在。

本章提要

廣告在我們的生活當中無處不在，好的廣告不僅朗朗上口，給人以美的印象，還可以在消費者心中樹立良好的品牌形象。研究廣告，首先就需要對廣告有一個基本的認識。在本章中，我們主要就廣告的概念與職能、廣告的歷史演變、廣告的分類三大問題進行闡述，目的在於使學生學完本章後，對廣告有一個基本的認識，揭開廣告面紗，深入探討廣告世界。

3.1 廣告的概念與職能

在現代社會，廣告充斥在我們的生活之中。然而，「廣告」一詞的概念在目前國內外廣告學界和業界卻無法給出一個完全統一的、為人們所公認的解釋。廣告種類繁多，有共性也有差異性，加之由於廣告活動的豐富性、多樣性以及人們認識上見仁見智，對「廣告」始終沒有一個統一的定義。

3.1.1 廣告概念的演變

資料顯示，「廣告」一詞最早來源於拉丁文「Adventure」，原意為「注意」「誘導」「披露」的意思，後在英文中演變為「Advertise」，其含義則為「某人注意到某事」。隨著資本主義工商業的發展，廣告的動態意義「Advertising」開始被廣泛引用。事實上，最初「Advertise」的名詞「Advertisement」只是對17世紀開始在報紙上出現的告知貨物船只信息以及經濟行情等廣告內容的稱呼。如今，該詞的含義逐漸延伸與豐富，到目前為止，除了最常用的「廣告」的含義外，還有「廣告學」「廣告業」等意思。

20世紀50年代以來，隨著第三次科技革命的產生與發展，市場競爭日益激烈，信息傳

播更加暢通，廣告也有了進一步的發展。在當代，以高科技、信息、網絡和知識為重要組成部分和主要增長動力的新經濟背景下，廣告是企業、部門機構、協會等向社會進行全方位信息交流的重要方式，即以溝通為目的，向目標消費者進行告知、誘導和說服，促成其購買。

3.1.2　廣告的概念

對廣告定義演變的認識有助於我們加深對廣告定義的理解。廣告有廣義和狹義之分。廣義的廣告是指所有的廣告活動，凡是溝通信息和促進認知的傳播活動均包括在內。狹義的廣告是指商業廣告，這是傳統廣告學的研究對象。本書如無特殊說明，均以商業廣告為研究對象。

如何對廣告下定義，反應了人們對廣告特點和性質的認識。至今廣告學界和業界還沒有一個統一的、得到公認的廣告的定義。但從眾多的廣告定義中，我們仍能看出一些共同的特點。目前，在國內外較為流行的廣告的定義有以下幾種[①]：

美國行銷協會（AMA）對廣告的定義是：廣告是由明確的廣告主在付費的基礎上，採用非人際的傳播形式對觀念、商品或服務進行介紹、宣傳的活動。

哈佛管理叢書《企業管理百科全書》一書認為：廣告是一項銷售信息，指向一群視聽大眾，為了付費廣告主的利益，去尋求有效的說服來銷售商品、服務或觀念。

在現在可以查閱到的國外文獻中，廣告的定義不計其數，我們認為以上兩個對廣告的定義比較具有代表性，其他的絕大部分對廣告的定義都與此大同小異，不再贅述。

中國廣告學界對廣告的定義中比較流行的有唐忠樸等人在《實用廣告學》一書中的定義：廣告是一種宣傳方式，它通過一定的媒體，把有關商品、服務的知識或情報有計劃地傳遞給人們，其目的在於擴大銷售、影響輿論。

苗杰等人在《現代廣告學》中將廣告定義為：所謂廣告，是以營利為目的廣告主，通過大眾傳媒所進行的，有關商品、服務和觀念等信息的，有說服力的銷售促進和信息傳播活動。

《辭海》對廣告的定義是：向公眾介紹商品、服務內容或文娛體育節目的一種宣傳方式，一般通過報刊、電視、廣播、招貼等形式進行。這一定義在今天看來存在一些問題，但曾經產生過重大影響。

從以上定義中我們可以概括出對於廣告定義的一些共識：

第一，廣告需要明確的廣告主支付一定的費用。

第二，廣告的目的在於向消費者推銷商品、服務或觀念。

第三，廣告是一種信息傳播活動。

第四，廣告傳播的方式是非人際的傳播方式，包括大眾媒體等。

第五，廣告有特定的目標對象。

廣告——廣告學理論研究的起點，雖然擁有如此多的定義，但是這些對廣告的定義均是特定歷史時期的產物，至少可以為我們提供關於廣告歷史性的認識和認識的歷史性。進而言之，不同的廣告定義，往往都有其獨特的視角，都能為我們提供某種獨特的思考。[②] 在對上面眾多廣告定義的梳理中，我們總結出：廣告是一種特殊的信息傳播活動，這種傳播

---

① 清水公一. 廣告理論與戰略 [M]. 胡曉雲，朱磊，張妲，譯. 北京：北京大學出版社，2005：5.
② 張金海，姚曦. 廣告學教程 [M]. 上海：上海人民出版社，2003：6.

活動在明確的廣告主付費的基礎上,通過大眾媒體等方式將商品、服務或觀念等信息傳遞給特定的目標受眾。

3.1.3 廣告的職能

由廣告的定義可知,廣告是一種信息傳播活動。在廣告的定義中可以發現廣告的基本職能之一。除此之外,廣告還具有許多其他職能,具體如下:

第一,廣告可以傳遞信息,溝通產銷。廣告最基本的功能就是認識功能。廣告把有關產品生產銷售方面的信息傳遞給消費者,向消費者提供商品或服務信息,這就是廣告的信息傳遞功能。通過廣告,能幫助消費者認識和瞭解商品和服務的各種信息,包括商標、性能、用途、使用和保養方法、購買地點、購買方法、價格等,從而起到傳遞信息,溝通產銷的作用。廣告的信息傳遞功能具體體現在促進、勸服、增強和揭示四個方面。廣告的目的是讓接受廣告信息的受眾發生心理狀態的改變,在廣告的促進與勸服下,使廣告受眾轉變為消費者,達到廣告的預期目的。

第二,廣告可以促進競爭,開拓市場。競爭是商品經濟的產物,是企業得以生存和發展的原動力。市場競爭是一種較量,廣告能使競爭的聲勢增強,通過向消費者提供商品的可選擇性、比較性來激發企業的競爭活力。大規模的廣告是企業的一項重要競爭策略。當一種新商品上市後,如果消費者不瞭解其名稱、用途、購買地點、購買方法,就很難打開銷路,特別是在市場競爭激烈、產品更新換代大大加快的情況下,企業通過大規模的廣告宣傳,能使本企業的產品對消費者產生吸引力,這對於企業開拓市場十分有利。提高商品的知名度是企業競爭的重要內容之一,而廣告則是提高商品知名度不可缺少的武器。精明的企業家總是善於利用廣告,提高企業和產品的「名聲」,從而抬高「身價」,推動競爭,開拓市場。

第三,廣告可以激發需求,增加銷售。廣告對消費者的消費興趣與消費慾望不斷進行刺激,使得消費者發生更多的購買行為,從而增加產品銷售。廣告在溝通產銷渠道方面起著橋樑作用,而市場擴大資源的限制使廣告的促銷作用更加明顯。廣告已成為企業加速商品流通和擴大商品銷售的有效工具,市場上廣告宣傳的開展可以開闢新的道路,激發消費者的需求,從而增加產品的銷售。一則好的廣告能起到激發消費者的興趣和感情,引起消費者購買商品的慾望,從而促使消費者購買該商品的作用。曾有這樣一個事例:某國菸草公司派了一名推銷員去海灣旅遊區推銷該公司的「皇冠牌」香菸,但該地區香菸市場已被其他公司的品牌所占領。該推銷員苦思無計,在偶然間受到了「禁止吸菸」牌子的啟發,他就別出心裁地製作了多幅大型廣告牌,廣告牌上寫上「禁止吸菸」的大字,並在其下方加上一行字:「『皇冠牌』也不例外。」結果大大引起了遊客的興趣,遊客爭相購買「皇冠牌」香菸,為公司打開了銷路。

第四,廣告可以介紹商品知識,指導消費。現代化生產門類眾多,新產品層出不窮,分散銷售,而且買賣雙方信息嚴重不對稱,人們很難及時買到自己需要的東西。廣告通過介紹商品知識,向消費者提供產品信息,使消費者瞭解商品的性能和市場信息,從而起到指導消費的作用,有利於消費者做出購買決策。例如,消費者購買某些產品以後,由於對產品的性能和結構不十分瞭解,因此在使用和保養方面往往會發生問題。通過廣告對商品知識的介紹,也可以更好地指導消費者做好產品的維修和保養工作,從而延長產品的使用時間。

第五,廣告可以豐富生活,陶冶情操。好的廣告,實際上就是一件精美的藝術品,不

僅真實、具體地向人們介紹了商品，而且讓人們通過對廣告作品形象的觀摩、欣賞，引起豐富的生活聯想，樹立新的消費觀念，增加精神上美的享受，並在藝術的潛移默化之中，產生購買慾望。良好的廣告還可以幫助消費者樹立正確的道德觀、人生觀，加強精神文明建設，陶冶情操，給消費者以科學技術方面的知識。

3.2 廣告的歷史演變

在初步瞭解了廣告的基本概念之後，我們認識到廣告作為一種信息傳播方式，是為了適應人類信息交流的需要而產生的，在漫漫歷史長河中，經歷了一個漫長的歷史演變過程。廣告實踐作為一種特殊的社會文化現象，是人類文化和社會運動的一部分。研究廣告的歷史演變過程，有助於我們完善廣告發展的歷史機制，使廣告運動在新經濟的大潮中奮勇前進，並隨時代的發展步入一個新的臺階。

3.2.1 中國廣告的歷史演變

3.2.1.1 古代廣告的產生與發展（原始社會後期至鴉片戰爭前）

第一，奴隸社會及其以前廣告的發展概況。社會的第一次生產大分工大約發生在原始社會晚期，距今 4,000~10,000 年的新石器時代。生產力的發展和勞動者的社會分工，促使剩餘產品出現，從而奠定了私有制的基礎。同時，由於勞動者的技術專業化傾向，使各個勞動者在生產活動中所生產的產品品種和數量都不相同。因此，為了滿足個人的需要，開始出現產品交換。隨著生產分工的深化，生產的物質品類逐漸增多，剩餘產品也隨之增多，物質交換活動日趨頻繁，交換品的種類和地域範圍也不斷擴大。為了把用來交換的產品交換出去，就必須把產品陳列於市場，同時，為了吸引他人，勢必需要叫喊等。實物陳列和叫喊是最早的廣告形式，並且這種形式的廣告至今還在流傳，而其他的廣告形式大體又都是從這種廣告形式中演變而來，只不過是採用了新的手段和工具，注入了新的內容。

從中國的古典文學作品中，尤其是在《詩經》中，還可以看到對商業活動的描寫片段。《易經·系辭》記載：「神農氏作，列廛於國，日中為市，致天下之民，聚天下之貨，交易而退，各得其所。」《詩經·邶·北風》用「既阻我德，賈用不售」來描寫遭人拒絕之後的心情。《詩經·衛風·氓》更有「氓之蚩蚩，抱布貿絲」這樣的對商業活動進行直觀描述的詩句。這些都從一定程度上反應了原始社會晚期和奴隸社會時期的商業發展情況和原始的商品銷售形式——展示物品和叫賣成為形象的廣告。

第二，封建社會廣告的發展概況。春秋時期，即公元前 770 年—公元前 476 年，中國社會開始發生並完成從奴隸社會向封建社會的過渡轉變。在這一時期，商人階層開始分化，分為行商和坐賈，《莊子》中屢屢出現的「桂魚之肆」「屠羊之肆」的提法就是明證。行商是走村串寨進行沿途買賣的商人，坐賈是有一定場所的、招徠他人來買賣東西的商人。《白虎通》中對商賈之分有這樣的描述：「商之為言章也，章其遠近，度其有亡，通四方之物，故謂之為商也。賈之為言固也，固其有用之物，待以民來，以求其利者也。故通物曰商，居買曰賈。」也就是在這一時期，人們開始把陳列於市的實物懸掛在貨攤上以招攬客人。這樣就在實物陳列的基礎上，演變和發展成了招牌、幌子等廣告形式。《晏子春秋》中就有這樣的描述：「君使服於內，猶懸牛首於門而賣馬肉於內也。」這句話就足以證明，至少當時

已存在幌子這樣的廣告形式。與此同時，在河南登封告咸鎮發掘出土的東周陶器上都印有「陽城」篆體陶文字樣標記，被認為是中國最早的文字廣告。

秦始皇統一中國之後從秦到隋的800餘年間（公元前221年—公元618年），由於封建統治階級對土地的改革和新的稅收政策的實施，社會生產力較春秋戰國時期又有了一定程度的發展。秦始皇的中央集權制度和統一度量衡、統一文字的措施，以及漢代長期的「休養生息」政策的落實，在客觀上為商業的發展創造了有利的條件。西漢的「文景之治」以政通人和、國泰民安而著稱，商業的發展規模和範圍無疑又比春秋時期有了較大的發展。在這一時期，城市進一步發展。在幾百年間，洛陽成為聞名於世的大都會，開設了很多店鋪。店鋪在當時被稱之為「市樓」，門口有一人接待顧客，所採取的廣告形式有口頭廣告、實物陳列等。這時尤其是幌子（見圖3-1），已多為固定店鋪所採用，如酒旗、爐等。「爐」作為店鋪幌子的原始形式，出現在兩漢時期，為以後的店鋪裝飾起了開創作用。《史記·司馬相如列傳》中就有關於西漢時司馬相如的有關記載：「相如置一酒舍沽酒，而令文君當爐。」東漢詩人辛延年亦有「胡姬年十五，春日獨當爐」的詩句。可以認為，當時（東漢）已有外國人居住中國，從事商業活動。

圖 3-1　文君當爐賣酒
圖片來源：大學語文網（http：//www.zhyww.cn/dxyw/ywym/200711/4031.html）

公元618年，唐朝建立，中國的封建社會發展到了鼎盛時期。農業上實行的均田法和租庸調法，有力地推動了經濟的發展，工商業日趨繁盛，空前興旺。唐朝的商業活動中，存在著諸如口頭叫賣、招牌廣告、商品展銷會、旗幟等多種廣告形式。

在中國漫長的封建社會中，廣告發展到了宋朝開始有了較大的變化。北宋政權由於採取了一系列安定農村、鼓勵生產的政策，社會經濟在經歷了長達數十年的戰亂之後，得到了一個休養生息的時機，經濟再度回升，商業迅速發展。北宋的都城汴梁不僅是政治經濟中心，而且是商品的集散地，各地商人穿梭於此，門面寬闊的大商店出現，從而出現了店面裝潢——彩樓、歡門這樣的廣告形式。與此同時，由於開禁夜市，商業貿易出現日市、曉市、夜市的分化，小商小販忙著晝夜交易，「買賣晝夜不絕，夜交三四更遊人始稀，五更

復鳴」（吳自牧《夢粱錄》）。由於小商小販被允許串街走巷做生意，因此城內各處叫賣之聲不絕。《東京夢華錄》對叫賣廣告記載頗多：「從城外守城入城貨賣，至天明不絕。更有御街州橋至南內前趁朝賣藥及飲食者，吟叫百端。」「正月一日年節，開封府放關撲三日。世庶自早互相慶賀，坊巷以食物動使果實柴炭之類，歌叫關撲。」

商業活動的增多也使一些服務行業應運而生，從業者驟然增多。茶坊、酒樓、客店，遍布街頭巷尾，生意興隆。在這種經濟背景下，廣告得以更進一步發展。招牌、幌子、酒旗、燈籠各顯其能，且隨著大店鋪的出現開始出現新的廣告形式——門匾。從北宋張擇端的《清明上河圖》上就可看到諸如「劉家上色沉檀揀香」「趙太丞家」「楊家應症」和「王家羅匹帛鋪」等招牌門匾（見圖 3-2）。

圖 3-2　《清明上河圖》——劉家上色沉檀揀香店
圖片來源：承香堂網站（http://www.承香堂.cn/ItemsInfo.aspx？ID＝70）

原始的廣告形式——口頭呼叫、音響、招牌、幌子、燈籠以及門匾、門樓、酒旗等店鋪廣告，在宋朝時已相當繁榮。同時，由於科技水準的提高，印刷工藝取得了極大的進步。在隋朝發明的雕版印刷，到了宋朝已發展為活字印刷。活字印刷技術的發明為廣告提供了新的傳播媒介——印刷品。歷史資料證明，宋朝已經開始出現印刷品廣告，現存上海博物館的「濟南劉家功夫針鋪」的印刷銅版，就是相當珍貴的宋代廣告印刷史料（見圖 3-3）。

宋朝以後的元、明、清各代，商品經濟亦有不同程度的發展。由於人口的增多和對外交流的日益廣泛，城市的發展異常迅速，在全國各地形成了不同的地區商業中心。在這一時期，雖然廣告的應用異常活躍，然而廣告形式卻未有所創新，依然是對口頭廣告、原始音響廣告和店鋪招牌廣告——旗幟、招牌、門匾、門樓、彩燈的應用。

在整個封建時期，就廣告形式而言，主要有以下幾種：

一是口頭廣告。南宋詩人範成大在其《範石湖集》中有「牆外賣藥者九年無一日不過，吟唱之聲甚適」的註釋。明代湯顯祖的《牡丹亭·閨塾》裡有「你聽一聲聲賣花，把讀書聲差」的描述。明代馮夢龍所編宋、元、明「話本」和「擬話本」的總集《警世通言·玉堂春落難尋夫》中更有「卻說廟外街上，有一小伙子叫雲：『本京瓜子，一分一桶，高郵鴨蛋，半分一個』」的廣告叫賣詞的記載。在元曲中，則有「貨郎兒」的曲牌，最早是沿街叫賣的貨郎為招徠顧客而唱的，後來演變為民謠，最後演變為藝人的曲目。

二是酒旗廣告。唐宋以後的詩人詞家多以酒旗作為話題，而元、明、清的文學作品中

圖 3-3　濟南劉家功夫針鋪印刷廣告
圖片來源：汕頭特區晚報（http://www.step.com.cn/html/2011-02/11/content_183745.htm）

也多有對酒旗的描述，在此不再贅述（見圖 3-4）。

圖 3-4　古代酒旗
圖片來源：行業中國網（http://www.jzwhys.com/news/8927780.html）

　　三是幌子。元曲中有「滿城中酒店三十座，他將那醉仙高掛，酒器張羅」（楊顯《酷寒亭》）的唱詞。當時一些出售小商品的店鋪把商品做成「誇張甚巨」的大剪刀、大瓶藥酒的，陳列於店鋪門口或櫃頭以招徠顧客。在明清兩代的小說作品中，對幌子的記載更是不勝枚舉（見圖 3-5）。

圖 3-5　幌子——明刊本《二奇緣》中的留珮館高挑著招旗
圖片來源：每日新報(http://epaper.tianjinwe.com/mrxb/mrxb/2007-10/29/content_5377489.htm)

　　四是招牌。自從唐代把招牌作為一種行市管理手段之後，招牌一直是橫跨唐、宋、元、明、清五代上千年的廣告形式之一。《清明上河圖》中可以看到各種招牌的形象（見圖3-6）。宋代話本《京本通俗小說・碾玉觀音》中有這樣的描寫：「不則一日，到了潭州，卻是走得遠了。就在潭州市裡，討間房屋，出面招牌，寫著『行在崔待詔碾玉生活』。」元代李有在《古杭雜記》中，引用張任國的《柳梢青》詞「掛起招牌，一聲喝採，舊店新開」來描寫舊店復業情景。由於商業競爭，在清朝時的北京，更出現了利用招牌對罵同業的情況，如「雨衣油紙家家賣，但看招牌只一家，你也賣家我也賣，女娼男盜只由他」。早期的招牌一般比較簡單，但為了在商業競爭中取得廣告優勢，後來就發展出請名人書寫，並且出現了店鋪中堂，如酒店的「太白遺風」、米店的「民以食為天」等。同時，在招牌的裝飾上，也開始演變出藝術性圖案和描金寫紅等競比華貴的表現形式。

圖 3-6　清明上河圖（局部）
圖片來源：博寶藝術網(http://news.artxun.com/qingmingshanghetu-1490-7445264.shtml)

　　五是店堂裝飾。自宋代開始發展了大的店鋪之後，商店的門面修飾也成為廣告競爭的主要形式之一。《清明上河圖》中可以看到一家「正店」（見圖3-7），其店面裝飾已十分講究。宋朝鼎盛時期的豐樂樓，「三層相高，五樓相向，各有飛橋欄檻，明暗相通，珠簾繡

額，燈燭晃耀」（孟元老《東京夢華錄》）。同期的《夢粱錄》對杭州的描述更是詳細，「今杭城茶肆亦如之，插四時之花，掛名人畫，裝點門面」，可見當時已重視店堂裝飾，而在以後的元、明、清時期，這種店堂裝飾更是「競比奢華」。

圖3-7 清明上河圖（局部）
圖片來源：中國文化藝術網（http://bj.orgcc.com/news/2011/12/23251.html）

六是印刷廣告。木版印刷在元明時期大有發展，除官方用來印書之外，民間亦用來印製話本小說和戲曲。尤其在明代中葉以後，印坊所出小說、戲曲大都加有插圖繡像，作為書商推銷刊本的宣傳。弘治戊午年（1498年）刊本的《奇妙全像西廂記》（見圖3-8），在其書尾就附有出版商金臺岳家書鋪的出版說明：「……本坊謹依經書重寫繪圖，參次編大字魁本，唱與圖合。使寓於客邸，行於舟中，閒遊坐客，得此一覺始終，歌唱了然，爽人心意。」可見當時書商廣告的功底。

圖3-8 金臺岳家書鋪出版的奇妙全像西廂記
圖片來源：百度圖片

從各個歷史朝代的商業及廣告發展情況可以看到從口頭廣告、店鋪廣告到印刷廣告的歷史變革，從而可以看出廣告在中國封建社會發展的相對鼎盛時期及其與當時商業經濟的關係。

3.2.1.2 中國近現代廣告的發展（鴉片戰爭爆發至新中國成立）

19世紀上半葉，許多資本主義國家都進行了工業革命，生產的高速發展使資本家感到了市場的壓力。為了累積巨額資本、開闢新的商品市場、掠奪勞動力和廉價的原料，人口眾多且地大物博的中國就成了他們的掠取對象之一。1840年爆發的鴉片戰爭，就是這種全面的政治、經濟和文化入侵的開始。資本主義的侵入，一方面，使中國社會的性質發生了變化，閉關自守的封建社會開始解體，以農業和家庭手工業相結合的自然經濟被瓦解，中國社會逐漸淪為半封建半殖民地社會；另一方面，外國資本和商品的大量湧入，也為中國的商品生產提供了推動力，促進了工商業的發展，尤其是民族工商業與遠洋資本之間相互爭奪市場的競爭，刺激了廣告的發展。

鴉片戰爭後，在帝國主義強權下，清政府簽訂了《南京條約》，允許開放廣州、福州、廈門、寧波、上海五大城市為通商口岸，並且准許中國商人將外國商品從上述口岸運往全國各地銷售，從而使資本主義的貿易入侵合法化。從此，外國貨如破堤之水湧入內地，並在中國出現了專為外國資本家服務的買辦商人。由於外商及外資的大量湧入所帶來的商業發展，現代廣告業也就在這幾個通商口岸城市中迅速地發展起來。

在各類輸入品中，使用廣告最多的首推藥品和香菸。在五個通商口岸中，廣告最發達的首推上海，這跟上海有廣闊的腹地和長江方便的水上運輸有關。當時的廣告主要靠路牌和招貼。路牌是畫在牆上的，藍底白字，十分簡單。招貼則多在國外印製，帶回中國張貼。這些路牌廣告和招貼廣告曾經從城市擴展到廣大的農村，發展迅速。在這一時期，除了路牌廣告和招貼廣告之外，現代形式的報紙、雜誌也開始在中國出現。

1853年，英國人在五大通商口岸出售刊物《遐邇貫珍》，該刊物經營廣告業務，為溝通中外商情服務。該刊物在1854年曾刊出一則廣告，尋求廣告刊戶：「若行商租船者等，得借此書以表白事款，較之遍貼街衢，傳聞更遠，獲益至多。」史學家認為，該刊物是在中國出現得最早的刊物之一。

歷史證明，以報紙雜誌為標誌的現代廣告是由外商引入的。1858年，外商首先在香港創辦了《孖剌報》，在1861年後成為專登船期物價的廣告報。在這期間，外國人除了創辦一些綜合性報紙外，還創辦了一些專業廣告報刊，如《東方廣告報》《福州廣告報》《中國廣告報》等。當時的廣告業務，主要以船期、商品價格為主，這同五口通商之後國外商船往來頻繁、貨物進出種類繁多且數量龐大不無關係。1872年3月23日，《申報》（見圖3-9）創刊，這是中國歷史最久、最有名望的中文報紙。同期創辦的還有《上海新報》《中國教會新報》等。這些報紙都刊登大量的廣告，幾乎可占2/3版面。同時，在這一時期，機械設備廣告開始出現。

19世紀末，華人報紙陸續創刊，1895—1898年的三四年間全國創辦了32種主要報紙。由於資本競爭的加劇，報紙刊數和廣告版面迅速增加。1899年《通俗報》的6個版面中，廣告即占其3/4版。到1922年，中國的中外文報紙已達1,100多種。報紙廣告的廣泛出現，標誌著中國近代廣告的發展進入了一個新的歷史時期。

20世紀30年代，廣告公司的興起是中國廣告發展史上的又一個里程碑。在這一時期，廣告媒介開始變得多樣化，出現了多種多樣的廣告形式。抗日戰爭前充斥上海的外商外企為了推銷其生產的洋貨，許多大型企業中都設有廣告部。例如，英美菸草公司的廣告部和圖畫間就從中外各方邀請畫家繪製廣告。在激烈的商戰中，民族工業也開始向廣告事業投資，在企業內設置廣告部門。同時，由於市場競爭的需要，廣告業務不斷增加，專業廣告

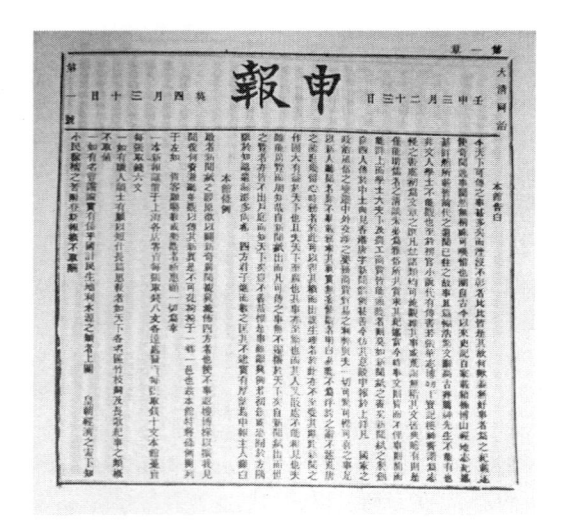

圖 3-9　申報創刊號
圖片來源：圖書館學基礎網（http://wenke.hep.edu.cn/NCourse/tsgxjc/courseware/fxzl/1/wenxian/02/bao/01.html）

公司由此應運而生。在 20 世紀 30 年代初，上海已有大小廣告公司一二十家，廣告公司的業務以報紙廣告為主，其他形式的廣告，如路牌、櫥窗、霓虹燈、電影、幻燈片等，大體都各有專營公司。

在這段時間，報紙是主要的廣告媒介。最大的報紙是《新聞報》，該報在 1923 年即已「日銷 15 萬份」作為招徠廣告的號召。此外，雜誌的發行量也不低，如鄒韜奮主編的《生活周刊》在 1923 年的每期銷數也超過 15 萬份。一些主要雜誌，如《生活周刊》《東方雜誌》和《婦女雜誌》等，都登有較大篇幅的廣告。路牌廣告在早期是廣告的主要形式，後來雖然讓位於報紙，但是在整個廣告業務中還是佔有相當份額。由於在大城市裡簡陋的、刷在民牆上的路牌廣告已不能引人注目，有的廣告公司就開始將五彩印製的招貼貼在臺面上，後來又改為用木架支撐、鉛皮裝置、油漆繪畫的廣告。有不少公司，把路牌廣告作為主要收入來源。

電波廣告的引進是在 1922 年以後。美國人奧斯邦在上海建造了一座 50 瓦特的電臺，從而揭開了中國電波廣告的序幕，但廣播電臺正式開播廣告是在 1927 年，由新新公司建造了一座 50 瓦特的電臺，播送行市、時事與音樂。同年，天津、北京也相繼開設電臺。到 1936 年，上海已有華資私人電臺 36 座、外資電臺 4 座、國民政府電臺 1 座、交通部電臺 1 座，這些電臺都主要依靠廣告維持生存。

上海最早的霓虹燈廣告引進於 1926 年。其後有外商在上海開設霓虹燈廠，規模較大的有麗安電器公司。華資電器公司也在此後相繼出現，並為廣告公司製作霓虹燈廣告（見圖 3-10）。

此外，新出現的廣告形式還有車身廣告、櫥窗廣告等。同期，印刷廣告也得到進一步發展，相繼出現了產品樣本、企業內部刊物（免費贈閱）、企業主辦專業性刊物、月份牌和日曆等形式的印刷廣告。

抗日戰爭爆發後，由於市場受到戰爭衝擊，廣告業受到嚴重影響。上海淪陷後，主要

图 3-10　舊上海霓虹燈廣告

圖片來源：搜狐網(http://ilishi.blog.sohu.com/148057805.html).

的廣告公司相繼歇業，剩下的廣告業務也大多是介紹日貨的廣告，雖然在抗日戰爭後期廣告業務和廣告公司都有一定恢復，但未有長足進步。

　　抗日戰爭時期，國民政府內遷重慶。當時南京、上海、漢口和天津等地的多家報紙也相繼內遷。1937年，在重慶出版的除原有的《商務日報》等外，還有《新華日報》《中央日報》《掃蕩報》《大公報》《新民報》等，也刊登各類廣告。同時，在解放區創刊的共產黨報紙也有少量廣告業務。

　　抗日戰爭勝利後，各類報紙等媒介單位相繼遷回原地復刊，廣告公司重新活躍起來。當時的廣告中，有很多是「尋人啓事」。此外，美國貨也大量充斥市場，廣告業務量很大。由於美國貨對中國民族工業的衝擊過甚，致使民族工業幾乎到了崩潰的邊緣。當時的國貨機制工廠聯合會在其主持人的倡導下，發起了一次口號為「用國貨最光榮」的旨在抵制外貨、挽救民族工業的宣傳運動。當時設計了一個標誌，在本埠報紙、外埠報紙、路牌上登載廣告，號召人們使用國貨。但是在1947年之後，由於連年內戰，導致經濟崩潰，中國的廣告事業又重新跌入低谷。

3.2.1.3　當代中國的廣告發展概況（新中國成立至今）

　　1949年，中華人民共和國成立。由於經濟、政治、社會諸方面的原因，新中國的廣告事業在經歷了一個長期的曲折過程之後，才得以迅速恢復和發展。

　　在新中國成立前夕，有些工商業者對中國共產黨的政策不明了，卷款外逃，外加國民黨政府在統治後期所採取的經濟政策對工商業造成一定損害，導致中國工商業處境困難。資金短缺、原料匱乏，嚴重地影響了新中國成立初期的工商業的穩定和發展。為了穩定經

濟形勢，促使工商企業恢復生產，新中國人民政府採取了各種有效措施，不僅支持對工商企業的原材料供應和資金供應，同時也加強了對企業的管理措施，在各級人民政府領導之下，成立了工商行政管理局。對於廣告行業，則在廣告業比較集中的上海、天津和重慶等地，成立了相應的廣告管理機構，對廣告進行管理，並在全國相繼成立了廣告行業同業公會。同時，針對當時廣告業務中存在的一些問題，對廣告行業進行了整頓，解散了一批經營作風不正、業務混亂、瀕臨破產的廣告社。各地區以人民政府名義發布了一批地方性的廣告管理辦法，如天津市衛生局發布的《醫藥廣告管理辦法》、上海市人民政府發布的《廣告管理規則》等。重慶市在1951年成立廣告管理所後，於年底公布了《重慶市廣告管理辦法》。

在新中國成立初期的一段時間裡，廣告行業由於人民政府採取的各項措施，得到一定程度的恢復和發展。報紙、雜誌、電臺、路牌等商業廣告業務依然很活躍，同時還舉辦過幾次全國性展覽會和國際博覽會。

1953年，中國開始執行第一個五年計劃，開展大規模的經濟建設。與此同時，中國開展了對資本主義工商業的社會主義改造。由於當時國家對私營工商業實行加工訂貨、統購包銷的經濟政策，廣告公司的業務量驟減。同時，為配合對私營工商業的社會主義改造運動，在工商行政管理部門的支持下，對廣告公司進行了大規模的改組，在一些工業比較集中、經濟發達的城市，建立了國營廣告公司。例如，北京市文化局領導下的北京市美術公司，天津市文化局領導下的天津美術設計公司，上海市商業局領導下的上海市廣告裝潢公司和上海市文化局領導下的上海美術公司等，都是在對原有廣告公司或廣告社進行合併、改組的情況下組建起來的。

全行業公私合營後，工業企業的很多產品由國營企業包銷，從而導致廣告業務的急遽減少。在當時，已很少再有做廣告的企業。在這一時期的後期，報紙廣告版面減少，一些城市的商業電臺被取消，廣播廣告日益萎縮。這些情況持續了數年之久。直到1957年在布拉格召開了國際廣告大會，中國商業部派員參加後，情況才有所改變。

1958年，商業部和鐵道部聯合發出通知，為使商業廣告更好地為生產和消費者服務，要求利用車站、候車室、車廂及列車內使用的用具等為媒介開展廣告業務。在這一段時間內廣告業務有了一定的恢復，如上海、天津的廣告公司的廣告營業額就比1956年上升了6倍多。然而這一局面持續不到一年，1958年「大躍進」開始，工業部門提出了「需要什麼，生產什麼」，商業部門則提出了「生產什麼，收購什麼；生產多少，收購多少」，接著又進一步提出「工業不姓商，大家都姓國」的口號。從此，工業產品不論多少，也不論品質好壞、價格高低，全部由商業部門包下來。由於商業流通成為獨家經營，市場不再有競爭，廣告業受到嚴重衝擊，廣告管理一度廢止。直到1962年國民經濟進入全面恢復期之後，這種情況才有所改觀。

十年「文化大革命」，廣告作為「封資修」的東西被砸爛，廣告管理機構解散，廣告事業的發展陷入一片空白。

1978年12月，中共中央召開了十一屆三中全會，宣布全黨把工作重心轉移到經濟建設上來，提出了「對外開放和對內搞活經濟」的政策。從此，商品生產不斷發展，對外貿易迅速增長。由於發生著計劃經濟向市場調節的轉軌，許多新的產品面臨著開拓市場、擴大銷路的課題，從而為廣告的恢復和發展提供了契機。從此時開始，各地的廣播、電視和報紙相繼恢復廣告業務，廣告公司（社）相繼成立。到1981年年底，全國廣告公司已由9家發展到100多家，報紙、雜誌2,000多家，廣告從業人員1.6萬多人，並開展了外貿廣告業

務。到1983年年底，全國廣告經營單位更達2,340家，營業額2.3億元，比1982年增長40%。為加強廣告管理，1982年2月國務院頒布了《廣告管理暫行條例》，規定廣告行業統一由國家和地方各級工商行政管理部門管理。同時，為加強行業自身的建設，成立了中國廣告協會和中國對外經濟貿易廣告協會兩個廣告行業組織，並舉辦各種展覽會和培訓班，促進廣告事業的建設與發展。

1989年，中國廣告營業額已達30億元人民幣（其中包括對外廣告），從業人員近20萬人，涉及報紙1,000多種，雜誌4,000多份，電臺200多座，電視臺300多家。廣告事業發展迅猛，廣告理論水準不斷提高，廣告人才培養也逐漸受到重視。中國的廣告事業在各方的共同努力下，繼續呈現出繁榮發展的景象，為促進商品經濟和對外貿易的發展起到更大的作用。

中國廣告業告別20世紀80年代的高速發展的成長期，進入20世紀90年代低速發展的成熟期。進入21世紀以來，中國廣告業的發展呈現以下特徵：第一，廣告主的市場行銷費用在分流，廣告費增長趨慢。在市場競爭日益激烈的背景下，市場行銷的手段日益多樣化，過去投入在廣告上的費用現在不斷被公關、終端推廣、業務諮詢、互動行銷等其他市場行銷手段所分化。第二，媒體朝多元化發展，並不斷分化。在各媒介形式中，電視媒體仍然是企業主最主要選擇的媒體形式，2011年增幅為13.9%；電臺繼續維持著較高的增長，2011年增幅為30.2%；報紙和雜誌2011年分別增長12.0%和15.3%；戶外媒體增幅是所有媒體中最低的，僅為3.7%；互聯網持續保持高速增長局面，增幅為35.6%，是所有媒體中增幅最高的媒體（見圖3-11）。縱觀2011年廣告市場，化妝品及浴室用品、商業及服務性行業、飲料、食品、藥品仍然是廣告投放的主力，其投放總量之和占據了廣告總量的57.4%。但從增長情況看，這五個行業的增長率都低於整體廣告的平均增長率，增長貢獻減弱。其中，歐萊雅品牌成為全球廣告投放按年同比增長最快、投放最多的品牌。以刊例價計算，2011年，歐萊雅品牌廣告投放額為105.8億元，同比增長38%。在企業品牌中，寶潔（中國）有限公司的廣告投放為332.6億元，成為廣告投放最多的企業。從網絡廣告整體發展看，交通、網絡服務、房地產、信息技術以及食品飲料行業占據了目前網絡廣告投放的前五位，食品飲料行業代替金融業，首次擠進前五位。

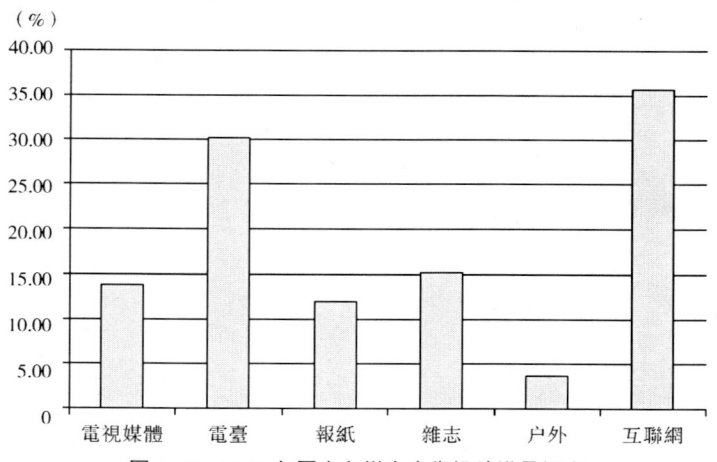

圖3-11 2011年國內各媒介廣告投放增長幅度

圖片來源：百度圖片

3.2.2 國外廣告的歷史演變

廣告在世界各國的產生和發展都有著共同的規律，都是隨著商品的產生而產生，隨著科技進步的發展而發展的。科學技術的進步帶來的傳播手段的革新，對廣告的發展產生了巨大的推動作用。同時，一定的社會制度和社會發展水準也對廣告的發展產生著制約作用。

依據各個歷史時期的廣告技術發展水準，可以把廣告的發展分為五個時期：

第一個時期：從遠古時代到1450年古登堡發明活字版印刷的原始廣告時期。這一時期的廣告只能是手工抄寫，數量有限，傳播也有限。

第二個時期：1450—1850年的印刷廣告時期。這一時期由於報紙雜志尚未成為大眾化工具，因此廣告的範圍很有限。

第三個時期：1850—1911年的媒介大眾化時期。這一時期報紙雜志大量發行，媒介大眾化，並開始出現專業性廣告公司。

第四個時期：從1911年到20世紀70年代廣告行業化時期。廣告業作為一個行業，由於電訊電器技術的發明和發展而得以走向成熟。

第五個時期：20世紀80年代信息革命發生後的信息廣告產業時期。這一時期的廣告業已不再單純是一種商業宣傳工具，已經發展成為一門綜合性的信息產業，廣告活動走向整體化。

3.2.2.1 原始廣告時期（15世紀以前）

歷史研究證明，現存最早的廣告是在埃及尼羅河畔的古城底比斯發現的，是公元前3,000多年前的遺物，現存英國博物館。這份廣告書寫於一張羊皮紙上，內容為懸賞一個金幣以緝拿名為謝姆的逃奴的廣告。在古希臘、古羅馬時期，一些沿海城市的商業也比較發達，廣告已有叫賣、陳列、音響、文圖、詩歌和商店招牌等多種，在內容上有推銷商品的經濟廣告、文藝演出、尋人啟事等，還有用於競選的政治廣告。例如，羅馬商人為了引起人們的注意，在牆壁上刷上商品廣告，或者由奴隸們寫好掛牌，懸掛在全城固定的地點。出租廣告也很常見，有一則廣告寫道：「在阿里奧·鮑連街區，業主克恩·阿累尼烏斯·尼基都斯·梅烏有店面和房屋出租，從7月1日起出租。可與梅烏的奴僕普里姆斯接洽。」

在2,000年前被火山爆發所掩埋的龐貝城，經考古發現，在縱橫交錯的街道建築物的牆上和柱子上，刻滿了各種廣告文字和圖畫。在官方規定的廣告欄內，還發現有候選人的競選廣告。

標牌廣告也很常見。據考證，商店的標牌廣告起源於公元前5世紀至公元前2世紀的以色列、龐培和希臘、羅馬。在古羅馬，人們用一個正在喝酒的士兵圖案表示酒店，而用一頭騾子拉磨表示麵包房。招牌和標記把不同的行業劃分開來，使人一目了然。

3.2.2.2 早期印刷廣告時期（15世紀至19世紀中葉）

1450年，德國人古登堡開始使用活字印刷術，自此西方步入印刷廣告時代。1475年，英國人威廉·卡克斯頓在英國辦了一所印刷所，印出了第一本英文書和推銷該書的廣告。該書是法譯英的小說集。此後，印刷業逐漸在歐洲大陸的其他國家得以發展。

16世紀，歐洲經歷了文藝復興的洗禮之後，資本主義經濟進一步發展，美洲大陸的發現、環球航行的成功和殖民化運動的興起，使生產和消費都成為具有世界色彩的事物。也就是在這一時期，出現了現代形式的廣告媒介——報紙。

西方的第一份印刷報紙是1609年在法國斯特拉斯堡發刊的。1622年，第一份英文報紙

在倫敦出版，這就是《每週新聞》。在這一年的報紙裡，載有一份書籍廣告。1704年，美國的第一份報紙《波士頓新聞報》創刊，其創刊號上刊發了一份廣告，這是美國的第一份報紙廣告。到1830年，美國已有報紙1,200種，其中65種為日報。英國在1837年有報紙400多種，刊出廣告8萬餘條。但是在這一時期，由於經濟原因，報紙的發行量很小，作為傳播媒介遠遠未達到大眾化，因而報紙廣告的影響面很小。

在發行報紙的同時，雜志也陸續出現。世界上最早的雜志是創刊於1731年的英國雜志《紳士雜志》。10年後，美國的費城有兩種雜志創刊。1830年，海爾夫人在費城創辦《哥臺婦女書》雜志，成為美國婦女雜志的先驅。在此雜志出版前，1741年美國出版過兩本雜志《美國雜志》和《大眾雜志和歷史記事》，分別在出版3個月和6個月後就夭折了，但畢竟開創了雜志的新紀元。同一時期的1706年，德國人阿洛依斯‧重菲爾德發明了石印技術，開創了印製五彩繽紛的招貼廣告的歷史。

3.2.2.3 報紙雜志媒介大眾化時期（19世紀中葉至20世紀初）

19世紀後半葉，由於西方主要資本主義國家相繼走上帝國主義道路，尤其在發生現代工業革命之後，資本主義經濟逐漸走向國家壟斷。為了滿足其工業機器的原材料供應，開闢其工業品的海外市場，西方列強相繼在海外大規模開闢殖民地，發動對其他弱小民族的侵略戰爭。帝國主義國家的這種殖民化政策，確實為其經濟的發展提供了相當大的推動力，同時也促進了其國內人民的流動遷移，信息傳播媒介也得以加速大眾化。

從1850年到1911年，世界上有影響的報紙相繼創刊。這些報紙有英國的《泰晤士報》和《每日郵報》、美國的《紐約時報》、日本的《讀賣新聞》和《朝日新聞》，以及法國的《鏡報》等。在當時，所有報紙的主要收入來源都是廣告，工廠企業也利用這個媒介來推銷產品。

1853年，在發明攝影後不久，紐約的《每日論壇報》第一次用照片為一家帽子店做廣告。從此，廣告就開始利用攝影藝術作為其技術手段。

在19世紀末，西方已有人開始進行廣告理論研究。美國人路易斯在1898年提出了「AIDA法則」，認為一個廣告要引人注目並取得預期效果，在廣告程序中必須達到引起注意（Attention）、產生興趣（Interest）、培養慾望（Desire）和促成行為（Action）這樣一個目的。此後，其他人對「AIDA法則」加以補充，加上了可信（Conviction）、記憶（Memory）和滿意（Satisfaction）這樣幾項內容。因此，在20世紀末，廣告已成為一門獨立學科。

廣告在這一發展階段的另一重要進步就是廣告公司的興起。1841年，福爾尼‧帕爾默在費城創立了世界上最早的廣告公司，通過向客戶收取服務費的方式，在報紙上承包版位，賣給客戶。1845年以後，帕爾默相繼在波士頓、紐約開辦了廣告分公司。從此，廣告代理業日益繁榮。

在19世紀末，一些大眾化媒介刊物的出現，也為這一時期的廣告發展提供了便利條件。1883年創刊的《婦女家庭雜志》，在1900年發行量即達100萬份之多，可見大眾化媒介的發展速度之快。

3.2.2.4 廣告行業走向成熟的時期（20世紀初至20世紀70年代）

19世紀末和20世紀初是世界經濟空前活躍的時期。資本主義從自由競爭走向壟斷，使海外市場的開闢成為現實。這一方面刺激了當時經濟的發展，另一方面也刺激了對新的科學技術的需要。這種需要大大地刺激了科學技術的發展，新發明、新創造不斷湧現，使資本主義經濟走向現代化。

廣告業在這一時期的重大進展之一，是廣播、電視、電影、錄像、衛星通信、電子計算機等電信設備的發明創造，使廣告進入了現代化的電子技術時代。新的廣告形式不斷產生和新技術的採用提高了廣告的傳播效益。世界上最早開辦廣播電臺的是美國，1902年第一家領取營業執照的廣播電臺——匹茲堡西屋電器公司的商業電臺開始播音（實際上底特律的經營試驗臺SMK比它還早幾個月成立）。繼美國之後，其他國家也相繼建立了廣播電臺。這些電臺都設有商業節目，主要播放廣告。

20世紀30年代，英國廣播公司在倫敦設立了世界第一座電視臺。美國在1920年開始試驗電視，但在1941年才有商業電視正式播出。在二戰後，電視得以迅速發展。尤其是在20世紀50年代美國首創彩色電視之後，由於電視廣告集語言、音樂、畫面於一體，電視成為最理想的傳播媒介，因而在其後的廣告業中獨占鰲頭。

除了電視和廣播外，報紙雜志及其他形式的印刷廣告，也因電子技術的應用而得以迅速發展。廣告已成為報紙雜志的生命主宰和收入來源。此外，各種博覽會也成為重要的廣告形式。

現代廣告的另一個重大發展，就是廣告管理水準的提高。廣告公司的專業水準和經營管理水準均大有改進，而政府部門也通過立法管理等形式規範和約束廣告公司的行為，規定廣告業的發展方向。同時，政府還設立專職管理機構，從事廣告管理工作。

現代廣告事業的進步，最重要的還是表現在廣告理論方面。由於廣告發展的需要，廣告理論的研究工作得以深入開展，從而使廣告學成了一門獨立的、具有完整系統的綜合學科。

3.2.2.5　現代信息產業時期（20世紀80年代至今）

進入20世紀80年代以後，現代工商業迎來了信息革命的新時期。現代產業的信息化大大地推進了商品市場的全球統一化進程，廣告行業也相應地發生了一場深刻的革命。在這場信息革命中，廣告活動遍布全球。許多廣告公司由簡單的廣告製作和代理發展成了一個綜合性的信息服務機構，廣告技術也被電子技術代替。由於有了先進的科學技術，廣告信息的傳遞速度得到極大提高，通過衛星可把相隔萬里的廣告信息在一瞬間傳遞過來，通過電子計算機可以對廣告信息進行存儲分析。

與此同時，現代廣告公司也發展成了集多種職能為一體的綜合性信息服務機構，負責收集和傳遞政治、經濟、社會、文化等各種各樣的信息，並把這些信息用來指導企業的新產品開發、生產和銷售，為工商企業的商品生產和銷售提供一條龍的信息服務。

同時，廣告信息在傳遞過程中也變得高度科學化和專業化。一幅廣告從市場調查入手，開展市場預測、廣告策劃，到設計、製作、發布，再經過信息反饋、效果測定等多個環節，形成了一個嚴密的、科學的、完整的過程，尤其是近年整體策劃觀念的興起，更使廣告活動趨於系統化，充分發揮了廣告業的信息指導和信息服務作用。

總之，要發展中國的廣告事業，不僅需要總結中國漫長歷史中廣告宣傳活動中的經驗，挖掘具有現實意義的理論價值，更要認識、考察和分析外國廣告的歷史，引進和借鑒國外廣告的技術和方法，建立中國廣告事業發展所必需的國際機制，使之在與國際廣告的互動中獲得更好的發展。

3.2.3　國內外廣告歷史發展的比較

根據時間的發展，中外廣告歷史發展的一些聯繫和區別如表3-1所示。

表 3-1　　　　　　　　　　中外廣告發展史時間對比軸

外國	中國
原始廣告時期（15世紀以前） **古希臘、古羅馬時期** 廣告形式：叫賣、陳列、音響、文圖、詩歌和商店招牌等多種形式 **中世紀** 背景：手工業作坊、工業萌芽、莊園經濟、城市復興 廣告形式：叫喊、招牌、標記 **早期印刷廣告時期（15世紀至19世紀中葉）** 1450年，古登堡使用活字印刷術，西方步入印刷廣告時代 16、17世紀出現報紙雜誌 1706年，石印發明，開創了印製五彩繽紛的招貼廣告的歷史 **報紙雜誌媒介大眾化時期** 1850—1911年，世界上有影響的報紙相繼創刊 1853年，攝影藝術作為廣告技術手段 19世紀末，西方已有人開始進行廣告理論研究，並且廣告公司開始興起 **廣告行業走向成熟的時期** 廣播、電視、電影、錄像、衛星通信、電子計算機等電信設備的發明創造，使廣告進入了現代化的電子技術時代 廣告管理水準提高、廣告理論研究深入、廣告學成了一門獨立的、具有完整系統的綜合學科 **現代信息產業時期** 廣告活動遍布全球，電子技術大大推動了廣告發展，廣告的信息在傳遞過程中也變得高度科學化和專業化	**原始社會晚期** 廣告形式：陳列、叫賣 **奴隸社會時期** **封建社會時期** **春秋時期** 背景：奴隸社會向封建社會過渡 廣告形式：幌子、招牌等形式，出現了最早的文字廣告 **秦漢時期** 背景：秦始皇統一中國，統一文字、度量衡、貨幣 廣告形式：口頭陳列為主，店鋪幌子的原始形式開始出現 **隋唐時朝** 背景：城市商業初具規模，封建社會發展到了鼎盛時期 廣告形式：實物演示、免費品嘗、口頭叫賣、招牌廣告、商品展銷會、旗幟等廣告形式 **宋元明及清朝前期** 背景：商業貿易繁盛，活字印刷術發明，後期產生資本主義萌芽 廣告形式：口頭廣告、酒旗廣告、招牌、店堂裝飾、印刷廣告、幌子 **近現代（鴉片戰爭到新中國成立）** 背景：資本主義國家全面入侵，抗日戰爭影響重大 廣告形式：路牌、招貼畫、報紙雜誌廣告、電波廣告 **新中國成立至今** 背景：新中國成立、「文化大革命」、改革開放 廣告形式：報紙雜誌、電視廣播、戶外、網絡、新興、直投、路牌、站牌、視頻、文字等形式不計其數

資料來源：根據相關資料整理所得

　　和西方相比，中國廣告的發展起步早，早在原始社會時期物物交換的形式就已出現了陳列、叫賣等廣告形式。但是中國廣告發展慢，尤其是15世紀後，廣告形式、廣告理論、廣告管理各個方面的發展都與西方產生了較大差距。商品經濟的發展是中國廣告發展的驅動力，封建社會時期重農抑商的政策對中國廣告的發展產生了極大的抑制。西方國家廣告發展的主要促進力量是科學技術的更新，印刷技術、攝影技術等推動著國外廣告事業的不斷發展。鴉片戰爭過後，資本主義的入侵對中國廣告的發展從某種程度上說起到了一定的促進作用，國內開始興辦報紙雜誌，創辦電臺，學習西方先進的廣告技術。新中國成立後，「文化大革命」時期廣告作為「封資修」的東西被砸爛，廣告管理機構解散，廣告事業的發展陷入一片空白。改革開放後，中國經濟蓬勃發展，城鄉市場繁榮興旺，商業活動異常活躍，為中國的廣告事業的復興和發展注入了強大的活力。

　　廣告形式上，中外廣告的比較在表3-1中能清晰地看到。西方的廣告形式在印刷技術、攝影技術、電子技術的發明後，得到了極大的豐富和發展。國內廣告形式前期發展變化緩慢，在鴉片戰爭後西方資本主義國家貿易入侵帶來廣告形式的大幅更新。

廣告理論上，在 19 世紀末，西方已有人開始進行廣告理論研究。20 世紀後，現代廣告事業的發展增大了對廣告的需求，促進了廣告理論研究的深入，從而使廣告學成了一門獨立的、具有完整系統的綜合學科。經過了一個多世紀的發展，現在國外廣告理論的研究更加深入完善。新中國成立以後，國內開始進行廣告學研究與教育，但受到社會經濟發展的影響，發展速度受到限制，發展比較緩慢，廣告理論研究較淺，廣告體系還不完善。

廣告管理上，西方廣告公司成立早，19 世紀中葉在美國出現了最早的廣告公司。之後廣告公司的專業水準和經營管理水準不斷提高，而政府部門也通過立法管理等形式規範和約束廣告公司的行為，規定廣告業的發展方向。同時，政府還設立專職管理機構，從事廣告管理。國內的廣告管理也是在新中國成立後才開始，在管理虛假廣告、不實廣告、不公平廣告等方面存在欠缺，廣告市場還存在很多問題。

3.3 廣告的分類

合理的廣告分類是廣告策劃的基礎，是整個廣告設計和製作過程的依據。廣告的種類可以根據不同的標準進行劃分，如根據廣告的性質、內容、對象、範圍、媒體、廣告主、訴求方式、效果以及廣告週期等來劃分。

3.3.1 根據廣告的目的分類

根據廣告行銷發起目的的不同，可以將廣告分為營利性廣告和非營利性廣告。

營利性廣告又稱商品廣告，是指以營利為目的，傳達商業信息的廣告。本書所涉及的廣告便是營利性廣告。

非營利性廣告是指不以營利為目的，旨在宣傳某一社會問題、公益事業或政治主場等內容的廣告。其目的著眼於免費服務，用以宣傳觀念和事實，通常是指宗教組織、慈善組織、政府部門、社會團體等非營利機構的廣告，比如政治宣傳廣告、社會公益廣告、社會教育廣告，以及尋人啓事、人才招聘、徵婚、掛失、求職等以啓事形式發布的廣告都屬此類（見圖 3-12）。

圖 3-12 中國夢公益廣告

圖片來源：中國文明網(http://www.wenming.cn/jwmsxf_294/zggygg/pml/zgmxl/201309/t20130930_1501267)

3.3.2 根據廣告的內容分類

根據廣告行銷內容的不同，可以將廣告分為商業廣告、勞務廣告、企業廣告、文化廣告、社會廣告、公益廣告及意見廣告等。

商業廣告是指商品經營者或服務提供者承擔費用，通過一定的媒介和形式直接或間接地介紹所推銷的商品或提供的服務的廣告。商業廣告是人們為了利益而製作的廣告，旨在宣傳某種產品而讓人們去購買。商業廣告包括銷售廣告、形象廣告、觀念廣告等為企業商業目的服務的一切形式的廣告，最終目的是獲利，又稱經濟廣告、營利性廣告（見圖3-13）。

圖 3-13　歐可茶業廣告

圖片來源：呢圖網（http://www.nipic.com/show/4/79/5013743k39fe4782.html）

勞務廣告（服務廣告）旨在介紹商品化勞務，促使消費者使用這些勞務，如銀行、保險、旅遊、家電維修等廣告（見圖3-14）。

圖 3-14　廣東發展銀行廣告

圖片來源：呢圖網（http://www.nipic.com/show/3/113/f48f0de9cddf86bc.html）

企業廣告是為了樹立企業形象、建立良好的公眾信譽、提高企業知名度、引起消費者對企業的關注與好感、促進消費者理解企業價值觀和文化所進行的廣告（見圖3-15）。企

業廣告通常與企業的公關活動聯繫在一起，構成了企業公關活動的一部分。

圖 3-15 萬達集團平面廣告
圖片來源：昵圖網（http://www.nipic.com/show/4/137/5701795ke1e854d7.html）

文化廣告是指傳播教育、科技、文化、藝術、體育、新聞、出版、旅遊等信息的廣告，是廣告主有計劃地通過傳媒向消費者介紹、推銷自己的文化產品或服務，喚起消費者的注意，並促使其去消費某種文化產品的一種信息傳播活動。例如，蒙牛乳業通過出版書籍《蒙牛內幕》使讀者主動且深入地瞭解了蒙牛企業及產品，達到硬性廣告所無法比擬的效果；依雲礦泉水通過推出與產品相關的音樂來宣傳產品，使產品銷量提高了30%。

社會廣告是為社會大眾提供小型服務為主要內容，以非營利為主，如招生、徵婚、尋人、租房等廣告。

公益廣告是以為公眾謀利益和提高福利待遇為目的而設計的廣告，是企業或社會團體向消費者闡明其對社會的功能和責任，表明自己追求的不僅僅是從經營中獲利，還要關心和參與如何解決社會問題和環境問題這一意圖的廣告，是不以獲利為目的而為社會公眾切身利益和社會風尚服務的廣告（見圖3-16）。公益廣告具有社會的效益性、主題的現實性和表現的號召性三大特點。

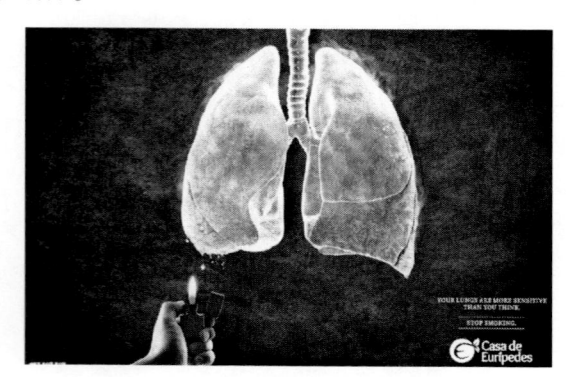

圖 3-16 公益廣告
圖片來源：昵圖網（http://www.nipic.com/show/2/74/7617006kd5a6de19.html）

意見廣告是指通過付費表達自己意見，不以獲利為目的，包括政治廣告。

3.3.3 根據廣告行銷的傳播媒體分類

按照廣告行銷的傳播媒體的不同，可將廣告分為印刷媒介廣告、電子媒介廣告、戶外

媒介廣告、郵寄廣告及交通工具廣告等。

印刷媒介廣告是指刊登在印刷媒體上的廣告，主要包括報紙、雜誌、掛歷、產品目錄、公園門票等廣告。印刷媒介廣告具有信息發布快、可經常修改、費用低、可反覆閱讀等優點；缺點是時效性差、注目率較低、讀者常對此熟視無睹。印刷媒介廣告適用於色彩影響較小的機械、電子、交通工具等產品的廣告宣傳。

電子媒介廣告是指以電子媒體為媒介的廣告，主要包括廣播廣告、電視廣告、國際互聯網廣告、電影廣告、幻燈廣告等。電子媒介廣告具有生動、形象、突出等特點，但保持時間短、易消失、費用高，適用於日用品的廣告宣傳。近年來，隨著互聯網的高速發展，網絡廣告的市場正在以驚人的速度增長，網絡廣告發揮的效用也越來越受到重視。廣告界甚至認為互聯網絡將超越路牌，成為傳統四大媒體（電視、廣播、報紙、雜誌）之後的第五大媒體。在網絡廣告中，正成長出微博、微信等一批新興高效的廣告形式，它們成本低、針對性強、互動性強，在廣告行業中扮演著越來越重要的角色。微博廣告如圖3-17所示。

圖3-17　戴爾微博廣告
圖片來源：新浪微博（http://e.weibo.com/dell）

戶外媒介廣告是指在街道、車站、碼頭、建築物等公共場合按有關規定允許設置、張貼的招牌、海報、旗幟、氣球、路牌等宣傳廣告。這類廣告的優點是成本低、持久性強；缺點是輻射範圍小、不易更改，只有其色彩鮮豔、明快、和諧時，才能引起人們的注意。

郵寄廣告亦稱DM（Direct Mail）廣告、直接投遞廣告、通信廣告、明示收件人廣告等。根據美國DM廣告聯合會（Direct Mail Advertising Association）的定義，所謂DM或DM廣告，是針對廣告主所選擇的對象，以直接郵寄的方式，通過印刷及其他途徑制成的廣告作品，作為傳達廣告信息的手段。郵寄廣告的優點是成本低、靈活性強；缺點是廣告的關注率低、容易被人們忽視。

交通工具廣告是在火車、飛機、輪船、公共汽車等交通工具及旅客候車、候機、候船等地點進行廣告宣傳。其優點是旅客量大、面廣，宣傳效果較好，費用低廉等；缺點是針對性差、創作空間有限等。

3.3.4　根據廣告行銷的市場範圍分類

根據廣告行銷的市場範圍的不同，可以把廣告分為國際性廣告、全國性廣告、區域性廣告和地方性性廣告。

國際性廣告是指廣告主通過國際性媒體、廣告代理商和國際行銷渠道，對進口國家或地區的特定消費者所進行的有關商品、勞務或觀念的信息傳播活動。國際性廣告是以本國

的廣告發展為母體，再進入世界市場的廣告宣傳，使出口產品能迅速地進入國際市場，為產品贏得聲響，擴大產品的銷售，實現銷售目標。對於逐漸融入全球經濟的中國企業而言，為了參與國際市場競爭，廣告的國際化將成為一種國際化趨勢。

全國性廣告的刊播主要是為了激發國內消費者的普遍反響，占領國內市場，塑造行銷全國的名牌產品。同國際廣告一樣，這類廣告宣傳的產品也多是通用性強、銷售量大、選擇性小的商品，或者是專業性強、使用區域分散的商品。

區域性廣告是指選用區域性傳播媒體，如地方報紙、雜志、電臺、電視臺開展的廣告宣傳，這種廣告的傳播範圍僅限於一定的區域內。此類廣告多是為配合差異性市場行銷策略而進行的。

地方性廣告是指只在某一地區傳播的廣告。地方性廣告的廣告傳播範圍更窄、市場範圍更小，消費群體目標相對明確集中，廣告主大多是商業零售企業和地方工業企業。這類廣告的目的是促使人們使用地方性產品。

3.3.5 根據廣告行銷的訴求方式分類

廣告行銷的訴求方式是指廣告借用什麼樣的表達方式以引起消費者的購買慾望並採取購買行動的一種分類方法。根據廣告行銷的訴求方式不同，可以把廣告分為理性訴求廣告與感性訴求廣告兩大類。

理性訴求廣告是一種採用理性說服方法的廣告形式。這種廣告說理性強，有理論、有材料，虛實結合，具有深度，能夠全面地論證企業的優勢或產品的特點。作為現代化社會的重要標志，理性訴求廣告既能給顧客傳授一定的商品知識，提高其判斷商品的能力，促進購買行為，又會激起顧客對廣告的興趣，從而提高廣告活動的經濟效益。例如，瑞士歐米茄手錶的廣告（見圖3-18）就是典型的理性訴求廣告。全新歐米茄蝶飛手動上鏈機械表，備有18K金和不銹鋼型號，由瑞士生產，始於1848年，機芯僅25毫米薄，內部鑲有17顆寶石，配上比黃金貴20倍的銠金屬，價值非凡，渾然天成。這樣精確的描述，使消費者對產品有了更細緻的瞭解，這裡的每個數字都使這則廣告更具說服力。

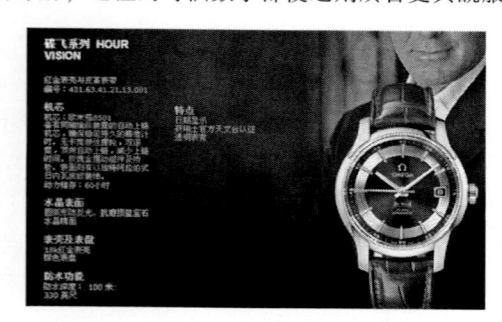

圖3-18　歐米茄蝶飛系列機械表平面廣告

圖片來源：夢芭莎網（http://vogue.moonbasa.com/omega/a104178059745.html）

消費者購買和使用商品在很多情況下是為了追求一種情感上的滿足，或自我形象的展現。當某種商品能夠滿足消費者的某些心理需要或充分表現其自我形象時，它在消費者心目中的價值可能遠遠超出商品本身。也正因為這樣，感性訴求廣告在現代社會得以誕生，在今天更是得以蓬勃發展。因此，感性訴求廣告是訴諸消費者的情緒或情感反應，傳達商

品帶給消費者的附加值或情緒上的滿足，使消費者形成積極的品牌態度。這種廣告又叫做「情緒廣告」或「感性廣告」。例如，綠箭牌口香糖廣告描述了父親與女兒之間的電話聯繫與慰問，說明電話聯繫不如相見，相見才是親。而看到綠箭口香糖好像看到了親人，讓人不由自主地想起自己的親人，從而急於與家人團聚。離別時，父親在女兒的包裡放了一包綠箭口香糖，這是父親對女兒的牽掛，當女兒想父親時將綠箭口香糖放在嘴裡嚼嚼，就如同見到了父親一般。綠箭口香糖讓相見更親密，見到綠箭口香糖就像見到了親人（見圖3-19）。這期間傳遞了濃濃的親情，很有韻味，減少了相隔兩地親人之間的牽掛。此則廣告通過綠箭口香糖傳達了濃濃的愛，讓消費者都知道父母的愛永遠是偉大且無私的。給人一種溫馨的感覺，同時也將廣告推向了高潮，通過親情提高了產品的知名度。從而有更多的人關注綠箭口香糖，體現其一片孝心。

圖 3-19　綠箭口香糖父女篇廣告（請欣賞視頻 3-1）
圖片來源：新浪網（http://blog.sina.com.cn/s/blog_52d21ec80100vlsu.html）

本章小結

　　廣告有廣義與狹義之分。廣義的廣告指所有的廣告活動，凡是溝通信息和促進認知的傳播活動均包括在內。狹義的廣告是指商業廣告，這是傳統廣告學的研究對象。

　　由廣告的定義可知，廣告是一種信息傳播活動。概括而言，廣告的基本職能包括傳遞信息，溝通產需；促進競爭，開拓市場；激發需求，增加銷售；介紹知識，指導消費；豐富生活，陶冶情操；等等。廣告作為一種信息傳播方式，經歷了一個漫長的歷史演進過程。廣告作為一種特殊的社會文化現象，是人類文化和社會運動的一部分。

　　作為行銷的重要內容和手段，廣告要服務於行銷，因而按照不同的行銷角度可以將廣告劃分為不同類型：按廣告的目的劃分、按廣告的內容劃分、按廣告行銷的傳播媒體劃分、

按廣告行銷的市場範圍劃分以及按廣告行銷的訴求方式劃分。

思考題

1. 廣告的定義是什麼？廣告有哪些分類？其分別對應的分類標準是什麼？
2. 請談談廣告的發展歷史，並對中外廣告的發展歷史進行對比，分析其異同點及內在原因。
3. 請結合實例談談對廣告作用的理解，分析生活中的廣告是怎樣對消費者加以影響，從而達到廣告主的目的的。

參考文獻

[1] 傅根清，楊明. 廣告學概論 [M]. 濟南：山東大學出版社，2004.
[2] 江波. 廣告心理新論 [M]. 廣州：暨南大學出版社，2002.
[3] 丁俊杰. 現代廣告通論——對廣告運作原理的重新審視 [M]. 北京：中國物價出版社，1997：139-140.
[4] 張金海，姚曦 [M]. 上海：上海人民出版社，2013：6.
[5] 艾進. 廣告學 [M]. 成都：西南財經大學出版社，2012：5-12.
[6] 大衛·奧格威. 一個廣告人的自白 [M]. 林樺，譯. 北京：中信出版社，2008.
[7] 徐衛華. 新廣告學 [M]. 長沙：湖南師範大學出版社，2007：52.
[8] 何修猛. 現代廣告學 [M]. 上海：復旦大學出版社，1998：53-54.
[9] 楊建華. 廣告學原理 [M]. 廣州：暨南大學出版社，1999：357

4 廣告心理學

開篇案例

　　男女主角在東方快車夜車上首度相遇，卻錯過相識的時機，男主角在女主角身後沉迷於她的香味。女子輾轉難眠後來到車窗旁，借由晚風吹拂寄送她的思念與香味。來到伊斯坦布爾後，錯過輪渡的她等在岸邊隨手拍起四周照片，男子身影無意間被她拉進鏡頭裡，仿佛命中注定式巧合在等待著她，也許男子也在尋覓著。冥冥之中，正是香奈兒5號香水牽起兩人的聯繫，男子追隨著她的腳步，不需言語、眼神再次確認，兩人最終相擁於一片鑲有香奈兒標志的馬賽克地磚上，鏡頭由上而下呈現出兩人之間流露出的濃鬱思念。

　　這是香奈兒5號香水的一則廣告，在這則廣告中，廣告心理學得到了近乎完美的運用。

　　廣告活動最終是要通過消費者的心理活動來產生功效。正如心理學之父馮特所說，心理學觀察的最為直接的經驗、其他社會科學所揭示的規律都將通過社會規律來發揮作用。因此，我們在研究廣告的一般規律之前，必須對廣告刺激帶來的心理過程有所瞭解。

本章提要

　　廣告心理學是心理學的一個分支，是心理學在廣告中的運用，是一門應用性和交叉性的緣邊學科。廣告心理學的研究對象是廣告活動參與者在廣告活動過程中產生的心理現象及其心理活動規律。廣告是否能達到預期的效果，取決於廣告能否讓消費者產生清晰的認知，激起消費者情感的共鳴，進而導致消費者的購買意願和購買行為。因此，在開展廣告活動之前，必須瞭解廣告心理。本章將從廣告心理學的研究對象、廣告影響消費者的行為、廣告心理學的研究原則與程序、廣告心理學的研究方法等方面展開對廣告心理學的分析。

4.1 廣告心理學的研究對象

　　廣告心理學中的注意、感覺、知覺、聯想、記憶以及動機、情緒、需要和個性等，都是以外界事物作為刺激物，經過人腦加工處理產生的各種心理活動形式，遵循刺激—反應的模式。

　　廣告心理學是研究廣告活動參與者在廣告活動中產生的心理和行為及其規律的學科。人的心理現象多種多樣，通常為了便於瞭解人的心理活動，將其分為心理過程和心理基礎兩個方面。

4.1.1 心理過程

心理過程是不斷變化著的、暫時性的心理現象。心理過程著重探討人的心理共同性，主要包括認知、情緒和意志三個方面，即常說的知、情、意。知是人腦接受外界輸入的信息，經過頭腦的加工處理轉換成內在的心理活動，進而支配人的行為的過程；情是人在認知輸入信息的基礎上所產生的滿意、不滿意、喜愛、厭惡、憎恨等主觀體驗；意是指推動人的奮鬥目標並且維持這些行為的內部動力。人的心理是一種動態的活動過程，其中認識過程是基本的心理過程，情感和意志是在認識的基礎上產生的。知、情、意不是孤立的，而是互相關聯的一個統一的整體，它們相互聯繫、相互制約、相互滲透。

4.1.1.1 認識過程

認識過程是指人在認識客觀事物的過程中，為了弄清客觀事物的性質和規律而產生的心理現象。心理現象的各個方面不是孤立的，而是彼此相互關聯的，共同存在於人的統一的心理活動之中。認識過程是個體獲取知識和運用知識的過程，包括感覺、知覺、記憶、想像和思維等。

第一，感覺。感覺是人腦對直接作用於感覺器官的外界事物的個別屬性的反應，是消費者認識的最初來源，是認識的第一步。沒有感覺就沒有知覺，沒有知覺也就不能形成一系列複雜的心理活動。任何廣告活動首先應讓消費者感覺到其存在，這是消費者認知廣告、接受廣告的第一步。

感覺的種類包括視覺、聽覺、嗅覺、味覺和觸覺。人們憑感覺接收到的外界信息主要來自視覺和聽覺，這種感覺特性決定了廣告傳播者採用的廣告形式主要是視聽廣告。另外這也告訴了廣告製作者和傳播者無論在視覺、聽覺還是其他感覺上，廣告作品及其傳播都要最大限度地給予廣告受眾良好的感知。由於大多數感覺的反應都是後天學習得來的，因此廣告還要考慮到受眾的文化環境和理解能力。

央視「著名企業音樂電視展播」中播出的廣東康美藥業的音樂電視（MTV）《康美之戀》被譽為「最唯美」的廣告，其作品風格優雅、情深意長，美妙動聽的歌曲訴說著一對青梅竹馬的戀人在神奇秀美的桂林山水間相互愛戀、共同創業的感人故事。這則廣告通過桂林陽朔世外桃源、遇龍河、浪石灘、相公山等著名風景區的優美景色，恰如其分地演唱「一條路海角天涯，兩顆心相依相伴，風吹不走誓言，雨打不濕浪漫」的故事情節等使人們在視覺、聽覺上得到充分的享受（見圖4-1和圖4-2）。

第二，知覺。知覺是人腦對直接作用於感覺器官的客觀事物的整體反應。消費者對商品的知覺是在感覺的基礎上形成的，由於人們對事物的認識過程不可能只停留在感覺階段，只是處於片面的、局部的和個別的認識上，而是必然要發展到對整體的認識。知覺又恰好是一種整體性的認識，因此一般認為廣告知覺的研究才是研究廣告心理學的真正的起點。

沒有對某種商品的個別屬性的感覺，消費者就不能形成對這種商品的整體知覺。知覺並不只是被動地接受感覺的映像，相反是一個積極能動的反應過程。例如，當消費者帶著既定的購買目的去選擇某種商品時，這種商品就會成為符合其知覺目的的刺激物，它會很清楚地被感知，成為消費者知覺的對象，而其他商品或刺激物就可能顯得比較模糊，成為知覺對象的背景。當然，隨著消費者知覺目的的變化，知覺對象與背景是可以相互轉換的。就廣告宣傳、認識及接受來說，消費者對廣告的知覺決定著廣告的效果及其記憶和後來的購買行為，從某種意義上說，整個廣告的認識及接受問題就是人們對廣告的知覺。

图 4-1　桂林陽朔世外桃源（請欣賞視頻 4-1）
圖片來源：百度圖片

圖 4-2　《康美之戀》廣告圖片（請欣賞視頻 4-2）
圖片來源：百度圖片

　　某殺蟲劑的平面廣告（見圖 4-3）通過荒誕的表現手法傳遞產品信息，使用蜘蛛俠的形象來代指昆蟲，以倒地的蜘蛛俠暗示其受到打擊，使廣告受眾根據自己的生活經驗，探索造成這一結果的原因，最終使廣告受眾發現廣告右下角呈現的殺蟲劑產品，領悟到該殺蟲劑的威力。

圖 4-3　某殺蟲劑廣告
圖片來源：銘閣堂(http://www.logotang.com/ReadNews.asp? NewsID = 8366)

廣告知覺具有整體性、選擇性、理解性和恒常性等特點。

廣告知覺的整體性。人們所知覺的客觀事物是由許多部分和屬性結合在一起的，但人們並不把它們感知成彼此無關的許多屬性或部分，而把它們感知為一個整體。人們在知覺過程中的這一特點稱為知覺的整體性。

廣告知覺的選擇性。人的知覺並不是一個由感官簡單地接受感覺輸入的被動過程，而是一個經由外部環境中提供的物理刺激（如新聞、廣告等）與個體本身的內部傾向性（如興趣、需要等）相互作用，經信息加工而產生首尾一貫的客體映像的過程。因此，人的知覺是積極的、能動的，其主要表現就是選擇性。就刺激本身的情況而言，如果廣告作品的設計新穎別致，語言幽默風趣，刊播的時間或位置醒目突出，能夠給受眾的視聽以強有力的刺激，廣告信息被接受的可能性就比較大。就消費者的主觀因素而言，廣告信息必須是與廣告對象切身相關且能激發消費者興趣，才能引起注意，進入大腦進而轉化成潛意識，並指導行動。

廣告知覺的理解性。在對現實事物的知覺中，需有以過去經驗、知識為基礎的理解，以便對知覺的對象做出最佳解釋、說明。人們的知識經驗不同、需要不同、期望不同，對同一知覺對象的理解也不同。因此，廣告的設計製作必須考慮到受眾的文化、習俗，尤其是產品進入外國市場。在廣告知覺的實際運用中，理解性的應用不勝枚舉。美國有一家眼鏡公司的產品品牌是「OIC」，讀作「Oh, I See」。美的電器的廣告：「原來生活可以更美的。」「美的」二字，一方面，是本產品的品牌名稱；另一方面，「美的」也是一個形容詞，暗喻如果使用美的電器，生活就會更美好，此外還指出生活中可以更多地使用美的電器。知覺與記憶、經驗有著深刻的聯繫，當知覺時，對事物的理解是通過知覺過程中的思維活動達到的，而思維與聲音有密切的關係，因此廣告中音樂、語言的指導能使人對知覺對象的理解更迅速、更完整。

廣告知覺的恒常性。人們在刺激變化的情況下把事物知覺成穩定不變的整體的現象稱為知覺的恒常性，主要有大小恒常性、形狀恒常性、顏色恒常性等。恒常性的存在能使人有效地適應環境的變化。有的廣告商通過打破恒常性，對受眾視聽覺進行強烈刺激，從而在人的感知裡留下深刻的印象。例如「Ipod MP3」廣告換衣篇，時間、衣著、膚色、形象的迅速銜接轉換，在時間上、心理上給廣告受眾以強烈的吸引力和樂趣，從而在廣告受眾心裡留下深刻印象。因而，廣告製作者和發布者必須竭盡全力認真把握目標市場受傳者的選擇知覺尺度，緊追他們的動機、需要及感興趣的事物，巧妙地提出訴求，才能提高廣告作品與目標受傳者的接觸概率，才能激發消費者的購買慾望，促使他們及時付諸購買行功，實現廣告目標。

廣告知覺中常見的偏差有首因效應、近因效應、暈輪效應等。首因效應，即第一印象，第一印象的好壞直接影響到產品在消費者心目中的形象，對於品牌形象的樹立，產品的銷售起著至關重要的影響。形成良好的第一印象是廣告策劃和廣告創意的重要目標和問題。近因效應是指最近獲得的信息在印象的形成中所起的作用較大，可以衝淡以前的信息所形成的印象。暈輪效應是知覺者的一種以偏概全的心理現象，針對這一點，就要求我們在廣告中，抓住產品的突出優勢，吸引受眾眼球，集中宣傳產品所能帶來的利益，引起受眾的良好的興趣。

第三，記憶。記憶是人們在過去的實踐中經歷過的事物在頭腦中的反應，廣告記憶的過程包括識記、保持、再認和回憶四個基本環節。廣告識記，即識別和記住廣告，是記憶的開始階段，在這一環節中人們將不同的廣告區別開來，並將注意的廣告信息在頭腦中累積下來。

廣告保持就是把識記的廣告信息進一步鞏固，使其較長時間地保留在大腦中，即人們把實際過程中得到的廣告信息，在大腦中儲存的過程。廣告再認就是對過去接觸過的廣告信息重新出現時能夠識別出來的過程，再認程度的大小取決於對原廣告的識記和保持程度。廣告回憶就是對過去記憶或存儲的廣告信息的回想或提取的過程。

記憶在消費者的心理活動中起著極其重要的作用，消費者如果沒有對商品的個別屬性形成記憶，就不會對商品產生感覺印象。如果沒有對商品整體的記憶，就不會產生對商品的知覺。因此，廣告宣傳必須採取有效的措施，以強化對廣告對象的記憶。下面通過農夫山泉廣告的例子來說明增強廣告記憶的方法。

「農夫山泉有點甜」是經典中的經典，這句蘊含深意、韻味優美的廣告語，一出現就打動了每一位媒體的受眾，令人們牢牢記住了農夫山泉。為何這句廣告語會有如此非同凡響的效果呢？原因正在於它極好地創造了一個記憶點，正是這個記憶點徵服了大量的媒體受眾，並使他們成了農夫山泉潛在的消費者。首先，農夫山泉僅僅用了「有點甜」三個再平常、簡單不過的字眼，且真正的核心點更只在一個「甜」字。這個字富有感性，同時描述了一種美好的味覺，每個人接觸這個字都能獲得最為直觀的感覺，這個感覺無疑具有極大地強化記憶的功效，從而使媒體受眾記住了「有點甜」就很難忘記農夫山泉，而記住了農夫山泉就很難對農夫山泉的產品不動心。農夫山泉就是以簡單取勝。簡單，使農夫山泉能夠輕鬆地表述；簡單，也使消費者能夠輕鬆地記憶。其次，「農夫山泉有點甜」這句廣告詞不落俗套、獨闢蹊徑，雖是輕描淡寫，但一語道破其產品口味，顯得超凡脫俗，與眾不同。這樣就與其他同類產品形成了鮮明的差別，使自己的產品具有了獨特的個性，最為重要的是讓電視機前的消費者感到耳目一新，難以忘卻。最後，農夫山泉的廣告絕非一句「農夫山泉有點甜」就完事大吉，而先是出現一幅非常美麗淳樸的千島湖的風景畫面，重點突出純淨的湖水，接著採用幾個非常富有人情味的人物描寫，然後再用大量的「筆觸」細膩地刻畫了一個農家小孩飲用了湖水後的甜蜜、純真的微笑，最終才是一句話外音「農夫山泉有點甜」。這最後一句點題之語是點睛之筆，在前面所營造的絕妙意境的高潮時分自然而然、如約而至地降臨，一下子就深深地扎進了觀看者記憶的海洋，讓觀看者不由自主地記住了這一刻、這一點，也記住這一點背後縱深面的廣闊信息。

第四，想像。想像是人腦通過改造記憶中的表象從而創造新形象的過程，是過去經驗中已經形成的暫時聯繫進行新的結合的過程。因此，想像是與其他心理活動密切地、有機地聯繫在一起的。想像在感覺、知覺的基礎上進行，與記憶活動交織在一起，又參與思維過程，還會引起情緒的產生和發展等。

絕對伏特加（Absolut Vodka）是世界知名的伏特加酒品牌，多年來，絕對伏特加不斷採取富有創意且不失高雅及幽默的方式來詮釋該品牌的核心價值：純淨、簡單、完美。絕對伏特加的平面廣告極富想像，其創意要領都以怪狀瓶子的特寫為中心，下方加一行兩個英文詞，以「ABSOLUT」為首詞，並以一個表示品質的單詞居次，如「完美」或「澄清」。無需講述任何產品的故事，該產品的獨特性就可由廣告的創意性和趣味性準確地反應出來。把瓶子置於中心充當主角當然很可能吸引顧客，但更重要的是與視覺關聯的標題措詞與其引發的奇想才賦予了廣告無窮的魅力（見圖4-4）。

圖 4-4　絕對伏特加廣告圖片

圖片來源：百度文庫（http://wenku.baidu.com/view/373264330b4c2e3f57276336.html）

　　第五，思維。思維是指在生活和工作中若要認識事物的特點和意義，就必須利用感知的材料以及已有的知識進行分析和思考，從而認識事物的本質，掌握事物運動的規律。廣告受眾接受廣告信息之後依據個人經驗和廣告內容，推斷出廣告產品給自己帶來的益處，結合自己的需要和購買能力做出消費決策。

　　以優樂美奶茶廣告為例，廣告以冬季飄雪為背景，男女主角坐在咖啡館內，手捧一杯優樂美奶茶，莞爾細語，「我是你的什麼？」「你是我的優樂美啊。」「原來我是奶茶啊！」「這樣我就可以天天把你捧在手心了！」青年男女略帶羞澀而甜蜜的表達心中的愛意（見圖4-5）。通過對廣告的感知，受眾對產品進行集中思維──捧在手心的是愛，雖然只是奶茶，但優樂美同時也是愛的傳遞，從而以此加深對品牌的認知。

圖 4-5　優樂美廣告圖片（請欣賞視頻 4-3）

圖片來源：搜搜問問（http://wenwen.soso.com/z/q350599243.htm）

4.1.1.2　情感過程

　　情感是指人在認識客觀事物的過程中所引起的對客觀事物的態度體驗或感受。情緒和情感常常被混用，情緒和情感的共通性在於都是人在認識客觀世界時，在反應客觀事物的屬性、特徵及其聯繫的過程中，引起的愉快、滿意、喜愛、厭惡、恐懼、遺憾等心理狀態，是客觀事物是否符合自己的需要而產生的態度體驗。但是情緒和情感仍存在不同。我們通常把短暫而強烈的具有情景性的感情反應看做情緒，如憤怒、狂喜、恐懼等；而把穩定而持久的、具有深沉體驗的感情反應看成情感，如自尊心、責任感、親情等。

人們在認識客觀事物時，通常會產生滿意或者不滿意，喜歡或者不喜歡等主觀體驗，而這些主觀體驗構成了情感過程。換句話說，人們在認識客觀事物時所產生的愉快、滿意、厭惡、遺憾等的情緒或情感，在心理學中統稱為情感過程。

4.1.1.3 意志過程

意志是指自覺地確定目的，根據目的支配和調節行為，從而實現預定目的的心理過程。意志活動是指為改造客觀事物而提出目標，制訂計劃，然後執行計劃，克服困難，最終完成任務而進行的活動。

意志過程是指由認識的支持與情感的推動，使人有意識地克服內心障礙與外部困難並堅持實現目標的過程。廣告計劃的實施、廣告目的的達到、廣告對受眾的影響、市場行銷戰略的實現都表現為典型的意志過程。

認識過程、情感過程和意志過程都有其自身的發生和發展規律，但三者並非彼此獨立的心理過程。情感和意志過程是在認識過程基礎上產生的，同時情感與意志過程又對認識過程發生影響。由此可見，認識、情感、意志三個過程是統一的心理活動中的不同方面。

4.1.2 心理基礎

廣告如何有效地對消費者進行有力訴求，除了對廣告要宣傳的商品或服務有全面瞭解外，更重要的是要認識廣告訴求對象的需要、動機與態度等心理基礎。

4.1.2.1 需求

現代心理學認為，人類的一切活動，包括消費者的行為，總是以人的需求為基礎。需求反應有機體對其生存和發展條件表現出的缺乏狀態，這種狀態既可能是生理性的，也可能是心理性的。如一個人口渴時有喝水的需求，與他人交往時有獲得友愛和受人尊重的需求等。

需求與消費者的活動緊密相連，在市場經濟下，消費者的需求直接表現為購買商品或使用服務的願望。當一種需求被滿足後，又會產生新的需求。但是消費者在很多情況下對自身潛在的需求並不清楚。因此，喚醒或激發潛藏於消費者心裡的需求，並促使其有所行動，便成為廣告訴求的基本目標。因為從廣告與消費心理角度來講，需求是消費者個人內部所感受的願望，是消費者購買的原動力。找到消費者的具體需求，在廣告中充分表現出對消費者需求的關注，才會獲得廣告受眾的認可和接受，提高廣告的傳播效果。「怕上火，喝加多寶」的廣告詞直接表現出加多寶涼茶的功能和益處，針對潛在消費者怕上火的需求，引發了廣大廣告受眾的注意。

4.1.2.2 動機

動機是指推動有機體尋找滿足目標的動力，是個體進行某種形式活動的主觀原因。動機是以需要為基礎的，一旦個體正常生活的某種需要被意識到後，人的身體就會激動起來，產生驅動力，有選擇地指向可滿足需要的外界對象目標，進而產生行為或傾向。

需要是產生動機的基礎，動機是為實現一定目的而行動的原因。例如，具有去西藏旅遊的動機的消費者，對「離天最近的地方」──西藏地區的旅遊廣告十分關注，在修通青藏鐵路之後，交通成本的下降引起這些消費者的注意，人們為達到親身前往去欣賞西藏的自然風光和人文景色的旅遊目的，往往會收集大量關於青藏鐵路情況的報導以得到豐富多樣的信息。消費者的西藏旅遊動機促使消費者做出西藏旅遊決策，增加了赴西藏旅遊的人次，使得西藏旅遊業獲得大發展。

4.1.2.3 態度

態度是指個體對人、物、事的反應傾向。態度可以是肯定的、否定的或者中立的。肯定的或者否定的態度，尤其是那些包含強烈感情的態度，都能刺激人們的行動或不行動。廣告的目的就是為了建立、改變或強化人們對商品、服務或觀念的態度。

一般認為態度的結構包括三種成分：認知成分、情感成分和意動成分。認知成分反應個人對態度對象的贊同或不贊同、相信或不相信方面；情感成分反應個人對態度對象的喜歡或不喜歡方面；意動成分反應個人對態度對象的行動意圖、行動準備狀態。

4.2 廣告對消費者的影響

廣告是針對消費者進行的信息傳播活動，其目的是使消費者對產品、觀念或服務產生認知，改變有關態度，以促成消費者對廣告涉及商品的購買行為。廣告的效果是通過訴求來達到的。所謂訴求，也就是指外界事物促使人們從認識到行動的全心理活動過程。廣告訴求就是要告訴消費者，有些什麼需要、如何去滿足需要，並敦促消費者購買動機的產生。

廣告如何有效地對消費者進行有力訴求，除了對廣告要宣傳的商品或服務有全面瞭解外，更重要的是要認識廣告訴求對象的需求、動機、情感與態度等心理基礎。

4.2.1 馬斯洛的需求層次理論

現代心理學認為，包括消費者行為在內的人的一切活動，總是以人的需求為基礎。需求與消費者的活動緊密相連。在市場經濟條件下，消費者的需求表現為消費者購買商品或使用服務的願望。但是在很多情況下，消費者對自身潛在的需求並不清楚。因此，喚醒消費者潛在的需求，促進消費者的購買行為或使用服務行為，成了廣告訴求的基本目標。從廣告與消費者心理角度來講，需求是消費者個人內部所感受到的願望，是消費者購買的原動力。

馬斯洛的需求層次理論將人類的需求分為五種，並將五種需求進行了等級的劃分，按層次逐級遞升，分別為生理需求、安全需求、社交（情感和歸屬）需求、尊重需求、自我實現需求（見圖4-6）。馬斯洛認為，當人的低層次需求被滿足之後，會轉而尋求實現更高層次的需求。另外還有兩種需求：求知需求和審美需求。這兩種需求未被列入到馬斯洛的需求層次排列中，馬斯洛認為這兩種需求應居於尊重需求與自我實現需求之間。

圖 4-6　馬斯洛需求層次理論
圖片來源：百度圖片

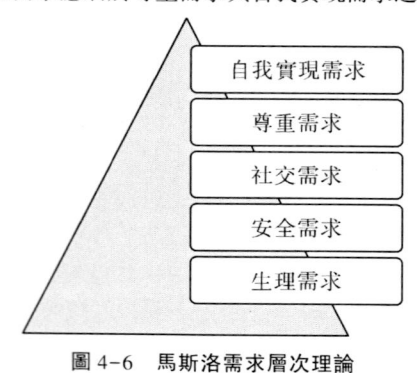

生理需求是人的需求中最基本的，這類需求若得不到滿足，就會危及人的生存。人們對食物、住所、睡眠和空氣等的需求都屬於生理需求，這類需求的級別最低，但同時也是人類維持自身生存的最基本要求，人們在轉向較高層次的需求之前，總是盡力滿足這類需求。從這個意義上說，生理需求是推動人們行動的最強大的動力。馬斯洛認為，只有這些最基本的需求滿足到維持生存所必需的程度後，其他的需求才能成為新的激勵因素，而到了此時，這些已相對滿足的需求也就不再成為激勵因素了。

　　安全需求是人類要求保障自身安全，擺脫喪失事業和財產威脅，避免職業病的侵襲和接觸嚴酷的監督等方面的需求。馬斯洛認為，整個有機體是一個追求安全的機制，人的感受器官、效應器官、智能和其他能量主要是尋求安全的工具，甚至可以把科學和人生觀都看成是滿足安全需要的一部分。當然，當這種需求一旦相對滿足後，也就不再成為激勵因素了。安全需求主要表現為人們要求免除恐懼和焦慮、生活有保障、有穩定的職業、有一定的積蓄和安定的社會等。

　　當前兩個需求得到很好的滿足後，社交需求就會突出出來。社交需求包括兩個方面的內容。一方面是友愛的需求，即人人都需要夥伴之間、同事之間的關係融洽或保持友誼和忠誠；人人都希望得到愛情，希望愛人，也渴望被愛。另一方面是歸屬的需求，即人都有一種歸屬於一個群體的感情，希望成為群體中的一員，並相互關心和照顧。感情上的需要比生理上的需要細緻，和一個人的生理特性、經歷、教育、宗教信仰都有關係。

　　尊重需求又可分為內部尊重需求和外部尊重需求。內部尊重需求是指一個人希望在各種不同情景中有實力、能勝任、充滿信心、獨立自主。總之，內部尊重就是人的自尊。外部尊重需求是指一個人希望有地位、有威信，受到別人的尊重、信賴和高度評價。馬斯洛認為，尊重需要得到滿足，能使人對自己充滿信心，對社會滿腔熱情，體驗到自己活著的用處和價值。

　　自我實現需求是最高層次的需求，是指實現個人理想、抱負，發揮個人的能力到最大限度，達到自我實現境界，接受自己也接受他人，解決問題能力增強，自覺性提高，善於獨立處事，要求不受打擾地獨處，完成與自己的能力相稱的一切事情的需要。也就是說，人必須幹稱職的工作，這樣才會使他們感到最大的快樂。馬斯洛提出，為滿足自我實現需要所採取的途徑是因人而異的。自我實現需求是在努力實現自己的潛力，使自己越來越成為自己所期望的人物。

　　馬斯洛認為，在上述五種需求中只有當低級層次的需求得到一定程度的滿足後，較高層次的需求才會出現並起主導作用。

　　這一理論對於廣告、行銷策劃有著重要的意義。一方面，這一理論提醒我們消費者購買某種商品可能是出於多種需求和動機，因此商品、服務和需求之間並不存在一一對應的關係。如果認為消費者購買餅乾僅僅是為了充饑，購買飲料僅僅是為了解渴，那就大錯特錯了。另一方面，只有低層次的需求得到滿足後，高層次的需求才能更好地得到滿足。這說明企業在開發設計產品時，除應重視產品的核心價值，還要重視為消費者提供產品的附加價值。在廣告的宣傳中更要注意對產品價值的體現。

4.2.2　消費者的動機、行為和目標

4.2.2.1　消費者的動機

　　第一，動機的概念和分類。

動機是指推動有機體尋找滿足目標的動力。動機是以需要為基礎的，一旦個體正常生活的某個需要被意識到後，人的身體就會激動起來，產生驅動力，有選擇地指向可滿足需要的外界對象目標，進而產生行為或傾向。

儘管由各種需求引發的購買動機多種多樣，但最主要的動機可以分為生理動機與心理動機兩大類。

生理動機又稱本能動機，是由生理需求引起的購買動機。消費者的生理動機大量表現在引起人們購買衣、食、住、行等生活必需品的行為中。在社會不發達、商品匱乏的時代，生理動機在各種動機中起主導作用，具有經常性、習慣性和穩定性的特點。而在現代社會，各種商品琳琅滿目，極其豐富，人們在購買時有很大的可選擇性，所以單純由生理動機引發的購買行為已不多見，在購買過程中總是混雜著其他的動機，一直影響到最終的購買決定。

心理動機是由心理（精神上的）需求引起的購買動機。心理需要比生理需要複雜得多，既有由消費者個人心理活動而產生的購買動機，如求實心理、求廉心理等，也有眾多的由社會國家引起的購買動機，如求同心理、求異心理、求名心理等。心理動機不像生理動機那樣是相對穩定、具有共性的，而是根據民族、地域、文化、習俗、時代、經濟等差異，表現出種種姿態，有的甚至截然相反。因此，現代廣告活動只有很好地把握消費者的消費心理，瞭解、滿足以至開發各種購買動機，才能提高廣告的效果，促進銷售。

對於廣告來說，其作用就是給消費者展示某種誘因，激發消費者產生對某種商品或服務的需求，進而誘發消費者產生購買動機。

嬰兒紙尿褲在美國剛上市推廣的時候，製作了一個廣告標題是「不用洗尿布的媽媽又開始談戀愛了」。畫面上打扮得漂漂亮亮的媽媽和丈夫親呢地靠在一起，就如熱戀情人一般。在廣告不流行的年代，這則廣告引起了許多人的矚目，但產品市場反應效果卻欠佳。吸引人們目光的廣告卻打不開市場，令產品開發商很費解。後來，產品開發商通過一系列的訪問和市場調查，終於弄清楚問題所在。不少家庭主婦認為如果自己為了成為漂亮媽媽而不去洗尿布，會被婆婆罵為懶女人，因此主婦們不願意為了方便去買紙尿褲給自己的寶寶穿。問題找到後該公司將產品的訴求點放在「用紙尿褲能夠帶給寶寶干爽、舒適的感覺」上。這樣一來媽媽們是為了寶寶的健康而購買紙尿褲，購買動機在廣告中得到重新詮釋。廣告改動後，紙尿褲立刻被搶購一空，紙尿褲漸漸代替傳統的尿布。

第二，消費者的購買動機。

現實生活中，可能人們購買相同的商品卻基於不同的目的，也可能人們在不同階段會選擇不同品牌的同類產品，這些往往是因為人們的動機不同或是在不同階段動機產生變化造成的。下面簡要介紹幾種消費者的購買動機。

一是求實動機。它是指消費者以追求商品的使用價值為主導傾向的購買動機。在該動機下，消費者希望一分價錢一分貨，注重產品的質量。

二是求美動機。它是指消費者以追求商品欣賞價值和藝術價值為主要傾向的購買動機。在這種動機下，消費者講究商品的藝術美、造型美。

三是求新動機。它是指消費者以追求商品的時尚、新穎、奇特為主導傾向的購買動機。在這種動機下，消費者特別注意商品的款式、獨特和新穎。

四是求廉動機。它是指消費者以追求商品、服務的價格低廉為主導傾向的購買動機。在這種動機下，消費者選擇商品以價格為第一考慮因素。

五是求名動機。它是指消費者以追求名牌、高檔商品，借以現實或提高自己的身分、

地位而形成的購買動機。

六是模仿或從眾動機。它是指消費者在購買商品時自覺不自覺地模仿他人的購買行為而形成的購買動機。

七是好癖動機。它是指消費者以滿足個人特殊興趣、愛好為主導傾向的購買動機。具有這種動機的消費者，大多出於生活習慣或個人癖好而購買某種類型的商品。

人們的購買動機往往也不僅限於上述的幾種，且購買動機也並非彼此孤立，而是相互交錯、相互制約的。對於廣告創作者來說，在製作廣告時也要注意把握消費者的購買動機，將產品的定位、特點、用途、功能等與廣告的內容、主題等結合起來，以符合目標消費者的購買動機。例如，大寶化妝品的廣告一直都採用普通人的形象來針對一般家庭追求質優價廉的消費動機。又如，某個電冰箱的廣告，一個蝸牛在冰箱上緩慢爬行，它注意到更加緩慢轉動的冰箱電表，驚訝的感嘆「怎麼比我還要慢」，這則廣告就是針對人們希望節能的心理動機。很多廣告作品中出現歌星、影星、體育明星使用某種產品的畫面，也主要是針對人們的追求名牌、模仿他人購買行為的動機。

4.2.2.2 消費者的行為

第一，消費者行為的概念及影響因素。

消費者行為是指消費者為索取、使用、處置消費物品所採取的各種行動以及先於決定這些行動的決策過程，甚至是包括消費收入的取得等一系列複雜的過程。

影響消費者行為的個體與心理因素是需要與動機、知覺、學習與記憶、態度、個性、自我概念與生活方式。這些因素不僅影響和在某種程度上決定消費者的決策行為，而且對外部環境與行銷刺激的影響起放大或抑制作用。影響消費者行為的環境因素主要有文化、社會階層、社會群體、家庭等。

第二，研究消費者行為的意義。

其一，消費者行為研究決定了行銷策略的制定。從行銷角度看，市場機會就是未被滿足的消費者需要。要瞭解消費者哪些需要沒有被滿足或沒有完全被滿足，通常涉及對市場條件和市場趨勢的分析。例如，通過分析消費者的生活方式或消費者收入水準的變化，可以揭示消費者有哪些新的需要和慾望未被滿足。在此基礎上，企業可以針對性地開發出新產品。

市場細分是制定大多數行銷策略的基礎，其實質是將整體市場分為若干子市場，每一子市場的消費者具有相同或相似的需求或行為特點，不同子市場的消費者在需求和行為上存在較大的差異。企業細分市場的目的是為了找到適合自己進入的目標市場，並根據目標市場的需求特點，制定有針對性的行銷方案，使目標市場的消費者的獨特需要得到更充分的滿足。

市場可以按照人口、個性、生活方式進行細分，也可以按照行為特點，如根據小量使用者、中度使用者、大量使用者進行細分。另外，也可以根據使用場合進行市場細分，如將手錶按照是在正式場合戴、運動時戴、還是平時一般場合戴細分成不同的市場。

行銷人員只有瞭解產品在目標消費者心目中的位置，瞭解其品牌或商店是如何被消費者所認知的，才能發展有效的行銷策略。科瑪特（K-Mart）是美國一家影響很大的連鎖商店，該商店由20世紀60年代的廉價品商店發展到20世紀七八十年代的折扣商店。進入20世紀90年代後，隨著經營環境的變化，科瑪特的決策層感到有必要對商店重新定位，使之成為一個品味更高的商店，同時又不致使原有顧客產生被離棄的感覺。為達到這一目標，

科瑪特首先需要瞭解其當前的市場位置，並與競爭者的位置做比較。為此，通過消費者調查，科瑪特獲知了目標消費者視為非常重要的一系列店鋪特徵。經由消費者在這些特性上對科瑪特和其競爭對手的比較，科瑪特獲得了對以下問題的瞭解：哪些店鋪特徵被顧客視為最關鍵；在關鍵特性上，科瑪特與競爭對手相比較處於何種位置；不同細分市場的消費者對科瑪特和競爭對手的市場位置；消費者對各種商店特性的重要程度是否持有同樣的看法。在掌握這些信息，並對這些信息進行分析的基礎上，科瑪特製定了非常具有針對性且切實可行的定位策略，結果科瑪特原有形象得到改變，定位獲得了成功。

消費者喜歡到哪些地方購物，以及如何購買到該企業的產品，也可以通過對消費者的研究瞭解到。以購買服裝為例，有的消費者喜歡到專賣店購買，有的消費者喜歡到大型商場或大型百貨店購買，還有的消費者則喜歡通過網絡購買。各種偏好的比例是多大以及哪些類型或具有哪些特點的消費者主要通過上述哪些渠道購買服裝，這是服裝生產企業十分關心的問題。這是因為只有瞭解目標消費者在購物方式和購物地點上的偏好和形成偏好的原因，企業才有可能最大限度地降低在分銷渠道選擇上的風險。

對消費者行為的透澈瞭解，也是制定廣告和促銷策略的基礎。美國糖業聯合會試圖將食用糖定位於安全、味美、提供人體所需能量的必需食品的位置上，並強調適合每一個人，尤其是適合愛好運動的人食用。然而調查表明，很多消費者對食用糖形成了一種負面印象。很顯然，糖業協會要獲得理想的產品形象，必須進行大量的宣傳工作。這些宣傳活動成功與否，很大程度上取決於糖業協會對消費者如何獲取和處理信息的理解。總之，只有在瞭解消費者行為的基礎上，糖業協會在廣告、促銷方面的努力才有可能獲得成功。

其二，為消費者權益保護和有關消費政策制定提供依據。隨著經濟的發展和各種損害消費者權益的商業行為不斷增多，消費者權益保護正成為全社會關注的話題之一。消費者作為社會的一員，擁有自由選擇產品與服務、獲得安全的產品、獲得正確的信息等一系列權利。消費者的這些權利，也是構成市場經濟的基礎。政府有責任和義務來禁止詐欺、壟斷、不守信用等損害消費者權益的行為發生，也有責任通過宣傳、教育等手段提高消費者自我保護的意識和能力。

政府應當制定什麼樣的法律、採取何種手段保護消費者權益，政府法律和保護措施在實施過程中能否達到預期的目的，很大程度上可以借助消費者行為研究所提供的信息來瞭解。例如，在消費者保護過程中，很多國家規定，食品供應商應在產品標籤上披露各種成分和營養方面的數據，以便消費者做出更明智的選擇。這類規定是否真正達到了目的，首先取決於消費者在選擇時是否依賴這類信息。

4.2.2.3 消費者的目標

消費者作為經濟人，為了達到一定的目標，將在消費與不消費以及如何消費之間做出選擇。消費者作為追求最大滿足的理性人，其消費決策則以追求利益最大化目標。凱恩斯認為，無論是從先天人性看還是從具體事實看，有一條心理規律都是正確的，即收入增加時，人們將增加自己的消費。

消費者目標的確定取決於其需求狀況，需求目標的異質性所帶來的不確定，給滿足不同的消費人群和同一消費者不同階段的消費需要帶來了難度。由於需求強度大小和當時心理需要層次的不同，不同的消費者消費的側重點是不一樣的。同時，消費者的目標也與心理滿足程度密切相關。

從長期來看，消費者目標的確定對發展消費者隱藏的心理特徵起到更多的作用。有效

需求同時取決於心理因素，包括消費傾向、流動偏好和對資產未來收益的預期等，並且根據生理需要、安全需要、社交需要、尊重需要和自我實現需要的分類，決定消費者的目標的層次。因此，消費者的目標確定受多種因素的制約。

4.2.3 廣告影響消費者的行為

廣告通過對產品和服務的品牌、性能、質量、用途等方面的信息的有效傳播，能夠拓展和提升消費者對有關商品、服務等方面的認識，指導消費者進行有效購買和使用，可以給消費者的日常生活帶來極大的方便。

4.2.3.1 廣告向消費者提供信息

隨著信息化的發展，廣告在商品行銷中的作用日益強大，「酒香不怕巷子深」已變為「好酒也怕巷子深」。過去，「好酒」品質優良，市場狹小，通過消費者的口碑效應，形成穩定消費者群，「巷子深」也會有人專程前往。現在，產品同質化，同類產品眾多，競爭激烈，「好酒」不做廣告，不能將產品信息傳遞到消費者，不被消費者瞭解和熟悉，「巷子深」增加消費者的購買成本，自然會被消費者遺忘。現在廣告信息傳遞方式多樣，傳播速度快，極大地促進了銷售。廣告主要可以提供內部信息、外部信息、口傳信息和中立信息。

內部信息主要來自消費者自身的知識與經驗。消費者在日常生活中，不斷消費不同的產品累積消費經驗。這種經驗的來源是消費者的親身實踐，因此可靠性和可信性極強。消費者通常以內部信息作為評判、選擇商品的依據，借助內部信息的累積，完成評判、選擇商品的過程。

外部信息主要是指消費者從自身以外獲取的知識與經驗。在市場經濟發達的今天，消費者已經不能單純地以內部信息作為評判、選擇商品的依據，而是必須借助大量外部信息的獲得，才能夠完成評判、選擇商品的過程。消費者獲取的外部信息主要來源於廣告主利用廣告傳播工具向消費者傳遞商品各方面的信息。

口傳信息是指消費者之間進行的人和人之間相互傳遞的商品信息。口傳信息由於是在親密的人與人之間進行傳播的，因此能夠成為消費者最信任、最有效的信息源，但其傳播的形式——人際間口傳的局限性，使得它無法在更大的範圍、以更快的速度把信息傳遞給消費者，以滿足更多的消費者對商品和服務等方面的認知、識別、選擇性購買的要求。因此，口傳信息難以成為消費者獲取商品、服務等方面信息的最主要的信息源。

中立信息是指有關部門對商品所做的決定、檢測報告。例如，政府公布的有關商品質量檢查、評比的結果和電視臺等舉辦的商品知識諮詢節目等。中立信息源的信息發表的數量是極其有限的，不能夠成為消費者對商品各方面的認知、識別、選擇性購買的信息的主要來源。

廣告對消費者產生巨大的作用，影響消費者的行為，因此廣告成為對消費者最具影響力的信息來源。有關方面的實證研究結果表明廣告已成為不同產品信息來源的主要途徑，但值得注意的是，廣告對消費者的影響由於傳播途徑不同也會有所不同。

4.2.3.2 廣告對消費者的引導作用

第一，廣告激發了消費者現實的需求。廣告以理性訴說或者情感訴說的方式打動消費者，引起消費者情緒與情感的共鳴，在好感的基礎之上進一步產生商品或品牌信賴感，從而最大限度地激發消費者的需求。例如，著名品牌自然堂的廣告，其廣告語「你本來就很美」是企業作為廣告主所找到的絕妙的說辭，充分利用了女性追求美的願望，激發了每個

女人內心深處的自信心，讓消費者與自然堂品牌產生情感上的共鳴，促使其購買該產品。也正是因為這句廣告語才讓自然堂在2001年競爭激烈的化妝品市場中以黑馬之姿一炮而紅。

　　第二，廣告激發了消費者潛在的需求。潛在需求，即潛伏於消費者心理和社會關係中、消費者自身還未充分認知到的需求。潛在需求變成現實需求，既可以由消費者的生理上或心理上的內在刺激引起，也可以由外在刺激物引起。廣告作為一種外在刺激誘因，其任務就在於把握消費者深層心理，並根據消費心理和行為特徵，展示與其潛在消費需求相符的商品和服務，使廣告能通過情感的訴求喚起消費者的共鳴，激發其購買慾望，並付諸購買行動。

20世紀80年代風靡亞太市場的變形金剛系列玩具就是使潛在需求變成現實需求的成功案例。在推銷玩具前，企業將精心製作的電視系列動畫片《變形金剛》無償贈送給電視臺播放起到廣告的作用，使孩子們被變形金剛迷住，從而誘發孩子們對擁有變形金剛的需求，形成購買慾望。企業通過利用藝術形象到實物玩具的移情效應，適時推出變形金剛系列玩具，成功地開發了變形金剛玩具市場。

　　第三，廣告創造全新的消費需求。廣告常以完全相同的方式，向消費者多次重複同樣的內容，通過大力渲染消費或購買商品之後的美妙效果，利用大眾流行的社會心理機制創造轟動效應，形成明顯的示範作用，指導人們的購買與消費行為。在指導購買的過程中，廣告會告知消費者產品的用途、產品的使用方法、產品的售後服務，以減少消費者的疑慮，激發更多消費者參與購買。

　　隨著現代商品經濟的發展，「適應消費市場」的觀念逐漸淡薄，「創造消費市場」的觀念逐漸興起，並且日益受到重視。例如，日本索尼公司在20世紀80年代就提出了「創造市場」的口號，向20世紀60年代提出的「消費者需要什麼，我就生產什麼」的市場觀念提出挑戰，以「我生產什麼就準是消費者真心所需的」創造市場觀念。

4.2.3.3　廣告的想像作用

　　好的廣告，實際上就是一件精美的藝術品，不僅真實、具體地向人們介紹了商品，而且讓人們通過對廣告作品形象的觀摩、欣賞，引起豐富的聯想，樹立新的消費觀念，增加精神上美的享受，並在藝術的潛移默化過程之中，產生購買慾望。良好的廣告還可以幫助消費者樹立正確的道德觀、人生觀，提高人們的精神文明水準，陶冶人們的情操，並且給消費者以科學技術方面的知識。

4.2.3.4　廣告的負面作用

　　廣告對消費者有著重要的指導和引導作用，但廣告同時也給消費者的生活帶來了不利的一面。比如說，為強調產品的功能與作用，在廣告表現中採取了戲劇化的或「一面說理」的表現方式，通過設計一些離奇的情節，渲染一種時尚生活離不開的產品觀念，不僅使人們對廣告的真實性產生疑問，而且容易造成一種產品「萬能」的觀念。

　　在現實生活中，一些廣告誤導人們生活的價值主要取決於其擁有和消費什麼樣的產品，而不在於其創造了什麼，從而在一定程度了助長了享樂主義之風。廣告對少年兒童的影響十分大，少年兒童由於大量接觸廣告，自小就生活在一個「品牌」的世界裡，因此對產品的追求遠遠超過其實際需要和家庭承受力，尤其是廣告所展示的豪華的生活、奢侈的用品，使少年兒童不知不覺中誤以為廣告裡描繪的世界就是真實的世界，並竭力去追求。此類廣告對少年兒童的健康成長是很不利的，這也是困擾社會的一個重要問題。

媒體過多的廣告發布，不僅干擾了人們正常的信息接收和解讀，也浪費了受眾的寶貴時間。戶外廣告有時會影響到交通安全，對人們的生命財產造成威脅。廣告的誘惑性還會使人們長期處於消費的饑渴狀態，導致購買沒有什麼實際使用價值的產品等。

4.2.4 人格心理學對廣告的影響

人格心理學為心理學的分支之一，可簡單定義為研究一個人所特有的行為模式的心理學。「Personality」一般都會被譯作「性格」，心理學界則把它譯為「人格」。「人格」不單包括性格，還包括信念、自我觀念等。準確來說，「人格」是指具有一致的行為特徵的群集。人格的組成特徵因人而異，因此每個人都有其獨特性。這種獨特性致使每個人面對同一情況下都可能做出不同反應。人格心理學家會研究人格的構成特徵及其形成，從而預計人格對塑造人類行為和人生事件的影響。人格是個體在行為上的內部傾向，表現為個體適應環境時在能力、情緒、需要、動機、興趣、態度、價值觀、氣質、性格和體質等方面的整合，是具有動力一致性和連續性的自我，使個體在社會化過程中形成的給人以特色的身心組織。

人格上的一致性和連續性同樣也會體現在消費者的購買行為中，因此廣告應體現產品或服務的個性，形成品牌特色，與目標市場客戶意趣相投，促進購買，培養品牌忠誠度。

美國的哈雷·戴維森無疑是一個極有個性的品牌。它以「Cool」（「酷」）的造型和巨大的轟鳴聲彰顯著獨立反叛、傲視權威的個性。在工業化浪潮的席捲下，該品牌堅持部分零件手工製作；在流線型設計成為時尚的時候，該品牌堅持古典的造型——這些不但沒有成為顧客拒絕哈雷·戴維森的理由，反而成為消費者津津樂道的話題，形成了品牌的特點。該品牌的廣告著重體現獨立、反叛、復古的特色，也與產品、品牌文化相輔相成（見圖4-7）。

哈雷·戴維森樂於為各種電影和攝影提供其產品。在《終結者》系列電影中，影星施瓦辛格使用的重要道具之一就是哈雷·戴維森摩托。這不僅展示了哈雷·戴維森摩托冷酷的外表，也給哈雷·戴維森品牌增添了一絲英雄主義色彩，豐富了品牌的故事，從而對品牌文化進行了有力的廣告宣傳。哈雷·戴維森摩托潛心營造的一種凝聚年輕一代夢想、反叛精神、奮鬥意識的「摩托文化」，迎合了年輕人盡情宣洩自己自由、反叛、競爭的精神和彰顯富有、年輕、活力的需求，培養出了很多將哈雷品牌紋在自己身上、與這個牌子終身相伴的忠實消費者。

圖 4-7　哈雷摩托車試駕活動

圖片來源：新浪網（http://auto.sina.com.cn/photo/funnypic/75270.shtml）

4.3 廣告心理學的研究原則與程序

4.3.1 廣告心理學的研究原則

要使廣告達到預期的目的，必須研究廣告活動參與者在廣告過程中的心理現象及其行為的規律性，利用廣告心理學研究的成果指導創意、設計和製作廣告。採用科學的方法研究廣告活動過程中人的心理，在不同的研究領域中，根據不同的研究對象，使用不同的研究方法，將具體研究方法的特點與所研究對象的特點相結合。在開展廣告心理學課題研究時，都要遵守客觀性原則、發展性原則、系統性原則和應用性原則。

客觀性原則是科學研究必須遵循的重要原則，指的是科學研究要尊重客觀事實，以實事求是的態度按照研究對象的本來面目加以考察。要求研究者保證獲得的材料真實客觀，而且結論內容反應研究對象自身的真實狀況，在採用科學方法加工所得到的資料和數據的基礎上建立研究結論，如實發現廣告心理的新原理和新規律。

發展性原則是指廣告活動參與者的心理現象始終處在發展和變化之中。一種心理品質形成後，隨著環境和實踐活動的改變，也會有一定的發展和改變。廣告心理學的研究者必須遵循發展性原則，把廣告受眾的心理活動看作動態變化發展的過程，來研究廣告心理活動發生發展的規律。廣告心理和行為都有其連續的發展過程，要在廣告活動發展過程中考察心理和行為，既要聯繫客觀事實，又要注重未來發展。廣告業的發展要求廣告心理學的研究者對不斷發展變化的廣告市場和廣告受眾進行動態的、具有前瞻性的研究。

系統性原則是指用整體的、系統的觀點指導廣告心理學的科學研究活動。廣告心理系統是一個極其複雜的動態系統，其中任何一種因素的變化，都可能引起廣告活動狀態的改變。在廣告心理的研究中，必須考慮各種內、外部因素之間相互聯繫和制約的作用，把某一心理現象放在多層次、多因素的系統中進行全面的分析和考察，系統地認識其中的規律。

應用性原則是指廣告心理學要研究廣告活動中存在的現實問題，以提出解決廣告活動問題的具體方案或對策為目的。廣告心理學的任務是認識廣告心理現象及其變化規律，依據理論瞭解廣告業的發展方向，應用廣告心理學的研究成果指導開展廣告活動。

由於廣告活動中心理因素起著重要的作用，所以廣告心理研究成果的應用性極強，與廣告創意和市場行銷理論結合，共同促進廣告業的發展。

4.3.2 廣告心理學的研究程序

廣告心理學理論對廣告實踐有著很強的依賴性，由於研究的目的、時間、被試、收集與處理資料的方式等的不同，廣告心理學的具體研究方法也多種多樣。

觀察法是利用感官或借助於科學的觀察，在自然清淨的環境中有計劃和有目的地對被觀察者的言行表現進行考察記錄，以期發現其心理活動變化和發展規律的一種研究方法。觀察法主要分為自然觀察法、控制觀察法、參與觀察法、非參與觀察法、直接觀察法、間接觀察法幾大類。觀察法具有資料客觀真實、使用範圍廣、易陷入主觀推測或偏見、獲取信息全面等特點。

訪談法是通過訪談者與受訪者的交談，收集有關受訪者心理與行為資料的一種研究方法。訪談法主要有焦點小組訪談、深度訪談和電話訪談三種。訪談法具有收集資料迅速、

靈活且易於控制、使用範圍廣、訪談的效果取決於雙方的互動和合作的特點。

問卷法就是把問卷交給受測者，讓受測者回答，並通過對答卷內容的分析得出相應結論的研究方法。根據問卷填答者的不同，問卷法可分為自填式問卷法和代填式問卷法。問卷法具有樣本可大可小、使用範圍較廣泛、資料易於整理和統計分析、對問卷的質量有較高的要求的特點。

實驗法是指有目的地控制和改變某種條件，使被試產生所要研究的某種心理現象，然後進行分析研究，以得出這一心理現象發生的原因或起作用的規律性結果。實驗法可分為自然實驗法和實驗室實驗法兩種。實驗法具有結果可靠性高、成本較高的特點。

個案研究法是對某一個體、群體或組織在較長時間裡連續進行調查、瞭解，收集全面的資料，從而研究其行為、心理發展變化的全過程的研究方法。個案研究法通常劃分為個人調查、團體調查、問題調查三種類型。個案研究法具有通過特別事例來研究一種現象、研究過程非標準化、資料加工難度大的特點。

4.4 廣告心理學的研究方法

科學研究是一個嚴謹的過程，進行廣告心理學研究必須遵循一定的步驟，防止研究結果與事實相悖。

4.4.1 第一步：確定研究課題

進行廣告心理學科學研究的第一步就是確定具體研究課題。根據廣告活動的特點，有不同的途徑可以確定研究課題，主要方法如下：

第一，從實踐領域中選擇課題；
第二，從理論領域中選擇課題；
第三，從交叉或相鄰學科中選擇課題；
第四，從學科研究焦點中選擇課題；
第五，通過查閱和評價有關文獻來選擇研究課題；
第六，從廣告傳播活動中選擇課題。

另外，在廣告心理學研究中，還應該注意所選研究課題的重要性、可行性、新穎性和先進性等問題。

4.4.2 第二步：分析問題

確定研究課題後，通過查閱文獻獲取研究的資料以及實地考察與課題相關的數據資料，分析研究課題中的問題，並對問題進行深入的認識。採用不同的分析方法，對研究課題進行分析，最終確定所要研究的問題。

4.4.2.1 對現有研究成果的分析

在實施廣告心理學研究課題之前，研究者要瞭解與本課題同樣的、類似的和有關聯的課題研究的歷史和現狀，包括瞭解在該課題方面已取得的研究成果、目前的進展情況、已經解決的問題、採用的解決問題的途徑、已經得出的結論的可靠性、還存在的尚未解決的問題及沒有解決的原因、解決這些問題的關鍵所在；瞭解在此研究領域中開展研究的經驗

和教訓、解決問題時所採用的實驗研究設計；瞭解已有理論解釋是否合理，以及尚未說明的問題等。

4.4.2.2 對廣告傳播現象的分析

由於廣告具有大眾傳播的特性，在對現有設計課題的研究成果的分析基礎上，研究者還要收集整理與課題相關的廣告傳播現象資料，並憑藉對資料的掌握和研究的經驗，分析研究課題，透過現象抓住本質。廣告傳播現象的形成受多種因素的影響，廣告主、廣告公司、廣告媒體、廣告受眾以及廣告管理者，在廣告過程中對廣告信息的傳播有不同的作用。

4.4.3 第三步：提出假設

研究假設的提出不僅依賴於對現有資料的分析，還依賴於研究人員所具有的研究經驗和研究經歷。研究假設能充分反應解決問題的思路，為問題的研究指明方向。

4.4.3.1 演繹法

演繹法是從普遍性結論或一般性事理推導出個別性結論的論證方法。例如，根據美國心理學家馬斯洛需要層次理論，研究者提出假設：消費者的需求結構決定消費者的購買商品的類別。通過這一特殊假設的驗證來檢驗某一理論的正確性。

4.4.3.2 歸納法

歸納法是從個別性知識引出一般性知識的推理，是由已知真的前提，引出可能真的結論。例如，平面廣告、廣播廣告、影視廣告各自的刺激方式不同，根據視聽刺激的作用不同，提出影視廣告比平面廣告更加容易引起注意的假設。通過收集資料進行分析研究和實驗研究，檢驗這一假設。

4.4.4 第四步：設計與實施研究方案

4.4.4.1 確定研究方案

研究方案有很多種，需要研究者根據具體的研究目的和具體的條件來確定研究方案。研究方案中採用的不同研究類型和研究方法，都有其各自的長處與局限性，應綜合加以確定。

第一，確定研究收集資料的方法。研究收集資料的方法主要包括觀察法、訪談法、問卷法、實驗法和個案研究法。採取何種方法收集資料，要根據具體的研究問題的內容確定。

第二，確定調查隊伍。由於要通過大規模的問卷調查和訪談調查收集資料，受到人手方面的限制，往往委託專門的調查代理機構完成調查工作，從而節省了大量的時間和精力。

第三，確定工作語言。統一研究人員使用的工作語言，包括專業工作術語。使用統一的工作語言和術語，減少研究工作中出現各得其解的情況，提高工作效率，避免差錯。統一的工作語言和術語使研究者能夠準確地表述研究內容，不會引發歧義和誤解，保證研究工作的順利進行。

4.4.4.2 確定研究變量

根據所提出的研究假設，詳細列舉出研究中涉及的所有變量，對自變量、因變量或無關變量等加以識別和標示。大部分的研究都會涉及許多變量，這就要求研究者對各種變量有正確的認識，並能根據研究目的來確定、控制或取捨各種研究變量。

4.4.4.3 選取研究對象

選取什麼樣的事物作為研究對象，這取決於研究的性質與目的及研究結果的推論範圍。廣告心理學研究中常常通過有代表性的取樣來對總體做出推斷。可以根據研究的目的決定採取隨機取樣或非隨機取樣的方法。

4.4.4.4 制定具體的研究程序

制定具體的研究程序的核心是怎樣採取措施對各種變量進行操縱與控制。對不同的變量所採取的方式是不同的，通過各種不同的實驗設計來體現。通常有真實驗設計與準實驗設計兩種。

4.4.4.5 實施研究方案

研究方案的實施是嚴格按照研究設計程序進行的操作過程，方案需要對於各種無關變量、各種意外事件的出現盡量消除或採取有效措施加以克服。在規定條件下使用具體的研究方法，按照研究程序開展研究，才能獲得相應的研究結果。

4.4.5 第五步：整理與分析研究結果

在通過研究獲得大量的原始資料和初步的研究結果後，整理與分析研究結果就是對所獲得的原始數據與資料進行進一步的加工處理。

整理研究結果先要進行原始數據和資料初步的整理，進行必要的篩選。然後進行初步的編碼、歸類，即系統化。

分析與解釋研究結果，即通過對數據和資料的加工能夠得到有關變量間關係的結果，可對提出的假說進行驗證，可為驗證和建構理論提供依據。常用的方法主要有定量分析和定性分析兩種。

4.4.6 第六步：撰寫研究報告

研究報告通常是對課題研究的總結和對研究成果的展示。研究報告有多種類型，撰寫研究報告的基本格式是一致的。研究報告通常包括標題、摘要與關鍵詞、前言、研究方法、結果與討論、結論、參考文獻與附錄七部分。

本章小結

廣告心理學是研究廣告過程中消費者的心理與購買行為之間的科學。廣告能否達到預期的效果，取決於廣告是否能讓消費者產生清晰的認知，激起消費者情感的共鳴，進而導致消費者產生行為目標和購買行為。瞭解消費者的心理活動過程，是開展任何廣告活動的必然前提。本章主要講述了廣告心理學的研究對象、研究原則與程序以研究方法，還介紹了廣告影響消費者的行為。

思考題

1. 廣告心理學的研究對象是什麼？分別有什麼特點？不同的研究對象之間有怎樣的相

互關係？

2. 簡述廣告心理學研究的原則。

3. 廣告心理學課題研究的基本步驟是什麼？請結合實際課題簡單闡述。

參考文獻

［1］傅根清，楊明. 廣告學概論［M］. 濟南：山東大學出版社，2004：105，108-109，112-114.

［2］江波. 廣告心理新論［M］. 廣州：暨南大學出版社，2002：127-129.

［3］江林. 消費者行為學［M］. 北京：首都經濟貿易大學出版社，2002：118.

［4］馬繼興. 廣告心理學［M］. 北京：清華大學出版社，2011：41-51，222-227.

［5］艾進. 廣告學［M］. 成都：西南財經大學出版社，2012：73-76.

5 廣告的表現策略

開篇案例

　　Vian（依雲）源自拉丁語「Evua」，是「水」的意思。這個與眾不同的礦泉水來自阿爾卑斯山脈的法國依雲天然礦泉水，素以天然和純淨享譽世界。天然的冰川岩層賦予依雲水獨特的滋味和均衡的礦物質成分。1789 年，依雲水因為治愈了一位法國貴族的腎結石，從此被公認為健康之水，其卓越的理療功效於 1878 年得到法國藥學院的認可，從此依雲水堪稱天然礦泉水中貴族。

　　在「Live Young」（永葆童真）系列中，依雲礦泉水不僅推出了多個令人耳目一新的電視廣告與平面廣告，還向消費者提出了一個主張，讓消費者明白從中可以獲得的具體利益——活出年輕，永葆童真。

　　在 2009 年的電視廣告旱冰寶寶中，視頻共出現了 96 個用特效技術製作的寶寶，這些穿著紙尿褲的可愛寶寶竟然滑旱冰，還擺出各種酷酷的姿勢，別看這些寶寶雖然還只是嬰兒，卻擁有無比的神力，旱冰鞋在他們腳下如飛火輪一般自如。他們忽而跳躍，忽而翻跟頭，忽而又大跳說唱舞（Hip Hop）（請欣賞視頻 5-1）。

　　依雲礦泉水這則廣告近乎完美地運用了 USP、廣告定位等廣告表現策略，獲得了超過 6,500 萬次的瀏覽量，至今還保持著觀看次數最多的在線廣告的官方吉尼斯世界紀錄。

本章提要

　　廣告表現是廣告創意表現的簡稱，其目的在於通過各種富有創意的符號來傳遞產品信息，使廣告別具一格、不落窠臼，從而吸引消費者的目光，促進消費。要有好的廣告表現，就必須按照一定的程序進行廣告表現策劃。本章主要從廣告表現、USP 策略的評價及其應用、品牌形象（BI）策略、廣告的定位（Position）策略的評價及其應用和其他策略評價及其應用來對廣告表現進行分析。

5.1　廣告表現

5.1.1　廣告表現的概念

　　廣告表現是將廣告主題、創意概念或意圖，用語言文字、圖形等信息傳遞形式表達出來的過程。廣告表現是整個廣告工作的一個中心轉折點，其前面的工作多為科學調研、分

析，提出構思、創意；其後面的工作多是將前面工作的結果，即停留在紙上和腦海中的語言文字、構想轉化成具體的、實實在在的廣告作品。廣告表現的結果是具體實在的廣告作品，而正因為要與廣告接觸者直接見面，廣告表現就應當以適合接受者的接受習慣和互動關係的形成為目標進行有效的廣告表現。

5.1.2 廣告表現策劃的主要過程

廣告表現就是把廣告主基於廣告目標的要求（主題意念、創意構想）轉化成原稿和圖像的過程。具體過程如下[①]：

第一步，進行行銷分析，即通過對企業和產品的歷史分析、產品評價、消費者評價以及市場競爭狀況評價等，確立該廣告表現的基礎。這是確定廣告概念的前提。

第二步，確定廣告概念。這往往由廣告主向廣告公司進行說明，一般稱作定向，即根據商品屬性、市場競爭狀態、廣告目標等決定廣告表現的基本設想和基本方針。這是廣告設計者確定主題、進行原稿設計和編製廣告計劃的依據。

第三步，選擇並確定廣告主題，即根據廣告主的說明和希望，確定具體的廣告主題，也就是廣告的中心思想，借以傳遞廣告概念。

第四步，通過創意形成原稿或圖像，開始具體的廣告設計、編製工作。

從上述的過程介紹中，不難看出廣告概念的確立以及慎重選取合適的主題以傳遞廣告概念是整個廣告表現策劃的核心。在當今體驗經濟的大潮下，越來越多的廣告公司會針對廣告涉及的對象、表現的主題等，在廣告的表現中增加利於人們參與、互動的元素。

5.1.3 廣告表現與廣告主題、創意的關係

5.1.3.1 廣告表現與廣告主題的關係

就一件具體的廣告作品而言，只要明確了廣告目標、廣告對象、廣告策略，下一步的主要問題就是選擇和確定廣告的主題，即明確廣告的中心思想。廣告主題策劃是取得廣告對象滿意、引起廣告對象注意、促成廣告目標達成的重要手段。為了達到預期的廣告效果，必須在商品或企業中找出最重要的部分來進行訴求發揮。廣告主題的好壞、訴求力的強弱，決定了消費者對廣告主題思想的共鳴程度，從而也決定了廣告效果的好壞。因此，人們常常說，廣告主題是廣告的靈魂。

廣告主題是廣告目標、信息個性、消費者心理需求三個要素的融合體。它們之間的關係是：廣告目標是廣告主題的出發點，離開了廣告目標，廣告主題就會無的放矢，不講效果；信息個性是廣告主題的基礎和依據，沒有信息個性，廣告主題就會沒有內容，廣告也就沒有自己的訴求；消費者心理需求是廣告主題的角色，沒有這個角色，廣告主題就調動不了消費者的心理力量。

正確的廣告主題為廣告表現提供了最基本的題材。廣告不是簡單的攝影繪畫，也不僅是文字游戲。廣告的主題必須分析消費者購買某種商品的原因是什麼，消費者想知道什麼，願意在什麼時間、什麼地點聽到或看到廣告。正確的廣告主題才是說服消費者購買的關鍵。

需要注意的是，廣告主題不是廣告目標、信息個性、消費者心理需求三者的簡單相加或拼湊，而是一個有機的融合點。因此，一個廣告既要考慮企業，又要考慮商品，還要考

---

① 陳乙. 廣告策劃 [M]. 成都：西南財經大學出版社，2002：122.

慮消費者，更要賦予人情味和聯想。一個好的廣告主題必須符合易懂、刺激、統一、獨特的要求。例如，「農夫山泉有點甜」（農夫山泉純淨水）；「戴博士倫，舒服極了」（博士倫隱形眼鏡）；「如果失去聯想，人類將會怎樣」（聯想電腦）……它們雖然是簡單的廣告語但是很好地表現出了廣告的主題。

5.1.3.2 廣告表現與廣告創意的關係

廣告主題確定下來之後，廣告活動進入最為關鍵的階段，即廣告創意階段。這時廣告創意人員應當考慮的是如何完整、準確、充分、藝術地表現廣告的主題。美國著名的廣告專家大衛‧奧格威說：「如果廣告活動不是由偉大的創意構成，那麼它不過是二流品而已。」成功進行廣告的基礎是卓越的創意。創意是現代廣告的靈魂，是引起消費者注意、激發消費者購買慾望的驅動力。

第一，廣告創意的概念。

何為創意？從字面理解，創意就是創造新的想法，是一種創造性的思維活動。將創意應用於廣告活動中，就是廣告創意。現代廣告的核心就在於創意，針對何為創意，不同的學者有著不同的見解。被稱為「美國廣告之父」的廣告人詹姆斯‧韋伯‧揚（James Webb Young）曾經提出：創意是把原來的許多舊要素進行新的組合，進行新的組合的能力，實際上大部分是在於瞭解、把握舊要素相互競爭關係的本領。美國廣告學者格威克認為創意就是發現人們習以為常的事物的新意。

餘明陽教授在《廣告策劃創意學》裡將廣告創意定義為：所謂廣告創意，從動態的角度看，就是廣告人員對廣告活動進行創造性的思維活動；從靜態的角度看，就是為了達到各個目的，對未來廣告的主題、內容和表現形式所提出的創造性主意。

第二，廣告表現與廣告創意的關係。

廣告創意的核心就是表達廣告的主題。廣告創意是表現廣告主題的構思和意念，必須以廣告主題為核心，圍繞廣告主題而展開。然而廣告主題僅僅是一種思想或觀念，這種抽象的意念必須借助一定的具體形象來表現，即廣告表現是廣告主題的形象化和具體化，是消費者理解、欣賞廣告主題的仲介，因此廣告創意是廣告表現的靈魂，而廣告表現是廣告創意的外化過程。好的廣告表現可以準確地體現廣告創作人員的創意，有效地傳遞有意義的廣告訊息，從而有助於廣告與消費者的溝通。不合適的廣告表現則有可能無法實現廣告訊息的有效傳遞，甚至會扭曲廣告創作人員想要傳達的廣告訊息，從而毀掉一個好的廣告創意。

5.2　USP 策略的評價及其應用

在 20 世紀四五十年代，廣告表現策略開始興起。在產品競爭還不算激烈的 20 世紀 50 年代，廣告的表現策略主要以獨特的銷售主張（USP，下同）策略為主，其強調以產品為導向。到了 20 世紀 60 年代中後期，廣告越來越多，信息開始泛濫，意在尋求「獨特的銷售說辭的」USP 策略的效果逐漸減弱，此時品牌形象（BI，下同）策略開始興起，其主要思想是強調品牌形象。到了 20 世紀 60 年代末，市場競爭更加激烈，廠商開始將消費者的需求放在首位，廣告的定位策略發揮的作用越來越大。

直到今天，USP 策略、BI 策略和廣告的定位策略依然在廣告的表現策略中占據一席之

地，發揮著重要的作用，在本節和以下兩節中，將具體闡述 USP 策略、BI 策略和廣告的定位策略。

5.2.1　USP（Unique Selling Proposition）策略的定義及要點

5.2.1.1　USP 策略的定義

USP 策略是由羅瑟·瑞夫斯（Rosser Reeves）於 1961 年在《廣告的現實》(*Reality in Advertising*）一書中提出的。他認為廣告的成功與否取決於商品是否過硬、是否有特點。他提出的 USP 理論，即獨特的銷售主張理論認為，廣告就是發揮一種建議或勸說功能。該理論使廣告界擺脫了隨意性很大的經驗狀態，為廣告學殿堂樹立了堅實的支柱。

到了 20 世紀 90 年代，達彼思（Bates，原名 Ted Bates）廣告公司進一步認定 USP 策略的創造力在於挖掘一個品牌的精髓，並通過強有力的說服來證實其獨特性，使之變得所向披靡、勢不可擋。這時的 USP 策略已經不僅是瑞夫斯時代所強調的「針對產品的事實」，而是上升到了品牌高度，強調創意來源於對品牌精髓的深入挖掘。品牌精髓挖掘的層次由內到外包括品牌個性（Personality）、品牌價值（Values）、品牌利益（Benefits）和品牌屬性（Attributes）。具體分為以下七步：

第一，設置品牌輪盤（Brand Wheel），明確品牌的基本框架；

第二，進行品牌行銷策劃（Brand Marketing Agenda）；

第三，進一步審查品牌特性（Brand Interrogation）；

第四，利用頭腦風暴法，進行廣告創意；

第五，初步形成創意；

第六，進行創意測試，找出樣板創意和令人驚奇的事實，然後用詞彙鮮明地、直接地表達出來；

第七，撰寫 USP 創意演示簡報。

5.2.1.2　USP 理論的基本要點

第一，每一則廣告必須向消費者「說明一個主張（Proposition）」，必須讓消費者明白購買廣告中的產品可以獲得何種具體的利益。

第二，所強調的主張必須是競爭對手做不到的或無法提供的，必須說出其獨到之處，在品牌和說辭方面是獨一無二的。

第三，所強調的主張必須是強有力的，必須聚焦在一個點上，集中打動、感動和吸引消費者來購買相應的產品。

USP 策略視消費者為理性思維者，消費者的注意力和興趣往往集中在那些重要的、有價值的或與自己需要相關的產品上，經常用產品某一獨有的特徵來辨別、認知某一產品。USP 策略正是利用人們認知的心理特點，在廣告中宣傳產品獨有的特徵及利益，引起消費者注意、理解、記住並產生興趣，從而促使其作出購買決策和採取行動。由此出發，該策略認為廣告必須對準目標消費者的需要，提供可以帶給他們實惠的許諾，而這種許諾必須要有理由的支持。

5.2.2　USP 策略的成功廣告案例

5.2.2.1　M&M'S 巧克力豆——「只溶在口，不溶在手」

M&M'S 巧克力豆的那一句家喻戶曉的廣告語——「只溶在口，不溶在手」，便是瑞夫

斯 50 多年前的杰作（見圖 5-1）。

圖 5-1　M&M'S 巧克力豆
圖片來源：百度圖片

　　1954 年，美國瑪氏公司苦於新開發的巧克力豆不能打開銷路，而找到瑞夫斯。瑪氏公司在美國是小有名氣的私人企業，尤其在巧克力的生產上具有相當的優勢。瑪氏公司新開發的巧克力豆由於廣告做得不成功，在銷售上沒有取得太大效果。瑪氏公司希望瑞夫斯能構想出一個與眾不同的廣告，從而打開銷路。瑞夫斯認為，一個商品成功的因素就蘊藏在商品本身，而 M&M'S 巧克力豆是當時美國唯一用糖衣包裹的巧克力。有了這個與眾不同的特點，又何愁寫不出打動消費者的廣告呢。瑞夫斯僅僅花了 10 分鐘，便形成了廣告的構想——M&M'S 巧克力豆「只溶在口，不溶在手」。廣告語言簡意賅、朗朗上口、特點鮮明。隨後，瑞夫斯為 M&M'S 巧克力豆策劃了電視廣告片：

　　畫面：一只臟手，一只乾淨的手。

　　畫外音：哪只手裡有 M&M'S 巧克力豆？不是這只臟手，而是這只乾淨的手。因為 M&M'S 巧克力豆只溶在口，不溶在手。

　　僅僅 8 個字的廣告語，簡單清晰，就使得 M&M'S 巧克力豆不黏手的特點深入人心，名聲大振，家喻戶曉，成為人們爭相購買的糖果。「只溶在口，不溶在手」這句廣告語沿用至 20 世紀 90 年代，這條廣告語仍作為 M&M'S 巧克力豆的促銷主題，把 M&M'S 巧克力豆送到了各國消費者的心中，瑪氏公司也成為年銷售額達 40 億～50 億美元的跨國集團。

5.2.2.2　瑞夫斯所做的總督牌香菸廣告

　　圖 5-2 的說明：只有總督牌香菸在每一支濾嘴中給人兩萬顆過濾汽瓣。當你吸食豐盛的香菸味道透過它時，它就過濾、過濾、再過濾。

　　男人：「有那兩萬顆過濾汽瓣，實在比我過去吸食沒有過濾嘴香菸時的味道要好。」

　　女人：「對，有濾嘴的總督牌香菸吸起來是好得多……並且也不會在我嘴裡留下任何絲渣。」

　　菸盒旁側說明文字：只比沒濾嘴香菸貴一兩分錢而已。

　　這則廣告指出總督牌香菸「有兩萬顆細小過濾凝汽瓣——比其他品牌多兩倍」，指出了其與其他同類產品的不同之處。

圖 5-2　總督牌香菸

圖片來源：百度圖片

5.2.2.3　舒膚佳——後來者居上，稱雄香皂市場

1992 年 3 月，舒膚佳香皂進入中國市場，而早在 1986 年就進入中國市場的力士香皂已經牢牢占住香皂市場。後生舒膚佳香皂卻在短短幾年時間裡，硬生生地把力士香皂從香皂霸主的寶座上拉了下來。

舒膚佳香皂的成功自然有很多因素，但關鍵的一點在於它找到了一個新穎而準確的「除菌」概念。在中國人剛開始用香皂洗手的時候，舒膚佳香皂就開始了其長達十幾年的「教育工作」，要把手真正洗乾淨——「看得見的污漬洗掉了，看不見的細菌你洗掉了嗎？」

在舒膚佳香皂的行銷傳播中，以「除菌」為軸心概念，訴求「有效除菌護全家」，並在廣告中通過踢球、擠車等場景告訴大家，生活中會感染很多細菌，用放大鏡觀察到的細菌「嚇你一跳」。然後舒膚佳香皂再通過「內含抗菌成分『迪保膚』」之理性訴求和實驗來證明舒膚佳可以讓人把手洗「乾淨」。另外舒膚佳香皂還通過「中華醫學會驗證」增強了品牌信任度（見圖 5-3）。

圖 5-3　舒膚佳除菌香皂廣告圖片（請欣賞視頻 5-2）

圖片來源：搜素材（http://www.sosucai.com/detail-160146--1.html）

5.2.2.4 樂百氏純淨水——27層淨化

樂百氏純淨水上市之初，就認識到以理性訴求打頭陣來建立深厚的品牌認同的重要性，於是就有了「27層淨化」這一理性訴求經典廣告的誕生。

當年純淨水剛開始盛行時，所有純淨水品牌的廣告都說自己的純淨水純淨，導致消費者不知道哪個品牌的水是真的純淨或者更純淨的時候，樂百氏純淨水在各種媒介推出賣點統一的廣告，突出樂百氏純淨水經過27層淨化，對其純淨水的純淨提出了一個有力的支持點。這個系列廣告在眾多同類產品的廣告中迅速脫穎而出，樂百氏純淨水的純淨給受眾留下了深刻印象，「樂百氏純淨水經過27層淨化」很快家喻戶曉。「27層淨化」給消費者一種「很純淨可以信賴」的印象（見圖5-4）。

圖5-4 樂百氏礦泉水（請欣賞視頻5-3）
圖片來源：呢圖網

5.3 品牌形象（BI）策略

5.3.1 品牌形象（Brand Identity，BI）策略的定義及要點

5.3.1.1 BI策略的定義

品牌形象策略由美國奧美廣告公司的奧格威提出。他認為對於那些相互之間差異很小的產品（如香菸、啤酒等）而言，難以在廣告策略上採用USP策略以及其他建立在產品差異基礎上的廣告策略，這就存在一個廣告表現策略上的表現轉化問題。對於如何轉化，奧格威認為通過將產品差異的表現轉化為對品牌形象的表現，就能很好地解決這一轉化問題，這便產生了品牌形象策略。採用這一策略是要通過樹立品牌形象，培植產品威望，使消費者保持對品牌長期的認同和好感，從而使廣告產品品牌得以在眾多競爭品牌中確立優越地位。

5.3.1.2 BI策略的要點

奧格威認為每一個廣告都應該看成對品牌形象的貢獻。如果採取了這種態度，當今的

許多問題就能得到解決。品牌越相似，理性思考在品牌選擇中就越薄弱。威士忌、香菸或啤酒的不同品牌之間並沒有明顯的不同，它們幾乎一樣。廣告越能為品牌樹立一個鮮明的個性，該品牌就越能獲得更大的市場份額和更多的超額利潤。具體來說，品牌形象策略的主要觀點如下：

第一，為塑造品牌服務是廣告最主要的目標。廣告最主要的任務是為樹立品牌和行銷產品服務，力求使廣告中的商品品牌具有並且維持較高的知名度。因此，許多企業不惜花很大的代價找明星、搶知名度高的媒體進行廣告傳播。

第二，任何廣告都是對品牌的長期投資。從長遠的觀點看，廣告決不能因追求短期的利益而犧牲自身品牌形象，一個具有較高知名度的品牌一定要盡力去維護它。沒有眼光的企業往往只顧眼前利益，最終企業辦不下去而倒閉。奧格威告誡客戶，目光短淺地一味搞促銷、削價以及其他類似的短期行為的做法，無助於維護一個好的品牌形象。

第三，品牌形象比產品功能更重要。隨著科學技術的發展與普及，同類產品的差異性逐漸變小，消費者選擇品牌時運用的理性思考就會減少，品牌之間的知名度大小就越來越顯示出重要性。因為這時的消費者感到對選擇哪個品牌的產品好壞已不是重點，重點是看誰的產品品牌知名度高。品牌樹立一種突出的形象可以幫助企業在市場上獲得較大的佔有率和利潤。

第四，廣告更重要的是滿足消費者的心理需求。消費者消費時所追求的是「物質利益和心理的滿足」。對有些消費群體來說，物質利益已不是第一位，而滿足心理需求則上升到首要位置，因此廣告應尤其重視運用形象來滿足這類消費者的心理的需求。廣告的作用就是賦予品牌不同的聯想，正是這些聯想給了品牌不同的個性。

與 USP 策略一樣，品牌形象策略也是產品觀念下的一種產物，深深帶有產品時代的烙印。兩者的共同點在於它們的出發點都是產品，都把產品作為第一要素，都是為產品尋找一種獨特的要素。只是 USP 策略認為這種獨特的要素是建立在產品的物理特性之上的，通過對產品自身屬性的挖掘可以找到；而品牌形象策略認為這種獨特性可以由人們追加給它，在某種意義上是超越了產品的具象而存在。[1]

5.3.2 樹立品牌形象的方法

樹立品牌形象的方法很多，常見的有以下幾種：

5.3.2.1 商標人物形象

李奧·貝納於 1935 年為綠色巨人公司（那時叫「明尼蘇達流域罐頭公司」）的豌豆虛構的「綠色巨人」人物形象就是一個非常成功的品牌形象。李奧·貝納為了表現豌豆的新鮮和飽滿，描繪了一幅連夜收割和包裝豌豆的夜景，並穿插了一個捧著一個大豆莢的巨人形象。「綠色巨人」給人留下了長久美好的形象，作為對這一成功形象的回報，「綠色巨人」牌豌豆總能比其他品牌賣得貴一些。

5.3.2.2 模特兒的形象

萬寶路廣告中突出強壯、有血性、埋頭工作的男子漢——不管是牛仔、漁民還是滑雪者或作家，他們都有一個共同的特徵，那就是手背上都刻有紋身（借以讓廣告中的形象更

---

[1] 袁安府，等. 現代廣告學導論 [M]. 杭州：浙江大學出版社，2007：230-231.

粗獷剽悍）。這些人通過廣告邀請菸客「到有這種味道的地方來」，即「萬寶路故鄉」（Marlboro Country）。

5.3.2.3 名人形象

用名人來推薦產品是非常流行的品牌形象策略。早在20世紀20年代，智威‧湯普遜公司就事先在力士香皂的印刷品廣告中插印影星照片，從而樹立起「力士香皂，國際影星所使用的香皂」這一形象（見圖5-5）。

圖5-5 力士香皂的明星廣告

圖片來源：時光網（http：//group.mtime.com/liztaylor/discussion/1261652/）

5.3.2.4 擬人化的動物、卡通形象

可口可樂公司在中國上市的第一個專門為兒童消費群定做的「酷兒」飲料就是可口可樂公司首次運用卡通形象作為產品的代言人。

5.3.2.5 普通人的形象

名人廣告的收視率比一般廣告高，但其廣告費非常昂貴，尤其在進入20世紀90年代以後，名人廣告的可信度開始下降，於是有些企業開始聘請普通人做證人廣告。法國有一則洗衣機的廣告，選用了一位滿臉皺紋的老農婦來做廣告，她的笑容質樸真誠，很為消費者所理解，該廣告將產品銷售量提高了1/3。目前國內許多洗滌用品都是選用普通人來做廣告的。

5.3.3 BI策略經典案例

5.3.3.1 可口可樂的BI策略

「我要讓全世界唱出和聲美妙的歌，我要為全世界買一瓶可口可樂，讓可口可樂與你為伴，可口可樂才是真實的……」

這是1971年9月可口可樂公司在義大利的一個小山坡上聚集200多位來自世界各地不同種族的青少年拍攝的電視廣告中唱出的歌。這個極其經典的可口可樂形象廣告一經播放立即轟動社會，這一真情動人、氣勢如虹的形象戰役的勝利，揭示了可口可樂神話成功的

秘密所在（請欣賞視頻5-4）。

可口可樂作為軟飲料市場的巨無霸、享譽全球的超級名牌，是世界上銷量最大的飲料，每天被150多個國家和地區的5.34億人飲用。早在20世紀70年代，有人做過這樣一個有趣的統計，把全部銷售出去的可口可樂的瓶子直立排放，等於從地球到月球來回115次，或建成寬7.5米，繞地球赤道15圈的高速公路。

可口可樂名氣之大，在美國可謂家喻戶曉，在全球範圍內也是知名度最高的。1990年，美國一家形象諮詢公司對美國、日本、西歐的1萬名消費者進行調查，請消費者選出世界範圍內最具知名度和影響力的十大名牌，結果可口可樂名列榜首。

可口可樂的標志已成為其通行全球的「金護照」，可以毫無阻擋地向全球每個角落滲透。對於可口可樂的愛好者來說，它不僅僅是一種軟飲料，而是一種信仰，一種延續多年的生活方式。正如《可口可樂家族》一書的作者伊麗莎白·坎德勒·格雷厄姆在書中所說的那樣，現在可口可樂已成為一種全球性產品，不必懂英文，只要一提可口可樂，人家就懂得你的意思。在中東的河灘上，在阿根廷的大草原上，在波利尼西亞的叢林中……只要一說「可口可樂」，人們就知道你要什麼。

可口可樂發展到今天這樣一個兼營多種行業的實力雄厚的商業帝國，憑藉的是僅是產品的獨特口味嗎？不是，因為實際上可口可樂的主要成分是糖水，有許多國家的人還喝不慣其辛辣味。可口可樂之所以能風靡全球，一個無可爭辯的事實是其卓越而成功的品牌形象戰略。可口可樂那獨特的紅白二色的標志（見圖5-6），歷經百年，基本上沒有變過，人們只要看到該標志，就會很快地辨認出這是可口可樂。可口可樂在全世界的招牌都一樣，在全世界展示相同的品拍形象，開創了品牌形象模式化的先河。

圖 5-6　可口可樂標誌
圖片來源：昵圖網

5.3.3.2　李奧·貝納的萬寶路香菸廣告

1924年，美國菲利普·莫里斯公司生產了一種名為「萬寶路」的香菸，專供女士享用，廣告口號也盡顯女性味道，即「像五月的天氣一樣柔和」。然而產品投放市場後，銷售業績始終不佳，被迫退出市場。二戰後，美國經濟有了新的發展，菸草消費量激增，過濾嘴香菸問世。菲利普·莫里斯公司對「萬寶路」香菸情有獨鐘，為「萬寶路」香菸配上過濾嘴，再次投放市場，但是依然未能打開銷路，於是該公司求助於李奧·貝納。

當時的美國市場，競爭激烈而殘酷，新產品投放市場，成功率往往只有3%～5%，更何況要使一個倒了的牌子東山再起，再創輝煌，簡直比下臺總統重返白宮還難。李奧·貝納勇敢地接受了這一挑戰。經過精心策劃，李奧·貝納決定為「萬寶路」香菸做「變性手術」：把「萬寶路」香菸定位為一個具有男子氣概的全新形象，選用最具美國風格的西部牛仔充當其廣告形象。1954年，全新的「萬寶路」香菸廣告正式推出，粗獷、剽悍、豪爽的牛仔形象在不同的廣告畫面上以不同的姿態出現，或在曠野的馳騁中追捕牛犢，或在夕陽的餘暉裡挽韁沉思，或在落日的傍晚後悠閒晚飲……尤其是其電視廣告語——「人馬縱橫，盡情奔放，這裡是萬寶路的世界！歡迎您加入萬寶路的世界！」激盪人心的旋律、牛仔與萬馬奔騰的畫面徵服了無數美國人的心，大家紛紛加入萬寶路的世界。短短一年間，「萬寶路」香菸的銷量整整提高了3倍，一躍成為全美十大暢銷香菸之一。如今，「萬寶路」香菸已成為世界最著名、銷量最大的香菸品牌，其品牌價值已成為公司的一筆巨大資產。1995年，「萬寶路」香菸品牌價值升至446億美元，重新戰勝可口可樂而奪回全球十大馳名商標王的桂冠（見圖5-7）。

圖5-7　萬寶路的廣告（請欣賞視頻5-5）
圖片來源：百度圖片

5.4　廣告的定位(Positioning)策略的評價及其應用

5.4.1　廣告的定位策略的定義及要點

5.4.1.1　廣告的定位策略的定義

　　美國著名行銷學者科特勒認為定位是勾畫企業的形象和所提供價值的行為，需要向顧客說明本企業的產品與現有競爭者和潛在競爭者的產品有什麼區別。

　　大衛·奧格威在1980年年底出版的《奧格威談廣告》中也曾提出產品的定位問題，定位是行銷專家的熱門話題，但對於這個名詞的定義卻沒有一個定論，奧格威的定義則是

「這個產品要做什麼，是給誰用的」。

里斯和特勞特對定位的定義是：定位始於產品，可以是一件商品、一項服務、一家公司、一個機構、甚至於一個人，也許就是你自己。但定位並不是要你對產品做什麼事，定位是你對未來的潛在顧客的心智所下的功夫，也就是把產品定位在你未來顧客的心中。

5.4.1.2 廣告的定位策略的要點

廣告的定位策略的基本要點可概括如下：

第一，廣告的目標是使某一品牌、公司或產品在消費者心目中獲得一個據點，佔有一席之地。定位就是要為品牌在消費者的心目中尋找一個有利的位置，使消費者一旦產生某種需要的時候，首先想到的就是已經在其心目中佔有特定位置的某個品牌，從而達到理想的傳播效果和目標。

第二，廣告應將火力集中在一個狹窄的目標上，在消費者的心智上下功夫，是要創造出一個心理的位置。廣告在傳播的過程中要想不被其他的聲音淹沒，就必須集中力量於一點，換句話就是要做出某些「犧牲」，放棄某些利益和市場。例如，沃爾沃定位於安全、耐用，就放棄了對速度、外觀等利益的訴求。

第三，應該運用廣告創造出獨有的位量，特別是「第一說法」「第一事件」「第一位置」。因為只有創造第一，才能在消費者心中造成難以忘懷的、不易混淆的優勢效果。從心理學的角度，人們易於記住位於第一的事物。例如，人們往往可以不假思索地回答出世界第一高峰的名字——珠穆朗瑪峰。可是第二高峰、第三高峰的名字又有多少人知道呢？事實證明，最先進入人腦的品牌平均比第二次進入人腦的品牌在長期的市場佔有率方面要高出一倍。如果市場上已有一種強有力的頭號品牌，創造第一的方法就是找出公司品牌在其他方面可以成為「第一」的優勢，在消費者頭腦中探求一個還未被他人占領的空白領域。

第四，廣告表現出的差異性，並不是指產品的具體的特殊的功能利益，而是要凸顯品牌之間的類的區別。例如，七喜汽水就稱自己的產品為「非可樂」，當人們需要非可樂飲料時就會首先想到七喜汽水。

第五，這樣的定位一旦建立，無論何時何地，只要消費者產生相關需求，就會自動地先想到廣告中的這種品牌、這家公司或產品，達到先入為主的效果。

里斯和特勞特認為定位是在我們傳播信息過多的社會中，認真處理怎樣使他人聽到信息等種種問題的主要思考部分。① 廣告的定位的基本原則並不是去塑造新而獨特的東西，而是去操縱原已在人們心中的想法，打開聯想之門，目的是要在顧客心目中占據有利的地位。定位的觀念不僅適用於企業界，任何人都可以利用定位策略在生活的各種競賽中領先對手。

5.4.2 廣告定位的作用與意義

廣告定位是廣告策劃的基礎與前提，只有通過準確的廣告定位才能提煉出明確的廣告主題；只有明確了廣告的主題，才能保證廣告策劃沿著正確的方向前進。就一般規律而言，投放產品，廣告先行；策劃廣告，定位先行。② 例如，無糖可口可樂的定位是一種新的可口可樂飲料，它有可口可樂的味道，但是不含糖分；無糖可口可樂既是一種可口可樂，又是一種減肥可樂為消費者提供第三種選擇。總結起來，廣告定位的作用與意義如下：

---

① 傅根清，楊明．廣告學概論［M］．濟南：山東大學出版社，2004：49．
② 袁安府，等．現代廣告學導論［M］．杭州：浙江大學出版社，2007：215-216．

第一，準確的廣告定位是廣告宣傳的基準。企業的產品宣傳要借助於廣告這種形式，但「廣告什麼」和「向什麼人廣告」，則是廣告決策的首位問題。在現實的廣告活動中，不管企業有無定位意識，是否願意，都必須給擬開展的廣告活動進行定位。科學的廣告定位對於企業廣告戰略的實施與實現無疑會帶來積極有效的作用，而失誤的廣告定位必然給企業帶來利益上的損失。

第二，準確的廣告定位是確保廣告有效傳播的關鍵。就廣告對目標受眾發生作用的過程而言，注意力是受眾接受和理解廣告信息不可逾越的第一道障礙。由於廣告信息所處的環境越來越雜亂，絕大多數的廣告信息都是處在一種不斷干擾之中。準確的廣告定位，一方面，突出了廣告的鮮明的訴求點；另一方面，確保了訴求的力度，從而確保了廣告信息的有效傳播。

第三，準確的廣告定位是說服消費者的關鍵。廣告作為一門說服性的藝術，能否打動消費者往往取決於對消費者需求的洞察與滿足。消費者往往會用自己的錢包，給廣告在某種程度上評分，這已經成為一個殘酷的現實。廣告定位就是一種攻心戰略，探討的是消費者為什麼買該產品、消費者想知道什麼、消費者在什麼時間想聽到和看到該廣告。因此，一個廣告能否起到促銷的作用，關鍵就是有無準確的定位。

第四，準確的廣告定位有利於商品識別。在現代行銷市場中，生產和銷售某類產品的企業很多，造成某類產品的品牌多種多樣，廣告主在廣告定位中所突出的是自己品牌的與眾不同，使消費者認牌選購。消費者購買行為產生之前，需要此類產品的信息，更需要不同品牌的同類產品信息。廣告定位所提供給消費者的信息，其中很多為本品牌特有性質、功能，有利於實現商品識別。廣告定位告訴消費者「本產品的有用性」，更告訴消費者「本品牌產品的與眾不同個性」。

第五，準確的廣告定位有利於進一步鞏固產品和企業形象定位。現代社會中的企業組織在企業產品設計開發生產過程中，根據客觀現實的需要，企業必然為自己的產品所針對的目標市場進行產品定位，以確定企業生產經營的方向，企業形象定位又是企業根據自身實際所開展的企業經營意識、企業行為表現和企業外觀特徵的綜合，在客觀上能夠促進企業產品的銷售。無論是產品定位還是企業形象定位，無疑都要借助於正確的廣告定位來加以鞏固和促進。

5.4.3 廣告的定位策略經典案例

一句廣告語可以明確地傳達了品牌的定位，創造了一個市場，這句廣告語居功至偉。百事可樂通過廣告語傳達「百事可樂，新一代的選擇」，終於在與可口可樂的競爭中，找到了突破口。百事可樂從年輕人身上發現市場，將其定位於新生代的可樂，邀請新生代喜歡的超級明星作為其品牌代言人，終於贏得年輕人的青睞。

百事可樂先是準確定位，從年輕人身上發現市場，將其定位為新生代的可樂，並且選擇合適的品牌代言人，邀請新生代喜歡的超級巨星作為其品牌代言人，把品牌人格化形象，通過新一代年輕人的偶像情節開始了文化的改造。圍繞這一主題，百事可樂的合作夥伴天聯廣告公司（BBDO，下同）為百事可樂創作了許多極富想像力的電視廣告，如「鯊魚」「太空船」等，這些廣告針對二戰後高峰期出生的美國青年，倡導「新鮮刺激，獨樹一幟」且和老一代劃清界限的叛逆心理，提出「新一代」的消費品味及生活方式，結果使百事可樂的銷售量扶搖直上。

1994年，百事可樂投入500萬美元聘請了流行樂壇明星麥克爾・杰克遜拍攝廣告片

——此舉被譽為有史以來最大手筆的廣告運動，把最流行的音樂文化貫穿到企業和產品之中，也開始了百事可樂的音樂之旅（請欣賞視頻5-6）。

從此以後，百事可樂進入了銷售的快車道，音樂體育雙劍合璧，同時這一攻勢集中而明確，都圍繞著「新一代」而展開，從而使文化傳播具有明確的指向性（見圖5-8）。

圖 5-8　百事可樂廣告海報
圖片來源：呢圖網

5.5　其他策略評價及其應用

5.5.1　整體形象（CI）創意策略

　　整體形象（CI，下同）策略以美國著名廣告大師奧格威為代表，是指為確定企業宗旨規範企業行為，設計企業統一視覺識別系統而形成的對企業形象的總體設計。CI（Corporate Identity）理論，即企業識別或企業形象理論。

　　所謂 CI，是指企業為塑造良好的企業形象，將企業的經營理念、企業文化及社會使命感，通過視覺化、規範化和系統化，運用整體市場傳播方式及視覺溝通技術加以整合性宣傳，使社會公眾對企業產生一致的認同感和價值觀，以贏得公眾的信賴，為企業的發展創造一個最佳的經營環境氛圍。它強調塑造企業整體形象而不是某一品牌形象，這就要求廣告服務於企業的戰略理念、價值觀、企業文化，與企業的整體形象保持一致。CI 理論包括三個基本要素，即理念識別系統（Mind Identity System，MIS）、行為識別系統（Behavior Identity System，BIS）和視覺識別系統（Visual Identity System，VIS），三者共同構成了一個企業 CI 的有機整體。

　　企業理念識別系統的主體是企業的經營理念，包括企業精神、企業宗旨、行為準則、

經營方針等內容。企業的經營理念是企業在成長過程中演變形成的基本精神和具有獨特個性的價值體系。成功的企業 CI 戰略往往是通過對企業內部經營觀念的重新認識和定位來指導企業的長期發展。

行為識別是指企業在經營理念的指導下，對企業內部的引導和管理活動以及企業外部的經營行為，包括公關和社會公益。企業行為識別系統的個性特徵在於充分運用企業所能運用的各種媒體及傳播手段，採用多種形式和方法，最大限度地贏得內部員工和社會大眾的認同。同時，這種行為系統又要求企業必須長期堅持，注重策略。

視覺識別是指企業通過靜態的識別符號傳達企業的經營理念，強調企業的個性、主體性和共通性，以塑造獨特的企業形象。企業視覺識別系統包括企業名稱、品牌標示、專用印刷書體、標準字體與標準色、企業宣傳標語口號及標誌造型、圖案等。[①]

CI 發源於歐洲，成長於美國，深化於日本。最早感知 CI 的是德國 AEG 電氣公司，1907 年，德國 AEG 電氣公司採用培特·貝漢斯設計的 AEG 三個字母形象的圖案作為企業標誌，並將企業識別符號應用於系列產品與產品包裝、產品宣傳以及辦公用品上，形成整體形象識別，從而開創了企業實施統一視覺識別系統的先河。

早期成功導入 CI 的當屬國際商業機器公司（IBM，下同），這家已有百餘年經營歷史的公司，導入 CI 理論，把既長又難以記憶的公司全稱「International Business Machines」縮寫成「IBM」，設計成 8 條條紋的具有個性的標準字體，選用象徵高科技的藍色為公司的標準色。通過整體設計，塑造一個全新的 IBM 企業形象，成為美國公眾信任的「藍色巨人」，在美國計算機行業中占據霸主地位。此後可口可樂公司將 CI 理念推向高潮（見圖 5-9）。

圖 5-9　IBM 的藍色標誌
圖片來源：百度圖片

20 世紀 60 年代日本人引進 CI，日本在引進歐美的 CI 時，並非完全照搬，而是將民族理念與民族文化融入其中，對 CI 進行了結構上的革命與完善，形成日本式的 CI 體系。與「歐美型 CI」相比，「日本型 CI」的風格側重於改革企業理念與經營方針。整個 CI 策劃是以企業理念為核心開發的，在注重視覺美感的同時，從整體的經營思想、價值取向、企業道德入手來規範員工行為，帶動生產、創造利潤，並創造了很多的全球品牌，如索尼（SONY）。到 20 世紀 70 年代，CI 作為一種企業系統形象戰略被廣泛運用到企業的經營發展中。

5.5.2　品牌個性論（Brand Character）策略

20 世紀 50 年代，通過對品牌內涵的進一步挖掘，美國精信（Grey）廣告公司提出了「品牌性格哲學」，日本小林太三郎教授提出了「企業性格論」，從而形成了廣告創意策略中的另一種後起的、充滿生命力的新策略流派——品牌個性論（Brand Character）策略。該理論用公式表達就是：品牌個性＝產品＋定位＋個性。該策略理論在回答廣告「說什麼」的

[①] 韓順平. 現代廣告學 [M]. 成都：電子科技大學出版社，1998；124-125.

問題時，認為廣告不只是「說利益」「說形象」，更重要的是「說個性」。由品牌個性來促進品牌形象的塑造，通過品牌個性吸引特定人群。這一理論強調品牌個性，品牌應該人格化，以期給人留下深刻的印象；品牌應該尋找和選擇能代表品牌個性的象徵物，使用核心圖案和特殊文字造型表現品牌的特殊個性。

品牌個性理論的基本思想如下：

第一，在與消費者的溝通中，從標志到形象再到個性，個性是最高的層面。品牌個性比品牌形象更深入一層，形象只是形成認同，但個性可以造成崇拜，品牌個性是品牌形象的內核。例如，德芙巧克力的廣告語「牛奶香濃，絲般感受」，品牌個性在於那個「絲般感受」的心理體驗，能夠把巧克力細膩滑潤的感覺用絲綢來形容，意境夠高遠，想像夠豐富，充分利用聯覺感受，把語言的力量發揮到了極致。

第二，品牌個性就像人的個性一樣，因此為了實現更好的傳播溝通效果，應該將品牌人格化。

第三，塑造的品牌個性應具有獨具一格、令人心動、經久不衰的特性，其關鍵在於用什麼核心圖案或主題文案來表現的問題。

第四，尋找選擇能準確代表品牌個性的象徵物往往很重要。① 例如，米其林使用100多年的輪胎人形象——「必比登」（Bibendum）。

江波在其《廣告心理新論》中認為品牌個性是特定品牌使用者個性的類化，是其關係利益人心中的情感利益附加值和特定的生活價值觀的體現。因此，個性化的品牌容易引起消費者的注意，易被消費者認同，同時可以提高品牌忠誠度，使得消費者對同一品牌的不同信息保持識別的一致性，有利於消費者對其延伸產品的認同。②

5.5.3 共鳴論策略

1998年，《泰坦尼克號》成為全世界人們討論的熱門話題，創造了人類電影史上的新紀元。在當年的奧斯卡金像獎頒獎晚會上，該片獲得了包括最佳影片在內的共11項奧斯卡金像獎。同時該片也創造了人類行銷史上的奇跡，上映3個月就贏得了12億美元的票房收入。究其原因，在於《泰坦尼克號》正迎合了人們的懷舊情結，引起了專家與觀眾的共鳴。這種以懷舊等方式，挖掘人的情感，創造了廣告策劃、創意策略的重要理論——共鳴論。

共鳴論（Resonance）主張在廣告中述說目標對象珍貴的、難以忘懷的生活經歷、人生體驗，以喚起並激發人們內心深處的回憶，同時賦予品牌特定的內涵和象徵意義，建立目標對象的移情聯想。

通過廣告與生活經歷的共鳴作用而產生效果和震撼，其基本觀點如下：③

第一，該策略最適合大眾化的產品或服務，在擬訂廣告主題內容前，必須深入理解和掌握目標消費者。

第二，應經常選擇目標消費者所盛行的生活方式加以模仿。

第三，關鍵是要構造一種能與目標對象所珍藏的經歷相匹配的氛圍或環境，使之能與目標對象真實的或想像的經歷連接起來。

第四，廣告側重的主題內容是愛情、童年回憶、親情等。

---

① 陳乙. 廣告策劃 [M]. 成都：西南財經大學出版社，2002：159.
② 江波. 廣告心理新論 [M]. 廣州：暨南大學出版社，2002：25.
③ 江波. 廣告心理新論 [M]. 廣州：暨南大學出版社，2002：25.

每個民族都有其文化背景，在廣告中表現這種傳統的文化也能引起消費者的共鳴。養生堂「父子」系列廣告，表現的是中國傳統倫理中的孝道，具有深層的文化背景。廣告中有一句話更是震撼人心：「幾乎所有的父親都知道兒子的生日，又有幾個兒子知道父親的生日。」

2001 年，雕牌洗衣粉的「媽媽，我能為您干活了」，以及公益廣告「媽媽我也給您洗腳」；飄柔人參洗髮露「幫女兒梳頭」；中國移動所做的一系列有關親情的廣告都能很好地引起消費者的共鳴，打動消費者。在中國移動的電視形象廣告「母女篇」中，女兒給母親打電話沒人接時焦急的神情，電話接通時說的那句「不是離不開手機，而是我離不開你」，以及短片結束時的字幕「手機接通的不僅是牽掛」，都深深地打動著人們，令人情感上產生共鳴。

泰國人壽保險的廣告無論是「父子篇」「丘爺爺篇」還是「女兒篇」等，都是以普通人的生活情節來體現人的情感或人生的哲理。其中有一個電視廣告講述了一個孕婦為了即將離世的丈夫提前生孩子的故事。廣告以一個醫生的旁白敘述整件事：她拜托我一定要在那時間之前替她接生。我問她原因，她只說時間所剩不多了。產後才兩個小時，她跟寶寶就離開病房。而他，隨時將會因腦癌過世。他正在不認輸地硬撐著，其實他離死期已不遠了。有時候，我們不禁自問我們為何生於今世，而今世我們又該做些什麼。寶寶終於及時地躺在爸爸的懷裡。孩子稚嫩的小手放在昏迷不醒的爸爸的手中，爸爸仿佛感覺到這幸福的一刻，緊閉的雙眼流出淚水。醫生看到這一幕發出感慨：「也許我們真正該問的是，為什麼我們會在這裡。」最後，爸爸在之前的錄像中說道：「孩子！爸爸拜托你好好照顧媽媽喔！一定要好愛好愛她。還要記得，我也愛你！爸爸真的好愛你！照顧好媽媽！」這些富有情感的廣告讓觀看到的人為之動容，產生情感共鳴，感人至深，讓人感觸到人世的溫暖（請欣賞視頻 5-7）。

5.5.4　ROI 創意策略

ROI 是一種廣告創意指南，是廣告大師威廉·伯恩巴克創立的恒美國際廣告有限公司（DDB，下同）制定出的關於廣告策略的一套獨特的概念主張，其基本要點如下：

第一，好的廣告應當具備三個基本特質，即關聯性（Relevance）、原創性（Originality）、震撼性（Impact）。

第二，廣告與商品沒有關聯性，就失去了廣告存在的意義；廣告沒有原創性，就缺乏吸引力和生命力；廣告沒有震撼性，就無法給消費者留下深刻、持久的印象。

第三，一個廣告若要單獨具備這三個特徵之一併不難，關鍵是同時實現這三個特徵，達到「關聯性」「原創性」和「震撼性」的結合卻是一個很高的要求。

第四，達到 ROI 必須解決的基本問題包括：廣告的目的是什麼，即為什麼要製作廣告；廣告做給誰看，即廣告的受眾是誰；廣告可以帶來多大利益，即有何競爭利益點可以做廣告承諾；品牌有何特別個性；選擇什麼媒體是合適的；受眾的突破口在哪裡。

例如，凱迪拉克曾做過的廣告，一架戰鬥機在沙漠中發現了不明物體在超速前進，引來滾滾沙塵。拉近鏡頭，觀眾可以看到原來是三輛凱迪拉克的汽車。但是由於沙塵太大，戰鬥機上的飛行員只好離去，並向總部報告「還是看不到」。這時凱迪拉克的廣告語響起「凱迪拉克，敢為天下先」（請欣賞視頻 5-8）。這個廣告一方面很好地體現了 ROI 策略，另一方面高調建立起與市場上其他品牌完全不同的開創性的高端品牌形象，給消費者提供和其他品牌截然不同的消費感受。

又如，同是潤喉片廣告，草珊瑚含片請歌星代言，而金嗓子喉寶則是利用球星羅納爾多、卡卡，撇開原創性和衝擊力不談，後者在關聯性上就明顯出了大問題，如果改為球星進球後向呐喊助威的球迷表示感謝奉上金嗓子喉寶，似乎效果會更好。

本章小結

本章主要闡述了廣告表現的概念、廣告表現策劃的主要過程、廣告表現與廣告主題的關係、廣告表現與廣告創意的關係，以及主要的廣告表現策略。

廣告表現是將廣告主題、創意概念或意圖，用語言文字、圖形等信息傳遞形式表達出來的過程。廣告表現就是借助各種表現手段、表現形式、表現符號將廣告創意轉化成廣告作品的過程，是廣告創意的物化過程。

廣告表現策劃的主要過程有：第一步，進行行銷分析。第二步，確定廣告概念。第三步，選擇並確定廣告主題。第四，通過創意形成原稿或圖像，開始具體的廣告設計、編製工作。

廣告表現策略主要包括：USP（獨特的銷售主張）策略、BI（品牌形象）策略、Positioning（品牌定位）策略、CI（整體形象）策略、Brand Character（品牌個性）策略、Resonance（共鳴）策略及 ROI 策略。

思考題

1. 什麼是廣告的主題？什麼是廣告的創意概念？什麼是廣告表現？它們彼此之間有些什麼聯繫？
2. 試述廣告表現策劃的主要程序。
3. 廣告表現有哪些策略？它們的主要內容分別是什麼？
4. 試分析一個廣告案例，說明運用了哪些表現手法？有何成功之處，又有何失敗之處？

參考文獻

[1] 陳乙.廣告策劃 [M].成都：西南財經大學出版社，2002：122，150-155，159.

[2] 覃彥玲.廣告學 [M].成都：西南財經大學出版社，2009：28.

[3] 袁安府，等.現代廣告學導論 [M].杭州：浙江大學出版社，2007：208，215-216，230-231.

[4] 傅根清，楊明.廣告學概論 [M].濟南：山東大學出版社，2004：47.

[5] 韓順平.現代廣告學 [M].成都：電子科技大學出版社，1998：124-125.

[6] 江波.廣告心理新論 [M].廣州：暨南大學出版社，2002：25，365-371.

[7] 艾進.廣告學 [M].成都：西南財經大學出版社，2012：93-111.

6　廣告的行銷管理

開篇案例

　　2008年8月21日，在搜狐論壇裡出現了一個愛情故事：「漂亮學姐竟是戀熊女孩，我來冒死掀她老底」。發出這個帖子的「網友」則是這位女孩的「學弟」，他將「學姐」私人博客上的文章偷偷轉發到了網上，讓網友評價這個戀熊女孩的愛情。隨後，在網上又出現了所謂的自拍帖：「三十五中校花拍酷熊真人照片」，把原帖中抽象的文字轉變為具體的形象：一個美麗的女孩和一只不離不棄的小熊。接著聯想公司出擊，宣稱以「Idea pad S9/S10」冠名贊助，出資1,000萬元人民幣，把整個故事拍成短片，並且聘請林俊杰演唱主題歌《愛在線》，宣布酷庫熊成為聯想公司新系列筆記本電腦卡通形象代言（見圖6-1）。

圖6-1　聯想愛在線廣告海報（請欣賞視頻6-1）
圖片來源：notebook.pconline.com.cn

　　該行銷的創意之處在於使用了網絡新的視頻展現形式——靜態電影，擁有唯美感人的愛情故事，通過柔美的音樂撥動網友內心的情感世界的神經。通過三部曲情感故事，引導網友一步一步探討人與人之間的真正距離是什麼？

　　第一部曲：以第三者視角，聚焦愛情故事，引導網友關注討論愛情觀。

　　第二部曲：以故事女主角的視角，深入女孩糾結的情感世界，距離會不會毀滅人與人之間的情感？

　　第三部曲：以酷庫熊的視角關注女主角，揭示人與人之間真正的距離是心與心的距離。

　　《愛在線》上線12天，點擊率即達到478萬次，留言10,180條。其中，貓撲網單帖最高點擊達到961,655次，留言914條；校內網點擊達4,058,337次，被分享46萬多次，通過新鮮事傳達22,081,488次⋯⋯深入人心地感動著眾多網友，更為後續聯想廣告宣傳做出重大貢獻。

聯想 S10 校內網「酷庫樹洞」應用程序（APP，下同）如圖 6-2 所示。

圖 6-2　愛・在線二維碼登錄
圖片來源：jiangsu.pconline.com.cn

為了配合聯想 S10 新品筆記本電腦上市和「酷庫熊」玩偶的炒作，校內網開發了「酷庫樹洞」APP 進入植入。校內網用戶以匿名「小熊」的身分，通過「樹洞」將心裡話傳遞給好友，讓彼此的心更貼近、彼此聯繫更緊密。

「酷庫樹洞」以 APP 形式出現，依據校內網特有的社區人際關係，進行病毒式行銷傳播。其目的在於讓更多的人知道聯想 S10 不僅僅是臺筆記本電腦，更是人們生活工作中隨時隨地、無所不在的溝通工具，是一個穿梭於人群中傳遞感情、在線溝通的介質。「酷庫樹洞」上線僅 20 天，即在無廣告情況下達到 40 萬次的安裝量，每日活躍用戶高達 7 萬人（見圖 6-3）。

圖 6-3　愛・在線網路宣傳頁面
圖片來源：百度圖片

從聯想 Idea pad S9/S10 的行銷案例中，不難看出聯想公司採用了多種行銷策略，而最主要的就是網絡行銷。聯想公司將目標人群定義為追求浪漫愛情和時尚生活的年輕一代，也正因如此聯想公司將行銷渠道由傳統的雜誌、電視轉移到了年輕人更為熱衷的網絡。

為了引起網友的好奇之心，聯想公司的行銷策略的第一步是通過論壇中發表的帖子聚焦愛情故事，引導網友關注討論愛情觀。第二步則是推出自拍帖，使讓文字具象化。由於網絡傳播的便利性、迅速性、無時空的限制使得帖子在短時間內就被瘋狂轉載，戀熊女孩的愛情故事被無數的少男少女們所知曉，而這也為微電影《愛在線》的上映做了良好的鋪

墊。第三步《愛在線》的上映不僅解開了網友對於戀熊女孩愛情故事的疑惑，也讓感人的愛情故事深入人心，更是借此機會將聯想 Idea pad S9/S10 與感人愛情結合在一起，使消費者不僅不容易對其產生反感，反而樂意去重複觀賞此類廣告，甚至願意去轉載、去傳播。

該次行銷策略在於以靜態電影三部曲為聯想公司新品上市製造噱頭，通過細膩的表現手法，聚焦情感糾結，使網友關注這個愛情故事，進而深深地愛上《愛在線》、為愛守候的酷庫熊，也使網友們在不知不覺中就對聯想 Idea pad S9/S10 增加了好感。當聯想 Idea pad S9/S10 正式上市時，銷售供不應求，銷售量增長了 130%。

廣告行銷不是一個短期的行為，而是一個整合行銷傳播的系統工程，不僅僅是針對一個品牌、一個產品的銷售，更重要的是去建立一個品牌形象，創造品牌價值。

最後出現的 APP 則很好地做到了這一點，「酷庫樹洞」的創意來源於聯想 S10「隨時上網、持續在線」的獨特功能，將玩偶小熊打造成人與人心靈溝通的使者，從而打破現代都市生活中人們對於心裡話難以啟齒的現象，滿足他們心靈訴說的強烈慾望，達到人與人之間情感交流的「愛在線」。「愛在線」理念植入人心，使得聯想不僅僅是一個普通的電腦品牌，而是「愛在線」這一理念的代表者、實踐者，這一切都為聯想公司之後的行銷打下了堅實的基礎。

本章提要

廣告活動和市場行銷都是商品經濟發展到了一定程度的產物。作為一門學科，廣告學的建立，也是市場經濟孕育的結果。市場行銷學是在 19 世紀末 20 世紀初，資本主義經濟迅速發展時期創建的，廣告學亦在這一時期興起。從一開始，這兩門學科就緊密地結合在一起，相互影響，密不可分。廣告不僅是企業行銷活動的重要組成部分，而且是實現市場行銷戰略目標的重要手段。研究廣告學，需要從市場行銷的角度去審視、深入；研究市場行銷學，又必須考慮廣告的原理和運用方式。

因此，學好廣告學，有必要先對市場行銷學方面的知識進行瞭解。本章將依次從行銷的相關概念、廣告與行銷的關係、廣告與行銷戰略以及整合行銷傳播這四個部分來學習廣告與行銷的相關知識。

6.1 行銷概述

任何一位廣告主都面臨著這樣一個永恆的挑戰：如何通過媒介將自己的產品、服務及觀念有效地傳遞給買方。要做到這點，他們必須首先理解市場與產品之間的重要關係，而理解這種關係恰好是市場行銷的分內之事。

然而行銷的作用往往被人們誤解，甚至是忽略。比如大家都知道，沒有適度的資金支撐，一家企業很難存活；沒有生產，就沒有產品可買賣。但企業如何才能知道應該生產什麼樣的產品和服務？或通過什麼渠道銷售？向誰出售？這就是行銷的事了。因此，本節將對行銷的觀念和相關概念進行描述，明確當今行銷活動的真正含義。

6.1.1 行銷觀念的演變

行銷觀念又稱為行銷哲學或行銷理念,是企業市場行銷的思維方式和行為準則的高度概括。從西方企業市場行銷活動的發展歷史來看,主要出現五種有代表性的行銷觀念(見表6-1)。

表 6-1　　　　　　　　　　　　　行銷觀念

生產觀念	產品觀念	推銷觀念
時間:19世紀末20世紀初。 背景條件:賣方市場,市場需求旺盛,供應不足。 核心思想:生產中心論,重視產量與生產效率。 主要觀點:應當集中提高生產效率和擴大分銷範圍,增加產量,降低成本。 行銷順序:企業→市場。 典型口號:我們生產什麼,就賣什麼。 典型代表:可口可樂、福特汽車。 **行銷觀念** 時間:20世紀50年代。 背景條件:買方市場,發現需求並滿足需求。 核心思想:消費者主權論,以消費者為中心。 主要觀點:實現企業目標關鍵在於正確確定目標市場的需要和慾望,且比競爭對手更有效地傳送目標市場所期望的東西。 行銷順序:市場→企業→產品→市場。 典型口號:顧客需要什麼,我們就生產、供應什麼。 典型代表:通用公司戰勝福特公司。	時間:19世紀末20世紀初。 背景條件:消費者歡迎高質量的產品。 核心思想:致力於品質提高。 主要觀點:企業管理需要致力於生產優質產品,並不斷精益求精。 行銷順序:企業→市場。 典型口號:質量比需求更重要。 典型代表:李維斯等。 **社會行銷觀念** 時間:20世紀70年代。 背景條件:社會問題突出,消費者權益運動的蓬勃興起。 核心思想:企業行銷=顧客需求+社會利益+盈利目標。 主要觀點:企業的任務是確定諸目標市場的需要、慾望和利益,並以保護或者提高消費者和社會福利的方式,比競爭者更有效、更有利地向目標市場提供所期待的滿足。 行銷順序:市場及社會利益需求→企業→產品→市場。	時間:20世紀30、40年代。 背景條件:賣方市場向買方市場過渡階段,致使部分產品供過於求。 核心思想:運用推銷與促銷來刺激需求的產生。 主要觀點:消費者通常不會大量購買某一組織的產品,因而企業必須積極推銷和進行促銷。 行銷順序:企業→市場。 典型口號:我們賣什麼,人們就買什麼。 **小結** 前三種觀念的不足都是忽視了市場需求,而行銷觀念則是彌補了這個不足的革命性的企業經營哲學。 社會行銷觀念是行銷觀念的補充和修正。社會行銷觀念要求企業要權衡企業利潤、消費者需要和社會利益這三個方面的利益(見圖6-4)。

資料來源:作者根據資料整理所得

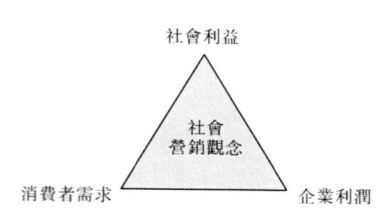

圖 6-4　社會行銷觀念圖示

圖片來源:作者根據資料整理所得

6.1.2 行銷的概念

「行銷」一詞譯自英語「Marketing」，這一英語學名最早出現在 1902 年《密執安大學學報》。1907 年，賓夕法尼亞大學開設了市場行銷課程。迄今為止，對「Marketing」的定義表述多種多樣，有人譯成市場行銷或市場銷售，更多使用的是行銷。那麼到底什麼是行銷？

6.1.2.1 傳統的行銷

1922 年，美國學者費雷德‧克拉克在《行銷原理》一書中把行銷功能歸納為三大功能：交換功能、實體分配功能和輔助功能。二戰後，行銷概念發生質的變化。由於買方市場的出現，企業的一切經濟活動必須以顧客為中心，以滿足顧客需求為前提。市場行銷必須突破流通領域，形成新的概念，於是第一次出現了行銷概念。

1960 年，麥卡錫提出「4Ps」，強調企業行銷主要包括產品、價格、渠道、促銷這四個方面策略和手段。1960 年，美國市場行銷協會定義委員會給市場行銷下了定義：市場行銷是引導貨物和勞動從生產者流轉到消費者或用戶所進行的一切企業活動。在這個定義中表現出以下兩個重要思想：

第一，行銷是從生產者流轉到消費者或用戶的活動。在這個活動中，必須清楚地意識到消費者的存在，依據消費者的需求、慾望來考慮銷售和流通。這就是現在經常說的以消費者為中心的思想。

第二，市場行銷活動過程，不是單向的，是一個綜合系統（見圖 6-5）。

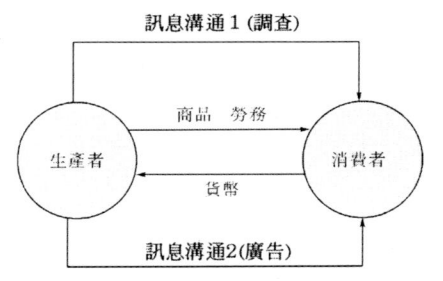

圖 6-5　傳統的市場行銷過程
圖片來源：作者根據資料整理所得

隨著時間的推移，這個定義越來越難概括和表述現代市場行銷是整個過程。首先，市場行銷活動的主體不只是局限於生產者和消費者，已經擴展到了非營利的社會組織或個人。其次，產品這個概念也不只是貨物和勞務，思想、主義和計策也進入這個範圍。

6.1.2.2 真實的行銷

1988 年，美國市場行銷協會重新給行銷下了定義：行銷是個人和組織對思想（或主義、計策）、貨物和勞務的構想、定價、促銷和分銷的計劃和執行過程，通過這種過程來實現滿足個人和組織目標的交換活動。[1]

1989 年，菲利普‧科特勒又提出了著名的「大市場行銷」概念，在「4P」的基礎上創

---

[1] Peter D. Bennett. Dictionary of Marketing Term [M]. Chicago: American Marketing Assocition, 1988: 115.

造性地加上政治及公關，即所謂的「6P」。

1995年，美國行銷協會又一次修正了行銷的定義：行銷是指對觀念、商品及服務進行策劃並實施設計、定價、分銷和促銷的過程，其目的是引起交易，從而滿足個人或組織認知的需求、慾望和目標。[1] 菲利普·科特勒在《行銷管理》中指出：行銷是一個包括分析、計劃、執行、控制的戰略管理過程，強調了行銷諮詢系統在行銷管理中的重要性。[2]

總體來說，隨著經濟的發展和社會的進步，市場行銷的三個基本要素發生了轉變。第一，關心消費者。企業以消費者的利益為主要目的，必須採取積極的方法謀求消費者的利益，消費者應為一切行銷決策的中心。第二，整體行動。整個企業應視為一個整體，所有資源應統一使用，才能更有效地滿足消費者。第三，利潤報酬。企業不應以利潤為目標，利潤應視為企業服務消費者使消費者滿足的一種剩餘報酬。

雖然在這一時期消費者的利益得到了重視，但是此時的市場行銷觀念也有其局限性，主要概括為三個方面：第一，市場行銷觀念強調消費者導向，無法消除非消費者的職責和攻擊。第二，市場行銷觀念強調觀念和長期規劃，只重視技術的發展趨勢、產品改良和消費者偏好的改變，忽視了在人們的價值觀念和優先順序快速變化的世界中可能發生的「文化的廢退」。第三，市場行銷觀念追求並滿足自私的利益，這可能是其最根本的弱點。許多跡象表明，人們對於企業以自我為中心無休止地追求市場地位和利潤所造成的種種「副產品」感到厭惡與不能容忍。

因此，市場行銷觀念由於其自身具有的重大缺陷以至於不足以指導企業去適應企業環境的新變化。在這種重視人類需要與價值的新環境中，企業期待更新的符合時代要求的行銷觀念。

2004年8月，美國市場行銷協會對市場行銷重新給出了一個全新的定義：行銷既是一種組織職能，也是為了組織自身及利益相關者的利益而創造、溝通、傳遞客戶價值、管理客戶關係的一系列過程。道森的人類觀念（Human Cocept）是迄今為止最為先進的行銷觀念，克服了市場行銷觀念的主要缺陷。在人類觀念的引導下，企業的注意力將集中於人類需要的實現。

6.1.3　行銷的概念體系

根據美國行銷學者菲利普·科特勒的定義[3]，行銷是指個人和集體通過創造並同別人交換產品和價值以獲得其所需所欲之物的一種社會過程。這一定義包含了一些行銷學的核心概念：需要、慾望、需求、市場、價值、產品、交換、行銷者（見圖6-6）。

6.1.3.1　需要、慾望和需求

人類的各種需要和慾望是市場行銷的出發點。需要、慾望和需求的定義如表6-2所示。

---

[1] Peter D. Bennett. Dictionary of Marketing Terms [M]. 2nd edition. New York：American Marketing Association，1995.

[2] 菲利普·科特勒. 行銷管理 [M]. 11版. 梅清豪，譯. 上海：上海人民出版社，2003.

[3] 菲利普·科特勒. 行銷管理 [M]. 11版. 梅清豪，譯. 上海：上海人民出版社，2003.

表 6-2　　　　　　　　　　　　需要、慾望和需求定義

需要是市場行銷活動的起點，是指沒有得到某些基本滿足物的感受狀態。根據馬斯洛的需求理論，人的需要包括生理、安全、社交、自尊和自我實現 5 個方面的需要。需要存在於人的生理過程中，是人類與生俱來的。企業可用不同方式去滿足需要，但不能憑空捏造。	慾望是指人們在獲取上述基本需要時的願望。一種基本的需要可以用不同的具體滿足物來滿足，比如為滿足「解渴」的生理需要，人們可能選擇白開水、茶、果汁、可樂等多種產品形式。企業無法創造需要，但可以不斷地通過廣告、行銷、公關等手段影響和激發顧客的慾望，並開發特定的產品和服務來滿足這些慾望。	需求是指對具有支付能力購買並且願意購買的某個具體產品的慾望，即對某特定產品及服務的市場需求。僅僅激發顧客的慾望是不夠的，還要考慮顧客是否有能力購買企業的產品。只有當顧客有能力購買企業的產品時，慾望才可轉化為需求。企業可通過各種行銷手段來影響需求，並根據對市場需求的調研，決定是否進入某一產品或服務市場。

資料來源：作者根據相關資料整理所得

6.1.3.2　市場

行銷學中的市場是指廣義的市場，即一種產品的實際或潛在的購買者市場。市場的大小取決於人口、購買力和購買慾望三個要素，這三個要素互相制約，缺一不可。因此，市場不僅是區域，而且包括了一群買者與賣者。正如馬歇爾所說，一個完全的市場就是一個大的或小的區域，在這區域裡有許多買者和賣者都是如此密切注意和如此熟悉彼此的情況，以致一樣產品的價格在這個區域中實際上總是相同的。[1]

6.1.3.3　價值

這裡的價值是指行銷中的價值，即顧客對產品滿足各種需要的能力評估，而不是指產品本身價值的大小。簡而言之就是顧客最喜歡的產品價值最大，反之價值最小。

顧客讓渡價值是指總顧客價值與總顧客成本之差。總顧客價值就是顧客從某一特定產品或服務中獲得的一系列利益；總顧客成本是在評估、獲得和使用該產品或服務時引起的顧客的投入成本（金錢和時間、精力等）。

顧客讓渡總價值的構成為行銷提供了兩種創造顧客讓渡價值的基本思路：第一，提高總顧客價值，從提高產品價值、人員價值、形象價值和服務價值著手；第二，降低總顧客成本，除了通常的降低貨幣成本外，還可以通過降低顧客的時間成本、體力成本和精力成本等手段來實現。

顧客滿意是指顧客通過對一種產品或服務的可感知的效果（或結果）與他的期望值相比較後，所形成的愉悅的感覺狀態。

6.1.3.4　產品

產品是指任何能用以滿足人類某種需要或慾望的東西。產品概念包括三個層次，如表 6-3 所示。

---

[1] 馬歇爾. 經濟學原理：上卷 [M]. 朱志泰，譯. 北京：商務印書館，2005：131-132.

表 6-3　　　　　　　　　　　　　產品概念的層次

第一，產品概念的核心層。核心產品，即消費者所追求的利益。人們購買產品不是為了獲得產品本身，而是這種產品能滿足某種需要，如電視機帶來娛樂，洗衣機帶來省力，汽車帶來方便等。	第二，產品利益的載體。有形產品主要表現在品質、特色、式樣、品牌、包裝五個方面，如電視機的畫面和音質的好壞、款式的新穎與否、品牌的知名度如何。	第三，附加產品。這是指顧客購買產品時所得到的附帶服務或利益，包括售後服務、安裝維修、保證與承諾等。隨著人們生活水準的提高，市場上的產品越來越豐富，產品同質化現象也越來越嚴重，消費者開始越來越重視附加服務。

資料來源：作者根據相關資料整理所得

6.1.3.5　交換

交換是指提供某種東西作為回報，獲得需要的產品的方式。為了實現交換，必須有兩個或兩個以上的參與者，交換雙方各自擁有對於對方有價值的束西、有交換的能力和意願，並有彼此為了實現交換而進行溝通的渠道。在市場行銷學中，交換是一個過程而不是一個事件。

6.1.3.6　行銷者

行銷者通常是指那些希望從他人處得到資源並願意以某種有價物作為交換的人。行銷者既可以是買者，也可以是賣者，如果買賣雙方都在積極尋求交換，那麼雙方都稱為行銷者。

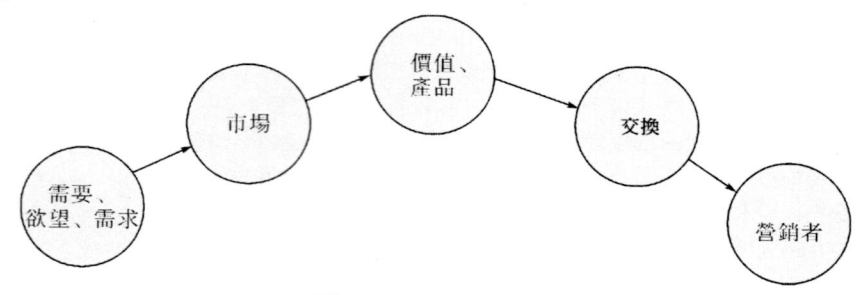

圖 6-6　市場行銷的過程

圖片來源：作者根據資料整理所得

6.1.4　行銷體系

6.1.4.1　宏觀環境

市場行銷宏觀環境分析主要包括以下因素：人口環境、政治法律環境、經濟環境、社會文化環境和自然環境、技術環境等（見表6-4）。

表 6-4　　　　　　　　　　　　　　　　宏觀環境分析

第一，人口環境分析。這主要是對人口數量與增長速度、人口地理分佈及地區間流動和人口結構進行分析，它們對市場產生深刻的影響，企業應密切關注人口環境的發展動向，捉住市場機會，調整市場行銷策略。	第二，政治法律環境分析。對於企業而言，主要包括三個層面：政府有關的經濟方針政策、政府頒布的各項經濟法令、法規和群眾團體。這樣，企業充分地瞭解政治法律關係，使企業的行銷活動更加順暢。	第三，經濟環境分析。這主要是對居民的收入及儲蓄和信貸等進行環境分析。企業需要對經濟環境變化予以觀察，做出正確的分析和預見，以制定正確的市場行銷策略。	第四，社會文化環境和自然環境分析。前者主要分析的內容有風俗習慣、宗教信仰、價值觀念、教育程度和職業；後者分析的內容主要是自然資源變化的影響。	第五，技術環境分析。人類社會的進步，歸根到底是因為技術的進步。隨著新技術的不斷出現，不斷形成新的消費領域。新技術在傳統行業的應用，不斷創造出更多的行銷機會。盲目追求新技術，使企業行銷風險增加。

資料來源：作者根據相關資料整理所得

6.1.4.2　微觀環境

市場行銷微觀環境是直接制約和影響企業行銷活動的力量和因素。企業必須對微觀環境進行分析。微觀環境包括供應商、企業內部門、行銷仲介、顧客、社會公眾、競爭者（見表6-5）。

表 6-5　　　　　　　　　　　　　　　　微觀環境分析

第一，供應商的分析。供應商是指對企業進行生產所需而提供特定的原材料、輔助材料、設備、能源、勞務、資金等資源的供貨單位。這些資源的變化直接影響到企業產品的產量、質量以及利潤，從而影響企業行銷計劃和行銷目標的完成。供應商的分析主要包括分析供應的及時性和穩定性；供應的貨物價格變化；供貨的質量保證。 第二，企業內部門分析。企業開展行銷活動要充分考慮到企業內部的環境力量和因素。企業是組織生產和經營的經濟單位，是一個系統組織。企業內部一般設立計劃、技術、採購、生產、行銷、質檢、財務、後勤等部門。企業內部各職能部門的工作及相互之間的協調關係，直接影響企業的整個行銷活動。	第三，行銷仲介分析。行銷仲介是指為企業行銷活動提供各種服務的企業或部門的總稱。行銷仲介分析主要包括對中間商、行銷服務機構、物資分銷機構、金融機構的分析。 第四，顧客分析。顧客是指使用進入消費領域的最終產品或勞務的消費者和生產者，也是企業行銷活動的最終目標市場。顧客對企業行銷的影響程度遠遠超過前述的環境因素。顧客是市場的主體，任何企業的產品和服務只有得到了顧客的認可，才能贏得這個市場，現代行銷強調把滿足顧客需要作為企業行銷管理的核心。	第五，社會公眾分析。社會公眾是企業行銷活動中與企業行銷活動發生關係的各種群體的總稱。公眾對企業的態度會對其行銷活動產生巨大的影響，既可以有助於企業樹立良好的形象，也可能妨礙企業的形象。因此，企業必須採取處理好與主要公眾的關係，爭取公眾的支持和偏愛，為自己營造和諧、寬鬆的社會環境。社會公眾分析的對象有金融公眾、媒介公眾、政府公眾、社團公眾、社區公眾和內部公眾。	第六，競爭者分析。競爭是商品經濟的必然現象。在商品經濟條件下，任何企業在目標市場進行行銷活動時，不可避免地會遇到競爭對手的挑戰。即使在某個市場上只有一個企業在提供產品或服務，沒有「顯在」的對手，也很難斷定在這個市場上沒有潛在的競爭企業。一般來說，企業在行銷活動中需要對競爭對手瞭解、分析的情況有競爭企業的數目有多少；競爭企業的規模大小和能力強弱；競爭企業對競爭產品的依賴程度；競爭企業採取的行銷策略及其對其他企業策略的反應程度；競爭企業能夠獲取優勢的特殊材料來源及供應渠道。

資料來源：作者根據資料整理所得

6.1.4.3 STP 理論

市場細分（Market Segmentation）的概念是美國行銷學家溫德爾・史密斯在1956年最早提出的，此後美國行銷學家菲利普・科特勒進一步發展和完善了史密斯的理論並最終形成了成熟的STP理論——市場細分（Segmentation）、目標市場選擇（Targeting）和市場定位（Positioning）。STP理論是戰略行銷的核心內容。因此，關於STP理論的具體內容將在本章單獨以一節的篇幅來詳細闡述。

6.1.4.4 4Ps 理論與 4Cs 理論

第一，4Ps 理論簡介。

4Ps理論產生於20世紀60年代的美國，隨著行銷組合理論的提出而出現。1953年，尼爾・博登（Neil Borden）在美國市場行銷學會的就職演說中創造了「市場行銷組合」這一術語，是指市場需求或多或少在某種程度上受到所謂「行銷要素」的影響。為尋求一定的市場反應，企業要對這些要素進行有效組合，從而滿足市場需求，獲得最大利潤。1960年，美國密歇根州大學教授麥卡錫在其《基礎行銷》一書中將這些要素一般性地概括為4類：產品、價格、渠道、促銷，即著名的4Ps。這是行銷理論占重要地位的結構性概念。1967年，菲利普・科特勒在其暢銷書《行銷管理：分析、規劃與控制》第一版進一步確認了以4Ps理論為核心的行銷組合方法（見表6-6）。

表 6-6　　　　　　　　　　　　4Ps 理論四要素簡介

產品（Product）是指企業提供其目標市場的貨物或勞務。注重開發的功能，要求產品有獨特的賣點，把產品的功能訴求放在第一位。	價格（Price）是指顧客購買產品時的價格。根據不同的市場定位，制定不同的價格策略，產品的定價依據是企業的品牌戰略，注重品牌的含金量。	渠道（Place）是指產品進入或到達目標市場的種種活動，包括渠道、區域、場所、運輸等。企業並不直接面對消費者，而是注重經銷商的培育和網絡的建立，企業與消費者的聯繫是通過分銷商來進行的。	促銷（Promotion）是指企業宣傳其產品和說服顧客購買其產品的種種活動。企業注重銷售行為的改變來刺激消費者，以短期的行為促成消費的增長，吸引其他品牌的消費者或導致提前消費來促進銷售的增長。

資料來源：作者根據相關資料整理所得

第二，4Ps 理論的意義。

4Ps理論的提出奠定了行銷管理的基礎理論框架。該理論以單位企業作為分析單位，認為影響企業行銷活動效果的因素有兩種：一種是企業不能夠控制的，即宏觀環境因素；另一種是企業可以控制的，即微觀環境因素。

企業的行銷活動實質是一個利用內部可控因素適應外部環境的過程，即通過對產品、價格、分銷、促銷的計劃和實施，對外部不可控因素做出積極動態的反應，從而促成交易的實現和滿足個人與組織的目標，用科特勒的話說就是「如果公司生產出適當的產品，定出適當的價格，利用適當的分銷渠道，並輔之以適當的促銷活動，那麼該公司就會獲得成功」。因此，市場行銷活動的核心就在於制定並實施有效的市場行銷組合（見圖6-7）。

此模型的優勢在於將企業行銷活動這樣一個錯綜複雜的經濟現象，概括為三個圈層，把企業行銷過程中可以利用的成千上萬的因素概括為四個大的因素，即4Ps理論——產品、價格、渠道和促銷。如此一來，就使得原本複雜且難以把握的企業行銷活動變得簡單明、

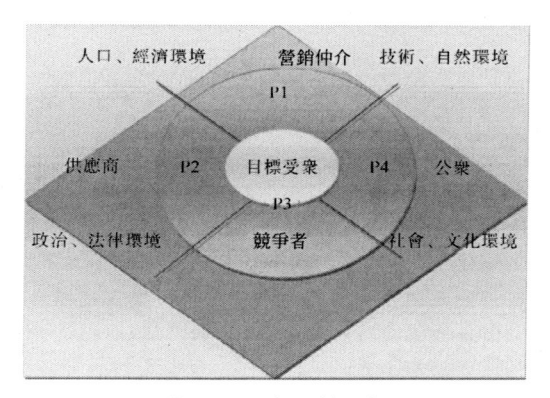

圖 6-7　市場行銷組合

註：P1-Product、P2-Price、P3-Place、P4-Promotion
圖片來源：http://wiki.mbalib.com/

易於掌握。得益於這一優勢，此模型很快便得到了行銷界普遍接受。

第三，4Cs 理論——整合行銷傳播的理論基礎。

20 世紀 90 年代以來，行銷領域越來越多的人轉向勞特朗所提出的 4Cs 理論，將 4Ps 理論稱為傳統理論。4Cs 理論主張的新觀念如表 6-7 所示。

表 6-7　　　　　　　　　　4Cs 理論四要素簡介

Consumer：用「客戶」替代「產品」，先研究消費者的需求和欲求，然後再去生產和銷售顧客確定想購買的產品。	Cost：用「成本」取代「價格」，著重瞭解消費者為滿足其需要和欲求所願意付出的成本，再去制定定價策略。	Convenience：用「便利」替代「地點」，即制定分銷策略時，要盡可能考慮給消費者方便以購得商品。	Communication：用「溝通」取代「促銷」，溝通是雙向的，而促銷無論是推動還是拉動策略，都是線性傳播方式。

資料來源：作者根據相關資料整理所得

4Cs 理論能否取代傳統的 4Ps 理論，一直都存在著爭議。從某種意義上來說，4Cs 理論是從消費者角度出發的，4Ps 理論是從廠商角度出發的。4Ps 理論與 4Cs 理論的區別如表 6-8 所示。

表 6-8　　　　　　　　　　4Ps 與 4Cs 的區別

類別		4Ps		4Cs
闡釋	產品	服務範圍、項目，服務產品定位和服務品牌等	客戶	研究客戶需求，提供相應產品或服務
	價格	基本價格，支付方式，佣金折扣等	成本	客戶願意付出的成本是多少
	渠道	直接和間接渠道	便利	考慮讓客戶享受第三方物流帶來的便利
	促銷	廣告，人員推銷，營業推廣和公共關係等	溝通	積極主動與客戶溝通，找尋雙贏的認同感
時間		20 世紀 60 年代中期（麥卡錫）		20 世紀 90 年代初期（勞特朗）

資料來源：作者根據相關資料整理所得

6.1.4.5　行銷預算

行銷預算是指執行各種市場行銷戰略、政策所需最適量的預算以及在各個市場行銷環節、各種市場行銷手段之間的預算分配。通常一個公司最早要確定的預算項目就是行銷預算。作為公司營運的重要控制工具，一般說來，行銷預算一旦獲準執行，即意味著最高級的行銷主管對該預算承擔直接責任，也是對管理層的承諾，並且一般情況下不會改變，除非更高級別的管理層因為某種特殊的原因需要修改、重新審批，或者在制定該預算時面臨的環境已經有了巨大的變化，現有的預算不再適用。

行銷預算通常有銷售收入預算、銷售成本預算、行銷費用預算三個部分，而公司的經營預算除了這三個部分以外，還有行政管理費用預算、研究開發費用預算、稅務預算等指標。作為完整的經營預算，還應該有資本預算、預算資產負債表、預算現金流量表等。

收入的預算是最為關鍵的，也是最不確定的。不同的行業、不同的公司這種不確定性程度不同。例如，波音公司的飛機製造合同交貨時間早已經排到 3 年以後了，那麼這樣的業務銷售收入就比較確定，主要與生產能力有關。有的公司與國家政策或者國際經濟環境有關，往往其不確定性就大。有的公司，如經營消費品的公司，其收入受到消費者可支配收入、競爭形勢等因素影響就很大。但是無論如何，必須對收入進行盡可能準確地預算，因此我們在進行預算時需要先確定一些基本的原則和條件假設，並推測在這樣的前提下，收入應該是什麼樣子。

銷售成本預算似乎是可以由標準的材料和人工成本結合產品銷售數量計算得來，但是對生產部門而言，要複雜很多。行銷預算必須列清楚每種產品規格的銷售數量預算，這樣生產經理才可以做出銷售成本預算。一般來講，生產經理做出的銷售成本與行銷預算計算出來的銷售成本會有所不同，這主要是由於產品的庫存狀況造成。同時，在生產經理的概念裡面，組合成產品的各種材料還需要有一定的庫存，這些對成本和現金流都會有影響。

行銷費用預算基本上可以分為市場費用預算和行政後勤費用預算兩大類。市場費用是為了取得銷售所產生的費用，比如廣告費用、推銷費用、促銷費用、市場研究費用等；行政後勤費用主要是指訂單處理費用、運輸費用、倉儲費用、顧客投訴處理費用、後勤人員薪酬等。這些行政後勤費用因為主要是與市場行銷有關，因此也被列入到行銷費用裡面。

6.2　廣告與行銷

隨著經濟全球化，市場競爭越來越激烈，市場規模也越來越大，因此對經濟活動的效率有了更高的要求。在這種背景下，作為新的信息資源的廣告活動對於增強企業的市場競爭意識，促進企業生存和發展，有不可替代的作用。

作為行銷的重要因素之一，企業也需要廣告來宣傳自己。特別是在同行業中出現勢均力敵的競爭對手時，適當的廣告策略能夠使企業把握住機遇超越對手，反之則會使得企業錯失機遇從而落後於競爭對手甚至是走向滅亡。因此，把握好廣告與行銷的關係，對整個企業的生存和發展至關重要。

6.2.1　廣告與行銷的關係

企業內部可控因素分為產品、價格、促銷、渠道四個方面，這四個可控因素的組合即

市場行銷組合。作為行銷組合四方面之一的促銷，又由若干個部分構成，包括廣告、人員銷售、公共關係、推銷等。因此，廣告只是企業促銷措施之一，是作為行銷組合的一個有機組成部分而存在並發揮作用的。

6.2.1.1 廣告策劃

廣告策劃是市場行銷活動的一部分，在市場行銷活動中居於服從、服務的地位。

進行廣告策劃的目的是為了提升宣傳效果，使企業以最少的廣告開支達到最好的行銷目標。作為行銷組合的一項策略措施，廣告策劃既要服從行銷目標的總體要求，又要處理好與產品、價格、市場、渠道等各項策略的關係。

由於廣告目標是為企業市場行銷目標服務的，廣告策劃就需要適時地體現市場行銷的總體構思、戰略意圖和具體安排。換個說法就是，廣告策劃就是要生動、形象、精確、適時地體現市場、產品、價格和渠道這四個方面的策劃意圖。綜上可知，廣告策劃是服務於行銷活動的，並且力求從多個方面為行銷策劃服務。

行銷計劃對廣告策劃起著決定作用，規定著廣告策劃的方向、方法、內容；而廣告策劃對於行銷計劃又有著反作用，廣告策劃對於實現行銷計劃是必不可少的，起著先導、輔助和促進的作用。因此，廣告策劃之於行銷，並不是一種被動的活動，應體現主動性、創造性和進取性。

6.2.1.2 廣告傳播

傳統廣告傳播是為了保持產品在公眾中的優秀形象，通過將產品質量和經營理念有效地傳達給顧客，力圖維護品牌的高知名度，來刺激目標顧客群的購買慾望。而在市場競爭愈加激烈的環境下，單純地提升品牌知名度已經難以再對消費者造成穩定、持久的影響。

進入 21 世紀以來，經濟全球化已經徹底改變了傳統的傳播模式和行銷觀念。這一時期的行銷策略表現為客戶中心制，行銷重點是基於對消費者需求的準確把握與不斷滿足，通過實現個性化服務，最終把一般消費者轉化成忠誠顧客。在客戶中心制的行銷策略指導下，此時的廣告傳播不單是要維護和擴大品牌知名度，還要通過提供高滲透、快捷、優質、互動的信息，來實現個性化服務，從而維繫和擴大品牌忠誠的顧客群，來獲得最大的品牌關係價值。

6.2.1.3 廣告促銷

受不同的經濟背景、行銷策略的影響，廣告促銷有著不同的形式和內容。同人類經濟社會的發展一樣，廣告促銷活動也是由簡單到複雜，由低級到高級的過程，並且在實踐應用中呈現出的不同階段性。

第一階段：20 世紀 70 年代末到 80 年代末，市場處於競爭初期，競爭主要通過產品本身的性質特點及功能利益造成的差異性來實現。此時的行銷策略是產品中心制，行銷的重點是吸引顧客購買，廣告促銷活動側重於信息硬式傳輸方式。

第二階段：20 世紀 80 年代末到 90 年代中期，市場競爭較為激烈，同質同類產品充斥著市場。這一階段的行銷策略是將企業的個性、理念、文化和精神等特點傳播社會公眾，以使公眾產生深刻認同感。行銷的重點是達到促銷與樹立企業形象的目的，廣告促銷主要為企業形象廣告的導入。

第三階段：20 世紀 90 年代中期到 90 年代末，經濟全球化的初期，傳統的市場結構和消費觀念都發生了質的變化，品牌競爭優勢成為這一時期的主導優勢。此時的行銷策略主

要是針對企業的經營狀況和所處的市場競爭環境，為使企業在競爭中脫穎而出而制定的。行銷重點是滿足那些購買品牌產品而獲得的心理更高層次的需要，廣告促銷側重於突出企業無法替代的品牌優勢。

6.2.2 廣告與行銷的交叉

6.2.2.1 研究內容

作為信息傳播活動的廣告，其起點和落點都在經濟領域。傳播什麼樣的信息內容以及怎樣進行傳播，需要研究市場，瞭解行銷環境，研究消費者，從滿足消費者的需求和慾望出發；需要研究產品，以適應不同的市場環境，制定出相應的廣告策略，爭取好的傳播效果。

市場行銷是個人和群體通過創造並同他人交換產品和價值，以滿足需求和慾望的一種社會和管理過程。涉及需要、慾望、需求、產品、效用、交換、交易、關係、市場和市場行銷者等核心概念。這些概念對於廣告活動也是至關重要的。因此，在研究內容上市場行銷和廣告同屬於經濟範疇，市場行銷學是研究廣告的理論基礎。

6.2.2.2 經營管理的重要組成部分

由於市場競爭的加劇，企業需要有更多的發展機會，必須以消費者為中心，重視市場和銷售。市場行銷在現代化生產中的地位越來越重要，促進銷售是市場行銷組合中的重要環節，廣告活動是其中的重要手段和方式。市場行銷的中心任務是完成產品銷售。廣告是為實現市場行銷目標而開展的活動，通過信息傳播，在目標市場內溝通企業與消費者之間的關係，改善企業形象，促進產品銷售。因此，廣告和市場行銷都是企業經營管理的重要組成部分。

6.2.2.3 最終目的

市場行銷以滿足人類的各種需要、慾望和需求為最終目的，通過市場把潛在交換變為現實交換的活動。廣告也可以看成是針對消費者的需要和慾望，刺激消費者熱情，調動潛在消費意識，最終促成購買行為的傳播活動。因此，廣告其實是行銷活動的一部分，廣告目標就必須為行銷目標服務。綜上可知，廣告活動和市場行銷活動的最終目的是一致的。

6.2.3 消費品和產業用品的廣告差異

快速消費品使用壽命短、消費速度快，如食品、紙巾、洗化等，強調的是商品快速地被大量消費的特性。產業用品是指不用於個人和家庭消費，而用於生產、轉售或執行某種職能的產品，如大型機床、生產設備等。由於具有行業專有屬性很強、產品標準和規範性強、技術含量高等特殊性質，使得產業用品和許多快速消費品在實際行銷中存在較大差異。

據調查，在行銷溝通常用的四種手段中，工業品企業和快速消費品企業投入的人力、物力、財力差異性很大（見表6-9）。

表 6-9　　　　　　　　　　　工業品和快消品的行銷投入比較　　　　　　　　　單位：%

行銷溝通	工業品	快速消費品
廣告	10	50
銷售促進	10	35
人員推銷	30	10
公關	50	5

資料來源：作者根據相關資料整理所得

　　如表6-9所示，工業品在廣告、銷售促進、人員推銷、公關方面的投入依次上升，而快速消費品的相應投入則基本相反；工業品偏重於公關，相對看淡廣告，而快速消費品非常看中廣告，看淡公關。

　　在企業的宣傳方面，品牌對於快速消費品企業相對重要。但是由於快速消費品的品牌忠誠度不高，消費者很容易受到購物現場氣氛的影響而在同類產品中轉換不同的品牌。因此，廣告對快速消費品來說，最重要的作用就是「將顧客引到購買現場」。由於多數產業用品都是標準化的，產品同質化程度較高，這就要求企業針對自己的目標客戶，打造出具有個性的品牌，滿足市場細分需求，才能取得市場競爭優勢。因此，品牌對於產業用品企業非常重要。廣告對於產業用品最大的作用就是通過樹立良好的企業形象來使產品品牌獲得用戶的認可，從而提高產品的品牌形象（見表6-10）。

表 6-10　　　　　　　　　　　快消品與產業用品的差異

關鍵差異元素	快速消費品	產業用品
品牌	比較重要	重要
廣告	廣泛覆蓋、多樣化等的傳播渠道、重要性很強	重點在專業刊物、媒介和行業協會等活動中提高品牌知名度，提升在目標用戶中的品牌形象
銷售促進	普遍廣泛使用、非常重要	集中在特定對象、有限的行業
人員推銷	一般重要	非常普遍、特別重要
公關	一般重要	重要，關係行銷、互動行銷等溝通方式

資料來源：作者根據相關資料整理所得

6.3　廣告與 STP 戰略

　　廣告主要想使自己產品的廣告能更好地起到行銷的作用，就要考慮對產品進行相應的行銷戰略選擇。行銷戰略一般包括三步：首先，對市場進行細分；其次，選擇目標市場；最後，整合應用各種行銷手段在目標市場上進行定位。這就是 STP 戰略，這裡 S 指 Segmenting Market，即市場細分；T 指 Targeting Market，即選擇目標市場；P 指 Positioning，即定位。正因為如此，行銷大師菲利普·科特勒認為，當代戰略行銷的核心，可被定義為 STP。本節我們按照 STP 三部曲的順序對廣告與市場行銷 STP 戰略的關係進行深入的分析。

6.3.1 廣告與市場細分

6.3.1.1 什麼是市場細分

市場細分是美國市場學家溫德爾·史密斯（Wendell R.Smith）於20世紀50年代中期提出來的。市場細分是按照消費者慾望與需求把總體市場劃分成若干個具有共同特徵的子市場的過程。那些由可識別的以及具有相同慾望、購買能力、地理位置、購買態度和購買習慣的人群構成了細分市場。企業之所以要把市場劃分成不同的細分市場並且區別對待，一方面是因為在市場上存在著差異化的需求，另一方面則是出於競爭的考慮。

6.3.1.2 市場細分的作用

第一，有利於企業分析、發掘和捕捉新的市場機會，選擇最有效的目標市場，制定最佳的行銷戰略；第二，有利於企業開發市場，按照目標市場的需求來改良產品或開發新產品，使各企業在競爭中同存共進；第三，有利於企業把自己的特長和細分市場的特徵與實際結合起來，集中有限的資源，合理分配人、財、物，取得最大的經濟效益；第四，有利於企業針對目標市場的要求，適時調整市場行銷戰略。

市場細分對於廣告的策劃、創作來說，最重要的意義集中體現在一個「分」字上。第一，市場細分把市場從單一整體看成多元異質的分割體，這更符合當今消費品市場的特點。第二，市場細分體現了市場競爭從主要是價格競爭轉向產品差異性競爭和服務多元化競爭。第三，由於細分市場的出現，就有了運用目標市場與廣告策略組合的前提條件[1]。

6.3.1.3 市場細分的過程

第一，確定行銷目標、選擇企業進入市場的範圍。企業的市場行銷活動首先要確定行銷目標，即企業生產什麼、經營什麼、要滿足哪一部分消費者需求，從而確定本企業進入市場的範圍。

第二，列出企業進入市場的潛在消費者的全部需求。這是企業進行市場細分的依據，必須全面而盡可能詳盡地列出消費者的各種需求。

第三，分析可確定的細分市場。企業通過對不同消費者的需求瞭解，找出各種消費者作為典型，分析可能存在的細分市場。

第四，篩選消費者需求，確定市場細分因素。對可確定的細分市場，企業應分析在消費者需求中哪些需求是重要的，將一些消費者需求的一般要素剔除。

第五，根據各細分市場消費者的主要特徵，為各個確定的細分市場確定名稱，以便於企業進行分類。

第六，進一步調研可確定的細分市場。企業應盡可能地瞭解各個細分市場的具體需求，深入掌握各個細分市場上消費者的購買行為，以使細分後的市場與市場細分因素相符合。

第七，分析各個細分市場的規模。分析細分市場上消費者的數量、購買能力、潛在需求發展程度等，然後選擇和確定目標市場。

市場細分的過程如圖6-8所示。

---

[1] 餘明陽，陳先紅. 廣告策劃創意學［M］. 上海：復旦大學出版社，2008：69.

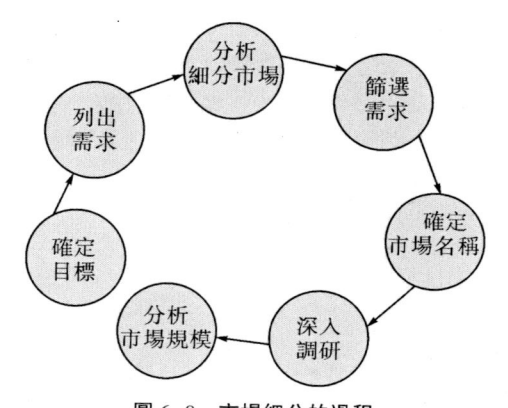

圖 6-8　市場細分的過程
圖片來源：作者根據相關資料整理所得

6.3.1.4　市場細分的條件

第一，做到分片集合化。市場細分的過程應從最小的分片開始，根據消費者的特點先把總體市場劃分為一個個較小的片，然後把相類似的小片集合到一起，形成一個個較大的片。對這個集合後的相對大一些的片的要求特徵加以明確，即每個片（即細分市場）必須有各自的構成群體、共同特徵和類似的購買行為。

第二，細分後的子市場要有足夠的購買潛力。由於對細分市場的開發通常需投入大量的資金，所以這樣既要求細分後的子市場具有與企業行銷活動相適應的規模，還要求子市場不僅具有現實的購買力，還需要具有充分的購買潛力，這樣的子市場才有發展前途。

第三，細分後的子市場要有可接近性。這主要是指企業能夠有效地集中行銷力量作用於所選定的目標市場的程度。

第四，市場細分要有可衡量性。這主要體現在兩方面：一是作為細分的標準應該是能夠得到的，有些消費者特徵雖然重要，但是不易獲取或衡量，不適宜作為細分的標準；二是細分後的消費者市場的人數、購買量及潛在購買能力應該是可以衡量的，否則細分則被視為不成功。

第五，市場細分要有相對的穩定性。每一個分片劃定之後，要有一個相對的穩定期，具體期限的要求要根據市場的變化和商品的特徵而定。

6.3.2　廣告與目標市場

市場細分的目的在於有效地選擇並進入目標市場。在市場細分的基礎上，正確的選擇目標市場是目標市場行銷成敗的關鍵，也是廣告創作、宣傳與投放的關鍵。

6.3.2.1　目標市場的概念

第一，目標市場的定義。

目標市場（Target Market）是企業為滿足現實或潛在的消費需求而運用產品（服務）及行銷組合準備開拓的特定市場。目標市場選擇則是在諸多細分市場中選擇最為合適的細分市場作為目標市場的過程。

第二，目標市場選擇的原則。

目標市場的選擇是企業整個行銷戰略最重要的事情，一旦目標市場選擇失誤就會造成企業行銷方向的失誤，還會造成最終目的很難或無法完成。一般而言，目標市場的選擇應遵循以下原則：一是目標市場上必須存在尚未滿足的需求，有充分的發展潛力。二是目標市場必須具備潛在的效益，目標市場的選擇應能夠使企業獲得預期的或合理的利潤。三是目標市場的選擇要與企業擁有的資源相匹配。四是目標市場的選擇必須符合企業的總體戰略。企業的宗旨、使命以及對象是企業選擇目標市場的先決條件，目標市場是實現企業宗旨、目標的渠道途徑。

6.3.2.2 目標市場策略的類型

企業選擇的目標市場不同，其市場行銷的戰略也不一樣。一般情況下，企業有三種目標市場策略可供選擇：無差異性行銷策略、差異性行銷策略和集中性行銷策略。

第一，無差異性行銷策略。無差異性行銷策略是指企業把整個市場看作一個整體，不再進行細分，只推出一種產品，運用一種行銷組合，滿足盡可能多的消費者需要所採取的行銷策略。早期的美國可口可樂公司，由於其擁有世界性專利，因此曾以單一的品種、標準的瓶裝和統一的廣告宣傳長期占領世界軟飲料市場（見圖6-9）。

第二，差異性行銷策略。差異性行銷策略是指企業把整體市場劃分為若干個細分市場，並針對不同細分市場的需求特徵，分別設計不同的產品和運用不同的行銷組合，以滿足不同細分市場上消費者需求所採取的行銷策略。

寶潔公司就針對不同消費者對洗髮產品的不同需求，提供適用於不同髮質、不同心理需要的價位不同、品質不同、品牌不同的洗髮產品給消費者，並且配以不同宣傳主題的廣告來相呼應（見圖6-10）。迪奧（Dior）香水專門針對不同女性消費者開發了三款經典的香水系列（圖6-11、圖6-12、圖6-13）。大眾汽車專門針對不同車型需求的客戶推出了一則名為「大眾心」的廣告片（請欣賞視頻6-2）。

圖6-9　可口可樂早期經典宣傳海報
圖片來源：百度圖片

圖6-10　寶潔宣傳海報
圖片來源：百度圖片

毒藥（Poison）香水是迪奧公司出品的女用香水，屬東方香型。瓶身造型典雅，有紅、綠、白、紫、藍五種不同香氛的水晶包裝。毒藥香水問世於20世紀80年代，與其時而強調物質，時而強調個人成就的時尚風氣相吻合。毒藥香水塑造的正是這種熾熱而進取的女性神祕性感的體現，充滿著誘惑與迷人的氣息，有一種叫人無法不為之心動，不為之吸引的濃濃芬芳。

圖 6-11　迪奧毒藥香水

圖片來源：百度圖片

　　迪奧真我香水（Dior Jadore）在 1999 出產。該香水純淨、永恆的造型，體現了迪奧一貫的格調，即高雅而迷人。細長的瓶頸，用金色的領巾圍了一週，更加顯得高貴不凡。瓶身光滑透明沒有一點修飾，這幾個字母很美地隱藏在水晶瓶蓋上。針對擁有絕對女性氣質，即現代優雅、明亮感性的消費者。

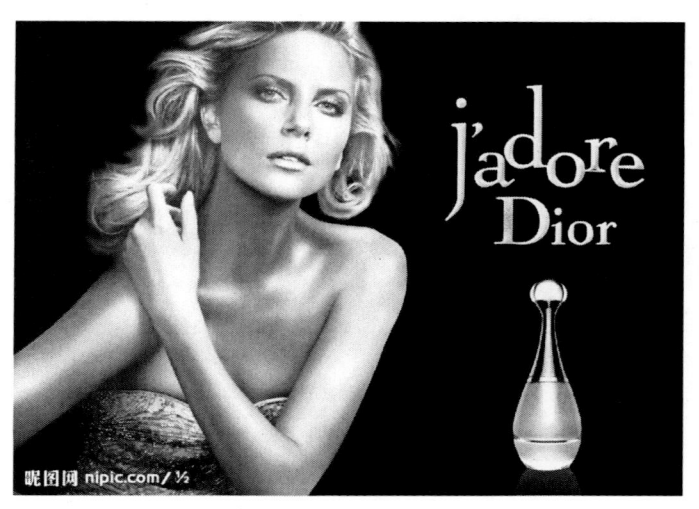

圖 6-12　迪奧真我香水

圖片來源：呢圖網（http://www.nipic.com/show）

　　1947 年，迪奧花漾香水（Miss Dior）作為迪奧的第一款香水，顯露出創作者對花的無限熱情。克里斯汀‧迪奧（Christian Dior）曾經說過：「除了女人之外，花是最神聖的生靈。她們如此纖美，又充滿魅力。」顯然，這款花香型香氛致力於表現的便是女性與花的相同品性，即愉悅新鮮感、謹慎、謙遜和不朽。花朵、粉色、蝴蝶結，僅這幾個關鍵詞，就可以想像是怎樣的女性，即將浪漫的品味帶入生活，渴望愛情且注重生活品質。在克里斯汀‧迪奧的第一系列作品「Corolle」中，他創造了迪奧花漾香水最初的雙耳細頸橢圓形瓶

117

身，以此向花樣女子致意。

圖 6-13　迪奧花漾香水
圖片來源：昵圖網（http://www.nipic.com/show）

第三，集中性行銷策略。集中性行銷策略是指企業在市場細分的基礎上，選擇一個或幾個細分市場作為自己的目標市場，實行高度專業化的生產或銷售，集中滿足一個或幾個細分市場上的消費者需求所採取的行銷策略。諾基亞公司曾是一個涉足造紙、化工、橡膠、電纜、電信等領域的集團公司。1993 年，諾基亞公司總裁將移動通信公司之外的所有公司通通賣掉，將所有的財力、物力、人力都集中在移動通信業務上，為了保證移動網絡和移動電話業務的持續發展，甚至放棄了其他盈利公司。正是因此，後來諾基亞公司才可以成為移動電話的領先供應商，從 1996 年開始連續 15 年占據手機市場份額第一的位置，同時也是移動通信、固定寬帶等的領先供應商之一（見圖6-14）。

圖 6-14　諾基亞經典標誌
圖片來源：昵圖網（http://www.nipic.com/show）

綜上所述，無差異性行銷策略、差異性行銷策略、集中性行銷策略的比較如表6-11所示。

表 6-11　　　　　　　　　　　　目標市場策略的比較

差異＼策略	無差異性行銷策略	差異性行銷策略	集中性行銷策略
基礎	成本的經濟性	消費者需求的多樣性；現代企業的行銷能力增強；市場競爭激烈	將有限的資源集中起來在小市場占大份額

表6-11(續)

策略\差異	無差異性行銷策略	差異性行銷策略	集中性行銷策略
優點	單一產品線可降低生產存貨成本；無差異的廣告方案可縮減廣告成本；沒有市場細分又可減少行銷調研工作和管理成本	生產機動性強、針對性強，企業能更好地滿足客戶需求，從而擴大企業的銷量；有利於提高企業的市場佔有率、提高企業的聲譽；風險性小	有效利用資源，集中優勢，占領空隙市場；提高市場佔有率，穩固市場地位；降低行銷成本，提高投資收益率；產品針對性強，提高利潤率和企業聲譽
不足	無法滿足細分市場需求；降低企業的市場佔有率並減少利潤	增加企業的行銷成本；企業的資源配置不能有效集中，甚至在企業內部出現彼此爭奪資源的現象	市場區域相對較小，企業發展受到限制；潛伏著較大的經營風險
適用條件	具有大規模的單一生產線；具有廣泛的分銷渠道；企業產品質量好，品牌影響大，生產實力雄厚，商譽好	有一定的規模，實力較雄厚；技術水準、設計能力等適應性好；經營管理素質比較好	一般適用於實力有限的中小企業

資料來源：作者根據相關資料整理所得

6.3.2.3 選擇目標市場策略應考慮的因素

由於三種目標市場策略各有優缺點，企業必須根據企業本身的條件、產品特點及市場發展趨勢，有計劃、有目的地加以選擇。一般而言，企業選擇目標市場行銷策略至少應考慮下列因素：

第一，企業的資源。如果企業資源雄厚，可以考慮實行無差異性行銷策略或者差異性行銷策略。若實力不足，最好採用集中性行銷策略。

第二，產品的差異性程度。如果企業經營的是一些彼此差別不大、規格差不多的產品，如鋼鐵、化工原料及其他農礦初級產品等，則採用無差異性行銷策略比較合適。如果企業經營的商品差別很大，則應採用差異性行銷策略或集中性行銷策略。

第三，市場同質性。如果在市場上所有顧客在同一時期偏好相同，購買的數量相同，並且對行銷刺激的反應相同，則可視為同質市場，宜實行無差異性行銷策略。反之，如果市場需求的差異較大，則為異質市場，宜採用差異性行銷策略或集中性行銷策略。

第四，產品生命週期。產品生命週期分為四個階段：導入期、成長期、成熟期、衰退期。在產品處於導入期，同類競爭品不多，競爭不激烈，企業可以採用無差異性行銷策略。當產品進入成長期或成熟期，同類產品增多，競爭日益激烈，為確立競爭優勢，企業可考慮採用差異性行銷策略。當產品進入衰退期，企業應盡可能減少各種開支，目標應側重於少數利潤相對豐富的市場，因此採取集中性行銷策略。

第五，競爭者的市場行銷策略。若主要競爭對手實施無差異性行銷策略時，企業採取差異性或集中性行銷策略很可能取得成功。若主要競爭對手實施了差異性或集中性行銷策略時，企業也必須在這兩種行銷策略中進行選擇。

第六，競爭者的數目。當市場上同類產品的競爭者較少，競爭不激烈時，可採用無差異性行銷策略；當市場競爭者多，競爭激烈時，可採用差異性行銷策略或集中性行銷策略。

6.3.2.4 廣告行銷策略的選擇

對廣告活動來說，產品生命週期的理論十分重要。第一，廣告主可以根據產品不同的生命週期調整和控制廣告費的投入；第二，處於生命週期不同階段的產品，其市場需求量、市場競爭狀況、消費者心理、行銷策略等都有不同的特點。因此，各階段的廣告策略應針對不同階段的特點有所不同。

第一，產品導入期。產品導入期是新產品正式投放市場銷售緩慢增長的時期。此階段產品的市場需求量較小，銷售額增長較緩慢；市場行銷成本非常高，企業獲利很低甚至虧本；同類產品較少，市場競爭環境較寬鬆。導入期內由於風險大、花費多，持續時間應越短越好。

在導入期廣告主要起告示作用，解決知名度問題，因此要採取告知性廣告策略。廣告訴求偏重於理性教育，強調新產品概念帶給消費者的具體利益，其核心就是強調產品的獨特功效，從而迅速提高產品知名度，引起消費者注意。廣告宣傳時應充分利用不同的媒介組合，使廣告信息到達最廣泛的消費層面，從而達到快速占領市場、初步提升品牌知名度的目的，為以後的發展打下良好的基礎。

第二，產品成長期。產品成長期是產品銷售快速增長和利潤大量上升的時期。其特徵表現為產品逐漸或迅速被消費者瞭解並接受，產品銷售量快速增長；企業不斷擴大生產規模，生產成本大幅下降，利潤快速增長；市場競爭開始激烈，產品價格降低。

此階段應採取說服性、競爭性廣告策略，突出品牌，以品牌廣告為主，並鞏固產品概念。訴求重點在於突出本產品的優異，刺激選擇性需求，進一步擴大市場佔有率。同時，企業必須有強烈的品牌競爭意識，迅速提升品牌形象，占領有利的市場位置。其理論基礎則是品牌形象論，廣告最主要的目標是為塑造品牌服務；每一廣告都是對品牌的長期投資，為維護品牌形象，可以犧牲短期經濟效益；同類產品的差異性縮小，描繪品牌形象比強調產品的具體功能特徵重要得多；廣告應重視運用形象來滿足消費者的心理需求。例如，萬寶路香菸運用品牌形象策略，通過品牌形象與消費者建立情感聯繫，從而使其成為全球第一香菸品牌。

第三，產品成熟期。產品成熟期是產品銷售增長減慢，為對抗競爭、維持產品地位，行銷費用日益增加，利潤下降的時期。其特徵表現為產品銷售量達到最大，市場進入相對飽和狀態；市場競爭更加激烈，銷售價格相對以往來說有降低，促銷費用增加，利潤下降。

此階段應採取維持性、提醒性及競爭性廣告策略，廣告宣傳重點放在品牌和企業形象的宣傳上，尤其要注重凸顯出品牌之間的區別，從而提高品牌和企業美譽度，培養品牌忠誠者。其理論基礎為廣告定位論，即把產品定位在未來潛在顧客的心中。

成熟期競爭異常激烈，需要利用各種社會公關、銷售公關等推動產品品牌來提升企業形象，避免產品提早進入衰退期。因此，此階段促銷廣告增加、費用較高且形式多樣；公關活動的形式及費用投入達到高潮；為贏得顧客的繼續信賴，質量管理更嚴格，服務更完善。例如，土耳其航空公司的一則廣告宣傳片就是該航空公司針對目前狀況而專門策劃的，通過雲集科比等眾多國際大牌明星來鞏固和提升企業自身形象（請欣賞視頻6-3）。

第四，產品衰退期。產品衰退期是產品銷售額下降趨勢逐漸增強，利潤不斷下降最終趨於零，從而退出市場的時期。

此階段應採取提醒性廣告策略，重點宣傳品牌，維持老顧客對該品牌的忠誠度，使其

不要輕易放棄該產品。大幅減少廣告費用，到保持忠誠者需求的水準即可；利用低廉的價格、促銷活動、企業信譽、良好的售後服務等吸引產品後期購買者；及時開發新產品替代舊產品，並把廣告重點逐漸轉移到更有潛力的新產品上，有計劃地引導產品以新代舊。

6.3.3 廣告與市場定位

6.3.3.1 市場定位與廣告定位

所謂市場定位，就是根據所選定的目標市場的競爭情況和本企業的條件，確定企業和產品在目標市場上的競爭地位。實際上，定位的實質就在於要設法建立一種競爭優勢，以便在目標市場上吸引更多的顧客。從廣告策劃和創作的角度看，產品定位是廣告訴求的基礎，沒有產品的定位就不能決定產品的推銷計劃和廣告要達到的目標。

一直以來，廣告定位都是與產品定位緊密聯繫在一起的。餘陽明先生認為產品定位和廣告定位是兩個不同的概念，前者是確定產品在市場上的位置，後者則是確定產品在廣告中的位置。但是兩個概念之間又有密切的關係：廣告定位是產品定位在廣告中的體現。廣告定位離不開產品定位。產品定位越明確，廣告定位才越準確。因此，確定廣告的定位，應該從產品定位開始分析，產品在人們心目中出於什麼位置，能夠給人們帶來什麼好處和利益，知名度、美譽度和信任度如何等，這些都構成了產品在人們心目中的形象，這種形象就是廣告定位所追求的效果。例如，寶潔公司的一則廣告宣傳片以感謝母親的視角出發，將產品定位於溫暖的母愛和家庭，向消費者展示了寶潔公司旗下的一系列品牌——汰漬、幫寶適、佳潔士等，收穫了更多關注和支持（請欣賞視頻6-4）。

6.3.3.2 產品市場定位的方法

一個產品有好的定位，必須依賴於一個好的定位方法，企業經常採用的產品定位方法有以下四種（見表6-12）。

表 6-12　　　　　　　　　　　產品定位方法

第一，根據產品屬性和利益定位。產品本身的屬性以及消費者由此而獲得的利益能使消費者體會到產品的定位。例如，大眾汽車的「大眾化、值得信賴」，奔馳汽車的「高貴」，沃爾沃汽車的「安全」。	第二，根據產品的價格和質量定位。對於那些消費者對質量和價格比較關心的產品來說，選擇在質量和價格上的定位也是突出企業形象的好方法。質量取決於製作產品的原材料，或者取決於精湛的工藝，而價格也往往反應其定位。	第三，根據使用者定位。企業常試圖把某些產品指引給適當的使用者或某個細分市場，以便根據相應的細分市場建立起恰當的形象。例如，海瀾之家的定位是「海瀾之家，男人的衣櫥」。	第四，根據競爭地位定位。突出本企業產品與競爭者同檔次產品的不同特點，通過評估選擇，確定對本企業有力的競爭優勢加以開發。

資料來源：作者根據相關資料整理所得

6.3.3.3 產品市場定位策略

第一，加強與提高策略。該策略是指在消費者心目中加強和提高本產品（企業）現在的地位。

在美國及世界軟飲料市場上，幾乎是可口可樂和百事可樂的天下，而美國七喜汽水公司在其廣告中宣稱「七喜：非可樂」奇妙地將飲料市場分為可樂型飲料與非可樂型飲料兩

部分，進而說明七喜汽水是非可樂的代表。這種非可樂的產品定位，確立了七喜汽水在非可樂市場上「第一」的位置，使其銷售量不斷上升，數年後一躍成為美國市場的三大飲料之一（見圖6-15）。

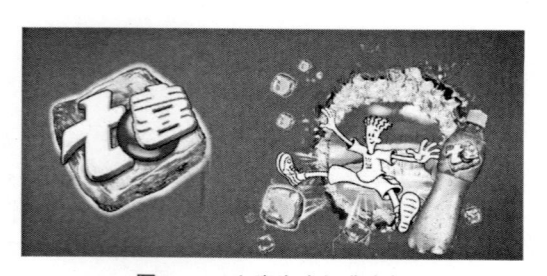

圖6-15　七喜汽水經典海報
資料來源：http://www.taopic.com

第二，填補市場空白策略。該策略是尋找為許多消費者所重視但未被競爭者占領的市場定位，企業一旦找到市場上的空白，就應對其進行填補。

長期以來，在轎車用戶每年呈樂觀的增長趨勢的背景之下，轎車市場忽視了一個潛在的消費群體——年輕人。他們收入不高但有知識、有品位，有一定事業基礎，心態年輕、追求時尚。在他們看來，轎車市場的中、低端轎車雖價格稍低，但外形、色彩等都較單一；高端轎車雖性能好，但價格不菲。對頗為看重價格、外觀、性能的這一群體而言，這些都不能激起他們的購買欲。而奇瑞QQ恰恰看準這一空白點強力出擊，滿足了他們的心理需求，形成了奇瑞QQ獨特的市場定位。奇瑞QQ借用了年輕人熟悉的騰訊QQ，作為自己的品牌，進一步加強了親和力。借助騰訊QQ廣泛的知名度，加上奇瑞QQ裝載獨有的「I-say」數碼系統，以及輕便靈巧的外觀、鮮豔大膽的顏色，使它成為市場上走俏的產品（見圖6-16）。

鳳凰衛視的定位就是以時事資訊為主，借助中國香港特殊的地理位置和文化背景，將內地不易傳播或不可能大規模報導的各類新聞信息予以高度重視和進行有規模、有分量的報導和傳達，提供與內地電視傳媒具有很強差異性的電視節目，從而贏得觀眾、占領市場（見圖6-17）。

圖6-16　奇瑞QQ
圖片來源：http://www.mycheryclub.com/mozone

圖6-17　鳳凰衛視臺標
圖片來源：http://www.post.8j.com

第三，重新定位策略。產品在目標市場上的位置確定之後，經過一段時間的經營，企業可能會發現某些新情況，如有新的競爭者進入企業選定的目標市場，或者企業原來選定的產品定位與消費者心目中的該產品形象不相符等，這就促使企業不得不考慮對產品的重新定位。省級衛視收視率排名第一的湖南衛視也是重新找準自己的定位——「最具活力的中國電視娛樂品牌」的媒體定位，在國內確立了娛樂傳媒的強勢品牌地位（見圖6-18）。

第四，高級俱樂部策略。該策略是指企業可以強調自己是某個具有良好聲譽的小集團的成員之一，如企業可以宣稱自己是行業三大公司之一或者是八大公司之一等。「三大公司」的概念是由美國第三大汽車公司的克萊斯勒汽車公司提出的，該公司曾宣稱其是美國「三大汽車公司之一」（見圖6-19）。

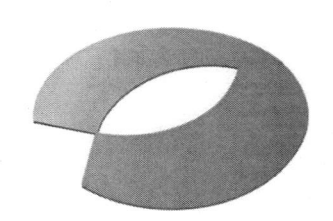

圖6-18　湖南衛視臺標
圖片來源：http://www.quanrun.cn

圖6-19　克萊斯勒汽車公司的歷史
圖片來源：http://www.chrysler.com.cn/brand.html

6.4　整合行銷傳播

從應用層面上來看，整合行銷傳播早在20世紀80年代就已經在一些公司和行銷傳播機構受到了重視。從客戶這一方面來說，老練的生產商，如星巴克咖啡、花旗銀行和福特汽車，正在整合行銷傳播工具，包括直效行銷、活動贊助、銷售推廣以及公共關係與大眾媒介廣告結合起來，樹立其品牌。而從廣告公司這一方面來講，有人在和互聯網上搜索了一下「整合行銷傳播公司」，結果發現200多家公司號稱可以提供整合行銷傳播服務。在商業出版物上，連篇累牘的文章紛紛認為整合行銷傳播已經徹底超越了時尚或時髦詞語的階段，達到了生產商與其客戶的交流理念不斷轉變的階段。

本節對整合行銷傳播的相關知識進行系統梳理，以便對整合行銷傳播形成一個全面而系統的認識。

6.4.1　什麼是整合行銷傳播

「整合行銷傳播」的英文全稱是「Integrated Marketing Communication」，英文簡稱「IMC」。由於研究者的研究角度、使用立場不同，關於整合行銷傳播的定義也有許多種，其中得到廣泛認可的定義包括以下兩個：

整合行銷傳播是一個體現綜合計劃附加值的行銷溝通概念，該計劃將對各種傳播準則的戰略作用進行評估。如普通廣告、即時反應廣告、銷售推廣和公共關係，然後將這些準

則結合起來，產生出清晰、連貫而又最強大的傳播作用。

整合行銷傳播是將事物視為一個整體的一種新方法，而過去我們只看見局部，如廣告、公共關係、銷售推廣、購買、員工溝通等。整合行銷傳播是以顧客的眼光經過重新部署的傳播方式，而顧客將傳播視為一種源頭不明的信息流。

儘管這兩種定義的表述各不相同，但都符合了整合行銷傳播的核心思想：將與企業進行市場行銷有關的一切傳播活動一元化。整合行銷傳播是多種傳播聲音的戰略協調，其目的是通過協調行銷組合中的廣告、公關、促銷、直效行銷以及包裝設計等因素，充分利用勸服性傳播對消費者和非消費者受眾的影響。

6.4.2 整合行銷傳播的特徵

行銷組合與整合行銷傳播的比較如表6-13所示。

表 6-13　　　　　　　　行銷組合與整合行銷傳播的比較

比較	思維	強調	理論
行銷組合	由內向外	推銷	4Ps
整合行銷傳播	由外向內	溝通	4Cs

資料來源：作者根據相關資料整理所得

美國著名學者特倫斯‧A.辛普在其著作《整合行銷傳播——廣告、促銷與拓展》當中明確指出：整合行銷傳播具有5個關鍵特徵。現將其主要內容總結如下：

6.4.2.1 最終影響消費者行為

整合行銷傳播能影響消費者行為就意味著成功的整合行銷傳播能夠得到消費者行為方面的回應，而不僅僅是只影響消費者對品牌的認知或只是加強消費者對品牌的態度。

6.4.2.2 傳播過程始於現有或潛在的消費者

整合行銷傳播的一個重要特徵就是傳播過程應該是開始於現實消費者或潛在消費者，然後再由這些消費者回到品牌傳播者，以此決定採取怎樣的媒介形式將相關的廣告信息告知現有或潛在的消費者，以說服和引導他們採取品牌傳播者所期待的行為。

6.4.2.3 要運用一切傳播形式與消費者接觸

有效的整合行銷傳播需要使用各種各樣的傳播形式以及所有可能的顧客接觸方式來作為潛在的信息傳播渠道。遵循整合行銷傳播的這一特點，就要求行銷傳播者在行銷過程中不能局限於任何單一媒介或某種媒介的一部分，而是要將對消費者可能產生影響的所有媒介組合起來，以對消費者形成一個立體傳播模式，從而使消費者能夠全方位接觸到相關的品牌信息。

6.4.2.4 行銷傳播的各要素要獲得協同優勢

信息和媒介的協調對樹立一個有力而統一的品牌形象並促使消費者採取購買行為至關重要。如果沒有將所有的傳播要素很好地整合起來，不僅不能使消費者對品牌形成一個統一、明確的認知和印象，甚至還可能將消費者原本形成的品牌印象模糊化，從而淡化對品牌的記憶和忠誠度。

6.4.2.5 要和消費者建立關係

在現代激勵的市場環境下，關係的建立是現代市場行銷的關鍵，而整合行銷傳播乃是建立關係的關鍵。這裡所說的關係是指消費者和品牌之間持久的聯繫。二者之間的成功關係能夠引起消費者的重複購買乃至對品牌的高度忠誠。

6.4.3 整合行銷傳播的層次

6.4.3.1 認知的整合

這是實現整合行銷傳播的第一個層次，要求行銷人員認識或明了行銷傳播的需要。

6.4.3.2 形象的整合

形象的整合牽涉確保信息與媒體一致性的決策，信息與媒體一致性一方面是指廣告的文字與其他視覺要素之間要達到的一致性，另一方面是指在不同媒體上投放廣告的一致性。

6.4.3.3 功能的整合

功能的整合是把不同的行銷傳播方案編製出來，作為服務於行銷目標（如銷售額與市場份額）的直接功能。也就是說，每個行銷傳播要素的優勢劣勢都經過詳盡的分析，並與特定的行銷目標緊密結合起來。

6.4.3.4 協調的整合

協調的整合是人員推銷功能與其他行銷傳播要素（廣告公關促銷和直銷）等被直接整合在一起，這意味著各種手段都用來確保人際行銷傳播與非人際形式的行銷傳播的高度一致。例如，推銷人員所說的內容必須與其他媒體上的廣告內容協調一致。

6.4.3.5 基於消費者的整合

行銷策略必須在瞭解消費者的需求和欲求的基礎上鎖定目標消費者，在給產品以明確的定位以後才能開始行銷策劃。換句話說，行銷策略的整合使得戰略定位的信息直接到達目標消費者的心中。

6.4.3.6 基於風險共擔者的整合

這是行銷人員認識到目標消費者不是本機構應該傳播的唯一群體，其他共擔風險的經營者也應該包含在整體的整合行銷傳播戰術之內。例如，本機構的員工、供應商、配銷商以及股東等。

6.4.3.7 關係管理的整合

關係管理的整合被認為是整合行銷的最高階段。關係管理的整合就是要向不同的關係單位進行有效的傳播，企業必須發展有效的戰略。這些戰略不只是行銷戰略，還有製造戰略、工程戰略、財務戰略、人力資源戰略以及會計戰略等。也就是說，企業必須在每個功能環節內發展出行銷戰略以達成不同功能部門的協調，同時對社會資源也要做出戰略整合。

整合行銷的層次如圖 6-20 所示。

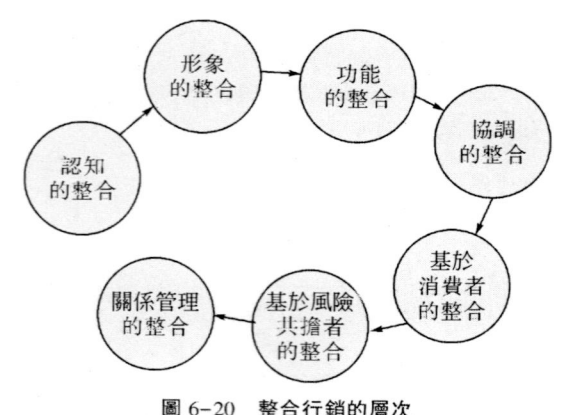

圖 6-20 整合行銷的層次
圖片來源：作者根據相關資料整理所得

6.4.4 廣告與整合行銷傳播

6.4.4.1 廣告在這行銷傳播中的定位

整合行銷是以消費者為中心，綜合協調運用各種形式的傳播方式，以統一的目標和傳播形象，傳遞一致的信息，樹立產品或品牌在消費者心目中穩定的地位，以建立起企業與消費者之間長期穩定的關係，更有效地實現產品的行銷目的。廣告是傳遞商品信息實現行銷目的的重要的傳播手段，廣告傳播是整合行銷傳播的重要組成部分，也是整合行銷傳播成功的關鍵。因此，廣告傳播策略的制定要遵循整合行銷傳播計劃，廣告傳播活動要與整合行銷活動的基調相一致。

整合行銷傳播是一項高度完善的系統工程，以實現更好的傳播效果和經濟效益，而這一目標的達成要靠系統同各組成部分的配合，廣告作為其中重要的組成部分，更要積極參與整合傳播活動。廣告傳播作為整合行銷傳播系統工程中的一個子系統，也要以整合的優勢進行傳播，配合使用不同的傳播媒體，保持廣告信息的一致，讓不同媒體的受眾能獲得對於同一品牌的清晰一致的信息，同時還要對不同發展階段的廣告進行整合，以保持廣告傳播在時間上的一致性。[1]

6.4.4.2 廣告在整合行銷傳播中的應用

第一，廣告信息整合。

其一，不同媒體的信息整合。為了提高廣告傳播效果，廠商經營借助不同形式的媒體和渠道進行廣告發布，向消費者傳播關於同一產品或品牌的廣告信息。由於媒體的特點各有不同，不同媒體的廣告形式也就不同。這樣同一消費者在經由不同媒體接收關於同一產品或品牌的廣告時，或不同消費者從不同媒體接收關於同一產品或品牌的廣告時，都可能產生信息衝突現象。為避免這種情況，就必須對不同媒體的信息進行整合。

其二，要傳播清晰一致的信息。專家分析，消費者正進入一個「淺嘗資訊式購買決策」的時代，即消費者在眾多的信息只選取所需的一小部分，並按自己的理解加以組織，然

---

[1] 聶豔梅. 整合之下話廣告——廣告傳播與整合行銷傳播［J］. 廣告大觀，2000（10）：20-22.

後據此做出購買決策。因此，消費者收集少量產品信息就做出決策的趨勢，對廠商是一大挑戰。針對消費者這種「淺嘗式」的信息處理方式，廣告創作要注重傳播清晰一致的信息，易於消費者的理解與接受。例如，可口可樂在開展全球性廣告宣傳時，廣告的永恆的主題是「喝可口可樂吧」。這些廣告中的共同成分是可口可樂的飲用者都滿面笑容。廣告向消費者傳達了清晰一致的信息，即喝可口可樂使人心情愉快（見圖6-21和圖6-22）。

圖6-21 歡暢時刻，暢爽到底

圖片來源：http://www.coca-cola.com.cn/NewCenter/nicegallery.aspx

圖6-22 歡暢時刻，你我共享

圖片來源：http://www.coca-cola.com.cn/NewCenter/nicegallery.aspx

其三，針對不同受眾的傳播信息整合。有的產品，尤其是日用品，市場消費需求量很大，目標消費者的情況較為複雜。為了更有效地傳播廣告信息和實現廣告目的，通過根據消費者不同的需求和動機把其分為不同的目標群體，然後依據其消費特點，分別採取不同的訴求策略和信息表達形式，並立足於全體消費者對各類信息進行整合。

其四，要考慮各媒體的發布時間，進行時間上的整合。在不同的時間段選擇當時的優

勢媒體，做出統一的安排，更有效地實現時間上的發布效益。

第二，媒體運用的整合。

廣告信息進入流通要借助於相應的媒體與渠道才能到達消費者。如今新媒體紛紛湧現，媒體的細分化趨勢也日益明顯，因此廣告信息可供選擇的傳播途徑也很多，如何才能更合理地選擇各類媒體，以更有效地發揮媒體運用的整合優勢，是廣告參與整合行銷傳播的重要內容。

其一，要考慮各媒體的覆蓋地域，實現空間組合。媒體的覆蓋地域要與產品的銷售區域相吻合，如果產品的銷售區域需由不同的媒介共同覆蓋，則要仔細考慮媒體的覆蓋地域交叉，更為經濟充分地利用媒體。

其二，要依商品傳播的需要，採取「跟隨環繞」的媒體選擇策略。要隨著消費者從早到晚的媒體接觸，安排不同的媒體以跟隨方式進行隨時的說服。例如，早晨在家中使用廣播與電視，上班途中使用戶外媒體，辦公室使用報紙，晚間則使用電視等，營造有利於消費者接受廣告信息的環境，從而大大提高廣告的傳播效果。

其三，要考慮各媒體的發布時間，進行時間上的整合，以形成時間上的發布優勢。

例如，美國防癌協會（ACS）在創作推廣防曬系數（SPF15，下同）產品的公益廣告時，先對SPF15的潛在使用者進行分析，通過和他們的談話，瞭解他們如何購買與使用產品，在正常時日、假期和週末都接觸什麼樣的媒體。通過對這些資料的分析，確定使用的媒體種類，比如在分析潛在使用者為12~18歲的消費者時，媒體選擇為家庭/學校海報、廣播、電視、報紙/雜誌、記者招待會、空中文字廣告、泳帽、太陽眼鏡、小冊子等。事實上，在具體的操作過程中，這些媒體的運用效果很好，證明了選擇、組合的正確性。

第三，不同發展階段上的廣告整合。

整合行銷傳播除了重視空間的整合外，還要進行時間上整合，這是成就整合行銷傳播、塑造強勢品牌之目的的重要手段。時間上的整合就是在不同的發展階段，運用各種形式的傳播手段，傳達協調一致而又漸次加強的信息。完成既定的行銷目標，並實現塑造品牌形象和累積品牌資產的更高層次的任務。

時間的界限有長有短，可以是一次主題廣告運動，也可以是一個產品的生命週期等。一般來講，整合行銷傳播在開展之初就要制定縝密而嚴謹的整合行銷計劃，在不同的時間階段上，廣告要根據鮮明的品牌個性和明確的定位相結合而進行階段性的行銷計劃，制定本階段的廣告活動策略並創作相應的廣告作品，以堅持品牌的一貫形象與個性，對品牌塑造進行持續性的投資與強化。

例如，百事可樂一直把可口可樂作為競爭對手，由於可口可樂問世較早，因此有了一批口味穩定的忠實顧客群，百事可樂認為消費者的口味一般很難改變，於是把目標消費者定在13~16歲的年輕人，以培養他們的口味。這樣百事可樂在以後的廣告宣傳中，把「新一代」作為整合的主題，1961年創作「現在，百事可樂獻給自以為年輕的朋友」的廣告，1964年以「奮起吧！你是百事的一代」為廣告語進行宣傳，後來又邀請搖滾歌星麥克爾‧杰克遜出演、導演比利克利斯特爾拍攝電視廣告（請欣賞視頻6-5）。直至今天，新生代「紅人」吳莫愁等仍憑青春逼人之氣來充當百事可樂的形象代言人（欣賞視頻6-7）。不同的行銷階段百事可樂的廣告都以「新一代」為主題賦予品牌以年輕的內涵，塑造穩定而持久的品牌形象。

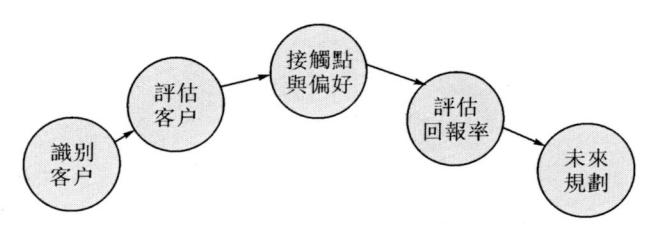

6.4.5 整合行銷傳播的步驟

整合行銷傳播的步驟如圖 6-23 所示。

圖 6-23 整合行銷傳播的步驟
圖片來源：作者根據相關資料整理所得

6.4.5.1 識別客戶與潛在客戶

這是整合行銷傳播的第一步，需要建立消費者和潛在消費者的資料庫。資料庫的內容至少應包括人員統計資料、心理統計資料、消費者態度的信息和以往購買記錄等。按照整合行銷傳播的要求，根據這些記錄把客戶、潛在客戶加以歸類分組，如他們使用的產品形式類似等。整合行銷傳播和傳播行銷溝通的最大不同在於整合行銷傳播是將整個焦點置於消費者、潛在消費者身上，因為所有的行銷組織，無論是在銷售量或利潤上的成果，最終都依賴消費者的購買行為。

6.4.5.2 評估客戶與潛在客戶

這一階段主要分析對組織最為重要的回報——銷售額，以及最終的利潤。換句話說就是，要盡可能去識別對組織最有價值的現有和潛在客戶。評估的關鍵在於使用消費者及潛在消費者行為方面的資料作為市場劃分的依據，因為對於一個整合行銷傳播戰略來說，行為目標是最重要的要素，表明了一個行銷傳播計劃所要達到的目的，所以用過去的行為推論未來的行為最為直接有效。

在整合行銷傳播中，可將消費者分為三類：對該品牌的忠誠消費者、對其他品牌的忠誠消費者和遊離不定的消費者。很明顯這三類消費者有著各自不同的「品牌網絡」，而想要瞭解消費者的品牌網絡就必須借助消費者行為資訊才行。

6.4.5.3 接觸點與偏好

對於整合行銷傳播過程，瞭解客戶接觸點和偏好是非常重要的。接觸點是指客戶和潛在客戶同組織、品牌、銷售渠道成員或其他任何與品牌有直接聯繫，並能影響客戶現在或將來對品牌的考慮的人或活動發生接觸的途徑。接觸偏好是指客戶或潛在客戶所偏愛的，從公司或品牌處接收信息和材料的途徑。

整合行銷傳播不只是基於組織向客戶和潛在客戶傳播什麼，還發生在品牌接觸，即客戶和潛在客戶在整個市場上對品牌的接觸和體驗。因此，行銷傳播經理的首要任務是瞭解現有的所有接觸點。可以將每一個接觸點視為將來有用的傳播方式，這些接觸點通常比整合行銷傳播經理開發傳遞的信息更有影響力。整合行銷傳播的目標不只是這些接觸點，而是管理這個過程。理解品牌接觸的最好方法之一就是品牌接觸審計，即行銷和傳播人員對組織接觸其客戶和潛在客戶的所有途徑進行的分析。瞭解客戶和潛在客戶偏愛哪種傳播方

法也是非常重要的，可以依照「回流模型」的過程（見圖6-24），同顧客和潛在顧客進行面談，並請顧客按照自己的偏好為這些傳播方法評級。

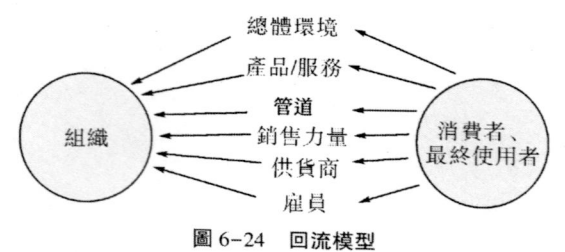

圖 6-24　回流模型
圖片來源：作者根據相關資料整理所得

6.4.5.4　評估客戶投資回報率

在這個階段，主要是通過瞭解各類客戶的價值並確定傳播投資回報的框架，然後通過運用相關的統計方法來對客戶的投資回報進行一個整體評估，並確定長期客戶與短期客戶所能獲得的投資回報情況。

6.4.5.5　方案執行後的分析與未來規劃

當整合行銷傳播的流程進行到這一步時，行銷傳播的相關人員已經很準確地評估完了長期客戶和短期客戶的投資回報。接下來，行銷傳播人員只需要對行銷傳播項目實際的財務成績和所挑選的客戶群組進行評估，進而以確定項目是否成功。評估完成後，緊接著要做的就是要延續已經成功的行銷與傳播方法，修改不成功的方法。因此，瞭解項目的成敗與否可以為未來的項目計劃提供參考，行銷傳播流程的循環也不會就此結束。

本章小結

本章是從 STP 的視角來研究廣告的行銷管理，主要分為行銷的觀念和概念體系、行銷與廣告的聯繫、廣告的 STP 戰略和整合行銷傳播四個部分。現圍繞研究核心廣告 STP 戰略，總結如下：

市場細分是按照消費者慾望與需求把總體市場劃分成若干個具有共同特徵的子市場的過程，那些由可識別的及具有相同慾望、購買能力、地理位置、購買態度和購買習慣的人群構成細分市場。企業之所以要把市場劃分成不同的細分市場並且區別對待，一方面是因為在市場上存在著差異化的需求，另一方面則是出於競爭的考慮。市場細分的目的在於有效地選擇並進入目標市場。在市場細分的基礎上，正確地選擇目標市場是目標市場行銷成敗的關鍵，也是廣告創作、宣傳與投放的關鍵。

目標市場（Target Market）是企業為滿足現實或潛在的消費需求而運用產品（服務）及行銷組合準備開拓的特定市場。目標市場選擇則是在諸多細分市場中選擇最為合適的細分市場作為目標市場的過程。與目標市場三種行銷策略相對應，廣告市場策略也有無差別市場廣告策略、差別市場廣告策略和集中市場廣告策略。

市場定位指的是根據所選定的目標市場的競爭情況和本企業的條件，確定企業和產品在目標市場上的競爭地位。具體地說，就是要在目標顧客的心目中為企業和產品創造一定

的特色，賦予一定的形象，以適應顧客一定的需要和偏好。

從廣告策劃和創作的角度看，產品定位是廣告訴求的基礎。沒有產品的定位就不能決定產品的推銷計劃和廣告要達到的目標。廣告的最終目的是為了促進商品的銷售，對於企業來說，一旦找準產品的定位就要全力維護好，特別是要通過有效的廣告活動使產品的形象扎根於消費者的心目中，並在消費者的心目中確定自己牢固的地位。

思考題

1. 科特勒對市場行銷下的定義是：「個人或群體通過創造產品和價值，並同他人進行交換以獲得所需所欲的一種社會及管理過程。」科特勒對行銷管理下的定義是：「為實現組織目標而對旨在建立、加深和維持與目標購買者之間有益的交換關係的設計方案所做的分析、計劃、實施及控制。」請談談你對這兩個概念的理解。
2. 學習了行銷的定義，你對「行銷並非只是企業中負責產品推銷的人的工作，企業中的所有人都應該起到行銷者的作用」這句話認同嗎？這意味著什麼呢？
3. 什麼是 STP 戰略？你認為市場 STP 戰略與廣告 STP 戰略是一樣的嗎？為什麼？

參考文獻

[1] Peter D. Bennett. Dictionary of Marketing Term [M]. Chicago：American Marketing Assocition，1988：115.

[2] Peter D. Bennett. American Marketing Association：Dictionary of Marketing Terms [M]. New York：American Marketing Association，1995.

[3] 菲利普．科特勒．行銷管理 [M]．梅清豪，譯．上海：上海人民出版社，2003．

[4] 馬歇爾．經濟學原理：上卷 [M]．朱志泰，譯．北京：商務印書館，2005：131-132．

[5] Robert Frank. Pepsi Bets a Blue Can Will Spur Sales Aboard [N]. Wall Street Journal，1996-04-02（B8）．

[6] Laura Petrecca. Like Homes in on Office [J]. Advertising Age，1998（8）：16.

[7] Betsy Sperthmann. Is Advertising Dead？[J]. PROMO Magazine，1998（9）：32-36，159-162．

[8] Jim Osterman. This Changes Everything [N]. Adweek，1995-05-15．

[9] Kate Fitzgerald. Beyond Advertising [J]. Advertising Age，1998（8）：1，14．

[10] Don E. Schultz. Integrated Marketing Communications：Maybe Definition is in the Point of View [J]. Marketing News，1993（18）：17．

[11] Don E. Schultz, Stanley I. Tannenbaum, Robert F. Lauterborn. Integrated Marketing Communications [M]. Lincolnwood：NTC Business Books，1993．

[12] Esther Thorson, Jeri Moore. Integrated Communication：Synergy of Persuasive Voices [M]. Mahwah N. J：Erlbaum，1996：1．

[13] 聶艷梅．整合之下話廣告——廣告傳播與整合行銷傳播 [J]．廣告大觀，2000（10）：20-22．

第二部分總結

廣告學在長期發展過程中，構建了較為完整的學科體系，並在這一學科體系的理論框架下形成了一系列的基本原理，這些基本原理是在長期的廣告實踐中總結出來的，帶有規律性或普遍性的行為準則，經過廣告人或廣告大師們的理論昇華後，對廣告運作又具有重要的指導意義。要弄懂廣告，首先就必須瞭解廣告的相關概念及其歷史演變進程。從廣告學的發展看，廣告的心理學原理、消費者行為學等日益重要；從廣告學的形成過程看，廣告的行銷學原理佔有較大比重。隨著廣告內部和外部環境不斷發生變化，廣告與廣告的表現策略理論的聯繫也日益緊密。

廣告是一種特殊的信息傳播活動，這種傳播活動在明確的廣告主付費的基礎上，通過大眾媒體等方式將其商品、服務或觀念等信息傳遞給特定的目標受眾。廣告經歷了漫長的歷史演進過程，從最原始的叫賣廣告，到粗糙的招牌幌子，到印刷的傳單廣告，再到現在精美的平面海報、奪人眼球的誇張創意廣告、動人心弦的電視廣告，不管是在中國還是全球，廣告都實現了大發展、大跨越。

廣告學是一門綜合性的邊緣學科。廣告學在其形成過程中，由於研究對象日益明確而逐漸進從其他學科中獨立出來。廣告學在其發展過程中，不斷吸收和融合其他學科的研究成果，與其他學科發生著緊密的聯繫，在心理學這一學科上表現較為明顯。

1898年，美國人路易提出了「AIDA法則」。他認為廣告的說服功能是通過廣告信息刺激受眾而實現的。一個廣告要引起人們的關注並取得預期的效果，必然要經歷引起注意、產生興趣、培養慾望和促成行動這樣一個過程才能達到目的。路易斯的提法主要是從心理學的角逐度，也就是從廣告受眾的心理活動的過程這個視角逐來探討如何提高廣告在行銷過程中的效果問題，因而引起了人們的高度重視。廣告的心理學原則還有注意原則、記憶原則、聯想原則及說服原則等。心理學運用於廣告學，是廣告學形成的重要標誌之一，而廣告運作過程中對心理學原則的吸收和運用，又使廣告心理學成為廣告學的重要學科分支。

隨著廣告內外部環境的變化，廣告的表現策略理論也有了很大的發展。

20世紀50至70年代，「推銷主義」廣告的代表人物羅素・瑞夫斯、大衛・奧格威、艾・萊斯和杰・屈特圍繞「廣告便是推銷」這一中心觀點分別提出了USP理論、品牌形象理論和定位理論，從不同的角度闡述了「廣告即銷售」這一主題。

USP理論又稱為「獨特的銷售主張」，英文表述為「Unique Selling Proposition」。這一理論的創始人羅素・瑞夫斯為當時世界十大廣告公司之一彼達恩廣告公司的總裁，也被稱為美國首席文案撰稿人。20世紀50年代，當廣告藝術創意的潮流呈洶湧澎湃之勢的時候，他冷靜地指出：廣告是科學。而科學的廣告在創意表現過程中必須遵循USP原則，USP原則是第一個被較完整表述的「推銷術」原則。

BI理論又稱為「品牌形象論」，英文的全稱是「Brand Image」。這一理論的創始人大衛・奧格威是20世紀60年代美國廣告「創意革命」的三大旗手之一，也是美國「最偉大的廣告撰稿人」，世界著名廣告公司奧美廣告公司的創始人。該理論的重要論點是：其一，廣告最主要的目標是為塑造品牌形象服務；其二，任何一個廣告都是對品牌的長期投資，廣告活動應該以樹立和保持品牌形象這種長期投資為基礎；其三，為維護一個良好的品牌形象，可以犧牲短期的經濟利益；其四，描繪品牌形象比強調產品的具體功能特徵重要

得多。

定位理論由美國著名的行銷專家艾・萊斯和杰・屈特在20世紀70年代倡導。定位理論的核心內容是希望通過特定的廣告宣傳，替處於競爭期中的產品樹立一些便於記憶、新穎別致的東西，從而在消費者的心目中留下一個恰當的心理位置。

隨著廣告技術的進步和廣告傳播範圍的擴大，廣告與社會學領域內的心理學、行銷學、消費者行為學、文化學、管理學、歷史學、美學，自然科學領域內的聲、光、電學，以及應用學科範疇的計算機科學、攝影學、美術學等均發生了較為密切的聯繫，廣告學多學科融合、多領域交叉、多層面支撐的綜合性特點日益明顯。

第三部分　廣告策劃

以下這則廣告背後是一個浪漫的邂逅的故事：

故事的主人公小蘭是一名狂熱的「拇指族」，她最喜歡的就是用動感地帶聊天交友，而且小蘭也擁有許多的聊友。其中，有一個叫「JAY」的男孩是小蘭最好的聊友。兩個人聊得非常愉快和投機，並且常常你來我往互致短信。

和當代眾多的年輕人一樣，小蘭同時還是一個狂熱的粉絲，而她的偶像則是炙手可熱的周杰倫。

周杰倫開演唱會了，小蘭和眾多粉絲一起興奮地看著自己的偶像在舞臺上星光閃耀。在聽周杰倫唱歌的時候，她激動地發出一條短信給「JAY」：「我正在聽周杰倫的歌。」

正在這時候，周杰倫從臺上停下了演唱，竟然取出手機熟練地按著鍵盤發了一條短信。就在這一瞬間，小蘭的手機短信響起，全場靜默。小蘭取出手機一看，一下子幸福地暈倒了。

短信上說：「我正在唱周杰倫的歌。」

原來，小蘭的那個聊友「JAY」就是周杰倫啊。

這是周杰倫與中國移動——動感地帶合作的一則廣告——「我的地盤，我做主」。廣告播出之後，一瞬間就迷倒了無數少男少女。

「從2004年7月26日開始，如果你是中國移動用戶的話，只要你『12590707』，就可以收聽到周杰倫為動感地帶量身定做的新歌《我的地盤》。」在歌曲中周杰倫用自己獨特的歌聲和詞曲再次講述了其對於動感地帶的認識，也因此成了歌迷們傳唱的金曲。

「我的地盤，我做主」以及由周杰倫代言的廣告中出現的「沒錯，我就是M-ZONE人」成為年輕人的口頭禪。

無疑，這次廣告活動可以說是很成功的，對於該廣告的策劃也應該是肯定的。對於一個產品，如何贏得更高的受眾度，如何贏得更大的市場競爭力，優秀的廣告活動可以有效地促進產品的推廣。

如何策劃出消費者喜愛的廣告？

如何針對消費者的需求製作出更有吸引力的廣告活動？

如何將產品的特質在廣告活動中富有創意地表達出來？

成功的廣告策劃不僅僅可以提高產品的知名度，還可以提升企業的聲譽，增加消費者對於該產品的品牌忠誠度。可見優秀的廣告活動對於產品和公司都起著至關重要的作用，而廣告策劃則是廣告活動得以有效執行的先決條件。沒有精細的廣告策劃，再多的創意也無法恰當地表現。

如何進行廣告策劃？接下來的第七、八、九、十章則會引導讀者對廣告策劃有一個全面且清晰的瞭解和學習。

7　廣告策劃概述

開篇案例

天氣怎麼樣？

當我們說到天氣預報時，通常覺得這和看一幅干的油畫一樣有趣，但這並不意味著一家24小時播放天氣預報的閉路電視臺就是一家優秀的電視臺。天氣預報的信息很容易獲得，但許多人都不會整天看天氣預報頻道（TWC，下同），比如凌晨3點就幾乎沒有人看這個節目。因此，當電視臺節目的競爭變得更加激烈的時候，閉路電視公司開始認為TWC提供的服務是可以替代的。

TWC不得不和其他閉路電視供應商（如ESPN等）相競爭。TWC需要改變品牌給消費者帶來的感覺，即TWC提供的是一件商品，TWC是一個可以得到消費者忠誠的迷人的品牌。現在的問題是在消費者認為天氣預報很無聊的情況下，如何實現品牌形象的改變。

如果節目融入與消費者「相關」的內容後，天氣預報就不會再令人厭煩了。TWC有一批特別虔誠的觀眾，對他們來說，天氣預報不僅僅是準確的預報，他們以「敬畏」「迷惑」的語氣提及大自然母親的「神祕」「奇跡」「力量」。不過，儘管他們是熱心的觀眾，但他們肯定節目的時候仍然有一些尷尬。可以說，他們只有在非公共場合下才敢說這番話，畢竟那些過於嚴謹的氣象學家並不為多數人所理解。

可以譏諷地說，氣象學家有耐心地向人們提供所需的信息——預測。天氣預報本身並不令人厭煩，但把自己包裝起來迎合人們對天氣的預測需求使它變得令人厭煩了。

思考：如果是你，這次廣告活動應該採取怎樣的策略才能達到更好的效果？怎樣策劃一則廣告才能贏得更多的肯定？

本章提要

廣告策劃是將謀略創造和科學程序融為一體的藝術，已經成為現代廣告活動中的核心部分，可以說廣告策劃的成敗決定著一個企業產品在消費者心目中的地位。具體而言，廣告策劃是廣告人對要進行的廣告活動在周密的調查和分析的基礎上所做出的具有創造性、科學性和系統性特徵的整體計劃和安排。凡事「預則立，不預則廢」，因此只有廣告人在科學的策劃謀略的指導下，按照科學的廣告策劃程序，做好每個環節的工作，有明確的目標、詳盡的計劃、正確的行動，才能發揮廣告的作用，進而取得成功。本章從廣告策劃的基礎知識入手，按照廣告策劃的一般程序和內容，對其中的重點環節進行介紹。

7.1 廣告策劃的概念與基本特徵

7.1.1 廣告策劃的概念

廣告策劃是廣告從低級階段發展到高級階段的顯著標志。運用現代科學技術和多學科的知識進行廣告策劃，在美國、法國、日本等廣告業發達的國家中已成為一種時尚。[1]隨著社會經濟的發展和改革的深化，中國廣告界也漸漸認識到廣告策劃的重要性。一批優秀的廣告公司在實踐中對廣告活動進行科學策劃，已經或正在獲取重大的經濟效益和社會效益。現代廣告策劃在激烈的市場競爭中將發揮越來越大的作用，認識廣告策劃的含義、特徵和作用，把握其內涵與原則，是我們跨入廣告策劃這座科學藝術殿堂的第一步。

廣告的起源可以追溯到產生商品交換的遠古時代，科學的廣告策劃是現代社會經濟發展的產物。廣告策劃的概念是在20世紀60年代由英國倫敦波利特廣告公司創始人斯坦利・波利特首次提出的。這一概念一經提出後便得到了廣告界的認可，很快就流行於法國、日本等廣告業發達的國家。近年來，中國廣告界和企業界對廣告策劃的重要性的認識也逐步提高，並開始運用於廣告實踐之中。實際上，儘管人們對廣告策劃現象司空見慣，但對於什麼是廣告策劃，其科學含義是什麼，並不十分清晰明了。

雖然目前學術界對於廣告策劃的概念尚沒有定論，總體說來廣告策劃是根據廣告主的行銷策略，按照一定的程序對廣告運動或者廣告活動的總體戰略進行前瞻性規劃的活動。廣告策劃以科學、客觀的市場調查為基礎，以富於創造性和效益性的定位策略、訴求策略、表現策略和媒體策略為核心內容，以具有可操作性的廣告策劃文本為直接結果，以廣告活動的效果調查為終結，追求廣告運動（活動）進程的合理化和廣告效果的最大化，是廣告公司內部業務運作的一個重要環節，是現代廣告業運作科學化、規範化的重要標志之一。[2]

廣告策劃不是具體的廣告業務，而是廣告決策的形成過程，其核心是確定廣告目標，制定和發展廣告策略。具體而言，廣告策劃可以分為兩種：一種是單獨性的，即為一個或幾個單一性的廣告活動進行策劃，也可以為單項廣告活動進行策劃；另一種是系統性的，即為企業在某一時期的總體廣告活動進行策劃，也可以稱為總體廣告活動策劃。[3]

廣告策劃作為一種科學的廣告管理活動，必須確定廣告目標、廣告對象、廣告策略等原則問題。也就是說，廣告策劃的訣竅是要解決廣告「說什麼」「對誰說」「怎樣說」「說的效果如何」等一系列重大問題。

7.1.2 廣告策劃的基本特徵

廣告策劃作為廣告人對要進行的廣告活動在周密的調查和分析的基礎上做出的具有創造性、科學性和系統性特徵的整體計劃和安排的廣告管理活動，具有以下特徵：

7.1.2.1 廣告策劃是一種創造性的指導活動

策劃是一種程序，在本質上是一種運用腦力的理性行為。基本上所有的策劃都是關於

---

[1] 饒德江. 廣告策劃 [M]. 武漢：武漢大學出版社，1996：1-4.
[2] 徐智明，高志宏. 廣告策劃 [M]. 北京：中國物價出版社，1997：16.
[3] 陳乙. 廣告策劃 [M]. 成都：西南財經大學出版社，2002：72.

未來的事物，也就是說，策劃是針對未來要發生的事情做當前的決策。① 廣告策劃有別於寫、畫、製作等具體的廣告業務，具有一定的創造性，是對這些具體的廣告業務提出基本原則和戰略策略，是對廣告活動進行預先的思考和規劃，並將這些要素體現於制定的廣告計劃之中。

7.1.2.2 廣告策劃是一項具有針對性的科學實踐活動

廣告策劃並非研究廣告的一般規律，而是把廣告學的原理運用到具體的廣告活動中。按照特定的廣告主的需要，並充分考慮廣告活動的科學性、有效性，任何廣告活動都應當針對特定的廣告目標，講究投入產出，強調廣告效益，力爭實際效果，這是廣告策劃的根本目的所在。廣告效益既包括企業產品銷售的經濟效果，也包括企業形象、品牌形象等方面無形的效果；既包括近期可見的效果，也包括遠期的潛在效果。

7.1.2.3 廣告策劃是一種系統性的活動

廣告策劃的系統性是指使廣告活動的各個環節、各個要素互相協調、互相依存、互相促進。系統的本質則要求廣告要有統一性，即廣告策略的統一性。科學的廣告活動具有自身的規律，按照消費者的消費心理規律，按照商品的導入期、成長期、成熟期、衰退期的不同特點，分系統、分步驟地實施廣告策略。各種廣告策略系統組合、科學安排、適地運用，具有嚴密的系統性，才能防止廣告策略之間、廣告媒介之間互相矛盾、互相衝突，也才能克服廣告活動中的隨意性和盲目性，取得較好的經濟效益和社會效益。

7.2 廣告策劃的原則[②]

廣告策劃作為企業行銷策劃活動的重頭部分，既不是無計劃地進行，也不是無目的地展開，而是按照一定的原則，有計劃、有步驟地進行。一個成功、完整的廣告策劃，應當遵循廣告策劃的原則，將策劃過程分為具體的階段，不同階段的工作對象、內容和目標均應遵循一定的原則。具體來說，廣告策劃的原則可以分為四類（見圖7-1）。

1. 系統原則
2. 動態原則
3. 創新原則
4. 效益原則

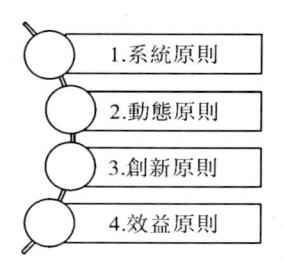

圖7-1 廣告策劃的原則
資料來源：作者根據相關文獻資料整理所得

---

① 美國哈佛企業管理叢書編纂委員會的觀點。
② 李景東. 現代廣告學 [M]. 廣州：中山大學出版社，2010：50-52.

7.2.1　系統原則

　　系統是物質世界存在的方式，廣告策劃也不例外。廣告策劃是由眾多環節和內容組成的，並不是彼此孤立的，而是通過貫穿在廣告策劃中的廣告策略統一起來的。廣告策劃的各項內容彼此環環相扣，廣告策劃的實施環節彼此密切配合，使廣告活動成為一個和諧統一的整體，在統一的策略指導下有序進行。把系統原則運用到廣告策劃中去就是如實地把廣告策劃作為一個有機整體來考察，從系統的整體與部分之間相互依賴、相互制約的過程來解釋系統的特徵和運動規律，以實現廣告策劃的最優化。

　　系統原則在廣告策劃中體現在以下四個方面：

　　第一，廣告和產品是統一系統中的兩個子系統，必須互相協調。這主要表現在廣告必須服從產品，保持與產品之間的一致性。廣告高於產品，會導致虛假；廣告低於產品，會導致過謙；廣告背離產品，會導致離散。因此，這些情況在廣告策劃的過程中應極力避免，以免產生負面效果，影響廣告策劃的效益。

　　第二，廣告的各種發布手段在相互配合上應協調一致、組合有序。例如，同一產品在一定時期出現不同的廣告主題，同一企業的廣告在同一年份出現不同的信息，以致出現自相矛盾或其他問題，這些在廣告中都是應該避免的。

　　第三，廣告內容和表現形式同屬一個系統，應當和諧統一。內容要通過恰當的形式來表現，而任何廣告形式都必須服從廣告內容，實現內容與形式的統一。

　　第四，廣告與周圍的外部環境也是一個系統。廣告要適應外部環境，並利用外部環境中的有利因素，使人們通過廣告不僅可以認識和瞭解產品，而且還能聯想到產品象徵的意義。

　　美國某魚罐頭企業在加拿大魁北克報紙上刊登了一則廣告。廣告畫面是一位穿著短裙的女士正在和一位男士打高爾夫球。該廣告的用意是：一位女士可以抽空陪丈夫打高爾夫球，然後用魚罐頭準備午飯。但事實是，魁北克的女士不和男士打高爾夫球，在高爾夫球場上她們也不穿短裙。更重要的是，魚罐頭在魁北克並不當作主菜，是飯桌上不起眼的東西。由於缺乏對市場的分析和調查，使廣告與外部環境嚴重背離，導致這次廣告惹來了不少麻煩，是一次不成功的廣告。由此可見，外部環境對於廣告的成功與否也起著相當重要的作用。

　　又如，李奧貝納廣告公司[①]為菲亞特汽車設計的一則廣告。該廣告的表現手法則是從細節入手體現整體性的重要作用，體現廣告系統性的整體原則。這裡廣告商的目的是想突出汽車的整體質量，不會因為某一個小小的細節——一個零件的缺失導致整個產品的不足，影響產品的本身效果（見圖7-2）。

---

　　① 李奧貝納廣告公司是美國廣告大師李奧·貝納創建的廣告公司，現在是全球最大的廣告公司之一，於1935年成立於美國芝加哥，是美國排名第一的廣告公司，在全球80多個國家和地區設有近100個辦事處，擁有1萬多名員工，集品牌策劃、創意、媒體為一體，在中國為國際及國內的知名客戶提供全方位的廣告服務。

图 7-2 「一個零件出錯就可能導致整體都無法正常運作，請使用原廠配件」[1]

7.2.2 動態原則

成功的廣告策劃要能夠適應未來千變萬化的環境和條件，應該是富於彈性的、動態的、有變化的。廣告策劃伴隨著整個廣告活動全過程，包括事前謀劃、事中指導、事後監測，因而是周而復始、循環調整的。在整個廣告活動過程中都有相應的階段性策劃工作要點，應該把策劃作為廣告活動中的調控器來使用，及時恰當地調節廣告活動中的每一個要點。

廣告策劃中所依據的市場環境、消費者以及競爭對手的情況，隨時都有可能發生變化，這就要求廣告策劃的內容必須具有一定的靈活性。想要製作優秀的廣告策劃，策劃人員就應當能針對各種情況的變化及時做出調整，以適應新的形勢的需要。

7.2.3 創新原則

廣告策劃活動是一項創造性思維活動。創新是廣告策劃的關鍵和保證，創造性的策劃具有從別人的所有特點中找出空隙的能力，具體表現在廣告定位、廣告語言、廣告表現、廣告媒體等方面。

別具一格、獨樹一幟、標新立異，給人以新的感受，這就是廣告策劃追求的目標。在市場經濟條件下，廣告的新穎性、啟發性和吸引力是不可或缺的。如果廣告千篇一律，沒有變化，那麼對人也就沒有感染力。這樣廣告策劃也就失去了意義。將廣告簡單化、格式化不但收不到預期的宣傳效果，甚至會產生負面的社會作用，降低廣告在社會公眾心目中的聲譽。

廣告的創新，首先是創意的獨樹一幟。創意決定一個廣告生命力的強弱，同一種產品從各個角度出發而製作出的不同創意，其感染力度也會發生很大的不同。例如，日本豐田汽車在打入中國市場的時候，巧妙地把豐田汽車廣告融進中國的一句諺語之中：「車到山前

---

[1] 資料來源：李奧貝納公司為菲亞特設計的廣告。

必有路，有路必有豐田車。」恰到好處地運用了中國的傳統的諺語，使得該廣告給人以新的感受和無盡的回味，並且很容易進入消費者的記憶中，令人產生深刻的印象。

力求有新意的廣告語言是廣告創新的又一要求，要有「語不驚人死不休」的錘煉精神。要從生活中提煉警句、名言，使廣告詞富有哲理性、富有人情味、富有新意。例如，美國一家泡泡糖的生產公司的廣告詞是「本產品的名氣是靠吹出來的」，語句詼諧幽默，耐人尋味。在中國的語言中，有不少的成語或俗語，可以通過加入否定詞或其他的詞形成新的詞意，利用這種方式構思的廣告語言，往往會出現奇妙的效果。例如，上海家用化學品廠生產的「美加淨頤髮靈」，其廣告語為「聰明不必絕頂」讀起來令人叫絕，語句簡潔新穎，意味深長。

廣告的表現也應該力求新穎、獨特，使廣告表現具有新的藝術構思、新的格調和新的形式，以有效地傳遞信息，創造需求。例如，中國香港地區一家專營膠黏劑的商店，推出了一種最新的「強力萬能膠水」。為使該產品能為消費者所瞭解，店主用這種膠水把一枚價值數千港元的金幣粘貼在牆上，並聲稱誰能用手指把金幣摳下來，金幣就歸誰所有。一時間，該店門庭若市，不僅觀者雲集，登場一試者也不乏其人。新奇的廣告手法，使這種膠水的良好性能聲名遠揚，商店生意大好。

7.2.4 效益原則

效益原則是要求廣告策劃活動中，以成本控制為中心，追求企業與策劃行為本身雙重的經濟效益和社會效益。企業在進行廣告活動中要與其盈利性相一致，這種盈利既可能是短期的，也可以是長期的。同樣，企業在進行廣告策劃時要注重其投資回報率，不要為策劃而策劃，要抓住最根本的東西，即廣告活動能為企業帶來的利潤是多少。因此，廣告活動如果不能為企業帶來利潤，那麼就喪失了它存在的意義，也就不會有企業願意做廣告策劃。

廣告策劃應該帶來一定的經濟效益。提高廣告的經濟效益，即是說要力爭用盡可能少的廣告費用，去取得最佳的廣告效果。廣告經營者在從事廣告策劃時，應同時考慮到消費者和廣告主兩方面的利益，認真進行經濟核算，選擇最優方案，做到廣告活動花錢少、效果好。只有這樣，才能使廣告主樂於使用，消費者也樂於接受。即使企業自己進行廣告策劃，同樣有經濟效益的問題需要考慮。

一般來說廣告策劃的結果，應該是能給廣告主帶來以下三方面的經濟效果（見圖7-3）。

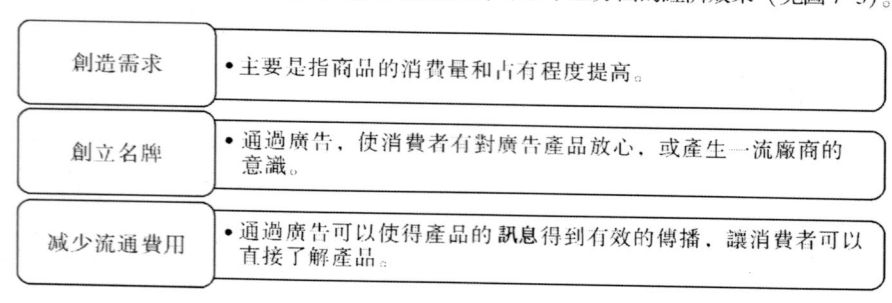

創造需求	• 主要是指商品的消費量和占有程度提高。
創立名牌	• 通過廣告，使消費者有對廣告產品放心，或產生一流廠商的意識。
減少流通費用	• 通過廣告可以使得產品的訊息得到有效的傳播，讓消費者可以直接了解產品。

圖7-3 廣告策劃的經濟效益

資料來源：作者根據相關文獻資料整理所得。

要製作好的廣告還要注意社會效益。廣告既是一種經濟現象，又是一種文化現象。一方面，在生產、流通和消費領域中，廣告在溝通營銷、傳遞供求信息、促進銷售、滿足需求等環節發揮著積極作用；另一方面，廣告還要體現為社會大眾服務的宗旨，正確引導消費者消費，推出健康的生活觀念和生活方式，鼓勵良好的社會風尚，灌輸高尚的思想情操和文化修養。

威廉·伯恩巴克是著名廣告公司 DDB 公司的創始人之一，他曾經為埃飛斯出租車公司策劃了一次堪稱世界經典的廣告，不僅轟動了整個業界，也給該公司帶來了巨大的經濟效益。①

在市場經濟極為發達的美國，出租車行業自然也是早已走上了壟斷之路，並出現了幾家全國性的大型出租車公司。這些公司從事的並不是專門載客的業務，而是真正意義上的出租汽車，即將汽車租給一般人使用。如果要出遠門，還可以在此城租車而到目的地還車，只要是同一家公司的分支機構就沒有問題。在這種情況下，美國的出租車公司規模越大，競爭力就越強，各家出租車公司為爭奪行業龍頭老大的地位必然要展開激烈的角逐。

長期以來，在美國租車業中高居榜首的是哈茲公司，占第二位的是埃飛斯公司。為了爭奪第一的寶座，埃飛斯公司與哈茲公司展開了激烈的商業廝殺。但由於實力懸殊，埃飛斯公司屢戰屢敗，自創業之後的 15 年中，年年虧損，已經到了難以為繼、瀕臨破產的邊緣。

1962 年，埃飛斯公司更換了總裁，新總裁調整了經營策略，同時選擇伯恩巴克的 DDB 公司作為其廣告代理商。他要求 DDB 公司以 100 萬美元的廣告費發揮 500 萬美元的效果，幫助埃飛斯公司扭轉頹勢。

伯恩巴克在與埃飛斯的經理們以及自己公司的廣告專家進行了認真詳細的調查研究之後，果斷提出了全新的廣告策略——「放棄爭當老大的目標，甘居老二，保存實力，以退為進」。

這確實是常人難以理解的一步棋。要知道，在某一行業之中，老大與老二雖然僅僅是一步之差，但是他們的地位卻大不相同，占據第一位的公司往往比其他後來者在各個方面都擁有明顯的優勢。單單是第一的牌子就有相當高的含金量，憑藉它，無須花費太大的氣力就能爭取不少顧客，因為一般人對於第一名總是有一種崇拜的心理。埃飛斯公司之所以不惜血本與哈茲公司拼死相爭，道理也就在這裡。

在當時，哈茲公司的財力是埃飛斯公司的 5 倍，年營業額是埃飛斯公司的 3.5 倍，要與這樣的強大對手爭個高低，必然是自己先要倒霉。埃飛斯公司當時的領導人十分開明，接受了這一甘居第二的廣告新策略。就這樣，1963 年，連續虧損多年的埃飛斯公司開始改弦更張，正式推出公開宣稱自己是第二位的全新廣告（見圖 7-4）。

廣告標題：「埃飛斯在出租車業只是第二位，那為何與我們同行？」

廣告正文：「我們更努力（當你不是最好時，你就必須如此），我們不會提供油箱不滿、雨刷不好或沒有清洗過的車子，我們要力求最好。我們會為你提供一部新車和一個愉快的微笑……與我們同行。我們不會讓你久等。」

這是美國歷史上第一個將自己置於領先者之下的廣告。這一大膽創意在剛開始提出來時遭到了許多人的反對，因為誰也不願意公開承認自己不如別人。但是埃飛斯公司的新總裁對

---

① 江西科技師範學院廣協. 新浪博客《威廉·伯恩巴克——創造現代廣告六位巨人之一》（http://blog.sina.com.cn/s/blog_605161250100fsdc.html）。

> Avis is only No.2 in rent a cars. So why go with us?
>
> We try harder.
> (When you're not the biggest, you have to.)
> We just can't afford dirty ashtrays. Or half-empty gas tanks. Or worn wipers. Or unwashed cars. Or low tires. Or anything less than seat-adjusters that adjust. Heaters that heat. Defrosters that defrost.
> Obviously, the thing we try hardest for is just to be nice. To start you out right with a new car, like a lively, super-torque Ford, and a pleasant smile. To know, say, where you get a good pastrami sandwich in Duluth.
> Why?
> Because we can't afford to take you for granted.
> Go with us next time.
> The line at our counter is shorter.

圖 7-4 老二也好

資料來源：http://student.zjzk.cn/course_ware/web-waxz/found/1-alfx/f1_b/f1_b_2/1_b_2_2.htm

此卻十分贊賞，他力排眾議，果斷採納了這一廣告作品。事實證明了伯恩巴克的正確，廣告刊播後，立即引起了廣大消費者的關注，並產生了相當強烈的效果。

這一廣告的高明之處就在於敢公開承認埃飛斯公司所處的地位，同時又申明了埃飛斯公司不忘顧客的厚愛，努力工作的積極態度。這一表態引起了美國消費者的極大興趣和同情。因為崇拜強者與同情弱者是人類普遍存在的兩種感情。埃飛斯公司的廣告通過巧妙的形式，喚起了人們的同情心理，因而爭取了大量的顧客。兩個月之後，埃飛斯公司竟奇跡般扭轉了虧損的局面。

當年，長期賠本的埃飛斯公司就實現了 120 萬美元的盈餘，第二年這一數字上升到 260 萬美元，第三年又增長了近一倍，達到 500 萬美元。多年爭當老大，虧損累累，如今甘成老二，財源茂盛。這就是傑出的廣告策劃所帶來的巨大效益。

7.3　廣告策劃的意義和作用

廣告策劃是現代廣告與現代管理科學相結合的結晶。廣告策劃把現代管理技術與現代廣告活動的多樣性、複雜性、系統性和定量性要求結合起來，使現代廣告真正成為一門科學。廣告策劃的意義和作用主要表現在以下幾個方面：

第一，廣告策劃使廣告真正成為企業戰略計劃的有機組成部分。企業要在競爭中取勝，就必須重視並制定一整套行之有效的戰略計劃。企業經營管理中的任何行動，都應看成實現戰略的一個部分。廣告是企業行銷中一個重要組成部分，只有對企業廣告活動進行整合規劃，才能將其最終統一到企業戰略計劃的框架中。

第二，廣告策劃使廣告成為更加有效的產品促銷手段。廣告策劃使廣告能以最適當的內容、在最合適的時機、以最恰當的方式，準確地送達事先確定的目標市場，從而最大限度地發揮廣告的說服效果。沒有經過策劃的廣告，或者偏移中心，或者無的放矢，或者與產品銷售脫節，都很難充分發揮廣告對產品的促銷作用。

第三，廣告策劃是現代企業成功推出新產品和創立名牌產品的基本手段之一。通過精心安排、錯落有致、循序漸進的廣告宣傳和誘導，企業設計的良好形象才能在眾多消費者心目中有效地形成，也才能確立一項產品、一個品牌甚至一個企業在市場中的理想位置。沒有出色的廣告策劃，任何一個良好的產品形象、品牌形象或者企業形象的建立都是不可能的。

第四，廣告策劃是實現企業廣告整體優化，杜絕和減少無效、低效廣告，提高廣告效益的有效途徑。

第五，廣告策劃是廣告經營者提高整體服務水準和競爭實力的重要途徑。

7.4 現代行銷策劃與廣告策劃及廣告策劃在企業行銷策劃中的重要作用

7.4.1 現代行銷策劃與廣告策劃

企業行銷策劃是對企業的整個業務的經營活動，主要包括市場調查和分析、產品策略、價格策略、促銷策略、企業決策和售後服務等方面的有機組合的策劃。在現代化大生產高度發展的今天，企業行銷活動的各種因素並不是孤立地存在的，而是相互之間有著緊密的聯繫並相互制約的，因此企業行銷組合是現代行銷策劃的關鍵所在。而廣告策劃作為促銷策略策劃的重要部分，必須從企業行銷組合的全局著眼，使之與行銷組合的各個部分有機地協調、統籌安排，從而展現出廣告策劃的魅力。

隨著企業行銷觀念的發展，廣告策劃的觀念也發生了深刻的變化。

傳統的廣告策劃觀念僅僅把廣告作為商品推銷的一種手段；在內容上，局限於產品的介紹和購買慾望的刺激；在目標上，側重於短期的銷售增長和經濟效益；在形式上，偏重於平鋪直敘的直接宣傳。因此，傳統廣告活動基本上是站在企業自身的立場上，以促進企業現有產品的銷售為主要目標。結果往往是廣告不一定能符合消費者的需求和接受心理，難以產生促銷效果，最終影響企業整體的行銷效果。[1]

現代廣告是以企業整體行銷為基礎的廣告，不是以企業為中心，而是以消費者為中心，強調從消費者的需求及廣告受眾的接受心理出發開展廣告宣傳，注重廣告的整體效應和長遠效應。現代廣告的目標主要以開拓和鞏固企業的目標市場為目的，重視廣告的長期效益而不拘泥於短期利益的得失。在廣告內容上，現代廣告不局限於產品的推銷和介紹，而注重於建立穩固的品牌信譽和良好的企業形象。在這種情況下，廣告活動不是孤立的行為，而是企業整體行銷策略的重要組成部分。

耐克廣告一向都比較注重質量，2010年世界杯耐克推出的《踢出傳奇》的視頻廣告已成經典，此外更有一組平面廣告，將幾位著名球星的英姿永恆地凝聚成了雕像，讓人拍手叫絕。該組雕像系列廣告共有 5 幅，分別是 Drogba（德羅巴）、Ribery（里貝里）、Robinho（羅比尼奧）、Ronaldo（C. 羅納爾多）、Rooney（魯尼）5 位世界著名的足球明星。該系列廣告名為「Write the Future」（「書寫未來」），宣傳語為「The Moment Lasts a Second, The Legend Lasts Forever」（「那一刻只持續了一秒，傳奇卻將永遠延續」）。廣告中的足球明星

---

[1] 陳培愛. 廣告策劃 [M]. 北京：中國商業出版社，1996：15–18.

雕像栩栩如生，仿佛定格在了那一瞬間（見圖7-5）。

圖7-5　書寫未來

圖片來源：http://www.70.com/news/view-1-493.html

　　該組系列廣告便是將廣告策劃與企業行銷結合在一起，利用足球明星在體育界的影響效應，不僅可以打開市場，取得宣傳效果，還能帶來商機，贏得市場競爭力。

　　現代商品經濟的發展改變了市場的供求關係，也改變了消費者的接受心理。市場整體性日益突出，市場各要素及各部分之間的聯繫越來越密切。市場的各種環境要素也會在不同程度上對企業的近期和遠期產生影響。因此，現今的企業廣告活動必須充分考慮市場各方面的影響因素，進行總體的、長遠的規劃。廣告策劃可以圍繞企業的經營目標，把各方的力量結合在一起，充分發揮其綜合效果。

7.4.2　廣告策劃在企業行銷策劃中的重要作用

　　廣義的市場概念是商品交換關係的總和。市場由三個要素構成：賣方、買方、必要的信息傳遞。廣告作為信息傳遞的重要手段，使供需雙方得以及時溝通。在激烈的市場競爭條件下，廣告不是簡單地傳遞買賣雙方的信息，而是在廣告信息傳遞的目標、內容、形式、策略與時機上，融入了大量的智慧、知識，並通過科學的、系統的、有針對性的策劃，為企業取得良好的經濟效益和社會效益服務。廣告策劃的重要作用有：

7.4.2.1　創造新的市場需求

　　廣告策劃不僅可以刺激消費者的消費慾望，促成購買行為，而且通過策劃能創造出新的消費觀念，引導消費者去追求新的消費。不論是老產品或新產品，都可以通過廣告去發掘市場的潛在需求，提高市場佔有率。例如，「南方黑芝麻糊」通過廣告的策劃創意，使被現代人淡忘的傳統營養食品重新以健康、營養、溫馨的形象進入千家萬戶。又如，化妝品

歷來被中國人視為奢侈品，但通過廣告的宣傳推動，如今大部分女性為美容而化妝、為健康而化妝、為延緩衰老而化妝已成時尚和一種生活方式，並已悄悄地進入一部分男士的生活領域。

7.4.2.2 增強了企業的競爭實力

在國內外市場的逐步融合、接軌的過程中，競爭成為經濟活動中的必然現象。競爭不僅能促進企業的發展，而且能促進市場的繁榮和社會的發展。廣告策劃是現代企業在市場上開展競爭的重要手段，其獨特功效就在於創造出獨特、有新意且系統周詳的競爭方案，從而極大地提高企業的競爭優勢。經過精心周密的廣告策劃，能對企業產品和服務的相對優勢有意識地進行強調，從而達到戰勝競爭對手的目的。

7.4.2.3 提高了企業經營管理水準

廣告策劃的直接結果就是形成企業對某項活動統籌安排的策劃方案。為了達到既定目標，企業活動必須遵循所設定的工作程序，這就保證了企業生產經營活動系統有序，也保證了在實現目標的前提下最經濟地配置企業資源。在生產管理方面，企業必須降低能耗，調整產品結構，提高產品質量；在銷售服務方面，企業的廣告活動要求做好流通環節的協調工作，做好售後服務；在企業管理方面，由廣告活動帶來的競爭壓力促使企業各部門通力合作，保持高效運轉的狀態，使企業管理進入良性循環。總之，廣告策劃提高了企業經營管理水準。

7.4.2.4 有效地提高企業的聲譽

如今越來越多的企業意識到，要樹立起企業的整體形象，市場就能得以鞏固和發展，企業的產品就更為暢銷。在廣告策劃中，可以有意識地突出企業形象標示的宣傳，或者採用公共關係的手段塑造和擴展企業的整體形象。一般來說，廣告策劃活動越成功，企業的知名度就越高，就越能有效地促進其產品的銷路。

例如，湖南衛視2013年收官之作《爸爸去哪兒》可謂在年末徹底火了一把，五對明星父子（女）只用兩期節目就瞬間成為全民話題，成為2013年第四季度毫無爭議的收視「黑馬」。《爸爸去哪兒》的走紅也成功使得「999感冒靈」這個老品牌瞬間煥發出新的生機，並達到了互利雙贏的局面。《爸爸去哪兒》欄目冠名整合行銷也獲得了2014中國廣告長城獎·廣告主獎·行銷傳播金獎。最終能達成這一局面與其所共同宣揚的積極向上的社會價值觀密不可分。《爸爸去哪兒》是國內首款親子類真人秀節目，主打「溫情」「關愛」「家庭溫暖」等主題。與此同時，「999感冒靈」傳遞的品牌內涵一直是「溫暖」「貼心」，從其廣告語「暖暖的，很貼心」就可以明顯感覺到。就是這樣一個用真心與感情同消費者互動交流的行銷方式，成就了「999感冒靈」行銷的成功（見圖7-6）。

由此可見，廣告策劃是從企業的整體利益出發，不僅能為企業帶來經濟效益，還有利於樹立企業良好的社會形象。廣告策劃使經濟效益與社會效益較好地結合，使二者相輔相成，互相促進，更好地發揮企業整體機能的作用。

圖 7-6　999 感冒靈冠名國內首款親子類真人秀節目《爸爸去哪兒》
圖片來源：http://ent.gog.cn/system/2013/11/04/012838785.shtml

本章小結

　　廣告策劃是廣告從低級階段發展到高級階段的顯著標誌，現代廣告策劃在激烈地市場競爭中將起到越來越大的作用。認識廣告策劃的含義、特徵，深刻把握其內涵，是我們跨入廣告策劃這座科學藝術殿堂的第一步。

　　在廣告策劃過程中，應嚴格遵循廣告策劃的四大原則。通過系統原則、動態原則、創新原則、效益原則的有機結合，讓製作出的廣告更加具有邏輯性，更加嚴謹，富有深意。

　　通過對廣告策劃的意義及其作用的分析，瞭解了廣告策劃在廣告活動中占據著不可替代的位置。想要製作一個成功並且完整的廣告，就應該深刻瞭解其意義和作用，並且在廣告策劃的整個過程中，將其意義與作用有效地應用於策劃過程中，方能體現出廣告策劃的功能性。

　　企業行銷策劃是對企業的整個業務的經營活動，主要是市場調查和分析、產品策略、價格策略、促銷策略、企業決策和售後服務等方面的有機組合的策劃。企業行銷組合是現代行銷策劃的關鍵所在。廣告策劃作為促銷策略策劃的重要部分，必須從企業行銷組合的全局著眼，使之與行銷組合的各部分協調、統籌安排，從而展現出廣告策劃的魅力。

思考題

1. 廣告策劃的含義和特徵是什麼？
2. 成功的廣告策劃需要遵循一定的原則，具體為哪幾大原則？
3. 簡述廣告策劃在現代市場行銷中的作用。
4. 有效的市場行銷可以使得廣告策劃在廣告活動中發揮更好的效果，如何將廣告策劃與企業的行銷活動有效地結合起來，達到最優的效益？

參考文獻

［1］Earl Cox, Catrina Mc Auliffe. When Magic Happens ［N］. Adweek, 1998-07-13.
［2］Bob Garfield. Clouds of Geekiness Part for Weather Fans ［N］. Ad Age, 1997-09-22.
［3］饒德江. 廣告策劃 ［M］. 武漢：武漢大學出版社，1996：1-4.
［4］陳乙. 廣告策劃 ［M］. 成都：西南財經大學出版社，2002：72.
［5］李景東. 現代廣告學 ［M］. 中山大學出版社，2010：50-52.
［6］陳培愛. 廣告策劃 ［M］. 北京：中國商業出版社，1996：15-18.

8　廣告策劃的內容與撰寫

開篇案例

「我的靈感，我的立邦」是立邦公司在 2007 年推出的一個很成功的廣告作品。整個廣告分為以下五個部分（見圖 8-1）：

```
                    ┌─ 藍色 ─── "自由我色彩"
                    │
                    ├─ 白色 ─── "純淨我色彩"
"我的靈感，          │
 我的立邦"  ────────┼─ 綠色 ─── "自然我色彩"
                    │
                    ├─ 黃色 ─── "時尚我色彩"
                    │
                    └─ 紅色 ─── "激情我色彩"
```

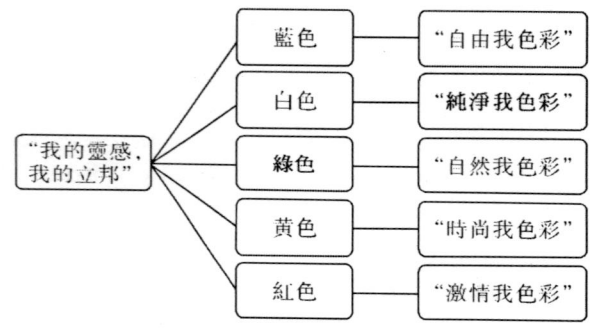

圖 8-1　立邦漆廣告作品構思圖
資料來源：作者根據相關文獻資料整理所得

在 1 分鐘的廣告作品播放中，每種顏色的開頭都有穿白色衣服的人來向鏡頭潑同色系油漆。

藍色——「自由我色彩」。湛藍的天空上鳥兒在自由盤旋，藍天下是騎著單車的女生在一望無際的麥田中做擁抱的姿勢，接著是一位男生從高臺上跳入海中。

白色——「純淨我色彩」。孩童打扮成了天使，在開滿蒲公英的草原上嬉戲，身穿白裙的女子牽著白馬漫步在沙灘上，海風吹過，宛如雅典娜。

綠色——「自然我色彩」。女子頭戴綠色草編織物對著鏡頭開懷歡笑，慵懶的變色龍靜靜地趴在樹干上，雨水打在熱帶雨林寬大的樹葉上。

黃色——「時尚我色彩」。身穿黃色外套的音樂師在隨著音樂擺動著，與此同時身穿綴滿黃花時裝的模特身上停著蝴蝶，炫彩奪目，彰顯時尚。

紅色——「激情我色彩」。身穿紅色衣服的演奏家在拉著大提琴，身邊是翩然起舞的紅衣舞者，畫面切換為激情四射的球場上球迷在激情吶喊（參照圖 8-2）。

圖 8-2 「我的靈感，我的立邦」
圖片來源：百度圖片

　　伴著輕鬆歡快的音樂，立邦漆廣告在每一部分結束時都會出現一個類似的場景：人們沉浸在刷著體現相應主題顏色塗料的房子裡。如此一來，帶給觀眾的不只是家的絢麗多彩，更是浪漫、溫馨、唯美的體驗以及輕鬆愉悅的感覺。

　　在整個廣告策劃的內容中，立邦漆致力於一個明確的主題——給人帶來裝修家的「靈感」。

　　該廣告作品並不是單純地介紹產品的功能，而是通過鏡頭的不斷切換轉變，讓觀眾自己去感受立邦漆給家帶來的改變，這樣不僅不會給觀眾帶來強加於身的反感，反而能使之心生向往。

　　最後，廣告語「我的靈感，我的立邦」，運用「我的」，一種親和力瞬間營造了家的溫馨。在這裡，不是在向你賣產品，而是從你的角度出發，為你設想，為你打造出屬於你的

「靈感之家」。

本章提要

2007年，立邦塗料（中國）有限公司憑藉「我的靈感，我的立邦」廣告一舉拿下當年中國艾菲（EFFIE）獎企業品牌形象類金獎。如同色彩是立邦公司永恆的話題一樣，廣告是立邦公司最有效、最直接的工具。立邦公司的廣告通過繽紛的色彩、獨特的表現手法塑造了一個經典的廣告，這不僅重新塑造了其企業形象，準確地把握住了品牌定位和訴求重點，而且還增加了其銷售額，切切實實地提高了企業的績效。

立邦公司的成功，給我們留下了深刻啟示，一個成功的廣告策劃對一個企業有著巨大而深遠的影響。實際上，廣告策劃是一項工作流程系統化、目標性很強的工作。廣告策劃是通過策劃人員進行分析、確定廣告的目標、廣告的定位、廣告的創意、廣告的媒介選擇、廣告的預算、廣告的實施與評估等貫穿廣告活動始終的活動。廣告策劃作為集謀略創造和科學程序於一體的藝術，是廣告活動的核心，只有通過科學的廣告策劃才能真正實現廣告的功效。在實際中，面對一個廣告策劃，做好準備工作後，需要策劃人員做的第一項工作就是對市場進行調查分析，然後科學地設計廣告策劃方案。本章將會圍繞立邦公司「我的靈感，我的立邦」廣告，闡述一般廣告策劃的內容和基本流程。①

8.1 廣告策劃的內容

一個成功的廣告策劃需要經過詳細而周密的市場調查，根據所調查的內容進行系統、全面的分析，利用已掌握的知識，運用先進的手段，科學合理地策劃廣告活動。在這一過程中，充分考慮廣告策劃的內容，對企業廣告的整體戰略與策略進行運籌和策劃。完整的廣告策劃通常包括市場調查與分析、確立廣告目標、目標市場和產品定位、廣告創意表現、廣告媒介選擇、廣告實施計劃等內容。

8.1.1 廣告策劃市場調查與分析

廣告學中的市場調研是廣告公司、企業或者是媒介單位等從事廣告活動的機構，為了瞭解市場信息、編製廣告方案、提供廣告設計資料、進行廣告策劃和創意、制訂行銷計劃及檢查廣告效果等目的而進行的調查。通過進行市場調研可以有目的、系統地收集各種有關市場及市場環境情況的資料，並且運用科學的研究方法進行分析、提出建議，對企業的經營提出改進意見，以提高企業經營管理效益和廣告的促銷功效。②

8.1.1.1 廣告策劃行銷環境調查分析

廣告策劃行銷環境調查分析包括宏觀環境、中觀（行業）環境和微觀環境調查分析（見表8-1）。

---

① 案例來源：肖開寧. 中國艾菲獎獲獎案例集 [M]. 北京：中國經濟出版社，2010：2-14.
② 唐先平，左太元，李昱艦. 廣告策劃 [M]. 重慶：重慶大學出版社，2008：8.

表 8-1　　　　　　　　　　　廣告策劃行銷環境分析

宏觀環境調查	對政策、經濟、社會文化和技術四大重要因素（PEST）的調查分析
中觀（行業）環境調查	主要關注該廣告主企業所在的行業發展態勢對廣告策劃的影響
微觀環境調查	側重於廣告主企業內部的各個影響廣告策劃的因素（SWOT）分析。

資料來源：作者通過相關文獻資料整理所得

8.1.1.2　消費者調查

消費者調查，即通過上面的市場調查結果對消費者進行調查分析現有消費者群體的消費行為、現有消費者群體的態度、潛在消費者群體的特性、潛在消費者變成現有消費者群體的可能性。其具體內容有現有或潛在消費者群體的特性，如現有或潛在消費者的人口特徵（年齡、性別、年齡、職業、地域等）；現有或潛在消費者需求的發展性，如會不會因為廣告的傳播而發展其購買行為；等等。

8.1.1.3　產品調查分析

產品調查分析形成消費者分析結果，其主要內容有企業在現有消費者方面面臨的問題、企業在現有消費者方面存在的機會、潛在消費者和企業爭取潛在消費者方面存在的機會。在分析廣告策劃產品本身時就要調查分析產品特性、產品形象、產品生命週期、同類產品。最後總結產品調查分析，明確產品在市場上面臨的問題和機會以及產品與同類產品比較時的優勢和劣勢。

8.1.1.4　市場調查

通過對廣告策劃行銷環境的調查分析後，確定產品或服務的定位和目標市場。就該目標市場進行詳盡的市場調查，主要涉及確定市場調查的目標、範圍、對象、方法和擬訂市場調查計劃；擬訂市場調查計劃所需的調查問卷、訪談提要，準備必要的設備和人員；具體實施市場調查計劃；分析和整理市場調查結果，並根據該結果編製市場調查和分析報告。

8.1.1.5　競爭狀況調查

競爭狀況調查分析，即調查分析廣告主企業及其競爭對手，包括確定企業的競爭對手；確定企業自身與競爭對手比較時的優勢和劣勢；在調查分析企業與競爭對手的廣告策劃活動時主要從各自的廣告時間、廣告範圍、訴求對象、媒體策略、廣告效果進行比較；比較獲得企業與競爭對手在廣告方面的優勢和劣勢。

根據以上幾個角度的分析，可以在立邦公司的市場調查結果中得知，多年以來立邦漆一直以專業、可靠、大氣的形象和領先的銷售份額在中國市場中占據領導品牌地位。但是隨著市場形勢的變化，立邦漆面臨著挑戰（見表8-2）。

表 8-2　　　　　　　　　　　立邦漆面臨的挑戰

主要問題	具體內容
品牌形象的老化	由於品牌傳播缺乏突破性和創新感，在消費中心目中立邦漆的形象漸漸略顯守舊，並且與現代消費者產生了距離感，這一點體現在立邦漆的高端產品與多樂士漆的高端產品相比不具優勢

表8-2(續)

主要問題	具體內容
市場競爭的瓶頸	從三合一到五合一，再從五合一到全效合一，兩大主要品牌功能效果方面的比拼達到了白熱化，而技術方面的領先程度已經不足以在品牌間製造巨大的區別，令消費者感受到某一方的絕對優勢。在購買傾向上，多樂士漆與立邦漆的差距漸漸縮小了

資料來源：作者通過相關文獻資料整理所得

面對以上的挑戰，應對的策略簡單明了，即憑藉情感拉動力占據優勢。與其費盡口舌地擺出各種說服理由，不如讓消費者「愛」上自己。這樣做的目的在於：一是改變消費者對立邦漆的固有思維，不再對消費者說教，令消費者產生對品牌前所未有的貼近感和向往感。二是打破競爭僵局，突破在功能競爭方面的惡性循環，衝出行業傳播瓶頸，給整個市場帶來一股清新之風，令人在耳目一新的同時感受到立邦漆的與眾不同。

8.1.2 確立廣告目標

確立廣告策劃活動的目標，即廣告策劃活動要達到的目的，當然也是由企業行銷目標決定的。廣告目標規定著廣告策劃活動的方向，影響著廣告活動的其他項目的進行，如媒體的選擇、表現方式的確定、廣告應突出的信息內容等。

不同的行銷目標決定了企業廣告策劃的廣告目標不同。歸納起來廣告策劃目標主要有知名度創牌廣告目標、宣傳說服保牌廣告目標以及促進銷售廣告目標和競爭廣告目標。在廣告策劃時要根據前面論述的企業面臨的市場機會、目標消費者進入市場的程度、產品的生命週期以及廣告效果指標等各個因素來確定適當的廣告目標，只有這樣才能達到廣告主所期望的廣告效果。

根據市場調研結果，立邦漆策劃小組大致瞭解了立邦漆的狀況，然後便是和委託方進行接洽，瞭解委託方需要達到怎樣的廣告目標才能進行下一步工作的開展。經過一系列的接洽，立邦公司制訂了以下廣告目標：

第一，在品牌形象方面，盡最大可能扭轉某些下降的趨勢，而且令「關注環保健康」「有變化、有新鮮感」「對人、生活充滿熱情」等與現代消費者生活有關聯的喜愛度達到10個百分點的增長。

第二，將立邦漆「下次最有可能購買率」的指標提高5%～10%，並比多樂士漆高5%～10%。

第三，保持高端產品銷售額健康的成長勢頭並使增長率達20%。

8.1.3 目標市場和產品定位

目標市場策略的研討和決策包括對市場進行細分、對細分市場進行評估和選擇、確定產品的目標市場策略、分析目標市場、具體詳細描述目標消費者群體的特徵、確定各細分市場的問題和機會。

產品定位策略的研討和決策是指根據確定的目標市場，決定產品定位和廣告的定位策略，包括分析原有產品定位的優勢和不足、分析競爭對手的定位策略、確定本產品的定位策略。

廣告訴求策略的研討和決策還是根據目標市場的策略來決定的，包括廣告的訴求對象、廣告的訴求重點和廣告的訴求方法。

在進行了市場調研和廣告目標的確定後，需要實施具體的廣告策劃工作，根據以上知識，廣告策劃小組決定要分析立邦漆的目標對象是怎樣的，以便開展後續的工作。

正如開篇案例中，立邦漆的目標受眾是中國新一代的消費者。思維市場研究公司（Synovate Censydiam）消費心理分類調查顯示，立邦漆的目標受眾是中國新一代的消費者，他們是一群30歲出頭的都市男女，有的已經結婚；他們樂觀向上，思路開闊，敢於嘗試，更具有個性表達力；他們的生活繁忙而充實，絕不囿於小小的固定圈子；都市生活的壓力對他們來說反而是一種積極的動力，令他們去熱情迎接生活帶來的一切；他們充滿著獨特的創新和衝勁，時刻想要表達自我。因此，中國新一代的消費者成為立邦漆的目標對象。

8.1.4 廣告創意表現

廣告創意表現簡稱廣告表現，是傳遞廣告創意策略的形式整合，即通過各種傳播符號，形象地表述廣告信息以達到影響消費者購買行為的目的，廣告創意表現的最終形式是廣告作品。廣告創意表現在整個廣告活動中具有重要意義：廣告創意表現是廣告活動的中心，決定了廣告作用的發揮程度，廣告活動的管理水準就由廣告創意表現綜合地體現出來。

下面這則平面廣告是2011年戛納廣告節平面廣告金獎獲獎產品，是由德國漢堡的Grabarz & Partner廣告公司設計的。這組平面廣告通過將正常的視角變為從後背俯視這一常人難以達到的視線死角，並據此發現了潛在危機的方式，直觀而形象地展示了大眾汽車車輛後視系統幫助車主提前發現危險的功能，可見廣告創意表現是廣告策劃的重點（見圖8-3）。

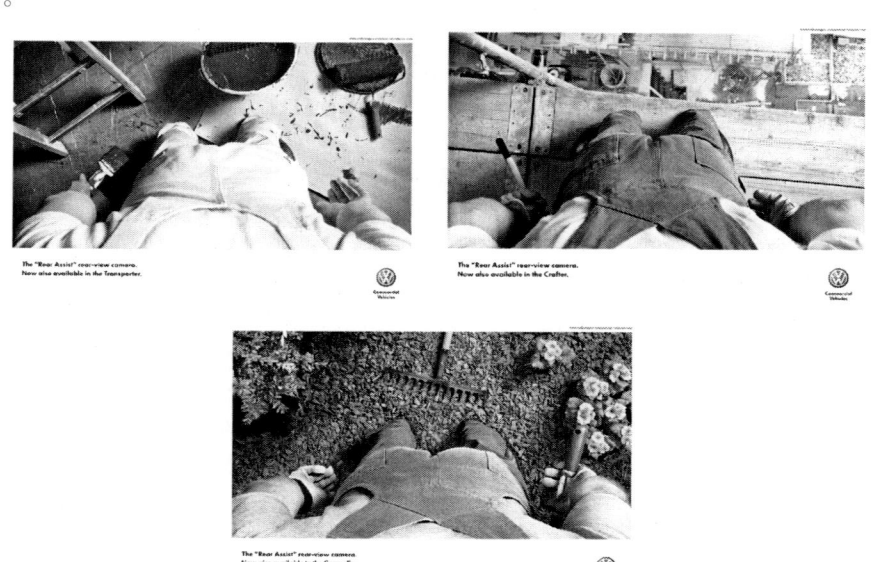

圖8-3 大眾汽車

圖片來源：2011年戛納廣告節平面類廣告金獎作品賞析

如何有效地將廣告創意表現出來？首先是廣告主題的確立，即明確所要表達的重點和中心思想。廣告主題由產品信息和消費者心理構成，信息個性是廣告主題的基礎與依據，消費者是廣告主題的角色和組成，消費心理是廣告主題的靈魂與生命。只有將二者合二為一的主

題才能打動消費者,因此需在此基礎上進行廣告創意,並將創意表現出來。

廣告創意是個極其複雜的創造性思維活動過程,其作用是要把廣告主題生動形象地表現出來,其確定也是廣告表現的重要環節。廣告表現是由決策進入實施階段,即廣告的設計製作。廣告表現直接關係到廣告作品的優劣。創意既是「創異」,也是「創益」。廣告創意既要創新,又要能夠創造良好的效益。廣告的水準必須立足市場,必須在經受市場的考驗後才會得到進步和提高。任何一個廣告公司的腳本、提案,都可能是一個好的創意,但好的創意並不一定構成好的廣告,因為好的廣告重在時效。也就是說,廣告創意活動帶來的效果必須達到廣告目標提出的要求。因此,必須將廣告的產品或服務和廣告目標結合起來通盤考慮,通過一定的方法,適應廣告對象的要求,從而提煉出廣告主題,構思出廣告創意。

再次回到立邦公司的廣告策劃中,現在來說,中國新一代的消費者的父輩們追求溫飽的時代已經過去。對新一代的消費者來說,家的意義已經遠遠不只是一個遮風擋雨的栖身之所,而是表達自我、發揮創造力的個人空間。新一代的消費者夢想能夠在這個自由的天地中隨意馳騁,時刻揮灑個性和創意。因此,新一代的消費者渴求獲得更多的靈感和啓發,希望能夠迸發出更多獨特的想法。只有這樣,新一代的消費者才能感受到生活的那種熱情和活力。一個創意的點子來源於此,牆面塗料脫離傳統的樊籬,賦予其一個全新的形象——靈感之源。立邦漆帶來的遠遠超過塗料的意義,它不僅提供能解決各種牆面問題的產品和服務,更是一個創意、設計、風格、色彩和家居裝飾電子的靈感來源。這個創意的精華也在於通過「活起來的色彩」,挑起了人們對創造的想像和熱情,喚醒人們對色彩的強烈情感,啓發人們大膽展現更具個性的自我空間。

8.1.5 廣告媒介選擇

廣告活動最基本的功能就是廣告信息的傳遞,選擇廣告信息傳遞的媒介,是廣告運作中最重要的環節之一,也是廣告媒介策略需要解決的問題。廣告活動是有價的傳播活動,需要付出費用,而廣告預算也是有限度的。因此,要在有限的費用裡,得到比較理想的傳播效益,如何運用好廣告媒介,是一個關鍵的問題。

廣告媒介策略主要包括媒體的選擇、廣告發布日程和方式的確定等各項內容。媒介策略是針對既定的廣告目標,在一定的預算約束條件下利用各種媒體的選擇、組合和發布策略,把廣告信息有效地傳達到市場目標受眾而進行的策劃和安排。媒介沒有好與不好之分,只有針對特定廣告活動的有效和無效的區別。媒介之間不同的特性是不能相互替代的。事實上媒體的評估與選擇是技術也是藝術,成功的媒體策略就是在分析目標顧客的特點、產品特點和媒體特點的基礎上求得三者的統一,進而實現目標顧客的針對性、表達力的適宜性和廣告開支的經濟性。

在立邦漆廣告策劃方案中,現在基本的廣告已經成型,接著就需要進行發布,根據以上的信息,策劃小組確定了接下來立邦漆的廣告媒體策略。

鑒於目標消費群生活的高度靈活性,溝通接觸點的多樣化是一個必然趨勢。通過視覺、聽覺乃至觸覺上的感受,為消費者營造了一個全方位的品牌體驗世界。消費者可以通過身邊可接觸到的媒體,來感覺立邦品牌,甚至與品牌產生互動,得到屬於自己的個性化產品。

在眾多媒體中,電視廣告作為主流媒體,因能將受眾接觸面最大化,依然是主要的傳播渠道。在電視媒體策略中,採取15秒前奏廣告和60秒主題廣告相結合的形式。15秒前奏廣告帶來強烈的視覺衝擊力和懸疑感,預言一場充滿激情的色彩風暴即將席捲而來。其

引起的觀看慾望將60秒主題廣告的媒體效果推向更高點。

在其他線下媒體方面，針對消費者的生活形態涵蓋了方方面面的接觸點和傳播方式，如戶外（公交車、站牌、大型戶外看板）、家居生活雜誌和網站、店內「色彩DNA」色彩行銷工具、新聞發布和公關話題、立邦「靈感之作」年歷、立邦品牌塑造廣告運動製作花絮片等。

8.1.6 廣告實施計劃

以下的廣告策劃是在上述各主要內容基礎上，為廣告活動的順利實施而制定的具體措施和手段。一項周密的廣告計劃，對廣告實施的每一步驟、每一層次和每一項宣傳，都規定了具體的實施辦法。其內容主要包括：廣告應在什麼時間、什麼地點發布出去，發布的頻率如何；廣告推出應採取什麼樣的方式；廣告活動如何與企業整體促銷策略相配合；等等。

其中，較為重要的是廣告時間的選擇和廣告區域的選擇，這二者都與媒介發布、具體實施有著密切關係，可以說是媒介策略的具體化。

策略就是達成某種目的所採取的方法和手段，廣告策略是為了達成企業行銷目的而採用的廣告方法和手段。廣告策略絕不可以憑空杜撰，一定要先消化廣告主的行銷目的、行銷策略，因為廣告是行銷的手段之一，廣告策略是行銷策略的延伸。廣告策略的把握主要是對廣告目標策略、廣告定位策略、廣告表現策略、廣告預算策略、廣告媒體策略和廣告創意方法和技巧的把握。

正如立邦漆廣告中，廣告的實施包括在廣告製作上精雕細琢，製作出了精彩的廣告；在廣告傳播上，運用溝通接觸點多樣化、全方位、立體化、多層次的方式，採用戶外、影視、平面等形式力圖為消費者營造一個全方位的品牌體驗世界。

經過以上對目標市場、產品定位、廣告訴求、廣告表現、廣告媒體、促銷策略組合等策略研討和決策的確定，就可以策劃出廣告創意，制訂出具體的廣告計劃，來實現廣告目標。其廣告策劃計劃主要包括廣告目標、廣告對象、廣告範圍、廣告媒介、廣告表現、廣告與其他行銷活動的配合。

至此，廣告策劃決策基本確定，但是對於完整的廣告策劃來說，內容還包括廣告預算的編製、廣告效果測評和完成廣告策劃書的工作（由於廣告預算和廣告效果涉及的內容和方法較多，我們在下一節中繼續向大家介紹）。

8.2 廣告策劃書的撰寫

8.2.1 廣告策劃書的定義、作用和形式

8.2.1.1 廣告策劃書的定義

廣告策劃書是廣告公司或獨立策劃人對廣告主委託的廣告標的進行廣告創意，並以文字、圖形、圖片等書面形式或以影片、電視片、幻燈片等多媒體形式進行表達的文件或材料。

8.2.1.2 廣告策劃書的作用

企業通過閱讀廣告策劃書，可瞭解廣告策劃的內容，復審策劃工作的結果，並作為評

判廣告策劃工作成績和選擇廣告策劃合作者的主要依據。

8.2.1.3 廣告策劃書的形式

廣告策劃書有兩種形式，一種是表格式的廣告策劃書，另一種是以書面語言敘述的廣告策劃書。

表格式的廣告策劃書上列有廣告主現在的銷售量或者銷售金額、廣告目標、廣告訴求重點、廣告時限、廣告訴求對象、廣告地區、廣告內容、廣告表現戰略、廣告媒體戰略、其他促銷策略等欄目。其中，廣告目標一欄又分為知名度、理解度、喜愛度、購買願意度等小欄目。一般不把具體銷售量或銷售額作為廣告目標。因為銷售量或銷售額只是廣告結果測定的一個參考數值，還會受商品（勞務）的包裝、價格、質量、服務等因素的影響。這種廣告策劃書比較簡單，使用面不是很廣。

書面語言敘述的廣告策劃書運用比較廣泛，這種把廣告策劃意見撰寫成書面形式的廣告計劃，又稱廣告計劃書。人們通常所說的廣告計劃書和廣告策劃書實際是一回事，沒有什麼大的差別。①

8.2.2　廣告策劃書的內容

廣告策劃書的內容主要包括三大塊：環境分析描述、整合行銷傳播策略描述、廣告執行。每個部分又細分成了不同的內容，要針對各自特定範圍來詳細的進行講述。

8.2.2.1　環境分析描述

環境分析描述包括以下內容（見表8-3）。

表8-3　　　　　　　　　　環境描述分析

市場成長率	對市場規模、市場動向發展變化做出近期和中長期預測；對季節因素引起的市場波動做出指數說明。
市場構成	以產品種類、價格、使用者、品牌為內容進行各區域市場的消費量構成分析及預測。
消費者分析	對購買者心理、社會理念、購買習慣及決定因素進行分析描述，進行消費者對同類產品品牌忠誠偏好分析。
競爭品牌分析	從優勢、劣勢兩方面對競爭產品的品種、價格、品質、服務、渠道等做出分析。

資料來源：作者通過相關文獻資料整理所得

8.2.2.2　整合行銷傳播策略描述

整合行銷傳播策略描述如下（見表8-4）。

表8-4　　　　　　　　　　整合行銷傳播策略

提出戰略課題	從現狀分析中尋找出問題點和機會點，提出企業要解決的戰略課題，包括市場、競爭狀況、購買者、商品特性、傳播等項目內容。
產品地位	對產品的市場範圍、差別化的關鍵點、技術水準、功能等，從競爭範圍和特性差別兩方面提出論述。

---

①　資料來源：360百科「廣告策劃書」（http://baike.so.com/doc/5570715.html）。

表8-4(續)

市場廣告目標定位	對市場目標對象和傳播目標受眾的設定要與產品定位相關聯。要提出確定目標受眾的理由，描述出使用的場所。
廣告傳播主題賣點	從產品的客觀屬性、功能、價格，消費者精神、心理需求感覺等方面論述向消費者傳播的主題和賣點，設定最主要的傳播概念。
廣告傳播目標確定	從認知目標、品牌偏好和購買行為目標等方面論述廣告傳播對認知、態度轉變、行動階段的目標值。企業狀況不同對三階段目標要求也不一樣，要注意策劃方案中提出的主要目標是否正確。
傳播整合	結合廣告策略、促銷策略、公關策略等各傳播策略的要點論述如何組合運用。

資料來源：作者通過相關文獻資料整理所得

8.2.2.3 廣告執行

廣告的執行細分為了11點內容，每個點都詳細講解了在廣告執行中需要考慮的各種因素（見表8-5）。

表 8-5 　　　　　　　　　　廣告執行中需要考慮的因素

表現方面以及訴求內容	根據前期確定的各策略大方向，進行廣告表現的方向及其理性或感性的訴求點論述。審核其是否與前期的策略方向關聯吻合。
創意策略	圍繞表現方向開發的多套創意方案論述，審核中注意其創意方案在媒介中如何相互運用和組合。
創意表現方式基調	創意方案對表現形式、主題、視聽覺等基調進行說明。此部分屬感性內容，需要依賴講解、演示等形式進行。如有形象代表則應審視其是否具有權威性、親和性、信賴、傳播性等並與企業形象個性吻合。
創意表現作品草案	完整的策劃書中應包含創意表現作品的草案、效果稿。電視廣告創意則應有腳本文案及畫稿，審議時不應注意表現形式而應注意內容的準確。
媒介策略組合	媒介選擇和組合運用及競爭說明。明確傳播目標主次對象，在月度、季節上如何分配投放預算，要細化的頻次、段位、時間等，如何組合排期。
媒介選擇	從成本效益和企業產品適宜性兩方面審議電視、報紙、廣播等媒體的選擇是否恰當，是否從收視率、閱讀率及偏好度等指標向企業予以論述說明。
媒介發布時機及週期	此內容為很複雜的專業問題。應結合其是否根據企業產品的上市時機、購買週期、廣告作品風格、競爭態勢等綜合因素來考慮廣告發布的分配密度、發布間隔、時間長短等。
效果預測評估	本部分內容許多廣告公司從自身考慮，常不會主動提及或粗略帶過。應從產品知名度、廣告認知度、產品偏好度、購買慾望、銷售量等指標對廣告活動實施前的情況做出分析。提出在一定階段內的效果達成的目標預測，廣告活動實施後進行對照評估。在策劃書中對其效果指標、評估時間、方法等應予以充分說明。
促銷策略	企業對短期實際銷售成果重視，則可要求策劃書中包含銷售促進活動與促銷廣告的策劃內容。
公關等其他傳媒配合	完成的策劃方案中，還應包含公關、活動、新聞、直效行銷、展覽、展示等傳播活動配合方案內容。評估的重點應為主題統一性、內容可行性、執行落實性等。
費用預算分配	策劃書的最後應對整體策劃活動所要支出的費用，按項目與月份進行預算分配。企業審議時應注重其合理性並與企業實際資金支付狀況相吻合。

資料來源：作者通過相關文獻資料整理所得

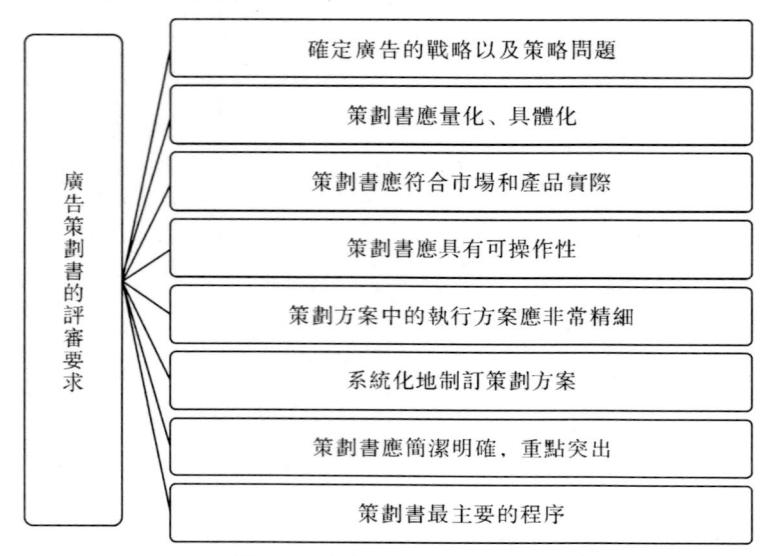

8.2.3 廣告策劃書的評審要求

廣告策劃書的評審要求是非常嚴格的，必須嚴格依據評審細則進行檢查，以解決問題為核心認真詳細的審核每一個細節，將評審要求歸結為以下 8 點（見圖 8-4）。

```
                        ┌─ 確定廣告的戰略以及策略問題
                        ├─ 策劃書應量化、具體化
                        ├─ 策劃書應符合市場和產品實際
廣告策劃書的評審要求 ───┼─ 策劃書應具有可操作性
                        ├─ 策劃方案中的執行方案應非常精細
                        ├─ 系統化地制訂策劃方案
                        ├─ 策劃書應簡潔明確，重點突出
                        └─ 策劃書最主要的程序
```

圖 8-4　廣告策劃書的評審要求
資料來源：作者通過相關文獻資料整理所得

8.2.3.1　確定廣告的戰略以及策略問題

在評審廣告策劃書時，首先要看其是否明確地找到了企業廣告的戰略及策略上的問題點，有無解決對策。要審核的內容主要如下：

第一，是否有明確的產品定位。對產品概念、目標受眾等問題，是否準確巧妙地設定並抓住廣告策劃書撰寫方法，觸及問題實質。

第二，策劃書中廣告訴求主題和表現方法是否清晰簡潔。

第三，策劃實施策略是否體現成本低、效果好的最佳方案。

8.2.3.2　策劃書應量化、具體化

第一，目標設定明確。策劃書中涉及的行銷目標（如銷售額、市場佔有率、購買率等）和傳播目標（如知名度、認知度、理解度等）都應明確地設定出來。

第二，工作指標量化。策劃書中的各工作指標標準要具體化和量化，必要時用數字來表達。例如，廣告活動中目標受眾人數、覆蓋地區數量、廣告活動的目標購買率、增長率等都須有量化的數據指標。

第三，實施中的有效監控。廣告策劃中不僅要體現實施成果，更要體現確保成果實現的管理監督、控制手段措施及廣告實施後的成果評審檢驗方法。

8.2.3.3　策劃書應符合市場和產品實際

策劃書評審要審視策劃者對市場產品和消費者的實際掌握情況。由於消費者的價值觀對消費

行為影響較大，因此尤其應審核策劃者對其購買動機和生活形態進行研究的程度。

8.2.3.4 策劃書應具有可操作性

在審視策劃方案時，除了對策劃方案本身審核外，還要注意其在客觀實施環境中的可行性。是否可操作是廣告策劃得以有效執行的先決條件之一，若製作出來的廣告在實際環境中無法操作，那麼廣告策劃等一系列活動則全部白費，浪費了資源。

8.2.3.5 策劃方案中的執行方案應非常精細

策劃者在策劃方案的大構想思路上往往傾注了較多的心血，也常有較好的點子和大膽的創意產生，但執行方案往往不夠細緻。優秀的構想必須通過精細的執行才能充分發揮功效。因此，「做」跟「說」同樣重要，如果執行方案太粗糙即可判定整個策劃方案不合格。

8.2.3.6 系統化地制訂策劃方案

策劃方案中要以消費者為中心，利用各種傳播手段系統地向消費者傳達核心一致的信息，進行整合行銷傳播是現代行銷的新要求。在評審時應審核策劃的內容是否與行銷結合緊密，綜合性行銷策劃是否融入了廣告策劃。

8.2.3.7 策劃書應簡潔明確，重點突出

策劃書中應圍繞課題中的重要內容、重點問題和重要的策略進行論證及闡述。企業評價一個廣告策劃書的好壞，不能僅以內容多少、裝幀精美與否作為標準，還需看其實質內容如何。

8.2.3.8 策劃書最主要的程序

策劃書最主要的程序大致可以概括為三部分，如圖8-5所示。

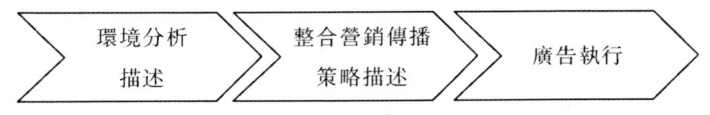

環境分析描述 → 整合營銷傳播策略描述 → 廣告執行

圖8-5 策劃書主要程序

資料來源：作者通過相關文獻資料整理所得

8.2.4 廣告策劃書的完整寫作格式

廣告策劃雖然說是一項極具創造性的工作，該工作的本身就是需要思維上極大的發散，跳躍性思維使得廣告內容更加新穎獨特、吸引眼球。但是在廣告策劃書的寫作上，並不是毫無規定胡亂編寫的，而是按照某種規範化形式進行的，即廣告策劃書的撰寫是具有一定的寫作模式的，當然個案也需要一定的技巧。

以下是廣告策劃書的一般寫作模式，是按照廣告策劃的一般規律所確定的。在一項具體的廣告策劃書中，需要根據不同的客戶和所要展示的產品的特殊性進行有針對性的調整，以不同的寫作模式去適應特定的客戶群。當然在進行廣告策劃的同時，也不必完全按照該模式做到面面俱到，可以根據實際情況，選擇相關的環節逐條開始分析，盡量詳細、清楚地表明產品的特性，展現廣告的魅力。

8.2.4.1 封面[1]

封面是讀者閱讀廣告策劃書時第一眼所注意到的元素，一個板式講究、要素完備的封面往往能給讀者帶來良好的第一印象。具體來說，封面要提供以下信息：廣告策劃書全稱（可直接反應策劃書的主要內容）、廣告主名稱（最好使用客戶的標準名稱）、策劃書提交者（機構）名稱、廣告策劃書項目編號、廣告策劃書提交日期。

8.2.4.2 廣告策劃小組介紹

廣告策劃小組介紹一般放在封面之後或封底之前，主要包括廣告策劃小組的人員、職責、業績及其所屬部門介紹等，這些內容一方面可以顯示廣告公司專業、負責的態度，另一方面有可能會影響到合作雙方下一步開展合作。

8.2.4.3 目錄

目錄通常放在封面或策劃小組之後，列舉了廣告策劃書各個部分的標題，有時候也會把各部分之間的聯繫用圖表的形式表示出來，是策劃書的簡要提綱。

8.2.4.4 執行摘要

執行摘要是廣告策劃書內容要點的簡明概括，其主要目的是通過對廣告策劃基本要點的概述，使廣告主決策層能快速閱讀和瞭解。因此，在執行摘要部分，應簡要說明廣告活動的時限、任務和目標，並指出策劃中的最關鍵之處，比如廣告目標、廣告基本策略、廣告運作週期、廣告預算等。廣告主決策層或執行人員如需對某一部分進行詳細瞭解，可以具體審閱該部分細節。執行摘要內容不宜過長，以數百字為最佳。

8.2.4.5 正文

廣告策劃書設計的領域的多樣性決定了其針對不同客戶需求所要進行的調節，根據一般的策劃書寫作規律，廣告策劃書的正文通常分為四部分：市場分析部分、廣告策略部分、廣告計劃部分、廣告活動效果預測和監控部分。

第一部分：市場分析。廣告策劃在很大程度上受到地域等各種環境因素的影響，為了把握這個廣告策劃的正確方向，有必要在制定廣告策略前進行相關的市場分析。該部分涵蓋了與廣告溝通有關的所有調查與分析，包括與產品相關的行銷環境分析、反應人們消費觀念與行為的消費者分析、產品分析以及主要競爭對手分析四部分。因此，該部分的關鍵之處在於「分析」，通過對上述四方面的分析，為後續的廣告策略提供依據。

第二部分：廣告策略。經過第一部分的市場分析，企業和產品的競爭優勢、競爭劣勢、機會和威脅均已明確。這一部分將在前述分析的基礎上，進一步挖掘問題所在，並提出相應的解決策略。因此，廣告策略部分可以說是廣告策劃書的精髓所在。具體來說，廣告策略部分主要包括廣告目標的設定、目標受眾的確定、產品定位、廣告訴求策略、廣告表現策略、廣告媒介策略及其他活動策略等。

第三部分：廣告計劃。這一部分是廣告策略的具體操作方案，規定了廣告運作時間、地點和內容，並制定出詳細的媒體計劃以及合理的廣告預算。

第四部分：廣告活動的效果預測和監控。效果評估是廣告策劃實施前後進行監控和評價的結果，廣告策劃人員可以通過問卷調查、座談會等方式進行廣告效果的反饋與測定來

---

[1] 田卉，齊力穩. 廣告策劃 [M]. 北京：中國廣播電視出版社，2007：256-259.

隨時修正廣告策劃方案。有時在廣告策劃書的策略制定或創意製作中已經實行了監控，因此這一部分內容也常常被省略。總之，廣告策劃書的正文各部分主要內容如圖8-6所示。

市場分析	廣告策略	廣告計劃	廣告活動的效果預測和監控
• 營銷環境分析 • 消費者分析 • 產品分析 • 企業和競爭對手的競爭狀況分析 • 企業與競爭對手的廣告分析	• 廣告的目標 • 目標市場策略 • 產品定位策略 • 廣告訴求策略 • 廣告表現策略 • 廣告媒介策略	• 廣告的目標 • 廣告時間 • 廣告的目標市場 • 廣告的訴求對象 • 廣告的訴求重點 • 廣告表現 • 廣告發布計劃 • 其他活動計劃 • 廣告費用預算	• 廣告效果的預測 • 廣告效果的監控

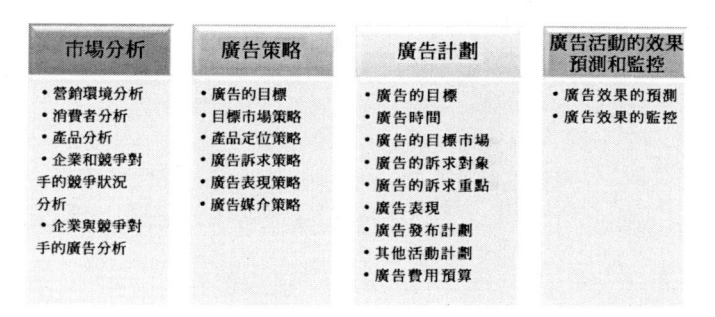

圖8-6 正文部分的分類
資料來源：作者通過相關文獻資料整理所得

8.2.4.6 附錄

為了避免廣告策劃書內容過於臃腫龐大而不利於把握整體，有時會將為廣告策劃而查閱的相關資料和應用型文本編入附錄，包括市場調查問卷、市場調查訪談提綱、市場調查報告。

參考案例

奇力特效洗衣粉廣告策劃書範本

目錄（略）
前言

奇力日化有限公司（以下簡稱公司）是一個新興企業，組建於2001年，公司固定資產120萬元，投資總額430萬元，目前擁有員工1,200多人，其中中專以上學歷占員工總數的3/4，研究生學歷24人，員工整體素質比較高。公司在組建以來主要生產日化產品，主要有奇力系列洗髮用品、系列廚房和衛生間清潔用品，在市場也有了一定的份額。目前公司還在發展階段，時刻都注視著市場動態，由公司企業策劃部提出，市場開發部研製開發的奇力特效洗衣粉準備投放市場，這為公司占領中國日化市場增加了機會。

目前洗衣粉市場產品幾乎趨於同質化，公司產品有的功效，競爭對手的產品也會有，但是幾個巨頭品牌還是牢牢地占據著大部分市場份額。公司迫於導入壓力，委託本廣告公司進行廣告代理，加大廣告宣傳。據公司目前形勢，確定了本次廣告的目標，為使本產品順利導入市場並佔有一定份額而進行廣告宣傳。

本次廣告策劃的大概內容包括對洗衣粉市場進行總的分析、對本產品和競爭對手產品特性進行分析，找出市場空隙，確定目標消費者，進而進行廣告訴求。

一、市場分析

(一) 洗衣粉中國市場品牌發展歷程

洗衣粉行業是中國本土品牌最早面對國際品牌競爭的行業之一，也是競爭最激烈的行業之一。到目前為止，品牌格局的演變大致經歷了以下四個階段：

1. 第一階段（1983年以前）：「白貓」獨秀

計劃經濟體制下，廠家只負責生產，銷售則由國家統一實行配給。「白貓」洗衣粉成了這一階段國家在洗衣粉配給中的主要產品，從而也奠定了「白貓」在消費者心目中的重要地位。

2. 第二階段（1984—1993年）：「活力28」開創新紀元

20世紀80年代初期，「活力28」超濃縮無泡洗衣粉的問世，開創了中國洗衣粉歷史的新紀元。同時，「活力28」也敢為天下先，在當時企業廣告意識不強的情況下，在中央電視臺不間歇地播放「活力28」的廣告。一時間「活力28，沙市日化」的廣告語和「一比四，一比四」的廣告歌走進千家萬戶。「活力28」從此天下揚名，一躍成為國內洗衣粉行業的「大哥大」。同時，海鷗牌洗衣粉、熊貓牌洗衣粉、桂林牌洗衣粉、天津牌洗衣粉等地方品牌開始雄踞一方。

3. 第三階段（1994—1997年）：外資「四大家族」主導

這一時期，外資洗衣粉品牌開始在中國控股合資或直接設廠生產。憑藉豐富的促銷手段、高密度的廣告宣傳、不斷的技術革新，它們在市場上取得節節勝利，在強大的外來攻勢下，許多國內洗衣粉品牌要麼選擇了與外國洗衣粉品牌合資，要麼無奈地退出市場。市場基本由聯合利華、漢高、寶潔、花王四大外資集團主導。

4. 第四階段（1997年至今）：本土品牌成功阻擊「四大家族」

由於成本過高，外資洗衣粉一直未在中國市場有好的盈利表現，因此廣告、促銷力度漸漸減弱，再加上國內一段時間內的消費低迷，消費者也漸漸轉向購買價格低廉的國內品牌洗衣粉。一些國內品牌借此機會，憑藉價格和廣告優勢，確立了自己的地位，如奇強洗衣粉、立白洗衣粉等，而雕牌納愛斯洗衣粉更是在中低端市場獨霸天下。

(二) 2002—2003年年度品牌競爭格局

1. 總體競爭格局

洗衣粉是中國快速消費品市場充分競爭的領域。洗衣粉行業品牌眾多、產品林立。有以量取勝的雕牌、立白，有跨國巨頭寶潔、聯合利華、花王等，也有盤踞一隅的地方性品牌，整個行業充滿了變化與變革的契機。

2. 市場競爭深度分析

(1) 市場滲透率分析。進入21世紀後，雕牌在洗衣粉市場上演了一出從北到南，由西向東橫掃天下的好戲。洗衣粉作為家庭日常必需品，其市場滲透率近乎100%，市場容量已經基本飽和。儘管人們的洗衣頻次似乎有所增加，但趨勢依然不明顯。因此，任何品牌的增長都以蠶食其他品牌的地盤為代價。全國洗衣粉市場競爭中，只有兩個品牌在增長：雕牌一枝獨秀，大幅上升；立白避其鋒芒，小幅上漲，其他品牌均呈敗退之勢。

截至2003年，洗衣粉市場大盤已定：華北區雕牌急遽增長，奧妙勉強堅守第二陣營，「活力28」則一落千丈，與其他品牌共同據守第三陣營。華東區奧妙一直雄霸第一，白貓第二，但2003年，雕牌一舉攻下華東市場，坐上華東區頭把交椅。華南區品牌競爭尤酣，

立白、汰漬、雕牌均全力攀升，甚至 2002 年已呈頹勢的奧妙也在奮力上揚。儘管雕牌依然表現出最強勁的上升幅度，但鹿死誰手，猶言過早。華西區市場於 2002 年被雕牌攻下，奧妙和汰漬在第二陣營競爭，但似乎汰漬率先開始有所動作。東北區雕牌一馬當先，其他品牌一瀉千里、潰不成軍，而汰漬憑藉微弱地反抗獲得成功。

（2）品牌忠誠度分析。雕牌較高的品牌忠誠度為其所向無敵奠定了堅實的基礎，或者說雕牌之所以能在全國範圍內所向披靡，得益於其較高的品牌忠誠度。

(三) 主要品牌競爭手段分析

1. 雕牌

雕牌的成功，除在區域市場的運籌帷幄、各個擊破外，其對於自身的品牌定位及對核心消費人群的訴求，是其制勝的另一法寶。

作為家庭必需品的洗衣粉，價格不能不是一項考慮的因素。尤其是洗衣頻次越高、洗衣粉消費越多的家庭，對價格越敏感。雕牌採取了走中低端路線、瞄準家庭主婦的方法，不僅瞄準了最核心、最多的消費人群，而且為自己開闢了一塊廣闊的天地。

此外，從雕牌消費者的心理定位看，雕牌依然瞄準比較傳統、保守、具有奉獻精神的那部分家庭主婦的心理；相反，奧妙的消費者則傾向於追求自我、具有冒險精神、職業女性的態度，可是職業女性注定不會成為洗衣粉市場的消費主力。

2. 奧妙

1999 年，經過多年摸索後的聯合利華向寶潔發起總攻，1999 年 11 月，聯合利華將兩款新推出的奧妙洗衣粉——奧妙全效和奧妙全自動洗衣粉全面降價，降幅分別達 40% 和 30%，400 克奧妙洗衣粉的價格從從 6 元一下降到 3.5 元，這個價格當時僅相當於寶潔產品價格的一半左右。由於奧妙精心營造的高檔形象已深入人心，老百姓突然能夠買得起以前買不起的高檔洗衣粉了，市場由此打開，奧妙也得以超越寶潔的汰漬。

3. 汰漬

作為寶潔旗下的主打品牌，在進入中國市場之初，憑藉豐厚的財力及準確的產品訴求，在短時間內成為市場的領導品牌，雖然這已由於行銷力度減弱而出現市場份額下降的情況，但在消費者心目中還是有較強地位的。

4. 立白

1994 年，進入洗衣粉行業的立白在一開始就選擇了「農村包圍城市」的策略，即在每個縣找經銷商、和每個經銷商探討立白的銷售與經營，共同努力下，立白站穩了根基。

二、產品分析

(一) 奇力洗衣粉

1. 規格

500 克、600 克、700 克。

2. 特性

（1）超強去污配方，能快速去除頑固污漬，防止污垢回滲；

（2）含有除菌配方，殺菌有特效；

（3）低泡配方，漂洗容易，更節水；

（4）不含漂白劑和其他腐蝕劑，對皮膚沒有刺激。

3. 香型

國際香料。

（二）雕牌洗衣粉

1. 家庭裝

（1）規格：300克、400克、500克。

（2）特性：起始於可再生的天然植物原料，能有效保護紡織物，使衣物洗後蓬鬆，清香怡人，適合洗家人貼身衣物及棉麻等高檔紡織物。

2. 洗護二合一裝

（1）規格：400克、500克。

（2）特性：洗護二合一的雕牌天然皂粉以天然油脂為原料，獨特的綠色無磷安全配方清香無刺激，是人性化、生態化的環保產品。

3. 高效加酶裝

（1）規格：400克、800克、1,200克、2 000克。

（2）特性：高效加酶是新研製的無磷的高性能全新配方結構使無磷洗衣粉的性能大為提高，無須費力搓洗就能瓦解衣領、袖口的污漬。

（三）立白洗衣粉

1. 立白除菌低泡洗衣粉

（1）規格：500克。

（2）特性：超強去污配方，特含污垢雙向分離因子，能快速去除頑固污漬，防止污垢回滲，讓衣物明亮如新；高效除菌，預防細菌侵蝕，呵護家人的健康；低泡易過水，節水、省時、省力，適合機洗，手洗效果更佳。

2. 立白除菌超濃縮洗衣粉

（1）規格：400克、700克。

（2）特性：含保膚除菌成分，可有效去掉衣物上常見的大腸杆菌和金黃色葡萄球菌，防止細菌滋生的霉味；採用高效表面活性劑，不刺激皮膚，能保持衣物鮮豔亮澤。

（四）汰漬淨白洗衣粉

汰漬淨白洗衣粉能有效去掉衣領、衣袖污漬等多種污垢，讓衣服整潔透亮，並有淡淡的怡人清香味，含有去污淨白因子和國際香型。

特性：迅速溶解，冷水中都能迅速溶解，釋放潔淨動力；超強去漬，只需片刻浸泡就能有效去除一般污漬，無須費力搓洗，也能去除衣領、衣袖污垢等日常頑固污垢；亮白出眾，最易發黃變舊的白色衣物經多次洗滌後仍能保持透亮潔白，無須費力搓洗，手洗洗完後雙手也不易感到刺激，不傷手；持久清香，不僅洗衣時感受清爽香味，衣物曬干後仍有怡人的清香，乾淨也能聞得到。

（五）奧妙洗衣粉

採用高效配方，富含高效表面活性劑、多功能清潔劑和高效生物活性酶，清潔力超強。含污垢雙向分離因子，配合蛋白酶，能快速去除頑固污漬，防止污垢回滲，讓衣物亮白如新。只需一勺，輕鬆洗淨，功效更強，用量更省。

三、消費者分析

家庭大量的衣服是由家庭主婦來洗，這指的是一些「年輕家庭」（孩子在 18 歲以下的家庭），這些家庭平時的洗衣粉也是由家庭主婦購買，因此家庭主婦是一個很大的目標消費群體。但是對於那些孩子成年了、生活上能自立了，對於這樣的家庭來說，洗衣服的工作則不一定是家庭主婦的事了。一些青年在外地上學，衣服是自己洗的；一些在外地打工的青年也是自己洗衣服的；還有一些沒有離家但是已經有了工作的青年也自己洗衣服。他們自己洗衣服必然會對一種或幾種品牌的洗衣粉情有獨鐘。因此，這部分消費群體也是十分龐大的，而且這部分青年已經在生活上自立了，他們也一直向往能有自己的生活，不喜歡父母來干涉他們的生活。

四、銷售策略分析

雕牌、汰漬、奧妙、立白等產品銷售都是針對家庭的，目標消費者是家庭主婦。

五、廣告分析

（一）訴求對象

雕牌、汰漬、奧妙、立白等產品的廣告的訴求對象都是家庭主婦，而且廣告訴求是針對產品功效上的，說服家庭主婦為家人著想的。

（二）媒介選擇

雕牌、汰漬、奧妙、立白等產品的媒介大都選擇電視。

六、行銷戰略策劃

（一）行銷決策

從市場分析中可以看出雕牌、汰漬、奧妙、立白這四大品牌在市場上是佔有相當一部分份額的，一些其他的小品牌平分了剩下的一部分市場份額，由此確定行銷目標為搶占市場份額。從產品分析中可以清晰地看出奇力洗衣粉在特性上遠不如其他產品，要想在產品特性上取勝是難上加難了。退一步說，如奇力洗衣粉在功能上不亞於其他產品，也就是說其他產品有的性能奇力洗衣粉都具有，就算這樣，再強調奇力洗衣粉性能無論如何也是無法突顯出來的，是不能使消費者注意到的。奇力洗衣粉在性能上還不如其他產品，這種策略顯然是更行不通了。也就是說，產品在實體上定位是不行的了，那麼我們就在觀念上進行產品定位，另外從上面分析得知雕牌、汰漬、奧妙、立白等這些產品把目標消費者定在家庭主婦上，針對的是家庭消費。在消費者分析中可以看到還有一個龐大的市場尚未有洗衣粉企業注意，這是一個巨大的消費群體，需求量是很巨大的。前面提到奇力洗衣粉要進行觀念上的定位，我們何不倡導青年人要自立、要有自己的生活，這也恰恰迎合了青年人的心理，他們想自立，不想父母干涉他們的生活，以此為訴求點進行訴求應該是有力度的。

（二）目標市場

單身青年（包括在外地上學的青年學生群體、在外地打工的青年群體和在家有固定工作的青年群體）

165

（三）定位策略

青年人用的洗衣粉——「我自立，我用奇力」。

（四）定價策略

由於這部青年人有一部分是學生，還有一部分是剛剛工作的，經濟上都不寬裕，因此採取低定價策略。

（五）分銷渠道

全國各大超市、商場以及各高校校內超市。

七、廣告策略

（一）廣告表現策略

廣告主題：「我自立，我用奇力」。
訴求對象：單身青年。
廣告口號：「我自立，我用奇力」。
廣告類別：平面廣告。
系列一為打工篇，系列二為學生篇，系三為長大篇。
標題1：在他鄉有奇力幫我。
標題2：離家的日子，沒有奇力我真不知怎麼辦。
標題3：我長大了。

（二）廣告媒介策略

1. 印刷媒體

（1）報紙。專業類，如《生活報》《中國青年報》《就業報》；綜合類，如省報、地區報。

（2）雜志。專業《大學生周報》《金融經濟報》；綜合類，如《讀者》《意林》《青年文摘》。

2 電子媒體

（1）電視，如中央五臺、中央六臺、湖南衛視、浙江衛視。

（2）網絡，如微博、社區論壇、搜索引擎。

（三）廣告預算

報紙100,000元；雜志150,000元；電視250,000元；其他20,000元。

八、公共行銷策略

（一）目的

提高企業知名度，樹立企業形象。

（二）對象

高校學生。

（三）對象分析

在各高校平時搞些文體活動，如文藝晚會、演講比賽以及各種球類比賽。

（四）活動策劃

在高校協辦文藝晚會和在高校協辦籃球比賽「奇力杯」。

九、整體廣告預算

調研費用：20,000 元。
媒介費用：520,000 元。
製作費用：50,000 元。
廣告管理協調：20,000 元。
其他：20,000 元。
總計：630,000 元。

十、廣告效果評估

（一）事前

對廣告作品進行評估，採用「實驗法」。

（二）事中

廣告播放期間，對受眾進行調查，並統計媒體實際覆蓋率和受眾對廣告播出的反應。

（三）事後

對這次廣告總效果進行綜合評估。

附錄
市場調查問卷（略）。
市場調查問卷報告（略）。
市場調查訪談提綱（略）。

本章小結

廣告策劃書是根據廣告策劃的結果來撰寫的，其內容應該能提供廣告主最明顯、最直接的廣告運作策略。廣告策劃書的內容涉及市場調查與分析、確立廣告目標、目標市場、產品定位、廣告創意表現、廣告媒介選擇、廣告預算、廣告實施計劃、廣告效果評估等方面，因此在進行策劃的過程中，應該全方位考慮廣告策劃活動的內容。經過一系列調查研究後，開始進行廣告策劃書的撰寫。廣告策劃書的撰寫模式，分為六大部分：封面、廣告策劃小組、目錄、執行摘要、正文、附錄。其中，正文是廣告策劃書的靈魂，還進一步分為市場分析、廣告策略、廣告計劃、廣告效果評估與總結等一般規律下的行文模式。當然，根據不同產品和客戶的需求，廣告策劃書應該進行適當的調整和變化，來適應不同顧客群體的需求，達到廣告活動的效果。

思考題

1. 廣告策劃的流程主要有哪些？
2. 現如今，很多平面廣告極富創意，請以香水廣告為例分析其創意所在，並且簡要說明達到了怎樣的效果？
3. 廣告策劃書的模塊分為幾大類？
4. 請為一個你感興趣的產品寫一份廣告策劃書。

參考文獻

[1] 案例來源：肖開寧，中國艾菲獎獲獎案例集 [M]. 北京：中國經濟出版社，2010：2-14.

[2] 唐先平，左太元，李昱艦. 廣告策劃 [M]. 重慶：重慶大學出版社，2008：8.

[3] 百度百科. 廣告創意表現 [EB/OL]. http：//baike.so.com/doc/5407353.html.

[4] 360百科廣告策劃書 [EB/OL]. http：//baike.so.com/doc/5570715.html.

[5] 田卉，齊力穩. 廣告策劃 [M]. 北京：中國廣播電視出版社，2007：256-259.

9 廣告預算編製

開篇案例

央視「標王」

2005年9月26日，被譽為行業風向標的2006年央視黃金資源廣告招標開鑼。300多個標的物歷經14個小時追逐，央視廣告招標金額最終達到58.69億元，實際中標企業比2005年增加1/3。各大企業不惜砸鑼重金爭奪央視「標王」的位置。可是今天，為什麼這些曾經的標王們在市場上都不再堅挺了呢（見表9-1）？

表9-1　　央視「標王」歷年價位表（可能與央視統計有偏差）

年份	中標價（億元）	「標王」
1995	0.31	孔府宴酒
1996	0.67	秦池酒
1997	3.2	秦池酒
1998	2.1	愛多影碟機
1999	1.59	步步高
2000	1.26	步步高
2001	0.22	娃哈哈
2002	0.20	娃哈哈
2003	1.08	熊貓手機
2004	3.1	蒙牛
2005	3.8	寶潔
2006	3.94	寶潔
2007	4.2	寶潔
2008	3.78	伊利
2009	3.05	納愛斯
2010	2.029	蒙牛
2011	2.305	蒙牛
2012	4.43	茅臺

資料來源：http://news.sohu.com/20121120/n358130446.shtml

1998年，愛多公司在胡志標的帶領下以2.1億元的價格競得當年「標王」，帶動整個

中國的影碟機行業高速成長。一年後，步步高公司以總共 2.85 億元的投入連續兩年拿下「標王」桂冠。但由於核心技術環節的缺失和市場競爭的加劇，完全依靠製造環節的利潤被迅速拉回了原點。而隨著愛多公司和步步高公司的風光不再，曾經的「標王」胡志標和段永平也因經濟犯罪而入獄。

可惜，胡志標和段永平的「標王下場」並沒有使熊貓移動公司的老板馬志平吸取教訓。2003 年，馬志平以 1.1 億元的價格成為當年的「標王」，試圖通過在央視的黃金時段播出廣告來助力熊貓移動手機的輝煌。可惜，直到熊貓移動手機退出手機行業，央視「標王」的稱號除了給人們留下一些口號式的回憶之外，並沒有為熊貓移動公司提供更多的幫助。

曾經有一位知名廣告公司的負責人這樣評價央視「標王」事件：「從某種意義上講，這更像是一場昂貴的賭博。」每年天價的廣告費用，如此多的資金都砸在廣告宣傳上，這樣大的投資會收到與之對等的廣告效果嗎？會帶來豐厚的利潤額嗎？其實，很多的央視「標王」對這些問題都欠考慮，對自身企業做廣告的目的、廣告經費的預算、廣告的效果都未形成清晰的認識。因此，我們才會看到曾經的「標王」們從激烈的市場競爭中紛紛退出，留下的除了這樣一個教訓，什麼也沒有。

本章提要

在激烈的市場競爭中，企業要想獲得更多的市場份額和利潤，必然要投入資金做廣告。投入多少資金、怎樣分配資金、要達到什麼效果、如何防止資金的不足或浪費等問題都是廣告策劃預算編製需要考慮的內容。廣告主事先制訂一個能夠表明某段時間內打算進行的各項廣告活動的經費開支的方案的過程就是廣告預算的過程。正確編製廣告預算是廣告策劃的重要內容之一，是企業廣告活動得以順利進行的保證。本章通過對廣告預算與廣告目的的關係的介紹、廣告預算的影響因素的詳細分析以及廣告預算編製方法的介紹，讓讀者瞭解廣告預算的本質，從而對廣告預算編製有更加清晰的認識，進而學會如何進行正確的廣告預算編製，以便在實際運用中利用所學知識做出合理而科學的預算，順利完成廣告策劃方案。

9.1 廣告預算與廣告目的的關係

廣告預算是廣告主和廣告企業對廣告活動所需總費用的計劃和估算。廣告預算規定了在特定的廣告階段，為完成特定行銷目標而從事廣告活動所需要的經費總額以及使用要求，包括廣告主投入到廣告活動中的資金費用的適應計劃與控制計劃。廣告預算以貨幣形式說明廣告計劃，具有計劃工具和控制工具的雙重功能。廣告預算能夠提供控制廣告活動的手段，保證有計劃地使用經費，使廣告活動更有效率，並且可以增強廣告業務人員的責任感，同時可為評估效果提供經濟指標。一句話，廣告預算就是要用最小的投入獲得最大的產出。可見，廣告經費是廣告策劃和廣告活動的基礎，廣告預算的重要性也就不言而喻了。

廣告預算是實現廣告目的的重要保障。一般而言，廣告經費的多少決定著廣告活動的規模和廣告目的的大小，制定廣告預算跟確定廣告目的之間有非常密切的關係。廣告目的確定廣告策劃者想做什麼，而廣告預算則限定了策劃者只能做什麼。因此，在廣告策劃的實際過

程中，要始終把廣告目的與廣告預算聯繫在一起，同時考慮、同時處理。

廣告目的的確定，一般是從知名度創牌效果、宣傳說服保牌的傳播效果及促進銷售和競爭效果這三者中視情況來選擇其一加以考慮，因而廣告預算與廣告目的之間的關係可以概括如下：

9.1.1 以促進銷售和加強競爭來表示時廣告預算所受的制約

在產品直接銷售給最後的消費者，中間不經過其他配銷環節而只通過媒體聯繫消費者的情況下，廣告是唯一的行銷方式。因此，相應的廣告效果評估就以銷售單位或銷售金額來確定和衡量其廣告目的實現程度。廣告目的的實現有一個金額指標，而為了達到這個目的需要做廣告，所支出的廣告經費也有一個金額指標。廣告目的實現時的銷售金額中包含成本回收和利潤，因此，在廣告策劃中要處理好廣告投入和企業銷售利潤的關係。廣告投入與銷售利潤的關係如圖 9-1 所示。設定銷售利潤為 Y，廣告費用投入為 X，那麼，Y>X 是一條基本原則。在這個原則下，對企業來說理想的趨勢是 X 趨於極小，Y 趨於極大，即要用最少的廣告投入去獲得最大可能的利潤。

廣告目的很明確，也很單純，那就是要帶來利潤。但是什麼時候做廣告、做什麼形式的廣告、做什麼規模的廣告等，直接關係到廣告費用開支的時機和數額，而時機和數額是否恰當又直接關係到廣告的成效，即利潤能否實現及利潤的多少。那麼如何選定恰當時機和確定恰當的廣告開支數額呢？這又得根據產品的生命週期及市場上的競爭情況來統籌考慮。想要確保廣告活動高效進行，必須要處理好這一系列的連鎖式問題，而且是在廣告策劃階段就要有預見性地處理好，為財務部門提供理由充分可信的廣告預算方案。

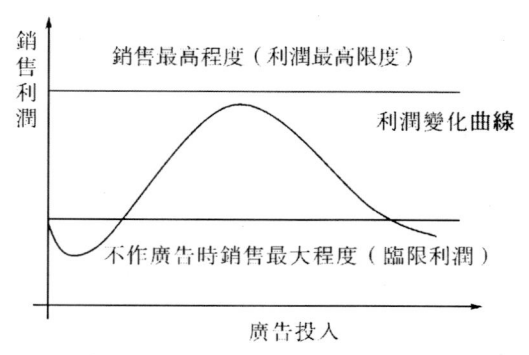

圖 9-1　廣告投入與銷售利潤的關係
資料來源：作者根據相關文獻資料整理所得

當廣告費投入處於坐標原點時，即不做廣告、不花廣告費時，其他行銷活動也能實現利潤，但利潤低，處於臨限線。當廣告費投入列入預算，廣告活動開始時，廣告費的投入實際上加大了成本，不能即時發生效果獲得利潤（即廣告開支投入抵消或擠占了臨界利潤），因而剛開始有一個利潤低谷，稍後開始回升，超過臨界利潤（見圖9-1）。

當廣告費進一步增大、並達到一定量時，廣告投資效果明顯地帶動銷售量開始增長，當廣告費投入持續增大，企業銷售量隨之增長，與廣告費用投入呈正相關狀態，銷售額大幅度增加，利潤也上升到接近最高限度。但到達一定程度，當廣告費繼續增加時，廣告投資效果卻不再那麼明顯，銷售額可以穩定一段時間，而利潤卻開始下降。這是因為現有市

場容量有個限度，銷售額也因此受到限制，不可能無限增長，而只能處於相對穩定狀態。但因廣告的開支增加導致成本加大、擠占利潤，因此利潤趨勢呈現穩中有降。當廣告費再繼續增加時，銷售額反而下降，利潤也隨之大幅度下降，直至降到臨界利潤以下。除了市場容量限制銷售額和利潤增長外，廣告費的再增加導致成本不斷加大，擠占利潤更多；產品可能在市場上出現飽和狀態，引發滯銷；可能因為同類產品的競爭而導致產品市場縮小；為了參與競爭而實行降價措施或另闢銷售渠道；等等。這時候，顯然不宜繼續增加廣告費，而應考慮產品更新換代，或者另外開闢新的市場，或者採取其他措施強化產品的市場壟斷性優勢地位。

9.1.2 以宣傳說服保牌的傳播效果來表示時廣告預算所受的制約

在許多情況下，產品不是與顧客直接見面，如大多數工業產品都不是顧客直接到工廠去購買，而是通過推銷員等行銷渠道的中間環節將產品賣給顧客。因此，以最終銷售額和利潤等純經濟指標來衡量廣告目的的實現與否是不科學的。企業即使在銷售額處於最低狀態時，也不可忽視廣告的品牌行銷力量。此時，需要用廣告對消費者的行為所產生的宣傳說服保牌的傳播效果來反應廣告目的實現與否。

消費者的行為活動有多種類型，但就廣告對消費者所起的作用來說，一般分為兩種表現：一種是直接購買，另一種是雖不直接購買，但對產品產生了興趣，如有意識地詢問情況、索要資料等。廣告策劃如能激發消費者的購買行為或興趣意向，則該廣告策劃的效果較好。

廣告效果取決於諸多方面的因素，比如創意水準、發布時機等。但是，當假定其他各方面因素都能促成良好效果時，廣告預算便成為重要的決定因素。

第一，廣告預算的規模與廣告目的是否適應直接決定廣告目的能否達成。廣告預算的很多情況是預算規模過小，廣告缺乏充分的資金支持，在發布的數量或區域及媒體利用率等方面處處受限。產生此種情況的原因是策劃者或管理者急功近利，重視直接銷售而輕視間接銷售。用廣告去影響消費者以使其在行為活動方面發生變化，消費者或者購買，或者只是產生了興趣。這是對產品的間接銷售，需要對消費者和潛在消費者的行為活動變化過程耐心等待。第二，消費者對一種產品有認識和選擇的過程，廣告對消費者和潛在消費者起作用也有一個時間過程。通過消費者對廣告多次視聽（包括一個地點一種媒體多次視聽、一個地點多種媒體同類宣傳視聽、多個地點一種媒體及多個地點多種媒體的視聽等幾種情形），逐步加深印象，逐步形成一種認識，最後才做出某種決定。這種決定是遲緩的，卻是十分冷靜的，冷靜地購買比那種盲目衝動地即興購買更有意義、更有價值。冷靜的購買意味著一種成熟的決定，意味著今後重複購買行為的連續發生。認識到這一點，就不會產生重視直接銷售而輕視間接銷售的偏向，就不會將廣告預算當作一種額外負擔而任意壓縮削減。

廣告策劃人員需要用廣告的宣傳說服保牌的傳播效果來說服管理者和財務部門，使其達成預算問題上的共識，以求獲得必要的、充分的資金支持，保證廣告目的的實現。但是，廣告預算策劃要牢記「用最小的投入獲得最大的產出」這一原則，預算經費要恰到好處，避免浪費，要力爭把錢用在「刀刃」上。因此，要強調的不是廣告預算本身的規模大小，而是廣告預算規模一定要與廣告目的相適應。

9.1.3 以知名度創牌傳播效果來表示時廣告預算所受的制約

　　知名度創牌傳播效果主要是指廣告在消費者以至社會公眾心理上發生的效果，即認知、知名、理解、喜愛、偏好、信服和忠誠這一心理活動進展過程。如果廣告發生了上述傳播效果，隨之而來的將是消費者的購買行動和潛在消費者的態度改變，以及企業知名度的提高、形象的確立、品牌記憶的加固等。因此，當廣告產生了策劃者預期的某種效果時，可以認為是廣告目的已經實現，或者說能否達到廣告目標，取決於廣告策劃能否獲得相應的預期傳播效果。基於這種認識，可以通過廣告預算對傳播效果的影響而看到廣告預算對廣告目的的制約關係。

　　這裡的關鍵之處是如何看待廣告的遲延效果。廣告效果並不是都會即時發生的，有些情況下在某些方面、某些地方對某些人會產生「立竿見影」的效果，但多數情況是廣告的效果要經過一段時間才會顯露出來，而且這種效果不止是一次性發生，而是長期保留延續下去，這就是「遲延效果」。

　　遲延效果涉及廣告投資的回收問題。廣告經費支出像其他投資支出一樣，都要求有助於企業行銷，要產生效益，尤其是首先要求回收成本。管理部門和財務部門審查廣告預算時，決定是否批准預算，也無疑首先要考慮其成本回收問題。但是，按制度規定，當年的廣告年度預算要記在當年的帳上，從財務來看，當年開支了一大筆廣告費用，但當年既得不到銷售利潤，又不能回收成本，明顯造成資金積壓及利潤下降，這成為當年的困難問題，而廣告效果的發生要等到第二年或第三年。為了減少當年的困難問題，管理者和財務部門的想法與廣告策劃人員的想法可能會很不一致，所計劃的預算方案也可能有分歧。傳播效果體現於企業知名度等方面是無形的，不能以銷售數額來折算衡量，這更加重了管理者的憂慮。如果廣告策劃人員有充足的理由說服管理者，則預算方案可能被採納，如果不能做到這一點，則預算方案可能被修改。這種複雜情形是由廣告的遲延效果所引起的。這種情形的實質在於廣告預算在整個企業預算中只是一個組成部分，必須服從整個預算的年度記帳制度，對將來能否發生效益及發生多大效益根本不考慮；而廣告目的實現則必須依靠當年的廣告預算獲得資金支持。因此，廣告預算對廣告目的具有強力的制約作用。為了保證廣告目的能順利實現，策劃者必須盡一切可能制訂一個合理的能被管理者和財務部門理解和接受的預算方案。

9.1.4 廣告預算分配對廣告目的的影響

　　廣告預算分配是否合理，也是廣告目的能否達到的決定性因素之一。廣告預算總體規模與廣告目的是相適應的，即由計劃的廣告費總額預算確定，如果廣告預算內部的每一筆開支不恰當、不合理，也難以產生廣告預算策劃所期望的效果。廣告預算分配上的任何一種失誤都會影響分配的合理性，而任何一種不合理的分配都是浪費資金，最終自然不可能求得廣告的最佳效果，廣告目的的實現就會大受影響。

9.2　廣告預算的影響因素

　　廣告預算對於實現廣告目的具有決定性意義，策劃人員對廣告預算及廣告預算分配所進行的策劃必須合理、明確、容易被接受、便於執行。明確廣告預算的影響因素，為策劃

出科學性的廣告預算提供必要且必需的基礎。影響廣告預算的因素很多，本書主要從以下幾個因素進行闡述：

9.2.1 企業的經營狀況

編製企業廣告預算要考慮企業的經營狀況，根據人力、財力和物力等企業自身資源量力而行，策劃出一個企業可以承受的廣告費用投入總額或限度。廣告預算要與企業承受能力相適應，這是廣告預算策劃必須堅持的一條基本原則。超越企業承受能力的廣告預算，要麼不能被管理部門或財務部門所接受，即使被接受，在實施過程中也不能被完全執行。

企業的狀況和實力是決定廣告預算的基本依據和前提。企業的實力和狀況直接影響廣告預算的高低。企業規模大、實力強，企業的行銷目標和廣告目標就相對較大，廣告預算相應也會比較大；反之，企業規模小、實力弱，廣告預算自然較小。總之，不顧企業自身的經營狀況，隨意編製廣告預算是不可行的。

9.2.2 企業的行銷目標和廣告目標

如前所述，企業的行銷目標和廣告目標受企業預算制約，但企業預算也必須根據企業的行銷目標和廣告目標的變化來確定不同的預算計劃。一般情況下，企業的行銷情況比較穩定時，企業的行銷目標和廣告目標以及相應的廣告策略也會比較穩定，因此企業在實際確定廣告預算時，採用比較簡單的方法，即每年度只確定一個比例或提出一個絕對數即可。在企業處於市場穩定時期時，這樣做似乎合情合理，但是一旦企業遇到重大挑戰時，整個行銷目標和廣告目標必須修訂，甚至重新制定，這時廣告預算也必須根據新的行銷目標和廣告目標來制定，不能沿用穩定時期的習慣做法。

9.2.3 企業外部環境變化

企業的外部環境變化（市場形勢的變化、競爭對手的變化、其他社會影響因素的變化等）對企業廣告預算有明顯制約作用，單就廣告效果而言，廣告效果的發生過程及效果強弱也跟外部環境有密切關係，而企業對外部環境只能積極適應，不可能根本改變。因此，制定廣告預算必須充分考慮外部環境因素的影響程度。當外部環境因素的影響力達到一定強度並足以迫使企業調整計劃時，廣告費用投入也必然會受到影響，在廣告預算策劃時必須預先對這種可能性有充分估計，使預算保持一定的彈性，使預算具有應變能力。

企業生產或銷售的產品和服務具有不同的特性，如用戶的範圍不同、價格有高低、使用時間有長短（耐用品和易耗品）等。不同類型的產品，其廣告預算額不同，分配方法也不同。對用戶面廣的產品或服務來說，廣告傳播範圍也要相應較大，才能有效地覆蓋用戶面，而廣告傳播範圍較大，則要求廣告的媒體種類多樣化、發布頻次增加等。當然，廣告費用投入預算就相應增大，而且顧客購買時都要經過慎重的考慮後才選擇產品或服務，顧客思考的過程中也需要多投入廣告費用，來促使其產生購買行為。耐用品的使用壽命較長，顧客重複購買的可能性較小，因此也應加大廣告預算，加強宣傳，以求促使顧客重複購買並讓潛在消費者發生購買行動。反過來，用戶面比較窄、價格低廉、容易損耗的商品，其廣告預算則可少一些。

9.3 廣告預算編製的方法

廣告能促進銷售量增加，但是做廣告要支付一定的費用。由於廣告的促銷效果很難計算，因此無法直接定量計算出合理的廣告費用。通常本著擴大銷售、提高經濟效益、節約費用開支的原則，在制定廣告費用預算的時候，不僅僅要分析預算的影響因素，還應該全面考慮，按照一定的程序進行操作，採用正確、科學的方法，以保證廣告預算編製的科學性。

具體來說，廣告預算編製的方法有以下幾種：

9.3.1 比率法

比率法通常是將企業在一段時期裡的銷售額或者利潤作為基礎依據，從中抽取一定比例的金額作為廣告活動過程中的支出費用。比率法的優點和缺點都很明確：該方法操作簡單，使得計算變得簡單；該方法計算比較機械，在實際應用中很容易忽略市場環境的變化以及行銷市場的不斷變更，使得廣告預算看起來死板、沒有適應能力。一般情況下，比率法有銷售額百分比法、淨收入百分比法和毛利百分比法三種類型。

第一，銷售額百分比法。銷售百分比法是比率法中最常見的一種，也是採用的最多的類型。其計算方式也很簡單，即將某一年度預計銷售額的百分之幾用來作為製作廣告過程中實際投入的總費用。因此，對於銷售額比較穩定的公司，通常都比較適用於此種計算方法，也就是基於過去銷售額和預計未來的銷售預期來加以確定。

例如，某公司上一年銷售額為 300 萬元，其中廣告費用占銷售額的比重為 5%，根據這種情況，那麼本年度廣告預算計算如下：

本年度廣告預算 = 300×5% = 15（萬元）

該方法簡單實用，將廣告費用和銷售額結合起來，因此很容易被廠商所接受。當然，這一方法明顯的不足之處就表現在：銷售額高的時候，廣告預算就會增加；而銷售額低的時候，廣告預算就會減少。這一現象就違背了「廣告產生銷售」這一基本準則，因此在考慮該方法時，應多加考慮其影響因素。

第二，淨收入百分比法。淨收入是企業銷售的純利潤，淨收入百分比法就是通過以淨收入作為確定廣告費用的基礎，再取其中的固定比例作為廣告費用。該方法也有較強的實用性，很多企業和廠商也會採用該方法確定廣告預算。該方法比較突出的優點在於可以量入為出，從而盡可能地避免風險。

第三，毛利百分比法。毛利百分比法以企業或品牌的毛利百分比作為依據來計算廣告費用占的比例。所謂的毛利，就是銷售額減去產品成本的剩餘值。該方法計算起來也很簡單，和銷售百分比不同之處在於所選的基數不同，其他計算方式基本相同。

9.3.2 目標達成法[1]

傳統的廣告預算方法也許都存在這樣或那樣的不足之處，20 世紀 60 年代目標管理理論

---

[1] 衛軍英. 現代廣告策劃 [M]. 北京：首都經濟貿易大學出版社，2004：330-331.

盛行時，一種旨在更加科學有效地進行預算的方法被提了出來，即目標達成法。這種方法迴避了上述預算方式的不足，把預算置於整個行銷計劃當中。在行銷規劃中，完成了市場分析和研究之後即設定行銷目標，其中包括廣告策劃所要達到的目標就自然形成了廣告所要完成的任務，而廣告預算就是決定執行這些廣告任務所需的資金成本。

目標達成法遵循的基本精神是「零基預算」，也就是預算的建立從零開始，不必去考慮上年的預算情況，要求每一項預算都要與其所完成的「任務」密切相關，是實現目標的必然要求。其預算程序如下：

第一，界定任務。以行銷目標為基礎，界定廣告所要達成的目標及任務。這些任務必須是具體的個別的工作，相互之間要能區分開來。例如，廣告目標是把潛在顧客的偏好提高到20%，而任務則是在有線電視上持續1個月的廣告播出，並在當地晚報上每週2次共4周刊登有關推薦廣告。

第二，決定成本。按照執行廣告任務的媒介支出和其他費用計算出廣告成本金額。

第三，方案排序。實現目標的方案要加以評估和排序，按照其重要程度給予排序。所謂重要程度，是指方案對達成目標的貢獻程度。

第四，決定預算。將各項方案的成本加以匯總，然後形成最後預算。匯總之後的預算如果超出了負擔程度，則可以依照由輕到重的方向刪除次要的方案，最後決定預算。

目標達成法的優點顯而易見，配合併實現了行銷規劃程序的行進方向，具有嚴密的系統性和邏輯性；同時是針對具體任務分配經費，在預算上以零點為基點，可以有效避免以往事件的重演，並保障廣告費用既不會浪費也不會不足。當然，目標達成法也存在缺點，沒有對每個任務執行的最適合程度提出一個指導方針。因為在以目標作為前提的情況下，廣告目標往往難以量化，無法提供準確的依據。另外，由於廣告媒介傳播中存在著多種偶然性因素，有時很難準確估算廣告效果。

9.3.3 力所能及法

力所能及法是根據企業的財務能力來確定廣告預算。該方法從企業收入中扣除必需的開支、利潤後，剩餘即作為廣告費用，即是說在其他行銷活動優先分配到經費之後，企業剩餘了多少經費，就全部都投入廣告製作中。這是最簡單的確定廣告費用的方法，但這種方法不能針對廣告支出與銷售變化的趨勢，並且廣告預算隨著企業財務狀況變化而起落，難作長期、全面地考慮和計劃。

然而在許多小公司採用力所能及法的同時，很多大型企業也使用力所能及法制定預算，這裡要指出那些根本不清楚廣告活動對產品發展意義的公司，以及不以市場作為導向的企業。就像某些高科技公司在發展的過程中，只是注重產品的開發和創新，在產品的銷售過程方面毫不關心，以至於再好的產品也沒有得到很好的宣傳，使得銷量不佳，從而影響了銷售額，並進一步影響到利潤。

9.3.4 競爭對等法

競爭對等法是按照競爭對手企業的廣告費用額來確定本企業廣告費用預算，即企業在確定廣告費用的投入時，是將本企業的廣告費用與競爭對手持平或超前作為主要目標。以競爭對手的廣告投入作為參照物，優點是有利於企業在短期內達到強有力的市場競爭地位，當然缺點也顯而易見。首先，以競爭對手為參照對象，盲目性大，如果所參照的競爭對手廣告費用開支不合理，就會導致本企業廣告開支也不科學，同時容易導致攀比乃至浪費；

其次，企業往往由於過於重視競爭對手的廣告投入情況，而忽視了實際行銷環境，從而喪失了市場機會。①

本章小結

廣告預算是指在一定時期內，廣告策劃者為實現企業的戰略目標而對廣告主投入廣告活動所需的經費總額以及其適用範圍、分配方法等進行的預先估算和籌劃。

廣告策劃預算編製是廣告策劃活動中非常重要的一環，廣告經費的多少決定著廣告活動的規模和廣告目的的大小，制定廣告預算跟確定廣告目的之間有非常密切的直接關係。本章講了這兩者之間的關係：以廣告目的以促進銷售和競爭來表示時所受廣告預算的制約、以宣傳說服保牌的傳播效果來表示時所受廣告預算的制約、以知名度創牌傳播效果來表示時所受廣告預算的制約、廣告預算分配對廣告目的的影響。

本章還從企業的角度講述了影響廣告預算編製的因素，包括企業的經營狀況、企業的行銷目標和廣告目標、企業外部環境變化等不同因素對廣告預算的影響，從而使學生在實踐活動中學會有效地避免負面因素的影響。

思考題

1. 廣告策劃與廣告目標之間有何種聯繫？
2. 影響廣告預算編製的因素有很多，請以企業的角度詳細分析廣告策劃預算的影響因素。
3. 請簡要介紹比率法在計算廣告預算中的應用。
4. 請分析一個廣告的策劃，並分析該策劃適宜採用何種預算方法。
5. 在實際應用中，編製廣告預算的方法多種多樣，而不同方法得到的結果不盡相同，請問應怎樣來解決這個問題呢？

參考文獻

［1］蔣旭峰，杜俊飛. 廣告策劃與創意［M］. 北京：中國人民大學出版社，2006：336.
［2］衛軍英. 現代廣告策劃［M］. 北京：首都經濟貿易大學出版社，2004：330-331.
［3］田卉，齊力穩. 廣告策劃［M］. 北京：中國廣播電視出版社，2011：228.
［4］道客巴巴網. http://www.doc88.com/p-99830874165.html.

---

① 田卉，齊力穩. 廣告策劃［M］. 北京：中國廣播電視出版社，2011：228.

10　廣告效果評估

開篇案例

2013年4月中國電視廣告效果評估排行榜[①]

根據浩頓英菲ADEvaluation調研數據顯示，2013年4月總計廣告數量為282條，參與廣告評審的消費者達5.6萬人次，整體與3月份相比增加了37條，但增幅不大，就創意數量而言，依舊處於一個平淡期。

食品類廣告共計55條，在數量上成為月冠軍，占比19.5%，比2013年3月上升0.72%；飲料類和日化類廣告創意數量緊跟其後，同時有52條廣告，占比18.44%；2013年3月數量之冠的飲料類，降低1.12%；日化類廣告快速上升，增加4.15%；醫藥保健類廣告以44條的數量保持了創意數量第4位，占比15.6%，上升2.54%；汽車交通類（27條）和家用電器類（14條）分別排名第5位和第6位。而排名相對靠後的是電腦數碼（10條）、家裝家居（9條）、服飾服裝（7條）、金融（5條）、嬰幼兒（5條），零售服務業僅有2條新的廣告創意，以往較為活躍的蘇寧、國美、宜家都沒有發布新的廣告創意。

從廣告創意效果來看，本月排名靠前的品類中並沒有日化、飲料、食品這些專業戶。相反，電腦數碼類廣告以127.5分的API均值整體表現出色；服飾服裝類廣告API均值為114.7分，排名第2位；家用電器類廣告API均值為114分相比2013年3月排名下降一位，排名第3位；隨後是金融（113.8分）、飲料（103分）、食品（102.9分）；日化類下降幅度較高，從2013年3月的冠軍位置降至第9位（見表10-1）。

表10-1　　　　　　2013年4月廣告效果總排行

排名	廣告名稱	API均值（分）
1	美之源果粒橙果汁篇	180
2	伊利牛奶廠參觀V2篇	177
3	伊利谷粒多活力早晨篇	168
4	佳能相機蝙蝠俠篇	167
5	佳能EOS系列單反相機篇	166
6	蘋果Ipad狂野靈光篇	165
7	蘭蔻明星BB霜亮白體驗	165

---

① http://www.cnadtop.com/news/nationalNews/2013/5/17/8700e75b-7a3d-4024-98d9-70f84c0cbad0.htm

表10-1(續)

排名	廣告名稱	API 均值（分）
8	海爾無霜冰箱無霜保鮮盒	164
9	奧利奧馮小剛親子篇	160
10	奧利奧夾心餅干親子篇	160

資料來源：以上數據為浩頓英菲通過 ADEvaluation 消費者調研得到

從單支廣告效果來看，「美汁源果粒橙果汁篇」廣告 API 得分 180 分，摘得 2013 年 4 月電視廣告效果排行榜榜首位置。伊利集團表現突出，兩條廣告創意指數都靠前，效果不俗。在 2013 年 4 月廣告排行中（前 10 名），飲料類廣告有 3 條，數碼電腦類廣告有 3 條，食品類廣告有 2 條，日化類和家用電器類廣告各 1 條。從品牌區域來看，歐美廣告表現突出，有 5 條；國內品牌廣告有 3 條；日韓品牌廣告有 2 條。從廣告屬性來看，依然是產品類廣告數量居多，共有 8 條。總體來看，2013 年 4 月份的廣告排行中，飲料類廣告效果穩定，穩居前 3 名，數碼電腦類相比 2013 年 3 月，成績突出，連續 3 條廣告創意效果擠進前 10 名。

第一，電腦數碼類行業：創意數量雖少但效果不俗，佳能廣告精且穩。2013 年 4 月電腦數碼類廣告總計 10 條，占所有廣告比例為 3.5%，API 均值達 127.5 分。成為當月的冠軍行業。雖然新的廣告創意數量並不多，但是 10 條廣告中一半的廣告 API 高出行業平均值。佳能公司對於廣告的管理非常到位，使廣告創意不僅效果好並且穩定在高水準之上，投放市場的 2 條新創意，效果指數分別為 167 分和 166 分，是電子數碼品類中廣告效果指數最高的兩條廣告（見圖 10-1）。

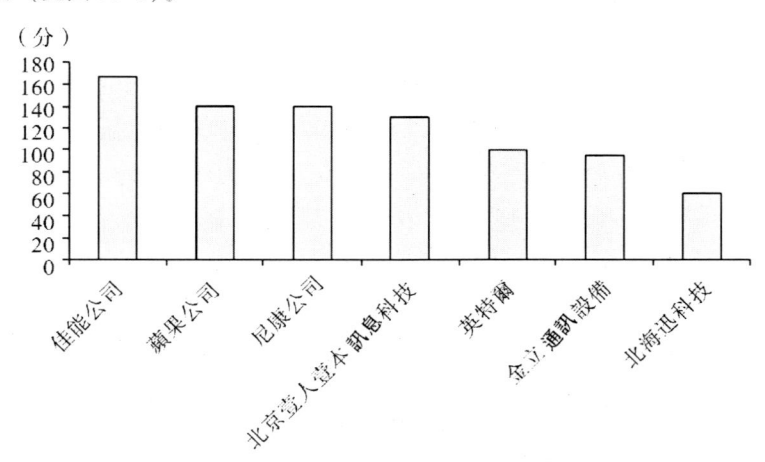

圖 10-1　2013 年 4 月電腦數碼類公司 API
資料來源：以上數據為浩頓英菲通過 ADEvaluation 消費者調研得到

第二，日化類行業：API 排名大幅下滑，大陸品牌依然處於劣勢。2013 年 4 月總共投放日化類廣告 52 條，占所有廣告比例為 18.44%，但 API 均值並沒有因為廣告數量的增加而有所提高。相反，自 2013 年 3 月奪冠以來，整體廣告效果大幅度下滑至第 9 位。API 均值從 2013 年 3 月的 114 分，下降到了 97 分。歐美品牌依舊保持強勢狀態，排名前 10 名的廣告中，歐美廣告占 8 條，API 均值達到 105 分。國內品牌廣告有 16 條，API 均值只有 77 分，與歐美品牌的差距還是比較大的。

雖然2013年4月日化廣告效果並不理想，但是「蘭蔻明星BB霜亮白體驗」廣告以API均值165分的分數進入了前10名，作為歐萊雅旗下投放的廣告，遠高出自身平均值（118.6分），創意出彩。

第三，飲料類：廣告效果「貧富差距」很大。2013年4月飲料類廣告投放52條，API均值為103分，由2013年3月的第2位下降至第5位。廣告數量上以國內品牌廣告居多（37條），其次是歐美品牌（12條）。從廣告效果來看，可口可樂雖然只推出1條廣告創意，就以API均值180分秒殺本月所有廣告奪取冠軍寶座。國內品牌也不甘示弱，伊利在飲料類中排名第2位和第3位。可見國內的品牌如果加強廣告的管理，是可以在效果上與國際品牌比肩的，可惜很多行業的品牌還未意識到這一點。

註釋：

［1］ADEvaluation：中國廣告創意效果評估（ADEvaluation）是由浩頓英菲市場諮詢有限公司開發的廣告評測系統；由梅花網提供新電視廣告創意，通過消費者調研，全面對中國電視廣告創意效果進行評估；針對11類行業，2,000個品牌，全年評估5,000條電視廣告片；採用國際領先廣告研究評估方法，從廣告的注意力、品牌聯繫及說服力三方面對每一則廣告綜合測評，獲得廣告的創意效果指數（API）。

［2］API（Ameritest Performance Index）廣告表現指標：該指標是綜合了注意力、品牌聯繫和說服力三個因素，並聯繫了這些指標的分別市場平均表現，通過複雜公式計算而得，作為指標值。這裡可以簡單地理解為：API＝注意力×品牌聯繫×說服力。API指數的平均值為100分。整體來說，如果廣告的API指數高於100分，廣告效果是高於平均水準的，如果低於100分，則效果欠佳。根據行業的不同，廣告效果會有差別，比如食品廣告的API指數普遍較高。

［3］注意力：為了讓廣告更有效，首先觀眾必須要注意到它，而為了能夠吸引觀眾高質量的注意力，廣告必須要能打動人心、引人入勝。

［4］品牌聯繫：另外一個關係廣告成功與否的重要因素就是品牌聯繫。沒有足夠的品牌聯繫，再好看的廣告片也沒有效果。也許廣告達到了宣傳這類產品的效果，但是更糟的情況是它可能為競爭對手做了宣傳，而不是企業自己。

［5］說服力（購買動機）：廣告必須具有說服力，所傳達的信息必須使觀眾覺得是對品牌產品高關聯度的、令人信服的，並促使他們購買，至少是讓他們想做進一步瞭解。

本章提要

一個廣告做出來之後效果到底怎樣？如何評估一個廣告的效果？廣告效果的評估一直困擾著業界的研究人員。廣告效果評估在廣告策劃活動中起到了承上啟下的作用，是評估一個廣告是否成功的重要標尺。

「我明知道我花在廣告方面的錢有一半是浪費的，但是我從來無法知道浪費的一半是哪一半。」這是20世紀一位成功的企業家——瓦納梅克曾經說過的名言。廣告人士經常都會引用這句話，而研究者致力於去尋求究竟是「哪一半」被浪費掉了？又是「哪一半」在起著作用？研究人員每年都會投入大量的人力物力對該問題進行研究，其實他們想要尋求的答案就是製作出來的廣告在何種程度上實現了預期的效果。

本章通過對廣告效果的綜述，廣告效果的特點、分類、遵循的原則和分析程序的介紹，以及對廣告策劃與效果評估之間關係的解析，加深讀者對廣告效果測評的瞭解。此外，對廣告心理效果評估也進行了介紹，希望讀者多方面瞭解廣告效果評估的內容。

10.1 廣告效果測評概述

10.1.1 廣告效果的概念與特點

廣告效果是指開展的廣告活動通過廣告媒體傳播後產生的影響或作用，或者說是媒體受眾接觸廣告後產生的結果性反應。這種影響可以分為對媒體受眾的心理影響、對廣告受眾消費觀念的影響以及對產品銷售的影響。廣告作為促銷的一種手段，必然可以用銷售情況的好壞直接判斷廣告效果如何。在現實經濟中廣告與銷售額之間的關係並非絕對正比關係，必須從多方面客觀考慮，如廣告傳播後引起了多少人注意、廣告受眾是否對廣告有興趣和對做廣告的商品有何種印象、廣告能否激起受眾想要商品的慾望等，只有全面周到地考慮各相關因素，才能精確地測定出廣告的真正效果。

從以上對廣告效果內涵的分析，我們不難看出廣告效果是十分複雜的，這種複雜性決定了廣告效果具有如下的特點（見圖10-2）。

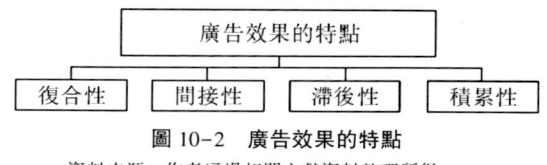

圖10-2　廣告效果的特點
資料來源：作者通過相關文獻資料整理所得

第一，複合性。複合性是指廣告效果的產生是各種複雜因素集合的結果。廣告活動的最終效果和最明顯的效果就是促進產品的銷售、市場環境的改善。然而產品銷售額的增長、市場佔有率的提升，絕不是單一地與廣告活動形成函數關係，其影響因素應是複雜多樣的。除了廣告之外，影響因素還包括產品價格、開發策略、消費者購買力、競爭環境、公關活動、新聞宣傳等多種影響因素。

第二，間接性。廣告效果的間接性主要表現在兩個方面：一方面，受廣告宣傳的受眾在購買商品後的使用過程中，會對商品的質量和功能有一個全面的認識，如果商品質量上乘並且價格合理，消費者就會對該品牌商品產生信任感，形成重複購買行為；另一方面，對某一品牌商品產生信任感的消費者會把該品牌推薦給親朋好友，從而間接地擴大廣告效果。

第三，時間的滯後性。廣告對媒體受眾的影響程度由經濟、文化、風俗、習慣等多種因素綜合決定。有的媒體受眾可能反應快一些，有的則慢一些；有的廣告效果可能是即時的，有的則可能是遲效的。實際上，廣告是短暫的，在這短暫的時間裡，有的消費者被激起購買慾望，很快就購買了廣告宣傳的商品；有的消費者則要等到時機成熟時才購買該商品。這就是廣告效果時間上的滯後性。因此，評估廣告宣傳效果先要把握廣告產生作用的週期，確定效果發生的時間間隔，區別廣告的即時性和遲效性。只有這樣，才能準確地預測某次廣告活動的效果。

第四，效果的累積性。廣告宣傳活動往往是反覆進行的。廣告宣傳中信息傳輸的偶然性，使其廣告效果很難立竿見影，某一時點的廣告效果都是該時點以前的多次廣告宣傳累積的結果。因此，廣告主就需要進行多次的廣告宣傳，突出廣告的訴求點，以鮮明的特色

來打動消費者，使消費者產生購買慾望，最終達成交易行為。

10.1.2 廣告效果的分類

根據不同的劃分標準，可以將廣告效果劃分為不同的種類。

根據廣告效果的性質可以將廣告效果分為廣告心理效果、廣告銷售效果和廣告社會效果。廣告心理效果是指廣告在消費者心理上引起反應的程度及其對購買行為的影響。廣告銷售效果是指廣告對促進商品或勞務銷售及利潤增加的影響。廣告社會效果是指廣告對社會道德、習俗以及語言文字等其他方面的影響。

根據廣告活動的運行週期可以將廣告效果分為短期效果與長期效果。短期效果與長期效果的時間間隔可根據廣告宣傳的時間長短以及具體要求確定。

根據廣告產品所處的生命週期可以將廣告效果分為引入期效果、成長期效果、成熟期效果、衰退期效果。

根據接觸廣告的心理變化過程可以將廣告效果分為廣告注意效果、廣告興趣效果、廣告情緒效果、廣告記憶效果、廣告理解效果、廣告動機效果和廣告行為效果等。

10.1.3 測評廣告效果的原則

測評廣告效果是廣告效果調研的重要組成部分，是通過調查所得的具體資料，運用科學的技術和方法，對廣告活動的結果進行分析與評估。廣告效果的測評雖然難度大，並且準確度也很難估計，但隨著調研科學和測評技術的發展，只要選擇和運用正確的調研方法和測評技術，廣告效果測評就可以做到盡可能客觀精確、真實有效。為了確保廣告效果測評的科學、準確，應當遵循以下原則：

第一，針對性原則。針對性原則是指測評廣告效果時必須有明確而具體的目標。例如，測評廣告效果的內容是短期效果還是長期效果、是經濟效果還是社會效果等。只有確定了具體的測評目標，才能選擇相應的手段與方法，測評的結果也才準確、可信。

第二，綜合性原則。影響廣告效果的因素多種多樣，既有可控性因素，也有不可控因素。可控性因素是指廣告主能夠改變的因素，如廣告預算、媒體的選擇、廣告播放的時間、廣告播放的頻率等；不可控因素是指廣告主無法控制的外部宏觀因素，如國家有關法規的頒布、消費者的風俗習慣、目標市場的文化水準等。對於不同的控制因素，在測評廣告效果時要充分預測控制因素對企業廣告宣傳活動的影響程度。在測評廣告效果時，除了要對影響因素進行綜合分析外，還要考慮媒體使用的並列性以及廣告播放時間的交叉性。只有這樣，才能取得客觀的測評效果。

第三，可靠性原則。廣告效果只有真實、可靠才有助於企業進行決策並提高經濟效果。在測評廣告效果的過程中，要求抽取的調查樣本具有典型的代表意義；調查表的設計要合理，匯總分析的方法要科學、先進；考慮的影響因素要全面；測試要多次進行、反覆驗證。只有這樣才有可能取得可靠的測試結果。

第四，經常性原則。由於廣告效果具有時間上的滯後性、累積性及間接性等特徵，就不能採取臨時或依次測評的方式。本期的廣告效果也許並不是本期廣告宣傳的結果，而是上期或者過去一段時間內企業廣告促銷活動的共同結果。因此，在測評廣告效果時必須堅持經常性原則，做定期或不定期的測評。

例如，聯邦快遞為了推出其緊急快件服務項目，通過各種廣告渠道反覆重複「當它決定必須連夜遞送時」這句廣告詞，一場反覆的廣告攻勢加上這項獨特的服務理念，使得聯

邦快遞成為緊急快件投遞業的絕對領袖（見圖 10-3）。

圖 10-3　聯邦快遞緊急快件服務項目廣告
圖片來源：百度圖片

第五，經濟性原則。進行廣告效果的測評，所選取的樣本數量、測評模式、地點、方法以及相關指標等，既要有利於測評工作的展開，也要從廣告主的經濟實力出發，考慮測評費用的額度，充分利用有限的資源為廣告主謀求效益。因此，需要搞好廣告效果測評的經濟核算工作，用較少的成本投入取得較高的廣告效果測評產出，以提高廣告主的經濟效益，增強廣告主的經營實力。

10.1.4　測評廣告效果的程序

測評廣告效果的程度大體上可以劃分為確定測評問題、收集有關資料、整理和分析資料、論證分析結果和撰寫分析報告等過程（見圖 10-4）。

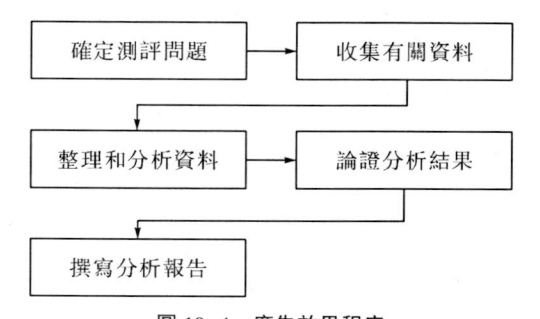

圖 10-4　廣告效果程序
資料來源：作者通過相關文獻資料整理所得

第一，確定測評問題。根據廣告效果的層次性特點，在廣告效果測評時就應該事先決定研究的具體對象，同時確定從哪些方面對該問題進行剖析。這要求廣告效果測評人員把廣告宣傳活動中存在的最關鍵和最迫切需要瞭解的問題定為測評重點，設立正式測評目標，選定測評課題。

第二，收集有關資料
這一階段主要包括制訂計劃、組建調查研究組、收集資料和深入調查（見圖 10-5）。
制訂計劃是基於廣告主與測評研究人員雙方的洽談協商，廣告公司應該委派課題負責

```
制訂計劃  →  組建調查研究組  →  收集資料和深入調查
```

圖 10-5　收集資料的過程
資料來源：作者通過相關文獻資料整理所得

人寫出與實際情況相符的測評廣告效果的工作計劃。計劃內容應包括課題進度步驟、調查範圍與內容、人員組織等情況。

組建調查研究組應在確定廣告效果測評課題並簽訂測評合同之後，測評研究部門根據廣告主所提課題的要求和測評調查研究人員的構成情況綜合考慮，由各類調查研究人員的優化組合群體來組建測評研究組。在組建課題組時，應選擇好課題負責人，然後根據課題的要求進行分工，開始課題研究。

收集有關資料是在廣告效果測評研究組成立之後，按照測評課題的要求收集相關資料。需收集的企業外部資料應包括：與企業廣告促銷活動有聯繫的政策、法規、計劃及部分統計資料；企業所在地的經濟狀況、市場供求變化狀況、主要媒體狀況、目標市場上消費者的媒體習慣以及同行競爭企業的廣告促銷狀況等。企業內部資料應包括：企業近年來的銷售狀況、利潤狀況、廣告預算狀況、廣告媒體選擇情況等。

第三，整理和分析資料。整理和分析資料，即對通過調查和其他方法收集的大量信息資料進行分類整理、綜合分析和專題分析。資料歸納的基本方法有按時間序列分類、按問題分類、按專題分類、按因素分類等。在分類整理資料的基礎上進行初步分析，挑選出可以用於廣告效果測評的資料。

第四，論證分析結果。論證分析結果，即召開分析結果論證會。論證會應由廣告測評研究組負責召開，邀請社會上有關專家、學者參加。同時，廣告主有關負責人也應出席。雙方運用科學方法，對廣告效果的測評結果進行全方位的評議論證，保證測評結果的科學合理。

第五，撰寫測評分析報告。廣告策劃者要對經過分析討論並徵得廣告主同意的分析結果進行認真的文字加工並寫成分析報告。企業測評廣告效果分析報告的內容主要包括：緒言，闡明廣告效果測評的背景、目的與意義；廣告主概況；廣告效果測評的調查內容、範圍與基本方法；廣告效果測評的實際步驟；廣告效果測評的具體結果；改善廣告促銷的具體意見。

10.1.5　測評廣告效果的作用

測評廣告效果可以使廣告主瞭解到廣告活動的效果，幫助廣告主更加充分地瞭解廣告本身的用途。

第一，測評廣告效果可以檢驗廣告決策是否正確。在某一項廣告活動結束之後，可以檢驗廣告定位、廣告策劃、廣告目標是否準確，廣告媒體的運用是否恰當，廣告發布時間與頻率是否適宜，在投入大量的廣告費用之後是否為企業帶來了期望的經濟效益等。通過這一測評，可以制定更加有效的廣告策略，同時進一步指導未來的廣告活動[1]。

---

[1]　趙寧. 廣告學 [M]. 大連：東北財經大學出版社，1996：233.

第二，測評廣告效果可以促進企業整體行銷計劃的實現。企業的整體行銷作為一項大規模的行動，需要各有關部門和環節的協同配合才能付諸實踐。廣告作為一個重要的售銷環節，必須有計劃地配合其他行銷環節的活動，促進整體行銷計劃的實現。測評廣告效果能夠通過每次廣告活動效果的累積，使系列廣告活動形成累加效果，讓新的廣告活動在前項廣告所取得的效果的基礎上進行，從而支持和促進整體行銷活動。

第三，測評廣告效果有利於廣告公司累積經驗，提高服務水準。廣告公司為客戶提供符合廣告目標要求的創意與製作是其服務的基本內容。通過廣告效果測評，廣告公司可以瞭解消費者對廣告作品的接受程度、廣告形象是否富有藝術感染力以及鑒定廣告主題是否突出、是否符合消費者心理需求等，從而總結經驗、改進廣告設計與製作、提高為客戶服務的水準。同時，也為客戶有目標地選擇廣告公司提供科學依據。

我們選取了兩個不同的廣告案例，分別從正面和反面兩個方面來分析不同的廣告製作會帶來什麼樣的廣告效果。

案例1：廣告的正面效果。

20世紀60年代，德國的甲殼蟲汽車在美國的市場上備受冷落，這種車形似甲殼蟲、馬力小，曾被希特勒作為納粹輝煌的象徵，而美國人則習慣開大車。1959年，伯恩巴克接手為甲殼蟲汽車進行廣告策劃，他充分運用廣告的力量使美國人認識到了小型車的優點，拯救了甲殼蟲汽車。我們下面就來欣賞一下甲殼蟲汽車系列廣告中「想想小的」「檸檬」「送葬車隊」篇的創意。

第一，「想想小的（見圖10-6）」。

我們的小車不再是個新奇事物了，不會再有一大群人試圖擠進裡邊，不會再有加油工問汽油往哪裡加，不會再有人感到其形狀古怪了。

事實上，很多駕駛我們的「廉價小汽車」的人已經認識到它的許多優點並非笑話，如1加侖（1加侖約等於3.785升，下同）汽油可跑32英里（1英里約等於1.61千米，下同），可以節省一半汽油；用不著防凍裝置；一副輪胎可跑4萬英里。

也許一旦你習慣了甲殼蟲汽車的節省，就不再認為小是缺點了。

尤其當你擠進狹小的停車場時，當你支付那筆少量的保險金時，當你支付修理帳單時，或者當你用舊大眾換新大眾時，請想想小的好處。

第二，「檸檬」（見圖10-7）。

儀器板上放置雜物處的鍍層有些損傷，這是一定要更換的。你或許難以注意到，但是檢查員克朗諾注意到了。

在我們設在沃爾夫斯堡的工廠中有3,389名工作人員，其唯一的任務就是在生產過程中的每一階段都去檢查甲殼蟲汽車（每天生產3,000輛甲殼蟲汽車，而檢查員比生產的車還要多）。每輛車的避震器都要測驗（絕不作抽查），每輛車的擋風玻璃也經過詳細的檢查。大眾汽車經常會因肉眼看不出的表面擦痕而無法通過檢驗。

最後的檢查實在了不起！大眾汽車的檢查員們把每輛車送上流水線一般的檢查臺，通過共189處檢驗點，再飛快地直開自動煞車臺。在這一過程中，50輛汽車總有一輛汽車被卡下而「不予通過」。

對一切細節如此全神貫注的結果是表明大眾汽車比其他汽車耐用而不大需要維護（其結果也使大眾車的折舊較其他車子少）。

圖 10-6 「想想小的」平面廣告　　　　　圖 10-7 「檸檬」平面廣告

　　我們剔除了「檸檬」（不合格的車），而你們得到了「李子」（十全十美的車）。缺點的暴露，使人們看到了甲殼蟲汽車平凡的外表下，閃光的品質——誠實。整篇廣告的構圖十分簡潔乾淨，文字懇切率直，這一切都是為了使「誠實」二字以最大的衝擊力傳達到消費者心中。

　　第三，「豪華的送葬車隊」（見圖 10-8）。

　　迎面駛來的是一個豪華轎車送葬車隊，每輛車的乘客都是以下遺囑的受益人：

　　「我，麥克斯威爾‧E. 斯耐弗利，趁自己尚健在清醒時，發布以下遺囑：給我那花錢如流水的妻子留下 100 美元和一本日曆。我的兒子羅德內和維克多，把我給的每一個 5 分硬幣都花在了時髦車和放蕩女人身上，我給他們留下 50 美元的 5 分硬幣。我的生意合夥人朱爾斯的座右銘是『花！花！花！』我什麼也『不給！不給！不給！』我的其他朋友和親屬從未理解 1 美元的價值，我就留給他們 1 美元。最後是我的侄子哈羅德，他常說：『省一分錢等於掙一分錢。』他還說：『叔叔，買一輛大眾的甲殼蟲汽車一定很劃算。』我呀，把我所有的 1,000 億美元的財產留給他。」

　　這便是伯恩巴克式荒誕幽默，在這個幽默廣告片播出之後，引起了觀眾的廣泛關注和好評。與伯恩巴克齊名的美國廣告大師奧格威，過去一直對幽默廣告持懷疑批評態度，但是在看過這一廣告片之後，也不由得對其巧妙構思贊嘆不已。奧格威甚至公開表示：「就是我活到 100 歲，我也寫不出像大眾汽車的那種策劃運動，我非常羨慕它，我認為它給廣告開闢了新的路徑。」

　　實際上，伯恩巴克的甲殼蟲汽車系列廣告，妙手回春般地把「這只小蟲」送上了美國進口汽車銷售量排行榜的頭把交椅，使甲殼蟲汽車成為當時小型車的代名詞。

図 10-8 「送葬車」平面廣告

案例 2：廣告的負面效果。

2004 年第九期的《國際廣告》雜誌發表了一篇題為《7+的創意，持續的激情》的文章，介紹了世界頂級廣告公司——李奧貝納全球廣告評審會的評選標準、操作規則及創意管理。文章配發了一則由上海李奧貝納廣告有限公司廣州分公司創意的立邦漆《龍篇》作品，畫面上亭子的兩根立柱各盤著一條龍。但是左立柱色彩黯淡，龍緊緊地攀附在柱子上；而右立柱色彩光鮮，龍卻滑落下來……

作品的介紹說道：因為塗抹了立邦漆，龍就滑了下來。立邦漆的特點非常戲劇化地表現出來（見圖 10-9）。

圖 10-9 立邦漆的「盤龍滑落」廣告

據悉，李奧貝納廣告公司在全球 70 餘個國家和地區擁有 200 個分支機構。每一個季度，世界各地的分支機構會遴選 1,200 件左右的創意作品送至美國芝加哥全球創意作品評

審委員會（GPC，下同）評選。立邦漆《龍篇》就是參選作品之一。

GPC對這則廣告創意的評價是：「這是一個非常棒的創意……這種表現方式在同類產品的廣告創作中是一種突破。結合周圍環境進行貼切的廣告創意，在這一點上這幅作品是非常完美的例子。」GPC給這則廣告創意的等級評定為8.3分。

據記者瞭解，GPC的評分標準分為10個等級，分別是：10分——舉世無雙；9分——廣告界的新標準；8分——同類廣告的新高標準；7分——優秀的執行；6分——新鮮的點子；5分——創新的策略；4分——陳腔濫調；3分——無競爭性；2分——具破壞性；1分——糟透了。

經GPC評審得到8分以上的作品通常能在國際廣告獎中贏得大獎。

另外，每年年底李奧貝納公司總部會把全年得到7分以上的作品製作成一張DVD，分送給全球各地的分支機構。「每個李奧貝納的員工都可以從中學習，從而被激發，並且從中改善客戶作品的品質。」

但是，這則受到權威的GPC「高度評價」的廣告創意還來不及讓創作人員過多地陶醉，就被公眾尤其是網友的「口水」淹沒了。

記者登陸了一些網站，看到關於這則廣告創意的評價在不少論壇中都成了「熱帖」。瀏覽這些帖子可以看到，多數網友認為這則廣告創意戲弄了中華民族的圖騰。廣告所表現的產品立邦漆，其生產企業有日資背景，部分網友對此表示憤慨，認為這是繼「豐田霸道」廣告事件之後又一起利用廣告「辱華」的事件。

著名策劃人葉茂中接受記者採訪時顯得有些激動：「我對此感到非常厭惡！也許你的創意的確有獨到之處，拿到國外去也能得獎，但是這種靠戲弄中華民族象徵來取悅評委的行為是中國廣告人的恥辱。」

立邦漆《龍篇》廣告創意事件被曝光之後，李奧貝納公司以及《國際廣告》雜誌社分別發表聲明，就此事帶來的不良影響向公眾表示道歉。同時記者也注意到，這兩家單位都強調了一點，就是「《龍篇》不是廣告」。

上海李奧貝納廣告公司北京分公司總經理助理李冬巍對記者說：「在創意過程中我們曾經嘗試過很多方式，也問過不少公司以外的人的意見，都認為創意與產品功能性相關性方面有相當高的吸引力，因而忽略了公眾心理的差異，所以對於創意所產生的影響我們始料不及。對此我們深感抱歉。」

「《龍篇》的創意隊伍全部都是中國人，所創意的廣告從來沒有在任何主流媒體上以任何形式發佈過，將來也不會發佈。這只是一則創意作品。」

《國際廣告》雜誌社發表的聲明表示：「我刊對於由作品《龍篇》引起一些讀者的批評、質詢、爭議以及非本刊所期望的反應表示歉意。我刊決不會有意作出任何傷害讀者情感的事。」

這則聲明同時還強調，立邦漆《龍篇》是屬於文章《7+的創意，持續的激情》所提及的作品，「不是本刊刊登的商業廣告」。

對此，葉茂中認為，無論《龍篇》是不是一個正式發佈的廣告，只要已經刊登在《國際廣告》雜誌上，事實上就已經產生了廣泛傳播的後果。①

從廣告的角度來說，這則廣告在沒有獲得中國廣大受眾稱贊之前，由於特殊的原因，

---

① 資料來源：新浪網．http://finance.sina.com.cn/b/20040929/08401055530.shtml.

就注定了它的失敗。

10.2 廣告心理效果測評

10.2.1 廣告心理效果測評的概念

廣告心理效果是指通過廣告作為刺激物，在廣告發布後消費者對廣告產生注意、興趣、慾望、記憶與行動的程度。廣告心理效果是廣告的直接效果，也就是說如果沒有廣告心理效果，就不會產生出廣告的銷售效果和社會效果等。

廣告心理效果的測評，即測評廣告經過特定的媒體傳播之後對消費者心理活動的影響程度。廣告心理效果測評的主要對象是消費者，測評其對廣告作品的心理效果、廣告媒體的心理效果以及對廣告促銷的心理效果等。測評廣告心理效果有助於改進產品設計，提高廣告作品的心理作用；有助於擇優選擇廣告媒體，增強廣告媒體的傳遞能力；有利於針對廣告受眾，促使消費者相關行為迅速出現。

10.2.2 廣告心理效果測評的指標

10.2.2.1 廣告心理效果測評的心理學指標

廣告既然旨在影響消費者的心理活動與購買行為，就必須與消費者的心理過程發生聯繫，主要表現在對廣告內容的感知反應、記憶鞏固、思維活動、情感體驗和態度傾向等幾個方面，對這幾個方面進行測評的指標就叫做廣告心理效果測評的心理學指標。[1]

第一，感知程度的測評指標。該指標主要用於測評廣告的知名度，即消費者對廣告主及其商品、商標、品牌等的認識程度。感知程度的測評，一般宜在廣告發布的同時或廣告發布後的不久進行，以求得測評的準確性。該指標可分為閱讀率指標和視聽率指標兩類（見圖10-10）。

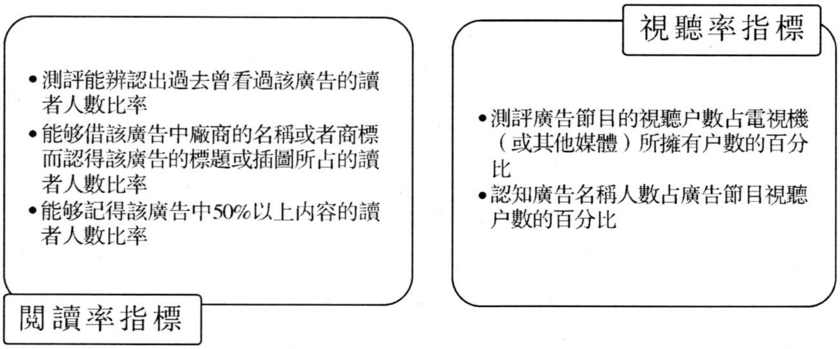

閱讀率指標
- 測評能辨認出過去曾看過該廣告的讀者人數比率
- 能夠借該廣告中廠商的名稱或者商標而認得該廣告的標題或插圖所占的讀者人數比率
- 能夠記得該廣告中50%以上內容的讀者人數比率

視聽率指標
- 測評廣告節目的視聽户數占電視機（或其他媒體）所擁有户數的百分比
- 認知廣告名稱人數占廣告節目視聽户數的百分比

圖10-10　感知程度的測評指標
資料來源：作者根據相關文獻資料整理所得

---

[1] 趙寧. 廣告學 [M]. 大連：東北財經大學出版社，1996：238.

第二，思維狀態的測評指標。思維狀態的測評，就是測評消費者對廣告觀念的理解程度與信任程度。通過對理解程度和信任度的測定，可以瞭解消費者能夠回憶起的廣告信息量和對商品、品牌、創意等內容的理解與聯想能力，從而確認消費者對廣告內容的信任程度。

第三，記憶效率的測評指標。該指標主要是指對廣告的記憶度，即消費者對廣告印象的深刻程度的測定，如觀眾是否能夠記住廣告內容中含商品品牌、特性、商標等內容。記憶效率指標可表現出消費者對廣告的重點訴求保持或回憶的能力與水準，從而反應出廣告策劃的水準及影響力。

第四，情感激發程度的測評指標。測評情感激發程度的主要指標是消費者對該廣告的好感度，主要是指人們對廣告所引起的興趣如何、對廣告的商品有無好感。好感的程度又包括消費者對廣告商品的忠實度、偏愛度以及廠牌印象等。

下面我們通過相關案例來更加充分的理解該方面的信息。

「威力洗衣機，獻給母親的愛」。

電視畫面裡一位老大娘與幾位農村姑娘在山村的小溪旁洗衣服，老大娘一邊洗衣服，一邊停下來捶打酸痛的腰背。這時畫外音放出輕柔、清新而深情的女聲：「媽媽，我又夢見了您；媽媽，我送給您一件禮物！」緊接著，畫面切換成老大娘見到洗衣機，歡喜地挪動了邁不開的雙腳……

該案例即是利用心理學指標來達到情感上的交融，激發了觀眾的感情共鳴，從而使觀眾留下深刻影響。

10.2.2.2 廣告心理效果測評的客觀性指標

消費者在接觸廣告之後產生的心理效應，同時客觀地引起人體一系列的生理變化。人們把運用各種精密儀器測定的這些生理變化，作為衡量廣告心理效果的指標，並把這種指標稱為廣告心理效果的客觀性指標（見圖10-11）。

廣告心理效果測評的客觀性指標
- 腦電波圖的變化
- 瞬時記憶廣度
- 眼動軌跡描迹圖
- 視覺反應時

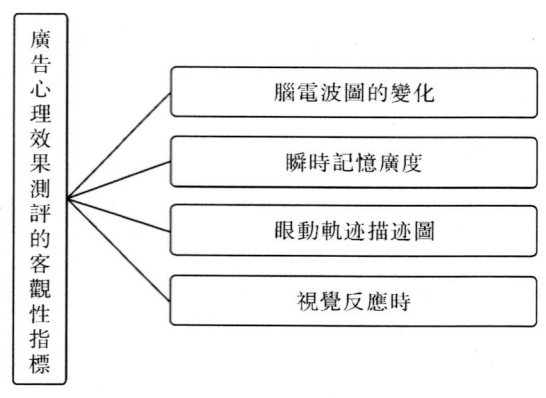

圖10-11 廣告心理效果測評的客觀性指標
資料來源：作者根據相關文獻資料整理所得

第一，腦電波圖的變化。人們在觀看廣告時大腦會發生自發地活動，這種活動通過腦電波圖的變化而表現出來。當消費者完全被廣告畫面所吸引時，大腦中就會出現14~25赫茲的低幅快波；而不感興趣時大腦中會出現一種8~13赫茲的高幅慢波。因此，通過腦電波

圖的變化，可以測評消費者接觸廣告以後產生的心理感應。

第二，瞬時記憶廣度。這可以利用速示器以極為短暫的時間向消費者呈現一幅廣告，在廣告剛剛消失時有選擇地要求消費者立即報告剛才所看的廣告中某些對象的內容，從而得出消費者在觀察廣告時的瞬時記憶廣度。如果消費者在瞬間所能看到的東西越多，意味著瞬時記憶廣度越大，從而表明廣告主題明確、創意新穎、策劃成功。

第三，眼動軌跡描記圖。研究表明，人們在觀看廣告時眼睛對廣告畫面處在一種不斷掃描的運動中。如果把這種運動軌跡描記下來就形成了眼動軌跡。通過觀察眼動軌跡圖，可以清楚地瞭解消費者在觀看廣告畫面時對眼睛的註視次序和重點部位，從而為廣告的設計製作提供科學依據。

第四，視覺反應時。視覺反應時是指消費者在觀察或看清廣告對象所需的時間，這也是一項廣告效果測評的客觀性指標。消費者對廣告的視覺反應時間越短，說明廣告越簡潔明瞭，主題也更突出，效果反應更好。

10.2.3 廣告心理效果測評的要求

廣告心理效果的測評並不是按照個人的意願，或者主觀臆斷來的，而是有一定的要求。在測評過程中嚴格要求測評人員、環境等各方面的因素，綜合考量，才能達到最優的測評效果。主要的測評要求包括以下四個方面：

第一，參加測試的人員應有一定的代表性。

第二，要考慮測評時的環境因素，因為人們對廣告信息的反應除受個體心理因素影響外，還受當時的社會環境因素的影響。

第三，不應有任何引導性、暗示性的啟示，以免導致錯誤的結論。

第四，為了取得被測試者的積極合作，給予一定的物質獎勵是必要的。

10.2.4 廣告心理效果測評的方法

根據安排時間的不同，測評廣告心理效果可以分為事前測評和事後測評。事前測評是在廣告正式發布前，對廣告效果進行預測；事後測評則是在廣告正式發布後，對廣告效果進行測評（見圖10-12）。

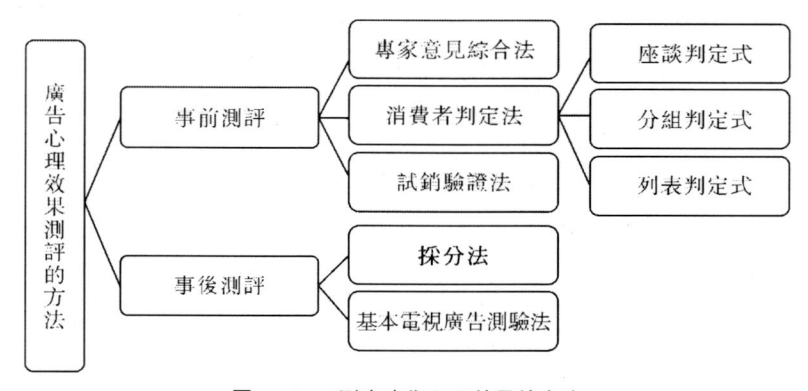

圖10-12 測定廣告心理效果的方法

資料來源：作者根據相關文獻資料整理所得

10.2.4.1 廣告心理效果的事前測評

事前測評的基本構想是在廣告正式發布之前，採用一定的方法，收集消費者對廣告的反應，對廣告作品和廣告媒體組合的效果進行測評。根據測評的結果，及時調整廣告促銷策略，修正廣告作品，突出廣告的訴求點，提高廣告的成功率。廣告心理效果事前測評常用的具體方法主要有以下幾種：

第一，專家意見綜合法。所謂專家意見綜合法，是指在廣告作品及媒體組合計劃完成之後，拿出幾種選擇的方案，請專家予以審評，然後綜合專家的意見，作為預測廣告效果的基礎，並決定最後的廣告方案。

運用此法要注意所邀請的專家應能代表不同的廣告創意趨勢，以確保所提供意見的全面性和權威性。一般說來，聘請的專家人數為10~15人為宜，少了不能全面反應問題，多了則耗費時間。

第二，消費者判定法。這種方法是指把供選擇的廣告展示給一組消費者，並請他們對這些廣告進行評比、打分。雖然這種測評廣告實際效果的方法還不夠完善，但一則廣告如果得分較高，也可說明該廣告可能有效。運用消費者判定法，可視具體情況，採取不同的方式。

一是座談判定式，即邀請消費者參加座談討論，請他們對幾種廣告方案進行評價，看他們對哪種方案最感興趣，該方案的主要優點是什麼；對哪一種方案不太滿意或不感興趣，主要問題是什麼。最後把他們的意見綜合、歸類，作為修訂或確定廣告方案的參考依據。

二是分組判定式，即把幾種方案兩個一組分開，請消費者在每組中選取一個感興趣的，然後將第一輪選出的廣告方案再兩個一組分開，請消費者再從中擇優，依次下去，直到消費者選中一種最滿意的廣告為止。最後將每位消費者的選擇結果綜合起來。

三是列表判定式，即把廣告方案中的各要素分條立項，列出表來，請消費者進行百分制評分，總分越高說明廣告方案的可行性越大，然後將這些方案匯總，進行統計分析，作為廣告方案是否可行的依據。

採用消費者判定法，要注意被邀請的消費者應具有一定的代表性，能夠代表一定層次的消費者的心態。

第三，試銷驗證法。所謂試銷驗證法，就是在廣告正式發布之前，運用幾種廣告方案來試銷同一商品，以此驗證廣告效果，確定廣告方案的可行性。試銷驗證法可採取以下兩種方式：

一是讓業務員在商場裡或上門串戶宣讀、發送廣告，並試銷商品，看哪一種能導致最大的銷售量，便可確定其為最佳廣告方案。

二是在一定場合下，向消費者播放廣告錄音、錄像，看哪一種廣告能吸引消費者來購買試銷商品，便可以認為哪一種廣告方案可行。

10.2.4.2 廣告心理效果的事後測評

事後測評可以全面、準確地對已做廣告的宣傳效果進行評價，衡量此次廣告促銷活動的業績，以及評價企業廣告策略的得失，累積經驗，以指導以後的廣告策劃。具體測評方法如下：

第一，採分法。採分法具體做法是請消費者給已經刊播的廣告稿打分，以此來測定其對各個廣告原稿的印象程度。

第二，基本電視廣告測驗法。此方法是日本電通廣告公司為評價和判斷電視廣告的優

劣和進行電視廣告測驗的標準化作業而研究設計的。基本電視廣告測驗法的方法是集中 100 名測驗對象在實驗室觀看電視廣告影片，利用集體反應測定機，記錄測試對象觀看影片時所反應的心理活動變化，隔壁的電子計算機立即統計出結果，並輸出過去的統計資料加以對比分析。

1998 年，娃哈哈、樂百氏以及其他眾多的飲用水品牌大戰已是硝菸四起。在娃哈哈和樂百氏面前，剛剛問世的農夫山泉顯得勢單力薄，並且農夫山泉只從千島湖取水，運輸成本高昂。

農夫山泉在這個時候憑藉著「有點甜」的概念創意（「農夫山泉有點甜」）切入市場，並在短短幾年內抵抗住了眾多國內外品牌的衝擊，穩居行業三甲。

實際上，「農夫山泉有點甜」並不要求水一定得有點甜，甜水是好水的代名詞，然而這樣的廣告宣傳方式使得產品與廣告訴求具有了一致性，農夫山泉也因此建立起全國性的知名度（見圖 10-13）。

圖 10-13　農夫山泉廣告

圖片來源：百度圖片

10.3　廣告促銷效果測評

10.3.1　廣告促銷效果測評的概念

廣告促銷效果測評是指測評在投入一定廣告費及廣告刊登或播放後，產品銷售額與利潤的變化狀況。需要明確該概念中的「產品銷售額與利潤變化狀況」所包含的兩層含義：一是指一定時期的廣告促銷所導致的廣告產品銷售額以及利潤額的絕對增加量，這是一種最直觀的衡量標準；二是指一定時期的廣告促銷活動所引起的銷售量變化，是廣告投入與產出的比較，是一種更深入、更全面瞭解廣告效果的指標，這種投入產出指標對提高企業經濟效益有重大的意義。

雖然銷售量的增減變化是各種銷售手段綜合作用的結果，以銷售量的增減變化來衡量廣告效果的大小是不準確、不客觀的，但是廣告的促銷效果是廣告活動效果最佳的體現，集中反應了企業在廣告促銷活動中的行銷業績，而且這種廣告效果測定比較簡易直觀，深受廣告主歡迎，廣告銷售效果測定運用較為普遍。

10.3.2　廣告銷售效果測評的方法

廣告銷售效果測評的方法也多種多樣，測評時應該按照不同的實際情況進行選擇，具

體來說有以下幾個方法（見圖10-14）。

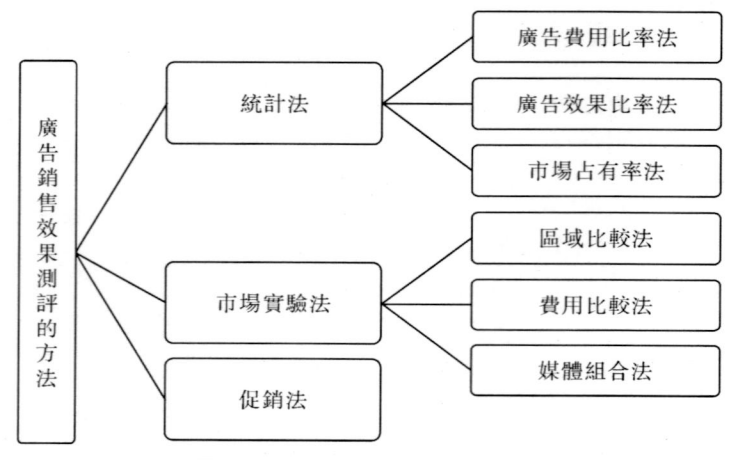

```
                          ┌─ 廣告費用比率法
              ┌─ 統計法 ──┼─ 廣告效果比率法
              │           └─ 市場占有率法
廣告銷售效果 ──┤
測評的方法     │              ┌─ 區域比較法
              ├─ 市場實驗法 ──┼─ 費用比較法
              │              └─ 媒體組合法
              └─ 促銷法
```

圖10-14　廣告銷售效果測評的方法
資料來源：作者根據相關文獻資料整理所得

10.3.2.1　統計法

統計法是運用有關統計原理和運算方法，推算廣告費與商品銷售的比率，以測定廣告的銷售效果。在此列舉以下三種該類方法：

第一，廣告費用比率法。這是指一定時期內廣告費用在商品銷售額中所占的比率，表明廣告費用支出與銷售額之間的對比關係。其計算公式如下：

廣告費用率＝本期廣告費用總額／本期廣告後銷售總額×100%

可見廣告費比率越低，廣告的銷售效果越好；反之，表明廣告銷售效果越差。

第二，廣告效果比率法。廣告效果比率的計算效果如下：

廣告銷售效果比率＝本期銷售額增長率／本期廣告費增加率×100%

第三，市場佔有率法。市場佔有率是指某品牌在一定時期、一定市場上的銷售額占同類產品銷售總額的比率。其計算公式如下：

市場佔有率＝某品牌產品銷售額／同類產品銷售總額×100%

市場擴大率＝本期廣告後的市場佔有率／本期廣告前的市場佔有率×100%

10.3.2.2　市場實驗法

這是一種通過有計劃地進行實地廣告試驗來考察廣告效果的方法，又稱為現實銷售效果測定法。實驗法是在進行大規模廣告運動前，通過不同試驗手段測定和比較銷售狀況的變化，從而決定廣告費投入規模大小、如何進行媒介選擇的一種廣告效果測定方法。[1]

第一，區域比較法。這是一種通過選擇兩個條件類似的地區，一個地區安排廣告，另一個地區不安排廣告，然後比較兩個地區銷售額的變化來檢驗廣告銷售效果的方法。

第二，費用比較法。這是通過對不同現場安排不同的廣告投資，以測定不同現場的銷售差異，從而確定銷售效果與廣告費用之間關係的一種方法。測定目的是確定廣告費的投

---

[1] 馬廣海，楊善明. 廣告學概論［M］. 濟南：山東大學出版社，1999：273.

入規模。

第三，媒體組合法。這是通過選定幾個條件類似的地區，在不同地區安排不同媒體組合的廣告，以測定廣告銷售效果的方法。測定目的是對媒體組合方案選優，如果各地區不同媒體組合廣告花費相差懸殊，那麼在分析銷售增長情況後，還必須借助測定廣告銷售效果的統計法進一步計算，比較不同地區不同媒體組合的廣告效益，然後對廣告媒體組合進行選優。

10.3.2.3 促銷法

促銷法是指首先選定兩個地區，其中一個地區只發布廣告而停止其他任何促銷活動，另一個地區則既發布廣告又進行其他促銷活動，然後通過比較兩地區銷售量的變化來測定廣告銷售效果的一種方法。

促銷法可用於測定廣告在整個促銷組合中的銷售效果，也可以用於測定不同促銷組合的銷售效果。運用促銷法時要注意，所選擇的兩地區銷售效果必須有可比性而且市場條件相近。

10.3.3 廣告銷售效果測評的要求

對於廣告銷售效果的測評是有一定要求的，這與之前所說的測評廣告心理效果的要求不同。

10.3.3.1 綜合、全面考慮，測評廣告銷售效果

一個企業的商品銷售量增減情況是多方面因素綜合作用的結果，如商品的質量、價格、貨源供應情況、消費者購買力、市場競爭狀況等都會直接或間接地影響到商品的銷售量，而廣告只是眾多影響因素中的一種。因此，在測定廣告銷售效果時，必須從企業環境與市場環境整體考慮，全面分析廣告的影響力，客觀、合理地評價廣告所產生的作用。

10.3.3.2 運用多樣性的測評方法對廣告銷售效果的進行測評

企業的廣告一般都採用了多種廣告媒體組合形式，因此在廣告期內廣告的效果是多種媒體共同作用的結果。同時，廣告的發布是有計劃、持續並反覆進行的，近期反應出來的銷售效果可能是過去廣告長期累積的結果。在測定廣告銷售效果時，應採取多種方式同時測定各種媒體廣告的影響，並注意何種媒體的廣告影響力最強，以便合理地使用廣告預算。

10.3.3.3 測評廣告銷售效果的兩面性

廣告銷售效果包括廣告活動開展後促使商品銷售增加或減緩銷售下降速度兩種結果。在多數情況下，廣告對商品能起到促銷作用，但在特殊情況下，廣告僅減緩銷售下降速度，這也是廣告的積極作用。因此，在測評廣告銷售效果時，應依據市場的變化，明確此次廣告銷售效果是以測評商品增銷為主，還是以廣告是否減緩銷售下降速度為主。

10.3.4 麥當勞奧運助威團活動案例①

麥當勞是全球最大的連鎖快餐企業，是由麥當勞兄弟和雷·克洛克（Ray Kroc）在20世紀50年代的美國開創的，以出售漢堡為主的快餐連鎖經營的快餐店。麥當勞在世界範圍

---

① 賈麗軍，肖開寧. 2008中國愛妃獎獲獎案例［M］. 中國經濟出版社，2010：104-113.

內推廣，麥當勞餐廳遍布全世界六大洲百餘個國家和地區。麥當勞已經成為全球餐飲業最有價值的品牌。在很多國家麥當勞代表著一種美國式的生活方式。

麥當勞與奧運會的淵源起源於 1976 年，從那時開始麥當勞成了奧運會長期的正式贊助商。作為「奧運會全球夥伴」及北京 2008 年奧運會「中國奧運會臺標團正式合作夥伴」，麥當勞推出了最為全面的奧運會活動計劃，包括組建麥當勞奧運冠軍團隊，在奧運第一線為來自全世界各地的運動員和觀眾提供世界一流的美味食品和優質服務。為慶祝與中國奧運代表團的合作，並激發全中國人民為中國運動員加油助威的熱情，麥當勞特別啟動了北京 2008 年奧運會麥當勞助威團招募選拔活動，讓更多的年輕一代的消費者有機會通過麥當勞的平臺親臨奧運現場，傳播奧運精神，支持中國團隊。

2008 年北京奧運會的歷史意義在於其象徵著中國在全球化舞臺上的地位正在逐漸上升，凝聚了中國 13 億人民的熱切期望。這項國際盛典也成為各大國際品牌在中國展現自我的最佳平臺，這場激烈的比拼必將影響其日後在中國所佔有的市場席位。就人力與物力而論，這場馬拉松式的比賽都是史無前例的。

麥當勞最大的挑戰不是宣傳本身，而是如何將奧運與麥當勞巧妙結合，使這個品牌深入人心。廣告想表達的不僅僅是麥當勞身為奧運會官方指定贊助商，其真正的目標在於提供一個消費者能參與其中的互動平臺。在 2007 年 12 月至 2008 年 5 月麥當勞廣告活動推廣期間所設定的目標如下：

目標一：通過此項廣告運動的官網達成至少 1,000 萬的用戶單次訪問量。
目標二：至少吸引 10 萬註冊成功（互動）用戶。
目標三：為活動製造最大範圍的媒體報導率。

2008 年北京奧運會為麥當勞提供了向中國消費者傳達其核心價值及品牌理念的完美平臺。該創意理念表現出其品牌勇於創新的理念，巧妙地將麥當勞品牌廣為流傳的廣告標語「我就喜歡」與 2008 年北京奧運活動相結合而特別創造出了國民新口號——「我就喜歡中國贏」。

該活動的目標對象是急切參與奧運活動的民眾，麥當勞努力造就其與全中國人民一起為奧運會加油助威的形象——「我就喜歡中國贏」（見圖 10-15）。

圖 10-15　「我就喜歡中國贏」
圖片來源：作者根據相關文獻資料整理所得

創意實施階段如下：
第一階段：運用病毒視頻在線傳播，叫響奧運助威口號。邀請每一位中國消費者參與

奧運助威團。參與者可以上傳自己的視頻、音頻或者照片等奧運助威表演秀，大聲喊出奧運口號：「我就喜歡中國贏！」

在麥當勞餐廳布置奧運助威站，加強公眾參與度。消費者可以現場錄製助威動作，所有作品公布在網絡上，並由網民來為他們投票打分。組織新聞發布會，拓展公眾的影響力。2007年12月5日，麥當勞在北京召開新聞發布會，在體育與演藝明星的參與下，宣布活動正式啓動。

第二階段：網絡真人秀集聚人氣。將網民選票的人氣前10名參賽者秘密集合到北京，進行一系列封閉式助威訓練：唱歌、舞蹈、打擊樂以及個人能力展示，每週一次將趣味娛樂性十足的網絡真人秀拍攝內容在網站上與餐廳內播放，有趣的方式讓消費者持續關注進展。

網絡社區話題炒作。通過選手博客、論壇炒作等各種口碑行銷的手段，為該活動在網絡社區製造更多的話題和亮點。

拍攝製作助威音樂短片（MV），並廣為傳播。奧運百日倒數當天，在北京國家體育場「鳥巢」前，麥當勞奧運助威團領軍1,200位群眾齊跳長達5分鐘的助威舞蹈，這個活動使麥當勞以及奧運會創造了一個新的世界吉尼斯紀錄——世界規模最大的啦啦隊助威舞，將活動推向了高潮（見圖10-16、圖10-17）。

圖10-16　麥當勞奧運助威廣告
圖片來源：百度圖片

圖10-17　麥當勞助威舞蹈
圖片來源：百度圖片

與中國奧運贊助商相比，麥當勞的支出費用少了很多，只用到 500 萬～1,000 萬元人民幣。而效果證明，2007 年 12 月至 2008 年 5 月，麥當勞奧運助威團的活動為麥當勞品牌創造了巨大的關注度、消費者參與度與新聞價值（見表 10-2）。

表 10-2　　　　　　　　麥當勞奧運助威活動目標與結果

目標	結果
通過此項廣告運動的官網達成至少 1,000 萬的用戶單次訪問量	奧運助威團的網站累計吸引 2,700 萬的訪問次數
至少吸引 10 萬註冊成功（互動）用戶	超過 120 萬的消費者參與奧運助威團全國招募活動；奧運助威團視頻在網絡上被播放次數超過 1,300 萬次
為活動製造最大範圍的媒體報導率	在谷歌和百度擁有超過 200 萬條的訊息報導，並且沒有任何費用投資於搜索引擎行銷工具

資料來源：作者根據相關文獻資料整理所得

10.4　廣告社會效果測評

廣告社會效果是指廣告刊播以後對社會產生的影響，包括正面影響和負面影響，這種影響不同於廣告的心理效果或經濟效果，是意識形態領域的內容，涉及社會倫理道德、風俗習慣、宗教信仰等問題。這些內容很難用確定的量化指標對其進行衡量，只能依靠社會公眾長期建立起來的價值觀念來評判。

10.4.1　廣告社會效果測評的原則

10.4.1.1　真實性原則

真實性原則，即廣告宣傳的內容必須客觀真實地反應商品的功能與特性，實事求是地向媒體受眾傳輸有關廣告產品或企業信息。廣告是社會文化的重要組成部分，隨市場經濟的發展，廣告成為一種無時不在的文化藝術形式，這就要求廣告內容必須客觀真實地反應產品、服務、企業形象等各種信息，並且全面真實地介紹產品。只有誠實可信的廣告信息，才能贏得消費者的好感。

2004 年 3 月，上海林賽嬌生物科技發展有限公司利用報紙發布虛假違法保健食品廣告，宣傳「腸清茶」保健食品。該廣告超出了批准的保健功能範圍，稱具有能使消費者「毛孔變小、皮膚細膩、失眠得到改善」的功能。經食品藥品監管局及工商部門調查認為，該廣告違反了保健食品廣告真實性原則，立即責令停止發布該違法廣告並處罰款 24,000 元。

10.4.1.2　社會道德規範性原則

廣告畫面、語言、文字、人物形象要給人以精神的提高與滿足，能對人的精神文明建設起促進作用，對人的思想道德、高尚情操及良好風俗等起潛移默化的影響作用。因此，廣告策劃者在測評某一廣告的社會效果時，要以一定的社會規範為評判標準來衡量廣告的正面社會效果。

現在很多公益廣告或商業廣告都以提升受眾的社會道德標準為目標，使廣告成為精神文明建設的又一重要工具（見圖 10-18、圖 10-19）。

圖 10-18　動物保護公益廣告
圖片來源：百度圖片

圖 10-19　移動公司的商業廣告
圖片來源：百度圖片

10.4.1.3　民族性原則

廣告創作與表現必須繼承民族文化，尊重民族感情，講求民族風格。在創作和表現上力求風格明快、言簡意賅，切忌朦朧晦澀，使用不易理解和不易接受的表現手法。

振興民族工業的廣告案例有很多，以下僅舉 3 個例子。

案例一：20 多年前，雙星企業就提出在市場商戰中發揚民族精神，振興民族工業，並由此確立了雙星企業在市場經濟中的航向。20 多年來，雙星企業員工通過艱苦奮鬥，使雙星企業廣告成為民族廣告的一面旗幟，更讓雙星企業員工認識到名牌是企業的形象和代表，民族廣告是一個國家實力的象徵。這種愛國情懷感召著雙星企業員工，也更激勵著雙星企業員工在壯大民族廣告的道路上不斷創新超越。

案例二：聯想集團以振興民族科技為己任，營造振興民族品牌的濃厚氛圍，並提出「希望制定有利於民族工業發展的行業採購政策，在性能價格比相同的前提下，優先購買國產商品」等策略。隨後，聯想集團憑藉驚人的價格優勢及民族品牌熱浪的助推，使聯想經濟型電腦席捲全國，市場份額節節攀升。

案例三：長虹集團是由軍工廠轉型的國內最早從日本松下引進彩電生產線的企業，該企業的使命是「以產業報國、民族昌盛為己任」，高喊「用品牌築起我們新的長城」「長虹以民族昌盛為己任，獻給你——長虹紅太陽」等廣告宣傳口號，一時間營造了濃烈的愛國熱情。

10.4.2　廣告社會效果測評的要求

廣告社會效果的測評同樣要遵循以下三點要求：

第一，是否有利於樹立正確的價值觀念。

第二，是否有利於樹立正確的消費觀念。正確的消費觀念是宏觀經濟健康發展的思想基礎，也是確保正常經濟秩序的基礎。

第三，是否有利於培育良好的社會風氣。

由奧美廣告公司為臺灣大眾銀行策劃的廣告系列「不平凡的平凡大眾」就產生了很好的社會效果。其中，一則名為《母親的勇氣》的公益廣告更是打動了無數觀眾。

這則廣告取材臺灣一則真實的故事，講述了一個母親排除萬難，遠赴委內瑞拉探望懷孕女兒的感人故事：一位第一次出國的母親，不懂英語，獨自一人，飛行了 3 天，想為剛生產完的女兒炖雞湯，可是她帶來給女兒炖雞湯用的中藥材卻被當作了違禁物品。當她被拘

留在委內瑞拉的機場時，她向機場人員解釋了所有。這時，每個人都被她震驚了。所有人都被這個母親的勇氣與無私的愛感動了。廣告中不斷閃現母親手裡抓著女兒與外孫照片的畫面，同時切換的是母親一路奮力奔跑趕飛機的場景。當故事結束，畫面呈現出簡簡單單的八個字——「不平凡的平凡大眾」。雖然作為廣告，必然有藝術修飾，但是哪怕沒有那些情節上的衝突、人物的修飾、煽情的背景音樂，它也足以打動人心。真實，是其創意來源，也是其動人之處。

這則廣告的創意是成功的，因為在意料之中打動了許多人，很好地向外界傳達了一位平凡母親的不平凡。作為一個商業銀行的廣告，它向人們傳達和頌揚的是堅韌的品質、勇往直前的勇氣與無懼無畏的愛。這是一種品牌精神，是大眾銀行倡導和標榜的品牌力量。廣告的社會效果當然也就不言而喻了（見圖10-20）。

圖10-20　大眾銀行「母親的勇氣」

圖片來源：http://my.tv.sohu.com/us/1174235/6217019.shtml

本章小結

廣告效果是指開展的廣告活動通過廣告媒體傳播後產生的影響或作用，或者說媒體受眾接觸廣告後產生的結果性反應。這種影響可以分為對媒體受眾的心理影響、對廣告受眾消費觀念的影響以及對產品銷售的影響。廣告作為促銷的一種手段，必然可以用銷售情況的好壞直接判斷廣告效果如何。

廣告心理效果的測評，即測評廣告經過特定的媒體傳播之後對消費者心理活動的影響程度。廣告心理效果測評的主要對象是消費者，測評其對廣告作品的心理效果、對廣告媒體的心理效果以及對廣告促銷的心理效果等。

測評廣告促銷效果是指測評在投入一定廣告費及廣告刊登或播放後的產品銷售額與利潤的變化狀況。廣告社會效果是指廣告刊播以後對社會產生的影響，包括正面影響和負面影響，這種影響不同於廣告的心理效果或經濟效果，是意識形態領域的內容，涉及社會倫理道德、風俗習慣、宗教信仰等問題。

思考題

1. 簡述廣告測評的程序過程。
2. 試比較廣告心理效果、廣告促銷效果、廣告社會效果三者之間不同效果的測評。
3. 請舉例說明廣告心理效果測評對於企業的作用。
4. 現如今，很多企業不惜用天價邀請當紅明星作為其產品的代言人，為產品做廣告。請分析這樣的廣告方式會產生怎樣的廣告效果？

參考文獻

［1］趙寧. 廣告學［M］. 大連：東北財經大學出版社，1996：233.
［2］新浪網. http://finance.sina.com.cn/b/20040929/08401055530.shtml.
［3］馬廣海，楊善明. 廣告學概論［M］. 濟南：山東大學出版社，1999：273.

第三部分總結

廣告策劃的概念最早源於西方廣告世界，概念提出距今不足 50 年。然而廣告策劃的活動卻在一個世紀之前就展開了。經過幾十年的發展，廣告策劃從最初的萌芽期，經過誕生期，然後在成長期不斷孕育著新的發展方向，最終形成了現代廣告業對於廣告策劃的一系列系統的研究。

廣告策劃就是廣告人通過周密的市場調查和系統分析，對未來時期的整體廣告活動進行系統籌劃和謀略性安排，從而合理有效地控制廣告活動的進程，以實現廣告目標的活動。廣告策劃可以分為宏觀和微觀的廣告策劃，但是不論何種類型，都是在科學和客觀的基礎之上，結合市場、企業、競爭、產品、消費者和媒介狀況進行的一系列創造性的活動。

本部分通過對廣告策劃的概念、特點以及作用等方面的學習，加深讀者對廣告策劃的理解。緊接著對廣告策劃的內容進行了分析，包括廣告策劃的市場調查與分析、確定廣告目標、目標市場和產品定位、廣告創意表現、廣告媒介選擇、廣告實施計劃等一系列詳細步驟的闡述。廣告策劃書的撰寫過程部分也詳細解釋了如何進行廣告撰寫，在實際的應用中應根據實際情況進行分析，採取適合的方式方法撰寫。

廣告預算的編製過程中，考慮廣告目的和預算之間的關係，以目的作為行動的最終追求。影響廣告預算的因素會因不同的境況而不同，本部分從企業的角度分析廣告預算的影響因素，包括了企業的經營狀況、企業的行銷目標和廣告目標以及企業外部環境變化，從多方面分析了影響因素各自的特點。舉例說明了用適用性很強的方法來編製廣告預算。

廣告效果是開展的廣告活動通過廣告媒體傳播後產生的影響或作用，或者說媒體受眾接觸廣告後產生的結果性反應。這種影響可以分為對媒體受眾的心理影響、對廣告受眾消費觀念的影響以及對產品銷售的影響。廣告效果有正面效果和負面效果。廣告的心理效果測評、廣告的促銷效果測評、廣告的社會效果測評分別從心理、促銷、社會三個不同的角度分析了廣告效果測評的結果。實際情況下，要針對不同的環境、不同的廣告活動制定不同的廣告策劃，從而達到更高的廣告效益，使得廣告效果更加突出。

　　隨著社會的不斷進步，科技的進步使得文化創意產業日益興盛起來，「策劃」成了眾多企業發展經常提及的詞語，廣告策劃則成了企業產品如何贏得市場、取得更大的市場競爭力的有效途徑之一。優秀的廣告活動可以使得公司的形象、產品的知名度得到進一步的提升。廣告策劃活動是廣告活動很重要的一環，優秀的廣告策劃能提升整個廣告質量，是廣告的靈魂所在。

第四部分　廣告內容

絕對伏特加的絕對創意[1]

在科技發達的當下，每天打開電視，走在街上，登陸網站，翻開雜誌報紙，總會有各種各樣的廣告映入眼簾，商家們爭搶著黃金時段、有效位置，在幾十秒甚至是消費者的一瞥中不斷地傳達商品信息。經典的廣告脫穎而出抓住消費者的眼球，甚至會引起消費狂潮，一時風頭無量。從視頻到圖片，從奢華的大片到網絡上掀起熱潮的各種「體」，在消費者津津樂道、銷售數字步步上升的背後，廣告扮演了重要的角色，而其創意可謂是點睛之筆。

在層出不窮的廣告中，經典永遠不會褪色，我們從廣告內容一步步探尋這個用創意整合行銷、用廣告打造的傳奇——絕對伏特加。

伏特加酒誕生於俄羅斯，屬低度烈性酒，純度極高。伏特加酒的出身注定了與俄羅斯之間天然的聯繫，在人們心目中這種聯繫根深蒂固。來自瑞典南部小鎮奧胡斯（Ahus）的絕對伏特加成功地突破了這種聯繫。

1979 年，絕對伏特加誕生 100 年。這一年，絕對伏特加成功開拓美國市場。絕對伏特加進入美國市場之初遇到很大的困難正是缺乏「正統」身分，消費者不認同。絕對伏特加不具備與其他品牌相區隔的獨特品質，強勁的俄羅斯對手在一旁虎視眈眈。絕對伏特加為打開美國市場絞盡腦汁時，事情出現轉機。絕對伏特加的廣告夥伴發現一個瑞典老式藥瓶，其外觀十分適合用作外包裝。這種老式藥瓶跟伏特加關係密切，伏特加誕生之初就是裝在這種透明藥瓶中。透明簡潔的造型加上與瑞典歷史的關聯，這個瓶子被認定為伏特加全新形象的最佳選擇。絕對伏特加改良了這個瓶子，一反在酒瓶上貼紙質標籤的習慣，不用任何標籤，直接把品牌信息刻在瓶身上，瓶身保持透明，酒質的純淨一眼就能看到。就這樣，絕對伏特加找到了「絕對獨特」的包裝設計。初期的市場調研卻否定了這個常識，人們普遍認為瓶子十分醜陋，特別是瓶頸太短。絕對伏特加的美國代理科瑞林（Carillon）公司總裁米歇爾·魯（Michel Roux）卻堅持己見，他認為這種產品與消費者印象中的伏特加差距很大，市場調研無法完整瞭解它。米歇爾主張放棄調查結果，強勢集中投放廣告打造品牌個性。米歇爾委託了 TWBA 廣告公司開展長期廣告運動。[2] TWBA 的廣告運動給絕對伏特加

---

[1] 陳培愛. 世界廣告案例精解 [M]. 廈門：廈門大學出版社，2008.
[2] 高杰.「絕對」的成功——瑞典絕對牌伏特加開拓美國市場案例 [J]. 企業改革與管理，2001（2）：15-17.

带来成功，绝对伏特加的年增长率明显高于其他伏特加酒品牌。1996年，绝对伏特加在美国市场上占有率排第一，广告语「绝对完美」在美国家喻户晓。作为世界顶级烈酒品牌，绝对伏特加成为个性、文化、品位的象征，引导时尚流行与时尚消费。

熟悉绝对伏特加的人同样熟悉其广告，广告是绝对伏特加为人们津津乐道的话题。1979年，TWBA广告公司的「绝对完美」广告启动了绝对伏特加长达20年的广告运动，绝对伏特加的广告集经典与百变于一身，成为艺术品，折服了无数广告人、艺术家、收藏爱好者。绝对伏特加广告分成瓶形广告、抽象广告、城市广告、口味广告、季节广告、电影文学广告、艺术广告、时尚广告、话题广告和特制广告等十余个系列，发布过平面、网络、电影等多种形式的千余幅广告。瓶子时钟是广告创作的基础和源泉，也是其广告永远的主角。绝对伏特加的广告都是以经典广告台词「Absolut（绝对）」开头，加上一个相应的单词，如开山之作「绝对完美（Absolut Perfection）」等。独特的诉求准确地塑造了品牌的个性，传播了品牌核心价值。广告用想像、智慧及精致诠释绝对伏特加的核心价值纯净、简单、完美。

1999年，绝对伏特加广告被《广告时代》评选为世纪十佳广告，其广告获奖无数，成为广告史中的经典，获奖的不仅是20世纪80年代以来绝对伏特加发布的数千幅广告作品，更是广告中贯穿的品牌核心价值和以「不变的瓶子，百变的创意」为主旋律的广告运动。虽然有主旋律，但绝对伏特加并不墨守成规，在不变的基础上千变万化，展示出品牌行销的创新精神和创造力。

第一，融入世界各地文化。绝对伏特加发源于瑞典小镇，走出国门，学习、理解、融合不同国家和地区的文化是其重要的行销理念。融入世界文化的开始首先是突破文化障蔽消费者心目中产品与产地之间的联系。绝对伏特加进入美国市场时就受到来自文化的强大阻力，无法获得消费者的认同。绝对伏特加坚持以独特的形象，用强劲的广告赋予了品牌个性，逐渐得到消费者的认可，彻底置换了伏特加酒原有的俄罗斯文化背景，成为美国最热销的伏特加酒（见图1）。

美国市场的成功让绝对伏特加走向品牌的辉煌。1987年，绝对伏特加在美国加利福尼亚州热销，为感谢消费者的厚爱，绝对伏特加请了TWBA广告公司制作了一座酒瓶状的泳池，标题为「绝对洛杉矶」。从此一发不可收拾，一个接一个的城市主动找上门来要求为绝对伏特加设计广告，于是有了「绝对西雅图」「绝对迈阿密」，产生了为绝对伏特加赢得诸多广告殊荣的「绝对城市」系列。1994年，结合各地著名景观及文化风俗的欧洲城市系列正式推出，绝对伏特加融入城市环境之中成为和谐统一的美妙景观。「绝对布鲁塞尔」中绝对伏特加酒瓶化身为撒尿拯救布鲁塞尔的小男孩，顽皮亲切；「绝对瑞士」中，瓶子的形状嵌进手表的零件中，十分有趣，突出瑞士钟表王国的地位，巧妙地融入绝对伏特加的形象特征。

绝对伏特加进军中国市场，尝试融入古老的东方文化。「绝对背景」中，绝对伏特加捕捉到的是外国人眼中的京剧，威风凛凛的京剧脸谱成为广告主角，细看才发现，脸谱的鼻子部分竟然是一个绝对伏特加瓶子。相似地，「绝对台北」中瓶子成为舞狮场景中狮子伸出的舌头，浓墨重彩的东方神韵扑面而来。2005年春节，绝对伏特加悄悄变声为绝对「福」特加，「Absolut New Year（绝对新年）」广告中一直置于广告下方的标题被倒置在了广告顶端，喜庆的大红「福」字贴在瓶子上面。反转广告度标题时刻惊喜地看到，福「倒了」，绝对伏特加「到了」。创意准确地把握住中国人的趋吉心理，借传统佳节把绝对伏特加和「福气」一起送到中国人身边，让中国人欢笑着接受绝对伏特加的「新年祝福、绝对分享」（见图2）。

圖 1　絕對伏特加融入世界文化的
代表作之一「絕對北京」(請欣賞視頻 4)
圖片來源：百度圖片

圖 2　為慶祝中國新年
而發布的絕對「福」特加廣告
圖片來源：新浪網

不管是在美國、歐洲還是在中國，絕對伏特加用廣告淋灕極致地體現了其對世界各地不同區域文化的理解，展示不同文化的精髓，形成了風情萬種的世界風光畫卷，讓消費者不出門即看盡世界風景。借機開拓了一個又一個的市場，成功地在 126 個國家和地區銷售。

第二，做時尚流行文化的引導者。絕對伏特加的品牌個性是「時尚、耀眼、不同尋常、獨具韻味」。在消費者眼中，絕對伏特加的形象一直很前衛。這些特質都使得絕對伏特加恰好符合時尚文化精神，使其品牌行銷結合進口時尚文化，貼合時尚氛圍，時時處處把握流行，表現出充滿魅力的個性色彩和無限的創造性，創意大膽。

1988 年，絕對伏特加與時尚設計大師大衛・卡梅侖（David Cameron）合作，引發消費者的追逐，絕對伏特加開啟了時尚之路。自此，絕對伏特加緊密與時尚圈合作，不斷推出代表流行時尚文化的作品。2005 年，絕對伏特加發布「Metropolis（大都會）」系列廣告，其時尚創作產生重大突破，又一次完美結合創意與時尚美學，描繪出都市中個性張揚的年輕人，他們在表達自我的同時也詮釋了絕對伏特加的時尚精神。

第三，廣泛結合藝術形式。藝術是文化重要的組成部分，藝術給予人們的體驗比一般的生活體驗更強烈、更深刻，藝術使人歡樂、振奮、悲傷、憂鬱。廣告傳達信息的功能主要是通過藝術形式所表現出來的，因此廣告本身也是一門藝術。絕對伏特加和藝術的關係非常密切，絕對伏特加擅長以各種形式與藝術共舞，絕對伏特加的歷史折射著藝術的發展，兩者的相互融合出神入化。

絕對伏特加的藝術之路始於 1985 年，波普藝術大師沃霍爾主動聯繫絕對伏特加表達了他對絕對伏特加的鍾愛，並表示願為絕對伏特加完美的瓶子創作，絕對伏特加欣然答應，黑色絕對伏特加酒瓶和「Absolut Vodka（絕對伏特加）」字樣的油畫就這樣誕生了。沃霍

爾表達了他對瓶子生動有趣的想像,成為第一個為絕對伏特加的瓶子作畫的人。沃霍爾的油畫作為廣告投放在媒體上,廣告發布後不久,絕對伏特加的銷售驟然激增。絕對伏特加看到了藝術價值與酒文化價值的互動效應,決定打造自己的藝術形象。就這樣,絕對伏特加開始以嶄新的引人注目的形象出現在世人面前,即「絕對藝術」。

繼沃霍爾之後,不斷地有藝術家將藝術才華注入絕對伏特加中,包括塗鴉藝術家基斯·哈靈、時裝大師範思哲等頂尖人物,各種藝術形式的藝術家也加入其中,包括雕塑家、琉璃藝術家、攝影師、室內設計師、建築師和珠寶設計師等。絕對伏特加廣納人才,包容不同的藝術形式。1997年的「Absolut Expressions(絕對表達)」系列,由14位非洲裔美洲藝術家共同完成,他們的作品受傳統的非洲藝術、抽象主義和早期的美洲民間文化的影響,通過帆布、雕塑甚至棉被等載體來表現。「絕對表達」引起廣泛關注,好評如潮,人們對絕對伏特加的大手筆嘆為觀止。

至今為止,已有500餘位藝術家與絕對伏特加結緣,更多藝術家在等候著為絕對伏特加創作。絕對伏特加自身的無限創意激發了藝術家的靈感,促使他們創作出獨具個性的藝術作品。這些藝術作品經常出現在絕對伏特加的廣告中,原作被博物館收藏並展覽,共同組成絕對伏特加的當代藝術寶庫,成為一筆豐厚的品牌資產。

第四,深入滲透人類生活形態與生活方式。絕對伏特加的審美主張十分獨特,對美的捕捉深入生活每一個角落。絕對伏特加熱衷表現生活中各種各樣的瓶子。在餐桌上,看似隨意的兩個餐叉平行擺放,兩者的邊角組成絕對伏特加的瓶子;在平安夜下雪的街道上行走著捧著聖誕禮物回家的女郎,手中的禮物堆砌出瓶子的形狀;黑暗中伸出男人的手掌,手心清晰地掌紋勾勒出絕對伏特加的瓶子;絕對伏特加瓶子的瓶蓋被換掉,接上殺蟲劑的噴嘴,瓶子成為奇效的殺蟲英雄;人們瘋狂地追隨著偶像的豪華汽車,汽車成為瓶頸,後面跟著長長的人群就是瓶身。絕對伏特加通過廣告,將想像力、好奇心、觀察力、幽默感、創作力傳遞給觀眾,讓人會心一笑。

為了親近消費者,廣告賦予了絕對伏特加的瓶子感情,惟妙惟肖地描摹各種情感。在「絕對美麗」中,瓶子的表面貼滿黃瓜片,像女性做面膜;在「絕對快樂時光」中,兩個瓶子相親相愛面對面親吻;在「絕對瑜伽」中,聰明的瓶子輕巧倒立練起印度功夫;在「絕對派對」中,瓶身裹上豔麗的披肩成為派對女皇。絕對伏特加的瓶子簡直就是神話故事中可以72變的精靈,讓人不得不愛。

在絕對伏特加追求的品牌美學戰略中,品牌名稱和瓶形設計成為極具藝術想像力的傳播策略和戰略核心,廣告中滲透的文化和生活形態則是常變常新的戰術應用。

在瞭解了絕對伏特加用廣告與創意打造的經典傳奇後,我們不禁會思考,廣告創意到底是什麼?是怎麼形成的?如何表達創意?這一部分,我們將從廣告創意與廣告表現手法一步步解讀廣告。

附:伏特加經典城市系列——從絕對伏特加看世界(見圖3)。

圖3　絕對伏特加絕對城市系列廣告
圖片來源：www.absolutad.com

11　廣告創意

本章提要

廣告創意是廣告活動中最引人注目的環節，用來指導廣告創意活動的基本思想和要求。本章就廣告創意的原則、廣告創意的基本步驟與方法以及廣告創意的基本思路等問題展開分析。

11.1　廣告創意的原則

現代廣告創意是科學理念指導下的創造性活動，既要突破常規，追求新穎獨特，又要建立在市場商品或服務、消費者要求基礎之上，因此創意應該有明確的指導原則。廣告創意的原則就是用來指導廣告創意活動的基本思想和要求，在進行廣告創意活動時，應遵循以下原則，才有利於整個創意活動朝著正確、健康的方向前進，達到預期的目標。

11.1.1　目標性原則

廣告創意的目標原則是指廣告創意必須與廣告目標和行銷目標相吻合。廣告創意的活動必須服從和圍繞廣告目標和行銷目標展開。廣告大師大衛·奧格威說：「我們的目的是銷售，否則便不是廣告。」任何廣告創意如果背離了這一原則，不論藝術上有多麼出色，都只能算是一個失敗的廣告。因此，廣告創意必須首先考慮廣告創意要達到什麼目的、起到什麼效果。

寶潔公司曾經推出的一款洗髮水的功能是黑髮，其廣告創意也是緊緊圍繞著黑髮的主題，畫面上烏黑的頭髮仿佛隨著旋律在舞動，似乎在向人們訴說洗髮水的功效（見圖11-1）。

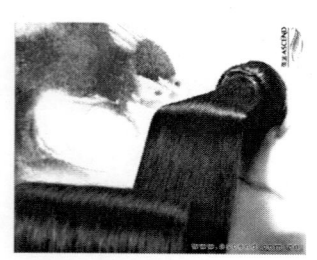

圖11-1　寶潔潤妍洗髮水廣告（請欣賞視頻11-1）
圖片來源：百度圖片

11.1.2　關聯性原則

關聯性原則是指廣告創意必須與商品或服務、廣告主題、廣告目標、企業競爭者有關聯。關聯性是廣告的根本要求，廣告與商品沒有關聯性，就失去了廣告存在的意義。廣告最終是要宣傳商品，是商品行銷策略的組成部分。與廣告主題關聯性強的創意才能順利地引導消費者去認同廣告意象，自然而然地在產品與廣告之間產生聯想。缺乏關聯性的創意，不但難以表現出產品特徵，而且往往使人不知所雲。

例如，美孚石油公司曾多年使用「紅天馬」作為象徵以標明其服務站，而不是用「美孚」這個簡單的詞，因為廣告創意人員認為汽車駕駛員看到「紅天馬」時會感到快樂，使人聯想到敏捷、力量與迅速，而「美孚」這個詞則相對枯燥。事實證明美孚公司對「紅天馬」的期望過高，實驗結果表明美孚公司加油站的招牌堅持使用其認為會令駕駛員產生快樂的意象，可是這種聯想與辨識「美孚」加油站毫無關聯，因而失去了相當部分的銷售機會。

11.1.3　原創性原則

原創性原則是指廣告創意中不能因循守舊、墨守成規，而要勇於、善於標新立異、獨闢蹊徑。原創性是廣告創意本質屬性的體現，是創意水準的直接標誌，更是廣告取得成功的重要因素。原創性的廣告創意具有最大強度的心理突破效果，與眾不同的新奇感引人注目，並且其鮮明的魅力會觸發人們強烈的興趣，能夠在受眾腦海中留下深刻的印象，長久地被記憶，這一系列心理過程符合廣告傳達的心理階梯的目標。

圖11-2所示圖片是義大利麥肯·埃里克森廣告公司製作的一組主題為「清涼」的平面廣告，對應的五個廣告語分別是為清涼而傾倒、突然間的清爽、隨時隨地的休閒、船上的清涼和隨你的本性而去。這組廣告使可口可樂的瓶子在其中有出神入化的表演，可口可樂的瓶子與環境融為一體，原創性極強（見圖11-2）。

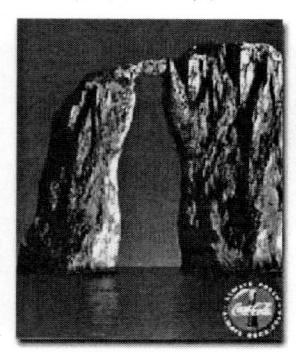

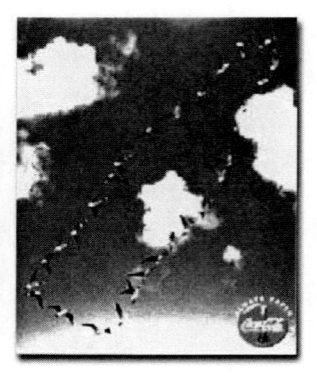

圖 11-2　可口可樂的廣告
圖片來源：百度圖片

11.1.4　震撼性原則

震撼性原則就是廣告要具有強烈的視覺衝擊力和心理的影響力，深入到人性深處，衝擊消費者的心靈，使消費者留下深刻的印象。震撼性原則是使廣告信息發揮影響作用的前提和保證。

廣告的震撼性來自廣告主題的思想深度和廣告表現的形式力度。廣告主題要反應生活的哲理和智慧，對人們關心和感興趣的生活現象表達出獨特的態度，引起人的思考，觸動人的情感，使人在震驚、反思、回味中記住並重視產品的信息。具備力度的廣告表現形式要簡潔而不簡單，新穎而不平淡，醒目而不含混，能夠牽動人的視線，撞擊人的心靈，令人久久不能忘懷。[①] 現在，廣告採用的形式越來越多，以各種不同的方式使得受眾的感官產生刺激，刺激受眾內在的情感及情緒，從而使得受眾在多個層次上得到體驗的享受，並由此激勵受眾去區分不同的公司與產品、引發購買動機和提升廣告產品的形象與價值。

2001 年的 5 月 10 日，寶馬汽車北美分部委託 Fallon 廣告公司推出「The Hire」系列廣告，好萊塢知名導演大衛・芬奇（David Fincher）擔任製片人（請欣賞視頻11-2），並邀請了包括李安、吳宇森、王家衛以及托尼・斯科特（Tony Scott）等多位東西方知名導演指導，拍攝了每部約 6~10 分鐘不等的共 8 部網絡廣告短片。每部廣告電影平均 8 分鐘左右由 8 位導演拍出的 8 個不同的風格系列，導演的風格迥異，每一段都給人耳目一新的感覺，用電影的手法體現寶馬汽車的強大性能，猶如大片的廣告極具震撼效果。

圖 11-3 所示是一幅宣傳禁菸的公益廣告圖片，人手裡夾著的香菸和手與香菸形成手槍狀的影子，暗示著吸菸等於慢性自殺。這樣的警示足以讓人心有餘悸。

[①] 姚力，王麗．廣告創意與案例分析 [M]．北京：高等教育出版社，2004：38．

图 11-3　禁菸廣告
圖片來源：百度圖片

　　廣告的震撼性不一定來自視覺上的震撼，有些文字一樣可以達到撼動心靈的效果。例如，長城葡萄酒《3 毫米的旅程———一顆好葡萄要走 10 年》的文案：3 毫米，瓶壁外面到裡面的距離，一顆葡萄到一瓶好酒之間的距離。不是每顆葡萄都有資格踏上這 3 毫米的旅程。它必是葡萄園中的貴族；占據區區幾平方千米的沙礫土地；坡地的方位像為它精心計量過，剛好能迎上遠道而來的季風。它小時候，沒遇到一場霜凍和冷雨；旺盛的青春期，碰上了十幾年最好的太陽；臨近成熟，沒有雨水衝淡它醞釀已久的糖分；甚至山雀也從未打它的主意。摘了 35 年葡萄的老工人，耐心地等到糖分和酸度完全平衡的一刻，才把它摘下；酒莊裡最德高望重的釀酒師，每個環節都要親手控制，小心翼翼。而現在，一切光環都被隔絕在外。黑暗潮濕的地窖裡，葡萄要完成最後 3 毫米的推進。天堂並非遙不可及，再走 10 年而已。這個廣告雖然沒有強烈的視覺衝擊力，但是它卻能衝擊消費者的心靈，讓人在腦海中呈現出關於葡萄到葡萄酒的唯美畫面，詩意的文字帶人體驗了一次葡萄之旅，給人留下深刻的印象。

　　又如，達克寧的一則電視廣告創意以斬草除根的畫面，結合廣告語「殺菌治腳步氣，請用達克寧」，強烈的廣告表現完成了整體訴求。這個廣告給消費者留下了深刻的印象，廣告所傳達消息和產品十分貼切，符合關聯性、原創性和震撼性的廣告創作原則，是一則非常有效的藥品廣告（請欣賞視頻 11-3）。

11.1.5　簡潔性原則

　　廣告藝術不僅受到信息的制約，還要受到時間的制約。廣告信息的傳達要求簡約而又內涵豐富，廣告創意必須簡潔明瞭、切中主題才能令人印象深刻、過目不忘。無論是利用語言文字還是畫面、圖像來表現，都要盡量做到意在言外、含而不露，在準確地把廣告的訴求宗旨傳遞的同時，又能讓受眾感到意味深長。廣告大師伯恩巴克認為：「在創意的表現上光是求新求變、與眾不同並不夠。傑出的廣告既不是誇大，也不是虛飾，而是要竭盡你的智慧使廣告信息單純化、清晰化、戲劇化，使它在消費者腦海裡留下深而難以磨滅的記憶。」世界廣告的經典之作幾乎都是創意獨特、簡單明了。例如，1996 年在戛納國際廣告節上獲獎的沃爾沃汽車的「安全別針」廣告，這則廣告沒有廣告詞，只是一副形狀像沃爾

沃車的安全別針的圖像。這則廣告是要告訴人們，別針的鋼很堅韌，不易變形，即使針尖跳出扣槽之外，也很難用外力碰撞使之變形。別針針尖出槽尚且如此，何況使用別針時針尖是絕不會出槽的。這就使受眾將別針自然而然地與沃爾沃汽車的結構精良合格、安全牢固聯繫在一起（見圖11-4）。

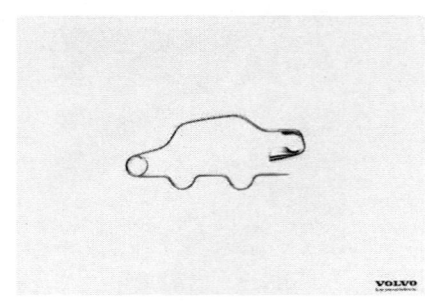

圖11-4 沃爾沃汽車別針廣告
圖片來源：百度圖片

又如，李奧・貝納為「綠巨人」公司所做的富有傳奇性的罐裝豌豆廣告——「月光下的收成」。在這則廣告中，李奧・貝納拋棄了「新鮮罐裝」之類的陳詞濫調，拋棄了「在蔬菜王國的大顆綠寶石」之類的虛誇之詞，拋棄了「豌豆在大地，善意充滿人間」之類的炫耀賣弄，而以充滿浪漫氣氛的標題——「月光下的收成」和簡潔而自然的文案——「無論日間或夜晚，綠巨人豌豆都在轉瞬間選妥，風味絕佳，從產地到裝罐不超過3小時」。以如此自然而簡潔的方式，向消費者傳遞可信和溫馨的信息，兼具新聞價值和浪漫情調。

11.1.6　合規性原則

合規原則指廣告創意必須符合廣告規則和廣告的社會責任。隨著廣告產業的發展，廣告的商業目標和社會倫理的衝突時有發生，因此廣告創意的內容必須受廣告法規和社會倫理道德以及各個國家、地區風俗習慣的約束，保證廣告文化的健康發展。廣告必須體現對人們和社會負責任的態度，不能做與競爭對手相互詆毀的廣告，不能違反某民族風俗、宗教信仰的廣告，不能做法律明令禁止的廣告。廣告創作人員只有瞭解了這一要求，才能創作出高水準且符合規範要求的廣告。

例如，索尼錄音機的一則廣告，其目標市場是泰國市場，廣告主題是索尼錄音機的音質好，悅耳動聽。畫面上索尼音響播放著動聽的音樂，佛祖釋迦牟尼閉目欣賞。當音樂進入高潮時，釋迦牟尼渾身的肌肉都隨著音樂節拍在抖動，也許是音樂的感召力太過強大了吧，最後釋迦牟尼居然睜開了他的慧眼。這個廣告的創意很新、很大膽。從廣告創意來說，應該說是很成功的。但由於其目標市場泰國是佛教之邦，佛教徒無法容忍對佛祖的褻瀆，泰國人在看了索尼錄音機廣告後，紛紛上街抗議，泰國政府向日本使領館發出照會，此事上升到外交層面，弄得索尼公司狼狽收場。

又如，曾經在中國國內鬧得沸沸揚揚的豐田「霸道」廣告、立邦漆「盤龍滑落」廣告、耐克「恐懼鬥室」等廣告就屬於無視中國社會民族文化的廣告。一汽豐田銷售公司的兩則刊登在2003年第12期《汽車之友》、由盛世長城廣告公司製作的廣告中，一輛「霸道」汽車停在兩只石獅子之前，一只石獅子抬起右爪做敬禮狀，另一只石獅子向下俯首，

背景為高樓大廈，配圖廣告語為「霸道，你不得不尊敬」。豐田「陸地巡洋艦」汽車在雪山高原上以鋼索拖拉一輛綠色國產大卡車，拍攝地址在可可西里。這兩則廣告引起中國廣大網民的極度憤慨，由於石獅在中國有著極其重要的象徵意義，代表權利和尊嚴，豐田廣告用石獅向霸道車敬禮、作揖，極不嚴肅。由於石獅子的模樣效仿盧溝橋上的獅子，有網友將石獅聯想到「盧溝橋事變」，並認為，「霸道，你不得不尊敬」的廣告語太過霸氣，有商業徵服之嫌，損傷了中華民族的感情（見圖11-5）。而對於被拖拽的綠色國產東風卡車又和軍車非常像，兩個廣告的畫面都會讓人產生相應的聯想，嚴重傷害了中國人的感情。

圖11-5　豐田「霸道」汽車的雜誌彩頁廣告
圖片來源：百度圖片

11.2　廣告創意的步驟與基本方法

11.2.1　廣告創意的步驟

有人說創意工作的魅力就在於你完全不知道你會創作出什麼，甚至你不知道下一步你的思維將有什麼突破、你的思想將帶著你去向何方。因此，很多創意人在創意工作崗位上一待就是幾年、幾十年，他們並不覺得日夜的思考、聯想、關聯、創作是一件痛苦的事情，他們自覺可以在絕望中看到希望，可以在汪洋中搜尋寶劍。相反，很多人初入這個行業，很快又退出，覺得是一種煎熬，是在一片沙漠中尋找盛開的鮮花。其實，創意工作儘管無規律可循，也不應該通過模仿束縛思維的模式，但創意的產生卻有一定的規律。

從王國維的「三境界」看創意產生過程，國學大師王國維曾經用幾句古詩詞形象地提出治學的「三境界」說：昨夜西風凋碧樹。獨上高樓，望盡天涯路。此第一境也。衣帶漸寬終不悔，為伊消得人憔悴。此第二境也。眾裡尋他千百度，驀然回首，那人卻在，燈火闌珊處。此第三境也。

如果將這三境界說應用在廣告創意上，則大概是這樣的三階段：第一，廣泛地收集相關資料。第二，進行資料的分析整理，進行艱苦的創意思考。第三，「踏破鐵鞋無覓處，得來全不費工夫。」在最艱難的時候，也是意想不到的時候，靈光一現，出現了好點子。

天聯（Batten, Barton, Durstine and Osbom）廣告公司的創意步驟分為三個階段：

第一，搜尋事實階段，找出問題（瓶頸）所在。

第二，準備階段，收集並分析相關的資料。

第三，產生創意階段。一是創意收集，想出盡可能多的相關點子；二是創意發展，選

擇、修改、增加、綜合，產生合適的創意點子。

在搜尋事實階段，應當對廣告目標進行細緻的討論。廣告目標為創意活動指出方向，同時也是一種制約。對於相關資料應進行吸收和消化。在產生創意階段首先應強調「量」的因素，不要有任何的約束。比如一個人可以坐在桌前，將腦袋中想到的任何有關或無關緊要的雜亂的思緒記下來，一下子就想到的好主意是極少的，通常好主意都是從張廢紙堆中產生的。

詹姆斯‧韋伯‧楊（James Webb Young）是智威湯遜廣告公司資深創意人，在長達61年的職業生涯之後，他總結了廣告創意的原則與基本步驟，解開了廣告創意的神祕面紗。他認為創意是舊元素的新組合，而創意新組合物的能力可借由提升洞悉關聯性的功力而加強，在生產創意的過程中，我們心智的運作就如同生產福特汽車的過程一般。[1] 據此，他提出的創意必須經過的以下五個階段：

第一，收集資料階段。廣告創意的工作首先是從收集資料開始的。創意不是憑空想像，必須為每一個創意收集其需要的依據和內容。只有在周密調查、充分掌握訊息的基礎上，才能產生獨特、新穎、優秀的廣告創意。在這一階段，廣告創作人員必須結合廣告主的要求，進行相關資料的收集，主要是瞭解有關市場、商品、消費者、競爭對手等方面的信息。信息資料掌握得越多，對創意構思越有利。

第二，分析階段。在這一階段，廣告創意者要對收集到的各種資料進行綜合，認真分析和研究，用各種思維方式進行探尋，找出商品本身最吸引消費者的地方，發現能夠打動消費者的關鍵點，即廣告的主要訴求點。

把商品能夠打動消費者的關鍵點列舉出來，主要有幾個方面[2]：一是廣告商品與同類商品所具有的共同屬性有哪些，如產品的設計思想，生產工藝的水準，產品自身（適用性、耐久性、造型、使用難易程度）等方面有哪些相同之處。二是與競爭商品相比較，廣告商品的特殊屬性是什麼，優點、特點在什麼地方，從不同角度對商品的特性進行列舉分析。三是商品的生命週期正處於哪個階段。

列舉後，從中找到商品性能與消費者的需求和所能獲取利益之間的關係，結合目標消費者的具體情況，找出廣告的訴求點。

第三，醞釀階段。在對有關資料進行調查和分析之後，就開始為提出新的創意做準備。廣告創意應該是獨特的、新奇的、能讓人有耳目一新的感覺，這要求創作人員必須要有獨特的創造性。這一階段，靈感與潛意識起到重要的作用。詹姆斯‧韋伯‧楊對靈感的出現做過這樣的描繪：「突然間會出現創意。它會在你最沒期望它出現的時機出現，當你刮胡子的時候，或淋浴時，或者最常出現於清晨半醒半睡的狀態中。也許它會在夜半時刻把你喚醒。」

第四，開發階段。在這一階段，廣告創作人員要在撰寫廣告文案或設計作品之前，先在大腦中構思出廣告的大致模樣。在這個階段，可能會提出很多個新的創意，這些創意往往具有不同的特點，應把每一個新的創意記錄下來。

第五，驗證評價階段。這是廣告創意的最後一個階段，詹姆斯‧韋伯‧楊認為：「此階段可名之為寒冷清晨過後的曙光。」在這個階段，利用科學對比的方法，將前面提出的許多個新的創意逐個進行研究，檢驗構想的合理性和嚴密性，決定最好的和最適合的一個。要

---

[1] 詹姆斯‧韋伯‧楊. 廣告傳奇與創意妙招 [M]. 林以德，等，譯. 呼和浩特：內蒙古人民出版社，1998：125.
[2] 倪寧. 廣告學教程 [M]. 北京：中國人民大學出版社，2004：195.

注意從幾個方面加以考慮：提出的創意與廣告目標是否吻合；是否符合訴求對象及將要選用的媒體特點；與競爭商品的廣告相比是否具有獨特性。

11.2.2 廣告創意的基本方法

11.2.2.1 頭腦風暴法

廣告創意的頭腦風暴法又稱集體思考法、腦力激盪法、智力激勵法，是廣告創意思考方法中常用的方法之一，這種通過集思廣益進行創意的方法，是在1938年由美國BBDO廣告公司副經理奧斯本提出來的。這種方法的特點如下：

第一，集體創作。在召開會議之前1~2天發出會議通知，告知開會的地址、時間和問題要點等，促使與會者能夠有所準備。具體參加人員包括多個廣告營業人員、創作人員，人數在10~15人。

第二，激發性思維。在「動腦會議」上，每一個參加人員利用別人的創意激發自己的靈感，產生聯想，進行知識組合。與會成員之間相互交流，相互激發，以產生好的創意。

第三，自由聯想。與會成員發揮充分的聯想，自由闡述自己的觀點。點子越多越好，越離奇越好，不加限制，暢所欲言。

第四，禁止批評。在會議上，會議參加者彼此之間不能相互指責、攻擊、批評，以保證會議思維展示和聯想展開的正常進行。如果有某些分歧或意見，可以放到會後再商榷。

第五，創意量多多益善。在會議上，每一個人都暢所欲言，對任何看法都允許自由地發表，以求創意量的不斷增多，從最後創意的產生來看，會議上創意的量越多越好。

第六，不介意創意的質量。在會議上，有時不可能立即產生具有可行性的創意思想，但是要允許看似近於荒謬的奇想的存在，因為這樣也許會對其他人有所啓發，從而產生有可行性的最佳創意。在創作會上，對創意的質量不加限制。因為在會上不是最終決定創意，在當時即使是不可能實施的創意，也許會啓發別人的思維，從而產生優秀的創意。由會議記錄加以整理，然後選出創意的基礎。

11.2.2.2 檢核表法

為了有效地把握創意的目標和方向，促進創造性思維，「頭腦風暴法」的創始人奧斯本於1964年提出了檢核表法，該方法是將要解決的問題列舉出來後放在一個表格中，然後逐條審核，從多角度引發創造的設想。檢核表法的主要內容如下：

第一，改變：改變產品原有色彩、形狀、聲音、氣味等，能否有新的效果。

第二，延伸：現有產品功能能否派生出其他用途。

第三，擴大：能否將產品擴大後添加些什麼，增加功能提高使用效率。

第四，縮小：能否將產品縮小或減少些什麼，能否微型化。

第五，顛倒：能否將產品正反、上下、裡外、目標與手段顛倒。

第六，替代：有沒有別的東西替代這件東西。

第七，組合：將原有的元素進行巧妙地結合、重組或配置以獲得具有統一整體功能的新成果。

11.2.2.3 金字塔法

金字塔法是指思考時的思路從一個大的範圍面逐漸縮小到一個較小的範圍面，而每次縮小都採用一定的目的加以限制，刪除多餘的部分，等於讓問題上了一個臺階。經過一級

級臺階，其構成的結構就像一座金字塔。例如，要為某產品做廣告，在沒有對市場進行調查，也沒有聽到客戶的具體要求之前，就先用自由聯想法從該產品出發，此時應記下自己的聯想而不加評價。這樣做的目的是在頭腦中沒有任何條條框框的情況下，利用自己已有的知識經驗，並可啟動發散思維，進行大範圍的資料搜索。

接下來就是把自己想成是一個要買產品的消費者，作為一個消費者會考慮到什麼因素。在此之後大量收集有關商品、市場、消費者及同類產品的廣告資料，在行銷策略的指導下，找到廣告要「說什麼」。

假如確立了產品的定位點，可進入下一層塔中，再從這一定位出發，發揮想像力與創造力。確定廣告「用什麼說」，即廣告用什麼媒體發布，因為不同的媒體有不同的心理效果和表現手法。

再下來確定「什麼時候說」，廣告登載的時間不同，要求表現的手法也有所不同。產品生命週期不同，其訴求主題、表現方法也不相同，這是第三層塔。

第四層塔在第三層塔的基礎上發揮創造性，限制「對誰說」。這時要把廣告對象描述成具體實在的個體，一則廣告不可能面對所有的消費者，而是面對特定的消費者。

第五層塔的目的最為重要，就是找出「為什麼說」。創造思維不僅要產生奇妙的想法，更重要的是找到想法之間的內在聯繫。

11.2.2.4 強制關聯法

強制關聯法是指在考慮解決某一個問題時，一邊翻閱資料性的目錄，一邊強迫性地把眼前出現的信息和正在思考的主題聯繫起來，試圖從中得到構想。

強制關聯法的主要步驟如下：

第一，把解決問題所能想到的方法都列成一張表，並且進行記憶。

第二，翻閱資料性目錄和相關作品，將要解決的問題和信息進行強制聯想，並進行相關記錄。

第三，綜合所產生的聯想。

第四，強制性對部分構想進行新的組合。

第五，產生解決問題的新奇構想。

強制關聯法的注意事項如下：

第一，根據需要解決的問題準備適當的目錄。

第二，適當的目錄通常具有三個特色：範圍廣泛，主題不偏頗；有豐富的圖片（彩色更好）、照片或插圖；在翻閱到的頁面上有使主題實現聯想的信息。例如，時裝雜誌、旅遊雜誌、風俗雜誌、生活雜誌等。平時留意收集的報刊資料亦可。

11.2.2.5 聯想法

聯想法就是由甲事物想到乙事物的心理過程。具體地說，就是借助想像把相似的、相連的、相對的、相關的或者某一點上有相通之處的事物，選取其溝通點加以聯結，就是聯想法。聯想是廣告創意中的黏合劑，把兩個看起來是毫不相干的事物聯繫在一起，從而產生新的構想。

國外曾有一則消化餅干的廣告，創意者把自行車和餅干的形象結合在一起，將車輪用餅干代替，讓人聯想到該消化餅干就像運動一樣有助於消化。圖11-6是高露潔牙膏的一則廣告，通過幾種不同的顏色與高露潔牙膏組成一個調色板，讓人聯想到人們在吃飯時牙齒會沾染很多顏色，但有了高露潔牙膏，最終調色板也就是牙齒也會變白。

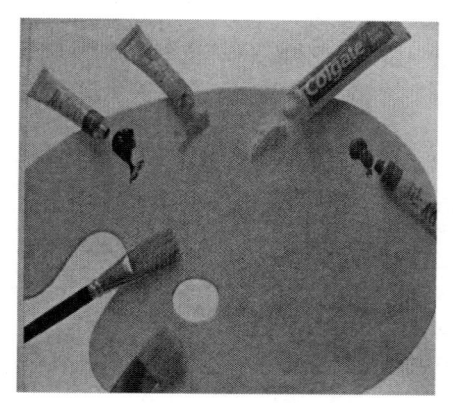

圖 11-6　高露潔廣告圖片
圖片來源：百度圖片

11.2.2.6　逆向思考法

在現實生活中，人們儘管通過學習獲得了許多技能，但同時也在很大程度上限制了自己的思維模式。例如，在進行決策的時候，人們通常列出了「樹形圖」，企圖從主幹出發，通過對各個枝干（也就是解決問題的各種方法）以及其可能產生結果的深入探討，來挖掘決策的線索，並且對各種方法進行效果評估，從而做出客觀的決策。我們可以換個角度、換個思考的方式，我們可以先預測決策所需要達成的效果，然後返回來思考如何達到。通常情況下，採用這樣的方式，決策將更有效率，並且更能達到預期的效果。

就好比下跳棋，許多人看著自己區域內的棋子，想著如何才能夠從此岸跳向彼岸，如何才能夠進入對方的區域，他們善於正向思考問題。但如果這樣，先看看對方的區域，哪些格子可能被「占領」，實現以對方的區域為起點，反向摸索，直至自己的區域，通常能夠在好到適合完成這一「使命」的棋子。這樣一來，下棋更精準，更有方向性和計劃性。

將以上的方法運用到創意中來，通過改變對事物的看法和逆向思維，可以發現意想不到的構想，這就是逆向思考法的要點。

在諸多的逆向思考法中，有以下七類可供參考：

第一，逆向蜂擁而作法。考慮某一構想的過程中，如果努力朝著與目的相反的方向思考，反而會茅塞頓開。

第二，更上一層樓法。構想的要點是認為目前理所當然的方法未必最好，進一步對其他方面進行仔細的探索。

第三，順勢反擊法。對於在理論上被認為是正確的事，要敢於反過來思考一下，這是另外一種形式的逆向法。

第四，形式逆向法。在考慮構想時，應該設法在形式上顛倒過來考慮一下，這樣就容易得到良好的啟示。

第五，調頭法。例如，鋼筆的從重到輕、從粗到細、從天然材料到人造材料等都調過頭來，自由地進行構想，由此得到啟示。

第六，現場確認法。在觸及問題實質但經過多次努力仍無法突破時，如果再退一步對問題再認識，就能意外地想出好主意。也就是說，要勇於逃脫「死胡同」。

217

第七，翻裡作面法。這是指推翻某一現象的評價。例如，反過來對被認為是最大的不足之處思考一番，這樣就可以輕易地找到優秀發明的線索。

11.2.2.7 類比法

比較相似事物之間的相同性，在創意過程中以強迫參與者脫離傳統觀點的方式，讓參與者從新的觀點看問題。也就是說，從與創意客體相類似的事物中，找出共性，並且強迫將兩者進行聯繫，試圖發現顆粒的、邏輯的表達與構想。

美國麻省理工學院教授威廉‧J.戈登（W. J. Gordon）提出以下四種類比的方法：

第一，狂想類比（Fantasy Analogy）。狂想類比鼓勵參與者盡情思索並產生多種不同的想法，甚至可以牽強附會和構想不尋常或狂想的觀念，比如彈簧和橙汁。在這種方法下，創意工作者可以將能夠想到的任何事物和事件與所要創意的廣告發生聯繫，企圖找到它們之間比較符合邏輯的內涵，加以創意表達。更多時候，這種聯想是「縱向」的，也就是聯想過程中出現的事物並非同一個類別，僅僅是每一個聯想環節中的兩個事物具有一些直接的或者間接的關係。

第二，直接類比（Direct Analogy）。直接類比是將兩種不同事物，彼此加以「譬喻」或「類推」，並要求參與創意者找出與實際生活情境類似的問題情境，或直接比較相類似的事物。直接類比法更簡單地比較兩事物或概念，並將原本的情境或事物轉換到另一情境或事物，從而產生新觀念。可利用動物、植物、非生物等加以「譬喻」。

第三，擬人類比。擬人類比是將事物「擬人化」或「人格化」。例如，計算機的「視像接收器」是仿真人的眼睛功能，在時間中所強調的是以同理心代入情境（Empayhetic Involvement）。擬人化的表現更容易吸引受眾的眼球，因為這種表現形式使得產品更加生動、形象、富有人情味，容易拉近和消費者之間的距離。

第四，符號類推（Symbolic Analogy）。符號類推是運用符號象徵化的類推。符號表現是抽象的，正是這種抽象使得符號類推作品經常具備哲學韻味，發人深思，也營造了一種淡淡的幽默氣氛。這種表現形式使得看得懂作品的受眾在欣賞時心裡暗暗叫好，感慨創意人員的巧妙構思，深化其對品牌的友好程度，但也可能導致一部分受眾認為作品不知所雲。畢竟採用這種創作方法，往往建立在創作人員比較深厚的創作功底、廣博的見識、豐富的聯想、精煉的表達基礎上，必然對受眾的個人素質也有一定程度的要求。因此，運用與否要視具體作品和具體產品而定。

圖11-7和圖11-8分別用牛奶和面條兩種健康食品來說明該紙產品是綠色環保的。

圖11-7 牛奶廣告
圖片來源：百度圖片

圖11-8 面條廣告
圖片來源：百度圖片

11.2.2.8 心智圖法（Mind Mapping）

心智圖法（Mind Mapping）是一種刺激思維、幫助整合思想與訊息的思考方法，也可說是一種觀念圖像化的思考策略。此法主要採用圖式的概念，以線條、圖形、符號、顏色、文字、數字等各樣方式，將意念和訊息快速地以上述各種方式摘錄下來，成為一幅心智圖（Mind Map）。結構上，該方法具備開放性與系統性的特點，讓使用者能自由地激發擴散性思維，發揮聯想力，又能有層次地將各類想法組織起來，以刺激大腦做出各方面的反應，從而得以發揮全腦思考的多元化功能。

心智圖法的步驟如下：

第一，定出一個主題，如「為什麼不吸菸」。

第二，在白紙上繪一個圓形或其他圖形，把主題寫在中心，可以利用彩色將主題凸顯。

第三，在中心點引出支線，把任何有關主題的觀點或資料寫上。

第四，如想到一些觀點是與之前已有的支線論點類似，便在原有的支線上再分出小支線。

第五，不同或不能歸類的論點，則可給其另引一條支線。

第六，參與者可以隨便引支線，想到什麼就記在圖上。

第七，用簡短的文字或符號記錄每一支線或分支線上得分。

第八，整理資料，在不同的論點支線旁邊用方格將其歸類。

心智圖法的注意事項如下：

第一，可用不同顏色、圖案、符號、數字、字形大小表示分類。

第二，盡量將各種意念寫下來，不用急於對意念進行評價。

第三，盡量發揮各自的創意來製作心智圖

11.2.2.9 屬性列舉法（Attribute Listing Technique）

屬性列舉法也稱為特徵列舉法，是由曾在美國布拉斯加（Nebraska）大學擔任新聞學教授的勞克福德（Robert Crawford）於1954年所提倡的一種著名的創意思維策略。此法強調參與者在創造的過程中觀察和分析事物或問題的特性或屬性，然後針對每項特性提出改良或改變的構想。

屬性列舉法的步驟如下：

第一，分條列出事物的主要想法、裝置、產品、系統或問題的重要部分的屬性。

第二，改變或修改所有的屬性列舉法，不管多麼不實際，只要是能對目標的想法、裝置、產品、系統或問題的重要部分提出可能的改進方案即可。

下面以「椅子的改進」為例。首先，把可以看做椅子屬性的東西分別列出「名詞」「形容詞」及「動詞」三類屬性，並以腦力激盪的形式一一列舉出來。如果列舉的屬性已達到一定的數量，可從下列兩個方面進行整理：內容重複者歸為一類、相互矛盾的構想統一為其中的一種。將列出的事項按名詞屬性、形容詞屬性及動詞屬性進行整理，並考慮有沒有遺漏的，如有新的要素，必須補充上去。按各個類別，利用項目中列舉的性質，或者把它們改變成其他的性質，以便尋求是否有更好的有關椅子的構想。如果針對各種屬性進行考慮後，更進一步去構想，就可以設計出實用的新型椅子了。

11.2.2.10 曼陀羅法

曼陀羅法是一種有助於擴散性思維的思考策略，利用一幅像九宮格圖的圖畫（見圖

11-9），將主題寫在中央，把由主題所引發的各種想法或聯想寫在其餘的 8 個圈內。

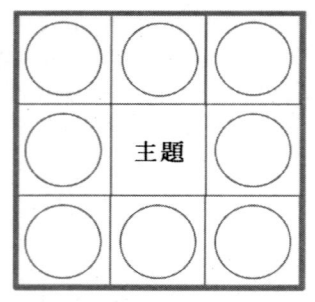

○	○	○
○	主題	○
○	○	○

圖 11-9　曼陀羅九宮格圖
圖片來源：百度百科

　　曼陀羅法的優點是由事物的核心出發，向 8 個方向去思考，發揮 8 種不同的創見。該方法可繼續加以發揮並擴散其思考範圍。

11.3　廣告創意的基本思路

　　在我們談具體的廣告創意思路之前，必須再次介紹奧斯本（Alex Osborn）的檢核表（Check List）法。20 世紀 50 年代，奧斯本列出了一些能夠刺激新想法產生的問題，這個對照表最初的意圖是用來改進和發展產品，但它對廣告創意的產生也同樣適用。

　　奧斯本的檢核表的內容包括：是否有其他用途；能否應用其他構想；能否修改原物特性；能否增加什麼；能否減少什麼；能否以其他東西代替；能否替換；能否以相反的作用或方向進行分析；能否重新組合。

　　鮑伯・艾伯樂（Bob Eberle）於 1971 年參考了奧斯本的檢核表，提出了一種名為「奔馳法」（SCAMPERR）的檢核表法。表 11-1 簡要列舉了「奔馳法」的檢核表法的概要與內容。

表 11-1　　　　　　　　　　　　SCAMPERR 檢核法

S	替代/Substitute	何物可被「取代」？
C	合併/Combine	可與何物合併而成為一體？
A	調適/Adapt	原物可否有需要調整的地方？
M	修改/Modify Magnify	可否改變原物的某些特質如意義、顏色、聲音、形式等？
P	其他用途/Put to other uses	可有其他非傳統的用途？
E	消除/Eliminate	可否將原物變小？濃縮？或者省略某些部分？使其變得更充實精緻？
R	重排/Re-arrange 顛倒/Reverse	重組或重新安排原物的排序，或把相對的位置對調？

資料來源：作者根據相關資料整理所得

11.3.1 替換

將廣告中的要素 A 替換成 B，產生一種新鮮感，給人耳目一新的感覺，又表達了產品或品牌的心裡。具體的替換方式如下：

第一，替換某樣東西、某個地點、時間、程序、人物、主意等。例如，用耳機線勾勒的人物投籃形象，說明索尼隨身聽在使用者運動時仍然可以使用自如，突顯其性能（見圖11-10）。又如，法蘭克福植物園的廣告中葉脈地圖別出心裁地標明了最近的地鐵（U）和公交站（H）。這樣的替代讓人感覺耳目一新（見圖11-11）。

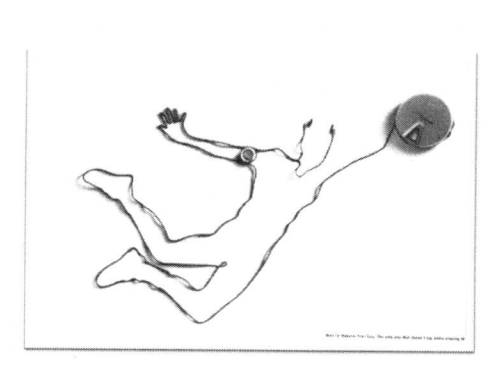

圖 11-10　新的索尼隨身聽，唯一在運動時不會停止工作的隨身聽
圖片來源：百度圖片

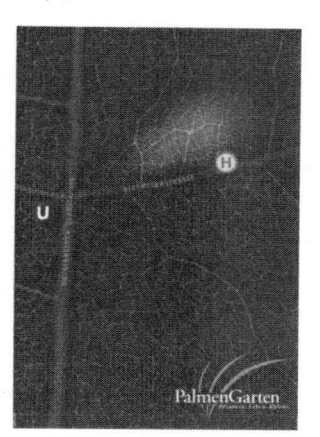

圖 11-11　法蘭克福植物園的廣告
圖片來源：百度圖片

第二，替代產品的成分、材料、作用、關係、主題、包裝、信息等。這種替換可以用作產品的功能性訴求。使用一個具體事物來替代廣告產品的成分，表明成分所能產生的效果和影響。例如，用牛奶構成的人物形象，傳達激情（見圖11-12）。

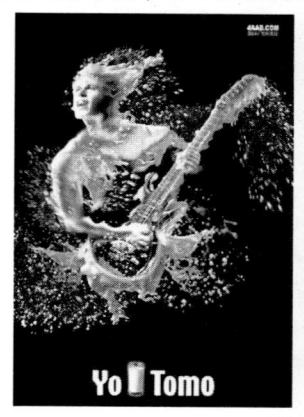

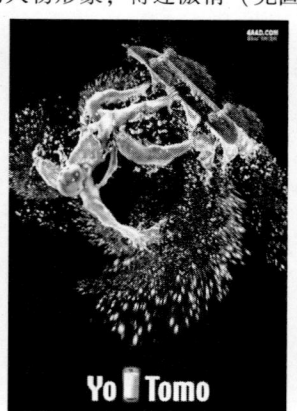

圖 11-12　智利 Promolac 牛奶激情系列
圖片來源：百度圖片

圖 11-13 和圖 11-14 是「Skopje 爵士樂節」的招貼畫，用火柴棒和電燈組成的爵士號，

符號簡單但恰到好處地代表了爵士樂演奏中必不可少的元素。圖 11-15 展示的是「寶路」糖,「隨時隨地令你口氣清新」。

圖 11-13　Oliver Belopeta, Skopje Jazz Festival
圖片來源：百度圖片

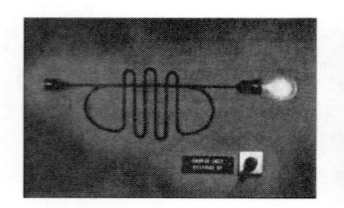

圖 11-14　Oliver Belopeta, Skopje Jazz Festival
圖片來源：百度圖片

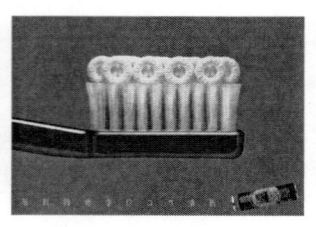

圖 11-15　**寶路糖廣告**
圖片來源：百度圖片

第三，創意者變換不同人物的視角來代替自己的視角。按照性別劃分男性、女性；按照年齡劃分幼兒、青年、中年、老年；按照職業劃分教師、律師、藝術家、心理學家、記者、警察等；按照其他標準劃分動物、機器人、外星人等。這種替換方法主要用於針對性強、有特定目標群體的產品。例如，高跟鞋多為女性穿著、刮胡刀多為男性所用、幼兒食品是孩子的最愛、高檔香水為白領必備、按摩椅多為老人所準備等。俗話說：要當好演員，先要體驗生活。對於創意工作者亦是如此，必須瞭解產品出售對象的需求、心理特徵、喜好等，才能創作出打動目標群體的好廣告。創意工作者將自己的角色進行替換，有利於覺察特定群體的特定心理，從這個角度進行思考，創意能夠直接與目標消費群的心裡產生共鳴，針對性強，效果良好。

圖 11-16 所示的是女士高跟鞋廣告。穿上高跟鞋後的女子，可以居高臨下。此作品為女性主義視角的作品，可以打動一些注重女性地位的消費者，但是也可能引起男性的不滿。創意工作者在遇到類似問題時，還是應該三思而後行。

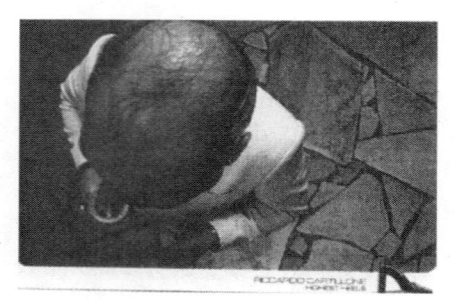

圖 11-16　Riccardo Cartillone **女士高跟鞋廣告**
圖片來源：百度圖片

第四，變換事物的不同情緒，如快樂、憤怒、恐懼、沮喪。大多數情況下，創意工作者會讓一個本來十分沮喪的事物形象，通過使用產品的對比，使之轉變為一個快樂的事物形象。另外，也可能讓一個愉悅的人物或者動物形象轉變為一個恐懼的形象，來凸顯產品的奇特。

圖 11-17 所示的是一則韓國醬料廣告的產品。熱湯中的蔬菜都有開心的表情，可見蔬菜都喜愛廣告中的佐料。這樣的作品常讓人會心一笑，這樣的表現給畫面增添了不少情趣。

圖 11-17　韓國醬料廣告
圖片來源：百度圖片

是什麼能讓香蕉和蘋果如此絕望？原來是果汁飲料的出現使得人們不再摯愛新鮮水果，可見果汁飲料的魅力。創意人員把原來沒有生命力的香蕉放到了繩子上，勾勒出了幾縷死亡的氣息，氛圍營造把握得很好，主題明確而不失詼諧幽默。廣告語：「聽到她『咕嘟、咕嘟』的聲音，我的心都碎了。」（見圖 11-18）

圖 11-18　果汁飲料廣告
圖片來源：百度圖片

第五，改變事物的規則和秩序。此方法讓受眾從無序中感受到滿足，通過畫面強化這種與原有規則不同的矛盾，從而加深消費者對品牌和產品的印象。

例如，日本「三多利」酒的廣告，宣傳其採用可循環使用的包裝（見圖 11-19）。

圖 11-19　「三多利」酒廣告
圖片來源：百度圖片

11.3.2 改編

改編實際上是替換的一種延續。改編就是對原本已經存在的事物、形象進行局部修改，使之成為一個嶄新的視覺形象。改編具有以下幾個特點：

第一，改編通常是把所要宣傳的產品或者品牌，附加或者嵌入原有的圖像中，借助原有圖像所表達和傳遞的為消費者所熟悉的信息，直接構成所宣傳產品或者品牌的屬性，營造一個消費者已經熟悉的畫面，容易在短的時間內為消費者所認知和熟悉。

第二，改編和替換的主要區別是替換是用其他事物來替代所要表現的產品，而改編則重在用所要表現的產品來替換其他事物，讓人們用嶄新的眼光來看待所要表現的產品。

第三，由於所選擇的原有圖像、原有事物通常是消費者充分認可的，因此新的作品也容易在短的時間內為消費者所認可和接受，容易形成品牌聯想。

第四，值得一提的是，改編後的作品仍然能夠讓人們辨認出其原型。也正是基於這個特點，改編相當於打亂了人們的既定思維。人們在潛意識裡經過了兩個過程，以達成對作品的認同，首先是打破對原有事物、原有圖像的印象，其次是接受改編後的形象。在這個過程中，人們強化了對於原來作品的認可，而又容易將眼前的作品和原先的事物和作品相關聯，以達成某種程度的認可，由此廣告效果自然不言而喻。

人們對任何一個要宣傳的產品和品牌，改編的思路可以從以下幾個方面考慮：

第一，過去有相似的事物嗎？

第二，有沒有相似的事物能被部分替換？

第三，產品和品牌在以下情境中會怎樣：科學的、宗教的、藝術的、政治的、西部的、戰爭中的、監獄裡的、電視裡的、海洋裡的、劇院裡的、舞蹈中的、心理世界的、法庭上的……

第四，從大自然中找出與品牌和產品相似和相關的事物，如季節、動物、植物、氣候、沙漠、海洋、山峰、雷雨、河流……

圖11-20展示的是喜力啤酒的「國際」系列廣告。像紐約篇，自由女神披上了帶有「喜力」標籤的袍子，高舉火炬，「尋找一種真正的世界級啤酒」。

（紐約篇） （中國篇）

（希臘篇）　　　　　　　　　　　（羅馬篇）

（美國大峽谷篇）　　　　　　　　（英格蘭篇）

圖 11-20　喜力啤酒國際系列

圖片來源：百度圖片

11.3.3　拼接組合

　　拼接組合是將各不相同但又互相關聯的各種要素組成一個完整的畫面整體。進行拼接組合不是將任何相互沒有關聯的，或者任意元素放入畫面中，而是有選擇地進行。各個元素都能很好地為主題服務，共同形成一種不可抗拒的趨向，同時元素之間可以比較好地進行畫面意義上的排列組合，形成一個有機整體，這樣的作品才稱的上好的作品。

　　進行拼接組合時可以進行以下思考：

　　第一，每一個要表達的信息是否可以用一個簡單的圖畫或者一句簡短的文字表達出來，如果可以，進行豐富的基本元素創作的凝練。

　　第二，將創作的元素羅列出來，試著將這些元素整合在一起。

　　第三，將想法與他人的想法進行整合，如果可以產生更好效果的話，不妨進行整合。

　　第四，將產品的功用、產品的外形、產品的目標對象、產品的訴求表達進行組合。

　　圖 11-21 所示的是一則反吸菸廣告。可卡因和海洛因組合成菸的形狀。文字說明：「死於吸菸的人比死於使用海洛因+可卡因的人更多。」該廣告表明了創意人員如何將兩種事物結合成第三種事物。

圖 11-21　反吸菸廣告
圖片來源：http://www.gjart.cn/

圖 11-22 中魚罐頭直接成了一條魚的一段，說明其產品的新鮮程度。該廣告表明了創意者根據不同事物的結合表現了產品本身的質量。

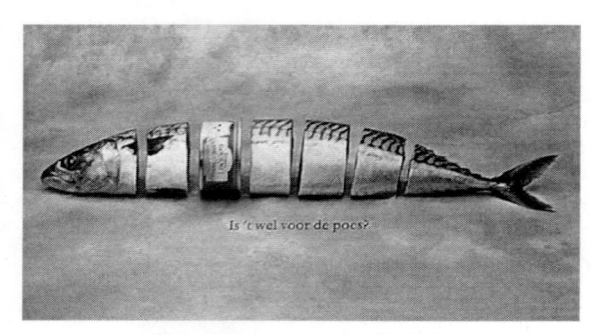

圖 11-22　Gourmet 魚罐頭廣告
圖片來源：http://www.gjart.cn/

11.3.4　放大或增加

一則「網通」廣告展現了一幅城市的新景觀：汽車的座位變得寬大舒適，秋千變得寬大得足夠容納更多的小孩玩耍，在人們的視覺裡大橋的橋面、橋墩都變得很寬，汽車川流不息，整個城市似乎呈現在寬廣的世界裡。

放大的手法，從視覺上看是引發人們的關注，從對產品構成的影響上看能讓人們覺得廣告所要表現的事物安全、方便、舒適、自在，由於視覺上空間感的保障，使得人們覺得有了活動的空間，無論是具體意象上的，還是心理上的。

增加的手法經常用於多功能設備、器械或者生活用品等的產品廣告，當然這種手法並不被局限在特定的範圍內使用。增加使得畫面豐富，構成了若干個視覺中心，供人們挖掘廣告信息的內涵。但也必須強調，應該避免畫面表現過於繁雜，反而無法突出主體，最終無法給人留下深刻的印象（見圖 11-23）。

在廣告中採用放大或增加的思路，可以從以下幾個方面出發：

第一，把事物進行放大，增大相對比例和占用的畫面面積，引起人們的注意。

第二，通過其他手段，如色彩、光影、強化事物的形象，儘管比例不變，但讓人感覺事物被最大化地強調。

第三，通過加大頻率、速度來強化畫面主體。

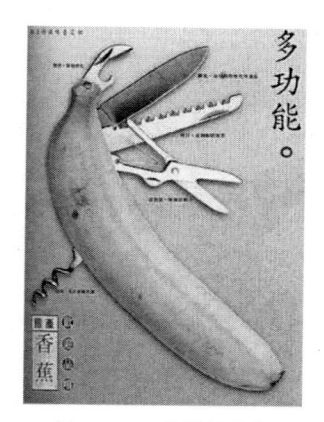

图 11-23　青果社廣告
圖片來源：http://www.gjart.cn/

11.3.5　減法與省略

德國建築設計大師米斯·凡德洛曾經說過這樣一句話：「Less is more（少便是多）。」

2003 年，英國廣告公司（Wieden & Kenndy）創作的本田雅閣「齒輪」篇，轟動全球。整個影片從一顆小齒輪開始，當它滾動之後便開始了一連串的碰撞，汽車的每一個零件都完美地演繹了一個機械形態的多米諾骨牌秀，最後形成一部完整的汽車，象徵科技機械帶給人類生活上的進步。該廣告不但獲得了許多國際廣告獎項，在網絡上更是被網友不停傳閱。這個廣告除了其傑出的創意外，更跳出了一般汽車廣告流行的表現形式，給人耳目一新的感受。其結果是本田雅閣在銷售量上有所突破，網站點擊率也直線上升。

減法與省略的思路主要有以下幾種：

第一，把對象變小，或減除其中的一部分，使得畫面簡潔流暢。

第二，將一個主體進行拆分，表現一種「支離破碎」的美。

第三，使畫面結構簡單化或更緊湊。

儘管從形式上看，以上做法都從一定程度上「捨棄」了畫面的一些成分，甚至可能去除一個常規狀態下的主題的重要局部，但前提必須是不妨礙人們接受正確的信息傳遞。

從傳播效果上分析，採用這種方式，其實也是通過構成受眾視覺上的不和諧和缺陷，進而引起他們的關注。當消費者看到一則好似不完整的廣告信息時，並且在他們清楚地知道廣告是什麼品牌和什麼產品時，他們會下意識地去尋找「缺失」的部分。無疑，這種下意識地搜尋會強化品牌在消費者意識裡的記憶，從而達到廣告效果。

從廣告心理上來講，大多數人喜歡去繁就簡。很多人認為，人生的過程就是一個做減法的過程。人們的心智逐漸走向成熟，便能從看似繁雜的生活中，提煉出精華，從複雜的表現中看出事態的本質，人生與情感在百般歷練中得以淨化。因此，針對中年人和老年人的產品廣告，採用這種手法可能不失有效性，可以描繪目標群體的心境狀態。

圖 11-24 中主人公即使在雪地裡光腳行走，也不願弄髒鞋子。足以彰顯「BOCAGE」鞋子的魅力。

图 11-24　BOCAGE 鞋子廣告
圖片來源：中搜圖片

11.3.6　製造幽默

幽默在廣告中運用頗多。在國際性廣告大賽中，我們經常看到獲獎的幽默廣告。幽默用得好，往往能讓人在忍俊不禁中記住品牌或產品。製造一個幽默並不容易，無論採用什麼方式來表現，一則廣告的最終目標都是打動消費者，促進銷售。因此，在製造幽默的時候，切勿忘記了廣告目的。有一些幽默廣告雖然受到大家的喜愛，卻對銷售沒有什麼幫助。要在宣傳產品時製造幽默，必須明白以下問題：

第一，幽默和笑話是有差別的。聽過一次笑話，第二次就不覺得那麼有趣了，幾次之後更是索然無味。幽默則不同，它是非常細微的，使人能反覆品味。

第二，幽默最好能與人們的經歷相聯繫。

第三，幽默一定要與廣告的產品相聯繫，幽默用來增添產品的趣味。

第四，理解受眾的幽默感。

第五，避免以取笑別人為代價的幽默，尤其避免取笑少數民族、有色人種、殘疾人和老年人等。

第六，不要認為消費者是愚蠢的。

圖 11-25 所示的廣告表現出幽默地因為殺蟲劑十分有效，青蛙不得不為了糊口而出來找工作。

圖 11-25　殺蟲劑廣告
圖片來源：中搜廣告

圖 11-26 表現了新飛空調讓室內溫度如此舒適，制冷如此到位，難怪連畫中人都忍不住穿件衣服。

圖 11-26　新飛空調廣告
圖片來源：螞蟻圖庫

圖 11-27 所示的咖啡如此吸引人，以至於真空容器裡的聖誕老人都忍不住香味的誘惑跑出來看個究竟。

圖 11-27　哥倫比亞咖啡廣告
圖片來源：百度圖片

11.3.7　解構與重構

舊元素，新組合，打破原有的編排格局，創造新語境和新意義。廣告裡的解構和重構是常用的創意來源，通過對常見符號的重新組合，對原有順序和因果的顛倒，在語義的解構和重構之間達到創意境界裡的「柳暗花明又一村」的目的。

圖 11-28 中是五個番茄排成的五顆星，暗示該番茄醬的品質是五星級的。

進行解構與重構時，可從以下幾個方面進行思考：

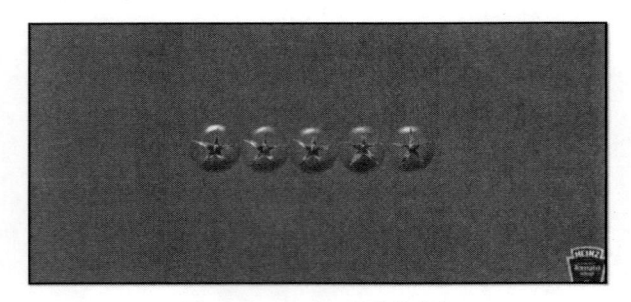

圖 11-28　Heinz 番茄醬廣告
圖片來源：百度圖片

第一，嘗試事物的各種編排方式。
第二，嘗試改變事物的材料和表現形式。
第三，改變原來事物的排列順序。
第四，改變事物原有的節奏、進度。
第五，顛倒事物的因和果。

圖 11-29 所示的勺柄和杯子組合成了時鐘圖案，杯中是誘人的咖啡，表明了在 12 個小時中，人們都可以享受咖啡。廣告語：可以讓你時刻享受的樂趣，那就是雀巢咖啡。

圖 11-29　雀巢咖啡廣告
圖片來源：百度圖片

11.3.8　痴人說夢

以不存在的人或事為素材展開想像，編製故事化情節，往往具有出人意料的神奇功效。

圖 11-30 中的好萊塢明星詹姆斯·迪恩悠然自得地坐在豪華跑車內，微眯的眼神依稀可見當年的那副桀驁不馴的神情。這一切看起來似乎很美，其實這位明星早已不在人世。廣告主告訴我們，如果當年他的座駕用的是鄧祿普（Dunlop）牌輪胎的話，那麼那場致命的車禍就不會成為我們的傷心回憶了。

圖 11-30　鄧祿普輪胎廣告
圖片來源：百度圖片

11.3.9　產品的新用途

在廣告表現中可以強調產品的新用途、特性，或提倡一種新觀念。

新用途的思考包括以下幾個方面：

第一，產品有多少種不同的用途？例如，新型手機多結合了拍照、音樂播放、調頻收音機、存儲器、上網等功能。又如，某品牌服裝廠商在廣告中宣稱其西褲具有「防皺防污防盜」功能。

第二，有什麼新的用途？例如，旺仔果凍的新吃法——搖著吃，植脂末（伴侶）與果凍的結合出現新奇的吃法，讓大人小孩都很有興趣，也延長了這兩種產品的生命週期。又如，伊萊克斯的三門電冰箱，中、下兩層可獨立啟用，以避免不必要的浪費。

第三，哪些是最反傳統、奇異、非常規的用途？例如，在《廣告公司為體育報》（*Sport Only*）設計的廣告上，一個玩滑板的人手握一份報紙（非《體育報》）朝蟑螂猛力擊打。文案簡潔明瞭：「別的報紙還是有點用處的。」意為只有《體育報》是拿來閱讀的。又如，2007 年 4 月，憑著怪異的造型和沒邊兒的跑調，17 歲的印度裔小伙山賈爾殺入美國最著名的選秀節目「美國偶像」該賽季 8 強。山賈爾所具有的顛覆性形象，已經成了一個醒目的美國現象。

第四，這些用途中哪個是最有可能的，哪個是最蠢的，哪個是最能吸引人的？

第五，嘗試想像若干年後人們使用該產品的情形。例如，「日清」杯面最新的動畫廣告主題是「自由」，講述了 3000 年時人類移居其他星球，一切都很美好，卻唯獨永遠失去了回到地球的自由，而主人公與宿命抗爭，尋回自由的故事。

11.3.10　顛倒

顛倒是將人們習以為常的東西翻轉過來看，並且加以表現，從而揭示出主題。顛倒打破了人們的慣性思維，引發人們的關注和思考；顛倒改變了事物的內在秩序，讓人們從新的秩序中去反思舊的秩序；顛倒有時候改變了受眾的角色，讓他們得以站在新的高度，以全新的視角來審視自己的生活。

顛倒可以從以下幾個方面進行思考：

第一，將肯定的改為否定，否定的改為肯定。

第二，將對象上下、左右顛倒。

第三，將關係、目標、功能、規則等顛倒。

第四，先把所要達到的結果視覺化，然後回放鏡頭到產品。故事情節描寫時，進行「倒敘」的表現，從結果到成因，從後往前展現畫面信息。例如，曾經有一則李維斯牛仔褲廣告將一對男女脫衣的過程進行倒放，給人一種新鮮有趣的不同感受。

第五，角色互調。如果你是男性，假設你是女性（反之亦然）；如果你是學生，假設你是老師；如果你是職員，假設你是老板……那麼，你會怎麼看同一個問題，是否有不同的價值觀和洞見呢？

例如，英國的沙奇公司曾經做過一則平面廣告，廣告中的男人挺著個大肚子，標題是「如果是你懷孕的話，你會不會更小心？」廣告揭示男人關愛女人的主題。

圖 11-31 是巴西的公益廣告，斧頭砍掉了自己的斧柄，正應了中國一句古語：「搬起石頭砸自己的腳。」試想，人類對森林的破壞不也正是如此嗎？

圖 11-31　巴西的公益廣告
圖片來源：百度圖片

11.3.11　互動與游戲

如果廣告能讓受眾參與其中，有所互動，則會給受眾很深的印象。有時廣告以一種游戲的心態表現產品的特性，也能博得消費者一笑。

圖 11-32 所示的某去頭皮屑的洗髮水廣告說：在你看右邊的廣告之前先在左邊的黑紙上撓撓你的頭，然後再決定是否要看廣告。

圖 11-32　洗髮水廣告
圖片來源：百度圖片

11.3.12 挑釁

每個社會都有其禁忌，社會依靠一般人遵守的道德準則維繫。然而有時人們偏偏又喜歡一些有點調皮、有點叛逆的人物，因為這些人敢做其他人敢想卻不敢做的事情，秩序狀態下的人們似乎感覺自己的情感也得到了某種程度的宣洩。在廣告中，對於固有道德標準的挑釁必須把握好分寸，否則可能觸犯眾怒。

圖 11-33 所示的是「生力」牌清啤酒的系列廣告。從廣告可以清楚地知道「生力」牌清啤酒的訴求對象是年輕人。廣告將該啤酒直接塑造成一個愛惡作劇、愛搗蛋，還有點「色」的「壞」小子。

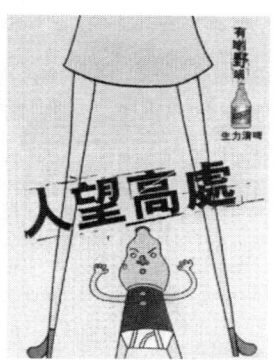

圖 11-33 「生力」牌清啤酒系列廣告
圖片來源：http://wuxizazhi.cnki.net/

11.4 中國廣告的創意問題

11.4.1 廣告創意的內容及表現手法雷同

一些廣告創意的內容及表現手法雷同和接近，尤其是同類廣告，究其原因，一方面是由於很多廣告創作人員的思維趨同、創造力貧乏；另一方面是由於廣告創作人員在廣告主和媒介的雙重壓力之下而造成的。廣告界在表現手法上的雷同，造成了受眾瞭解了廣告的

套路，司空見慣，對廣告麻木或厭煩，對信息的記憶容易產生混淆。[1]

中央電視臺五套節目曾經充斥著各種品牌運動鞋的廣告，這些廣告幾乎無一例外地請來了大大小小的明星，廣告中這些明星或跳或跑，然後就是鞋子的特寫。畫面、情節嚴重雷同，一個接著一個的廣告沒有區分度，讓觀眾應接不暇，對於哪個明星代言什麼牌子以及自己看到哪些牌子的鞋，觀眾根本就不太清楚。高露潔和佳潔士在牙膏市場上一直是競爭對手，兩者的廣告一直也是比著在做，廣告創意也存在雷同，兩個品牌的廣告一個採用貝殼，一個採用雞蛋殼，都是一面塗牙膏，一面沒有塗，放在酸性液體裡浸泡，然後在兩面各輕敲一下，塗牙膏的一面受到很好的保護，沒有塗的一面則遭到侵蝕而一敲就破。到底是哪個品牌採用貝殼，哪個品牌採用雞蛋殼，消費者往往就分不清。

11.4.2 創意內容誇大其詞

很多廣告的創意給人脫離實際之感，廣告中誇大產品的功效。商業廣告創意的最終目的是為了銷售，廣告創作中，廣告創意自然而然要與產品特點相結合，讓消費者認識到該產品與其他同類產品相比較下的優勢所在，從而決定購買。因此，必須要求廣告的內容是真實、健康、清晰、明白，以任何弄虛作假的形式來蒙蔽或者欺騙消費者都是不允許的。但是在現實生活中，為了追求商業利潤，經營者在廣告中對其商品或服務進行不實宣傳，在廣告中誇大產品的功效、成分，用誤導消費者的語言來進行產品介紹，廣告中充斥著各種虛假的信息。

例如，洗髮水的廣告中宣傳頭屑從有到無且永不再生、干枯的頭髮變得柔順飄逸；又如，洗衣粉、洗衣皂的廣告中告訴人們污漬再多的衣物用了該產品後都能潔白如新；等等。這些在廣告常見的鏡頭都充斥著虛假和誇大的成分。由於虛假誇大的成分過多，許多企業以及代言的名人已經被消費者告上法庭。

相比之下，有些電視購物的廣告則更虛假，如電視購物中的「好視力智能變焦復原鏡」廣告，宣傳「好視力智能變焦，近視永不加深，去年300度今年200度，眼鏡能減度數，一整天輕鬆不疲勞」，但消費者使用後毫無效果。而「69元搶數碼照相機」購物短片廣告存在誇大、誇張宣傳，未標明商品銷售企業名稱、無產品名稱、無生產廠廠名和廠址，虛構搶購等情形。除此之外，有些電視購物廣告中主持人的主持格調庸俗低下、語言誇張做作。

11.4.3 廣告創意過度依賴名人效應

一些企業花巨資請明星，以為利用明星代言就能有良好的廣告效果，讓消費者迅速關注到本企業的產品，給本企業帶來豐厚的利潤。但往往事與願違，大製作或明星廣告並不一定能夠給企業帶來高利潤的回報。有的廣告中明星的年齡、氣質與產品形象不符，易造成消費者對廣告和產品的雙重質疑。有的廣告中明星的風頭蓋過了產品，讓人只記住明星而注意不到產品。還有的廣告甚至因為廣告的創意存在問題，反而在消費者心目中留下了負面影響。例如，2006年明星蔣××為某化妝品代言的廣告，由於該廣告有「媽媽，長大了我要娶你做老婆」的臺詞導致互聯網上批評如潮。廣告的創意本是為了說明使用該化妝品會保持年輕美麗，但廠家和廣告創意方都沒想到，這句話導致了人們對該廣告的反感和對

---

[1] 雷鳴. 現代廣告學 [M]. 廣州：廣東高等教育出版社，2007：141.

蔣××的討伐，以至於最後該廣告被停播。

11.4.4 廣告創意低俗

許多企業做廣告的目的僅僅是為了提高企業、產品的知名度，根本不在乎產品的美譽度。有的企業甚至為了「出名」、被消費者記住，即使記住的是罵名也無所謂，為了短期利潤和利益不惜損害產品形象。在這種要求之下廣告創意低俗不堪，令消費者無法忍受。

例如，太極急支糖漿的廣告，一只豹子凶惡地追逐一個女孩，女孩手裡拿著急支糖漿一邊跑一邊大叫：「為什麼追我？」豹子張嘴說：「我要急支糖漿。」這則廣告的創意令很多觀眾費解，很多消費者都表示不知道這個廣告是什麼意思。又如，腦白金的「今年過節不收禮，收禮只收腦白金」和黃金搭檔的「送爺爺、送奶奶、送爸爸、送媽媽、送小弟、送小妹、送阿姨、送老師……」以及「慢咽舒檸」的一系列廣告也都曾讓很多受眾崩潰。

在中國廣告業蓬勃發展的今天，只有正視中國廣告創意存在的問題，才能認清我們的廣告與國外優秀作品之間的差距，創作出有中國特色的廣告作品，創作出構思巧妙且質量上乘的經典廣告。

本章小結

通過創意原則、方法與基本思路，本章對廣告創意進行瞭解讀。現代廣告創意是科學理念指導下的創造性活動，既要突破常規，追求新穎獨特，又要建立在市場商品或服務、消費者要求基礎之上，因此創意應該有明確的指導原則。廣告創意原則就是用來指導廣告創意活動的基本思想和要求，在進行廣告創意活動時，應遵循目標性、關聯性、原創性、震撼性、簡潔性以及合規性等原則。

廣告創意本質上是一種創造性思維活動。創意者的思維習慣和方式直接影響著廣告創意的形成和發展水準，因此廣告創意者必須對創造性思維、廣告創意的思維方法、廣告創意技法進行深入的研究。廣告創造性思維包括邏輯思維、形象思維和靈感思維三種類型。廣告中採用的創造性思維的基本方法有發散和聚合的思維方法、順向和逆向的思維方法、垂直和水準的思維方法。廣告創意的技法有頭腦風暴法、檢核表法、金字塔法、聯想法等。同時也介紹了廣告創意的基本思路，然而這12種方法並不能概括所有的創意方式，掌握這些基本思路能在進行廣告創作時拓展思路，尋找一種更新穎、合適的方式來拉近消費者與產品之間的距離。

思考題

1. 廣告創意應遵循哪些原則？
2. 廣告創意的基本思路有哪些？
3. 什麼叫頭腦風暴法？

參考文獻

［1］陳培愛. 世界廣告案例精解［M］. 廈門：廈門大學出版社，2008.
［2］高杰.「絕對」的成功——瑞典絕對牌伏特加開拓美國市場案例［J］. 企業改革與管理，2001（2）：15-17.
［3］姚力，王麗. 廣告創意與案例分析［M］. 北京：高等教育出版社，2004.
［4］詹姆斯·韋伯·楊. 廣告傳奇與創意妙招［M］. 林以德，等，譯. 呼和浩特：內蒙古人民出版社，1998.
［5］倪寧. 廣告學教程［M］. 北京：中國人民大學出版社，2004.

12　廣告表現手法

本章提要

　　上一章我們介紹了廣告創意的相關內容，那麼如何將創意表現出來呢？本章介紹9種廣告的表現手法，從多個角度解讀廣告如何傳達信息並吸引消費者。

12.1　無文案廣告

　　誰也無法否認，目前勁吹「讀圖」之風，從幾米圖畫書的流行，到各種漫畫書的暢銷，從以圖為主的《新周刊》，到報紙的大幅彩色圖片新聞，再到信息爆炸的網絡……於是有人說，讀圖時代來了！
　　無獨有偶，在廣告表現上，我們看到無文案廣告也在大行其道。
　　傳統的廣告形式一般由圖片、標題、正文、標語、企業標示組成。與傳統的廣告形式相比，無文案廣告是指那些畫面占絕對比重，文字簡約到只剩下標示或只有一句廣告語的廣告。
　　無文案廣告常以焦點簡潔突出的畫面本身來吸引受眾的目光，常運用對比、隱喻、幽默、雙關的手法，讓受眾對畫面進行解讀，從而獲得廣告主想要傳遞的信息。無文案廣告的缺點也是明顯的。如果一個受眾不熟悉這個廣告主或其產品，有可能無法正確解讀畫面，其結果就是導致對廣告主意圖的無法理解，甚至產生誤解，並且無法產生共鳴。
　　其實，無文案廣告並不是什麼新鮮事物。從廣告形式來看，平面廣告的表現主要有以圖為主、圖文相得益彰、以文字為主（長文案）三種。中國宋朝最古老的「劉家針鋪」廣告就是以那只門前的白兔為主角的。中華人民共和國成立前舊上海的平面廣告也多以圖形為主，並且多以當時的美女形象為主。後來，隨著「說服」技巧在傳播與在行銷中的運用，文字在廣告中得到重視。在廣告公司，有專門的撰文人員與美工合作，產生最終的廣告作品。有一些傑出的廣告創意人，如大衛・奧格威以及當今著名的廣告創意人尼爾・弗蘭奇（Neil Franky）都是長文案高手。由此可見，當前的無文案廣告只是一種形式上的迴歸。
　　如圖12-1所示，薯條頂端蘸上的番茄醬極像一根火柴棒，用火柴的易燃來傳達炸薯條給人的熱辣滋味。
　　圖12-2是企鵝圖書的廣告。空白的紙面只有26個英文字母，意指無論多麼感人的書或深奧的書，都是由這26個字母構成的。

圖 12-1　薯條廣告
圖片來源：百度圖片

圖 12-2　企鵝圖書廣告
圖片來源：百度圖片

圖 12-3 是大眾汽車的《婚禮》篇廣告。鏡頭前，公交車身上的保羅車的低價格搶了本應作為主角的一對新人的風頭。

圖 12-3　大眾汽車的《婚禮》篇廣告
圖片來源：百度圖片

12.2　圖文結合

「書畫同源」，不管是漢字還是英文字母，都可以通過對字符進行拆解、解構或元素替換而傳播相應的廣告信息。因此，有時候不妨玩玩文字游戲，利用圖文的緊密結合，使廣告形象更貼切、生動。

圖 12-4 是三洋滾筒洗衣機的廣告，其便是利用漢字和成語宣傳自己。

圖 12-5 是奔馳汽車公司企業形象廣告。該公司參與了愛滋病治療研究。車燈組合成了英文單詞「Soon（快了）」。

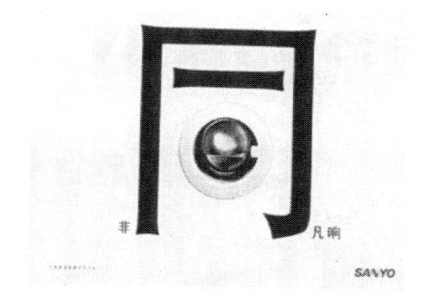

圖 12-4　三洋洗衣機廣告
圖片來源：百度圖片

圖 12-5　奔馳汽車公司形象廣告
圖片來源：百度圖片

12.3　對比

　　對比是廣告傳統的表現手法之一，最常見的就是「使用前……使用後……」的對照表現，突出顯示了產品的功能。

　　談到對比廣告，值得一提的是寶潔公司的廣告，對比是其使用得最多的廣告形式，然而卻令人百看不厭，確信不疑。

　　圖 12-6 是 Gold 健身房的廣告。狹窄的入口和寬闊的出口形成鮮明對比，讀者可以想像到該健身房的神奇功效。

圖 12-6　Gold 健身房廣告
圖片來源：百度圖片

12.4　重複與堆砌

　　重複是廣告中運用得最多的表現手法之一。重複的效果就是使得廣告主的產品或品牌名稱得到多次曝光，強化目標受眾的記憶。

　　2003 年美國百威啤酒的「What's up」電視廣告通過幾個朋友之間互相在電話中不斷地重複這句話而風靡一時，以至於成了紐約地區最時髦的問候語。

　　圖 12-7 是殺蟲劑廣告。該廣告利用昆蟲的復眼，把消費者帶到昆蟲的世界，顯現昆蟲臨死前最後一眼所看到的都是殺蟲劑罐子的影像。

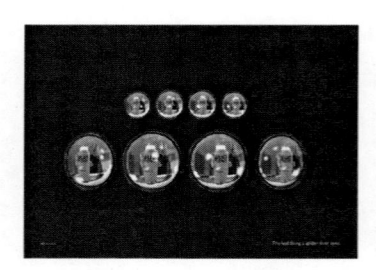

圖 12-7　殺蟲劑廣告
圖片來源：百度圖片

12.5　誇張

在廣告表現中，可以借助想像對廣告作品中宣傳的對象的品質或特性的某個方面進行相當明顯的過分誇張，以加深或擴大受眾對這些特徵的認識。文學家高爾基指出：「誇張是創作的基本原則。」通過這種手法能更鮮明地強調或揭示事物的實質，加強作品的藝術效果。

誇張是在一般中求新奇變化，通過虛構把對象的特點和個性中美的方面進行誇大，賦予人們一種新奇與變化的情趣。

按其表現的特徵，誇張可以分為形態誇張和神情誇張兩種類型。前者為表象性的處理品，後者則為含蓄性的情態處理品。通過誇張手法的運用，為廣告的藝術美注入了濃鬱的感情色彩，使產品的特徵鮮明、突出、動人。

圖 12-8 中將火車撞翻的汽車，人和車都完好無損，誇張地表現了該車的優良與安全性能。

圖 12-9 中大街上的建築物都貼上了「易碎」的標示，因為 POLO 汽車來了，誇張地顯示了 POLO 汽車的堅韌和速度。

圖 12-8　汽車廣告
圖片來源：百度廣告

圖 12-9　POLO 汽車廣告
圖片來源：百度廣告

圖 12-10 中誇張地表現了因為諾基亞 3310 手機太便宜了，所以爭破了頭。

圖 12-10　諾基亞手機廣告
圖片來源：百度圖片

圖 12-11 中使用金霸王電池後的電動玩具車衝勁無窮、速度無窮、力量無窮。

圖 12-11　金霸王電池廣告
圖片來源：百度圖片

12.6　隱喻與類比

　　隱喻是廣告創意中常見的手法之一，含蓄的比喻常常隱晦曲折，婉而成章。隱喻借助事物的某一與廣告意旨有一定契合相似關係的特徵，引譬連類，使人獲得生動活潑的形象感。

　　類比則是將產品的某個特徵和人們熟知的某個事物進行比較，「取象近而意旨遠」，使人產生聯想，突出強化產品特性，加深了消費者對其的印象。

　　圖 12-12 中從瓶中倒出的辣醬，讓人自然地聯想到辣得吐舌頭的嘴巴。

　　圖 12-13 中浮杆的尖端露出水面，下面應當是條大魚吧？仔細一看，卻是約翰・維斯特吞拿魚罐頭的瓶蓋。

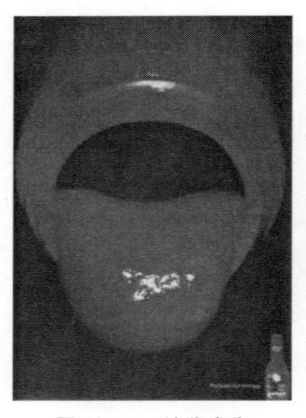

圖 12-12　辣醬廣告
圖片來源：百度圖片

圖 12-13　約翰‧維斯特吞拿魚罐頭廣告
圖片來源：百度圖片

圖 12-14 是漁夫之寶潤喉糖的外包裝折疊成的蠍子、鯊魚、犀牛，用來比喻該潤喉糖的效果之強烈。

圖 12-14　漁夫之寶潤喉糖廣告
圖片來源：百度圖片

圖 12-15 是 1996 年夏納廣告節獲獎作品，一枚被巧妙折成車型的安全別針，用來比喻沃爾沃汽車的安全系數極高，畫面簡潔，訴求明確。

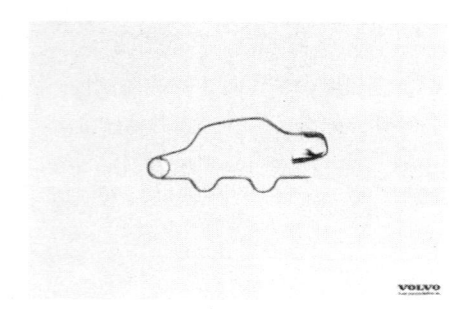

圖 12-15　沃爾沃汽車廣告
圖片來源：百度圖片

圖 12-16 中倒置的牙膏瓶口恰好填補了原本缺失的牙齒，喻義佳潔士牙膏讓牙齒完好無損。

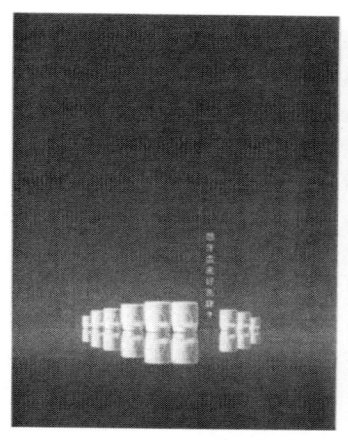

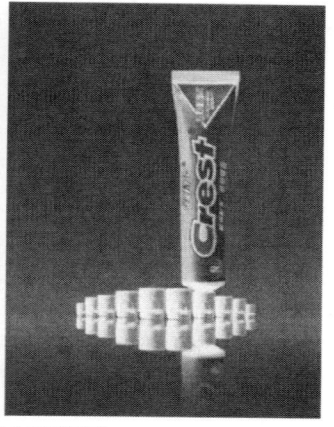

图 12-16　佳潔士牙膏廣告
圖片來源：百度圖片

12.7　標誌符號

標誌或符號往往既簡潔直接，又形象生動，廣告中常利用人們熟悉的標誌或符號，對其再加工，或改變其舊有形式，賦予其新意義。圖 12-17 所示的廣告中的標誌符號看似簡單，卻內涵豐富，準確傳達了廣告的訴求點。其中倒置的問號勾勒出一個孕婦的形象，是一個專門為孕婦提供資訊的機構的廣告。

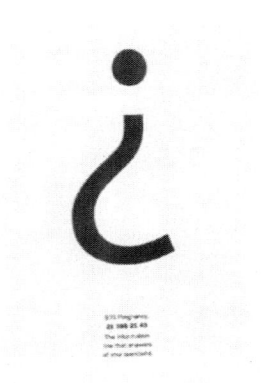

圖 12-17　Madalena Teixeira 廣告
圖片來源：百度圖片

12.8　講故事

大多數人都愛聽故事，可以通過精心設計，把廣告訊息巧妙地融入故事情節裡。這個

情節經過開始到中間再到結尾，就像微型電影一樣，把觀眾吸引到故事中，然後又領向戲劇化的結尾，讓觀眾看完故事後，也對廣告訊息留下深刻的印象。使用這種表現方式的好吃就在於自然而然地引領觀眾的思維和情感，不做作，觀眾很容易接受廣告信息，將自己的情感融入情節中。無論產品廣告還是品牌廣告都可以採用這種方式，與消費者進行情感上的交流。行銷界人士呼籲「不賣產品，賣情感」。儘管這是一個講求經濟效益的時代，但人們並沒有因此而忽視了情感的訴求。相反，在這樣的時代背景下，當消費者對於琳琅滿目的商品感到厭倦和煩膩的時候，故事廣告容易使消費者產生情感上的共鳴。好的故事由於精妙的情節性，觀眾往往更容易記憶，並且引發聯想。

圖 12-18 表現的是 Smart 汽車小到讓人覺得好奇，以至於要湊過去看個究竟。圖 12-19 表現的是電影裡常見的警匪對峙場景，好像馬上就要爆發一場槍戰，警察們捨棄了警車，以 POLO 車作為掩護，可見 POLO 車堅不可摧。

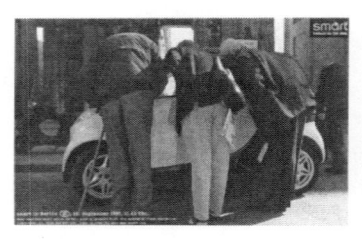

圖 12-18　Smart 汽車廣告
圖片來源：百度圖片

圖 12-19　POLO 汽車廣告
圖片來源：百度圖片

12.9　媒介的創意運用

一直以來，廣告人都試圖尋找新的廣告媒介來更有效地傳載廣告信息，巧妙地將我們周圍環境和廣告元素相搭配，不斷發掘更新的媒介形式並加以利用，往往會有意想不到的效果。現今，媒介的創意還主要集中在戶外廣告和產品包裝上。應該說，隨著互聯網時代的來臨，人們早已不僅僅將自己的注意力集中在傳統媒體中，人們熱烈地期待著新鮮事物的誕生，順應消費者的這種心理特徵，如果能創意性地使用媒體，往往能比較好地取得消費者的認同。

從傳統的四大媒體發展至今，許多新生媒體被媒體工作者創造性地製造出來，或者對傳統媒體加以衍生，從而使得廣告信息以別開生面的方式展現在消費者面前。例如，樓宇廣告、電影院廣告、門票廣告、交通工具廣告，甚至有「活體廣告」（廠商安排特定的人員背著液晶屏幕在人群中穿梭，或者穿著某種廣告服裝來往於熱鬧地帶）。可以說，在未來，如果能夠對一些常規的，甚至是人們常規思維下的廢棄物進行利用的話，廣告效果定是無可厚非。

創意性地使用媒體，創意者可以從以下幾個方面進行思考：

第一，嘗試使用交通工具。因為交通工具在人們的視野裡出現頻繁，並且其移動的性質不容易使人厭煩。當然交通工具也可能很難在受眾的心裡留下強烈的印象，因為其稍縱即逝（見圖 12-20）。

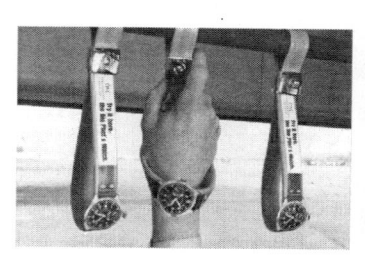

圖 12-20　嘗試使用交通工具的廣告
圖片來源：百度圖片

　　圖 12-21 所示的戶外廣告「別跳」是求職網站 Careerbuilder.com 的廣告。初看含義為勸阻那些生活無著落、走投無路的人，其實目標受眾非常廣泛。戶外車體廣告如圖 12-22 所示。

圖 12-21　求職網站廣告
圖片來源：百度圖片

圖 12-22　戶外車體廣告
圖片來源：百度圖片

245

第二，嘗試使用產品包裝。因為產品包裝隨著產品進入消費者生活之中，在消費者身邊逗留時間長，對消費者構成視覺上的強迫性（見圖12-23和圖12-24）。

圖 12-23　杯子廣告
圖片來源：百度圖片

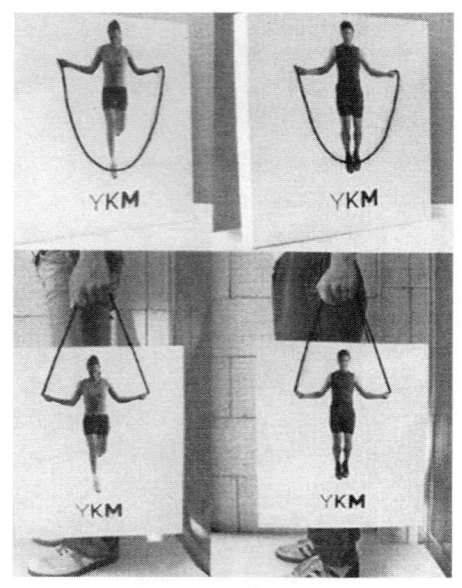

圖 12-24　紙袋廣告
圖片來源：百度圖片

第三，嘗試使用大眾娛樂設施。隨著城市裡基礎設施的不斷完善，城市設計得更加人性化，城市裡湧現出了大量的大眾娛樂設施。事實上，大眾娛樂設施在人們的生活中產生了巨大的影像。創意工作者可以嘗試對其加以利用，至少對於大眾娛樂設施的消費者能產生巨大的廣告效應。

第四，嘗試使用城市基礎設施，通常包括下水道、排氣道、電纜、電線杆等。這些設施可謂是一個城市維持生存的「衣食父母」，儘管形象不佳，卻是一個城市中不可缺少的。

圖12-25所示公益廣告上螃蟹身上的下水道口的天衣無縫的配合，使整個廣告圖案既栩栩如生，又耐人尋味。

圖 12-25　Auckland Regional Council（奧克蘭地區委員會）公益廣告
圖片來源：百度圖片

本章小結

如何將廣告的創意表達出來，本章介紹了無文案廣告、圖文結合、對比、重複與堆砌、誇張、隱喻與類比、標志符號、講故事、媒介的創意運用9種表現手法。

思考題

1. 廣告的表現手法有哪些？
2. 如何做到媒介的創意運用？

第四部分總結

現代廣告創意是科學理念指導下的創造性活動，既要突破常規，追求新穎獨特，又要建立在市場商品或服務、消費者要求的基礎之上，因此創意應該有明確的指導原則。廣告創意原則就是用來指導廣告創意活動的基本思想和要求，在進行廣告創意活動時，應遵循目標性、關聯性、原創性、震撼性、簡潔性以及合規性等原則。

廣告創意本質上是一種創造性思維活動。創意者的思維習慣和方式直接影響著廣告創意的形成和發展水準，因此廣告創意者必須對創造性思維、廣告創意思維方法、廣告創意技法進行深入的研究。廣告創造性思維包括邏輯思維、形象思維和靈感思維三種類型。廣告中採用的創造性思維的基本方法有發散和聚合的思維方法、順向和逆向的思維方法、垂直和水準的思維方法。廣告創意的技法主要有頭腦風暴法、檢核表法、金字塔法、聯想法等。廣告創意的表現手法主要有無文案廣告、圖文結合、對比、重複與堆砌、誇張、隱喻與類比、標志符號、講故事、媒介的創意運用等。

近年來中國的廣告業發展迅速，製作方面令人稱贊，但是與國外的廣告業相比仍有很大差距。中國廣告創意尚處於萌芽發展階段，與國外廣告相比，廣告創意存在一些問題。未來的廣告業需要迎接挑戰，融入新的想法與內容，創作出屬於中國的經典。

第五部分
廣告媒體
及其發展趨勢

杜蕾斯感謝「老朋友」

只要關注杜蕾斯官方微博一段時間,你基本就能感覺出杜蕾斯這樣的一種形象:有一點紳士,有一點壞,懂生活又很會玩。在這樣的定位下,杜蕾斯涉及的話題範圍將會更廣,日常與粉絲受眾進行互動,語態變得更加輕鬆詼諧。久而久之,粉絲意識到,杜蕾斯不只是一個品牌,更是一個活生生、有個性的品牌夥伴,品牌形象很自然地躍然於微博上。

2017年感恩節(11月23日),杜蕾斯利用官方微博帳號發起了系列行銷活動,每隔一個小時發布一張海報,通過感謝其他企業的方式進行推廣。這次的感恩節借勢行銷,杜蕾斯干了件「好玩」的事情。從上午10點開始,杜蕾斯官方微博每一小時發布一張海報,依然是簡潔的構圖、個性的文案,與之前不同的是,這次感謝的是其他品牌(見圖1)。從口香糖、汽車到巧克力、牛仔褲,甚至還有老陳醋……而被感謝的企業也積極回應,企業間俏皮的互動很快引起大批網友的關注,各企業品牌的影響力再次強化了市場的認知,形成了品牌聯動的多贏效果。

圖1 杜蕾斯感恩節廣告
圖片來源:杜蕾斯官網(2017.11.23)

上述案例表明，新媒體作為一種新的傳播方式，以其快速、時尚、互動、即時、平等、開放、親和等特徵，深刻地影響著今天我們每一個人的生活，進而形成了一種無時無刻、無所不用的廣告傳播環境。本部分從傳統媒體的內容、應用與演變趨勢的總結進而分析闡述了新媒體的內容與產生背景以及新媒體的主要形式、應用實踐與發展趨勢。本部分還對媒體計劃與媒體管理進行了詳細的說明與應用指導。

13 廣告媒體的應用與發展趨勢

開篇案例

加多寶成名戰

2012 年,一場涼茶之爭在中國傳得紛紛揚揚,其中的主角加多寶公司出產的紅罐涼茶王老吉更是被迫改名為加多寶(見圖 13-1),加多寶由此被推上了風口浪尖。然而加多寶並沒有因此放棄,而是通過多種廣告媒體的傳播鞏固了自身的地位,甚至超過了王老吉。

圖 13-1　「涼茶之爭」
圖片來源:昵圖網

第一,電視媒體的傳播。2012 年,加多寶斥 6,000 萬元巨資加盟《中國好聲音》。《中國好聲音》的成功,不僅讓浙江衛視迅速在眾多衛視中脫穎而出,也讓加多寶的名字傳播得更廣。冠名《中國好聲音》只是加多寶品牌傳播策略中的一個很小的部分,如果稍加留意,我們會發現加多寶幾乎冠名了國內所有衛視的知名綜藝節目。除了電視節目冠名之外,加多寶的電視廣告可以說是鋪天蓋地。(見圖 13-2)。

第二,各餐飲店、超市等銷售終端平面廣告的張貼和各種宣傳品的擺放。幾乎每一個有加多寶涼茶銷售的地方,都有加多寶涼茶的廣告。這種終端覆蓋的能力是其他快消品品牌無法超越的。此外,加多寶在報紙廣告、車身廣告、市中心路牌廣告等方面也有不凡的手筆(見圖 13-3)。

13　廣告媒體的應用與發展趨勢

圖 13-2　加多寶冠名《中國好聲音》
圖片來源：呢圖網

圖 13-3　加多寶倫敦運動會廣告
圖片來源：呢圖網

　　第三，網絡平臺的運用。加多寶注重通過 QQ、微博等社會化媒體獲取消費者支持打造一個立體傳播策略。「對不起！是我們太笨了，用了 17 年時間才把中國的涼茶做成唯一可以比肩可口可樂的品牌……」這是 2013 年，因不服「廣告語」被禁用，加多寶涼茶在官方微博發布「對不起體」系列微博。哭泣的寶寶、自嘲的話語，將加多寶的種種「委屈」道了出來。「對不起體」迅速走紅網絡（見圖 13-4）。

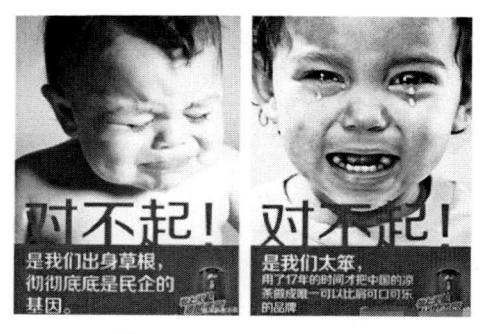

圖 13-4　加多寶微博廣告
圖片來源：百度圖片

　　加多寶沿襲了與行銷策劃王老吉品牌時一貫的定位思想，對加多寶涼茶進行了精準、明確的定位，即正宗涼茶領導者——加多寶。加多寶大張旗鼓地宣傳加多寶是正宗涼茶，直接挑戰王老吉的正宗涼茶定位。冠名《中國好聲音》，加多寶向外界宣傳是看中該節目的正宗概念。為了有效阻截原來的王老吉品牌，加多寶用了「全國銷量領先的紅罐涼茶，改名加多寶，還是原來的味道，還是原來的配方」的廣告語，並且使用與原來的王老吉廣告相似的場景畫面。加多寶試圖通過電視媒體讓原來的王老吉消費者相信王老吉涼茶已經改名加多寶涼茶了，加多寶涼茶就是正宗涼茶的代表。通過此種策略，加多寶試圖留住原來為王老吉品牌辛辛苦苦累積下的老顧客。

　　廣告學中有一個「終端鞏固提高原則」，講的是品牌廣告不僅要在大的媒體平臺曝光，也要在銷售終端不斷地出現，以加深消費者的心理印象。加多寶深諳這一道理，因此在一些餐飲後、商場超市等銷售終端可以看到加多寶鋪天蓋地的涼茶廣告。「對不起體」系列微博看似道歉、實則叫屈的感情攻勢確實贏得了社會公眾的諸多同情，在網絡上引起了廣泛

251

的關注，使得加多寶又大大紅了一把。

　　簡單概括，加多寶先有一個明確的市場定位，然後通過多種廣告媒體的整合傳播，將加多寶涼茶品牌傳播出去。加多寶運用得是最簡單的行銷道理，正因為其強大的執行力，保障了行銷策略的落地生根。

本章提要

　　廣告信息並不能直接到達消費者，必須通過一定的仲介物。我們一般是通過翻看報紙雜誌、收看電視、收聽廣播等來獲得廣告信息的。作為廣告信息的載體和傳播渠道，廣告媒體對於廣告的作用，決定了廣告信息所能到達的顧客群及其傳播效果。廣告傳播離不開廣告媒介，正如過河離不開船和橋一樣。媒體之於傳播，正如郭慶光所說：媒體就是傳播的核心概念之一，作為信息傳遞、交流的工具和手段，媒體在人類傳播中起著極為重要的作用。沒有語言和文字的仲介，人類傳播就不能擺脫原始的動物狀態；沒有機械印刷和電子傳輸等大量複製信息的科技手段的出現，就不可能有今天的信息社會。

　　因此，要想學好廣告學，就必須對廣告媒體的相關知識有一定程度的瞭解。本章將從廣告媒體的相關概念、不同廣告媒體的特點和趨勢、廣告媒體策略三個方面來對廣告媒體這部分知識進行講解。

13.1　廣告媒體概述

　　媒介（Media）是媒體（Medium）的復數形式，指使兩者之間發生某種聯繫的物質或非物質的仲介，包括所有看得見或看不見的傳播中間物。媒體指交流、傳播信息的工具，其範疇要小得多，只是人們通過眼睛可以看得見的傳播物。也就是說，媒體是媒介的組成部分。

　　自從人類社會出現廣告起，廣告與媒體就密不可分地聯繫在一起，任何廣告都必須依賴於一定的媒體存在，並通過媒體進行傳播。人類廣告業發展的歷史實際上也就是廣告媒體的發展歷史。可以說，沒有廣告媒體，廣告的目的也就無法實現。

13.1.1　廣告媒體的概念體系

13.1.1.1　廣告媒體的概念

　　廣告媒體指傳播廣告信息的仲介物，是運載廣告信息以達到廣告目標的一種物質技術手段。或者說，凡是能看到廣告作品，並實現廣告主與廣告對象之間聯繫的可視物體，均可稱為廣告媒體，廣告媒體是信息的一種載體。

13.1.1.2　相關概念

　　視聽率指媒體或某一媒體的特定節目在特定時間內特定對象占收視（聽）總量的百分比。以戶為單位統計的稱戶視聽率，以人為單位統計的稱人視聽率。作為統計廣播電視節目擁有觀眾、聽眾人數多少的指標，視聽率（對於報紙或雜誌也可具體稱為閱讀率）是廣告商投資廣告的主要依據，也是分析判斷廣播電視節目播出效果、改進節目的重要依據（見表13-1）。

表 13-1　　　　　視聽率（針對某一特定群體，表中標註為虛擬數據）

	男性總人數（百萬人）	男性（18~29 歲）總人數（百萬人）
某地區人口	200.0	50.0
A 雜誌讀者	60.0	20.0
A 雜誌視聽率	30%	40%

資料來源：作者參考相關資料整理所得

　　開機率是指在一天中的某一特定時間內，擁有電視機的家庭中收看節目的戶數占總戶數的比例。開機率的高低，因季節、時段、地理區域和目標市場的不同而不同。開機率是從整體的角度去瞭解家庭與個人或對象階層的總和收視情況，主要意義在於對不同市場、不同時期收視狀況的瞭解。

　　節目視聽佔有率是指收看某一特定節目開機率的百分數，說明了某一節目或電臺在總收視或收聽中占多少百分比。以上3者關係可表示為：

　　視聽率＝開機率×節目視聽佔有率

　　到達率是指傳播活動所傳達的信息接受人群占所有傳播對象的百分比，屬於非重複性計算數值，即在特定期間內暴露一次或以上的人口或家庭占總數的比例。到達率適用於一切類別的媒體，就廣播、電視而言，到達率通常以一週表示；就報紙雜誌等而言，到達率通常以某一特定發行期經過全部讀者閱讀的壽命期間作為計算標準。例如，報紙或雜誌到達率以期數作為期間，對於日報，7期為一週，7期到達率即為周到達率；對於周報，1期為一週，1期到達率即為周到達率。

　　毛評點簡稱 GRP，又稱總視聽率，即印象百分比之和，印象就是受眾接觸媒介的機會。例如，某電視節目的收視率是15%，而播放頻次是4次，那麼毛評點就是60%，即有60%的受眾接觸了廣告。毛評點是測量媒體策劃中總強度和總壓力的方法，只提供說明送達的總視聽率，而沒有反應出重複暴露於個別廣告媒體下的視聽率。一般而言，毛評點越高，覆蓋面越廣，所要求投入的資金就越多。

　　公式表示為：

　　毛評點＝節目視聽率×廣告插播次數

　　千人成本簡稱 CPM，是將一種媒體或媒體排期表送達1,000人或家庭的成本計算單位，是衡量廣告投入成本的實際效用的方法。千人成本將收視率與廣告成本聯繫起來，即廣告每到達1,000人次需要多少錢。可運用千人成本來選擇媒體，決定最佳媒體排期。

　　公式表示為：

　　千人成本＝（廣告費用/到達人數）×1,000

　　其中，廣告費用/到達人數通常以一個百分比的形式表示，在估算這個百分比時通常要考慮其廣告投入是全國性的還是地方性的，通常這兩者有較大的差別。

　　有效暴露頻次又叫有效到達率，是指在一段時間內，某一廣告暴露於目標受眾的平均次數。受眾接觸廣告次數的多少，與其對廣告產品產生的反應有直接關係。廣告次數過多，不僅浪費，還會引起消費者的厭煩情緒；廣告次數過少，廣告就沒有效果。國外廣告界一般認為到達6次為最佳，超過8次可能使人厭倦。

13.1.2　廣告媒體的特點

　　廣告媒體伴隨著廣告信息進入人們的生活領域，並在很大程度上影響著人們的消費心

理和消費行為，其影響力度已深入人心。為了更好地瞭解其產生的主要影響，我們有必要瞭解一下廣告媒體作為特殊的媒體類別的基本特性。同時，廣告媒體不同於新聞媒體，儘管常依附於大眾媒體本身，但是由於其特定的宣傳內容，廣告媒體表現出了獨有的特性。瞭解這些特性，有助於靈活運用廣告媒體的各項優勢。

廣告媒體的特性指媒體的物質屬性和功能屬性，不同的廣告媒體有不同的特性，但總體而言具有以下共同特性（見表13-2）。

表13-2 廣告媒體的共同特性

1. 傳達性：廣告媒體要適時、準確地傳送廣告信息，根據廣告計劃來安排廣告發布時間，如實傳導廣告內容。傳達性是廣告媒體的最基本特性。	2. 時間性：不同媒體傳播信息的傳播效果長短、傳播速度快慢各不相同，如電子媒體就比印刷媒體傳播廣告信息的速度快。因此，廣告主在制定廣告計劃時要依據產品的特點及市場行銷策略要求，選擇不同媒體傳播。	3. 空間性：不同媒體具有占據不同空間的特性，如報紙與雜誌的空間性體現在其版面的大小與位置的安排上，而可視性媒體的空間性則表現在其放置的具體地點與場所上。不同空間的差異性選擇直接導致傳播效果的不同。	4. 適應性：廣告主可以根據信息發布的範圍、受眾多少、地區遠近、對象階層、時間長短以及速度快慢等不同要求，選擇具有不同適應性的廣告媒體，以提高信息傳播效果。

資料來源：作者根據相關資料整理所得

以上4點是廣告媒體的共同特性，由於不同廣告媒體又具有各自不同的屬性，因此本章在後面幾節對不同媒體的特點進行了詳細闡述，便於讀者瞭解如何選擇最優的廣告媒體組合。

13.1.3 廣告媒體的功能

廣告媒體總是生存在與之相適應的社會環境中，成為整個社會系統的有機組成部分。因此，在接受社會運行機制約束的同時，廣告媒體對社會系統的各個方面也產生了很大的影響。行銷專家們更是發自內心地相信廣告能給整個社會帶來益處。廣告推動了新產品與新技術的開發與推廣，加速了市場對此的接受度；廣告擴大了就業，為消費者和商家提供了更多的選擇；廣告通過刺激批量生產，降低了物價，刺激了生產廠家之間的健康競爭，使所有的買方從中受益。

13.1.3.1 正面功能

第一，經濟功能。

其一，溝通市場關係。眾所周知，生產者的產品與消費者的購買與消費在時間和空間上都存在著距離。通過廣告，企業可以向消費者傳遞有關產品的基本信息，也可以將新產品的開發、產品的升級改進等有利於企業行銷的各種信息及時地傳達給消費者。有了如此便捷快速的信息傳遞媒介，企業的行銷手段和產品的銷售都可以及時暢達地進行。

當然，廣告媒體並不只局限於對產品的簡單介紹。在對產品基本信息進行介紹的同時，其實已經灌輸了一種需求欲的潛意識。廣告媒體刺激需求的心理過程是「愛德瑪法則」，即注意—興趣—欲求—記憶—行動。新產品初進入市場時，多數就是運用廣告來刺激初級需求的。

其二，塑造品牌形象。「溝通從心開始」「Just Do It」等廣告界經典宣傳語已經充分說明品牌形象在推動企業發展中的重要作用（見圖13-5和圖13-6），而這一品牌的塑造重任

很大程度上擔負在廣告媒體肩上，特別在新產品剛上市時，都需要響亮的廣告語來吸引公眾的注意，以增強他們對產品的瞭解，從而形成對該產品的初期印象。

圖 13-5　移動廣告語
圖片來源：昵圖網

圖 13-6　耐克廣告語
圖片來源：百度圖片

新產品在佔有一定市場份額後，要繼續保持和有所發展比前期更有難度。此時的市場上會立刻湧現出許多同類同質產品，在這種情況下，通過廣告媒體發布廣告是企業宣傳產品特色、樹立品牌形象的最佳選擇。

第二，消費者功能。

消費者通過廣告媒體瞭解到產品的基本信息，並根據這些廣告信息適當地調整個人的某些消費行為。因此，廣告媒體對於消費者而言主要有兩個方面的功能：一是認知功能，消費者通過廣告媒體可以瞭解到更多的產品信息；另一個是引導功能，消費者通過對產品基本信息的瞭解，就可以有選擇地關注和購買某些產品，從而引導自己的消費行為。

其一，認知功能。認知功能指的是廣告以傳遞信息的形式向市場進行訴求認知，主要通過語言、文字、圖像、色彩、質感等來解釋信息的特徵。美國前總統羅斯福對廣告媒體的認知功能給予過很高的肯定，他說：「若不是有廣告來傳播高水準的知識，過去的半個世紀各階層人民現代文明的普遍提高是不可能的。」可見廣告媒體的認知功能對於普及基本生活常識有著多麼重要的輔助作用。認知功能的直接作用在於幫助消費者辨認、識別產品的差異。反過來，正是產品的差異性又決定了廣告宣傳必須個性——重點凸顯出產品的獨特性和優點，以增強顧客的購買慾望。

由於隨處都會接觸到廣告媒體，消費者心理早已有了對廣告媒體的審美傾向。因此，廣告媒體需要通過掌握人們的心理活動來激發人們的感情，使之對廣告宣傳的產品產生購買意識。尤其在面向市場時，廣告媒體必須掌握一定時期目標市場主要購買對象的需求特點，通過廣告的語言、文字、畫面產生視覺導向，引起消費者的共鳴。

其二，引導功能。隨著信息技術的飛速發展，如今的廣告媒體早已隨處可見，成了消費者獲得產品信息的主要來源。這些廣告媒體提供的信息包括了產品的性能、特點、用途、使用方法等，實際上這些廣告信息早已在無形當中讓消費者提高了對該產品的認知程度。通過這種認知，消費者其實早已將這些認可的產品信息逐漸衍變成自己的購買同類型產品的重要參考依據。

廣告宣傳是長期、有序進行的，正是通過這種反覆的品牌和產品介紹，無形中再一次提高了消費者對該品牌的認知程度，從而產生一種認牌消費的心理，最終影響購買行為。同時，在廣告中不斷呈現的產品功能等，也對激發消費者購買慾頗有效果。因此，廣告媒體在發布信息時，必須盡可能提供充分的產品基本信息以滿足消費者在後期購買中的信息需要，從而更好地引導消費者有針對性的消費。另外，廣告媒體還可以通過創造流行時尚

等特殊主題來吸引消費者前來消費。例如，費列羅巧克力每年都會利用聖誕節、情人節等特殊主題的廣告來吸引顧客（見圖13-7）。

圖13-7 費列羅巧克力廣告
圖片來源：百度圖片

　　第三，社會文化塑造功能。
　　現如今，隨處可見的廣告已經成了人們生活中不可或缺的一部分。
　　其一，美化協調外部環境。路邊的招牌廣告、燈柱廣告、公交車身廣告等一系列的廣告形式使得廣告無處不在，它們以獨特的形式交相輝映。這一件件形象逼真、栩栩如生的廣告本身就是一件令人賞心悅目的藝術品，既美化了城市的市容環境，又提升了城市形象。因此，生活中出現了很多專門提升城市形象的廣告，而且越來越受到人們的認可和喜愛。
　　對於政府性宣傳來說，廣告媒體有著無可替代的優勢。在西方政治生活中，廣告媒體對於政府公開競選更起著舉足輕重的作用。在美國每次進行的總統競選中，候選人每每要投入巨額資金到廣告媒體上為自己做宣傳。如今廣告媒體的發達程度已經成了一個城市乃至一個國家發展水準的重要標志。
　　其二，培養高尚的心理環境。廣告媒體總是通過傳遞某種產品信息，讓人們不斷地改變著對產品的看法和觀念。正如著名報學史專家戈公振提出的精闢看法：「廣告為商品發展之史乘，亦即文化進步之記錄。人類生活，因科學之發明趨於繁密美滿，而廣告既有促進認證與指導人生之功能。」從這個意義上說，廣告媒體直接引導著消費潮流，從而在不斷地改變著人們的生活、思維和行為方式。
　　眾所周知的可口可樂廣告已經成為美國文化的一種象徵，其代表的是美國文化的精華，喝一瓶可口可樂就等於把這些美國精神灌入體內，其中所蘊含的消費方式和思維方式均帶有美國色彩。可見，廣告媒體對於塑造整個消費心理環境和生活方式的影響是巨大的（見圖13-8）。

圖 13-8　可口可樂經典海報
圖片來源：百度圖片

　　優秀的廣告媒體傳達的就是弘揚高尚的人格、情操、道德、品質，特別是一些公益廣告，直接反應出全社會的優秀美德，提倡新型的價值標準。公益廣告能夠直接地鼓舞人們朝著健康、積極的生活方式去不斷追求進步，這在一定程度上有助於形成良好的社會道德風尚，營造出一種更加文明、優越的精神態勢（見圖 13-9 和圖 13-10）。

圖 13-9　上海市靜安區公益廣告
圖片來源：百度圖片

圖 13-10　愛護環境公益廣告
圖片來源：昵圖網

13.1.3.2　負面效應

　　由於受到社會各界複雜因素的制約，作為廣告載體的廣告媒體必然有不足之處。廣告媒體每次推出的新觀念總是帶著嘗試的態度打開市場，這必然也會隨之產生積極和消極的雙面影響。

　　從廣告媒體的廣告內容來看，《中華人民共和國廣告法》第四條明確規定：「廣告不得含有虛假或者引人誤解的內容，不得欺騙、誤導消費者。」然而，為了獲得更大的經濟利益，某些廣告主不顧損害消費者的利益，對於製作的廣告內容，故意發布虛假廣告、傳播不正確的廣告信息，誤導消費者購買。

　　從廣告媒體的選擇運作策略來看，一方面，在選擇廣告刊播時，某些廣告主通常考慮的是自身利益，較少甚至沒有考慮到受眾的心理感受和實際利益關係；另一方面，在混用媒體中，某些廣告並沒有注意到與其他非廣告內容的協調，許多消費者可能會因此產生反感心理，導致廣告效力的不必要降低。

　　從廣告媒體的文化觀念來看，某些廣告創意以陳腐的封建思想觀念為切入點，宣傳的是與現代社會美好品德格格不入的腐朽觀念。這些低格調的廣告嚴重污染了廣告媒體的清

潔環境，給社會文化抹上了污點，形成了不良的社會風氣。

從廣告媒體的廣告效果來看，琳琅滿目的廣告信息堆積在消費者面前本身就是對消費欲的挑戰，人們對於如此紛繁的商品種類已是不知如何購買。在這個時候，廣告媒體為了提升自身的吸引力，對信息的誇張程度以及廣告製作中的刺激性更是大加渲染，很容易導致消費者過度膨脹的消費理念。

在現代社會中，廣告媒體已成為社會生活的有機組成部分，在相當程度上影響著人們的消費觀念和消費行為。因此，廣告媒體的負面效應更是其本身的問題，只有建立一種健康的、負責任的廣告媒體觀，讓廣告媒體做到社會效益與經濟效益的優化組合，才能真正有利於社會的和諧發展。

13.1.4 廣告媒體的分類

廣告媒體的分類的意義在於對各種媒體的特點有一個概括性的初步瞭解，這也是選擇媒體運用的重要依據之一。廣告媒體按照不同的分類標準可以進行不同的分類，下面介紹幾種常見的分類方法（見表13-3）。

表 13-3　　　　　　　　　　　　廣告媒體的分類

序號	角度	類別
1	媒體的物質屬性	印刷品媒體，如報紙、雜誌、書籍、傳單等 電波媒體，如電視、廣播、手機、網絡等 郵政媒體，如銷售信、說明書、商品目錄等 銷售現場媒體，如店內廣告、貨架陳列、門面等 其他，如氣球、建築物等
2	廣告的影響範圍	國際性廣告媒體，包括一切國際發行的出版物、國際交通工具、出口商品的包裝物等 全國性廣告媒體，包括全國性電視臺、廣播、雜誌報紙等 地方性廣告媒性，包括地方性電視臺廣播、雜誌等
3	接受者的感覺角度	視覺廣告媒體，如報紙、雜誌、海報、櫥窗、交通工具等 聽覺廣告媒體，如廣播、電話、叫賣等各種形式的口頭宣傳媒體 視聽覺廣告媒體，即兼有視覺和聽覺效果的媒體，如電視、錄像等
4	媒體與廣告主的關係	他有媒體，又稱租用媒體，即由廣告主以外的其他部門經營的媒體，廣告主使用時要付費用，即如報紙、雜誌、電視、廣播電臺等廣告媒體 自營媒體，又稱自用媒體，即廣告主自己設立的廣告媒體，如招牌、霓虹燈、櫥窗、傳單等廣告媒體
5	信息的有效期限	長期廣告媒體，即媒體本身使用時間較長，不會輕易更換或被淘汰，這類媒體一般具有使消費者主動或被動保留或收藏的特性，如印刷廣告中的雜誌、書籍、說明書等 短期廣告媒體，即使用或傳播時間較短的媒體，如報紙、櫥窗、海報等 瞬間廣告媒體，即信息在上面轉瞬即逝的媒體，如電視、廣播等媒體

資料來源：作者根據相關資料整理所得

13.2 常規媒體特色及趨勢(主流廣告媒體)

13.2.1 平面媒體

傳統的四大廣告媒體包括了報紙、雜誌、廣播、電視，若將這四種傳統廣告媒體按消費者所能感受到的廣告視覺衝擊來劃分，又可將其分為平面媒體和電波媒體兩類，下面具體介紹這兩類常規媒體。

13.2.1.1 報紙

報紙是以刊載新聞和新聞評論為主的定期的、用印刷符號傳遞信息的連續出版物，一般以散頁形式出現。從發行範圍來看，報紙有全國性、區域性、地方性之分；從內容來看，報紙有綜合性、專業性之分；從出版週期來看，報紙有日報、周報、月報之分。

第一，報紙廣告的利與弊。報紙可以為廣告主提供許多有利的東西，其中最重要的一點就是時效性，即報紙廣告可以很快就發布出來，有時當天即可辦到。此外，報紙還有地域明確、市場廣闊、收費合理等諸多優點。但報紙缺乏針對性，製作質量較差，而且內容龐雜。另外，讀者還批評說報紙對重要事件和問題缺乏深度和後續報導[1]（見表13-4）。

表13-4　　　　　　　　　　報紙廣告的利與弊

利	弊
大眾媒介：報紙是一種大眾媒介，可以滲透到社會的各個細分群體，絕大多數消費者都會看報紙。 地方性媒介：報紙還是一種到達範圍廣的地方性媒介，覆蓋某一特定地區，該地區的市場和人口具有相同的關注點和興趣。 內容廣泛：報紙涉及的內容特別廣泛，幾乎無所不包。 地理針對性：報紙利用地區版，可以專門針對某一街道或社區。 時效性：報紙主要報導當天的新聞，讀者也可以在當天看到報紙。 可信度：研究調查表明，報紙在可信度方面排第一，遠超過排名第二的電視。 創意的靈活性：報紙廣告的規格大小和形狀可以按廣告主的要求和目的進行變化，或占據主導位置，或增加重複次數。廣告主可以採用黑白、彩色、週日雜誌或定製插頁的形式。 興趣的可選擇性：無論哪天，報紙廣告都會引起一少部分潛在讀者的主動注意，他們對廣告主打算告知的訊息、銷售的產品比較感興趣。 主動媒介：報紙是一種主動媒介，讀者會翻閱版面，剪下並保存優惠券，在空白處寫寫畫畫或將內容歸類。 長久記錄：與電視和廣播廣告稍縱即逝的特性相反，報紙保存的時間比較長久。 價格合理。	缺乏針對性：對特定的社會經濟群體缺乏針對性，大多數報紙的讀者面廣泛有複雜，各種人都有，這就有可能與廣告主的目標受眾不相符。 壽命短：除非讀者將廣告或優惠券剪下保存，否則報紙廣告就再無緣與讀者見面。 還原質量較差：新聞紙一般較粗糙，製作出來的圖像不如光滑的雜誌紙那麼引人注目，而且很多報紙無法印製彩色版。 龐雜：每一條廣告都必須與同處一個版面的文字內容和其他廣告一起爭奪讀者的注意力。 缺乏控制：除非廣告主支付指定版位的高價，否則廣告主無法控制廣告的位置。 重複：有人讀的報紙不止一份，廣告主發布在這份報紙上的廣告，讀者有可能已在另一份報紙上看到過。

資料來源：威廉·阿倫斯，邁克爾·維戈爾德，克里斯蒂安·阿倫斯. 當代廣告學 [M]. 11版. 丁俊杰，等，譯. 北京：人民郵電出版社，2010.

---

[1] Ronald Redfern. What Readers from Newspapers [J]. Advertising Age, 1995 (1): 25.

第二，報紙的分類。報紙可按規格、受眾類型或投遞頻率來分類（見表 13-5）。

表 13-5　　　　　　　　　　　　　報紙的分類

序號	角度	類型
1	規格	日報：分早報和晚報，每週至少出版 5 次（周一至周五）。在美國的 1,456 種日報中，晚報有 653 種、早報有 813 種（兩者合計超過 1,456 種，因為其中 10 種報紙自認為既是早報，又是晚報，即所謂的「全天報」）。[1]早報的地域覆蓋面一般較廣，讀者男性居多，晚報的讀者女性居多。 周報：側重於當地新聞和地方性廣告，其讀者對象一般是小城鎮或郊區和農村地區的居民，是目前發展最快的一類報紙。周報的千人成本一般高於日報，但壽命長於日報，每一份的讀者人數也更多。
2	受眾類型	標準型報紙：長約 55.88 厘米，寬約 33.02 厘米，分為 6 欄。 小報型報紙：一般長約 35.56 厘米，寬約 27.94 厘米。全國性小報，如《環球時報》，常採用聳人聽聞的新聞報導爭奪零售市場。另有一些小報，如《人民日報》《南方週末》，則偏重於嚴肅的新聞和特寫。 過去，報紙有近 400 種不同的廣告規格，但 1984 年，報界出抬了標準廣告單位體系，對報紙的欄目寬度、版面大小以及廣告規格做出了規定
3	投遞頻率	有些日報和周報的服務對象是一些興趣獨特的受眾，廣告主絕不會對此視而不見。這類報紙刊登的廣告一般都會迎合這些特殊受眾的口味，這些保證可能會有一些特殊的廣告規定。 有些報紙的服務對象是某一族裔市場。美國有 200 多種日報和周報是為非裔美國人社會服務的，還有一些針對外語人群。除英語外，美國現在的報紙還採用 43 種外語印刷。 專業報紙還為工商界和金融界讀者服務。其他還有針對各種互助會、宗教團體、工會、專業組織或興趣愛好者團體的報紙。

資料來源：作者根據相關資料整理所得

第三，報紙廣告的分類。報紙廣告主要分為圖片廣告、公告、分類廣告和夾頁廣告（見表 13-6）。

表 13-6　　　　　　　　　　　　報紙廣告的分類

序號	類別	釋義
1	圖片廣告	由文案、插圖或照片、標題、優惠券以及其他視覺元素組成。圖片廣告有各種大小的規格，除社論版、訃告版、分類廣告欄及主要欄目的首頁外，圖片廣告可以刊登在任何欄目內。圖片廣告的一種常見變體是閱讀告示，看上去如同報紙上的一篇社論文章，其刊登費用有時高於普通圖片廣告。為了防止讀者誤將這類廣告當做社論文章，在這類廣告頂端要標明廣告字樣（見圖 13-11）。
2	公告	只需要支付很少的費用，報紙就會刊登合法的有關業務更改、人事關係變動、政府報告、團體或公民個人啟示類廣告。這類廣告通常採用預定的固定格式。

---

[1] U.S. Census Bureau. Statistical Abstract of the United States［EB/OL］www.census.gov, 2006.

表13-6(續)

序號	類別	釋義
3	分類廣告	為社區市場宣傳各種形式的商品、服務以及機會，從房地產信息到新車銷售乃至就業信息和商業信息。一般說來，報紙的收益取決於分類廣告欄是否充足、健康。 　　分類廣告一般刊登在副標題下按種類或需求分欄刊登，通常按其所占的行數和刊登次數收取費用，有些報紙可以接受分類圖片廣告，這種廣告刊登在報紙的分類廣告欄中，但字體或圖片更大，空白更多，有圖片或邊界，有時還會印成彩色（見圖13-12）。
4	夾頁廣告	同雜誌一樣，報紙也可以附帶廣告主的廣告夾頁。廣告主預先印好夾頁，將其送到報社，由報社加插在特定版中。夾頁的大小既可以採用報紙標準板面的大小，也可以是兩張明信片的大小；夾頁時形式有目錄、說明書、回執和齒孔優惠券。 　　一些大型都市日報還允許廣告主指定廣告夾頁的發行地區。例如，有的零售商只是希望到達自己經銷覆蓋區內的顧客，他們便可以只在該地區版上加插廣告頁。零售店鋪、汽車經銷商和大型全國性廣告主發現以這種方式傳播自己的廣告訊息要比郵寄或逐戶投遞的費用更低廉。

資料來源：作者根據相關資料整理所得

圖 13-11　某房地產銷售廣告

圖片來源：昵圖網

圖 13-12　某報紙刊登的分類廣告

圖片來源：昵圖網

13.2.1.2　雜志

　　雜志也是一種以印刷符號傳遞信息的出版物，屬於視覺平面媒體的一種。廣告主在創

意組合中運用雜誌是出於多種考慮的，首先且最重要的是雜誌可以讓他們用高質量的表現力到達特定的目標受眾（見表 13-7）。

表 13-7　　　　　　　　　美國十大雜誌廣告主（2005 年）

排名	廣告主	雜誌廣告費（百萬美元）
1	寶潔	789.4
2	奧馳亞集團	506.2
3	通用集團	475.0
4	強生	378.0
5	歐萊雅	337.9
6	福特汽車	323.8
7	時代華納	308.3
8	戴姆勒·克萊斯勒	297.9
9	葛蘭素史克	238.9
10	豐田汽車	234.6

資料來源：作者根據相關資料整理所得

第一，雜誌廣告的利與弊。雜誌廣告的利與弊如表 13-8 所示。

表 13-8　　　　　　　　　　雜誌廣告的利與弊

利	弊
靈活性：讀者與廣告方面的靈活性。雜誌涉及的潛在讀者無所不包，在地域上既可以覆蓋全國又可以只發行到某一地區，篇幅、厚薄、手法和編輯格調盡可花樣百出。 色彩：色彩使讀者得到視覺享受，尤其是那些華麗精美的雜誌，彩色還原效果最好。色彩有助於突出形象、顯現包裝。簡而言之，色彩有助於銷售（見圖 11-13）。 權威性與可行性：可增強商業訊息。廣播電視和報紙能提供大量信息，但缺乏讀者需要的知識或意義深度，雜誌則三者兼具。 聲望：在一些高檔雜誌和精品雜誌中，如《時代周刊》《財富》《時尚》上發布產品廣告，相應地也會顯示出產品的檔次和品質。 受眾針對性：雜誌的受眾針對性更準確，鮮明而獨特的文章內容自然對有相同口味的讀者具有號召力。例如，在《高爾夫大師》（Golf Digest）上發布針對高爾夫愛好者的廣告。 成本效益：由於無效發行量已經降至最低，因此利用雜誌做廣告的效益比較好。如果廣告主在兩個或更多的出版網絡上發布廣告，就可以降低成本。 讀者忠誠：讀者對雜誌的忠誠有時表現得近乎狂熱。 耐久性：雜誌可以讓讀者細細品味廣告，可以刊登較為複雜的教育性或銷售性訊息，為傳遞企業的整體個性提供機會。 銷售力：雜誌的銷售力早已被證實。 大批的二手讀者：訂閱人讀完雜誌後再轉給非訂閱人看。 銷售支援：廣告主可以獲得再版的機會和銷售宣傳材料，使其廣告成本降低。	不及時：雜誌不如廣播和報紙那麼及時、迅速。 地域覆蓋有限：雜誌不具備廣播媒介那樣的全國到達率。 無法以低成本到達大批讀者：雜誌到達大批讀者的成本較高。 無法實現高頻次：多數雜誌是一個月或一週出版一次，廣告主只有按排期大量增加小範圍受眾雜誌才能實現預期到達率。 較長的預備期：插頁廣告的預備期較長。 激烈的廣告競爭：發行量最大的雜誌，一般文章占 48% 的篇幅，廣告占 52% 的篇幅。 千人成本較高：例如，全美消費者雜誌的黑白版千人成本平均為 5~12 美元，有些針對性非常強的貿易刊物高達 50 美元以上。 發行量下降：尤其單冊的銷售量下降，此風已波及整個雜誌業。

資料來源：作者根據相關資料整理所得

圖 13-13　瑞麗雜志封面
圖片來源：百度圖片

　　第二，雜志的分類。在專業領域，所有雜志都被歸類於「書籍」，一般按雜志的內容、地理分佈和規格來進行劃分（見表 13-9）。

表 13-9　　　　　　　　　　雜志的分類以美國為例

序號	角度	類別
1	內容	消費者雜志：銷售對象是那些為個人消費而購買產品的消費者，人們購買消費者雜志的目的是為了娛樂或尋求信息，或二者兼有。《時代》《魅力》《好當家》等雜志便屬於此類。 　　農業刊物：針對農場主及其家庭和生產，或經銷農業產品、農業設備與服務的企業，如《農場雜志》《成功農牧業》《現代農場主》等。 　　行業雜志：迄今為止最大的一類雜志，針對工商業界讀者，包括針對批發商、零售商及其他分銷商的貿易刊物，如《現代商貿》；針對製造業和服務行業工商人士的商業雜志和工業雜志，如《電子設計》和《美國銀行家》；面向律師、醫生、建築師和其他專業人士的專業期刊，如《眼科學檔案》；等等。
2	地理分佈	地方性雜志：在美國的主要大城市都有自己的地方城市雜志，如 New York、Chicago 等，其讀者多為對當地工商業、藝術和時尚感興趣的高層次專業人士。 　　地區性雜志：針對某一特定地區，如《南方生活》。全國性雜志有時也為特定地區發行特殊市場版，像《時代》《新聞周刊》和《女性時光》等都允許廣告主購買某一主要市場。 　　全國性雜志：TNS 媒體情報公司是一家收集廣告支出數據的公司，它認為全國性報紙應具備兩個特徵：每週至少發行 5 天；全國範圍都可以得到其印刷版。 　　美國發行量最大的雜志是《AAPP 雜志》，讀者為美國退休人員協會的 2,260 萬會員。[1]

---

[1] The Hot List Adweek 25th Anniversary [N]. Brandweek, 2005-03-14.

表13-9(續)

序號	角度	類別
3	規格	大型，如《訪談》《唱片》，整版廣告大致規格為4欄×170行。 闊型，如《時代》《新聞周刊》，整版廣告大致規格為3欄×140行。 標準型，如《國家地理》，整版廣告大致規格為2欄×119行。 小型或袖珍型，如《讀者文摘》，整版廣告大致規格為2欄×119行。

資料來源：作者根據相關資料整理所得

第三，雜志廣告的形式。雜志可以為廣告創作提供許多種創意形式，包括出血、封面、插頁、大折頁和特殊尺寸（如小單元與島型半版等）。廣告主在對雜志進行廣告版面的選擇之前，首先需要對這些形式進行瞭解（見表13-10）。

表 13-10　　　　　　　　　　雜志廣告的形式

序號	類別	釋義
1	出血	想要廣告創意表現的靈活性更強、印刷版面更大，可以選擇出血版。出血就是指廣告版面上的黑色或彩色背景一直擴展至版面的邊緣。絕大多數雜志都可以做出血版，不過收費要高10%~15%。
2	封面	很多企業希望買到搶手的版面，尤其是當企業計劃在某一雜志上連續刊登廣告時。很少有雜志願意出售封一讓別人刊登廣告，他們可以分別出售封二、封三和封底，這種廣告位置的售價也相當高。
3	小單元和島型半版	利用雜志版面而花費又較少的一種做法是利用版面的特殊位置或跨頁形式，包括小單元和島型半版兩種。小單元是指安排在版面中央、四周以文字內容的大型廣告（占版面60%）。與此類似的島型半版則周圍的文字內容更多，島型半版的收費有時超過常規半版，但由於這種安排占據了版面的主要位置，因此廣告主覺得額外的花費物有所值。
4	插頁和大折頁	不購買雜志標準廣告版面可以選擇插頁和大折頁兩種形式。插頁是指廣告主先用優質紙質印刷廣告，以增加訊息的分量和效果，然後把廣告成品送交給雜志社，雜志社收取特殊的價格，將廣告插入雜志內。大折頁也是插頁的一種，但其版面大於正常的版面，為保持與其他頁面的大小一致，要將多餘出來的部分向釘口方向折疊。當讀者打開雜志時，折疊的版面會像一扇門一樣自動打開，廣告就會呈現在讀者面前。

資料來源：作者根據相關資料整理所得

13.2.2 電波媒體

13.2.2.1 廣播

廣播是利用電波傳播聲音的工具，它訴諸人們的聽覺，通過語言和音響傳達各種信息，喚起人們的聯想。

第一，廣播廣告的利弊。廣告主喜歡廣播的到達率、頻次、針對性和高效益，雖然廣播有上述優點，但其也有自身的局限（見表13-11）。

表 13-11　　　　　　　　　　　　廣播廣告的利弊

利	弊
傳播速度快，廣告製作簡單。利用電波傳送的廣播媒體，不需要經過複雜的製作過程，臨時改動也很方便，它能配合行銷活動及時傳遞信息，根據目標市場、廣告對象和產品特點的變化情況及時調整廣告內容，靈活性強。 　　收聽方便、費用低廉，無線電廣播不但接收設備簡單，而且通常不受時間、空間、氣候等因素的影響和限制。 　　易發揮聽覺效果。廣播媒體能充分利用語言及音樂的特點來吸引聽眾，帶有現場感的音響及富有吸引力的美妙音樂，使人如臨其境，獲得特有的美感。	信息稍縱即逝，無法查存。廣播媒體由於受節目時間的限制，往往轉瞬即逝且難以保存。聽眾一般是在毫無心理準備的情況下接收廣播廣告的信息，難以形成記憶；即使聽眾想接受某一廣告信息，也不易找到播出的頻道或時間。 　　有聲無形。廣播廣告靠聲音來傳送廣告信息，使廣告對象只有聽覺印象，而無視覺印象，對商品的印象沒有直觀感受，從而影響宣傳效果。 　　聽眾分散。由於現代城市中大眾傳播媒較多，廣播的傳播能力便相對較弱且聽眾分散，廣告的宣傳效果不能盡如人意，這使廣播廣告的使用受到一定程度的影響。

資料來源：作者根據相關資料整理所得

　　第二，廣播廣告的類型。廣告主可以根據自身的廣告需求來選擇購買不同類型的廣播廣告，因此在選擇哪種形式的廣播廣告之前，首先需要瞭解廣播廣告的類型（見表13-12）。

表 13-12　　　　　　　　　　　　廣播廣告的分類

序號	類型	釋義
1	聯播	廣告主可以訂購某一全國性廣播網聯播電臺的時間，同時向全國市場傳播自己的訊息。廣播網只能為全國性廣告主和區域性廣告主提供簡單的管理，電臺的純成本效益較低。廣播網的缺點在於無法靈活選擇聯播電臺、廣播網名單上的電臺數量有限以及訂購廣告時間所需的預備期較長。
2	獨立電臺	獨立電臺在市場選擇、電臺選擇、播出時效選擇以及文案選擇上為全國性廣告主提供了更大的靈活性，獨立電臺可以迅速播出廣告（有些電臺的預備時間甚至可以短至 20 分鐘），並且廣告主可以借助電臺的地方特色快速贏得當地聽眾的認可。
3	地方電臺	地方性廣告主或廣告公司購買的獨立電臺的廣告時間，其購買程序與購買全國性點播時間一樣。廣播廣告的播出既可以採用直播方式，也可採用錄播方式。多數電臺採用錄播節目與直播新聞報導相結合的方式，同樣幾乎所有的廣播廣告都採用預錄方式，以降低成本和保證播出質量。

資料來源：作者根據相關資料整理所得

　　第三，優秀的廣播廣告應具備的要素。優秀的廣播廣告應具備的要素如表 13-13 所示。

表 13-13　　　　　　　　　　　　優秀廣播廣告的要求

序號	要求	內容
1	專一、集中	不要讓消費者一次接受太多的信息。列出文案要點的次序，把廣告想像成太陽系的模型。最重要的文案要點是太陽，其他文案要點都是重要性不同的行星，它們都圍繞、支持中心思想。

265

表13-13(續)

序號	要求	內容
2	研究產品和服務	很多客戶密切注意自己的競爭對手,但很少把自己的特色和優勢與事實性材料聯繫起來,有意義的統計可以為信息的實質性提供支持。
3	使用平實的對話語言	做一名清晰的傳播者,不要強迫你的角色做出不自然的陳述。這不是公司高層會議——沒有「職業經理的語言」,只有清晰平實和簡單的語言。
4	製作延伸效果	製作延伸效果,即讓消費者從廣告中學用短語,可以成倍增加廣告效果。一個巧妙的短語或手法可以讓消費者向其他人詢問他們是否有看過這則廣告,人們甚至會要求電臺重播廣告。
5	產生即時的身體、情感和精神反應	在廣播廣告中,撥動心弦的笑聲、消費者自身的精神活動都有助於加深記憶,留住信息。
6	建立和消費者的聯繫	向消費者講述故事時,要把品牌和消費者的需求與慾望聯繫起來。不要假定消費者自己會得出正確的結論(見表13-14)。

資料來源:作者根據相關資料整理所得

表 13-14　　　　　　　　　案例分享

The Retreat:30 秒　　　播音員:史蒂芬
狗叫、噓聲的音響效果。 　女聲:這是凱利和他的寵物史努比。凱利想要帶史努比偷偷進入他的新公寓,因為這裡不允許養寵物。可惜的是凱利沒有搬到 The Retreat 中來,在這兒有專門的小屋來養室內寵物。同時,私有的後院可以使凱利不用擔心史努比沒有地方做它想做的事。你的房子,你的規則。 　男聲:訪問 Retreat.com,瞭解更多信息。可以通過 Retreat 公司和房屋貸款公司辦理手續。

資料來源:美國南方廣播公司及 Vioce Unders.com。

13.2.2.2　電視

電視是一種兼有視聽功能的現代化廣告媒體,具有很強的表現力和感染力,產生的效果也遠遠超過了其他廣告媒體。雖然電視媒體的發展較晚,但已成功成為當今非常重要的廣告信息傳播媒體之一。

第一,電視廣告的利弊。電視如今已經成了人們生活中必不可少的一種休閒娛樂工具,電視廣告也發展起來。如今的電視廣告是發展最好的一種廣告形式。作為一種經由電視傳播的廣告形式,電視廣告有著許多的優點與不足(見表13-15)。

表 13-15　　　　　　　　　　　電視廣告的利弊

利	弊
傳播面寬，影響面廣。電視媒體的覆蓋面相當大，甚至全球都可同時收到同一電視信號。因此，電視媒體可不受時空制約，迅速傳遞，使得廣告信息影響面廣、訴求力強。 　　視聽結合，聲形兼備。電視媒體將視覺形象和聽覺形象集於一身，可綜合性、立體化的傳播廣告信息，使其具有愉悅性和藝術感，電視觀眾可能會因受到強烈的刺激作用而產生購買行為。 　　表現手段靈活多樣。電視媒體視聽結合的特性可以突出展現的商品個性，如產品外觀、內部結構、使用方法、生產程序等。因此，電視廣告可將廣告意圖予以最大限度詮釋以獲得最佳廣告宣傳效果。 　　具有一定的強迫性。電視廣告一般是在精彩節目中間插入的，觀眾為了收看電視節目不得不接受一定數量廣告信息，即使觀眾不看屏幕，也能聽到廣告聲音。因此，電視媒體又具有強迫觀眾收看這一特性。	時間較短，信息難以保存。由於廣告播出時間較短，難以使觀眾在首次收看時就留下清晰的印象；廣告內容也受播出時間的限制而不能充分展示產品的各方面特性，且不便觀眾事後查找，影響了廣告的記憶效果。 　　製作及播出費用較高。電視廣告的製作要求很高，需要投入大筆資金，而電視廣告播出的費用也比一般媒體要更高得多，尤其是黃金時間的廣告播出費用更是一般企業難以承受的。 　　對象不易確定，選擇性較差。電視媒體具有寬廣的覆蓋範圍和廣泛的傳播對象，因此對於專業性強、目標市場集中的商品無法選擇特定的廣告對象，其效果也難以測定。

資料來源：作者根據相關資料整理所得

　　第二，電視廣告的類型。電視廣告類型極多，但是都以宣傳商品、服務、組織、概念等為主，從家用清潔劑、服務，甚至到政治活動都可以用電視廣告表現。要想最大限度地發揮廣告宣傳的價值，廣告主在選擇不同類型的電視廣告之前，首先需要對不同的電視廣告類型進行瞭解（見表 13-16）。

表 13-16　　　　　　　　　　　電視媒體廣告的分類

序號	類型	釋義
1	特約播映廣告	這是指電視臺為廣告客戶提供的特定廣告播出時間，客戶通過訂購這類廣告時間，把自己的產品廣告在指定的電視節目的前、後或節目中間播出的一種廣告宣傳方式。
2	普通廣告	這是指電視臺在每天的播出時間裡劃定的幾個時間段，供客戶播放廣告的一種廣告宣傳方式。
3	公益廣告	這是一種免費的廣告，主要是由電視臺根據各個時期的中心任務，製作播出一些具有宣揚社會公德、樹立良好的社會風尚的廣告片。
4	經濟信息	這是電視廣告的一種宣傳方式，是電視臺專門為工商企業設置的廣告時間段，專為客戶宣傳產品的推廣、產品鑒定、產品質量諮詢、產品聯展聯銷活動，以及企業和其他單位的開業等方面的宣傳服務的。
5	直銷廣告	這是電視臺為客戶專門設置的廣告時間段。利用這個時間段專門為某一個廠家或企業，向廣大觀眾介紹自己生產或銷售的產品和商品。
6	文字廣告	這是在電視屏幕上打出文字並配上聲音的一種最簡單的廣告播放方式。

資料來源：作者根據相關資料整理所得

在瞭解了電視廣告的不同類型後，廣告主需要根據自身產品的銷售特點和目標消費群的收視取向，對發布的媒體單位、時段、持續時間、頻率、發布方式等進行有針對性的選擇。對於較大數量的發布業務，為對發布單位進行有效監督，可以委託專門的廣告監播單位進行監播。為了解電視廣告的宣傳效果，可委託專門的調查機構進行抽樣調查。

13.3 自制媒體特色及趨勢(非主流廣告媒體)

13.3.1 店鋪廣告

在零售店店內或店門口布置的廣告稱為店鋪廣告，又可稱為售賣點廣告。店鋪廣告是近二三十年才興起、發展的一種新興廣告媒體形式，常見的店鋪廣告可按兩種標準進行劃分（見表13-17）。

表 13-17　　　　　　　　　　店鋪廣告的分類

序號	角度	類型	釋義
1	表現形式	店堂招牌	這是最古老的廣告形式之一，主要作用在於使消費者通過招牌上言簡意賅的文字或畫面瞭解店鋪裡的業務範圍和經營品種。
		商品陳列架	這是店鋪廣告中的一種典型表現形式，作用在於利用某種與商品相適應或配套的陳列架吸引顧客注意，如化妝品專櫃、鞋櫃等（見圖13-14）。
		櫥窗展示	這是在商店等營業交易場所內借助玻璃櫥窗等媒介物質，運用各種藝術手段和現代科技展現商品物質與內容的一種廣告形式（見圖13-15）。
		自動售貨機	隨著現代社會的不斷發展與進步，自動售貨機隨處可見，晝夜服務，能為消費者提供極大便利，因此也是一種較好的廣告媒體。
		牆體展示	一般而言，只要有陳列室之類展示場地的店鋪，廣告主都會展開牆體展示活動。
		聲響展示	這種展示方式具有以圖像和聲音同時直觀地介紹商品性能的顯著優勢，缺點是成本較高。
2	陳列方式	立式陳列店鋪廣告	這是廣告印刷製成後裱在三腳架上，背面用鐵絲或木架撐立於地面，陳列在店門口引人注目的一種廣告。隨著現代科學技術的進步，其表現形式也日趨多樣化。
		掛式陳列店鋪廣告	這是廣告印製成後，懸掛於零售店的門楣上或店堂內上空的一種媒體形式。
		櫃式陳列店鋪廣告	這是專門陳列在櫃臺上或櫥窗內的廣告媒體。

資料來源：作者根據相關資料整理所得

图 13-14　商品陳列架展示
圖片來源：百度圖片

圖 13-15　櫥窗展示
圖片來源：百度圖片

13.3.2　戶外廣告

戶外廣告媒體也叫 OD（Out Door）廣告，是指利用戶外公共區域或建築、交通工具等，設置、張貼各種廣告。該類廣告媒體的優點包括：第一，廣告形象突出、主題鮮明，使人一目了然、易於記憶；第二，易於各階層消費者接受，廣告的影響面寬；第三，具有長期時效性，當受眾反覆接觸廣告時，能強化其對該廣告的印象，以刺激消費者的潛在意識來完成銷售的目的（見圖 13-16）。

圖 13-16　1928 年上海可口可樂售賣亭
圖片來源：百度圖片

戶外廣告媒體一般會受到場等因素的限制，使其傳播範圍和廣告效力都不如四大傳統媒體。下面介紹幾類常見的戶外廣告形式：

13.3.2.1　招貼

招貼又稱海報，作為一種廣告媒體，能通過告知行人確定的信息以引起人們相應的行為反應。招貼廣告畫面大、遠視強的特點可以讓行人注意並在短時間內感知信息，受到鼓動進而有所反應。同時，由於招貼的價格相對低廉，故深受許多廣告主喜愛，在中國的各大城市地下通道的牆面與廊柱上尤其多見（見圖 13-17）。

13.3.2.2　路牌

路牌是城市中常見的一種廣告媒體，由於畫面大而醒目，能輕易地抓住人們的視線，並且又有不怕風吹雨淋、保存時間長等特點，能給過往行人留下深刻的印象。但路牌媒體

也存在一定的缺陷,比如說不能將商品特性詳細說明,只能對廣告內容中最重要的部分予以突出,並且行人視線往往一閃而過,具有閱讀停留時間短、受眾對象不明確等缺點。

目前,路牌廣告呈現出自動化、大型化發展趨勢,許多城市中出現的三面翻轉廣告牌,不僅增加了路牌廣告的動感,而且增加了其涵蓋的信息量(見圖13-18)。

圖 13-17　某地鐵站的招貼廣告
圖片來源:百度圖片

圖 13-18　路牌廣告
圖片來源:百度圖片

13.3.2.3　霓虹燈

霓虹燈是由玻璃管制成,並在管內注入稀有氣體後通過高壓電流使其發光的一種廣告媒體。運用霓虹燈不斷變換的色彩,給人以視覺上的強烈刺激,使人在瞬間對產品或廠商產生深刻印象同時誘發其潛在需求。霓虹燈的缺點是只適用於夜間,耗能較多,成本也高。目前亞洲最大的霓虹燈廣告為可口可樂位於上海南京東路的霓虹燈廣告(見圖13-19)。

圖 13-19　霓虹燈廣告
圖片來源:百度圖片

13.3.2.4　充氣廣告

充氣廣告包括氣模廣告和氣球廣告。氣模廣告是用氣體充入各種顏色的人物、動物或其他塑料形體,形體上標有簡明的廣告文字和商標等,設置在商店門前或飄浮在活動會場,以吸引人們注意。氣球廣告則是在大型氣球下面懸吊巨幅布幔,其上書寫或剪貼企業及產品的名稱,氣球高懸半空,惹人注目。2005年,可口可樂公司用38,700個易拉罐組成了「金雞舞新春」(見圖13-20)。

圖 13-20　創意廣告
圖片來源：百度圖片

13.3.2.5　燈箱

燈箱也是城市中常見的廣告媒體，一般以透明有機玻璃、鋁合金材料等制成，懸掛在商店門口或鬧市廣場。燈箱表面有商品名稱、商標圖形、商店字號等，夜間通電後，燈箱表面的廣告內容便被燈箱中央的燈管印出，形象明亮、光彩奪目，為商店、企業增色不少（見圖 13-21）。

13.3.2.6　大型電子屏幕

電子屏幕有多種用途，除了可以做廣告外，還可作為機場、車站或碼頭的時間顯示器以及大型體育比賽成績顯示器等。矗立在大都市街頭的大型電子屏幕是現代新興廣告媒體中的一種，可晝夜連續播放廣告圖像和信息。大型電子屏幕由於屏幕巨大、色彩絢麗且動感十足，能夠吸引行人注意力，其宣傳效果良好。

13.3.2.7　交通廣告

凡設在火車、電車、公共汽車、地鐵、船舶等交通工具箱體內外及站臺上的廣告總稱為交通廣告。交通廣告因其流動性大、接觸人員多，人員階層分佈廣而成為影響力較強的地區性廣告媒體。其中，交通廣告又可細分為車身廣告、車廂廣告和車站廣告（見圖 13-22）。

圖 13-21　燈箱廣告
圖片來源：百度圖片

圖 13-22　經典車身廣告
圖片來源：百度圖片

戶外廣告種類繁多，除以上列舉的這些外，還有粉刷外牆廣告、風箏廣告等不同形式。總之，戶外廣告具有較高的認識率和接收率，對戶外行人起廣告提醒作用，並且因為成本低、作用時間長，深受廣告主喜愛。

13.3.3 商業廣告信函

13.3.3.1 什麼是 DM 廣告

直接郵寄簡稱 DM（Direct Mail），是通過郵局傳遞商業函件的一種媒體形式，可郵寄銷售函件、商品目錄、說明書、宣傳手冊、明信片等內容。直接郵寄與其他媒體的最大區別在於它以明確的信件把信息送到指定消費者那裡，並把受眾視為個體對象，與其建立一對一關係，這種關係常是一種持續性的雙向溝通關係，便於信息傳播與反饋。同時，直接郵寄形式能使生產廠商直接掌握用戶信息，不易受到中間商控制，因此在現實生活中越來越受到廣告主的重視。

13.3.3.2 商業廣告信函的特性

第一，選擇性好。DM 的選擇性體現在廠商可任意決定接收廣告的受眾，即可以自行選擇廣告對象和廣告宣傳區域，使所發放的廣告目標性強、準確性高。同時，還可以決定廣告的大小和形式，不像報紙、雜誌那樣廣告會受到媒體宣傳環境、信息安排、出版日期及版面設置等各種限制。

第二，曝光率低。由於直接郵寄的不公開性，使得競爭對手對本企業的廣告策略不易得知，因此直接郵寄廣告可以在較長一段時間內重複使用，不會像其他媒體那樣看到商品廣告的人數較多，並且所有的廣告策略都暴露在競爭對手眼下。

第三，效果反饋快。一般來講，通過大眾媒體刊播的廣告，其效果測定較為複雜，需要組織人員、設計問卷、抽樣調查，然後進行分析評估等程序。直接郵寄在測定廣告效果方面則較為容易，只需通過受眾的回購單便可簡單測定。

總之，直接郵寄是針對個人或具體單位進行的廣告傳播，因此更容易使受眾產生親切感，並可以深入家庭，以一對一形式吸引受眾的注意力，受眾也不會受到其他廣告打擾。但是一對一的寄發也帶來了直接郵寄的局限性，即傳播面非常狹窄。

13.3.3.3 商業信函廣告的新發展趨勢

隨著社會發展到信息時代，人們發現僅僅利用一種單一媒體已很難達到預期廣告效果，於是到 20 世紀 50 年代，直接郵寄發展為包括電話行銷、傳真行銷、印刷品直遞和公眾禮品等各種形式的綜合性廣告直銷，即整合性直效行銷（Integrated Direct Mailing, IDM）。整合性直效行銷就是將各種單一的直接行銷媒體組合起來，發揮其整體合力，其效力是以往運用單一媒介的整合性直效行銷所無法企及的。

13.3.4 網絡廣告與體驗廣告

13.3.4.1 網絡廣告

隨著現代通信技術和計算機網絡技術的迅速發展，網絡廣告媒體也就成了媒體業的新星。網絡媒體不僅具備先進的多媒體技術，而且擁有靈活的廣告投放形式。以下是過去幾種常見的網絡表現形式（見表 13-18）。

表 13-18　　　　　　　　　　網絡廣告表現形式

序號	類型	釋義
1	郵件列表廣告	利用網站電子刊物服務中的電子郵件列表將廣告加在每天讀者所訂閱的刊物中發放給相應的郵箱所屬人。
2	贊助式廣告	廣告主可根據自感興趣的網站內容或網站節目進行贊助。
3	牆紙式廣告	把廣告主要表現的廣告內容都體現在網頁牆紙上，以供感興趣的人進行下載。
4	插頁式廣告	廣告主選擇自己喜歡的網站或欄目，在該網站或欄目出現之前插入一個新窗口顯示廣告。
5	互動游戲式廣告	在游戲頁面開始或結束時候，廣告都可能會隨時出現，並可根據廣告主的產品要求為之量身定做一個屬於自己產品的互動游戲廣告。

資料來源：作者根據相關資料整理所得

全球網絡廣告主要以橫幅式廣告形式來表現，將其定位在網頁中，同時還可利用插件等工具來增強表現力。伴隨電子商務與網絡行銷的日趨發展，網絡廣告以空前速度向前發展，如何迅速提高網絡廣告媒體的效用，並建立一種機制來促進這一行業部門的協作關係，已成為該領域研究的主要課題。

13.3.4.2　體驗廣告

體驗廣告是一種基於行為激勵的新型廣告形式。廣告體驗者在一定的物質或精神激勵的刺激下，主動地、深入地、全面地去瞭解或試用某個需要做廣告推廣的產品。例如，在網站推廣中，就可以讓廣告體驗者去註冊、去點擊、去回答問題等。通過這樣的深入體驗，用戶將會對該產品有一個深入而全面的瞭解，這些體驗者中的一部分將成為該產品的實際客戶，或成為該產品的口碑傳頌者。體驗廣告主要包括以下幾種類型（見表 13-19）。

表 13-19　　　　　　　　　　體驗廣告的類型

序號	類型	釋義
1	感官體驗廣告引發聯想效應	感官體驗廣告就是通過視覺、聽覺、觸覺、味覺和嗅覺等強化建立消費者感官上的體驗。一個完整的感官綜合，就會產生骨牌效應。如果觸動一種感官，就會引發下一個儲存在腦中的印象，然後再下一個，整個記憶與情感的情景會展開。因此，我們在廣告創意方面的思路可以更靈活，調動更多的感官力量，全方位地引起消費者的注意和興趣。
2	情感體驗廣告讓人身臨其境	通常我們可以利用的正面的、積極的情感，包括愛情、親情和友情以及滿足感、自豪感和責任感等，或是在訴求點上追求消費者的情感認同。但需要注意的是，情感體驗廣告不能僅僅把訴求點放在產品本身上，還要將對消費者的關懷與產品利益點完美結合，獲得廣大消費者的共鳴。
3	思維體驗廣告引起心理共鳴	思維體驗是指人們通過運用自己的智力，創造性地獲得知識和解決某個問題的體驗。通常可以在廣告中故意設置討論的話題，引發消費者積極的思考，使得消費者在思考中對產品或品牌有更深層次的瞭解或認可，從而接受產品或品牌的主張，或是激發興趣，引起消費者的好奇心理。

表13-19(續)

序號	類型	釋義
4	行動體驗廣告 改變消費習慣	行動體驗是消費者在某種經歷之後而形成的體驗，這種經歷或與他們的身體有關，或與他們的生活方式有關，或與他們與人接觸後獲得的經歷有關等。 行動體驗廣告訴求主要側重於影響人們的身體體驗、生活方式等，通過提高人們的生理體驗，展示做事情的其他方法或生活方式，以豐富消費者的生活。
5	關係體驗廣告 整合體驗情感	關係體驗包括感官、情感、思考與行動等層面，但超越了「增加個人體驗」的私人感受，把個人與其理想中的自我、他人和文化有機聯繫起來。消費者非常樂意在某種程度上建立與人際關係類似的品牌關係或品牌社群，成為產品的真正主人。關係體驗廣告訴求正是要激發廣告受眾對自我改進的個人渴望，或周圍人對自己產生好感的慾望等。

資料來源：作者根據相關資料整理所得

13.3.5 媒體創新

除以上提及的各類廣告媒體外，還有一些方式也被人們用來做廣告，且頗具特色。[①]

13.3.5.1 人體廣告

人體廣告又稱模特兒廣告，是利用人體作為傳播廣告信息的一種媒體形式。目前，有很多商場和服裝廠也相繼利用人體來展示商品的形象和特性，極大地推動了商品最新款式的銷售（見圖13-23）。

圖13-23 人體餐具廣告
圖片來源：百度圖片

13.3.5.2 禮品廣告

禮品廣告是以某種產品的標籤、包裝等產品外觀（包括其標籤、袋、盒、瓶、箱、桶、杯、瓶蓋，甚至造型本身），為其他類別的商品或服務做廣告宣傳的廣告形式，通過該商品本身的市場流通渠道，使其附帶的廣告信息精確到達目標受眾。

---

① 湯哲生. 現代廣告學概論 [M]. 揚州：揚州大學出版社，1997：148.

13.3.5.3 黃頁廣告

很多人認為黃頁（the Yellow Pages）的用途僅僅是提供電話號碼，但從廣告的視角來看，當人們在黃頁裡查找信息時，它為廣告商提供了一個接觸目標受眾的好機會。例如，在列出所有洗衣店的電話號碼目錄的頁面內，如果有位主婦想要找一家能清洗她的印度毛毯的公司，那麼在同等條件下，她很可能會注意到印在該頁顯著位置上的麥吉柯斯基洗衣店的廣告。[1] 就收入而言，黃頁廣告現在是第四大廣告媒體。對於廣告主來說，黃頁廣告的優點在於其知名度和廣泛的使用面，缺點是其本身太笨重。

13.3.5.4 移動電視廣告

移動數字電視是一種新興媒體，國際上稱之為「第五媒體」，其出現引起社會極大關注，被譽為最具發展前景的傳播媒體。移動數字電視是通過無線數字信號發射、地面數字設備接收的方式進行電視節目的播放和接收，是一種新型的、時尚的、可安裝於汽車上的高科技電視產品。移動數字電視在傳輸電視信號上具有高畫質、高音質、高性能等獨特優勢，其最大的特點是在處於移動狀態、時速不超過200千米的交通工具上能穩定、清晰地接收電視節目信號。

13.3.5.5 發光二極管（LED）顯示屏廣告

作為一種廣告媒介，電視的使用不再只限於家庭環境裡，很多商家為了吸引大量的人群，都在公共場所播放電視，如機場、火車站、學校和超市等。

13.3.5.6 網絡廣告

例如，搜索引擎向一些商家提供贊助機會，贊助公司在支付了一定的費用後，當網民瀏覽網頁時，贊助公司的名字或者其商標就會出現在頁面上。網絡廣告是針對網絡用戶中特定人群的，並且用戶可以通過開啟或關閉窗口有選擇地收看。

13.3.5.7 手機廣告

手機廣告是通過移動媒體傳播的付費信息，旨在通過這些商業信息影響受傳者的態度、意圖和行為。移動廣告實際上就是一種互動式的網絡廣告，由移動通信網絡承載，具有網絡媒體的一切特徵，同時比互聯網更具優勢，因為移動性使用戶能夠隨時隨地接收信息。

13.3.5.8 樓宇廣告

樓宇廣告的優勢包括主動收視率，低干擾、高品味的媒體環境，與傳統媒體的互補性，直接鎖定目標等。

13.3.5.9 交互式廣告

交互式廣告是於線上或者離線情況下，利用交互式媒體來推銷或者影響消費者購買決策。交互式廣告可利用媒體，如互聯網、交互式電視、手機裝置（WAP、SMS、APP）以及攤位平臺式終端達成目的。

---

[1] 布魯斯·G. 範登·伯格，海倫·卡茨. 廣告原理——選擇、挑戰與變革 [M]. 鄧炘炘，等，譯. 北京：世界知識出版社，2006：365.

13.3.6 商業廣告新形式

13.3.6.1 微博

微博，即微博客（MicroBlog）的簡稱，是一個基於用戶關係信息分享、傳播以及獲取的平臺，用戶可以通過網頁、無線應用協議（Web、WAP）等各種客戶端組建個人社區，以140字左右的文字更新信息，並實現即時分享。最早也是最著名的微博是美國的維特（Twitter）。2009年8月，中國最大的門戶網站新浪網推出「新浪微博」內測版，成為門戶網站中第一家提供微博服務的網站，微博正式進入中文上網主流人群視野。2010年，國內微博迎來來春天，微博像雨後春筍般崛起——四大門戶網站均開設微博（見圖13-24）。據統計，當前中國的微博用戶已經達到了1.95億，微博開始慢慢地走進我們的生活。

圖13-24　國內微博興起
圖片來源：百度圖片

微博行銷是指通過微博平臺為商家、個人等創造價值而執行的一種行銷方式。作為微博行銷重要手段之一的微博廣告，與其他的推廣手段相比，微博廣告具有很多特別的優勢與相應的劣勢（見表13-20）。

表13-20　　　　　　　　　　　　微博行銷的優劣

優勢	劣勢
微博的信息發布便捷，傳播速度快。一條微博在觸發微博引爆點後短時間內互動性轉發就可以抵達微博世界的每一個角落，達到短時間內最多的目擊人數。 微博可以通過粉絲關注的形式進行病毒式傳播，影響面廣。 微博互動性強，能與粉絲即時溝通。 微博可以主動吸引粉絲，同時也可能被粉絲拋棄。 微博的成本極其低廉。 名人效應能夠使事件的傳播當量呈幾何級放大。 微博能使企業形象擬人化。 拉近距離。例如，在微博上面，美國總統可以和平民點對點交談，政府可以和民眾一起探討，明星可以和粉絲們互動，微博其實就是在拉近距離。	信息發布太快、太多。由於微博中新內容產生的速度太快，所以如果發布的信息「粉絲」沒有及時關注到，那就很可能被埋沒在海量的信息中。 需要有足夠的「粉絲」才能達到傳播效果。人氣是微博的基礎，在沒有任何知名度和人氣的情況下去通過微博推廣或者行銷則比較難。 傳播力有限。由於一條微博文章最多只有100多個字，所以其信息僅限於在信息所在的平臺進行傳播，很難像博客文章那樣被大量轉載。同時，由於微博缺乏足夠的趣味性和娛樂性，所以一條微博信息也很難像社會化網絡中的轉帖、分享那樣被大量轉發，除非博主是極具影響力的名人或機構

資料來源：作者根據相關資料整理所得

微博推廣的具體方法有很多，將有目的性的方法歸納起來有以下11種（見表13-21）。

只要在微博推廣過程中靈活運用下述方法，微博推廣的效果就會逐漸發揮出來，並形成越來越好的病毒式效應。

表 13-21　　　　　　　　　　　微博推廣的方法

序號	方法
1	和其他推廣方式一樣，微博推廣依然需要找準客戶群和潛在客戶，設置主題。
2	微博推廣者應該經常使用搜索工具，對與自己行銷的品牌、網站主題相關的話題進行關注、監控。
3	微博推廣者應該保證日常的微博發布和對話，並逐漸形成穩定的規律。
4	微博推廣者應該善於從「粉絲」處獲得各種建議，並及時反饋。
5	微博推廣者應該引導「粉絲」參與到產品活動甚至新產品開發中去，也應該讓「粉絲」參與到網站建設中來。
6	微博推廣者應該多向同類競爭者學習，分析別人的優點並進行模仿、提升。
7	微博語言要擬人化，具有情感。
8	微博推廣者發布的信息一定要透明、真實，包括產品優惠信息或危機信息。
9	微博推廣者不能僅僅使用微博來推廣廣告，單純發布產品或者發布網站最近更新的文章。
10	遭遇負面消息時，不可貿然回覆或者發表聲明，要先充分瞭解相關留言，明晰情況後再進行後續操作。
11	微博推廣者不能同記錄日常的流水帳一樣來使用微博，應該確保信息具有分享價值和娛樂性。

資料來源：作者根據相關資料整理所得

13.3.6.2　微信

微信是一款手機通信軟件，支持通過手機網絡發送語音短信、視頻、圖片和文字，可以單聊及群聊，還能根據地理位置找到附近的人，帶給朋友們全新的移動溝通體驗（見圖 13-25）。

圖 13-25　微信標誌
圖片來源：百度圖片

2012 年 8 月，騰訊公司推出了微信公眾平臺，一石激起千層浪，無論是一些微博大號，還是一些企業紛紛入駐微信公眾平臺。他們利用自身的資源大力推廣自己和公眾帳號，訂閱數量快速增加，其中不乏幾十萬的訂閱量的公眾帳號。我們不禁要問，什麼是微信行銷？為什麼要做微信行銷呢？

微信行銷是網絡經濟時代企業對行銷模式的創新，是伴隨著微信的火熱產生的一種網絡行銷方式。微信不存在距離的限制，用戶註冊微信後，可與周圍同樣註冊的「朋友」形成一種聯繫，用戶訂閱自己所需的信息，商家通過提供用戶需要的信息，推廣自己的產品的點對點的行銷方式（見表13-22）。

表13-22　　　　　　　　　　　微信行銷的特點

序號	特點	釋義
1	點對點精準行銷	微信擁有龐大的用戶群，借助移動終端、天然的社交和位置定位等優勢，每個信息都是可以推送的，能夠讓每個個體都有機會接收到這個信息，繼而幫助商家實現點對點精準化行銷。
2	強關係的機遇	微信的點對點產品形態注定了其能夠通過互動的形式將普通關係發展成強關係，從而產生更大的價值。通過互動的形式與用戶建立聯繫，互動就是聊天，可以解答疑惑、講故事甚至「賣萌」，用一切形式讓企業與消費者形成朋友的關係。你不會相信陌生人，但會信任你的「朋友」。例如，星巴克「自然醒」模式：互動式推送微信（見圖13-26）。
3	形式靈活多樣	漂流瓶：用戶可以發布語音或者文字然後投入「大海」中，如果有其他用戶「撈」到則可以展開對話。招商銀行的「愛心漂流瓶」用戶互動活動就是個典型案例。 　　位置簽名：商家可以利用「用戶簽名檔」這個免費的廣告為自己做宣傳，附近的微信用戶就能看到商家的信息。例如，一些商家就採用了微信簽名檔的行銷方式。 　　二維碼：用戶可以通過掃描識別二維碼身分來添加朋友、關注企業帳號；企業則可以設定自己品牌的二維碼，用折扣和優惠來吸引用戶關注，開拓O2O（線上到線下）的行銷模式。 　　開放平臺：通過微信開放平臺，應用開發者可以接入第三方應用，還可以將應用的標志放入微信附件欄，使用戶可以方便地在會話中調用第三方應用進行內容選擇與分享。例如，美麗說的用戶可以將自己在美麗說中的內容分享到微信中，可以使一件美麗說的商品得到不斷傳播，進而實現口碑行銷。 　　公眾平臺：在微信公眾平臺上，每個人都可以用一個QQ號碼打造自己的微信公眾帳號，並在微信平臺上實現和特定群體的文字、圖片、語音的全方位溝通和互動。

資料來源：作者根據相關資料整理所得。

圖13-26　星巴克互動推送微信
圖片來源：百度圖片

通過一對一的推送，星巴克可以與「粉絲」開展個性化的互動活動，提供更加直接的互動體驗。當用戶添加星巴克為好友後，用微信表情表達心情，星巴克就會根據用戶發送的心情，用「自然醒」專輯中的音樂回應用戶。

微信行銷的優勢如表 13-23 所示。

表 13-23　　　　　　　　　　　　　　微信行銷的優勢

序號	優勢	釋義
1	定位功能	微信聯繫了定位與服務（LBS）功能，在微信的「查看附近的人」插件中，用戶可以查找自己地理方位鄰近的微信用戶。除了顯現鄰近用戶的名字等基本信息外，還會顯現用戶簽名檔的內容。商家也可以運用這個免費的廣告位為自己做宣揚，乃至打廣告。當你在某餐廳用餐的時候，突然傳來朋友的微信，說附近某某商場在促銷，或者附近有什麼好活動正在進行，是不是感覺很好呢？但微信便利的定位系統會暴露你的具體位置，很有可能使一些不法分子有機可乘。
2	高端用戶	根據微信團隊宣布的官方數據，在 5,000 萬個用戶中有活躍用戶 2,000 萬個，而 25～30 歲用戶估計超 50%；用戶主要分佈在一線大城市，多為年輕人、白領階層、高端商務人士、時尚的手機一族。這一強大的優勢使很多企業的行銷有了更好的方向，特別是針對白領的產品。
3	方便的信息推送	微信大眾帳號可以經過後臺的用戶分組和地域操控，完成精準推送。一般大眾帳號，可以群發文字、圖片、語音三類內容。認證的帳號則有更高的權限，不僅能推送單條圖文信息，還能推送專題信息。
4	獨特的語音優勢	微信不僅支持文字、圖片、表情符號的傳達，還支持語音發送。每一個人都可以用一個 QQ 號碼打造本人的一個微信的大眾號，並在微信平臺上完成和特定集體的文字、圖片、語音的全方位交流、互動。把微信當成一種行銷方式的話，直接的語音信息的傳達則要求傳達者聲音的甜美以及有特定知識的累積。
5	穩定的人際關係	有這樣一種說法。微信 1 萬個聽眾相當於新浪微博 100 萬個「粉絲」。這種說法有點誇大，但仍然有一定代表性。在新浪微博中，「僵屍粉絲」和「無關粉絲」很多，而微信的用戶卻往往是真實的、私密的、有價值的。微信關注的是人，人與人之間的交流才是這個平臺的價值所在。微信基於朋友圈的行銷，能夠使行銷轉化率更高。

資料來源：作者根據相關資料整理所得

13.4　廣告媒體計劃

13.4.1　考評廣告媒體實力——確定戰略考慮的因素

13.4.1.1　覆蓋域

要考慮媒體在哪一區域內傳播產生的影響有多大，結合其覆蓋面積衡量其費用，國際性宣傳、全國性宣傳、地方性宣傳或是掠過性宣傳均需對應不同的覆蓋域。例如，電視媒體會通過以下三個層次的信號覆蓋來研究一個電視臺的市場覆蓋區域：

第一，總調查區域，即電視臺可以覆蓋的最大區域。

第二，指定市場區域。AC 尼爾森公司使用指定市場區域來識別那些本地電視廣播臺佔有絕大多數觀眾的地方。

第三，大都會收視率區域。大都會收視率區域對應於一個電視廣播臺所服務的標準大城市區域。

地方性電視臺也會為廣告客戶提供信號覆蓋地圖，以表示這個電視臺的潛在受眾到達的水準。近年來，信號覆蓋區域已經不那麼重要了，因為有線電視大大擴展了能看到某電視節目的區域。

13.4.1.2 收視率

為了達到廣告目標，必須讓一定數量的消費者接收到廣告，這就需要考慮接收人數和接收頻率，衡量其基本方式是收視率。收視率是以某種人口的百分比表示的，該百分比隨著時段的不同而不同，一般而言黃金時段節目的收視率點在6~16之間，平均點數為低於9。如果一個節目的家庭收視率點為10，這表明特定區域的家庭會收看該節目。因此，收視率能夠讓廣告客戶依據市場潛力評級媒體的覆蓋域。收視率的計算方法為：

收視率＝節目受眾/全部收看節目的家庭。

13.4.1.3 連續性

廣告必須重複才能產生影響。連續性要考慮兩個問題：一是傳遞的間隔和次數；二是同一類產品不同的廣告宣傳形式的前後協調配合問題。重複性的增加，前後好的配合可以增加廣告的威力。

13.4.1.4 權威性

購買更大的媒體空間，占用更長的媒體時間，花費昂貴的媒體材料等，均可增加廣告的權威性。

13.4.2 明確廣告目標

廣告媒體的選擇是建立在對廣告目標深刻瞭解的基礎上。廣告目標指廣告主想要達到的一定的預期目的，即做廣告是介紹新產品、推銷滯銷產品、開拓市場，還是建立聲譽等。廣告目標的確定，對廣告媒體的選擇具有決定性意義，因此必須先考察廣告目標。常見的廣告目標主要有以下七種：

13.4.2.1 提高品牌回憶度

廣告主的主要目標一直就是使消費者記住品牌的名稱，通常把這種目標稱為品牌回憶度。很顯然，廣告主不僅希望消費者記住自己的名稱，還希望自己的品牌能在消費者心目中占據最重要的位置。由於品牌記憶的方便性可以提升這種回憶度，那麼怎樣提高回憶的方便性就成了廣告主的首要目標。針對這種情況有兩種解決方法：重複口號和歌謠式廣告。

13.4.2.2 將重點特性與品牌名稱聯繫起來

有時候，廣告目標只是希望消費者記住品牌名稱的某一特性。如果運用得當，這種廣告就可以產生共振效果：特性幫助消費者回憶起品牌名稱，而品牌名稱又與某一個重要特性相聯繫。這類廣告最接近羅瑟·瑞夫斯（Rosser Reeves）提出的USP理論，即獨特的銷售主張式廣告。

獨特銷售主張式廣告的一個重要觀點就是「只突出一個品牌特性」，這個觀點非常正確。如果廣告想同時表現幾個特性，又想讓人記住它，那麼多半不會達到目的。USP理論的一個成功例子就是「白加黑」——治療感冒，黑白分明（見圖13-27）。

圖 13-27　白加黑廣告

圖片來源：百度圖片

13.4.2.3　逐漸培養品牌偏好

廣告主一般都會設定品牌偏好目標，並通過採取多種方法促使消費者喜歡自己的品牌，主要有好感式廣告和幽默式廣告。好感式廣告通過情感聯繫發揮作用，將廣告表現出來的良好感覺與品牌聯繫起來：你喜歡這則廣告，於是你自然會喜歡這個品牌；幽默式廣告的目標是：通過幽默、詼諧的臺詞或場景等使信息接受者對產品產生愉悅而難忘的聯想。

13.4.2.4　勸服消費者採取行動

試圖勸服消費者的廣告目的是通過商業性講解，使消費者相信某個品牌的優越性。這就需要受眾在認知上給予極大的投入，因此必須採取適當的廣告形式來達到目的，主要形式有推理式、強行推銷式、比較式、信息式、證言式、演示式、評論式、即時式等。

13.4.2.5　改變消費體驗

假如想為消費者製造某些期望和熟悉感，將其對某條廣告的美好回憶與實際的消費體驗聯繫在一起，可以採取改變式廣告。改變式廣告就是試圖製造一種感覺、一種形象或一種氣氛，使消費者在使用產品前就會起作用。一般而言，效果非常好的改變式廣告都將廣告體驗與品牌結合得非常緊，以至於消費者在想到品牌時就會情不自禁地想到廣告。

13.4.2.6　賦予品牌社會意義

一般來說，廣告主通常會花巨資為品牌謀求特定的社會意義。因為廣告主知道，如果能把產品擺放在適當的社會背景中，自己的品牌就會順理成章地被賦予這個環境的某些特徵，從而獲得社會大眾的普遍認可。對於這種廣告目標，可以採取生活片段式廣告和輕度幻想式廣告。

生活片段式廣告通常比較直觀地描繪某個社會背景，並圍繞這個品牌的社會背景來烘托品牌的作用，從而賦予品牌某種社會意義。輕度幻想式廣告則是讓受眾幻想自己是名人或事業有成者。例如，普通人穿上某種特殊的運動鞋後就感覺自己好像成了美職籃全明星隊裡的一員。

13.4.2.7　確立品牌形象

形象是品牌最明顯、最突出的個性，是消費者最記得和最能聯想到的東西。廣告的任務就是創造、調整和維護形象。形象廣告的目標是盡量將某種特性與品牌聯繫起來，而不

281

是包含硬性產品信息的長篇大論。

13.4.3 影響媒體選擇的因素

生產經營者在選擇廣告媒體時，會受到各種因素的影響，瞭解這些因素，才能使廣告宣傳減少浪費，取得較好的效果。

13.4.3.1 媒體的基本特性

瞭解媒體的基本特性，可以知道某種媒體對某個消費群體產生影響的強弱程度和適宜程度，就可以使廣告主在決策時根據擇優的原則，選用適當媒體。

13.4.3.2 商品的特性

要使廣告獲得成功，僅靠瞭解媒體的基本特性是不夠的，必須要分析廣告商品的特性，其目的是為了弄清哪一種媒體能觸及商品所要服務的領域，並能突出商品的優點，讓消費者得以充分瞭解。

13.4.3.3 市場和消費者特性

研究市場和消費者特性，掌握不同地區、不同職業的消費者都需要什麼樣的商品、需要多少以及各市場上消費者的構成、收入狀況、消費習慣等特點。

13.4.3.4 企業支付能力

不同的廣告媒體，收取登載廣告的費用是不一樣的，要根據企業的財務狀況和支付廣告費用的能力，並經過對各媒體的分析與權衡，最後選擇花錢少、效果好的廣告媒體。

13.4.4 廣告媒體選擇的原則

面對眾多的廣告媒體，如何選擇恰當的媒體以取得最佳效果是廣告主面臨的一個重大問題，這個問題實際上也是在選擇廣告媒體時，應遵循哪些指導思想和原則的問題。①

13.4.4.1 根據商品性能、特點等有針對性地選擇

針對銷售商品本身的性質和消費者對商品的興趣、愛好來進行宣傳，廣告主應根據不同情況反覆比較各種媒體的優越性及不利因素，選擇最優媒體戰略，以取得最佳廣告效益。

13.4.4.2 依據廣告媒體的傳播數量和質量來確定

影響廣告媒體傳播數量和質量的因素是多方面的，每個地區或每個行業都有其特殊的因素，因此廣告主在選擇媒體時應從媒體的質量和數量方面做出權衡與分析，選擇最適宜的廣告媒體。

13.4.4.3 根據媒體的傳播速度進行選擇

面對市場競爭日益激烈的廣告宣傳活動，一定要將媒體的傳播速度作為媒體選擇的一個重要因素來考慮，以適應現代人們工作和生活的節奏，尤其要注意考慮媒體的生產週期。

13.4.4.4 根據市場調查和預測進行選擇

廣告主在選擇廣告媒體之前，必須對市場進行調研，通過研究消費者的愛好、習慣、

---

① 郭慶光. 傳播學教程 [M]. 北京：中國人民大學出版社. 1999：147.

購買方式、購買時間，以及市場商品的供求規律、競爭狀況、市場行情、市場發展趨勢等，最後決定採用何種廣告媒體。

13.4.4.5 根據廣告主本身的支付能力進行選擇

在選用任何一種廣告媒體時，都要分析媒體的價格，這樣才能在比較中選擇費用最低、效果最佳的廣告媒體，同時在廣告活動中，要採用媒體的組合方法，綜合運用多種媒體。

13.4.5 制訂廣告媒體計劃

制訂媒體計劃涉及的步驟與行銷策劃和廣告策劃一樣。首先，要回顧行銷與廣告的目標和戰略；其次，確定媒體切實可行的、可以測定的相關目標；再次，嘗試製定能夠實現這些目標的獨創性戰略；最後，確定媒體排期與選擇的具體戰術細節。

13.4.5.1 確定媒體目標

媒體目標將廣告戰略轉換成可供媒體實施的目標，主要由受眾目標和訊息分佈目標兩部分組成。以某一新食品為例，其目標指明了誰是目標受眾、訊息發布的原因和場所以及廣告發布的時間和頻次（見表 13-24）。

表 13-24　　　　　　　　　　如何表述媒體目標

```
ACME 廣告公司
產品：Chirpee's
客戶：Econo 食品公司
項目名稱：第一年的媒體計劃
媒體目標：
第一，瞄準大家庭，重點是家庭中負責採購食品的人。
第二，將廣告客戶的火力集中在城市地區，這類地區的加工食品一般比較好銷售，新觀念一般較
容易被接受。
第三，在創牌子期間額外增加廣告投放量，保持全年廣告印象的持久性。
第四，運用那些能鞏固文案的戰略重點，即便利、便於準備、有品味和實惠的媒體。
第五，向與地區性食品銷售有關的每一個地區傳播廣告訊息，製造影響。
第六，一旦廣泛覆蓋的需求與文案大綱的要求相符，可以達到最高廣告頻次。
```

資料來源：作者參考相關資料整理得到

受眾目標確定廣告客戶希望到達的具體人群，媒體策劃人員一般採用地理人口劃分法來確定自己的目標受眾。例如，目標受眾是全國範圍內居住在城市地區的大家庭中的食品採購員。目標受眾可能由某種教育程度、收入層次、職業或社會階層的人群組成，即我們第六章中提到的細分市場。目標受眾往往比目標市場大得多。例如，在推出新產品時，目標受眾除了潛在顧客之外，還包括分銷渠道成員、關鍵輿論領導者，甚至是媒體本身。

訊息分佈目標就是要指明應該在何時何地發布廣告以及發布頻率如何控制。為了解決這些問題，媒體策劃人員需要掌握大量專門術語，如受眾規模、訊息力度、到達率、頻次和持續性（見表 13-25）。

表 13-25　　　　　　　　　　訊息目標的相關術語

序號	術語	釋義
1	受眾規模	計算某個媒體的受眾人數，一般採用統計樣本來反應整體受眾規模。對於印刷媒體，由發行量乘以每冊讀者數來確定規模大小。

表13-25(續)

序號	術語	釋義
2	訊息力度	任何一個市場內廣告所覆蓋的範圍，可以用2種方法表示，即總印象和毛評點。總印象等於媒體額總受眾規模與指定時間內所發布的廣告訊息次數的乘積。
3	到達率	在任意一段時間內至少接觸過某一媒體一次的不同個人或家庭的總和。
4	頻次	頻次是用來表示同一個人或家庭在特定時間內接觸同一訊息的次數的一個術語，表明每天排期的密度。頻次的計算是以媒體或節目的重複暴露為基礎的。
5	持續性	持續性是指廣告訊息或廣告活動在指定時間段內的壽命。通常企業會在黃金銷售季節之前加強銷售力量，在旺季過後逐漸減少力量。持續性能在人們最需要訊息的時候為他們提供訊息，能在購買環節中擊中目標的廣告，其效果會更好，所需要頻次也較少。

資料來源：作者根據相關資料整理得到

確定好了媒體目標，我們就可以進行初步的媒體選擇與策略制定。

13.4.5.2 確定廣告區域及其預算分配

一般而言，廣告主會選擇全國性媒體，同時重點加強銷售地區的媒體廣告投放量。在沒有產品銷售的地區做廣告則是為培養、開拓新市場而打知名度。那麼，企業怎樣對這些廣告預算進行分配呢？常用的四種方法如表13-26所示。

表13-26　　　　　　　　　廣告預算常用方法

序號	方法	釋義
1	百分率法	百分率法是以一定時期的銷售額或利潤額的一定比率來確定廣告費用數額的方法，包括銷售額百分率法和利潤額百分率法。 第一，銷售額百分率法。企業按照銷售額的一定百分比來決定廣告開支。換言之就是企業按照每完成100元銷售額需多少廣告費來決定廣告預算。 優點：計算簡單，編製預算時可以依據過去的經驗，提高廣告預算的安全性；將廣告投入與產品銷售狀況建立密切關係以利於企業發展計劃；適合競爭環境穩定，能夠準確預測市場的企業。 缺點：將銷售額當成廣告預算的基礎，造成了因果倒置；用此法確定廣告支出，缺乏彈性，不適應市場變化；用此法編製廣告預算，將導致廣告預算隨每年的銷售波動而增減，可能與廣告長期方案相抵觸；不同產品不同地區的比率相同，造成不合理的預算分配。 第二，利潤額百分率法。企業按照利潤額的一定百分比來決定廣告開支。採用利潤額來計算更為恰當，因為利潤是經營成果的最終表現。但當企業沒有利潤時，此法就失去了可操作性。利潤額百分率法除上述與銷售額百分率法的區別外，其優缺點與銷售額百分率法基本相同。
2	目標任務法	目標任務法是把完成廣告目標所必須發生的總工作費用計算出來作為廣告總預算。此法具有較強邏輯性和成本節約性，使用較為廣泛。管理層需要制定溝通的目標，然後決定獲取溝通目標所必需的任務以及成本，通過選擇實現每個目標所需的適當的促銷要素。因此，此法可用於建立促銷組合。目標任務法的效率取決於行銷團隊的判斷力和經驗。

表13-26(續)

序號	方法	釋義
3	銷售單位法	銷售單位法按照一個銷售單位所投入的廣告費確定廣告的預算。把每件商品作為一個特定的廣告單位,對每個特定單位以一定金額作為廣告費,再乘以計劃銷售量得出廣告費用投入的總額。 優點:將廣告支出與銷售單位相結合,以每單位商品來分攤廣告費,適合薄利多銷的商品;適合那些產品標準化或專業化的廠家;適用於昂貴的耐用消費品和銷售單位明確的日用百貨等。 缺點:生產經營多角化的企業會感到計算手續繁雜;廣告支出與銷售狀況因果倒置,難適應市場環境變化。
4	跟隨競爭法	跟隨競爭法是把自身產品的廣告費提高到能對抗競爭對手的水準,以此來提高或保持競爭地位。具體計算方法分有兩種: 第一、市場佔有率法。公式:廣告預算=(對手廣告費用/對手市場佔有率)×本企業預期市場佔有率 第二、增減百分比法。公式:廣告預算=(1±競爭者廣告費增減率)×上年廣告費 優點:能適應激烈的市場競爭,有強烈的市場導向,適合市場競爭激烈經濟實力雄厚的大中型企業。 缺點:競爭對手決定的廣告費不一定合理;廣告費可能越來越高;可能失掉自身的盈虧條件和調整性;廣告預算的模式問題不明確,帶有一定的片面性和盲目性;等等。

資料來源:作者根據相關資料整理得到

13.4.5.3 確定廣告排期

一般來說,很難同時獲得高的到達率、暴露頻次和持續性且需要付出昂貴的代價,人們通常採取一些折中的做法。下面介紹四種廣告排期理論(見表13-27)。

表13-27　　　　　　　　　　廣告排期理論簡介

序號	理論	釋義
1	到達率理論	通過犧牲暴露頻次和持續性來強調到達率。例如,廣告主會在同一時期內購買許多不同的媒體,希望盡快讓最多人知道新品牌。這種方法適合用於新產品的上市。
2	波狀理論	犧牲持續性以換取較高的到達率和暴露頻次。廣告主可在一年中的幾個短時期內挑選多家媒體刊播廣告。例如,一年分6次刊播,每次為期半個月,而其他月份則完全不做廣告。這樣就形成波狀排列,該理論因此得名。廣告主希望通過這種做法將刊播廣告時期的影響持續到不刊播的時期,這種做法較適合那些季節性較強的產品以及資金實力不是特別雄厚的廣告主。
3	媒體集中理論	犧牲有限的到達率以換取高的暴露頻次和持續性。廣告主採用單一媒體做持續性的廣告。例如,在某雜誌的每一期做全頁廣告,起到一種提醒作用,這種做法較適合那些日常消費品,如洗漱用品、衛生紙等。
4	媒體主宰理論	綜合利用到達率、暴露頻次和持續性。廣告主先在某一時期在某個媒體上進行密集型的廣告攻勢,而後再以同樣的方式轉至另一個媒體。這樣一來,在不同時期廣告主就有了較高的暴露頻次,一段時間後,到達率也隨之增高。同時,由於連續使用媒體又會達到高持續性。但這種方法只適合那些資金實力相當雄厚的廣告主。

資料來源:作者根據相關資料整理所得

13.4.5.4 節省廣告費用

第一，所有媒體對於大量購買都會提供折扣優惠。近年來，國際上廣告公司進行媒體集中購買蔚然成風，如薩奇廣告公司就曾買下美國所有的商業電視臺近20%的廣告播映時間。近幾年，國內也出現了專門進行媒體計劃和購買的媒體公司。

第二，許多大型報紙和雜誌會發行不同的地區版，廣告主可自由選擇適合自己的區域，有創意的媒體策劃者會充分利用有限的廣告費以達到目的。

第三，在國外，已經出現了由報紙、電臺或電視臺自行決定在什麼版面、何時刊播的廣告形式，這種形式的廣告價格普遍較低。

第四，媒體的季節性價格。在美國，夏季的電視收視率較平常會下降20%～30%，而5～6月的電視廣告價格要比10～12月的電視廣告價格便宜一半以上。

13.4.6 媒體組合

媒體組合指的是對媒體計劃的具體化，即在對各類媒體進行分析評估的基礎上，根據消費者心理、市場狀況、媒體傳播特點以及廣告預算等情況，選擇多種媒體並進行有機組合，在同一時期內發布內容基本一致的廣告。要想增加廣告效益，就必須通過運用媒體組合策略，選擇出最有效的傳播媒體加以實施。

13.4.6.1 媒體組合的方式

在選擇具體媒體時，媒體策劃人員首先必須決定採用哪種媒體組合。媒體組合可以採用兩種方式（見表13-28）。

表13-28　　　　　　　　　　媒體組合方式

序號	方式	釋義
1	集中式媒體組合	這是指將全部媒體發布費集中於一種媒體，一般採用以下兩種方法： 第一，嘗試法，即企業經過一段時間的使用，對多種媒體進行比較後，感到其中一種廣告效果最好，就把該媒體作為主要廣告媒體而集中加以利用。 第二，剔除法，即在某種產品進入市場前，不清楚要使用哪種媒體，這就要對產品、企業、市場等進行調查分析，把可能採用的媒體列出清單，再逐一將不符合要求的媒體剔除，選中一種進行試用，在使用過程中及時調整。 集中式媒體組合有以下優點： 第一，可以讓廣告主在某一種媒體中占絕對優勢； 第二，可以提高品牌的知名度，尤其在接觸媒體種類比較少的目標受眾中提高品牌知名度； 第三，對於採取高度集中式媒體亮相的品牌，分銷商和零售商也可能在庫存或店內陳列方面給予照顧； 第四，集中的媒體費可以使廣告主獲得可觀的折扣。

表13-28(續)

序號	方式	釋義
2	分散式媒體組合	這是指採用多媒體到達目標受眾,是廣告媒體戰略的核心,一般有以下三種方法: 第一,集中火力,即在短時間內採取一切可能的廣告手段,形成密集型、立體式廣告攻勢,重點突破。 第二,連續頻率,即在一定時間內進行廣告宣傳的次數,如在一年之內可以按相同的頻率進行一項廣告宣傳,也可以把宣傳集中於某一特定季節。 第三,兩面兼顧,即連續的廣告加上每隔一段時間的集中攻勢,在相同頻率的中間有所起伏,這樣可以同時兼顧到季節性、推廣宣傳及其他競爭情況。 分散式媒體組合具有以下優點: 第一,針對每個目標的產品類別或品牌的特殊需求,制定專門的訊息,將這些訊息傳達給不同的目標受眾; 第二,不同媒體中的不同訊息到達同一個目標,可以鞏固這個目標的學習效果; 第三,相對於集中式而言,分散式媒體投放可以提高訊息的到達率; 第四,更可能到達接觸不同媒體的受眾。

資料來源:作者根據相關資料整理所得

13.4.6.2 善於運用不同的媒體

運用多種媒體推出廣告,不單是將所選用的媒體累加起來,更是要善於籌劃,並對媒體組合構成的效果進行分析優化,使組合的媒體發揮出最大化傳播效果。這裡需要注意以下三個方面的問題:

第一,要能覆蓋所有的目標消費者。一方面,要把確定的具體媒體排列在一起,將其覆蓋域累加後看廣告影響能否有效地觸及廣告的目標對象;另一方面,將具體媒體進行針對性的累加,看廣告必須進行勸說的目標消費者能否都接收到這些信息。倘若這兩種累加組合還不能保證所有的目標消費者都接收到有關的廣告信息,那麼就說明該種媒體組合還存在著問題。此時,需要重新調整或增補某些廣告媒體,把遺漏的目標消費者補進廣告的影響範圍。最後要注意的是媒體覆蓋的範圍不能太過大於目標消費者,避免造成浪費。

第二,注意選取媒體影響力的集中點。媒體的影響力主要體現在兩個方面:一方面是「量」,即媒體覆蓋面的廣度;另一方面是「質」,即針對目標消費者進行說服的效果。企業的重點目標消費者是在組合後的媒體影響力重合的地方,如果這種影響力重合在非重點目標消費者上,那麼就會得不到理想的廣告效果,造成廣告浪費。因此,要以增加對重點目標消費者的影響力為著眼點,確定媒體購買的方向,從而增加廣告收益。

第三,與企業整體信息交流的聯繫。運用媒體組合策略,還要樹立系統觀念。媒體組合與企業行銷是相輔相成的,媒體組合是為實現廣告目標服務的,廣告目標又依賴於企業行銷目標的要求。因此,媒體組合要符合整合行銷傳播的要求,在廣告計劃的統一安排下進行。在此期間,還要注意與企業公共關係戰略相互配合,與促銷策略相互呼應。在進行綜合信息交流的思想指導下,善於運用各種媒體,發揮整體效用。

參考案例

廣告媒體計劃——康師傅新飲「冰糖雪梨」

一、媒體目標

（一）目標受眾分析

根據產品情況，由於果汁飲品的消費者相對較趨於年輕化，故將「冰糖雪梨」目標定位在年輕人和中年人群體，年齡分佈在15~40歲。這類人群對果汁飲品的需求量大，且容易接受新口味。因為工作壓力的原因，現在的人越來越重視飲品健康，而這款飲品正好符合這一需求，所以康師傅將新飲品的目標受眾定位在這一年齡段群體是適當的。

（二）媒體預計達到目標

通過該廣告，希望能將康師傅的市場份額和銷售領域的範圍都有所擴大。「冰糖雪梨」是新的飲品種類，為了獲得產品知名度、市場佔有率，在面對眾多競爭壓力的情況下，通過各種媒體宣傳康師傅傳世新飲「冰糖雪梨」，讓更多的消費者瞭解、認識該飲品，吸引消費者的目光，從而達到提高消費者購買欲的目標。

（三）持續性及可持續的方式

通過不同媒體合理安排時段，進行為期3個月的初期宣傳。3個月之後，根據具體廣告效果對其進行調整，從而達到持續的宣傳效果。

（四）媒體的商業特性

在選擇媒體方面，要考慮產品自身的商業特性。針對「冰糖雪梨」這一新產品，要求選擇的媒體具有廣泛的受眾面、清晰明了的傳達效果。電視、網絡，受眾較為廣泛普遍，適合多頻率的出現，但媒體費用高；雜誌受眾較為集中，具有平面優勢，可以對產品進行詳細介紹和有針對性的宣傳，媒體費用較為低；戶外媒體具有傳播直接、廣泛，有視覺衝擊力，傳播廣泛且持續時間長的優勢，但媒體價格較高。

二、媒體策略

康師傅作為中國市場的著名品牌，故其市場也是面向全國，而「冰糖雪梨」作為其傳世新飲，在選擇媒體方面要考慮全國各地區的接收情況。

（一）媒體的選擇

第一，電視媒體和網絡媒體。電視媒體主要選擇央視主要頻道（中央一臺、中央三臺），各省區衛視頻道；網絡媒體主要針對上網群體，選擇視頻網站、網絡游戲。視頻效果好，能夠更高質量的突出產品的優點，覆蓋面廣，表現力強。

第二，移動媒體：公交車車身廣告。有很好的流動性，滲透性強，受眾範圍較廣，時間較長。

第三，戶外媒體：固定廣告、路牌燈箱廣告。在人流大的公交場所、地鐵站以及大型商場附近刊登戶外廣告是非常有視覺衝擊力的。可以提高產品知名度及好感度，實現好的宣傳效果，直接實現購買率。

第四，雜誌媒體：《讀者》《青年文摘》以及閱覽人群大且穩定的知名雜誌。《讀者》目前消費者大多數是 16~40 歲的人群，其中中學生、大學生占其消費者總數的 50%。《青年文摘》的主要消費者中，中學生與大學生所占比例為 85%。

(二) 媒體類別的預算分配

電視媒體和網絡媒體占總預算 40%，移動媒體占總預算 20%，戶外媒體占總預算 25%，雜誌媒體占總預算 15%（見圖 13-28）。

預算分配

■ 電視網路媒體
　 移動媒體
■ 戶外媒體
■ 雜誌媒體

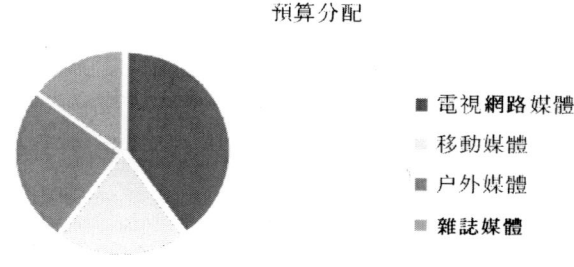

圖 13-28　預算分配

資料來源：中央電視臺網站

(三) 首要和次要目標市場

首要目標市場為央視主要頻道（中央一臺、中央五臺）、湖南衛視、江蘇衛視、浙江衛視，受眾範圍為全國。次要目標市場是其他各省市衛視，受眾地區性較突出。

(四) 使用媒體的詳細情況

使用媒體的詳細情況如表 13-29 所示。

表 13-29　　　　　　　　　　媒體使用情況

視頻廣告：央視為 15 秒，一天 5 次；其餘衛視為 30 秒，一天 10 次左右。在每檔節目開始前播放，內容為簡單的產品介紹，請明星代言，給消費者灌輸產品特徵，增加產品印象，從而刺激消費慾望。	移動媒體：在各城市購買一條公交線路，進行車體廣告宣傳。 戶外媒體：在主要交通站點、活動場所進行大幅宣傳。 雜誌媒體：在選擇雜誌上進行整版廣告宣傳，封面及彩頁專版效果較明顯。

資料來源：作者根據相關資料整理所得

(五) 媒體時間安排

在頭 3 個月的初期階段進行大範圍、多頻率的廣告宣傳，側重到達率，廣告媒體主要選擇電視媒體。在產品趨向成熟穩定期，可以適當縮減廣告投入及投放範圍，強化產品形象，進行大範圍但頻率較低的宣傳，雜誌媒體、戶外媒體為主要宣傳媒體（見表 13-30）。

表 13-30　　　　　　　　　　　媒體排期表

時間＼媒體	視頻廣告	移動媒體	戶外媒體	雜誌媒體
前 3 個月	★★★★	★★	★★	★
趨向穩定期	★★★	★★	★★★★	★★
成熟期	★★	★	★★	★

資料來源：中國行銷傳播網

三、媒體計劃細節和說明

媒體到達率及價值如表 13-31 所示。

表 13-31　　　　　　　　　　　媒體價值

電視媒體：根據中國人口估算，至少有 8 億人接收電視媒體，其中目標群體占 50%所以電視媒體到達人群 4 億人，到達率 85%，覆蓋範圍廣且覆蓋人數多。 網絡媒體：主要是視頻網站、網絡游戲投放，以青少年為主。覆蓋人群 2,000 萬，到達率 70%，吸引年輕消費群體。	戶外媒體：各城市人口密集地帶、商業地帶。可以多頻次、持續到達消費者視線，促使直接消費。 雜誌媒體：《讀者》《青年文摘》目前消費者大多數是 16～40 歲的人群，符合目標群體要求，到達率 80%。

資料來源：電視傳媒資源網：http://www.ctvmr.com

根據以上分析，可以知道廣告媒體到達率較高，基本可以達到 80%以上，因此可以達到預期的宣傳效果。

四、媒體計劃效果預測

在此次宣傳活動中，採用了多種媒體組合的方式進行宣傳，集合了各種媒體的傳播優勢，傳播覆蓋面廣，使傳播效果達到最大化。通過對各種媒體的到達率及覆蓋率分析，在使用廣告媒體方面最大限度地利用資源。在媒體計劃實施後的每一個月都會做具體的綜合效果評估，然後根據評估結果進行媒體調整。通過該次媒體計劃，可以讓消費者對康師傅新飲「冰糖雪梨」有一個全面地認識，引起其對產品的興趣及購買欲，從而實現媒體目標。

本章小結

廣告媒體是廣告信息傳播的通道，是企業與消費者之間的連接者。隨著科學技術的發展，廣告媒體的形式也在演進，特別是近年來互聯網和移動通信技術的發展使得網絡媒體得到了極大的發展，微博、微信等新媒體形式更是受到了社會各界的高度關注。那麼隨著人們對媒體性質認知的加深，這些當下備受追捧的新媒體到底又是憑藉哪些不同於傳統媒體的優勢而脫穎而出的呢？對於媒體計劃，又應該從哪些方方面面開始著手呢？本章分為四節，分別從廣告媒體概述、常規媒體特色及趨勢、自制媒體特色及趨勢和媒體計劃四個方面來對廣告媒體的知識展開學習。

思考題

1. 著名報學史專家戈公振說：「廣告為商品發展之史乘，亦即文化進步之記錄。人類生活，因科學之發明趨於繁密美滿，而廣告既有促進認證與指導人生之功能。」請結合所學的廣告媒體知識，談談你對這句話的理解。

2. 請借助表14-4：報紙廣告的利與弊，看看是否能夠運用該表中的資料解決下列問題：假設你是某重要品牌洗髮水的產品經理，你希望通過一條帶優惠券的廣告使自己的產品行銷全國。

（1）選擇那種報紙最好？　a.月報　b.周報　c.日報
（2）如果採用日報，你希望廣告刊登在哪個欄目內？
（3）如果決定採用週末增刊，你會選擇以下哪家？談談為什麼？
a.彩色優惠券增刊　b.《瑞麗》雜志　c.《讀者》雜志

3. 請欣賞視頻14-7聯邦快遞荒島篇廣告，談談你從該廣告中獲知的該品牌形象有哪些？

4. 請欣賞視頻14-8和視頻14-9，談談你對微博和微信這些新媒體新趨勢的認識和看法。

5. 請結合所學到的媒體計劃知識，與大家分享一個你認為比較成功的廣告媒體案例。

參考文獻

[1] Ronald Redfern. What Readers from Newspapers [J]. Advertising Age, 1995 (1): 25.

[2] 威廉·阿倫斯，邁克爾·維戈爾德，克里斯蒂安·阿倫斯. 當代廣告學 [M]. 丁俊杰，等，譯. 北京，人民郵電出版社，2010.

[3] The Hot List Adweek 25th Anniversary [N]. Brandweek, 2005-03-14.

14　廣告新媒體概論

開篇案例

　　2017 年年初，支付寶 10.0 版本全面上線，在此前的個人紅包與群紅包之外，新版還多出一個「AR 實景紅包」功能。該功能下設有兩個選項——「藏紅包」和「找紅包」。該 AR 紅包游戲十分簡單，具體來說，用戶可以在支付寶上點擊「紅包」，選擇「AR 實景紅包」，再選擇「藏紅包」，分別設置完位置信息、線索圖、領取人等後，就生成了 AR 實景紅包。之後，再將線索圖通過支付寶、微信、QQ 等社交平臺發送給朋友，邀請他們來領取，找到線索圖中的物體後，即可領取。

　　這就是 2017 年 2 月支付寶面向廣大用戶做的一個深入推廣活動，繼 2016 年「集五福分紅包」後再度出擊，運用「AR 實景紅包」功能吸引受眾的新穎方式，推廣支付寶的使用。這樣的新媒體互動方式除了可以加強用戶之間線下交流外，商家也可以利用 AR 實景紅包在春節這個特殊的時間點與用戶深度互動。例如，餐飲行業的商家將紅包藏在菜單中，顧客在「AR 實景紅包」中，需要找到所藏紅包位置信息。商家通過這樣的方式吸引顧客進店查看菜單，形成線下引流優勢。

本章提要

　　包括新媒體在內的任何一種媒體都是信息和技術的綜合體，都需要從信息和技術兩個方面來進行分析和理解。其中，信息是媒體要傳播的具體內容，它的存在與傳播依賴於一定的載體。到目前為止，信息的載體可分為四種，即文本、圖片、音頻和視頻。媒體技術則可以理解為用以承載信息載體並進而傳遞信息的方式，表現為一定的物化形態，如報紙用於印刷的機器和紙張，廣播電視用於錄音拍播的設備等。從傳統媒體誕生開始，每一種媒體的出現都基於信息載體或媒體技術方面的進步。

　　新媒體作為一種新的傳播方式在每一個人的生活中扮演著越來越重要的角色，進而帶來了媒介環境的深刻變化。因此，從歷史角度去尋找新媒體誕生的根基將揭示未來新媒體發展的特徵與趨勢。

14.1 媒體的演進與發展

14.1.1 印刷傳媒的產生、發展及其影響

筆墨紙硯的發明和廣泛使用開啓了人類漫長的書寫媒介時期。在印刷術出現之前，除了口頭傳播之外，人類主要使用手寫的方式進行信息的傳播。例如，中國古代廣泛使用皇榜、檄文等形式進行政治、軍事信息的傳播，而這些形式絕大部分都是筆墨在紙張上書寫而成的。換句話說，書寫媒介是古代政治、軍事信息傳遞的主要媒介。中國最早的報紙——唐朝的《邸報》同樣是用手抄方式來進行傳播的。在民間，人與人之間的人際傳播也依賴於書寫媒介。例如，地理上相隔兩地的人之間的書信往來。同時，商販們也經常使用手寫招貼的形式來傳遞信息，如商品信息、雇傭信息等。

相較於口頭媒介而言，書寫媒介有著明顯的優勢，它突破了空間的局限性，將信息傳播到更廣泛的空間範圍。書寫媒介可以將信息長期保存，突破了時間的限制。然而書寫媒介無法實現信息的大量複製，直到出現了印刷技術之後才解決了這一問題。

印刷術是中國古代四大發明之一，公認的印刷技術出現在公元600年左右的隋唐時期。中國的印刷技術發展又分為雕版印刷和活字印刷兩個階段。雕版印刷最顯著的兩大缺點就是雕刻錯誤難以修改以及刻版費工費時。同時，無法再利用於雕刻別的內容的雕版的存放也是一個突出的問題。而後發明的活字印刷技術則較好地解決了這樣的問題。

雖然中國是印刷技術無可爭議的發明地，但是印刷技術的快速發展和廣泛應用是在歐洲。德國人古登堡首先開始借助機械進行印刷，他將歐洲壓榨葡萄、油料的螺旋壓力機進行了改造，研製出螺旋壓印機，為以後印刷術的機械化打下基礎。印刷過程中機械化程度的提高是近代印刷技術的重要標志。機械化印刷可以大幅度提高印刷效率，並降低印刷成本。

印刷傳播進一步突破了傳播的時空限制，並且使傳播的內容可以大規模複製，傳播速度進一步提高，傳播信息量進一步增加，傳播範圍進一步擴大，傳播發展有了革命性進展。

在印刷技術的推動下，首先出現的印刷媒介是書籍。相對於印刷書籍，報紙利用印刷技術在初期要相對緩慢一些。中國唐朝開元年間用雕版印刷的《開元雜報》（見圖14-1）是迄今世界上可考證的最早的報紙。而世界近代報紙的雛形——威尼斯小報於16世紀誕生。[1]

印刷媒介以印刷技術為基礎，與手寫媒體相比，印刷媒介能夠在極短的時間內實現信息的大量複製，從而使信息的大範圍傳播成為可能，也開啓了人類的大眾傳播時代。首先，印刷媒介對信息的資本化影響。在印刷媒介建立起來的大眾傳播系統中，信息和知識第一次成為商品，被買賣、交易。其次，印刷媒介促進了公共教育的興起。公共教育提高了社會的文化水準，反過來也不斷地改進教育進程本身，使之不斷適應社會發展的需求。最後，報紙的出現帶來了新聞產業的誕生，最終促使了廣告業的誕生。

---

[1] 熊澄宇. 整合傳媒：新媒體進行時 [J]. 國際新聞界 2006（7）：7-11.

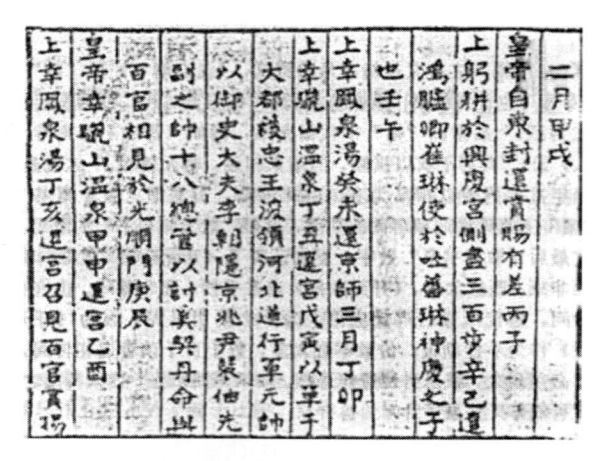

圖 14-1　唐朝開元年間用雕版印刷的《開元雜報》
圖片來源：百度圖片

14.1.2　廣播媒介的產生、發展及其影響

　　聲音作為信息能夠進行遠距離的傳播，起源於無線電技術的發明。無線電作為聲音傳播的一種載體，其出現和發展，為聲音的高速度、遠距離、高保真傳播提供了可能性，結束了人類只能依靠各種交通工具來傳遞信息的歷史。

　　1906 年 12 月 24 號晚上 8 點左右，美國新英格蘭海岸的報話員從耳機中聽到了人們說話的聲音，講述著聖經故事，有著小提琴的演奏聲，播放著音樂家韓德的唱片，最後是祝大家聖誕快樂。這是人類歷史上第一次實驗性的無線電廣播。1920 年 11 月 2 日，世界上第一家正式向政府領取營業執照的商業廣播電臺成立，並開始對公眾播音，這就是 KDKA 電臺。它的成立標志著廣播電臺從實驗到實用的轉變，標志著一種新型大眾媒介的誕生。在廣播臺迅速普及的同時，廣播技術也在快速發展，隨後發展出來的調頻立體聲技術大幅提升了廣播效果。至今，廣播業已經發展成為一個高度成熟的產業。

　　廣播媒介的誕生使人類第一次邁進了電子傳播的時代。與印刷媒介相比，廣播媒介既具有優勢也具有劣勢。第一，傳播的迅捷性與聲音的易逝性。無線電波的速度為每秒萬千米，廣播電臺傳播信息的同時，觀眾就能夠聽到，兩地傳輸信號的時間差幾乎等於零，進而使傳播的信息也更加具有時效性。但同時聲音轉瞬即逝，聽眾來不及回味廣播的傳播就已經結束，有時甚至影響聽眾對信息的理解。第二，傳播的廣泛性和收聽的被動性。無線電波不受空間的阻隔，即使在交通不便的地方也可以聽到廣播節目。同時，其受眾範圍也十分廣泛，不要求聽眾會識字等。但是，廣播媒介在收聽上具有明顯的被動性，聽眾只能服從廣播節目組的安排，按時收聽。

　　廣播是最早出現的電子大眾傳媒，也是最早利用聲音作為傳播信息的媒介，為人類提供了一種全新的傳播方式，翻開了人類大眾傳播歷史上嶄新的一頁。傳播信息的時效性大大加強，任何新聞事件，在其發生的同時，就可以通過廣播讓世界各地的人們都知道這一消息。而這種現場報導，由於收錄了現場的聲音，一切都讓受眾仿佛置身事件發生的現場，人們可以更加真切地感受到事件發生的整個過程，使人們從一個全新的角度瞭解新聞的發生（音樂交通廣播的播音間如圖 14-2 所示）。

圖 14-2　音樂交通廣播的播音間
圖片來源：百度圖片

因此，廣播媒介的誕生是人類社會傳播的一個新的里程碑，為社會傳播帶來了不可估量的重大影響。它的誕生和發展，標志著人類傳播由以印刷媒介為主的時代進入到以電子媒介為主的時代，實現了人的耳朵的延伸，形成了人類體外化的聲音信息系統，帶來了傳播媒介的第一次飛躍性的革命，走進了全新的信息化社會。

14.1.3　新媒體的產生、發展及其演變趨勢

14.1.3.1　網絡媒體萌芽階段（1994—1998 年）

在 1994 年中國開始進入互聯網世界之前，西方發達國家對於互聯網的開發與試驗便早已開始。新媒體技術出現於 20 世紀中後期，以計算機的發明和網絡技術的應用為科技基礎及最主要的標志。1946 年，第一臺計算機「ENIAC」在美國誕生，為新媒體技術的發展提供了基礎。1969 年，互聯網的雛形初現於美國，名叫「ARPAnet」它是美國國防部高級計劃研究署的一個實驗性網絡。接著，在 1983 年，一種新的網絡協議（TCP/IP）（Transmission Control Protocol/Internet Protocol，即傳輸控制協議/網際協議）成了互聯網的標準通信協議，這是全球互聯網正式誕生的標志。除了這兩件標志性的事件之外，應該指出，數字技術的誕生和發展才是新媒體出現的最基本的科技基礎。數字傳播技術指的是基於 0 和 1 的二進制信息處理技術。數字技術是電話、電腦、電視走向融合，發展多媒體的技術基礎。數字技術使信息生成與採集、信息分配、信息處理、信息存儲、信息顯示可以歸並為信息內容、信息網、信息社會三大行業。同時，與其他技術相比，數字技術使產品的成本隨著產量的增多而變得更低，有利於面向需要大量產品的大眾市場。[1]

中國是全球性互聯網熱潮的踐行者。早在 1987 年，北京計算機應用技術研究所就建成了中國第一個互聯網電子郵件節點。1991 年 10 月，在中美高能物理年會上，中國提出了納入互聯網絡的合作計劃，1994 年 4 月 20 日，中國與國際互聯網相連的網絡信道開通，首次加入國際互聯網的大家庭，踏上了互聯網的徵程。

---

[1]　陳永東. 贏在新媒體思維：內容、產品、市場及管理的革命［M］. 北京：人民郵電出版社，2016.

1997年，中國開始引入「門戶網站」的概念，互聯網成為一種日趨獨立的新媒體。新浪、網易、搜狐這三大門戶網站在互聯網的萌芽階段相繼誕生，並日趨活躍，成為日後中國眾多商業網站中的領導者。與此同時，傳統新聞媒體網絡化也步入初始階段。在中國，首次進行網絡化嘗試的是《杭州日報》。1993年12月，《杭州日報·下午版》通過杭州市的聯機服務網絡進行傳輸，從而拉開了中國報紙電子化的序幕。1995年1月12日，《神州學人周刊》通過互聯網發行，成為中國首家走上互聯網的傳統媒體。除紙質媒體外，中國的廣播電視媒體也不甘落後。1996年10月，廣東人民廣播電臺建立網站。1996年12月，中央電視臺建立網站，標志著中國廣播電視媒體開始向網絡傳播領域進軍。

總之，在1994—1998年的互聯網萌芽探路階段，互聯網在信息傳播領域的影響不斷增強，中國的網絡媒體漸趨成型。傳統媒體網站和商業網站齊頭並進，促進互聯網進入普通百姓的生活，中國的第一代網民也開始出現。

14.1.3.2 國內網絡媒體曲折發展階段（1999—2004年）

這個階段受全球互聯網高熱亢奮的影響，國內互聯網空間異常活躍，各類網站開始興起，中文網站建設和網民數量呈現指數增長，新聞網站成為網民獲取新聞信息的重要途徑。新浪、搜狐和網易三大門戶網站逐漸發展成為國內門戶網站的三大中堅力量。搜狐從中國首家大型分類查詢搜索引擎發展成為綜合性門戶網站，新浪將新聞作為主打業務，表明製作與發布新聞不再是傳統新聞媒體及其網站的專利。

1999年7月，香港的中華網作為第一支中國網絡概念股登上納斯達克股市，極大地刺激了國內網站謀求上市的熱情。進入2000年後，國內的商業網站紛紛上市，走向國際資本市場，網絡經濟迅速升溫。

然而全球互聯網經濟的泡沫和納斯達克股票市場驚心動魄的動蕩，給整個互聯網產業的發展帶來了災難性的影響。各商業網站股價下跌，面臨著嚴峻的考驗。國內許多商業網站紛紛倒閉，國內商業網站由此進入了一個調整與重新探索的時期，重新審視自己的經營模式，探索新的盈利途徑。2002年4月，新浪開始同時面向個人用戶、企業用戶服務，並發展出新浪網、新浪企業服務、新浪熱線三個獨立事業體。通過行業內的整合調整，國內商業網站的盈利模式已經從單純的以網絡廣告為主要收入來源拓寬到以增值服務、網絡游戲、網絡廣告三大渠道為主的多元化收入渠道。轉型後三大門戶網站先後以不同的方式宣布從虧損步入盈利階段，這標志著中國的商業網站開始走出低谷，進入了一個再起飛的新階段，以騰訊為代表的發展勢頭強勁的門戶網站掀起了新一輪的「門戶之爭」。2004年被譽為中國網絡媒體發展的第二個拐點，一批新興的商業網站——垂直門戶網站開始出現，與傳統的綜合門戶網站不同，垂直門戶網站是針對某一特定領域、某一特定人群或某一特定需求而提供的有一定深度的信息和相關服務的網站，其突出的特點是「專、精、深」。例如，以攜程旅行為代表的旅行類垂直門戶網站，受到廣大網民的青睞。

而傳統媒體經過萌芽期的發展，開始第二次的「觸網潮」。以人民網、新華網為代表的一批國家重點新聞網站出現。新聞媒體網站開始更名，不再稱「××網絡版/電子版」而是冠以「××網」或「××在線」的名稱，這意味著新聞媒體網站自我定位的變遷——從最初的傳統媒體電子版向獨立的新聞網站或以新聞為主的大型綜合網站的轉型，表明了傳統媒體對於網絡新聞業務的重視以及對網絡新媒體的支持。同時，地方媒體著手探索聯合的網絡發展模式，成為以新聞為主的大型綜合性門戶網站。

網絡媒體的快速發展受到政府的高度重視，政府開始以行政法規的形式把網絡傳播、

網絡新聞納入法制化管理的軌道。《計算機信息系統國際互聯網保密管理規定》《國際互聯網新聞宣傳事業發展綱要》相繼出抬，為網絡媒體的健康發展提供了保證。2003年12月，中國互聯網協會互聯網新聞信息服務工作委員會在被北京成立，其首批成員單位簽署了《互聯網新聞信息服務自律公約》，這標誌著網絡媒體行業自律機制的建立。隨後在2004年6月，互聯網違法和不良信息舉報中心成立，自律與責任成為網絡媒體前進中不可缺少的基石。

14.1.3.3 國內網絡媒體多元化快速發展階段（2005年至今）

2005年以後，中國網絡媒體日趨成熟，進入全面發展的新階段。新華網、人民網等幾大中央重點新聞網站訪問量持續上升，因具有其他商業網站不具備的採訪權和發布權，這些中央重點新聞網站無疑占據著主導地位。與此同時，商業網站成為網絡點擊率的引領者。2005年以後，國內商業網站的數量更加龐大，類型也更加多樣，吸引了大量新的網民，通過過億的點擊率，提供信息並引導著網絡輿論的發展。

但此時數字技術只是強化了「新媒體」的感覺，即媒體形態在呈現方式和使用上的融合。我們可以在電腦上讀報，可以在計算機或電視上聽廣播，同時還可以接收到所聽節目的畫面信息。同時，錄製音視頻信息的網絡工具，如某些數字播放器的出現，使人們可以在電腦或電視上觀看電影或DVD。

以互聯網、無線通信網等渠道和技術以及電腦、手機、數字電視機等終端為載體，真正意義上的新媒體時代來臨了。傳播媒體形態逐漸豐富，包括博客、微博、微信、網絡電視等都屬於新媒體形態。借助新的技術，新媒體模糊了私人和公共傳播的界限，無界、原創、效應和生命力成為新媒體的關鍵特徵。媒體不再是由專業人士生產並自上而下地控制的工具，每一位消費者都是信息的生產者，都能自由地選擇適合自己的媒介進行信息的生產與交流。

根據第40次《中國互聯網絡發展狀況統計報告》顯示，截至2017年6月底，中國網民規模達到7.51億人，占全球網民總數的五分之一，網絡普及率為54.3%，超過全球平均水準4.6個百分點。截至2017年6月底，中國網民通過臺式電腦和筆記本電腦接入互聯網的比例分別為55.0%和36.5%；手機上網使用率為96.3%，較2016年年底提高了1.2個百分點；平板電腦上網使用率為28.7%；電視上網使用率為26.7%。由此可以看出，新媒體的演進正不斷影響著我們的生活。[①]

14.2 新媒體概念的提出與定義

隨著數字技術、網絡技術、移動技術的高速發展，形形色色的新媒體已成為當今世界最重要的信息集散樞紐，它們在建構和諧社會的過程中發揮著越來越重要的作用，改變著人們的生活、世界的面貌，甚至推動著人類文明向更高層次邁進。但何為「新媒體」？從全球範圍來看，業界與學界至今沒有得到普遍認可的看法。

---

① 王振雅. 論移動互聯時代新聞的發展與變化——以為傳播中的新聞敘事為例 [J]. 中國報業，2017（2）：44-45.

14.2.1 新媒體概念的提出

關於「新媒體」概念的提出，學界有不少相對具體的說法。

有觀點認為，美國哥倫比亞廣播電視網（CES）技術研究所所長，即 NTSC 電視制式的發明者 P.戈爾德馬克（P.Goldmark）是「新媒體」概念的首創者。他在 1967 年發表的一份關於開發電子錄像（Electronic Video Recording，EVRC）商品的計劃中第一次提出了「新媒體」（New Media）一詞①。

此後，1969 年，美國傳播政策總統特委會主席 E.羅斯托（E.Rostow）在提交給尼克松總統的報告（即著名的「羅斯托報告」）中，更是多處使用了「新媒體」概念。由此，「新媒體」一詞風行美國並很快蔓延歐洲，不久以後便成了一個全球化的新名詞。②

也有觀點認為，「新媒體」概念至少可以追溯到 20 世紀 50 年代。例如，1959 年 3 月 3 日，著名的原創媒體理論家馬歇爾·麥克盧漢應邀赴芝加哥參加全美高等教育學會舉辦的會議。會議的主題是《與時間賽跑：高等教育新視野與要務》。麥克盧漢講演的題目是《電子革命：新媒體的革命影響》。在這次聽眾逾千人的大會上，麥克盧漢宣稱：從長遠的觀點來看問題，媒介，即訊息。因此，社會靠集體行動開發出一種新媒介（比如印刷術、電報、照片和廣播）時，它就贏得了表達新訊息的權利……印刷術把口耳相傳的教育一掃而光，這種傳授方式構建於希臘—羅馬世界，靠拼音文字和手稿在中世紀流傳下來。幾十年之內，印刷術就結束了歷經 2,500 年的教育模式。今天，印刷術的君王統治結束了，新媒介的寡頭政治篡奪了印刷術長達 500 年的君王統治。寡頭政治中，每一種新媒介都具有印刷術一樣的實力，傳遞著一樣的訊息。電子信息模式的訊息和形式是同步的。我們的時代得到的信息不是新舊媒介的前後相繼的媒介和教育的程序，不是一連串的拳擊比賽，而是新舊媒介的共存，共存的基礎是瞭解每一種媒介獨特的外形所固有的力量和訊息。③

中國傳媒大學副校長、中國數字媒體藝術學科創始人廖祥忠據此認為，麥克盧漢所說的「新媒體」明顯是一個歷史性概念，他所羅列的「印刷術、電報、照片和廣播」無一不是我們今天所說的「傳統媒體時代的『新媒體』」。④ 但麥克盧漢敏銳地看到，憑藉電子手段，各種文化和各個媒介發展階段的並存給人類提供瞭解放的手段，使我們能夠從媒介的感知奴役中解放出來；媒介在各個發展階段的特定傾向對人的感知都是一種奴役。麥克盧漢斷言，有了電子媒介之後，我們就從這種奴役狀態中解放出來了。麥克盧漢的講演給我們認識「新媒介」的本質提供了一種以歷史眼光和普遍聯繫的洞見。

14.2.2 新媒體的定義

近年來越來越多的人關注「新媒體」這一名詞，但「新媒體」內涵的確定一直未統一，各種組織機構、專家學者、新媒體的使用者都從各自所處的不同領域，從不同的視角對「新媒體」進行定義。

美國《連線》（Online）雜誌對新媒體的定義：所有人對所有人的傳播。（Communications for all, by all.）

---

① 曾靜平，杜振華. 中外新媒體產業業論 [M]. 北京：北京郵電大學出版社，2014.
② 謝爾·以色列. 微博力 [M]. 任文科，譯，北京：中國人民大學出版社；2010：129-138.
③ 廖祥忠. 何為新媒體 [J]. 現代傳播，2008（5）：121-125.
④ 麥克盧漢. 理解媒介：論人的延伸 [M]. 何道寬，譯. 北京：商務印書館，2000：110-112.

聯合國教科文組織對新媒體下的定義：「以數字技術為基礎，以網絡為載體進行信息傳播的媒介。」

美國網絡新聞學創始人、《聖何塞水星報》前任專欄作家丹·吉爾默（Dan Gillmor）認為，新媒體就是新聞媒介。

清華大學熊澄宇教授提出，所謂新媒體，或者稱數字媒體、網絡媒體，是建立在計算機信息處理技術和互聯網基礎之上，發揮傳播功能的媒介總和。新媒體除具有報紙、電視、電臺等傳統媒體的功能外，還具有交互、即時、延展和融合的新特徵。互聯網用戶既是信息的接收者，又是信息的提供和發布者。新媒體包括數字化、互聯網、發布平臺、編輯製作系統、信息集成界面、傳播通道和接收終端等要素的網絡媒體，已經不僅僅屬於大眾媒體的範疇，而是全方位立體化地融合大眾傳播、組織傳播和人際傳播方式，以有別於傳統媒體的功能影響我們的社會生活。①

新媒體是一個相對的概念，因為新與舊只能在比較中區別。電視相對於廣播，電視是新媒體；但相對於門戶網站，電視又是舊媒體。新媒體是一個時間的概念，因為在一定的時間段內，總有一種占主導地位的新媒體形態。200 年前的報紙，100 年前的廣播，50 年前的電視和今天的計算機網絡都是某個時間段新媒體的代表。新媒體是一個發展的概念，因為新媒體不會也不可能終止在某一個固定的媒體形態上，新媒體一直處在並永遠處在發展的過程中。②

新傳媒產業聯盟秘書長王斌說：「新媒體是以數字信息技術為基礎，以互動傳播為特點，具有創新形態的媒體。」

關於新媒體的定義有許多種，而被劃歸為新媒體的介質也從新興媒體的網絡媒體、手機媒體、互動電視，到新興媒體的車載移動電視、樓宇電視、戶外高清視頻等不一一而足。內涵與外延的混亂不清，邊界與範疇的模糊不明，既反應出新媒體發展之快、變化之多，也說明關於新媒體的研究目前尚不成熟、不系統。

總體而言，學者普遍認同新媒體是一個相對的概念，其範圍應該涵蓋尖端科技，同時兼顧人性化的體驗，但其發展又不能離開傳統媒體。據此，新媒體可以定義為利用互聯網、無線通信網等渠道和技術以及電腦、手機、數字電視機等終端為載體，向受眾提供各種服務的傳播媒體形態。微博、微信、網絡電視、移動媒體、數字媒體等都屬於新媒體形態。

14.3　新媒體的特徵

「新媒體」這一概念於 1967 年由美國人 P.戈爾德馬克率先提出。所謂新媒體，是相對於傳媒體而言的，是繼報刊、廣播、電視等傳統媒體以後發展起來的新的媒體形態，是利用數字技術、網絡技術，通過互聯網、無線通信網、通信衛星等渠道以及電腦、手機、數字電視機等終端，向用戶提供公共信息和娛樂服務的傳播形態。嚴格來說，新媒體應該稱為數字化新媒體。③

如麥克盧漢所說：「媒介即信息。」媒介技術的進步對社會發展起著重要的推動作用。

---

① 熊澄宇，廖毅文. 新媒體——伊拉克戰爭中的達摩克利斯之劍 [J]. 中國記者，2003（5）：56-57.
② 熊澄宇. 整合傳媒：新媒體進行時 [J]. 國際新聞界，2006（7）：7-11.
③ 曾靜平，杜振華. 中外新媒體產業論 [M]. 北京：北京郵電大學出版社，2014.

因此，新媒體的發展將以傳播者為中心轉向以受眾為中心，新媒體將成為集公共傳播、信息、服務、文化娛樂、交流互動於一體的多媒體信息終端。①

14.3.1　新媒體的本體特徵

新媒體的「新」主要是相對傳統大眾媒體而言的，歸根究柢就是傳播載體新、傳播形式新、傳播效果新，繼而帶給受眾新的思想、新的思維方式、新的生活方式、新的精神境界。美國經濟學家詹姆斯·科塔達（James W. Cortada）在 Digital Hand 一書中詳盡描述了數字信息技術在20世紀後半葉及21世紀初扮演的角色和發揮的作用，包括對製造、運輸、零售、金融、電信、媒體和娛樂行業等多個產業產生了深刻的影響。

第一，新媒體及其產業的產生及成長過程，是信息技術不斷更新進步、各種媒體交叉融合的過程。新媒體包括用數字化技術生成、製作、管理、傳播、營運和消費的文化內容產品及服務，具有高增值、強輻射、低消耗、廣就業、軟滲透的屬性。這直接使得新媒體產業方式多元化，各類技術兼容性更強。帕夫力克認為，新媒體技術邊界處於一個不斷變化的流動狀態，幾乎不會受到約束。澳大利亞學者大衛（David）在其著作《澳大利亞的媒體通信》（The Media Communication in Austria）中論及「融合」的力量和效果。他認為，傳統媒體之間的融合、電信媒體之間的融合以及傳統媒體與電信媒體的融合，集中到一點組成了「互動信息平臺」，誕生了「互動產業」。②

第二，新媒體的產生速率快，成長迅速。進入21世紀，除了互聯網媒體不斷更新外，各種新媒體紛至沓來。無論是互聯網媒體，還是手機媒體、樓宇廣場媒體、車載媒體等，其成長速度遠遠超過了傳統媒體。廣播和電視媒介分別在誕生近40年和15年後，才擁有5,000萬聽眾和視眾。而互聯網媒體從1993年對全世界公眾開放，到擁有這個數量的用戶只花了4年時間。手機媒體、樓宇廣場和車載媒體等的產生與成長速度更是快得驚人。

第三，新媒體改變了以往「居高臨下」的傳播樣式，不再是高高在上的說教。其伴隨、即時、平等、互動、開放、親和的傳播形式，拉近了傳受者的距離。新媒體的傳播方式是雙向或多向的，傳統的發布者和受眾現在都成為信息的發布者，而且可以進行互動，使得信息變得更有價值，受眾也強烈地體會到一種參與感，主動性和積極性被空前調動起來。信息的互動性使得受眾角色實現由被動到主動的根本性改變。新媒體隨處可見、隨時可用，議程設置變化多樣，意見領袖更迭頻繁，沉默的螺旋在新媒體空間裡大展身手。

第四，傳播效果智能化。借助類似於 POS（銷售數據系統）的計算機系統，數字媒體能夠對觀眾的收視行為及收視效果進行更為精確的跟蹤和分析。新媒體展示了前所未有的傳播效果，在應急機制中有著不可替代的作用。新媒體可以「無障礙傳播」，建立了法國傳播學者戴維·莫利概念中的「媒介新秩序」和尼葛洛龐蒂的「記憶辦公室」構想不謀而合。③ 新媒體的到達率高，目標受眾明確，傳播效果優勢明顯。

14.3.2　與傳統媒體相比，新媒體的「新」特徵

新媒體有著與傳統報紙、雜誌、廣播、電視迥異的傳播渠道與受眾人群，有著不同尋

---

① 麥克盧漢. 理解媒介：論人的延伸［M］. 何道寬，譯. 北京：商務印書館，2000：110-112.
② 王振雅，論移動互聯時代新聞的發展與變化——以為傳播中的新聞敘事為例［J］，中國報業，2017（2）：44-45.
③ 童請豔. 新媒體現狀及為例媒體發展趨勢的分析研究［J］. 今傳媒，2017（3）：6-9.

常的「新」特點。

一是即時性、移動性和伴隨性。由於新媒體的技術特徵所在，無論是何種形式的交互式網絡電視（IPTV），都具有即時性特點。IPTV可以在第一時傳間輸信息，讓用戶即時感受和體驗外界的瞬間變化。[1] 而IPTV用戶感受和體驗其即時性特質，則是依靠接收終端的移動性和伴隨性功能來實現的，使得用戶無時無刻、隨處隨地地可以看到自己所需要的資訊。[2] 技術的發展使得新媒體可以實現信息的即時傳播，不再需要複雜的剪輯和繁瑣的排版與後期製作。技術的簡單便捷可以使得信息在全球實現即時傳播這一優勢是任何傳統媒體所無法比擬的。

二是草根性。新媒體用戶中，移動人群的比例將日益增大，他們對節目的選擇期望，大部分傾向於源自普通百姓的平民式草根作品，節目源頭渠道廣泛，內容豐富多彩，原創性強，富有靈感和激情。隨著人民生活水準的提高，數碼產品進入了尋常百姓家，原創素材越來越多，中生代和新生一代已經不再滿足於觀賞「行家裡手」的專業作品，期望創作拍攝「自己」的作品，在各種形式的新媒體上一展身手。這種飽含地域特色、來自基層百姓的草根文化作品，不僅可以激發受眾對IPTV品牌的忠誠度，彰顯個性化特徵，而且避免了大量節目雷同的同質化競爭。

三是聯動性。新媒體與傳統廣播電視最大的差異在於多向聯動，如IPTV就被形象地解釋為聯動個性化電視（Interactive Personalized TV）。新媒體不但能像傳統媒體那樣接收廣播電視節目，查閱各種信息，還能實現用戶與服務提供商（SP）、用戶與用戶之間的互動，使用戶擺脫時間制約，隨心所欲閱讀任何時候的文稿、收看自己想看的節目，並且可以非常容易地將廣播電視服務和互聯網瀏覽、電子郵件以及在線信息諮詢、娛樂、教育、商務等多種功能結合在一起。新媒體改變了傳統媒體單一、單向的傳輸模式，既可以單向傳播，也可以雙向或多向聯動傳遞信息。這種互動式、聯動式的傳播方式，讓受眾耳目一新，真正享受信息時代的愉悅與快樂。受眾在接收信息、欣賞廣播電視節目之餘，可以即時傳達自己的意願和建議。聯動性是新媒體的靈魂，新媒體可以靈活地部署各類增值服務，根據用戶不同的年齡、職業、收入狀況、愛好，提供不同的個性化服務。

四是時尚性。新媒體是從「舊」媒體脫胎換骨而來的，是新潮時尚的代名詞，這包括時尚的產品終端、新鮮刺激和花樣翻新的節目內容、別具一格的聯動方式等。遠程教育、可視電話、會議電視等「電子政務」等成為移動城市、智慧城市的重要內容，網上購物、網上銀行、網上證券、網上彩票等電子商務日漸興起，而在有些地方，甚至希望將新媒體視為「高端時尚禮物」，送給至愛親朋。

五是定位性。當下的手機電視、車載電視、廣場電視、星空電視和掌上電腦（Pad）等新媒體都具有傳統媒體所不具備的全球定位系統（GPS）功能。營運商可以依據GPS提供的不同區位的信息，鎖定目標受眾，即時調配節目和服務。受眾也可以根據自身的位置和行進方向需求，選擇所需要的節目或服務，包括道路擁堵情況、最佳行車路線等交通路況信息以及前進方向的人流車輛狀況、即時天氣資訊等。

---

[1] 李向偉. 淺談中國廣播電視新媒體發展現狀及未來趨勢［J］. 黑龍江科技信息，2017（11）：58.
[2] 黃楚新，王丹. 中國新媒體發展現狀、趨勢與政策建議［J］. 新聞戰線，2017（17）：82-85.

本章小結

　　社會發展到今天由於技術的突破及信息和生活娛樂方式的改變，逐漸形成了一種萬物皆媒體的嶄新的行銷傳播環境。新媒體與其說是眾多新興媒體的傳播方式，還不如說是一種無所不能用的傳播環境，它以互動傳播為特徵，以數字信息技術為基礎，事實上獲得了「所有人對所有人的傳播」的效果。這種具有強烈交互性、即時性、海量性、共享性的個性化與社群化的傳播形式無疑給傳統的媒體人和行銷管理者提出了新的機遇與挑戰。

思考題

1. 廣告媒體演進的規律與趨勢是什麼？
2. 何為新媒體？新媒體的「新」主要是指什麼？
3. 新媒體的特徵有哪些？請各舉一個例子來說明。
4. 討論：為什麼說「新媒體」其實是一種傳播環境？

參考文獻

　　[1] 廖祥忠. 何為新媒體 [J]. 現代傳播, 2008 (5)：121-125.

　　[2] 熊澄宇, 廖毅文. 新媒體——伊拉克戰爭中的達摩克利斯之劍 [J]. 中國記者, 2003 (5)：56-57.

　　[3] 熊澄宇. 整合傳媒：新媒體進行時 [J]. 國際新聞界, 2006 (7)：7-11.

　　[4] 麥克盧漢. 理解媒介：論人的延伸 [M]. 何道寬, 譯. 北京：商務印書館, 2000：110-112.

　　[5] 曾靜平, 杜振華. 中外新媒體產業論 [M]. 北京：北京郵電大學出版社, 2014.

　　[6] 陳永東. 贏在新媒體思維：內容、產品、市場及管理的革命 [M]. 北京：人民郵電出版社, 2016.

　　[7] 謝爾·以色列. 微博力 [M]. 任文科, 譯. 北京：中國人民大學出版社, 2010：129-138.

　　[8] 張詩蒂. 微傳播能量探析——以微博平臺為例 [J]. 西南政法大學學報, 2013 (4)：117-123.

　　[9] 王振雅. 論移動互聯時代新聞的發展與變化——以為傳播中的新聞敘事為例 [J]. 中國報業, 2017 (2)：44-45.

　　[10] 童請鹽. 新媒體現狀及未來媒體發展趨勢的分析研究 [J]. 今傳媒, 2017 (3)：6-9.

　　[11] 黃楚新, 王丹. 中國新媒體發展現狀、趨勢與政策建議 [J]. 新聞戰線, 2017 (17)：82-85.

　　[12] 李向偉. 淺談中國廣播電視新媒體發展現狀及未來趨勢 [J]. 黑龍江科技信息, 2017 (11)：58.

15 新媒體的應用

本章提要

新媒體的種類很多，隨著科技的發展和變化，其分類很難有一個統一的標準。以往的分類是以傳播的載體為標準進行劃分，新媒體以傳播載體為標準可以分為互聯網新媒體、手機新媒體、數字電視等其他類型的新媒體。其中很多新媒體的傳播載體是兼有網絡與手機，如微博、微信、直播等新媒體，不管哪種都可能存在一些重疊。目前關於新媒體較為全面的分類是上海戲劇學院陳永東提出的分類方法。本書借鑑其分類方法，將新媒體分為導航類、網絡社區、內容發布、視聽娛樂新媒體。①

15.1 導航類新媒體

15.1.1 導航類新媒體的概念及特徵

15.1.1.1 門戶網站

門戶網站是指通向某類綜合性互聯網信息資源並提供有關信息服務的應用系統。② 門戶網站除了通過設定若干個頻道來提供各類新聞之外，還提供搜索、郵件、圖片、視頻以及博客等服務，廣告、游戲充值是門戶網站營業收入來源的主渠道。主流的門戶網站包括搜狐、鳳凰、騰訊等。門戶網站發展時間較久，擁有較為成熟的廣告開發模式。

15.1.1.2 搜索引擎

搜索引擎是通過互聯網搜集信息並整合後向用戶提供查詢功能的網站，用戶通過搜索關鍵字詞即可搜索到關於關鍵字詞的信息、新聞、網站。代表性的搜索引擎有百度、谷歌（Google）、必應等，搜索引擎主要的營業收入手段是通過企業、組織或個人競價排行。隨著技術的進步和信息的發展，垂直搜索、智能搜索成為搜索引擎的發展新方向。

15.1.1.3 分類信息網站

分類信息網站是通過整合生活、商務及其他類信息並向此類需求的用戶提供查詢的網站。分類網站會通過設定區域來向不同區域的用戶提供便捷的生活周邊的信息。此類網站的代表有 58 同城、大眾點評、趕集網、百姓網等。

---

① 陳永東. 贏在新媒體思維：內容、產品、市場及管理的革命 [M]. 北京：人民郵電出版社，2016：1-3.
② 劉國基. 中國網絡廣告的發展趨勢 [J]. 新聞前哨，2007（8）：89.

15.1.2 廣告在導航類新媒體中的應用

15.1.2.1 門戶網站廣告

門戶網站廣告在日常生活和工作中是十分普遍的一種新媒體廣告形式。其作為主流信息媒體之一，承載著大量的新聞傳播功能和信息傳播功能，是企業經常選擇的廣告渠道。

以2017年12月11日的騰訊新聞網為例，在騰訊網的首頁就出現了京東商城的廣告（見圖15-1）。該廣告是可以直接點擊進入，即時形成購買的。京東商城在騰訊網上的廣告形式以滾動的靜態圖片為主，內容包括商品圖片及價格等。除主頁面外，騰訊網的娛樂頻道、手機頻道、數碼頻道甚至在獨立的新聞頁面中均設有京東網的廣告。如果用戶點擊購物頻道可以直接進入京東購物網站首頁，非常方便快捷。

圖15-1 騰訊網內設置的京東廣告
圖片來源：騰訊網截圖

留心觀察不難發現，在各大門戶網站的首頁，頻道網頁和獨立新聞頁面中均有大量廣告，其主要形式包括靜態、動態圖片、文字連接、漂浮窗口等。廣告內容也十分豐富，涉及理財、教育、購物、食品飲料、家居等多個方面。不同類別的廣告被分佈在不同的頻道內，具有較強的針對性。例如，在騰訊網的手機專欄設置了手機遊戲廣告。門戶網站的大部分廣告的一個突出特點為具有較強的強制性，只能接收，不能選擇關閉，與部分可以關閉或選擇忽視的自媒體廣告形成對比。

15.1.2.2 搜索引擎廣告

搜索引擎行銷，簡稱SEM（Search Engine Marketing），它是通過搜索引擎的平臺，利用人們對搜索引擎的使用習慣，將企業的銷售信息植入到搜索引擎中的行銷方式。搜索引擎宣傳主要有以下兩種方式：一是競價排名，二是搜索引擎優化。競價排名就是通過付費的方式將企業信息植入到搜索引擎中，付費越高，搜索引擎的排名就會越靠前。而搜索引擎優化指的是通過優化網頁的設計來提高搜索引擎中該網站的排名。①

以搜狗搜索為例，在搜索「留學」後，頁面根據競價排名顯示各留學機構的廣告（見圖15-2）。廣告形式主要為連結，點擊後將直接進入留學機構主頁面。廣告作為搜索引擎的重要資金來源，在各大網絡搜索引擎上均不少見。根據艾瑞諮詢發布的報告《電子商務Q1市場規模平穩增長》顯示，在2017年網絡廣告各形式中，搜索廣告占比達到25%以上。②

需要注意的是，競價排名服務在給引擎商帶來主要盈利的同時，也日益暴露出一些弊端，使得該服務在社會上一度產生熱議。因此，無論是搜索引擎商還是準備進行行銷推廣的企業，都應該慎重考慮該廣告的使用策略。

---

① 汪星輝. 如何有效利用新媒體進行企業廣告行銷探析 [J]. 傳播力研究，2017（7）：173.
② 童請豔. 新媒體現狀及未來媒體發展趨勢的分析研究 [J]. 今傳媒，2017（3）：6-9.

圖 15-2　在搜狗搜索中搜索「留學」後的頁面
（圖片來源：搜狗素搜索截屏）

15.2　網絡社區新媒體

15.2.1　網絡社區新媒體的概念及特徵

　　網絡社區，也稱虛擬社區，是一種以互聯網技術為基礎，提供網上交流空間的新型網絡媒體，包括在線聊天、論壇、貼吧、交友、個人空間、無線增值服務等形式在內，同一主題的網絡社區集中了具有共同興趣愛好的訪問者，新浪微博、知乎、天涯論壇等都是網絡社區的典型代表。

　　網絡社區有三大傳播特徵：用戶自由性更高不受傳統限制、用戶之間接收信息粘度增加、互動性強。

15.2.1.1　用戶自由性高

　　依賴於互聯網技術的發展，相較於現實社區的地域性限制，網絡社區的成員能克服時空限制，輕鬆進入其所在社區進行交流與信息收集；依賴於互聯網的虛擬性，用戶對於是否匿名、隱藏真實身分，也有較強的自由權，因此可以克服現實中的表達壓力，在網絡社區內充分表達自己的言論和觀點。

15.2.1.2　粘度高

　　網絡社區為用戶提供了在虛擬空間休閒的各種環境和產品，每個用戶的資料和生活狀態展示都是一個信息源。這些信息源的組合就會在網絡社區形成起伏效應，比如有相同喜好的用戶會互相吸引建立關係。社區根據用戶來更新的社區內容以及與其他用戶之間的相互關係使用戶粘度高。

15.2.1.3　互動性強

　　互聯網技術為思想的交流提供了最直接的即時互動方式。網絡社區將一些用戶的思想和行為以文字、圖片、視頻的方式體現出來，另一些用戶又可以再次根據事件產生新的思想和新的狀態。據此，用戶的分享得到了尊重和認可，並且在社區中形成一定互動氛圍。

15.2.2 廣告在各類網絡社區媒體中的應用

15.2.2.1 即時通信

即時通信是非常普及的網絡交流應用新媒體，其代表為騰訊公司旗下的 QQ 軟件。其支持在線聊天、通話、視頻、共享文件等功能，主要方式是讓用戶與軟件中的聯繫人進行點對點的交流溝通。

15.2.2.2 微博

微博譯自於英文單詞「MicroBlog」（微型博客），是一種通過關注機制分享簡短即時信息的廣播式的社交網絡平臺。用戶通過手機應用軟件（APP）或網頁將信息發送給自己的訂閱者，而文本內容通常限制在 140 個字以內。[1] 新浪網副總編輯孟波認為，微博是手機短信、社交網站、博客和即時通信四大產品優點的集成者。[2] 其內容傳播特性上更個人化、私語化的敘事特徵，在傳播效度上呈全時性效果。

15.2.2.3 微信

微信是由騰訊公司在 2011 年 1 月 21 日推出的一款依託智能手機通信方式的即時通信軟件，能快速發送文字、視頻、圖片、音頻等數字格式的信息，是從有線通信到移動通信的又一類新媒體應用形式。[3] 微信公眾平臺是騰訊公司在微信基礎上後期新增的功能模塊，通過這一平臺，個人和企業都可以打造一個微信公眾號，並實現和特定群體的文字、圖片、語音、視頻的全方位溝通、互動。微信傳播特點為準實名性、個人私密性、大眾傳播能力薄弱、強人際關係為主要社交關係[4]，具有精準高效傳播多媒體信息的特徵，內容呈現多樣化、碎片化，其功能與即時通信有一定的接近和交叉。

15.2.2.4 BBS 網絡論壇

BBS（Bulletin Board System）譯為電子公告系統，即我們俗稱的網絡論壇。BBS 最初主要用來公布股市的相關信息，現已成為用戶在互聯網上自由討論、交流信息的場所之一。國內以天涯論壇、虎撲論壇、西祠胡同、19 樓等為代表，用戶可以主動發帖分享自己的觀點，也可以評論別人的帖子，不管是發帖還是跟帖，所有帖子都被公示出來，並按發表時間倒序排列。這種組織形式實現信息的及時交互，創造了一個分享交流的網絡空間。

15.2.2.5 SNS 社交網站

SNS，即 Social Networking Sites，譯為社交網站。根據百度百科的解釋，社交網站是用戶基於共同的興趣、愛好、活動，在網絡平臺上構建的一種社會關係網絡。國內以人人網、開心網為主要代表。社交網站以現實社會關係為基礎，模擬或重建現實社會的人際關係網絡，力求迴歸現實中的人際傳播。[5] 因此，社交網站形成了一種參與式的傳播文化，在其構建的複雜的社交網絡中，每個用戶都可以是信息的生產者、把關人、傳播者、接收者，角色之間可以自由轉換；信息也在用戶「網絡→現實→網絡」這一循環往復的社交路徑中流動。

---

[1] 謝爾·以色列. 微博力 [M]. 任文科, 譯. 北京：中國人民大學出版社, 2010：129-138.
[2] 曾志生, 陳桂玲. 精準行銷：如何精確地找到客戶並實現有效銷售 [M]. 北京：中國紡織出版社, 2007.
[3] 趙振祥, 王潔. 微博與微信：基於媒介融合的比較研究 [J]. 編輯之友, 2013（12）：50-52.
[4] 方興東, 等. 微信傳播機制與治理問題研究 [J]. 現代傳播, 2013（6）：122-127.
[5] 郭慶光. 傳播學教程 [M]. 2 版. 北京：中國人民大學出版社, 2011.

15.2.3　網絡社區廣告的優勢

融入網上虛擬交流空間的網絡社區裡的廣告，因其自由性更高、受眾使用和接收信息粘度增加以及互動性強的特點，其優點也是顯著的：

第一，多渠道、多方式、更為人性化的傳播使得廣告的傳播性強。

社區行銷更有利於將產品或品牌及其代表性的視覺符號甚至服務內容策略性融入互聯網信息傳播過程，讓用戶在互動和體驗中形成對產品及品牌的印象，繼而達到行銷的目的，比傳統硬廣告更為有效地消解了用戶防衛心理。目前，網絡社區中的廣告主要有以下幾種形式：懸掛式廣告、視頻廣告、植入式廣告、連結式廣告、電子郵件廣告等。對比傳統的硬廣告，社交網站上的廣告更呈現出寓信息於娛樂中的特點，突出以受眾為中心的轉變，用戶對這些更「人性化表達」的廣告更能接受。[1]

第二，更為精準的投放方式使得信息的針對性更強，廣告效果更好。

如前文所述，網絡社區是一個基於某種關係而形成的媒體，每個社交圈都有自己共同的話題和興趣點，這就使企業在進行廣告推送時能夠直接對接到產品的目標消費群體，極大地提高廣告的有效傳播。

第三，可以有效提高品牌體驗程度，有效傳遞品牌核心價值。

傳統的企業宣傳集中在電視廣告和平面廣告上，只是單一地告訴消費者這是什麼、有怎樣的效果，而網絡社區的出現無疑在企業和消費者之間搭起了一座交流的平臺，企業在這個平臺上全方位地宣傳介紹自己的產品、理念、企業精神和品牌價值，打動和感染消費者自願將企業產品宣傳介紹給自己的朋友家人。

15.2.3　網絡社區廣告的應用案例

15.2.3.1　小紅書案例：用戶分享即廣告

小紅書是一個網絡社區，是一個跨境電商，還是一個共享平臺，更是一個口碑庫。小紅書的用戶既是消費者，又是分享者，更是同行的好夥伴。

小紅書創辦於 2013 年，通過深耕 UGC（用戶創造內容）購物分享社區，短短 4 年成長為全球最大的消費類口碑庫和社區電商平臺，成為 200 多個國家和地區、5,000 多萬年輕消費者必備的「購物神器」（見圖 15-3）。打開小紅書，沒有商家的宣傳和推銷，只有依託用戶口碑寫就的「消費筆記」，不僅將產品介紹得更加真實可信，也傳遞了美好的生活方式。截至 2017 年 5 月，小紅書用戶突破 5,000 萬人，每天新增約 20 萬用戶，成長為全球最大的社區電商平臺。其電商銷售額已接近百億元。2017 年 6 月 6 日，小紅書 6.6 週年慶當日，開賣兩小時成交金額便達到 1 億元。

在社區裡，小紅書的購物筆記鼓勵用戶分享自己的購物經驗。為此，社區裡有購物達人榜，每個達人會有類似皇冠、勳章等代表達人級別的虛擬頭銜，在內容上有貢獻的用戶會得到積分獎勵。用戶可以關注自己感興趣的達人，及時查看達人們分享的信息。如果有更多疑問，可以通過評論和樓主互動。這樣去中心化的社區有利於培養用戶的參與度。同時由於用戶主體為具有中高端消費能力和海外購物經驗豐富的女性，其發帖質量遠高於其他同類型產品的評論曬物版塊，使得其社區的用戶粘度極高，高質量的內容帶動的是極高

---

[1]　陳永東. 贏在新媒體思維：內容、產品、市場及管理的革命［M］. 北京：人民郵電出版社，2016.

的轉化率。

圖 15-3　小紅書官方網站首頁

圖片來源：http://www.xiaohongshu.com/

15.2.3.2　知乎案例：品牌製造好話題，引發用戶貢獻 UGC

圖 15-4 為知乎的產品矩陣分析，我們著重瞭解一下知乎 2016 年推出的機構帳號。類似於微博的「藍 V」，從產品外觀來看，機構帳號和個人帳號並無太大不同。但品牌用戶區別於個人用戶，有更為獨特的推廣需要和工具需求。而這些獨有功能，支持品牌主直接獲得用戶對自己產品的反饋，獲取用戶主動提交的一些個人信息，進行線下活動報名、小樣贈送、試用申請等。機構帳號目前採用邀請機制，首批入駐的有奧迪、迪士尼、西門子中國等。

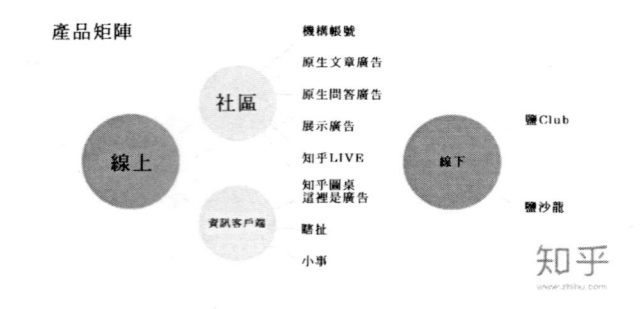

圖 15-4　知乎產品矩陣圖

圖片來源：http://blog.sina.com.cn/s/blog_14b6ca2200102wkyy.html

以上文提到的奧迪為例，知乎裡有一個話題：「為什麼說奧迪是燈廠？」（見圖 15-5）。在奧迪開通機構帳號前，此問題下的回答大多是調侃和歪解之辭。入駐機構帳號後，奧迪索性直面調侃，一邊自嘲一邊闢謠，以「自黑」的方式隱晦地炫耀車燈技術，並梳理出奧迪多款車型的迭代和發展。這篇首答的傳播效果出乎意料，一次/二次傳播比例為1：300，而來自站外分享的流量占比達 84.6%。回答一週，就收穫了 2,330 個贊同，品牌形象越發生動。

圖 15-5　知乎網頁的首頁

圖片來源：https://www.zhihu.com/question/23519984

「展示廣告」部分，我們以博朗為例（見圖 15-6）。博朗 3 系列的目標消費者是新晉職場人群，他們初入職場，苛求自我，大都有著一顆追求「不凡」的心，因此博朗在知乎社區上線了一個話題——如何用一百字說一個「不凡背後的故事」。博朗「抛磚引玉」地分享了胡歌、喬布斯等 5 個「不凡背後的故事」，並向用戶徵集那些看似平凡人背後的「不凡故事」。有共鳴的話題，恰恰符合目標消費者在知乎社區中的「回答、分享」的心理，而且還給出了一個大多數人不會忽視的獎勵機制——優秀的故事將出現在知乎日報「小事」欄目中，這也進一步促進了「以上日報為榮」的知乎用戶貢獻 UGC 內容，話題最終有近 4,000 點贊，超過 600 條評論分享。

圖 15-6　知乎網頁博朗圖

圖片來源：https://promotion.zhihu.com/p/19700998

15.3 內容發布新媒體

15.3.1 內容發布新媒體概念及特徵

內容發布新媒體是指利用數字、電子等新媒體方式，以各類即時、分類和專業信息為主要內容，對信息的使用者提供即時和互動特徵的信息平臺或軟件，主要包括新聞客戶端、網絡文學、電子雜誌等。

15.3.1.1 新聞客戶端

互聯網的發展不斷衝擊傳統新聞媒體的影響力，大多的傳統的新聞媒體也紛紛加入新聞客戶端的應用開發中，新聞客戶端的主要代表有頭條新聞、澎湃新聞、網易新聞、騰訊新聞等。新聞客戶端主要是通過向用戶推送即時新聞和一些信息，其內容涉及娛樂、軍事、社會、經濟、國際等多方面新聞和信息。

15.3.1.2 網絡文學

近年來，網絡文學消費在不斷增長，參與網絡文學創作的人不斷增加。網絡文學是指首發於網絡的原創性文學。① 目前國內較大的幾個網絡文學網站是新浪讀書、騰訊文學、起點中文網等。網絡文學網站中的文章內容涉及面較廣，能滿足大多用戶的需求，文章質量參差不及，有一些優秀的網絡文學作品被拍成影視、話劇作品，如《盜墓筆記》等。

15.3.1.3 電子雜志

利用精準的類別分類或專業的閱讀軟件，國內的在線閱讀電子雜誌平臺頗為豐富，各大網站均在開發並提供各類話題的在線電子雜誌的閱讀。一些特色雜誌網站如物志、讀客等提供高品質、多風格在線閱讀選擇，而專業性較強的雜誌搜索和數據庫網站，如中國知網等也提供下載專業插件進行網絡雜誌的高品質閱讀體驗，並提供文章和圖片的下載保存以及連載和話題的訂閱服務等。

15.3.2 廣告在內容發布新媒體中的應用

內容發布新媒體在行銷中的應用雖然沒有微博、微信受眾廣、傳播快，但其有特定的受眾群體。其廣告的針對性強，傳播效果與微信、微博類新媒體不相上下。

15.3.2.1 網絡文學

談到網絡文學新媒體，首先要瞭解其盈利模式，亞德里安·斯萊沃斯基在《發現利潤區》一書中較詳細地介紹了 11 種盈利模式：客戶發掘模式、產品金字塔模式、多種成分系統模式、配電盤模式、速度模式、賣座「大片」模式、利潤乘數模式、創業家模式、專業化利潤模式、基礎產品模式和行業標準模式。② 網絡文學的主要盈利模式符合《發現利潤區》一書中所說的配電盤模式。網絡文學網站的盈利方式主要是會員付費閱讀、網絡廣告、

---

① 歐陽友權. 網絡文學概論 [M]. 北京：北京大學出版社，2008：3-4.
② 斯萊沃斯基. 發現利潤區 [M]. 凌曉東，等，譯. 北京：中信出版社，2010.

版權貿易、無線增值服務等四個方面。① 目前大多數網絡文學網站都營運網絡廣告業務，如起點中文的通欄網遊廣告，在晉江文學城，減肥和美容品廣告隨處可見。而網絡文學網站的網絡廣告主要是通過打開頁面時的貼片式廣告，以起點中文網站為例，如圖 15-6 所示，在主頁面的右下方會有一個廣告版塊。

圖 15-6　廣告服務——起點中文網官網首頁

圖片來源：http://www.qidian.com/www.qidian.com/aboutus/ads/advertise.html

雖然大多數文學網站都有廣告，但網絡文學網站的廣告和一般網站上的廣告在形式上有所不同，以起點中文網站為例，其網站的主要廣告形式是以網幅廣告、按鈕式廣告以及活動類廣告為主，而很少在這類網站上見到彈出式、全屏式等容易干擾人的廣告。網絡文學網站的另外一種廣告形式是網頁平臺應用，主要為通過手機及無線網絡隨時隨地瀏覽網絡文學主站所有內容，在其中插入廣告的形式。還有一種廣告形式是行銷合作廣告，主要有在文學作品中插入廣告、關鍵字搜索行銷廣告、定制商家活動等。這種的廣告的合作相比於前面兩種廣告，其針對性更強，更容易影響受眾，在其形式上也更容易讓受眾接受。利用文學把廣告隱於無形達到無廣而告，不宣而傳的效果，這種廣告形式是一個新熱點。

15.3.2.2　新聞客戶端

艾媒諮詢發布了《2015—2016 中國手機新聞客戶端市場研究報告》，報告中顯示，2015 年中國手機新聞客戶端在手機網民中的滲透率達 77.8%②，新聞客戶端已成為人們日常生活密不可分的一部分。新聞客戶端面的主要營業收入來源是廣告行銷，快消、汽車、手遊、網購等領域的廣告主是新聞客戶端的主要合作方。在手機新聞客戶端中廣告的表現類型幾乎都為硬性廣告，硬性廣告多以 CPC（按點擊收費）、CPM（按展示收費）方式收費。其傳播效果上整體不是特別理想。

---

① 餘海燕. 網絡原創文學網站的贏利模式分析——以起點中文網為例 [J]. 出版發行研究，2015（2）：46-48.
② 汪星輝. 如何有效利用新媒體進行企業廣告行銷探析 [J]. 傳播力研究，2017（7）：173.

15.4 視聽娛樂新媒體

15.4.1 視聽娛樂新媒體的概念及特徵

隨著「互聯網+」思維的深入應用，以公共互聯網為基礎，使用智能終端設備獲取視聽信息成為公共行為，帶來受眾視聽信息消費需求、收視方式等方面的變革，受眾不再是單向的被動接收，而是搜索式、社交化收視。[1] 付費閱讀下廣告在大數據監測指引下進行精準投放，視頻網站出現從內容播放平臺進化為內容生產平臺的整體趨勢，打造「平臺+內容+終端+應用」的生態圈或成為今後視聽媒體的發展趨勢。

視聽娛樂新媒體主要指通過公共互聯網、有線電視網絡、無線通信網絡等各種傳輸方式，在各類具有智能操作系統和處理平臺，能夠支持網絡接入、人機交互、音視頻多媒體處理、個性化服務接口、開放式業務平臺等特性的終端設備，包括 PC（個人計算機）、智能手機、智能電視機、數字機頂盒、平板電腦以及其他一些專用終端設備上進行視聽娛樂節目內容傳播的新興媒體。其包括網絡視頻、網絡電視、直播、網絡游戲、網絡音樂、車載電視等。

視聽娛樂新媒體的本質特徵在於其實現了視聽娛樂信息傳播的多樣性、自主性和強互動性。

第一，多樣性。視聽娛樂新媒體綜合了多種傳播形式，在一個平臺上就能把傳統媒體的各種形式和內容綜合起來，形成一種多媒體內容的多樣式傳播，而且打破了時空界限，視聽娛樂節目的內容不僅可以即時傳播，還能即時存儲供用戶使用。

第二，自主性。視聽娛樂新媒體使用戶逐漸成為視聽娛樂信息傳播的主體，用戶不僅可以看視頻，還能「用」視頻，即自己拍攝視頻上傳網絡與親朋好友分享，這使傳統視聽節目的製作流程走下了由傳統廣播電視臺築造的神壇，成為一種全民活動。

第三，強互動性。視聽娛樂新媒體將互聯網的本質特徵，即互動性發揮了更大的優勢，尤其是目前的網絡直播這一平臺，主播和觀眾通過互聯網直面交流互動，以便獲得更精準、更豐富的信息。

15.4.2 廣告在視聽娛樂新媒體中的應用

近年來，門戶網站、搜索引擎、視頻網站、社交網站等各種類型的網絡媒體不斷發展，逐漸超越傳統媒體成為現代人獲取信息和休閒娛樂的主要方式。媒體的崛起相應提高了其廣告價值，互聯網廣告越來越受到大眾的關注。

15.4.2.1 網絡視頻

當前網絡視頻已成為網民娛樂的主要方式，其不僅集合了當下熱播電視劇、電影、綜藝節目等資源，還包括新聞視頻，同時視頻網站也會自制微電影、網絡劇等，一些視頻網站可以讓用戶上傳自制視頻。代表性的網絡視頻有優酷、愛奇藝、騰訊視頻等。有一些通過視頻網站社區形式以聚焦某類視頻（如動漫）的網民喜愛的網站，如 BLIBLI、ACFUN 這

---

[1] 鄭健. 從「樂視模式」看「互聯網+」時代中國視聽新媒體的發展 [D]. 重慶：重慶大學, 2015.

類視頻網站。

網絡視頻廣告發展勢頭正勁，不僅成為廣告主品牌傳播戰略中的重要選擇，也是網絡媒體的主要收入來源，還向為生活者提供有益幫助的良性行銷方向進步。例如，短視頻紅人——Papi 醬。Papi 醬（本名姜逸磊）是一名中央戲劇學院導演系學生，從 2015 年 10 月，她開始在網上上傳原創短視頻，視頻中她以一個大齡女青年形象出現在公眾面前，對日常生活進行種種「毒舌」的吐槽，幽默的風格贏得不少網友的追捧。她在不到半年的時間迅速躥紅，微博粉絲已經超過 400 萬人，微信公眾號文章的閱讀量很短時間內即可達到「10 萬+」，網絡評價為「2016 年第一網紅」。其第一個爆發的作品是《男性生存法則第一彈：當你女朋友說沒事的時候》，這一段深諳女生心理的視頻，真實解構了女生在談戀愛時讓男生百思不得其解的種種行為，可愛俏皮，迅速贏得了微博的主要使用者「90 後」甚至「00 後」的歡迎。隨之 Papi 醬的網紅價值一再攀升，首條廣告拍出上千萬元天價（見圖 15-7）。

圖 15-7　優酷網路視頻廣告的發布與推廣——Papi 醬首條廣告拍出上千萬元天價
圖片來源：環球網

15.4.2.2　網絡電視

網絡電視主要是為了在網絡上播放影視劇，特別對於電視劇或電視節目，既有直播，也有延播、點播功能，同時還可以邊看邊互動。常見的網絡電視有央視影音、樂視網、芒果 TV。

15.4.2.3　直播

直播是近幾年興起的特別火的網絡娛樂方式，以往的直播主要是對活動或事件進行一個視頻的即時播放，如對運動賽事、春節晚會的即時直播，而當下更多的直播形式是以個人以作為主播，通過直播平臺與觀眾互動、交流的形式，其內容、話題都非常廣，官方控制力非常小。當前主要直播平臺有鬥魚、映客、虎牙直播等。網絡直播交互性強，可以與各行業結合，增加用戶黏性，形成社群經濟。同時，巨額資本加持直播行業，從 360 的花

椒直播、王思聰的熊貓 TV，再到百度、阿里巴巴、小米的紛紛入局，國內資本市場投資進入密集階段。①

映客是一款社交視頻直播應用，與微博、微信帳戶關聯，用戶只需拿出手機，簡單操作，就能瞬間開始直播，讓全平臺用戶都能觀看。用戶也可以通過分享到微信朋友圈、微博邀請好友觀看，真正意義上做到全民直播。其中網絡紅人的直播受到大家追捧，廣告行銷在服裝搭配、美妝直播等通過流量屬性帶來巨大效益（見圖15-8）。

圖 15-8　映客直播的功能展示
圖片來源：映客直播官網

15.4.2.4　網絡游戲

網絡游戲是另外一個用戶量非常大的新媒體，已經形成龐大的網絡游戲產業。它在玩家和玩家之間創造了一條極度接近的溝通渠道，可以看成最有效、最絕對的互動方式。網絡游戲用戶真人在線角色扮演游戲，多個玩家在游戲中扮演不同的虛構角色，並控制該角色的行為活動。目前最火的網絡游戲包括英雄聯盟，由此游戲為藍本開發的王者榮耀更受到全民的追捧，另外網易的荒野行動也是一款特別火的手機游戲。

網絡游戲是人們消遣娛樂的一種重要形式，而在網絡游戲的製作過程中加強對廣告的融入，是一種全新的廣告行銷模式，網絡游戲廣告也成為一種新型的廣告媒體。現在的很多手機游戲都是改編自玄幻小說，如盜墓筆記（見圖15-9），其中網絡游戲的設定也是對小說、改編電視劇的另外一種宣傳推廣。

15.4.2.5　網絡音樂

網絡音樂也是網絡娛樂產品。網絡音樂平臺為用戶提供各類音樂，以往的網絡音樂平臺基本是免費的，但近幾年由於產權保護及獨家播放的原因，網絡音樂平臺將一些熱門音樂作為收費項目，通過用戶購買會員或專輯的形式享受音樂的下載和收聽權，同時也插播聲音廣告。

---

① 顧春曉.尋找直播紅海的差異化道路［J］.聲屏世界·廣告人，2017（3）：137-138.

圖 15-9　盜墓筆記游戲的展示
圖片來源：百度圖片

15.4.2.6　案例分享：喜馬拉雅 FM 應用推廣組合拳：定向+直達

喜馬拉雅 FM 擁有超過 2 億的手機用戶，提供有聲小說、相聲段子、音樂新聞、歷史人文、教育培訓等 1,500 萬海量音頻的在線收聽及下載。在如今的移動互聯網環境下，對於網絡電臺，移動入口分散，用戶注意力稀缺，優質內容難以直接觸達用戶產生斷層，新用戶沒有第一時間發現心儀內容而導致流失，老用戶也不能及時發現優質內容而活躍度低。喜馬拉雅 FM 利用騰訊聯盟廣告，使用應用直達廣告（應用直達廣告是騰訊廣點通移動聯盟借助 DeepLink 技術推出的一種廣告形式，可以讓用戶點擊廣告後直接到達應用軟件內指定頁面）讓用戶點擊後直接到達應用軟件內指定頁面，並針對不同興趣人群投送不同內容，最終提升用戶留存率。在新媒體影視製作方萬合天宜的新短劇《萬萬沒想到》的推廣中，依託騰訊社交體系超過 8 億人 24 小時的用戶行為大數據累積，騰訊社交廣告為喜馬拉雅 FM 精細化用人物畫像挖掘，成功鎖定以 90 後為主的對「萬合天宜」感興趣的應用軟件用戶，針對目標定性人群擴大廣告投放覆蓋面，並重點使用騰訊廣告聯盟的應用直達廣告進行推廣。

在精準定向和應用直達的組合拳下，形成連接多方的合力。單集點擊量達到 15 萬人次，總點擊量超過 120 萬人次，應用軟件激活成本降低到以前的 50%，留存率也提高到 35%以上，為品牌行銷的升級賦能。喜馬拉雅此次成功的行銷推廣案例不僅為自身品牌拓寬網絡電臺市場，同時也為自身平臺帶來了更大的影響力，吸引更多的廣告商平臺投放廣告。

圖 15-10　喜馬拉雅聯盟廣告
圖片來源：百度圖片

本章小結

新媒體是一個相對的概念，是繼報紙雜志、廣播、電視等傳統媒體之後在新的技術支撐體系下出現的媒體新形態。新媒體是一個寬泛的概念，在技術體系的支持下通過各種數字技術、網絡技術，通過互聯網、寬帶局域網、無線通信網、衛星等渠道以及電腦、手機、數字電視機等終端渠道向用戶傳達和提供個傳播服務。在新媒體廣告中，人人都可以接受各種信息，人人也都可以充當廣告主。新媒體的使用者可以擁有更多的選擇性，選擇看、不看、評價、吐槽或分享。新媒體廣告的種類眾多，應用範圍廣泛，並在破壞現有傳統廣告媒體使用格局的同時帶動電視廣告、報紙廣告等傳統媒體廣告的蓬勃發展。

思考題

1. 導航類新媒體的優勢何在？
2. 網絡社區新媒體的特徵是什麼？目標群體相對於傳統的廣告媒體有什麼區別？
3. 內容發布與娛樂類新媒體在廣告的傳播過程和最終效果上有哪些優勢？
4. 討論：新車上市（合資車售價約為20萬元）應該如何選擇新媒體？請說明原因。

參考文獻

［1］陳永東. 贏在新媒體思維：內容、產品、市場及管理的革命［M］. 北京：人民郵電出版社，2016（3）：1-3.

［2］劉國基. 中國網絡廣告的發展趨勢［J］. 新聞前哨，2007（8）：89.

［3］汪星輝. 如何有效利用新媒體進行企業廣告行銷探析［J］. 傳播力研究，2017（7）：173.

［4］謝爾·以色列. 微博力［M］. 任文科，譯. 北京：中國人民大學出版社，2010：129-138.

［5］曾志生，陳桂玲. 精準行銷：如何精確地找到客戶並實現有效銷售［M］. 北京：中國紡織出版社，2007.

［6］趙振祥，王潔. 微博與微信：基於媒介融合的比較研究［J］. 編輯之友，2013（12）：50-52.

［7］方興東，等. 微信傳播機制與治理問題研究［J］. 現代傳播，2013（6）：122-127.

［8］郭慶光. 傳播學教程［M］. 2版. 北京：中國人民大學出版社，2011.

［9］歐陽友權. 網絡文學概論［M］. 北京：北京大學出版社，2008：3-4.

［10］斯萊沃斯基. 發現利潤區［M］. 凌曉東，等，譯. 北京：中信出版社，2010.

［11］徐海燕. 網絡原創文學網站的贏利模式分析——以起點中文網為例［J］. 出版發行研究，2015（2）：46-48.

［12］鄭健. 從「樂視模式」看「互聯網+」時代中國視聽新媒體的發展［D］. 重慶：

重慶大學，2015.

［13］顧春曉. 尋找直播紅海的差異化道路［J］. 聲屏世界·廣告人，2017（3）：137-138.

第五部分總結

任何廣告都必須依賴於一定的媒體存在，並通過媒體進行傳播。自人類社會出現廣告起，廣告與媒體就密不可分地聯繫在了一起。隨著科學技術的發展，廣告媒體的形式也在演進，特別是近年來互聯網和移動通信技術的發展使得網絡媒體得到了極大的發展，微博、微信等新媒體形式更是受到了社會各界的高度關注。本部分從廣告媒體的概念體系、傳統廣告媒體、新媒體和媒體計劃、新媒體演進與發展、新媒體的概念及定義、新媒體的特徵、不同種類新媒體的應用等七個方面，介紹了廣告媒體的相關知識。

第六部分
廣告的執行

你在乎越來越放肆的移動廣告嗎?[1]

　　智能手機帶來的移動互聯網熱潮在 2012 年持續噴發,無論是先卡位成功的游戲開發者、工具開發者,還是後知後覺的社交網絡、傳統行業,都在爆炸式增長的移動終端地襯托下快速迭代著自己新的產品。隨著智能手機的普及,廣告公司的行為也越來越放肆,利用手機追蹤你的足跡,利用你的位置數據實現精準投放廣告的目的。那麼對於廣告商的位置追蹤行為,作為消費者的我們到底在不在乎呢?

　　2013 年 9 月,谷歌為安卓(Android,下同)操作系統推出了一款名為「我的足跡」的應用,它可以記錄用戶的行走路線、速度、路程和海拔。這些捕獲的數據可以上傳到谷歌地球(Google Earth),並在一個詳細的地圖上顯示出來。在記錄進行過程中,用戶可以即時查看數據以及給路線添加註釋。

　　同期,谷歌還在移動版谷歌地圖(Google Maps)上重新啟用了基於位置的廣告系統。用戶可以保存或分享廣告信息,還能「點擊呼叫」和「獲取位置詳情」。這些廣告當然與谷歌地圖搜索關聯。因此,如果用戶打開地圖,搜索「咖啡」,廣告就會顯示附近的咖啡館,當然這些咖啡館是付費的廣告主。

　　谷歌還透露,Android 4.3 可以掃描無線網絡,甚至在無線網絡功能關閉的情況下也可以做到,這樣做的目的是為了保護電池續航能力,因為它可以在不使用消耗電池的全球定位系統(GPS)芯片情況下運行位置功能。這項功能可以在無線網絡設置的「高級」選項菜單中關閉。而近期公布的「Moto X」手機是谷歌收購摩托羅拉後由後者開發的第一部手機。「Moto X」整個芯片設計方案可以讓手機在最低耗電量的情況下保持位置追蹤運行,甚至是深度睡眠模式。

　　在全天候追蹤用戶位置方面,主流手機製造商和移動操作系統廠商似乎達成了共識,這是兵家必爭之地。

　　蘋果手機的 IOS 7 系統也推出了一項功能來追蹤用戶的地理位置,如果打開定位服務「Location Services」下的「Frequent Locations」功能,用戶常去場所的相關交通信息就會集中整合。蘋果公司稱這是「根據用戶歷史定位的使用情況來提示用戶感興趣的位置」。

---

[1] 羅川. 你在乎越來越放肆的移動廣告嗎?[EB/OL].http://www.tmtpost.com/498813.html

「Frequent Locations」將用戶多次訪問的位置的信息存儲起來，而且該位置可以和「Traffic」設置中的位置進行匹配，提供用戶常訪問的位置的通勤信息。當然這項功能可以在定位服務設置中關閉。

基於位置的社交網絡也不甘落後。「簽到」的鼻祖「Foursquare」也宣布打算要把用戶的位置數據賣給一家廣告公司，廣告公司也可以直接向「Foursquare」用戶投放廣告。這些廣告將會顯示在手機、平板電腦以及桌面電腦，甚至視頻廣告上。

國內新浪微博也做了很多嘗試，如經常可以看到朋友在新浪微博分享其地理位置信息，以及有多少人對這個地理位置表達了喜歡。這些都是在收集用戶的地理位置信息，數據累積到一定程度，就可以很清晰地對用戶特徵定性，為廣告精準投放打基礎。

廣告商也在絞盡腦汁來創新奇葩的案例。英國 Renew 廣告公司試圖打著環保的旗號，開發了一款名為「Renew Orb」的智能垃圾桶，其追蹤系統可以利用智能手機捕捉路人的行為數據。通過判定路人的智能手機與垃圾桶的距離、路過垃圾桶的路人的速度、行走的方向和手機的品牌等信息來分析路人特徵。「Renew Orb」還配備了大屏幕廣告系統，經過的路人可以看漢堡王的廣告，更神奇的是根據經過的路人不同，大屏幕上播放的廣告也會做出相應的變化，也就是所謂的廣告精準投放。

2013 年 9 月前後，美國一項調查研究表明，61%的受訪智能手機用戶表示允許移動應用訪問其「當前位置」。作為普通消費者的我們都不想自己的地理位置信息落入騙子的手中，但是如果一個廣告精確地向我們提供了想要買的物品和服務，我們還會反感嗎？

通過解讀上文的案例，我們知道，新興廣告媒體的出現雖然豐富且便利了我們的生活，但也在一定程度上曝光了我們的私人信息。對於這種現象，不同的人持有不同的看法，那麼從廣告媒體以及廣告法律的角度來看，我們如何解析此類的熱點問題呢？基於對廣告基礎理論知識有了一定瞭解的情況下，本書第五部分主要介紹廣告的主要媒體形式、主要媒體的製作方法以及相關的廣告法律上的問題。通過對第五部分的學習，我們希望讀者可以從更加專業的視角來解讀不同的廣告媒體，以及分析不同的廣告媒體在不同類型的廣告上應用的價值及其背後的法律意義。

體驗經濟下的廣告與新媒體管理

16　廣告製作

開篇案例

15 秒的遺憾[①]

諾基亞 3510（見圖 16-1）曾發布一個主題為「友趣樂不停」的 15 秒電視廣告：一群年輕人在迪廳中歡樂勁舞，舞跳正酣。突然，迪廳停電了，一切音樂和燈光都戛然而止。此時，正在勁舞的年輕人拿出諾基亞 3510，在該手機的和弦鈴聲、節奏閃燈及熒光彩殼的交錯中，歡愉又盡情釋放。

遺憾的是，一個短短 15 秒的電視廣告，無法讓受眾深刻地瞭解到諾基亞 3510 手機的多種功能，尤其是無法讓受眾對該手機的多種時尚功能有任何感性認識。選擇其他傳統媒體，如報紙、雜誌、廣播、戶外等，也無法充分做到。

圖 16-1　諾基亞 3510 手機
圖片來源：百度圖片

思考：
1. 請指出諾基亞 3510 手機的電視廣告失敗的主要製作上的原因是什麼？
2. 設想你是諾基亞 3510 手機的廣告製作負責人，那麼你會選擇何種媒體來製作廣告，並且會如何製作？

本章提要

廣告製作是一則廣告整個創作過程的最後一道工序，廣告製作的完成也就意味著整個

[①] 何靜. 15 秒的遺憾 [EB/OL]. http://www.a.com.cn/.

廣告作品的完工。廣告作品製作的好壞和製作水準的高低直接影響著廣告面世後的傳播效果，因而任何一家廣告公司都不會輕視廣告製作這最後一步工作。廣告製作首先是廣告創意的實際體現過程，任何一則優秀的廣告創意都必須由製作人員經過一系列工序的製作後才能變成現實的作品。不同的廣告媒體作品，因其在編輯方法、內容特點、表現形式、對象範圍等方面存在差異，製作方式和製作環節也大不一樣。本章將簡單介紹平面媒體、電子媒體以及其他媒體的廣告製作程序，以期讀者對於廣告製作有一個大致的瞭解，從而在今後的工作中能夠更好地進行廣告創意及設計的製作。

16.1 平面印刷廣告製作

平面廣告主要指以印刷方式表現的廣告，如報紙、雜誌、招貼、傳單和其他印刷廣告。對廣告設計製作人員來說，各類平面廣告作品是在經過嚴格的設計製作程序後，才最終完成的。平面廣告在構成要素、表現手法等方面有很多共性，隨後我們將簡單說明並介紹報紙和雜誌廣告的製作。

16.1.1 基本要求

16.1.1.1 簡潔明快、通俗易懂

因為廣告是一種快速集中的信息傳遞，所以廣告設計首先要做到產品或品牌訴求簡潔明快、通俗易懂，要在極短的時間內給人以強烈的衝擊與震撼，而不要去設計那些看不完也看不懂的廣告，那樣只會浪費受眾的時間，極少有受眾會被那樣的廣告吸引。

16.1.1.2 突出主題、新穎獨特

當今的商品經濟社會早已成為廣告的汪洋大海，如果設計出的平面廣告作品未能做到突出主題、新穎獨特，將因難以引起消費者的注意而被淹沒在廣告的汪洋大海中。因此，必須用新穎獨特的設計來突出廣告主題，吸引消費者的注意。例如，第七屆中國廣告節獲金獎的平面公益廣告「幫助山區失學兒童」，別出心裁地用一卷行李和一只書包來突出失學兒童背不起書包只得去背沉重的行李外出打工的主題，這一新穎獨特的設計緊緊抓住了人們的同情心理，其宣傳效果也就非常理想。

16.1.1.3 講究和諧統一，設計構圖要有均衡感

廣告設計時應強調各要素間的配合與協調，尤其對於各種平面廣告更是如此。和諧統一的具體意思是要求廣告構成的各部分既有各自變化又在總體設計佈局上求得統一。廣告設計的各部分如果沒有變化，會給人一種單調乏味的感覺，覺得這樣的作品不耐看；總體設計佈局不講究完整統一則又令人覺得該作品雜亂無章、冗繁難懂。因此，廣告設計必須努力做到各部分在變化的同時求得整體的統一，在整體統一的同時講求變化，這樣才能設計出訴求準確、賞心悅目的廣告作品。

16.1.2 主要程序

廣告製作的成功離不開一套標準而縝密的製作流程，平面廣告也不例外。具體而言，主要有以下三個程序（見圖 16-2）。

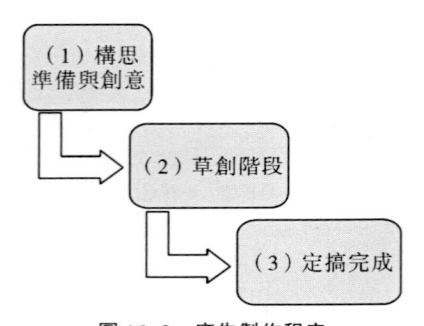

```
(1) 構思
準備與創意
    ↓
  (2) 草創階段
         ↓
       (3) 定搞完成
```

圖 16-2　廣告製作程序
資料來源：作者根據本部分內容所得

第一步：構思準備與創意。這是設計的準備階段，要做的主要工作是瞭解相關資料，進行作品構思與創意。在這個階段要初步確定廣告的表現形式以及訴求重點，領會廣告文案的重點和核心部分，並形成初步的廣告創意表現。

第二步：草創階段。進入實際設計過程後，平面廣告設計人員應設計出廣告草圖，並將草圖交由廣告策劃人員和廣告客戶審查，在聽取各方面的意見後，對草圖不斷進行修改，直至通過。在這一階段應該不厭其煩、精益求精。

第三步：定稿完成。當設計出的草圖方案一經審定後，即開始正式設計、繪製、拍攝照片與剪輯組合，直到完成整個作品。這最後一步工作尤其需要細心，決不可因草稿已經通過了審定而草率行事，出現不應有的毛病，要保證最終定稿後成功地刻版印刷。倘若在製作階段出現了疏忽，那麼前期的所有努力和成果都可能功虧一簣。

16.1.3　報紙

報紙是最先出現的大眾傳播媒體，也是廣告傳播應用最早、歷史最長的載體。報紙綜合運用文字、圖片等印刷符號，定期、連續地向公眾傳遞新聞、時事評論等信息，同時傳播知識，提供娛樂及生活服務。在傳播媒體高度發達的今天，報紙仍然不失為提供廣告信息服務的優良工具。報紙媒體精心設計報紙廣告，對於更加有效地發揮報紙的傳播功能，是十分重要的。

16.1.3.1　報紙廣告的表現形式

報紙廣告主要運用文字、圖像、色彩以及空白等版面語言表現廣告內容。

根據版面語言的不同組合，構成不同類型的報紙廣告，主要有以下幾種類型：

第一，純文字型。這種類型的報紙廣告的內容全用文字表現，沒有任何圖片，適用於表現信息內容比較抽象、莊重、嚴謹、時效性較強的廣告，製作簡單，發布方便。

第二，圖文並茂型。這種類型的報紙廣告由多種視覺要素構成，既有文字，又有圖片。圖片能直觀展現商品的形狀、特徵等，而文字則能對商品做進一步的說明或解釋，既刺激消費者的感官，又有助於加深消費者對廣告對象的理解（見圖 16-3）。

圖 16-3 所示廣告屬於圖文並茂的報紙廣告，用形象化的圖片和解釋性的文字相結合的方式向讀者清晰地呈現出「旅遊專欄」的廣告信息，使讀者能夠快速捕捉該專欄的具體信息，並且不會造成視覺疲勞的效果。

根據色彩表現不同，報紙廣告又可分為以下幾種類型：

圖 16-3　圖文並茂型報紙廣告
圖片來源：百度圖片

第一，黑白廣告。在相當長的一段時間內，黑白廣告是中國報紙廣告的常見形式。這種類型的報紙廣告一般以純文字為主，也有圖文結合的，色調為黑灰色。隨著中國印刷技術的進步，中國報紙大都已實現彩色印刷，廣告彩色化已普及。但在沒有圖片的情況下，還是以黑白廣告為多，偶爾採用黑白廣告，也會得到較好的效果。

第二，套色或彩色廣告。不同的顏色會對讀者產生不同的心理震盪。報紙採用彩色、套色等方法來刊登廣告，效果會更好。調查顯示，比起黑白廣告來，彩色廣告的注目率高10%~20%，回憶率高5%~10%。因此，報紙採用彩色廣告，能得到比較理想的傳播效果。

第三，空白廣告。這種類型的報紙廣告利用大面積的版面空白，通過虛實的強烈對比，突出廣告主題。此處無字勝有字，反而使廣告內容更突出、更醒目，產生更好的視覺效果。但這種手法只能根據廣告主題表現的要求偶爾採用，適用於版面較大的廣告，或者系列報紙廣告，為製造懸念而運用（見圖16-4）。

圖 16-4　空白型報紙廣告
圖片來源：百度圖片

圖 16-4 所示的平面報紙廣告中，我們不難發現該版頁留有較多的空白部分，從對比的角度上看，通過黑、白色的對比以及字體存在部分和空白部分的對比，不僅能夠使廣告起到醒目、讓人眼前一亮的效果，而且直達廣告主題，清晰明確地傳達出該房產廣告的訴求點。

16.1.3.2　如何提高報紙廣告的注目率

注目率指接觸報紙廣告的人數與閱讀報紙的人數的比率，是評價報刊廣告閱讀效果的一項重要指標。注目率越高，說明廣告的傳播效果越好。設計製作報紙廣告，要為提高報紙廣告的注目率服務。因此，在廣告設計製作過程中，除了充分利用各種視覺要素外，還要講求設計技巧。設計技巧主要可以從以下幾方面著手：

第一，版面大小的安排。報紙廣告的版面大致可分為全版廣告、半版廣告、半版以內廣告，如 1/4 通欄、小廣告等。小廣告多是分類廣告欄中的廣告。廣告版面空間的大小，對廣告注目率有直接的影響。一般情況下，版面越大，注目率就會越高。在國外，報紙廣告大型化已成為一種發展趨勢。整版廣告的運用率已越來越高，或兩連版廣告也經常出現。但版面越大，所付出的購買費用也越高，一方面有廣告客戶的財務狀況問題，另一方面也有成本效益的問題。在某些情況下，版面與表現手法等有機地結合起來，即使版面較小的廣告，也可能得到較高的注目率。

第二，版面位置的選擇。報紙廣告的版面位置包含兩個方面：一是版序，即廣告安排在哪一版；二是廣告位於某一版面的空間位置。

一般來說，報紙的正版（第一版或要聞版）更引人注目，其他各版可因版面安排的內容而各有側重。按照一般的翻閱習慣，在橫排版的報紙，右邊版要優於左邊版。但隨著報紙版面的增多，讀者往往對某些版面形成定讀性，因而廣告的目標消費者與形成定讀性的讀者聯繫越發緊密，注目率就可能越高。根據這樣的規律，選擇與目標消費者一致的某一版可能會獲得較高的注目率，但實際上可能會因廣告價格和有關規定等問題，而放棄選擇。更多是考慮如何選擇廣告的目標消費者與讀者接近的版序。

另外，在同一版面上，讀者視線掃描的順序，一般先是上半版，然後是下半版。在上半版，讀者視線先注意的是左上區，然後是右下區。因此，在同一版面上的廣告，讀者的注目率通常是左半版優於右半版，上半版優於下半版。如果按版面的四個區間來劃分，注目率依次是左上版區、右上版區、右下版區、左下版區，請結合報紙廣告版式圖來加以理解（見圖 16-5）。

由此可以看出，同一版面的不同位置，讀者的注目率是不一樣的。因此，要盡可能地依從讀者的閱讀順序，在適當的版面位置安排刊載廣告。

第三，注意研究讀者的閱讀方式。讀者有時會出現跳讀，把整版或半版的報紙廣告跳躍過去，從而影響注目率。這需要對讀者的閱讀方式和習慣進行研究，善於抓住廣告內容和表現形式與報紙版面的聯繫，「強迫」讀者閱讀。如把半版及半版以下的廣告安排在與其內容相近的版面上，或把整版廣告安排在相鄰的版面等。使廣告的形狀、編排方式發生變化，不一定是一律化的四方形，也可六邊形、圓形、三角形，適當予以橫排、豎排、橫豎結合等。

第四，充分運用各種表現方式。為了提高廣告的注目率，更要注意巧妙地運用各種表現方式，如圖畫、色彩、文字、裝飾等，並予以有機的組合和佈局，加大刺激，吸引讀者的視線。

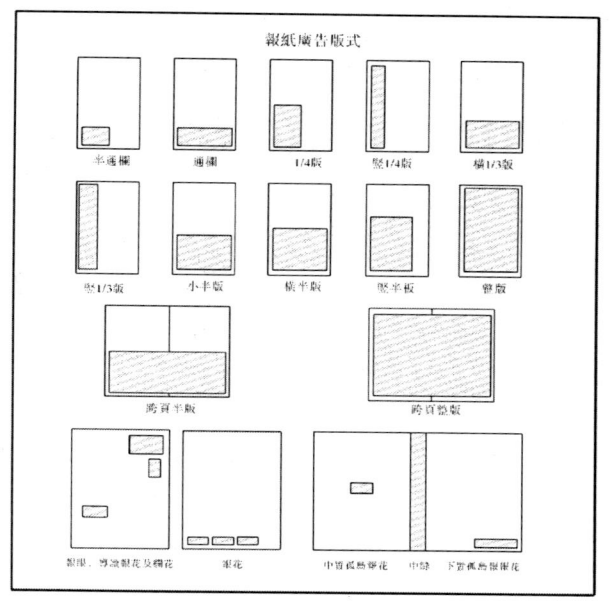

图 16-5　報紙廣告版式圖
圖片來源：百度圖片

16.1.3.3　報紙廣告的製作程序

報紙廣告的設計製作一般有如下幾個過程（見圖 16-6）：

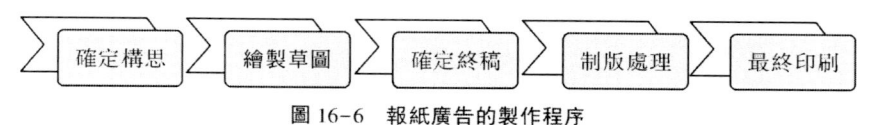

確定構思　→　繪製草圖　→　確定終稿　→　制版處理　→　最終印刷

圖 16-6　報紙廣告的製作程序
資料來源：作者由本部分內容整理而成

　　第一，確定構思。在創作會議中統一創作方針，分析所選定的報紙媒體的讀者層構成，選擇適合的廣告對象，按投其所好的創作指導思想確定創作技法和風格。
　　第二，繪製草圖。在統一的創作思想指導下，廣告創作人員充分考慮與其他媒體廣告的銜接和風格的統一，將構思表現為黑白墨稿草圖和語言文字設計方案，即成為報紙廣告小樣。
　　第三，確定終稿。創作人員將報紙廣告小樣送交廣告創作會議討論。創作人員根據會議的意見進行修改，直至最後通過。經廣告客戶的認可，即可按照小樣制版。
　　第四，制版處理。制版工作通常由報社印刷廠進行，一些有能力的廣告公司也可以自行制版。制版是將廣告小樣制在能供印刷的版材上，成為有油墨的印刷部分和沒有油墨的空白部分的印刷版面。制版的方法有多種，之前普遍採用的是照相制版和電鍍制版。隨著科學技術的發展，當今國內的報紙都已採用激光照排技術來排版制版。激光照排系統是由微機終端機、主機、照排監控機、校樣機、激光照排機及其相關軟件組成一個完整的排版制版系統。最後經由激光照排機在照相底版上形成文字，用底片來制版印刷。

第五，最終印刷。廣告創作人員瞭解印刷的工藝，才能做好印刷的準備工作，對印刷效果提出切實可行的要求。

印刷方法可分為凸版印刷、平版印刷、凹版印刷和孔版印刷四大類。凸版印刷的優點是印刷油墨充足、色彩鮮豔、字體和畫面清晰，油墨表現力約為80%；缺點是不適用於大版面印刷物，色彩印刷費用昂貴。平版印刷的優點是套色裝版準確，印刷效果色澤柔和協調，可大量印刷；缺點是由於水膠的影響顏色不夠鮮豔，油墨表現力僅達到70%。凸版印刷和平版印刷適合於報紙、雜誌、招貼廣告、郵寄廣告物等大數量的印刷品。凹版印刷的優點是油墨的表現力強，約達到90%，色彩豐富，版面經久耐用，印刷數量龐大，不僅可以在紙張上印刷，還可用於其他材料上，由於凹版印刷的線條精美，不易假冒，所以被用於錢幣、郵票等有價證券印刷；凹版印刷的缺點是價格高，廣告行業較少採用這種方法印製廣告。孔版印刷的優點是油墨表現力充足，並可在多種材料和曲面上印刷，如玻璃瓶、塑料瓶、金屬板、紙張上均可印刷；孔版印刷的缺點是印刷速度慢，彩色印刷難度較大，不宜大量印刷。

16.1.4 雜誌

雜誌廣告的設計製作與報紙廣告有許多相同之處，但雜誌因其具有的獨特傳播特點，在表現形式和稿件安排上與報紙有一定的差異。

16.1.4.1 雜誌與其他廣告媒體的異同點——以雜誌和報紙、電視及互聯網媒體的比較為例

第一，雜誌和報紙的異同點。雜誌和報紙在信息表現力、資料儲存性及受眾理解性等方面都存在相似的地方；二者的不同點又體現在時效性、針對性、出版週期、重複閱讀率等方面（見表16-1）。

表 16-1　　　　　　　　　　雜誌和報紙的異同點

	相同點	不同點
雜誌	表現力強；儲存性強；理解能力受限。	時效性長；針對性強；出版週期長；印刷精美；重複閱讀率和傳閱率高。
報紙		時效性短；針對性弱；出版週期短；印刷單調；重複閱讀率和傳閱率較低。

資料來源：作者由本章相關理論知識整理而成

第二，雜誌和電視的異同點。雜誌和電視在畫面感和受眾分眾化方面有相似之處；二者在存儲性、製作成本、傳播效果等方面存在差異（見表16-2）。

表 16-2　　　　　　　　　　雜誌和電視的異同點

	相同點	不同點
雜誌	畫面感強；分眾化明顯。	儲存性強；成本一般；傳播效果一般；覆蓋面較窄；製作相對簡單。
電視		儲存性弱；成本昂貴；傳播效果好；覆蓋面廣；製作複雜。

資料來源：作者由本章相關理論知識整理而成

第三，雜誌和互聯網媒體的異同點。雜誌和互聯網媒體在個性化、分眾化及選擇性方

面存在相似的地方；二者在時空局限性、製作成本、傳播方式及範圍等方面具有差異（見表 16-3）。

表 16-3　　　　　　　　　　雜志和互聯網媒體的異同點

	相同點	不同點
雜志	富於個性化；選擇性強；分眾化明顯。	時空局限性強；成本相對較高；單向傳播；圖文並茂；傳播範圍有限。
互聯網媒體		時空局限性弱；成本相對較低；雙向互動；多媒體、超文本；傳播範圍廣泛。

資料來源：作者由本章相關理論知識整理而成

16.1.4.2　雜志廣告製作要求

雜志門類繁多，總發行量大，讀者對象穩定且有很強的針對性，適用於對不同類別的目標消費者進行廣告信息傳播。隨著印刷技術的發展和人類思維的進步，以往單純的平面設計模式不斷被打破，新的設計形式不斷出現，這都體現著雜志廣告的廣闊前景。雜志廣告的傳播優勢近年來被逐步認識，雜志廣告的收入，呈逐年上升之勢。因此，對設計製作好雜志廣告也提出了更高的要求。

第一，形式的開發利用。雜志的開發相對於報紙要小得多，就雜志本身的版面形式來說，不如報紙。但雜志的空間卻可以伸展，使得雜志廣告的表現形式多樣化。例如，全頁（版）廣告是經常採用的最基本的形式；跨頁廣告是一則廣告印在同一平面的兩個頁面上，比全頁廣告的面積擴大了一倍；折頁廣告分為一折、雙折、三折等形式，以擴大雜志的頁面；插頁廣告是插在雜志中，可以分開、獨立的廣告。特殊形式的廣告，如立體廣告，把廣告的形狀做成立體的；有聲廣告能夠發出聲音；香味廣告能散發與商品有關的香味；等等。

第二，版畫的選擇安排。和報紙廣告相近，雜志廣告的版面選擇也分版序和版位兩種情況。版序主要有封面、封底（這兩版在雜志的所有版面中注目率最高）；封二、封三、扉頁（這三版的注目率次之）；正中內頁、底扉（注目率再次之）；一般內頁（注目率最低）。版位是指廣告在版面的位置。在上下版中，上比下的位置好；在左右版中，右比左的位置要好。

第三，廣告與正文的互動。要引起讀者的注意，利用雜志正文內容和廣告信息的關聯，形成互動，是一種有效的設計思路。例如，在一個全頁或二連版上，一部分介紹酒的知識，另一部分刊載一種酒的廣告。

第四，視覺要素的整合。雜志廣告的印製一般要比報紙廣告更精美。為了增強表現力，雜志廣告應多以圖片為主，文字部分要間接，注意圖文的有機組合，色彩的運用也非常重要。例如，奧美廣告公司製作的啤酒廣告，該廣告通過對融化了的手機、女包、盤子、裙子等物體的描繪以及展現人物對涼爽的啤酒的渴求狀態來使受眾受到視覺上的衝擊，以此來襯托出該啤酒的效用價值，既富有美感，又使主題一目了然，深得受眾的喜愛（見圖 16-7）。

圖 16-7　奧美啤酒廣告
圖片來源：百度圖片

16.1.4.3　雜志廣告的製作程序

雜志廣告大多數是商品的照片廣告，具體製作過程如下：第一，把照片掃描到微機的 Photoshop 軟件裡，如果是使用數碼相機拍攝的產品照片，那就可以直接將照片存儲到電腦桌面。第二，對照片進行仔細修正，同時為了能進一步更好地突出品牌特色的創意點，則需要再把這一修正過的商品照片和雜志同一頁上的其他內容進行組合，輸出分色軟件，再用軟件制版。第三，進行印刷。

除了報紙和雜志以外，還有大量的平面印刷廣告，如海報、DM 廣告、夾報廣告等。它們的設計製作的要求和方法與報紙或雜志廣告幾乎是一致的，在此不再另行介紹。

16.2　電子媒體廣告製作

運用電子手段傳送廣告信息的媒體有很多，其中電視和廣播是主要的。瞭解設計與製作電視及廣播廣告的要求和方法，也就能夠對設計與製作一般電子廣告的規律有所認識和把握。因此，這裡重點介紹電視及廣播廣告的設計與製作。

16.2.1　電視廣告

電視廣告由於具有視、聽雙重信息傳遞效果，因此自從 20 世紀 60 年代以後一直是最具吸引力、傳播效果最好的一種廣告形式。

16.2.1.1　製作要求[1]

第一，特別突出「內容視頻化」的獨特優勢。有廣告專家稱，一則電視廣告是否成功，只要蓋上文字讓人僅看畫面，看是否可以說出廣告製作者的意圖和訴求點就可以做出判斷。

第二，創意應出奇制勝，具有震撼力，綜合運用創作技法強化品牌宣傳。其一，由於電視的傳播速度快、廣泛的覆蓋率加上良好的創意承載能力，使其成為眾多廣告的競技場；其二，觀眾接觸電視廣告的態度是被動的，廣告常常被忽略或跳過不看；其三，電視屬於

---

[1] 李元寶. 廣告學教程 [M]. 3 版. 北京：人民郵電出版社，2010：116-117.

時間性媒體，聲音和畫面稍縱即逝，不能傳遞較多較複雜的信息。因此，電視廣告的傳播干擾度較高，這便要求廣告製作方擁有獨特的創意和新意以及強大的技術支撐。①

第三，電視廣告應把握快節奏。電視時段價格昂貴，廣告片一般以秒計費，有5秒、15秒、30秒、40秒和1分鐘計時。這就要求電視廣告要有較快的節奏，能在數秒內傳達既定的信息量。

南方黑芝麻糊「懷舊篇」廣告是由南國影業廣告有限公司創作的著名電視廣告。廣告運用懷舊手法，著力將訴求意圖視覺化，描述了古老時代一個小男孩購買南方黑芝麻糊的情景，表現傳統食品的美味誘惑力，強化了消費者對產品的感受、忠誠和信賴（見圖16-8，請欣賞視頻16-1）。

圖 16-8　南方黑芝麻糊電視廣告
資料來源：作者由優酷視頻中截圖而得

16.2.1.2　製作過程

因播出時間的限制，電視廣告一般製作得都很短小，但從其製作程序來講，和電影、電視劇一樣要經過如下工序方可完成（見圖16-9）。

圖 16-9　電視廣告製作過程
資料來源：作者根據本節相關內容整理而成

第一，撰寫腳本。影視廣告拍攝製作的第一步就是先要把經過審定送來的創意效果圖撰寫成分鏡頭腳本。在撰寫時要注意以下原則：一是一定要尊重創意人員的創意成果，不要輕易在腳本文稿中改動原創意圖。因為每一條創意，尤其是被企業主和廣告公司決策後共同認可的創意，都是浸透了創意人員全部心血的成功之作，其中的品牌訴求、畫面表現、語言、音響提示等體現出了廣告主的設想意圖和商品訴求意圖，因此在寫腳本時應盡量按

---

① 馬瑞，汪燕霞，王鋒. 廣告媒體概論 [M]. 北京：中國輕工業出版社，2007：24-25.

照效果圖來撰寫。二是由於國內的電視廣告一般以 30 秒的片子為主，因此在寫分鏡頭腳本時應控制在 14 個鏡頭以內（極個別的特殊產品除外），因為當每個鏡頭的長度不足 2 秒時，畫面很難充分表現出應有的訴求意義。從通常的經驗來看，一條 30 秒的電視廣告其畫面以 8~15 個最好。

第二，選擇模特。寫好分鏡頭腳本後，就要根據廣告宣傳的品牌特點來選擇表演模特。模特既可以聘請專業演員，也可以選用非專業人員。近些年來，國內的廣告主們紛紛效仿國外影視廣告的做法，青睞於高價邀請各類明星做廣告模特，請明星為品牌做宣傳。由於明星的知名度高，會使一部分消費者，尤其是這些明星的「粉絲」們購買該商品。但同時也應看到，這樣做會有兩個不容忽視的負面效應：一是儘管該明星的「粉絲」們會蜂擁而至購買該產品，但會有相當一部分原本拿不定主意是否買該商品的消費者會因為對這一明星的不喜歡而做出不買這一產品的決定；二是明星亮相的價碼往往太高，少則也得幾十萬元，高則往往是上百萬元甚至上千萬元，因而請明星的結果必將大大增加廣告製作成本，製作成本的加大無疑會降低媒介播出的時限，這樣則可能會有不少消費者錯過或減少收看機會，使品牌宣傳的滲透面降低。因此，在聘請明星做廣告時應持謹慎態度。

第三，籌備組成拍攝組。在影視廣告正式拍攝前，廣告公司應先聘請一位導演，由導演選定攝影師、照明師、錄音師、美工、布景、化妝師等和模特一起組成拍攝組。拍攝組成立後，導演要對成員進行分工，並提前「說戲」，使大家盡早進入角色。同時，導演還應在正式拍攝前進行幾次試拍，以便拍攝組所有成員都能盡快找到感覺。

第四，正式拍攝。當所有準備工作完成後，影視廣告即可進入正式拍攝程序。目前各廣告公司採用較為普遍的是用數碼電子攝像設備來拍攝。這類電子攝像機的主要類型有兩種，即廣播影視用攝像機和特殊用途攝像機，拍攝影視廣告主要用廣播影視用攝像機。除了拍攝設備的選用外，最為重要的一項工作就是具體的拍攝過程了。在整個拍攝過程中，導演一方面要不斷提示模特的表演逼真到位，另一方應同時協調好攝像、錄音、照明等部門的人員各司其職。此外，攝影師應充分調動起各種拍攝技巧與拍攝手段，如長鏡頭、變焦距鏡頭、廣角與超廣角鏡頭、推、拉、移、搖等拍攝手段；應講求變幻、豐富的畫面感覺，力爭拍攝出最佳的表現效果來。同時，攝影師還應有意識地運用靜感表現動感的攝影技術，巧用結構空間、時間修飾的技巧和特技攝影技巧。此外，攝影師還應有意識地運用特寫、定格等技巧來突出品牌形象，最大可能地吸引消費者的注意。

第五，後期剪輯。「剪輯」一詞源自法語，意思是拼接、連接。剪輯主要是對已經拍攝好全部鏡頭的膠片進行拼接。剪輯一般分為廣告片畫面剪輯和聲音剪輯兩個部分。畫面剪輯的主要任務是去掉多餘部分，使畫面連貫地排列起來，形象地表現出品牌獨具的特點。聲音與畫面的合成要做到渾然一體、天然合成。聲音剪輯工作應和畫面剪輯同時進行。在剪輯時要精確確定廣告片的長度，國內播放的廣告片一般以 30 秒、15 秒、10 秒、5 秒四種規格為主，只有少數廣告片為 20 秒或 60 秒；國外的廣告片則有 150 秒和更長的。在剪輯時要嚴格把握秒數，不可長也不要短。

第六，配音。配音主要是指為畫面表現配上相應的旁白、獨白、對話、解說詞、歌詞、畫外背景音樂等一系列音響效果。配音對廣告播放效果有著直接影響，配音技巧運用得當可明顯增強廣告作品的藝術感染力，打動消費者的心理。因此，應該力求選用有獨具特色音質的播音員來為廣告配音。此外，好的廣告音樂也可調動起消費者的欣賞激情，促使他們去喜愛廣告宣傳的商品。因此，在配製廣告音樂時應力求使音樂在廣告片中起到烘托的作用。

第七，試播。廣告製作完畢後，應組織廣告主和廣告公司有關人士進行試播檢驗，必要時還可請一些普通群眾來觀看並提出意見。如果該廣告片經多方人士試看，一致認為已達到了預期創意目的時，方可被制成母帶拷貝。此後可用該母帶拷貝複製出子拷貝，到了這時，一條電視廣告作品才算正式完工。

當前，由於信息技術的飛速發展，運用數碼攝像技術來拍攝影視廣告能將前期拍攝與後期製作以及播出合為一體，後期製作與播出可在計算機中一次完成，同時也省去了膠片多次使用後的磨損現象，製作與播出十分方便。

16.2.1.3 電視廣告拍攝實例——以奧瑞特健身器電視廣告製作為例[1]

第一，撰寫腳本。奧瑞特健身器是由一個原來以生產自行車配件為主的生產廠家生產的。該廠家轉制後開始進軍競爭激烈的健身器產業。按照要求，該廠家要拍攝一條以產品促銷為主的30秒膠片影視廣告，將在覆蓋全國範圍的媒體上長期播放。

導演將影視廣告創意故事板送至廣告主並很快討論通過，共分外景4處，內景（攝影棚內）1處，有30多個鏡頭需要實拍。由於拍攝週期只能在一個月內完成，而當時正值嚴冬，北方冬季氣溫低且湖面結冰，使用健身器的演員均要求身著簡短的運動裝，加上大部分拍攝需要在野外完成。因此，導演決定南下廣州實地選景拍攝。

第二，選擇模特。由於該廣告是以宣傳健身器為目的的，因此選擇了形象氣質佳、身體素質好、受過一定的專業訓練且富有活力的青年人74人，其中男性60人，女性14人。

第三，籌備組成拍攝組。由於拍攝工作涉及外景拍攝和攝影棚內景拍攝，因此拍攝組要分別安排外景和內景的拍攝工作（見表16-4和表16-5）。

表 16-4　　　　　　　　　　　　　**外景拍攝工作安排表**

	工作內容	說明
人員	攀岩運動員（2人） 健力寶健美運動員（30人） 皮劃艇運動員（15人） 體校自行車運動員（30人） 攝制組人員（18人） 向導（1人）	早7點在採石場拍攀岩 中午在鼎湖拍皮劃艇 下午在公園拍跑步 翌日上午在虎門拍公路自行車 晚上在攝影棚內拍攝
設備	外景用麵包車2輛 發電車1臺 外景燈光4套 運送演員大客車1輛 運自行車貨車1輛 攝影機全套設備、監視器 升降機、移動軌、菸餅	流程控管、物品、計劃清單
後勤	急救包3個 雨具、服裝、保險繩、道具、行李、咖啡壺、咖啡、咖啡杯、甜麥圈、喊話器、對講機、餐巾紙	外景地就餐 安全、急救、外聯 時間節點安排

資料來源：作者由本案例相關知識整理而成

---

[1] 聶鑫. 影視廣告學［M］. 5版. 北京：中國廣播電視出版社，2011：239-243.

表 16-5　　　　　　　　　　　內景拍攝工作安排表

	工作內容	說明
人員	演員（10人） 燈光師（3人） 化妝師（2人） 美術師（2人） 道具師（2人） 攝制組（10人）	前期準備以及現場控制
設備	道具、健身器材、反光液、塑料薄膜、燈具、光線控制裝置、升降車、移動軌、干冰機、大型藍色背景	流程控管、物品、計劃清單
後勤	食品、餐巾紙、醫護用品	後勤保障

資料來源：作者由本案例相關知識整理而成

　　第四，正式拍攝。外景地拍攝共分為4處，即大石攀岩、鼎湖劃皮劃艇、虎門高速公路騎自行車、公園大草坪跑步。

　　大石攀岩這一場景的鏡頭具有一定的挑戰性。首先是對出演攀岩者的挑戰和適應性問題。該項演員不是替身，其本人就是攀岩愛好者，對其外形、表演和動作都要符合角色的要求。其次是攝影師的機位與安全問題。要想得到與攀岩者平視和仰視的鏡頭，就得把攝影師也放在山岩的半空中進行拍攝。最後是時間上的挑戰。通過事先的考察，拍攝的最佳時間段在早上日出後1小時內。這時的光線照射角度低，氣溫低，光線呈金黃色狀態，照在本身就偏黃色的岩石上真可謂金「壁」輝煌，再加上對拍攝部分的岩石噴水以後，岩石的色彩更為飽和並閃閃發光。倘若在短時間內不能完成拍攝，其結果將是平淡無奇，若事後再補拍，幾乎沒有可能性或損失太大。

　　鼎湖皮劃艇的拍攝分解為多個鏡頭，並且場面調度大。既有俯拍的大場景，也有近景，還有在夕陽下波光粼粼的剪影以及對皮劃艇運動員的特寫等。

　　公園大草坪跑步的鏡頭拍攝相對來說較為順利，但由於要求參加跑步的演員人數眾多，而同樣是氣溫低，實際到達人數太少，而在一大片草坪上就不適合「停機再拍」，好在是在城市內拍攝，調動人員相對容易些。召集了一些臨時演員再加上劇組所有後勤人員，跑步大軍隊伍終於又壯大起來了。但天色已晚，已達不到膠片曝光的最佳密度，最終還是大功率發電車派上用場，來了個「夜景晝拍」。

　　虎門高速公路騎自行車的鏡頭可謂是有驚無險。冬季的南方雖然溫暖，但天有不測風雲，正式拍攝的當天氣溫驟降到零下5度。原來約定的騎自行車的專業運動員實際上只來了不到一半。這時候又在荒郊野外，臨時去聯繫騎車演員已無可能，「停機再拍」隨即被導演提出。所謂停機再拍，即在同一個場景、鏡頭和機位，用同一組騎車人一次又一次地從不同的方向運動拍攝，在後期製作中把他們拼接在一個畫面中，這樣人數就大大增加了。之後由於氣溫的原因，劇組的發電車發動不了，在大家心急如焚之際，天空又烏雲密布，馬上就要下雨了。備用的電瓶只夠兩盞燈使用，原來設計的是10盞燈並排設在騎車運動員經過的馬路兩旁。情急之下，只有讓燈光師摘下燈具，舉在手上與騎車演員同步奔跑，做勻速運動，鏡頭在歡呼聲中終於完成了。

　　攝影棚內拍攝往往就是按部就班地進行，除了要忍耐燈光下的高溫，其他注意力主要集中在拍攝的技術層面上。

　　美術師早已設計並搭好了場景和背景；道具師將相關的道具和產品（健身器材）安放

好位置，並噴上反光液，再蓋上塑料薄膜以防止粘上灰塵；化妝間裡，化妝師已為每位演員化好妝；燈光師分別在每一個場景架設相應的燈具和光線控制裝置；升降車、移動軌、干冰機、大型藍色背景也一應俱全。隨著導演一聲聲的「預備、開始、停」，一個個鏡頭逐一完成，浩浩蕩蕩的前期拍攝任務終於畫上圓滿的句號。

第五，後期剪輯。從影片整體風格和剪輯節奏方面看，由於這部廣告片的內容是運動器材，創意思想是體現生命力，影片整體風格應該是一種積極向上、飽含激情並富有相當的視覺衝擊力，影片的剪輯節奏當然應更適合於一種較快的節奏感。具體技巧主要是以硬切畫面為主，每一個鏡頭所花的時間都很短，大多數沒有超過 1 秒半，有些鏡頭甚至只有幾幀畫面。為了防止快切畫面有可能造成視覺上「跳」的不適感，當中插入了一些閃白和光效動態。此外，字幕、三維動畫的出現形式、速度和動態也隨之進行了相應的配合。

第六，配音。在音樂創作工作室裡，導演將該影視廣告的基本思路和有關要求向音樂師講解後，音樂師根據這些要求先要反覆觀看影片，並提出自己的想法和意見與導演進行探討和溝通，然後進行定位性作曲，還要在數碼音響（MIDI）上進行演示和修改。

配音演員在反覆觀看影片的畫面和聆聽音樂的節奏後，體會廣告的思想並找到了發音的感覺，錄下配音後，還需要在音樂室裡對聲音進行微調、修整。經過音樂工作室的調試成型後，配音工作就做好了。

第七，試播。經過音樂工作室的調試成型，加上錄好的廣告配音以及相應的動效聲，隨著影片音畫對位同步放映畫面和聲音的同時出現，一條完整的廣告就可以大功告成了。在試播階段主要檢查聲音、畫面、畫質等各細節的處理和銜接情況，必要的時候應當做一些適應性的修改。

16.2.2 廣播廣告

廣播廣告主要靠語言、音樂和音響來傳播廣告信息，因為這一媒體的接收特點是依靠聽覺，所以在製作廣播廣告時的主要工序應該放在如何獲得最佳聲音效果上來。廣播廣告的錄製相對於電視廣告要簡單一些，但首先仍然要寫出廣播廣告的腳本，在得到有關方面認可後，方可進入廣告製作階段。

16.2.2.1 準備過程

在準備過程階段，主要應進行的工作有廣播文稿的構思、創意與文案寫作，導演的聘請，播音員、音響師的選定，音樂背景素材的準備等。在創意寫作廣播廣告文案時，要依據品牌特性、消費者對品牌的喜愛度等撰寫出集中、明確，又能抓住消費者心理的文案。寫作的同時還要考慮根據文案的創意選用何種音樂表現形式，配以什麼音樂和音響效果等。此外，在撰寫廣播廣告文案時，還應掌握以下原則：

第一，對話語言盡量簡短。

第二，解說語言中盡量避免使用程度副詞，以免給消費者造成一種誇大、不真實的感覺。

第三，注意解說語言的押韻，盡量增強語言的節奏感，多給聽眾帶去一些聽覺上的審美感受。

16.2.2.2 實地錄製

廣播廣告的製作是在演播室內完成的。一般在錄制的前一天，演播室要做好各種器材準備，同時提前將廣告腳本送交各位演員。在實地錄音時，要進行以下幾項工作：

第一，對臺詞。廣告演員在廣告導演的指導下，閱讀腳本、對臺詞。

第二，進行預排。把演員的演播同音樂、音響等放在一起預排，看配合效果如何，從中發現在腳本寫作過程中還沒有意識到的問題，進一步修訂完善。

第三，正式錄音。經過幾次排練後，就可以開始正式錄音。正式錄音時，先要在磁帶開頭錄上表示廣告內容與播出時間的聲音。在此之前磁帶至少要留出 15 秒的空白，廣告結束之後再留出 15 秒左右的空白，最後對錄音進行編輯。

16.2.2.3 試聽階段

廣播廣告製作完成後，要送交廣告主和廣告公司有關人員審聽、試聽，必要時還應邀請部分消費者前來審聽、試聽，充分聽取各方面意見並進行修改後，方可進行正式播出。

16.3 其他媒體廣告製作

前面介紹的是以大眾傳媒為載體的廣告媒體的製作，但除了傳統的四大廣告媒體之外，現代社會已出現越來越多的新媒體，如戶外媒體、手機、電腦、電梯等。在此簡單介紹一些戶外媒體廣告的製作。

16.3.1 燈箱廣告

燈箱廣告是戶外廣告的一種主要廣告形式。燈箱廣告是把廣告製作成燈箱固定在店鋪門面外和馬路上顯眼之處，起到品牌宣傳作用。目前我們國內的燈箱廣告主要有噴繪和寫真兩種（見圖 16-10）。

圖 16-10　燈箱廣告的組圖
圖片來源：百度圖片

16.3.1.1 製作程序

燈箱廣告的製作程序是先將所要做廣告的商品在電腦中進行設計，設計好後放大成要實際製作的標準尺寸，隨後噴繪或寫真在專用的防雨布上，貼在燈箱有機透明塑料外殼的內壁上，再置以一定瓦數的照明燈管，把外殼制成形狀各異的燈箱，固定在戶外的某一固定位置即可，如我們常見的公交站牌、門頭等位置。

16.3.1.2 電腦噴繪

電腦噴繪是一種在電腦控制下進行的繪畫，是一種新型電腦圖畫製作方法。其組成部分主要有彩色掃描儀、主機系統、彩色繪製機三大部分。電腦噴繪的工作流程大致為：圖像及文字掃描輸入→主機（進行編輯、處理）→專業分色處理/彩色繪製機→噴繪輸出。

電腦噴繪適用的材質多種多樣，如可在各種紙張、板材、玻璃、瓷磚、牆壁、布匹、

百葉窗等多種材質上進行噴繪。電腦噴繪出的廣告作品具有色彩鮮豔、不易褪色、複製逼真、生產效率高、應用範圍廣、廣告效果好等各種優點，因此電腦噴繪被廣泛應用在廣告牌、燈箱、展廳布置、影劇院等各種廣告宣傳品的製作。

隨著計算機技術的革新，會有新的軟件不斷應用到廣告設計中來，還會有新的設計方法被開發出來，廣告創制人員應隨時瞭解科技成果的最新動態，保持先進的設計製作水準。

由於燈箱廣告表現出的品牌形象逼真誘人，所以近年來已普遍為廣告主所採用，成為戶外廣告的主要形式。

16.3.2　霓虹燈廣告

霓虹燈廣告儘管已有90多年的歷史，但真正被人們用來視作品牌表現的廣告媒介物則是20世紀30年代以後的事情。由於霓虹燈能在漆黑的夜晚用獨具的閃爍、變幻、色彩鮮豔的燈光訴求引起消費者很大的注意力，因此在很短的時間裡就已發展成了戶外廣告的一種主要形式（見圖16-11）。

圖16-11　霓虹燈廣告組圖
圖片來源：作者根據百度圖片整理而成

霓虹燈廣告的製作成本較燈箱廣告要高得多，在一般情況下由於製作經費的原因只能占據很小的空間，所以霓虹燈廣告表現的廣告文字與圖案要盡量簡化，要力爭用品牌或信息的某一代表點來表現出整個訴求意圖。

霓虹燈廣告由於一般都安裝在戶外，因為風吹日曬和人為的因素，很容易發生破損現象，所以近年來有關科研機構經過努力，已研製出有機高透明度防損玻璃燈管來製作霓虹燈燈管，這一科研成果的研製成功是霓虹燈廣告的一個重要技術革命。現在這一新技術成果已開始被用到了霓虹燈燈管的製作中。

另外，近些年國外又研製出一種名叫「新視界自控切換鏡面幻箱」的新型戶外廣告媒介。這種新型燈箱後面裝有集成電路自控切換裝置。這種新型燈箱先把客戶所要做廣告的商品、信息照片由創意人員設計成效果圖輸入到自控切換裝置裡，接通電源後，鏡面上就會順序出現清晰逼真、效果極佳的一副副廣告照片效果圖畫面，並依次排列在鏡面上的相應位置上。等鏡面上的圖片排滿後，鏡面會自動切換成下一組圖片，全部圖片都在鏡面上顯示後，便自動開始新一輪的切換。燈箱的鏡面尺寸可大可小，隨客戶要求來製作。由於這種新型燈箱廣告的商品訴求信息能不斷在燈箱上變幻，因此很受消費者的喜愛，企業對此也表示出了濃厚興趣。這一新型燈箱廣告已傳入中國，並在各大城市的公共場所吸引了廣大消費者的注意。

16.3.3 車身廣告

車身廣告主要指在公交汽車、地鐵列車以及其他交通車輛車身上所製作的廣告。車身廣告分為兩種：一種是車體外部廣告。這種廣告的製作要先由有關創作人員畫好品牌效果圖，按車身尺寸進行放大，隨後把放大樣勾廓在車身上，再對輪廓圖進行細緻的美術繪製。繪製時要依照亮眼、奪目的原則來調配顏色，繪製完畢後再噴上一層防護清漆即可。而現在更多的是利用寫真將廣告畫面貼在車身上，這樣可以節省很多的時間去繪製。另一種是車廂懸掛式廣告。車廂懸掛式廣告的製作相對簡單，絕大多數這類廣告都是把各種商品的招貼畫貼在車廂裡旅客視覺容易接觸的地方而已。只有少數商品廣告是把圖形和文字放在一起繪製好後再懸掛在車廂裡（見圖16-12）。

圖16-12　公交車車身廣告
圖片來源：百度圖片

16.4　網絡廣告製作

網絡廣告的製作一般要經過主題創意、構思、文案寫作、圖形選擇、編排五個階段。網絡廣告的製作是一個過程性的活動，其每一階段均有各自的作用和功能而不可或缺。網絡廣告作為一種藝術創作，其構思、文案寫作和圖形都有著自身特殊的規律和技巧。

16.4.1　來源

網絡作為新興的第四媒體，它的廣告空間來源既有和傳統媒體相同的成分，也有其獨特的地方。

16.4.1.1　網頁上的內容

在傳統媒體上，無論電視、報紙還是廣播，廣告空間唯一的來源就是內容。買報紙的時候，廣告也免費奉送給了你，人們在欣賞內容的時候，總不免無意中對廣告投向關注的一瞥；看電視劇的時候，會時不時地被廣告打斷，你必須耐著性子把廣告看完，才能接著看下面的情節。可以說傳統媒體都是廣告與內容的捆綁，用戶想要看內容，也就必然要看廣告。在這一點上，網絡媒體和傳統媒體一樣，網頁上的內容成為網絡廣告空間最主要的來源。

16.4.1.2 網頁上的應用

網頁上除了內容，網絡應用同樣能吸引到大量的用戶。網頁上的應用相當廣泛，除了最常用的網頁、郵件外，聊天室、論壇、虛擬域名、免費空間等都可以視為網頁上的應用。這些免費的應用吸引了大量的用戶，有用戶就可以做廣告。

16.4.1.3 在線軟件

相信使用過 OICQ（一款在線即時聊天工具軟件，騰訊 QQ 的前身，下同）的用戶一定會發現在聊天的終端窗口會出現一條廣告條，而且它會自動輪換播放（見圖 16-13）。

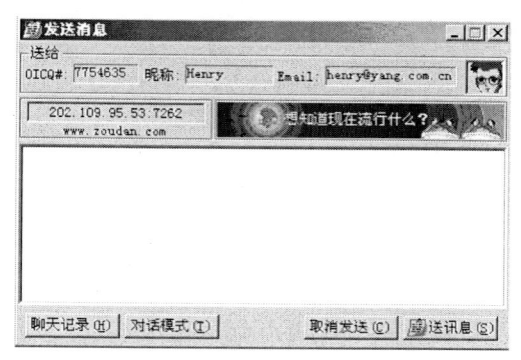

圖 16-13　OICQ 終端廣告

圖片來源：百度圖片

OICQ 的註冊用戶數已經超過中國網民的總數，實際使用人數大約在網民總數的 80% 左右（考慮到有部分用戶註冊了多個號碼），可以說 OICQ 是中國網民除了 IE Explorer 軟件之外最常用的網絡軟件。這樣一個擁有大量用戶數的軟件，理所當然地成為一個極好的廣告媒體。而且它是基於互聯網的應用軟件，因此 OICQ 廣告具有普通網絡廣告所具備的一切優點。

除了 OICQ 以外，一切與網絡相關的軟件都能成為廣告的載體，比如下載工具 Flashget、網絡螞蟻等，他們在未進行註冊時，都有一條網幅廣告（Banner）在軟件界面的頂端顯示。軟件與廣告的結合，甚至被視為將來軟件發行的一個重要渠道。軟件作者通過加入廣告網絡來獲得收入，而用戶通過看廣告省下了購買軟件的費用。

隨著在線軟件廣告的發展，人們越來越意識到了它的優越性。一般來說，人們對軟件的忠誠度要比對網頁的忠誠度要高。舉個例子，一個 OICQ 用戶每天看的網頁不同，但他必然會打開 OICQ 進行聊天，這對於他來說是唯一的選擇。從某種意義上說，在線軟件廣告有著比網頁廣告更好的前景。

16.4.1.4 免費 ISP

ISP（互聯網接入供應商，下同）也開始加入網絡廣告的行列，其提供給用戶完全免費的互聯網接入服務，唯一的要求就是要用戶看廣告。在用戶提出使用申請的同時，免費 ISP 會收集用戶的詳細信息，以便將來廣告能進行精確定向。用戶註冊完成後，就會得到免費的帳號和相應的軟件，用戶上網時，無論是頁面瀏覽還是收發郵件，都會有一個廣告窗口懸停在頁面上方。這種免費 ISP 經營方式在國內還沒有開展，而在國外是相當普遍的。

16.4.1.5 回報廣告受眾

顧名思義，此種廣告方式就是以現金或獎品來回報瀏覽廣告的用戶，一般分為付費廣告網和直復行銷網站兩類。

16.4.1.6 圖形（像）處理

圖像作為人類感知世界的視覺基礎，是人類獲取信息、表達信息和傳遞信息的重要手段。在廣告中運用圖像來提升廣告的視覺衝擊力能更好地表達出所傳達的主題與中心思想。

16.4.1.7 動畫製作

網絡廣告動畫就是在互聯網上傳播，利用網站上的廣告橫幅、多媒體視窗的方法，在互聯網刊登或發布動畫廣告，通過網絡傳遞到互聯網用戶的一種高科技廣告運作方式。

網絡廣告動畫具有生動有趣、休閒時尚、高互動性的特點，當部分人群登錄互聯網後，因某種需求集中登錄一些網站後，就出現了許多行業網站，在這些專業網站投放廣告，就非常有針對性。符合受眾心理要求的新型網絡動畫廣告，必將成為網絡廣告領域最值得開採的「金礦」。

16.4.2 類型

最初的網絡廣告就是網頁本身。當許多商業網站出現後，廣告就成了商業網站主要的獲利方法。

16.4.2.1 網幅廣告

網幅廣告（Banner）是以 GIF、JPG 等格式建立的圖像文件，定位在網頁中，大多用來表現廣告內容，同時還可使用 Java 等語言使其產生交互性，用 Shockwave 等插件工具增強表現力。網幅廣告是最早的網絡廣告形式。目前，絕大多數站點應用的網幅廣告的尺寸反應了客戶和用戶的雙方需求和技術特徵（見表 16-6）。

表 16-6　　　　　　　　　　網幅廣告尺寸表

尺寸（像素）	類型
468×60	全尺寸網幅廣告
392×72	全尺寸帶導航條網幅廣告
234×60	半尺寸網幅廣告
155×155	方形按鈕
150×90	按鈕#1
150×60	按鈕#2
88×31	小按鈕
150×240	垂直網幅廣告

資料來源：MBA 智庫百科

我們可以把網幅廣告分為三類：靜態網幅廣告、動態網幅廣告和交互式網幅廣告。

靜態網幅廣告就是在網頁上顯示一幅固定的圖片，它也是早年網絡廣告常用的一種方式。它的優點就是製作簡單，並且被所有的網站所接受。它的缺點也顯而易見，在眾多採用新技術製作的網幅廣告面前，它就顯得有些呆板和枯燥。事實也證明，靜態網幅廣告的

點擊率比動態網幅廣告和交互式網幅廣告低。

動態網幅廣告擁有會運動的元素，或移動或閃爍，通常採用 GIF89 的格式，其原理就是把一連串圖像連貫起來形成動畫。動態網幅廣告可以傳遞給瀏覽者更多的信息，也可以通過動畫的運用加深瀏覽者的印象。動態網幅廣告的點擊率普遍要比靜態的高，是目前最主要的網絡廣告形式。

當動態網幅廣告不能滿足要求時，一種更能吸引瀏覽者的交互式廣告產生了。交互式廣告的形式多種多樣，如游戲、插播式、回答問題、下拉菜單、填寫表格等，這類廣告需要更加直接的交互，比單純的點擊包含更多的內容。交互式廣告分為超文本標記語言網幅廣告（Html Banners，下同）和富媒體（Rich Media）網幅廣告兩種。

Html Banners 允許瀏覽者在廣告中填入數據或通過下拉菜單和選擇框進行選擇。根據我們的經驗，Html Banners 比動態網幅廣告的點擊率要高得多，它可以讓瀏覽者選擇要瀏覽的頁面，提交問題，甚至玩游戲。這種廣告的尺寸小、兼容性好，連接速率低的用戶和使用低版本瀏覽器的用戶也能看到（見圖 16-14）。

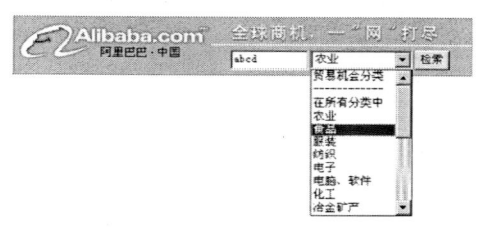

圖 16-14　阿里巴巴在雅虎中國上投放的 Html Banners
圖片來源：百度圖片

圖 16-14 所示廣告是阿里巴巴在雅虎中國上投放的 Html Banners，通過選擇頁面的不同目錄，用戶就可以直接連結到阿里巴巴相關頁面。實際上，這個網幅廣告已經成為一個小型的搜索引擎入口。

16.4.2.2　文本連結廣告

文本連結廣告是一種對瀏覽者干擾最少，卻最有效果的網絡廣告形式。整個網絡廣告界都在尋找新的寬帶廣告形式，有時候最小帶寬、最簡單的廣告形式效果卻最好（見圖 16-15）。

圖 16-15　新浪網首頁的文本連結廣告
圖片來源：百度圖片

圖16-15所示新浪網首頁用筆勾出來的地方就是文本連結廣告。我們可以看到，文本連結廣告位的安排非常靈活，可以出現在頁面的任何位置，可以豎排也可以橫排，每一行就是一個廣告，點擊每一行都可以進入相應的廣告頁面。

16.4.2.3 電子郵件廣告

調查表明，電子郵件是網民最經常使用的因特網工具之一。

電子郵件廣告具有針對性強（除非肆意濫發）、費用低廉的特點，並且廣告內容不受限制。特別是其針對性強的特點，可以針對具體某一個人發送特定的廣告，這是其他網上廣告方式很難做到的。

電子郵件廣告一般採用文本格式或超文本標記語言（Html，下同）格式。通常採用的是文本格式，就是把一段廣告性的文字放置在新聞郵件或經許可的電子郵件中間，也可以設置一個統一資源定位符（URL），連結到廣告主公司主頁或提供產品或服務的特定頁面。Html格式的電子郵件廣告可以插入圖片，和網頁上的網幅廣告沒有什麼區別，但是因為許多電子郵件的系統是不兼容的，Html格式的電子郵件廣告並不是每個人都能完整地看到的，因此把郵件廣告做得越簡單越好，文本格式的電子郵件廣告兼容性最好（見圖16-16）。

圖16-16　某網站的新聞郵件（Html格式）
圖片來源：百度圖片

當提到電子郵件廣告的時候，人們往往容易聯想到垃圾郵件（Spam）。垃圾郵件就是相同的信息，在互聯網中被複製了無數遍，並且一直試圖強加給那些不樂意接受它們的人群。大部分垃圾郵件是商業廣告，關乎一些可疑的產品、「迅速發財」訣竅，或準合法性質的服務。發送垃圾郵件會引起收件者的不滿，是一種極其危險的市場策略。電子郵件廣告在直復行銷方面的應用最為廣泛。

16.4.2.4 企業網站的廣告思想

對於大多數企業來說，進入網絡廣告領域的第一步就是建立自己的企業網站。這些網站的建立僅僅是因為這些企業認為有一個網站是一件很酷的事情，使企業看起來比較新潮，企業也怕因為沒有網站而在競爭中處於劣勢。這種網站的雛形就是企業宣傳用「小冊子」的在線版。

但是，廣告主慢慢會發現，簡單的「小冊子」並不能把產品描述清楚，這樣的網站無

法體現網絡的優越性。廣告主開始把所有的關於產品的信息搬到網上來，讓潛在的消費者通過網絡知道盡可能多的信息。與此同時，廣告主意開始注意網站的趣味性與知識性，這樣可以吸引到更多的瀏覽者。當然也不能本末倒置，企業網站還是要以產品為中心。

最重要的一點，企業網站必須要有把作為潛在消費者的瀏覽者變為最終消費者的能力。舉例來說，在凱迪拉克公司的網站（www.cadillac.com），每一個瀏覽者都可以定制自己所要購買的汽車。在網上的陳列室裡，顧客可以選擇自己中意的汽車型號，屏幕上就會顯示出該汽車的圖片。接下來，顧客可以選擇他其要的附件，從車身顏色到內部裝潢都可以。顧客每選擇一次，屏幕上的圖片就會做出相應的改變。當顧客把整輛車拼裝完成後，網頁上會顯示最終的價格，並可以讓顧客選擇最近的供貨商，便於顧客交易。這一切都在顧客的家中完成，隨意舒適、方便快捷，這一切都是互聯網帶來的。

雖然我們討論的是企業網站的廣告思想，但是還是有必要提一下企業網站的功能，比如客戶服務。拿聯邦快遞公司的網站（www.fedex.com）來說，它為顧客提供了完善的貨物跟蹤檢索服務，這樣的服務可以看作一種用來建立品牌忠誠的極好工具，在顧客心目中建立了完美的服務形象。

16.4.2.5 贊助

贊助式廣告的形式多種多樣，在傳統的網幅廣告之外，給予廣告主更多的選擇。贊助式廣告的定義至今仍未有明確劃分，雙擊國際互聯網廣告有限公司亞洲（Double Click Asia）臺灣區行銷總監伍臻祥則提出，凡是所有非旗幟形式的網絡廣告，都可算作贊助式廣告。這種概念下的贊助式廣告其實可分為廣告置放點的媒體企劃創意以及廣告內容與頻道信息的結合形式。

瀏覽者對於每天瀏覽的網站往往比較信任，因此在這些網站的信息中夾雜廣告主的信息比單純的廣告更有作用。廣告不一定能吸引廣大受眾的注意，位於網頁最上方的大塊版位也不見得是最好的選擇，廣告內容若能與廣告置放點四周的網頁資訊緊密結合，效果可能比選擇網頁上下方的版位更好。此外，廣告尺寸大小也並非是決定廣告效果的標準，尺寸小但下載速度快的廣告形態也會受到商業服務或金融業客戶的青睞；工具欄形態的廣告有如網頁中的分隔線，巧妙地安排在網頁內容裡，雖然空間有限只適於進行簡單的圖像和文字的表達，對預算有限的廣告主而言也不失為一種選擇。

16.4.2.6 廣告與內容的結合

廣告與內容的結合可以說是贊助式廣告的一種，從表面上看起來它們更像網頁上的內容而非廣告。在傳統的印刷媒體上，這類廣告都會有明顯的標示，指出這是廣告，而在網頁上通常沒有清楚的界限。

這種廣告以網頁內容的形式出現，因此它們的點擊率往往會比普通的廣告高。然而廣告主在做這種廣告的時候需要非常小心，如果讓瀏覽者有上當受騙的感覺，就會對品牌造成負面的影響。與內容結合式廣告最引人爭議之處在於商業利益與媒體內容混淆不清。國外常見的瀏覽整合廣告的方式是將廣告主的網站連結或者圖像整合在網站首頁的功能表中，雖然降低受眾對廣告的抗拒，但是可能引發受眾對網站產生排斥與不信任。值得注意的是，廣告主可能為了廣告的訴求而提供偏頗的訊息，受眾通常也難以分辨其中的真假，這對網絡媒體的資訊內容也可能造成衝突。

16.4.2.7 插播式廣告

插播式廣告的英文名稱為「Interstitial」，不同的機構對此的定義可能有一定的差別。在

中國互聯網絡信息中心（CNNIC）關於網站流量術語的解釋中，將「Interstitial」定義為「空隙頁面」，即一個在訪問者和網站間內容正常遞送之中插入的頁面。空隙頁面被遞送給訪問者，但實際上並沒有被訪問者明確請求過。好耶廣告網（www.allyes.com）在「網絡廣告術語庫」中對「Interstitial」的解釋為「彈出式廣告」，即訪客在請求登錄網頁時強制插入一個廣告頁面或彈出廣告窗口。全球網路經濟資訊網（http://www.itbase.com.tw）對「Interstitial」定義為「插入式廣告」，即在等待網頁下載的空當期間出現，以另開一個瀏覽視窗的形式的網絡廣告。不過，在臺灣的一些專業文章中，也常用「插播式廣告」這一概念。有時也常將「Interstitial/ Pop-up」統稱為「插播式廣告」。雖然一些網站或機構對彈出式廣告和插播式廣告的理解有一定的差別，但基本上也可以將兩者理解為同一類型，或者說，彈出式廣告是插播式廣告中的一個類別。

彈出式廣告和插播式廣告有點類似電視廣告，都是打斷正常節目的播放，強迫觀看。插播式廣告有各種尺寸，有全屏的也有小窗口的，而且互動的程度也不同，從靜態的到動態的全部都有。瀏覽者可以通過關閉窗口不看廣告（電視廣告是無法做到的），但是彈出式廣告和插播式廣告的出現沒有任何徵兆。

廣告主很喜歡這種廣告形式，因為彈出式廣告和插播式廣告肯定會被瀏覽者看到。只要網絡帶寬足夠，廣告主完全可以使用全屏動畫的插播式廣告。這樣屏幕上就沒有什麼能與廣告主的信息「競爭」了。

插播式廣告的缺點就是可能引起瀏覽者的反感。互聯網是一個免費的信息交換媒介，因此在最初的時候網絡上是沒有廣告的。有一小部分人認為互聯網的商業化和網絡廣告都是無法容忍的。我們倒不是擔心這部分人（除非他們是目標受眾），我們擔心的是大多數的普通網民，他們有自己的瀏覽習慣，他們選擇自己要看的網站，點擊他們想點的東西。當網站或廣告主強迫他們瀏覽廣告時，往往會使他們反感。為避免這種情況的發生，許多網站都使用了彈出窗口式廣告，而且只有1/8屏幕的大小，這樣可以不影響正常的瀏覽。

下面是使用插播式廣告的幾條規則，可以避免引起瀏覽者的反感：

第一條：選擇已經使用插播式廣告的網站。把插播式廣告投放在以前使用過插播式廣告的站點，可以得到最好的回報，因為瀏覽者已對此形成習慣。

第二條：使用小於全屏的插播式廣告。小尺寸的插播式廣告比全屏的插播式廣告更容易被瀏覽者接受，通常只有1/4屏幕那麼大。

第三條：當瀏覽者的屏幕處於空閒狀態，如在瀏覽者下載軟件的過程中出現廣告，這樣可以避免引起它們的反感，因為這不會打斷瀏覽者的瀏覽，反而能給瀏覽者在無聊的等待過程中帶來一點消遣。

16.4.2.8　富媒體網幅廣告

富媒體網幅廣告（Rich Media Banner）又稱「Extensive Creative Banner」，一般指使用瀏覽器插件或其他腳本語言、Java語言等編寫的具有複雜視覺效果和交互功能的網幅廣告。這些效果的使用是否有效一方面取決於站點的服務器設置，另一方面取決於訪問者的瀏覽器是否能順利查看。

一般來說，富媒體網幅廣告要占據比一般GIF網幅廣告更多的空間和網絡傳輸字節，但由於能表現更多、更精彩的廣告內容，往往被一些廣告主採用。國際性的大型站點也越來越多地接受這種形式的網幅廣告。

常見的富媒體網幅廣告使用如下技術：

第一，使用 Java 語言開發的 Applet，表現複雜的交互性和特殊視覺效果，無需插件，下載速度快；缺點是製作技術複雜。

Freestyle Interactive 公司為 Sun 公司製作的一個 Java 網幅廣告，其設計了一個 9 個洞的迷你高爾夫游戲（見圖 16-17），游戲目標就是以最少的杆數把球打進洞，使它成為「.com」的那個「.」，契合 Sun 公司的標語「We put the dot in dot com」。9 個洞的地貌各不相同，有草地、沙灘、火山……，而且配合不同的地貌畫面會出現不同的效果，球的滾動路線、反彈力完全符合力學模型，非常真實。游戲控制起來也極其簡單，鼠標點擊就能完成，但這並不減弱其趣味性，要完成游戲還是要花一番功夫的，而且游戲還配有積分表，這樣就可以和朋友一較高低了。這一切都體現在了一個網幅廣告中，相信每一個玩過該游戲的人都會為它的神奇效果而嘖嘖稱奇。在製作上，該廣告使用了 Java 技術，數據放在服務器端，採用即時的傳輸方法，每打一洞傳一幅畫面，這樣可以減少數據一次性傳輸所需的等候時間，更容易抓住玩家。

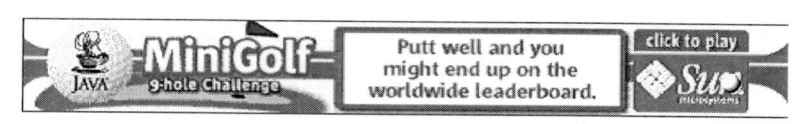

圖 16-17　Java 網幅廣告

圖片來源：百度圖片

Java 網幅廣告也可以讓瀏覽者在網幅廣告內完成下訂單等工作。在 Java 網幅廣告的製作方面，目前比較流行的是「IBM Hot Media」軟件，該軟件支持交互式的多軌動畫、全景、旋轉、縮放和滾動圖像，圖像間個別的定時和變換效果（如溶解、擦除、滑動和縮放），內建聲畫同步的流式視頻，能夠放大或縮小以及旋轉的立體圖像等，功能及其強大（見圖 16-18）。

圖 16-18　摩托羅拉 Java 網幅廣告

圖片來源：百度圖片

第二，使用 Macromedia Shockwave/Flash 插件編寫的能用較少的文件字節表現動態的矢量圖形和漸變效果，這一技術正在被越來越廣泛地應用；缺點是瀏覽器需要安裝插件。Flash 文件的尺寸極小，使其成為低帶寬條件下最好的動畫載體（見圖 16-19）。

除了 Flash，Macromedia 公司的另一個產品 Shockwave 在網絡廣告方面也應用極廣。Shockwave 的功能比 Flash 更強大，互動性更強。圖 16-20 為用 Shockwave 製作的一個廣告，形式上是一個棒球游戲，有著極高的互動性。

圖 16-19　春水銀行 Flash 廣告
圖片來源：百度圖片

圖 16-20　棒球遊戲廣告
圖片來源：百度圖片

第三，JavaScript 編寫的網幅廣告主要提供交互性功能，可以把標準的 Windows 控件插入到網幅廣告中，我們經常看到的含有下拉式列表框的動態網幅廣告、浮動圖標等都屬於這個範疇。

易趣網的 JavaScript 網幅廣告（見圖 16-21）採用了 Mouse Over 的控件。當用戶看到這個網絡廣告，鼠標移動到網幅廣告上面時，JavaScript 會自動打開下拉框，出現一個頁面更大、內容更為豐富的廣告頁面。用戶可以選擇自己感興趣的方面，直接點擊進入相應的頁面。這樣，一個網幅廣告表述了更多內容，而且實現了更多的功能。網幅廣告頁面的設計別具匠心，實際上濃縮了易趣網首頁的精華內容，成為一個「迷你」的易趣網站。

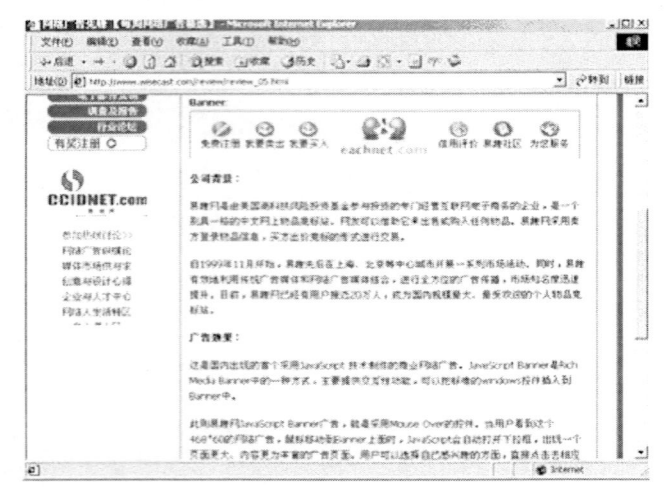

圖 16-21　易趣網的 JavaScript 網幅廣告
圖片來源：百度圖片

第四，V-Banner。V-Banner 是將 3～5 秒的視頻剪輯內容集成到傳統的網幅廣告中，以增強廣告的視覺衝擊力，幾乎所有的瀏覽器用戶都可以順利查看而無須擔心是否已經安裝了必要的插件。

富媒體廣告涵蓋了相當廣的網絡廣告類型，除了上面提到的幾類外，還有使用

InterUV、Enliven、ActiveAds、Onflow、VRML 等技術的廣告，只是這些技術在國內還沒有實際的應用，就不在這裡詳細地介紹了。

16.4.2.9 微博廣告

微博，即微博客（MicroBlog）的簡稱，是一個基於用戶關係信息分享、傳播以及獲取的平臺，用戶可以通過網頁（Web）、無線應用協議（WAP）等各種客戶端組建個人社區，以 140 字左右的文字更新信息，並實現即時分享。最早也是最著名的微博是美國推特（Twitter）。2009 年 8 月中國門戶網站新浪網推出「新浪微博」內測版，成為門戶網站中第一家提供微博服務的網站，微博正式進入中文上網主流人群視野。2013 年上半年，新浪微博註冊用戶達到 5.36 億個，2015 年第三季度騰訊微博註冊用戶達到 5.07 億個，微博成為中國網民上網的主要活動之一。

微博廣告的特徵如圖 16-22 所示。

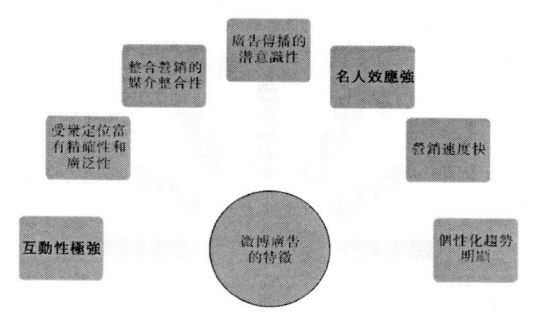

圖 16-22　微博廣告的特徵

資料來源：作者根據本節相關內容整理而成

下面以微博廣告形式——新浪微博為例闡述微博廣告的相關內容。[1]

第一，新浪微博個人電腦客戶（PC）端廣告形式。

微博登錄頁面廣告位於登錄頁面左側（見圖 16-23）。

微博頂部廣告出現在新鮮事下方，微博內容欄上方（見圖 16-24）。

圖 16-23　微博登錄頁面廣告
圖片來源：新浪微博網站

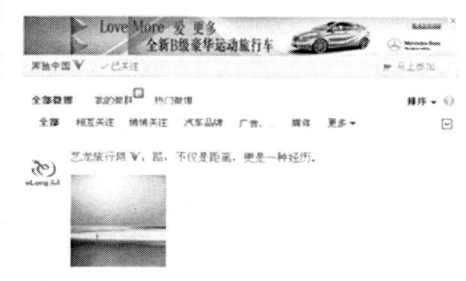

圖 16-24　微博頂部廣告
圖片來源：新浪微博網站

---

[1] 文靜．新浪微博廣告形式全攻略［EB/OL］．http://www.adquan.com/post-8-13831.html

快訊置頂欄目條鎖定固定帳號，對微博內容進行置頂推送（見圖 16-25）。

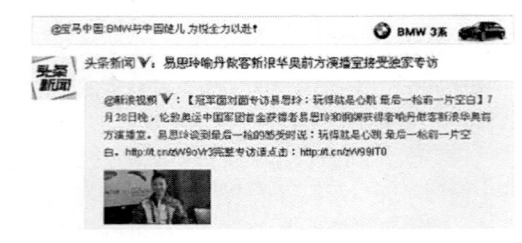

圖 16-25　快訊置頂欄目條廣告
圖片來源：新浪微博網站

底部廣告位於微博最底端（見圖 16-26）。

圖 16-26　底部廣告
圖片來源：新浪微博網站

右側活動廣告位於微博右上方（見圖 16-27）。

圖 16-27　右側活動廣告
圖片來源：新浪微博網站

右側話題廣告位於活動廣告下方（見圖 16-28）。

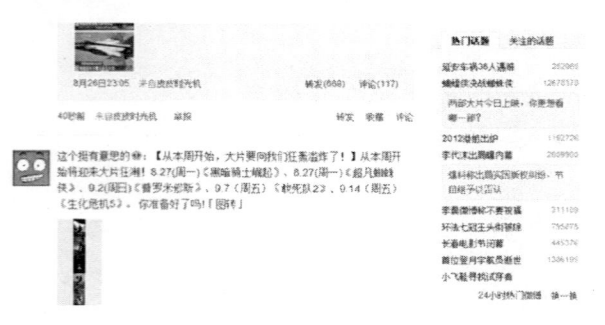

圖 16-28　右側話題廣告
圖片來源：新浪微博網站

例如，點擊上圖中的話題「小飛鞋尋找試穿者」，便會切到活動頁面（見圖 16-29）。

圖 16-29　話題「小飛鞋尋找試穿者」廣告
圖片來源：新浪微博網站

微博名稱後面的圖標（Icon）廣告，如 361°奧運期間的全民記者團彩色五邊形圖標（見圖 16-30）。

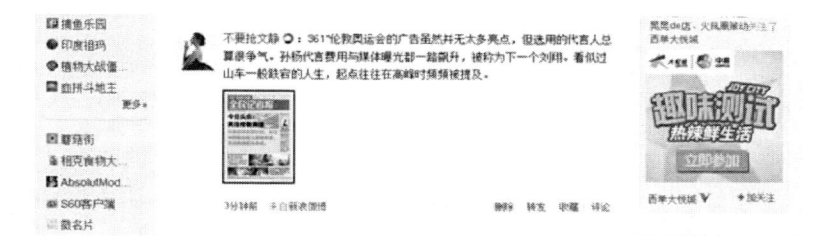

圖 16-30　微博名稱後面的 361°圖標廣告
圖片來源：新浪微博網站

模板廣告，即商業性模板，如韓庚演唱會模板（見圖 16-31）。

圖 16-31　韓庚演唱會模板廣告
圖片來源：新浪微博網站

應用程序游戲植入廣告。例如，全民運動會游戲中的品牌（見圖 16-32）。又如，蘇寧易購植入廣告（見圖 16-33）。

體驗經濟下的廣告與新媒體管理

第二，新浪微博移動終端廣告形式。
客戶端開屏廣告，即啓動應用時出現廣告（見圖16-34）。
頂部條框廣告（見圖16-35）。

圖16-34　客戶端開屏廣告
圖片來源：新浪微博網站

圖16-35　頂部條框廣告
圖片來源：新浪微博網站

　　關鍵詞廣告，如轉發微博並且微博內容中含有「奧運」或含有品牌名稱的關鍵詞，便會出現相關品牌的漂浮廣告（見圖16-36）。

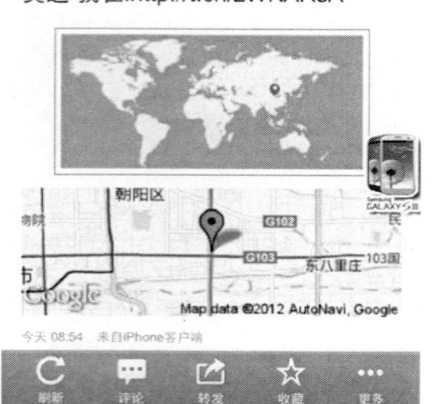

圖16-36　奧運關鍵詞廣告
圖片來源：新浪微博網站

16.5 其他廣告形式

除了我們在上面列出的網絡廣告主要形式外，其實還有其他許多新的廣告形式，它們是網絡廣告主要形式的有效補充，正得到越來越多人的關注。

16.5.1 屏保

屏保能在計算機空閒時以全屏的方式播放動畫，並且能配上聲音，可以說屏保是計算機上最好的廣告載體。許多知名品牌都製作了自己的屏保程序放在網上供用戶下載，並且用戶也會使用電子郵件來傳遞屏保程序。好的屏保可以得到相當廣的流傳，製作公司可以用很小的投入換來極佳的宣傳效果（見圖16-37）。

圖16-37 手機屏保廣告
圖片來源：百度圖片

16.5.2 書籤和工具欄

瀏覽器的收藏夾和工具欄現在也成了廣告的載體。某些軟件會在用戶安裝的同時，在用戶的瀏覽器工具欄上生成廣告的按鈕（見圖16-38）。

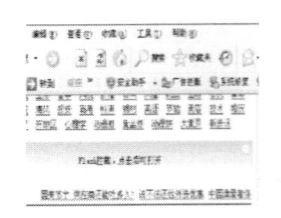

圖 16-38　書籤和工具欄廣告

圖片來源：百度圖片

16.5.3　指針

在網頁上的每一樣東西都有可能成為廣告的載體，甚至鼠標指針也能成為品牌宣傳的工具。Comet Systems（www.cometsystems.com）公司開了指針廣告之先河，通過使用其軟件，用戶可以指定任何圖片成為鼠標的指針，用戶瀏覽的網頁也可指定特定的圖片成為指針的形狀。例如，一家網上花店可以把鼠標設定成一朵花，當用戶點擊其要訂購的花卉時，鼠標指針又變成「打×折」的字樣。當然，要使用這種可變化的鼠標，用戶一定要下載並安裝 Comet Systems 軟件，雖然這是一個極其簡單的過程，但也會成為用戶使用它的一個障礙，除非今後的 Internet Explorer 或 Netscape 內置這種功能，否則用戶的數量將會非常有限。

16.5.4　其他形式

網絡廣告正向無線領域進軍，已經有公司研發出了可以用在 Palm Pilots 和 Windows CE 下的廣告軟件，隨著無線上網用戶的增加，無線廣告的前景頗被看好。

16.6　廣告材料

廣告材料可分為廣告板材、廣告燈箱、廣告貼紙、廣告配件、噴繪耗材、寫真耗材、反光耗材、展示器材、光電產品、機器配件、廣告五金件、廣告工具、廣告油漆、廣告粘劑等多個種類。廣告材料的種類極多，為了更好地使廣告效果提高，對這些廣告材料的要求也是非常的嚴格，只有質量好的廣告材料才能讓廣告成功率加大。

16.6.1　廣告材料的應用

廣告材料廣泛應用於廣告牌、車身廣告、壁畫、標志、棚架遮布、充氣廣告牌、櫥窗展示圖畫、橫幅及招貼、舞臺背景、流動式圖形展示、婚紗攝影、海報招貼、戶內展板廣告、工程與園林效果圖、廣告展示圖、商業與民用室內裝潢、商業文件封面、數碼影集、圖表、橫額、掛幅、背膠商標、藝術寫真、仿古油畫、櫥窗廣告等眾多領域。

16.6.2　紙張的尺寸

印刷紙張的尺寸規格分為平版紙和卷筒紙兩種。平版紙張的幅面尺寸有：800 毫米×1,530毫米、850 毫米×1,168 毫米、787 毫米×1,092 毫米。紙張幅面允許的偏差為±3 毫米。符合上述尺寸規格的紙張均為全張紙或全開紙。其中，880×1,530 是 A 系列的國際標準尺

寸。卷筒紙的長度一般6,000米為一卷,寬度尺寸有1,575毫米、1,562毫米、1,092毫米、880毫米、850毫米、1,092毫米、787毫米等。卷筒紙寬度允許的偏差為±3毫米。

16.6.3　紙張的重量

紙張的重量用定量和令重來表示。

定量是單位面積紙張的重量,單位為克/平方米,即每平方米的克重。常用的紙張定量有50克/平方米、60克/平方米、70克/平方米、80克/平方米、100克/平方米、150克/平方米等。定量愈大,紙張愈厚。定量在250克/平方米,以下的為紙張,超過250克/平方米則為紙板。

令重是每令紙張的總重量,單位是千克。1令紙為500張,每張的大小為標準規定的尺寸,即全張紙或全開紙。

根據紙張的定量和幅面尺寸,可以用下面的公式計算令重。

令重(千克)= 紙張的幅面(平方米)×500×定量(克/平方米)÷1,000

16.6.4　主要的廣告紙張

紙質類廣告屬於印刷類廣告,主要包括印刷品廣告和印刷繪製廣告。印刷品廣告有報紙廣告、雜志廣告、圖書廣告、招貼廣告、傳單廣告、產品目錄、地圖廣告、組織介紹等。印刷繪製廣告有牆壁廣告、路牌廣告、工具廣告、包裝廣告、掛曆廣告、工藝品廣告等。

16.6.4.1　銅版紙

銅版紙又稱為塗料紙,是在原紙上塗布一層白色漿料,經過壓光而制成的。銅版紙張表面光滑、白度較高、紙質纖維分佈均勻、厚薄一致、伸縮性小、有較好的彈性和較強的抗水性能以及抗張性能,對油墨的吸收性與接收狀態良好。銅版紙主要用於印刷畫冊、封面、明信片、精美的產品樣本以及彩色商標等。銅版紙印刷時壓力不宜過大,要選用膠印樹脂型油墨以及亮光油墨。銅版紙要防止背面粘臟,可採用加防臟課劑、噴粉等方法。銅版紙有單、雙面兩類。

16.6.4.2　膠版紙

膠版紙主要供平版(膠印)印刷機或其他印刷機印刷較高級彩色印刷品時使用,如彩色畫報、畫冊、宣傳畫、彩印商標及一些高級書籍封面、插圖等。

膠版紙按紙漿料的配比分為特號、1號、2號和3號,有單面和雙面之分,還有超級壓光與普通壓光兩個等級。

膠版紙伸縮性小、對油墨的吸收性均勻、平滑度好、質地緊密不透明、白度好、抗水性能強,應選用結膜型膠印油墨和質量較好的鉛印油墨。油墨的黏度也不宜過高,否則會出現脫粉、拉毛現象。還要防止背面粘臟,一般採用防臟劑、噴粉或夾襯紙。

16.6.4.3　壓紋紙

壓紋紙是專門生產的一種封面裝飾用紙。紙的表面有一種不十分明顯的花紋。壓紋紙的顏色分灰、綠、米黃和粉紅等色,一般用來印刷單色封面。壓紋紙紙質較脆,裝訂時書脊容易斷裂。印刷時壓紋紙紙張彎曲度較大,進紙困難,影響印刷效率。

16.6.4.4　凸版紙

凸版紙是採用凸版印刷書籍、雜志時的主要用紙,適用於重要著作、科技圖書、學術

刊物和大中專教材等正文用紙。凸版紙按紙張用料成分配比的不同，可分為 1 號、2 號、3 號和 4 號四個級別。紙張的號數代表紙質的好壞程度，號數越大紙質越差。

凸版紙主要供凸版印刷使用。這種紙的特性與新聞紙相似，但又不完全相同。凸版紙的纖維組織比較均勻，同時纖維間的空隙又被一定量的填料與膠料所填充，並且還經過漂白處理，這就形成了這種紙張對印刷具有較好的適應性。凸版紙的吸墨性雖不如新聞紙好，但具有吸墨均勻的特點；凸版紙的抗水性能與紙張的白度均好於新聞紙。

凸版紙具有質地均勻、不起毛、略有彈性、不透明以及稍有抗水性能和有一定的機械強度等特性。

16.6.4.5 新聞紙

新聞紙也叫白報紙，是報刊及書籍的主要用紙。新聞紙適用於報紙、期刊、課本、連環畫等正文用紙。新聞紙的特點有：紙質鬆輕、有較好的彈性；吸墨性能好，保證了油墨能較好地固著在紙面上；紙張經過壓光後兩面平滑、不起毛，從而使兩面印跡比較清晰且飽滿；有一定的機械強度；不透明性能好；適合高速輪轉機印刷。

這種紙是以機械木漿（或其他化學漿）為原料生產的，含有大量的木質素和其他雜質，不宜長期存放。新聞紙保存時間過長，紙張會發黃變脆，抗水性能差，不宜書寫。新聞紙必須使用印報油墨或書籍油墨，油墨黏度不要過高，平版印刷時必須嚴格控制版面水分。

16.6.4.6 書面紙

書面紙也叫書皮紙，是印刷書籍封面用的紙張。書面紙造紙時加了顏料，有灰、藍、米黃等顏色。

16.6.4.7 輕型紙

輕型紙，即輕型膠版紙，是一種更人性化的紙種，是紙品中的一枝新秀。輕型紙質優量輕、價格低廉、不含熒光增白劑、高機械漿含量、環保舒適。採用的原色調可以保護讀者尤其是老人和兒童的眼睛，使他們在閱讀時視力不受傷害，便於讀者攜帶和閱讀，具有天然特性。輕型紙的質感和鬆厚度好，不透明度高，印刷適應性和印刷後原稿還原性好，質感好、量輕且厚。用輕型紙印製的圖書比用普通紙印製的圖書重量約減輕四分之一到三分之一，方便了讀者，也節約了運輸和郵購費用。

16.6.4.8 鑄塗紙

鑄塗紙又名玻璃粉紙，是一種表面特別光滑的高級塗布印刷紙。鑄塗紙是在原紙上經過二次或一次厚塗布量（單面 20～39 克）的塗布，在塗料處於潮濕狀態時，塗布面緊貼在高度拋光的鍍鉻烘缸上加熱烘干，速度約 100 米或低一些即可得到，光澤度為 85 左右，不須進行壓光。將塗布紙用花紋輥進行壓花處理，可以制成布紙或雞皮紙。鑄塗紙主要印刷封面、插頁和高級紙盒，布紋紙和雞皮紙則多用於印刷掛歷和名片等。

16.6.4.9 其他主要材質的特點和使用情況——以 PVC、噴繪及噴墨類打印介質為例

PVC（聚氯乙烯，下同）材質的特性和性能如表 16-9 所示。

表 16-9　　　　　　　　　　PVC 發泡板材的特性和性能

PVC 發泡板材的特性和性能	具有隔音、吸音、隔熱、保溫等性能
	具有阻燃性，能自熄不致引起火災，可以安全使用
	有防潮、防霉、不吸水的性能，而且防震效果好
	色澤可長久不變，不易老化
	質地輕、儲運、施工方便
	可適用於熱成型、加熱彎曲及折疊加工
	表面光滑，亦可印刷
	可像木材一樣進行鑽、鋸、釘、刨、粘等加工
	可根據一般焊接程序焊接，亦可與其他 PVC 材料粘接

資料來源：作者根據相關內容整理而成

　　PVC 發泡材質在廣告製作上主要應用在網板印刷、電腦刻字、廣告標牌、展板、標志用板、燈箱製作等方面。

　　噴繪一般是指戶外廣告畫面輸出，輸出的畫面很大，如高速公路旁眾多的廣告牌畫面就是噴繪機輸出的結果。噴繪機使用的介質一般都是廣告布（俗稱燈箱布），墨水使用油性墨水，噴繪公司為保證畫面的持久性，一般畫面色彩比顯示器上的顏色要深一點。噴繪實際輸出的圖像分辨率一般只需要 30~45 DPI（按照印刷要求對比），畫面實際尺寸比較大的面積有上百平方米（見表 16-10）。

表 16-10　　　　　　　　　　主要的戶外噴畫材料

材料名稱	說明
戶外外光燈布	我們看見的戶外大型噴繪屬於燈光從外面射向噴布
戶外內光燈布	我們看見的在戶外招牌上的噴繪屬於燈光在燈箱中照射向外噴布
車身貼	用於貼在車身上的噴繪，此類噴繪黏性好、抗陽光
戶外絹布	用於比較浪漫和格調高雅的展示場合，也可用於戶外
網格布	網狀噴繪材質，用於客人的特殊表現手法來體現格調的一種材質
晶彩格	分為背膠晶彩格和布基晶彩格，應用於燈箱廣告、大型廣告、燈旗柱等，不需安置燈源，只需外界車輛經過時的燈光足矣，屬於戶外噴繪寫真耗材
噴繪級反光膜	燈箱廣告、大型廣告等，不需要安裝燈源，只需要車輛的燈光就可以產生反光

資料來源：作者根據相關內容整理而成

　　噴墨類打印介質主要用於婚紗攝影、海報招貼、戶內展板廣告、工程與園林效果圖、廣告演示圖、商業與民用室內裝潢、商業文件封面、數碼影集、賀卡、圖表、照片質量的宣傳冊等。

本章小結

　　對廣告設計製作人員來說，各類平面廣告作品是在經過嚴格的設計製作程序後，才最

終完成的。平面廣告在一些構成要素、表現手法等方面有很多共性，如平面廣告製作的基本要求包括簡潔明快、通俗易懂、突出主題、新穎獨特、講究和諧統一，設計構圖要有均衡感等。而平面廣告製作的主要程序則包括以下三個階段：構思準備與創意、草創階段、定稿完成。根據報紙和雜志媒體具體的特點，其製作要求也有所不同。對於電子媒體來說，由於廣播只要求聲效，因此和電視媒體的視聽相結合要求不同，各自的製作程序及要求也不相同，相對來說電視廣告製作更為複雜一些。除了傳統的四大廣告媒體之外，現代社會已出現越來越多的新媒體，如戶外媒體、手機、電腦、電梯等，其各自廣告的製作要求也相差很大。

思考題

1. 如何有效且有創意地製作出優秀的電視廣告？
2. 傳統廣告媒體和新型廣告媒體在製作上有什麼主要的區別？
3. 怎樣將廣告思想和廣告製作完美結合起來，從而呈現出一份精彩的廣告作品？
4. 假設你現在要為一本定位於高端時尚的時裝雜志確定紙張材質，你會如何選材和搭配，並給出理由。

參考文獻

[1] 李元寶. 廣告學教程 [M]. 3版. 北京：人民郵電出版社，2010：116-117.

[2] 馬瑞, 汪燕霞, 王鋒. 廣告媒體概論 [M]. 北京：中國輕工業出版社，2007：24-25.

[3] 聶鑫. 影視廣告學 [M]. 5版. 北京：中國廣播電視出版社，2011：239-243.

[4] 網幅廣告 [EB/OL]. http://wiki.mbalib.com/wiki/%E7%BD%91%E5%B9%85%E5%B9%BF%E5%91%8A.

[5] 微博 [EB/OL]. http://baike.baidu.com/subview/1567099/11036874.htm.

[6] 文靜. 新浪微博廣告形式全攻略 [EB/OL]. http://www.adquan.com/post-8-13831.html.

[7] 廣告材料 [EB/OL]. http://baike.baidu.com/link?url=WA9vfZcU4iV5zIy1rRpohH-4WhSa60-GKu4aMYmt6gTZ3SjZam0W6i0AzC7Tf8UK.

17　廣告法規概述

開篇案例

「科諾克咒語」與保健品廣告

　　法國著名劇作家於樂・羅曼於1923年創作的《科諾克或醫學的勝利》講述了這樣一個故事：20世紀初有個醫生，名叫科諾克，他的行醫生涯始於一個叫聖莫里斯的山村。然而當地居民個個身強體壯，根本不必看醫生，科諾克要是坐等病人，恐怕只能是被餓死。那麼他要怎麼做才能吸引活力旺盛的居民來他的診所呢？要開什麼藥給健康的村民呢？科諾克靈機一動，決定拉攏村裡的老師辦幾場演講，向村民誇大微生物的危險。他還買通村裡通報消息的鼓手，公告民眾，新醫生要幫大家免費義診，義診目的是要「防止各種近年來不斷侵襲我們這個健康地區的所有疾病的大範圍傳播」。於是他的候診室擠滿了人。診療室裡，沒病沒痛的村民被科諾克診斷出大病大症，還被再三叮嚀要來定期診治。許多人從此臥病在床，頂多喝水而已。最後整個村子簡直成了一間大醫院。藥店老板和科諾克密謀，合計讓村民購買價格高昂的藥材。於是科諾克和藥店老板成了有錢人，小旅店也大發橫財，因為它的客房都成了急診室，總是隨時爆滿。就這樣，科諾克創造了一個只有病人的世界，即「其實世界上沒有健康的人，只是他還不知道自己有病而已」。這就是科諾克咒語。可21世紀的今天，這個故事仍在延續，只不過「科諾克」已然變成了制藥企業、醫生和媒體廣告商了。

　　如今，各種各樣的保健品包圍著我們，這些廣告無一不是通過誇大產品功效和誤導消費者，從而達到增加銷量的目的。這樣的做法，已經違反了中國有關商品廣告的法律法規。

　　面對屢禁不止的「科諾克咒語」，如何才能規範廣告市場，營造公平競爭的廣告秩序，維護好像聖莫里斯村民那樣的消費者的權益呢？

本章提要

　　廣告法規管理是指工商行政部門和其他部門依據《中華人民共和國廣告法》《廣告管理條例》《中華人民共和國消費者權益保護法》及其他政策、法規，對廣告活動的參與者進行監督、檢查、控制、協調、指導的過程。本章從廣告法規管理的基礎知識入手，分析中國廣告法規管理的現狀，比較國內外廣告法規的異同，圍繞國內廣告法規管理中的問題進行探討。

17.1 廣告法規管理的含義與必要性

廣告業是市場經濟不可分割的一部分，對活躍經濟、促進國民經濟發展有著重要的作用。由於市場經濟的自發性、盲目性、滯後性等局限，有必要對廣告業活動進行監督管理。在廣告管理體系中，居於首要位置的就是廣告法規管理。學習本節之後，我們將會瞭解什麼是廣告法規管理以及為什麼國家要進行廣告法規管理。

17.1.1 廣告法規管理的含義

廣告法規管理是指國家通過制定有關的法律、法規和相關政策，並通過制定的管理機關按照法規和政策對廣告行業和廣告活動進行監督、檢查、指導。廣告法規管理是一種運用法規和政策對廣告進行管理的方法和手段。在中國，廣告法規管理是由國家工商行政管理部門行使管理權力，這是中國現階段進行廣告管理的一種主要方法。

17.1.2 廣告法規管理的必要性

17.1.2.1 規範市場活動

廣告活動是一種市場行為，是社會經濟生活的重要組成部分。為保證廣告活動參與各方的利益，必須進行廣告管理，規範廣告活動，維持正常的廣告市場秩序使廣告活動順利進行。規範廣告活動包括規範廣告活動參與主體資格、規範廣告活動內容、規範廣告活動進行過程、規範廣告活動涉及的法律法規。

17.1.2.2 保證廣告業健康發展

廣告管理是國家發展廣告業的方針、政策得以落實的具體措施和手段。中國從1979年以來，廣告業恢復，並發展迅猛，目前已經成為經濟領域一種不可或缺的新興產業。在發展過程中，中國政府相關部門已經根據實際需要進行了廣告管理必需的立法工作。只有通過廣告立法對廣告活動進行管理，才可能防止廣告業的發展走入歧途，保證廣告業健康發展。

17.1.2.3 保護消費者合法權益

保護消費者合法權益是廣告管理和廣告立法的最終目的。廣告是促銷的重要手段，對消費者的購買、使用及其生產、生活都有重要影響。廣告真實與否、合法與否、健康與否，對消費者利益有著直接的影響。某些人或組織為獲取不正當利潤，以各種形式散布虛假廣告信息，坑騙廣大消費者購買不合格的廣告產品，會給消費者造成精神和物質損失。因此，必須對這種現象進行嚴加管理。

17.2 中國廣告管理的法規和機構

在學習本節前，我們先來分析一個案例。某消費者向工商局投訴，某報上發布了一則保健食品廣告聲稱有抗癌和治癌的功能，經工商局調查，某廣告公司和某報在未查驗有關

廣告證明的情況下，為保健食品生產企業刊登了廣告，該廣告虛構該保健食品具有抗癌和治癌的功能，違反了禁止虛假廣告以及禁止保健食品使用與藥品相混淆用語的規定。因此，工商局擬做出行政處罰。此時，工商局內部對適用《中華人民共和國廣告法》，還是適用《廣告管理條例》或《中華人民共和國消費者權益保護法》或《中華人民共和國反不正當競爭法》等法規進行處罰以及是對該保健食品生產企業進行處罰，還是對該保健食品生產企業、某廣告公司和某報一併進行處罰，意見很大。要解決這個問題，就有必要瞭解中國的廣告法規管理體系。

17.2.1 中國廣告管理的法規

中國廣告業恢復發展 30 多年來，廣告的法制建設取得了顯著成績。1982 年，國務院頒布了《廣告管理暫行條例》，1987 年又頒布了《廣告管理條例》，同時制定了大量的配套規定，將中國廣告納入法制的軌道。1994 年 10 月 27 日，第八屆全國人大常委會第十次會議通過了《中華人民共和國廣告法》，並於 1995 年 2 月 1 日起施行。2015 年 4 月 24 日，第十二屆全國人大常委會第十四次會議通過新修訂的《中華人民共和國廣告法》（以下簡稱《廣告法》），並於 2015 年 9 月 1 日起施行。

17.2.1.1 中國廣告管理的法規體系

中國已基本形成了以《廣告法》為核心，以《廣告管理條例》為必要補充，以國家工商總局單獨或會同有關部門制定的行政規章和規定為具體操作依據，以地方行政規定為實際針對性措施的多層次的法規體系。

具體來說，《廣告法》是中國廣告法制建設中第一次以法的形式創制的部門法，是廣告法律體系中的基本法。根據《廣告法》的規定，《廣告管理條例》等廣告管理法規，在《廣告法》頒布後與之不抵觸的規定仍有法律效力，即仍可以適用。國家工商行政管理總局、衛計委等國務院部委及直屬機構還依據廣告法律和行政法規頒布了眾多的部門規章和行政解釋。同時涉及廣告法律規範的《中華人民共和國民法通則》《中華人民共和國合同法》以及《中華人民共和國產品質量法》《中華人民共和國商標法》《中華人民共和國反不正當競爭法》《中華人民共和國消費者權益保護法》《中華人民共和國藥品管理法》《中華人民共和國食品安全法》《中華人民共和國菸草專賣法》《中華人民共和國國旗法》《中華人民共和國人民幣管理條例》等，構成了中國廣告法規的專門法律體系。

17.2.1.2 廣告法規的特點

廣告法規是國家廣告管理機構進行廣告管理的依據，是中國政治、法律制度的一個組成部分。廣告法規具有以下特點：

第一，利益性。不同的法規是為不同的社會制度服務的。在資本主義制度下，廣告法規是為資產階級利益服務的；在社會主義制度下，廣告法規是為社會主義制度服務的。

第二，概括性。廣告法規制約的對象是抽象的、一般的，具有高度的概括性，不是針對具體的人、單位或事情而提出的行為準則。中國廣告法規的約束對象是中國所有廣告活動的主體，因此所有從事廣告活動的人都要遵循廣告法規。

第三，強制性。廣告法規和國家其他法律規章一樣，都是強制性的，是國家對廣告業實行強制管理的一種手段，廣告活動主體必須依法從事廣告活動。

第四，規範性。廣告法規的規範性一方面體現在明確廣告活動主體的行為準則，告訴人們可以做什麼、不可以做什麼，廣告法規成為指引和評估人們行為的標準；另一方面體現在

廣告法規的制定和修改都必須按相應的程序進行，廣告法規的內容要經過表決同意後才生效。

第五，穩定性。廣告法規同其他法律一樣具有穩定性的特點。廣告法規是國家對廣告業在一段較長時間內進行管理的法則，只有當情況發生重大變化時，國家才按一定程序修改法規。

17.2.2 《廣告法》概述

17.2.2.1 《廣告法》的立法宗旨

《廣告法》第一條規定了廣告法的立法宗旨:「為了規範廣告活動，保護消費者的合法權益，促進廣告業的健康發展，維護社會經濟秩序，制定本法。」

具體來講，包括以下幾個方面：

第一，規範廣告活動。規範廣告設計、製作、發布、代理經營等行為，規範廣告內容，使廣告活動主體的權利、義務更加明確。

第二，消費者的合法權益。廣告的主要功能是傳遞信息，引導消費，既為企業服務，也為消費者服務。按照市場行銷理論，廣告應以消費者需求導向。按照《中華人民共和國消費者權益保護法》的規定，消費者享有安全權、知情權、自主選擇權、公平交易權、求償權、結社權、獲得有關知識權、人格尊嚴和民族風俗習慣受尊重權、監督權、知情權九項權利。因此，廣告必須保護消費者的合法權益，使企業、消費者都受益。只有消費者的合法權益受到保護，才能使廣告取信於受眾，更加有效。

第三，促進廣告業的健康發展。廣告業屬於知識密集、技術密集、智力密集、人才密集的現代服務業，也是與意識形態密切相關的文化產業。30多年來，中國的廣告服務質量有了明顯的提高，廣告設計從告白、公式化、雷同化的模式向創新的藝術表現的方向發展；廣告的製作及設備水準與國際新技術和新材料接軌；廣告業的服務水準朝著以創意為中心、全面策劃為主導、廣告公司為核心、優質服務為標準的方向發展。但是僅在廣告業服務水準上提高，而不增強廣告業的社會誠信地位及良好秩序，廣告業將會失信於受眾，失去發展的基礎，出現「皮之不存，毛將焉附」的尷尬境地。

第四，維護社會經濟秩序。廣告是市場經濟發展的產物，是為市場經濟服務的。廣告業的發展在一定程度上反應了一個國家市場經濟發展的水準。中國廣告業的發展水準是與中國的改革開放、經濟建設相輔相成、緊密相連的。廣告為社會創造了經濟效益和社會效益，促進了產品的銷售，促進了體育、文化、出版、廣播、電視等事業的發展。如果廣告虛假、不正當競爭、秩序混亂、功能低下，那麼勢必影響社會主義市場經濟秩序，甚至破壞國民經濟的健康有序發展。只有規範廣告活動，才能維護社會主義市場經濟秩序，發揮廣告的積極作用。廣告的積極作用主要表現為：

一是活躍經濟。廣告的基本功能就是傳播功能。廣告傳遞信息，溝通產、供、銷渠道，提高經濟效益，活躍經濟。

二是促進競爭。廣告能促進新產品的開發、新技術的發展。廣告在傳遞新產品、新技術的信息時，能使新產品、新技術迅速在市場上獲得成功，推動市場正當競爭，提高產品質量。

三是指導消費。廣告幫助消費者認識和瞭解各種商品的商標、性能、用途、使用和保養方法、購買地點和購買方法、價格等內容，從而起到傳遞信息、溝通產銷的作用。廣告能較好地介紹產品知識，起到指導消費的作用。

四是增加銷售。廣告是企業常用的促銷手段，企業通過廣告宣傳品牌，提高知名度，增強市場競爭力，將產品及時銷售出去。一則好的廣告能起到引起消費者的興趣和感情共

鳴，激起消費者購買該商品的慾望，甚至促進消費者的購買行動。

五是豐富生活。廣告是一門藝術，人們通過對廣告作品的欣賞，產生豐富的生活聯想，增加精神上的享受，並在藝術的潛移默化之中，幫助消費者樹立正確的道德觀、人生觀，陶冶人們的情操，豐富人們的物質文明和精神文明生活。

總之，中國廣告法立法目的就是依法保護正當廣告活動，防止和打擊虛假廣告，充分發揮廣告的積極作用，充分保護消費者權益，促進中國廣告業的健康發展。

17.2.2.2　《廣告法》的概念、結構和主要內容

《廣告法》是指調整廣告活動過程中所發生的各種社會關係的法律規範的總稱。

商業廣告活動是指廣告經營方面的設計、製作、發布、代理活動記憶廣告內容表現方面活動。

廣告法的調整對象是商業廣告活動中發生的各種社會關係。廣告法調整的社會關係包括：廣告主、廣告經營者、廣告發布者、其他廣告活動人之間發生的社會關係；廣告主、廣告經營者、廣告發布者、其他廣告活動人與消費者之間發生的社會關係；廣告管理機關、廣告審查機關在廣告行政管理中與廣告主、廣告經營者、廣告發布者、其他廣告活動人之間發生的社會關係。

廣告活動法律關係的主體是廣告主、廣告經營者、廣告發布者、其他廣告活動人、廣告監督管理機關、廣告審查機關。廣告活動法律關係的內容是主體依法具有自己為或不為一定行為或者要求他人為或不為一定行為的資格。廣告活動法律關係的客體主要指廣告行為，包括經營行為、廣告代言行為及廣告內容。

廣義的廣告法的概念不僅指《廣告法》的法律法規，還包括涉及廣告的其他法律規範，如《中華人民共和國商標法》《中華人民共和國反不正當競爭法》《中華人民共和國消費者權益保護法》《中華人民共和國藥品管理法》《中華人民共和國食品安全法》《中華人民共和國菸草專賣法》《中華人民共和國國旗法》《中華人民共和國人民幣管理條例》等。

《廣告法》共六章七十五條，主要內容如下：

第一章　總則（第一條至七條，主要規定了立法宗旨、調整對象適用範圍、基本原則、廣告活動主體及概念、廣告監督機關）。

第二章　廣告內容準則（第八條至第二十八條，主要規定了廣告內容準則、廣告活動基本準則、違禁廣告規定、人用藥品、醫療器械、農藥、菸草、酒類、食品、化妝品等特殊商品廣告規定）。

第三章　廣告行為規範（第二十九條至第四十五條，主要規定了廣告活動主體依法設計、製作、發布、代理廣告及有關禁止規定、廣告審查義務、廣告合同規定、依法登記廣告、廣告收費規定、戶外廣告規定）。

第四章　監督管理（第四十六條至第五十四條，主要規定了人用藥品、醫療器械、農藥、獸藥廣告發布前審查及其規定）。

第五章　法律責任（第五十五條至第七十三條，主要規定了違法廣告應當承擔的行政責任等規定）。

第六章　附則（第七十四條和第七十五條，主要規定了國家鼓勵公益廣告和本法生效日期）。

17.2.2.3　《廣告法》的適用範圍

《廣告法》有其特定的適用範圍和調整對象。

《廣告法》第二條規定了其適用範圍:「在中華人民共和國境內,商品經營者或者服務者通過一定媒介和形式直接或間接地介紹自己所推銷的商品或服務的商業廣告活動,適用本法。本法所稱廣告主,是指為推銷商品或者服務,自行或者委託他人設計、製作、發布廣告的自然人、法人或者其他組織。本法所稱廣告經營者,是指接受委託提供廣告設計、製作、代理服務的自然人、法人或者其他組織。本法所稱廣告發布者,是指為廣告主或者廣告主委託的廣告經營者發布廣告的自然人、法人或者其他組織。本法所稱廣告代言人,是指廣告主以外的,在廣告中以自己的名義或者形象對商品、服務做推薦、證明的自然人、法人或者其他組織。」

廣告法的適用範圍和調整對象還包括廣告活動中其他人。

《中華人民共和國食品安全法》第一百四十條規定:「社會團體或者其他組織、個人在虛假廣告或者其他虛假宣傳中向消費者推薦食品,使消費者的合法權益受到損害的,應當與食品生產經營者承擔連帶責任。」《中華人民共和國食品安全法》第一百四十條還規定:「違反本法規定,在廣告中對食品做虛假宣傳,欺騙消費者,或者發布未取得批准文件、廣告內容與批准文件不一致的保健食品廣告的,依照《中華人民共和國廣告法》的規定給予處罰。」因此,名人代言虛假食品廣告,也屬於《廣告法》的適用範圍和調整對象。

廣告活動主體包括廣告主、廣告經營者、廣告發布者以及廣告活動中其他人。

第一,廣告主。廣告主是指為推銷商品或者服務,自行或者委託他人設計、製作、發布廣告的自然人、法人或者其他組織。

廣告主必須是為推銷商品或者服務而進行廣告宣傳,並支付費用的自然人、法人或者其他組織。

所謂法人,按照《民法通則》第三十六條的規定,是指「具有民事權利能力和民事行為能力,依法獨立享有民事權利和承擔民事義務的組織」。

所謂其他組織,可以理解為依法登記領取營業執照的合夥型聯營企業、非獨立核算的分支機構等。

所謂自然人,包括經營廣告的個體工商戶、個人合夥企業等。

第二,廣告經營者。廣告經營者是指受委託提供廣告設計、製作、代理服務的自然人、法人或者其他組織。

廣告經營者是在受廣告主委託的情況下從事廣告的設計、製作或者代理服務。除擁有自身媒介發布廣告的廣告公司具有廣告經營與廣告發布的雙重主體資格外,其他廣告公司大多是廣告經營者。從事廣告經營的,應當具有必要的專業技術人員、製作設備,並依法辦理公司登記,方可從事廣告活動。因此,廣告經營者必須依法經過核准登記,領取企業法人營業執照或分支機構營業執照後,方可接受委託從事廣告活動,否則,即構成違法廣告經營行為。另外,如果廣告經營者也進行介紹自己服務的廣告活動,那麼其就成為廣告主了。

第三,廣告發布者。廣告發布者是指為廣告主或者廣告主委託的廣告經營者發布廣告的自然人、法人或者其他組織。

廣告發布者主要是廣告人所稱的「廣告媒介單位」,即利用自身擁有的媒介手段發布廣告的單位,主要包括廣播、電視、報紙、雜誌等大眾媒介組織以及擁有戶外廣告、互聯網、手機等媒體發布手段的廣告公司,廣播電臺、電視臺、報刊出版單位應在其內部設立專門的廣告部門統一負責廣告發布業務,由其專門從事廣告業務的機構辦理。大眾媒介組織應依法辦理兼營廣告的登記,領取廣告經營許可證。

第四，廣告活動中其他人。凡是參加商業廣告活動的社會團體或者其他組織以及個人，雖不是廣告主、廣告經營者、廣告發布者，但是只要為廣告活動提供了幫助或便利條件，並得到一定的物質利益或非物質利益，就是廣告活動主體，也受《廣告法》的調整和約束。

　　另外，廣告活動主體除包括廣告主、廣告經營者、廣告發布者、廣告活動中其他人外，還包括廣告監督機關、廣告審查機關。廣告監管機關、廣告審查機關的監管、審查活動也適用《廣告法》。

　　《廣告法》僅在中華人民共和國境內有效力。所謂中華人民共和國境內，是指中國行使國家主權的空間，包括陸地領土、領海、內水和領空四個部分。按照1992年2月25日第七屆全國人民代表大會常務委員會第二十四次會議通過的《中華人民共和國領海及毗連區法》的有關規定，所謂陸地領土，是指「包括中華人民共和國大陸及其沿海島嶼、臺灣及其包括釣魚島在內的附屬各島、澎湖列島、東沙群島、西沙群島、中沙群島、南沙群島以及其他一切屬於中華人民共和國的島嶼」；所謂領海，是指「鄰接中華人民共和國陸地領土和內水的一帶海域」，領海的寬度是從領海基線量起12海里；所謂內水，是指「中華人民共和國領海基線向陸地一側的水域」，包括海域、江河、湖泊等；所謂領空，是指中華人民共和國陸地領土、領海和內水的上空。另外，註冊為中國國籍的航空器、船舶，中國駐外國的領事館均屬於在中華人民共和國境內。

　　中國的《廣告法》在全國範圍內具有普遍法律效力，即一切在中華人民共和國境內從事廣告活動的單位和個人，都必須遵守《廣告法》。

　　劃分法律部門的主要標準是法律所調整的對象，而所謂法律調整的對象，也就是法律規範所調整的社會關係。

　　商業廣告，即商品經營者或者服務提供者承擔費用，通過一定媒介和形式直接或者間接地介紹自己所推銷的商品或者服務的廣告。因此，《廣告法》是以商業廣告為專門調整對象，不包括非營利性的社會廣告等活動。

　　商業廣告的三個基本特徵如下：

　　第一，廣告的目的是為了介紹自己所推銷的商品或者服務，介紹的方式可以是直接介紹，也可以是間接介紹。「介紹自己所推銷的商品或者服務」是商業廣告區別於其他非商業廣告的本質特徵。

　　第二，商業廣告是通過一定的媒介或者形式來介紹自己所推銷的商品或者服務，廣告宣傳必須有媒介載體或一定的形式，如電視、廣播、戶外、現場展示等。

　　第三，商業廣告是有償的，廣告的費用必須由介紹自己的商品或者服務的商品經營者或者服務提供者承擔。

17.2.3 《廣告法》的基本原則

17.2.3.1 真實性原則

　　廣告的真實性原則也稱客觀性原則，是指廣告內容必須真實地傳播有關商品或者服務的客觀情況，而不能進行虛假、誇大的宣傳。

　　廣告的真實性原則是廣告的「生命」，是廣告法基本原則中最根本的原則。因為商業廣告的目的是向消費者推薦商品或者服務，具有正確指導消費功能。如果廣告不真實，消費者就受到誤導甚至詐欺，侵犯消費者合法權益。

　　如果廣告提供的信息是虛假不實的，不但不可能正確指導消費，相反還會導致消費者

做出錯誤的決策，造成不應有的損失。

具體說來，廣告的真實性原則體現在以下兩個方面：

第一，產品或服務的客觀性。《廣告法》中的真實性原則，應首先表現為廣告所指向的產品、勞務與服務整體上的客觀存在性。按照現代市場行銷理論，產品包括三個層次，即核心產品層次，表現為產品的有用性和產品的功能、功效、內在價值；形式產品層次，表現為產品的用料、規格、品牌、包裝、款式、造型、色澤等；擴大產品層次，表現為圍繞產品的所有服務的綜合，包括售前、售中與售後服務。

例如，把一個本不具有某種功能、不能滿足消費者某種需求的產品，說成具有某種功效、能滿足消費者某種需要都屬於虛假宣傳行為。以減肥茶產品為例，很多產品都聲稱具有助人減肥的功效，將幫助消費者獲得完美的「S」形曲線，然而幾乎所有減肥茶產品都無法滿足消費者瘦身的需要，甚至大部分產品具有較大副作用，體重反彈明顯。這樣的廣告行為就是虛假廣告行為。

又如，在廣告中故意誇大產品的某樣功效，用無法證明的時間指標、數字指標誘導消費者進行購買的行為，也都屬於虛假廣告行為。以「養樂多」為例，該產品在廣告中宣稱含有「100億活菌幫助腸道做運動」，然而這個數字根本是沒有經過科學驗證，是無法證明的一個誇大的數字（見圖17-1）。

第二，文字及圖形藝術表現真實性。廣告是以文字、圖形以及音響來表達的，具有藝術性及創意。在廣告宣傳中，不僅產品或服務本身應該是真實的，所選用的藝術表現方式、方法、特色以及所造成的實際效果、給消費者的實際感受也應該是真實的。

在這裡，從消費者接受信息的角度認識廣告的真實性，涉及的一個十分重要的問題，就是如何處理廣告真實性與藝術性的關係問題。廣告真實性的要求，不是對廣告藝術表現的限制，而是要為廣告表現注入於廣告藝術相結合的廣告真實，就是要求充分地展示出產品或服務本身的美，即產品或服務真實存在的美，從而給人以美的感受。在這裡分別舉一個合理運用廣告藝術性的例子和一個誇大產品的例子，供讀者比較理解。

例子中的果汁廣告運用了通感的藝術表現手法，以視覺刺激帶動消費者的味覺感受，從而達到引導消費者購買的作用（見圖17-2）。例子中的美的變頻空調，同樣運用藝術表現手法，以藍色為主色調，帶給人涼爽的心理感受，從而聯想到空調的功效，然而一晚一度電這種誇張的說法卻是不合適的，廠家也始終對一晚一度電的數據出處絕口不提，這種廣告行為是錯誤運用藝術誇張性的虛假廣告行為（見圖17-3）。

圖 17-1 養樂多廣告
圖片來源：呢圖網

圖 17-2 果汁廣告
圖片來源：呢圖網

圖 17-3　美的變頻空調
圖片來源：昵圖網

總之，《廣告法》中的廣告真實性原則，一方面有其質的規定性，對此應有科學的認識。同時從法的實踐合理性角度上看，應隨著實踐的發展，及時提出新的詳細的法律規定，從而使廣告真實性原則更具針對性。另一方面其在廣告法中又有核心地位。認識這一地位，是我們在執法實踐中準確執法的基本前提。

另外，虛假廣告必然導致廣告誠信度下降，使消費者遠離或拒絕廣告，廣告一旦失去了受眾，沒有人看廣告了，廣告就沒有效果，廣告也就失去了「生命」。因此，廣告內容必須真實。

17.2.3.2　合法性原則

廣告的合法性是指廣告行為必須符合法律的規定。合法性是廣告應遵循的首要原則，其與真實性原則在廣告行為與廣告內容兩個方面起到準則作用。真實性是事實，合法性是法律事實。真實性原則是對廣告內容的要求，而合法性原則既是對內容又是對行為的要求。

合法性原則主要體現在以下幾個方面：

第一，遵守廣告相關法律。廣告主、廣告經營者、廣告發布者、其他廣告人在進行廣告活動時，必須遵守國家制定的《廣告法》及相關的法律、法規，如《廣告管理條例》《中華人民共和國民法通則》《中華人民共和國反不正當競爭法》《中華人民共和國商標法》《中華人民共和國著作權法》《中華人民共和國專利法》《中華人民共和國消費者權益法》《中華人民共和國公司法》《中華人民共和國食品安全法》等，還應遵守地方性法規。

廣告活動中涉及大量的版權問題，廣告主、廣告經營者、廣告發布者在進行廣告活動時，必須遵守《中華人民共和國著作權法》的規定，尊重他人廣告設計作品、圖片、文案、廣告語、策劃書等版權。

第二，主體資格合法。廣告主、廣告經營者、廣告發布者應當具備《中華人民共和國民法通則》《中華人民共和國公司法》《廣告法》規定的權利能力與行為能力，廣告主應有政府批准設立的資格證書或工商局核發的營業執照，廣告經營者應有工商局核發的營業執照，廣告發布者應有政府批准設立的資格證書或工商局核發的營業執照及廣告經營許可證。

第三，廣告所介紹的商品或者提供的服務合法。商品既具有物質屬性與市場價值，也具有法律屬性。企業生產製造銷售的商品應當是合法的，凡不合法商品不得做廣告。例如，槍支彈藥、有害有毒食品、國家明令淘汰商品等。同樣，服務項目也應當是合法的，凡不合法服務項目及內容不得做廣告，如色情服務行業。

第四，廣告的內容及表現方式合法。廣告的內容應當遵守《廣告法》及相關的法律、法規，既不能虛假失實，也不能違反禁止規定，如違法使用國旗、國歌等。廣告的表現形式也應當遵守《廣告法》及相關的法律、法規，如違法採用新聞報導形式發布廣告（見圖

17-4)、通過人體彩繪發布廣告（見圖 17-5）等。

圖 17-4　以新聞報導形式發布廣告
圖片來源：我圖網

圖 17-5　大唐無雙 2 遊戲廣告
圖片來源：百度圖片

第五，廣告經營行為合法、發布程序合法。廣告設計、製作、發布、代理的經營行為應當遵守《中華人民共和國民法通則》《中華人民共和國公司法》《廣告法》及相關的法律、法規，合法經營，不得開展不正當競爭等。廣告發布程序也應當遵守法律、法規，如廣告經營者、廣告發布者在設計、製作、發布、代理廣告時應審查廣告內容，特別是在發布前應當履行法定審查程序，如藥品、醫療廣告等均應經審查機關審查後方可發布，且審查後的廣告在發布時須與審查時保持一致。

例如，珍視明涉嫌違規篡改廣告內容。在珍視明的視頻廣告中，汪涵的一段話讓人印象深刻：「學習，天天向上；視力，卻天天下降，珍視明滴眼液，天然配方，調節眼肌。要想視力好，天天珍視明。」在珍視明推出的圖片廣告中，也總會出現這樣標志性的「訴求」：要想視力好，天天珍視明。

值得關注的是，國家食品藥品監督管理總局網站上查到的珍視明的批准文號僅有「用珍視明」字樣，並無「天天珍視明」字樣的有效批號。也就是說，珍視明公司在上報審批的內容與實際播放廣告時的內容不符。

根據《藥品廣告審查辦法》第十六條的規定：「經批准的藥品廣告，在發布時不得更改廣告內容。藥品廣告內容需要改動的，應當重新申請藥品廣告批准文號。」如果珍視明修改了廣告內容，應當重新申請一個藥品廣告批准文號。

篡改批准文號的後果會怎樣？《藥品廣告審查辦法》第二十條規定：「篡改經批准的藥品廣告內容進行虛假宣傳的，由藥品監督管理部門責令立即停止該藥品廣告的發布，撤銷該品種藥品廣告批准文號，1 年內不受理該品種的廣告審批申請。」

17.2.3.3　精神文明原則

廣告必須符合社會主義精神文明建設的要求，就是指廣告必須符合社會主義思想道德建設和教育科學文化建設的要求。

第一，思想道德建設。廣告不僅是傳播商業信息，同時也是傳播文化信息，反應意識形態，在生活方式、消費觀念、人生觀、價值觀、社會風氣等方面起到導向和勸說的作用。因此，廣告必須尊重社會主義的社會公德和社會公共利益，禁止宣揚損人利己、損公肥私、金錢至上、以權謀私、封建迷信、淫穢、恐怖、暴力、醜惡的內容。應倡導科學、文明、健康向上、良好風尚和公共秩序，為建設社會主義和諧社會盡到社會責任。

例如，廣告發布賭博用具、超級牌術包教會之類的廣告，都是屬於違背社會主義思想道德建設要求的廣告行為。

第二，教育科學文化建設。教育科學文化建設是精神文明建設不可缺少的基本方面，它既是物質文明建設的重要條件，也是提高人民群眾思想道德水準的重要條件。

一是發展社會主義教育事業。社會主義教育事業是實現社會主義現代化建設的基礎。廣告具有教育大眾的功能。

二是發展社會主義科學事業。廣告具有推動科技發展的功能。

三是發展衛生事業和體育事業。衛生事業和體育事業的發展水準，標誌著一個國家和社會的文明進步程度。廣告不僅傳播衛生信息和體育信息，而且還為衛生事業和體育事業提供經費來源。

四是發展文學藝術和其他文化事業。廣告具有推動藝術創造發展的功能。

17.2.3.4 禁止虛假廣告原則

《廣告法》第四條規定：「廣告不得含有虛假或者引人誤解的內容，不得欺騙、誤導消費者。」

中國現行法律、法規沒有明確註釋虛假廣告的概念，但從《廣告法》《中華人民共和國反不正當競爭法》《中華人民共和國消費者權益保護法》的規定中可見虛假廣告的實質是欺騙和誤導。

所為虛假廣告，是指通過一定媒體或形式，以欺騙和誤導的方式進行不真實、不客觀、不準確的廣告宣傳。

虛假廣告的主要類型分為詐欺性虛假廣告和誤導性虛假廣告兩大類。

詐欺性虛假廣告通常稱為欺騙性虛假廣告，這類廣告以非法利益為目的，次用編造事實等手段進行宣傳，主觀上故意製造虛假信息，欺騙消費者。這類廣告具體表現為虛構、說謊、偽造、空許諾等，以及謊稱產品優質、歷史悠久或是名牌；未取得專利謊稱取得專利；對商品的性能、產地、數量、質量、價格、生產者、允諾的表示或對服務的內容、形式、質量、價格的表示與實際不符；使用不科學的表示功效的斷言和保證，如「包治百病」「一次見效」「永不復發」等。對詐欺性虛假廣告的認定，1993年6月21日國家工商總局在《關於認定處理虛假廣告問題的批覆》中明確規定一般應從以下兩個方面認定：一是廣告所宣傳的產品和服務本身是否客觀、真實；二是廣告所宣傳的產品和服務的主要內容是否屬實。凡利用廣告捏造事實，以並不存在的產品和服務進行詐欺宣傳，或廣告所宣傳的產品和服務的主要內容與事實不符的，均應認定為虛假廣告。只要把廣告與事實對照，不一致的，即可認定為詐欺性虛假廣告。

誤導性虛假廣告亦稱不實廣告，誤導性虛假廣告所宣傳的產品或服務本身可能是真實的，產品的性能質量也無問題，但是廣告中利用公眾對特定對象產生的錯誤理解，使公眾對產品或服務產生不切實際的期望，故意玩弄所謂的文字游戲，通過模棱兩可或含糊不清的語言誤導消費者，這種誤導超出了作為一般消費者應有的判斷識別能力，致使消費者可能產生誤認、誤購。誤導性虛假廣告的手法往往是誇大歪曲事實，刻意取巧，使用模棱兩可的、含糊不清的語言、文字、圖像，使消費者產生誤解，如促銷廣告中「虧本大甩賣」等用語。只要廣告表述不準確、不清楚、不明白地介紹客觀事實，即可認定為誤導性虛假廣告。

根據最高人民法院《關於審理不正當競爭民事案件應用法律若干問題的解釋》的規定，

經營者有以下行為之一，足已造成相關公眾誤解的，可以認定為引人誤解的虛假宣傳行為：一是對商品做片面的宣傳或者對比的；二是科學上未定論的觀點、現象等當做定論的事實用語商品宣傳的；三是以歧義性的語言或者其他引人誤解的方式進行商品宣傳的。最高人民法院將根據日常生活經驗、相關公眾一般注意力、發生誤解的事實和被宣傳對象的實際情況等因素，對引人誤解的虛假宣傳行為進行認定。

虛假廣告的主要表現有實質虛假、誇大失實、歧義誤導等。

第一，實質虛假的廣告。廣告所宣傳的產品本身是不客觀、不真實的，即廣告宣傳的產品與實際產品不符，甚至所宣傳的商品或者服務根本不存在。廣告介紹的商品、服務本身是虛假的，欺騙、誤導消費者。

第二，誇大失實的廣告。一般是經營者對自己生產、銷售的產品的質量、製作成分、性能、用途、生產者、有效期限、產地來源等情況，或對所提供的勞務、技術服務的質量規模、技術標準、價格等資料進行誇大的宣傳。廣告宣傳產品的主要內容（包括產品所能達到的品質和功能、效用、標準、產品的生產企業、產品的價格、產品的標誌以及為宣傳產品適用的證明、檢測報告、文摘、引用語和宣傳手段等）不準確、不清楚、不明白，即廣告宣傳的內容具有不合理誇張、欺騙誤導性的內容。

第三，語言文字存在歧義，令人誤解的廣告。此類廣告內容也許是真的或者大部分是真實的，但是經營者在措詞上使用歧義性語言的技巧明示或者暗示、省略或含糊使得消費者對真實情況產生誤解，並影響消費者購買決策，導致受騙。

常見的有醫療、藥品廣告中誇大療效，以專家、教授的名譽和患者的形象做宣傳；保健品、減肥廣告往往誇大效果，混淆概念，把保健品當成藥品來宣傳，誤導消費者，甚至請來某某明星為其產品代言，而這些明星根本沒有使用過該產品。

下面舉例來辨認廣告虛假與否（見圖17-6）。

圖17-6　澳蘭姿廣告
圖片來源：呢圖網

廣告語：甄選原生態海島鯛類新鮮魚鱗為原料，採用世界領先的定向底紋紋酶解技術，定向截取膠原蛋白中最適宜人體吸收的有效氨基酸片段，分子量控制在2,000～3,000道爾頓，產品保證0污染、0添加、100%安全承諾，並由中國人民財產保險公司承諾。澳蘭姿三肽膠原蛋白不但可以美容、養顏，同時促進人體新陳代謝、提高免疫力、增強血管彈性、提升骨密度、改善腸胃功能等，從人體結構上徹底預防、緩解衰老，給身體注入年輕活力。

問題：上述廣告是否屬於虛假廣告？如果是，請具體分析該廣告中的哪些內容屬於虛假廣告行為。

17.2.4　中國廣告法規的管理機構

要對全國進行有效的廣告管理，必須要建立各級各類的廣告管理機構。中國的廣告管理機構因廣告管理的方式、層次的不同而不同。

17.2.4.1　國家廣告管理機關

國家廣告管理機關是廣告管理行政行為的發出者，是廣告管理的主體。中國的廣告管理機關是工商行政管理機關。中國《廣告法》第六條規定：「國務院工商行政管理部門主管全國的廣告監督管理工作，國務院有關部門在各自的職責範圍內負責廣告管理相關工作。縣級以上地方工商行政管理部門主管本行政區域的廣告監督管理工作，縣級以上地方人民政府有關部門在各自的職責範圍內負責廣告管理相關工作。」國家工商行政管理總局和地方各級工商行政管理局代表國家行使廣告管理的職能，是國家的方針政策落實於廣告活動的執行者，是廣告活動的直接監督者。工商行政管理機關的廣告管理職能，由其內設的職能部門具體負責。國家工商行政管理總局內設廣告監督司，負責廣告監督管理工作。其主要職能是：研究擬定廣告業監督管理規章制度及具體措施、辦法；組織實施對廣告發布及其他各類廣告指導活動的監督管理；組織實施廣告經營審批以及依法查處虛假廣告；指導廣告審查機構和廣告行業組織的工作。各省、自治區、直轄市、計劃單列市工商行政管理局內設廣告監督處，地、市、縣工商行政管理局設廣告科，既接受相應的各級政府領導，也接受上級工商行政管理局的業務領導。各級工商行政管理機構都有一批懂業務、會管理的專職或兼職廣告管理人員，進而形成了較為完整的廣告管理組織體系。

17.2.4.2　廣告協會、廣告學會

廣告協會、廣告學會雖不是廣告管理機關，但依據廣告管理的有關規定，可對廣告業進行組織、協調和指導，進行行業自律；對廣告理論、廣告業發展過程中出現的新情況、新問題進行研究和探討。各級廣告協會、廣告學會在協助廣告管理機關改進和加強廣告管理工作方面發揮了巨大的作用。

中國廣告協會成立於1983年，是國家工商行政管理總局直屬事業單位，是經民政部註冊登記的全國性社會團體。經過30多年的發展，中國廣告協會組織結構日益健全、組織力量日益壯大。目前，已有全國各省、自治區、直轄市等地方廣告協會單位會員51家，單位會員1,700餘家（廣告公司、媒體、廣告主、教學研究機構、市場調查公司等），個人會員400餘名（學術委員和法律委員）以及15個專業領域的分支機構。

中國廣告協會始終緊密圍繞「為行業建設與發展提供服務」的根本宗旨，切實履行「提供服務、反應訴求、規範行為」的基本職責，積極開展工作。中國廣告協會的主要職能有以下幾方面：

一是加強行業自律、大力推動行業誠信建設，規範會員行為，加強自我監管。中國廣告協會組織制定並實施了廣告行業自律規範，積極開展對違法廣告的勸誡、點評工作以及廣告發布前法律諮詢工作，組織開展全國廣告行業精神文明先進單位評選表彰活動。

二是以優化產業結構、提升企業核心競爭力、推動產業升級為出發點，積極開展中國廣告業企業資質認定工作，贏得業界和社會的支持和認同。

三是以提升廣告從業人員素質，維護廣告行業人才市場秩序為宗旨，努力推動建立全

國廣告專業技術人員職業水準評價體系，使廣告專業技術人員納入全國專業技術人員職業資格證書制度統一規劃。

四是積極開展反應訴求和維權工作，為行業發展創造良好的政策環境。積極參與推動相關立法和政策制定，參與了《中華人民共和國廣告法》等法律、法規的制定與修訂工作，協助國家工商總局、國家發改委研究制定《關於促進廣告業發展指導意見》《廣告業發展「十二五」規劃》等。2001年，中國廣告協會有效協調廣告費稅前抵扣問題，使企業廣告費稅前扣除標準由2%調整至8%；2009年，中國廣告協會進一步使化妝品製造、醫藥製造和飲料製造（不含酒類製造）企業發生的廣告費和業務宣傳費支出稅前扣除比例從15%放寬到30%；組織開展中國戶外廣告業生態和整治問題的調研，使中國戶外廣告管理逐步納入規範化、法制化的軌道。

五是開展行業培訓、交流活動，實施多層次人才培養計劃，提升行業整體服務水準。

六是廣泛開展調查研究和信息服務工作，利用行業網站、工作通信和電子刊物等形式為會員和行業提供優質服務。

七是搭建學習展示、商務交流的平臺，幫助廣告企業提高業務素質、拓展業務領域、改進業務能力。「中國國際廣告節」「中國廣告論壇」等重要展會已經成為業界頗有影響力的服務品牌。

八是加強學術研究，為提高廣告從業人員專業素質和理論研究水準拓寬了領域。中國廣告學會主辦的《現代廣告》等專業雜志和所屬學術分會成為行業思想輿論和學術理論建設的重要平臺和陣地。

九是積極開展國際交流，促進中國廣告業與國際廣告業的接軌和融合。非常值得肯定的是中國廣告學會於2004年在北京成功舉辦第39屆世界廣告大會，標志著中國廣告業進入國際化發展的新時期。

中國廣告產業學會（China Advertisement Industry Association，CAIA）創立於1989年10月27日，是經主管部門批准登記的具有社團法人資格的全國性廣告行業組織。

中國廣告產業學會的宗旨是堅持四項基本原則，貫徹執行改革開放的方針，代表和維護會員的正當權益，團結全國廣告工作者，抓自律、促發展，為建設社會主義物質文明和精神文明服務。

中國廣告產業學會的職能是在國家主管部門的指導下，按照國家有關方針、政策和法規，對行業進行指導、協調、服務、監督。

中國廣告產業學會設置辦事機構和專業委員會。辦事機構由綜合事務部、會員管理部、學術培訓部、對外聯絡部、信息諮詢與技術開發部五個部門組成；專業委員會設有廣告主委員會、報紙委員會、廣播委員會、電視委員會、廣告公司委員會、鐵路委員會、公交委員會、學術委員會。

中國廣告產業學會的主要任務如下：

一是宣傳貫徹有關廣告管理法規、政策，協助政府搞好行業管理；反應會員單位的意見和要求，就有關廣告管理、行業規劃向政府提出建議。

二是開發信息資源、建立信息網絡，為會員單位和工商企業提供經濟、技術、市場、行業等方面的信息諮詢服務。

三是開展境內外人員培訓和學術理論研究，提高廣告從業隊伍的思想水準、理論水準、政策水準和業務能力。

四是組織開發、引進和推廣國內外先進技術、設備、材料和工藝，舉辦本行業的全國

性和國際性展覽會、展銷會,促進廣告設計、製作、發布水準的提高。

五是建立廣告發展基金會,為促進廣告行業健康發展提供資金支持。

六是開展國際交流與合作,代表和統一組織中國廣告界參加國際廣告組織及活動。

七是開展行業資質檢評活動,向社會推薦資質優秀的單位,促進會員單位不斷提高經營管理水準。

八是加強行業自律,建立和維護良好的廣告經營秩序,反對不正當競爭,堅持廣告的真實性,提高廣告的思想性、科學性和藝術性;向社會提供廣告行業法律諮詢服務,調解行業內、外部糾紛。

中國廣告產業學會的最高權力機構是會員代表大會,在代表大會閉會期間理事會和執行理事會執行大會決議,行使大會職權,領導辦事機構開展工作。

17.3 廣告法規管理的主要內容[①]

17.3.1 對廣告內容的法規管理

廣告法規的主體內容之一是對各種類型廣告內容及表現形式的管理規定。

17.3.1.1 通用的一般準則

在開展廣告宣傳的過程中,必須遵守最基本的法律規定和準則。關於這方面的具體內容,主要由有以下兩方面:

第一,廣告宣傳內容的要求。總體而言,廣告宣傳內容必須真實、合法、健康。《廣告法》第三條規定:「廣告應當真實、合法,以健康的表現形式表達廣告內容,符合社會主義精神文明建設和弘揚中華民族優秀傳統文化的要求。」《廣告法》第四條規定:「廣告不得含有虛假或者引人誤解的內容,不得欺騙、誤導消費者。」

第二,廣告宣傳的基本準則。這是指廣告法律、法規規定的廣告內容和形式應當符合的基本要求。中國的《廣告法》從廣告的內容和形式兩個方面,對廣告內容的導向、廣告禁止的內容、廣告的可識別性、廣告內容的組織等做了明確的規定。

17.3.1.2 對特殊廣告主的法律準則

有些商品由於比較有特殊,與人民健康和生命密切相關,如藥品、醫療器械、農藥、菸草、食品、化妝品等一些特殊商品以及其他法律、法規中規定的應當進行特殊管理的商品。對這些商品,廣告法律、法規中一般有比較明確的特殊規定。

17.3.2 對廣告活動的法規管理

17.3.2.1 關於廣告經營者、廣告發布者資格的認定

第一,廣告經營者資格認定。申請經營廣告業務的企業,除符合《中華人民共和國公司法》《中華人民共和國公司登記管理條例》《中華人民共和國企業法人登記管理條例》及有關規定之外,還要具有特殊的業務專項條件。根據廣告經營業務的不同,廣告公司應當

---

① 李景東. 現代廣告學 [M]. 廣州:中山大學出版社,2010:50-52.

具備的條件又有不同的規定。

第二，廣告發布者資格認定。根據《廣告法》的規定，廣告發布者主要是指兼營廣告業務的媒介單位，如電臺、電視臺、報社、雜志社、出版社等。這些單位的主要職能是政策宣傳和出版業務，同時兼營廣告業務。發布廣告屬於一種廣告經營行為，所以必須對其實行專門管理。關於廣告發布者的資格認定，在中國的《廣告法》有明確規定。

17.3.2.2　關於廣告經營活動的規定

廣告經營活動是廣告宣傳活動的基礎。如果經營行為不合法、不合格、不科學，就可能創作出損害公眾利益的廣告作品。因此，各國的廣告法規對經營活動都有比較詳細的規定。中國關於廣告經營活動的相關規定，請查閱中國的《廣告法》，這裡不一一贅述。

17.3.2.3　關於戶外廣告活動規範

根據中國《廣告法》的規定，有下列情形之一的，不得設置戶外廣告：利用交通安全設施、交通標志的；影響市政公共設施、交通安全設施、交通標志、消防設施、消防安全標志使用的；妨礙生產或者人民生活，損害市容市貌的；在國家機關、文物保護單位、風景名勝區等的建築控制地帶，或者縣級以上地方人民政府禁止設置戶外廣告的區域設置的。戶外廣告的設置規劃和管理方法由當地縣級以上地方人民政府組織廣告監督管理、城市建設、環境保護、公安等有關部門制定。

17.3.2.4　網絡廣告活動規範

一般來講，只要是發布廣告，就要遵守《廣告法》，但有關在網絡媒體上發布廣告的規定，《廣告法》卻未提及。對於管理部門而言，除了規定網絡公司承接廣告業務必須對其經營範圍進行變更登記外，如何界定網絡廣告經營資格，監測和打擊虛假違法廣告，取證違法事實，規範通過電子郵件發送的商業信息，對域外網絡廣告行使管轄權等一系列新的課題，都尚待探討。但網絡廣告接受法律監督勢在必行。2000年5月29日，全國20家知名度較高的網絡公司在北京首次獲得國家工商總局頒發的經營廣告業務的通行證——廣告經營許可證。2000年9月25日，國務院頒布了《互聯網信息服務管理辦法》。這些都標志著國家對網絡信息傳播管理的重視。

17.3.2.5　關於廣告合同的規定

中國《廣告法》第三十條規定：「廣告主、廣告經營者、廣告發布者之間在廣告活動中應當依法訂立書面合同。」廣告主和廣告經營單位在簽訂書面合同之前，廣告主應出示符合廣告管理法規要求的證明文件。若齊全無誤，廣告經營單位可以代理和發布；反之，則不然。倘若雙方不能嚴格履行驗證手續而出現重大事故，將由工商行政管理機關視情節輕重追究責任。驗證手續完畢後，方可簽訂書面合同，以明確雙方的責任。雙方按規定及相互協議的結果形成書面合同後，必須嚴格遵守，不得單方面撕毀，否則就要向對方支付違約金。

17.3.3　對廣告違法行為的法規管理

廣告違法行為是指廣告主、廣告經營者、廣告發布者違反《廣告法》和有關法律、法規的行為。在廣告活動中，凡是違反了有關法律、法規的，必須承擔相應的法律責任，接受相應的處罰，直至刑事制裁。

中國現行的《廣告法》，對廣告活動中的各種違法行為規定了嚴格的法律責任，主要有

以下 3 個方面：

第一，民事責任。《廣告法》第五十五條、第五十六條和第七十條規定了發布虛假廣告對消費者的侵權行為及其他侵權行為應承擔的民事責任。

第二，行政責任。廣告當事人違反《廣告法》，應當承擔行政處罰和行政處分。

第三，刑事責任。《廣告法》對發布虛假廣告，違反《廣告法》關於廣告內容的基本要求及廣告禁止的情形，偽造、變造廣告審查決定文件，以及廣告監督管理機關和廣告審查機關工作人員的瀆職行為構成犯罪的，按規定依法追究刑事責任。

17.4　國外廣告法規管理

在發達國家，廣告法規已有較長歷史，並在不斷推出新的法規。世界上第一步廣告法於 1907 年在英國頒布，對廣告發布的範圍進行了規定。該法又於 1927 年進一步加以完善，主要內容包括：禁止發布妨礙公園、娛樂場所或風景地帶自然美的廣告；禁止損害鄉村風景、公路、鐵路、水道、公共場所、歷史文物地的廣告；禁止在車輛上做廣告，並對醫藥廣告做出了嚴格規定。

美國的廣告法規比較完善。美國政府通過聯邦、州和提防的法律和各種政府代理機構的規章來進行廣告的管理。1911 年，美國制定了《普令泰因克廣告法案》，並在 1938 年和 1975 年進一步完善。該法案對廣告活動中各方的權利、義務、行為規範以及反壟斷方面都有明確的規定。1914 年，美國國會通過《聯邦貿易委員會法案》，產生了聯邦貿易委員會這個代表聯邦政府的專門機構對廣告加以管理，在依法管理虛假和誤導性廣告方面起到了示範作用。除了聯邦條例和規定外，美國各州和地方政府也頒布自己的法令管理廣告。地方性的廣告法規一般規定得比較詳細，如紐約市關於旅遊與旅館業價格廣告的法規；俄勒岡州和加利福尼亞州關於噴放菸霧的商品廣告違法的規定；緬因州的法規則要求撤出商店以外的張貼廣告和路牌廣告並制定了具體的罰則。

美國廣告業的營業額居世界第一位，其廣告立法及廣告管理也十分健全和完善，因此本節重點介紹美國的廣告法規及廣告管理。

17.4.1　美國廣告法規

美國廣告法規健全、具體、詳細，虛假廣告認定十分準確，並且能有效利用法律進行處罰。美國早在 1911 年就頒布了《普令泰因克廣告法案》(又稱《印刷物廣告法案》)，還有成文商標法《蘭哈姆法》(Lanham Act)。1975 年，美國廣播事業協會制定了《美國電視廣告規範》，為行業自律規範。美國廣告法對不同產品的廣告，如菸酒、食品、減肥保健品和藥物都有針對性的詳盡規範，一旦接到消費者個人、消費者組織或廣告企業競爭對手的投訴，就會對涉嫌虛假廣告的產品或服務展開調查。

美國不僅廣告法規十分完善，廣告業自律也很充分。在這些法律、法規以及管理條例中，值得注意的是美國規定證人廣告中的意見領袖，如明星、名人、專家必須是產品和服務的實際使用者，否則是虛假廣告。

流行天王邁克爾·杰克遜在 1988 年為百事可樂公司代言（見圖 17-7），並拍攝了系列廣告。然而在此之後，由於媒體爆料杰克遜並不飲用可樂，導致該系列廣告效用盡失，杰克遜本人也獲稱「美國年度最不受歡迎明星」。同樣是為沒有實際使用的產品代言，羅納爾

多為金嗓子喉片代言（見圖17-8）則獲得了完全不一樣的待遇。該廣告並沒有受到中國廣告監管部門的調查，也就沒有被定性為虛假廣告。

圖17-7　邁克爾・杰克遜代言百事可樂
圖片來源：邁克爾・杰克遜中國網

圖17-8　羅納爾多代言金嗓子喉片
圖片來源：百度圖片

17.4.2　美國廣告管理

17.4.2.1　虛假廣告

虛假廣告（Deceptive Advertising）是美國廣告管理的重點。根據美國聯邦貿易委員會的規定，凡是「廣告的表述或由於未能透露有關信息而給理智的消費者造成錯誤印象的，這種錯誤影響又關係到所宣傳的產品、服務實質性特點的，均屬虛假廣告」。無論是直接表述還是暗示信息，廣告發布者都要負法律責任。

美國把判定廣告是否虛假的權利交給消費者，並由專業部門裁定。凡符合以下條件的廣告視為虛假廣告。

第一，不管廣告本身是否真正虛假，只要廣告的內容產生誤導消費者，造成消費者認知錯誤的結果，就判定為虛假廣告。

第二，判定廣告虛假，不同的對象在合理的判斷標準上會有所不同。一般合理的消費大眾會相信廣告內容為真。在判斷一般合理的大眾時，應考慮該廣告是否針對老人、兒童等特定對象。如果是針對老人、兒童等特定對象的，那麼判定廣告虛假標準比針對其他成年人為對象的廣告標準更為簡單。

第三，廣告向消費者訴求表述的重點內容為考量廣告中虛偽成分的重點。這些重點包括涉及產品質量、效果、耐用度、保證以及有關健康、安全等方面的表述，還包括經營商品明示或者有意暗示的表述。

以上三點是評價虛假廣告的條件及標準。如果一則廣告內容虛假誇張，但不會使消費者產生誤信，就不屬於虛假廣告，有利於廣告創意及藝術誇張表現手法的運用。

17.4.2.2　不實廣告

不實廣告（False Advertising）是涉及食品、藥品、裝置及化妝品的虛假廣告，由於食品、藥品、裝置及化妝品的虛假廣告直接危害消費者的安全利益，所以把不實廣告單列出

來進行管制。

17.4.2.3 不公平廣告

不公平廣告（Unfair Advertising）是指違反社會公序良俗，具有壓制性和反道德性的廣告。不公平廣告的特點就是具有不公平性，侵害其他同業者。判斷不公平廣告的條件有以下三個：

第一，廣告內容是否違反社會公序良俗。
第二，廣告中使用的方式是否含有壓制性和不道德行為。
第三，同業者、消費者是否受到了實質的損害。

只要第三項成立，即使第一、二項不存在，也不影響不公平廣告的成立。也就是說，不以表現為依據，而以損害結果為評判依據。

17.5　中國廣告法規管理的現狀

中國的廣告管理從以前的單一行政管理逐步形成現階段的多層次的管理架構，是一次重大的突破和轉型，但還存在著諸多問題。中國廣告協會會長楊培青女士曾做過這樣的描述：在快速發展中，中國廣告業比較突出的問題，一是社會對虛假廣告的普遍認識不足。一些企業的法律意識十分單薄，有的根本沒有認識到發布廣告應當承擔相應的法律責任。有的企業，包括大中型企業，為了追求經濟效益，廣告中採用虛假、欺騙的手段誤導消費者；有的貶低競爭對手，進行不正當競爭；有的廣告內容有悖社會善良習俗，損害社會公德；等等。二是廣告活動不夠規範。廣告主、廣告經營者、廣告發布者各自的法律責任不明確，運作不合理，缺乏相應的制約機制。這段描述基本表述了中國廣告行業中存在的問題，也揭示了中國廣告管理的現狀。

中國廣告法規管理存在的問題概括如下：

第一，廣告管理的法規不夠健全、不夠細化，衡量違法的具體標準不是很明確。

第二，雖然我們採用多層次的監管方式，但是我們的行業自律是由廣告協會半官方的機構負責執行，而消費者和社會的監督途徑不是很暢通。

第三，對於新興媒體的廣告管理的法規條文很少，如網絡廣告的管理、電視購物這種廣告和購物模式的管理中法律責任的分配和追究等問題。

第四，執法力度不夠，在每年的消費者權益保護日各大媒體會集中關注廣告欺騙、消費品質等問題，而在一年的其他時間內，媒體關注度不夠，執法部門的執法力度也不夠。

第五，按照加入世界貿易組織的規定，2005年年底對中國的廣告市場全面放開，這就使得中國的法律和國際化接軌不到位，在對國際性的廣告監管方面有法律和執法缺陷。

本章小結

廣告的法規管理，即國家通過制定有關的法律、法規和相關政策，並通過管理機關按照法規和政策對廣告行業和廣告活動進行監督、檢查、指導的過程。廣告的法規管理是廣告管理的重要組成部分，也是廣告監管部門最主要的管理手段，對維護廣告市場的公平競

爭和促進廣告業的健康發展起著巨大作用。然而由於種種問題，中國廣告法規管理的現狀並不樂觀，需要探討解決的問題還很多。

思考題

1. 試評價中國現行廣告法規體系。
2. 試比較中美廣告法規管理優劣。
3. 請用所學知識分析以下廣告是否違反中國相關廣告法律、法規的規定？

參考文獻

李景東. 現代廣告學［M］. 廣州：中山大學出版社，2010：50-52.

第六部分總結

　　廣告製作是整個廣告創作流程的最後一步，是廣告創意的實際體現過程，因此廣告作品製作的好壞和製作水準的高低直接影響著廣告面世後的傳播效果。任何優秀的廣告創意都必須經過一系列製作工序後才能轉化成現實的作品，而不同的廣告媒體作品，因其在編輯方法、內容特點、表現形式、對象範圍等方面存在差異，所以其製作方式和製作環節也大不一樣。本部分圍繞平面印刷廣告（包括報紙廣告、雜誌廣告）、電子媒體廣告（包括電視廣告、霓虹燈廣告、車身廣告）和網絡廣告（包括網幅廣告、文本連結廣告、電子郵件廣告），重點介紹以上廣告形式的基本要求和製作過程，並簡單介紹屏保、書簽和工具欄廣告、指針廣告等其他廣告形式。在介紹新興網絡廣告形式的同時，本部分還對網絡媒體空間的來源進行了探索與思考，並針對廣告的現實意義，重點介紹了不同廣告材料的適用場合，以期對讀者的具體實踐提供更多幫助。

　　廣告製作完成標志著廣告創作過程的完成，然而廣告信息並不能直接到達消費者，必須通過一定的仲介物，也就是所謂的媒體。媒體是指交流、傳播信息的工具，其範疇要比媒介小得多，只是人們通過眼睛可以看得見的傳播物。作為廣告信息的載體和傳播渠道，廣告媒體對於廣告的作用，決定了廣告信息所能到達的顧客群及其傳播效果。媒體之於傳播，正如郭慶光所說：媒體就是傳播的核心概念之一，作為信息傳遞、交流的工具和手段，媒體在人類傳播中起著極為重要的作用。沒有語言和文字的仲介，人類傳播就不能擺脫原始的動物狀態；沒有機械印刷和電子傳輸等大量複製信息的科技手段的出現，就不可能有今天的信息社會。

　　任何廣告都必須依賴於一定的媒體存在，並通過媒體進行傳播。自人類社會出現廣告起，廣告與媒體就密不可分地聯繫在一起。隨著科學技術的發展，廣告媒體的形式也在演進，特別是近年來互聯網和移動通信技術的發展使得網絡媒體得到了極大的發展，微博、微信等新媒體形式更是受到了社會各界的高度關注。本部分從廣告媒體的概念體系、傳統廣告媒體、新媒體和媒體計劃四個方面，介紹了廣告媒體的相關知識。

廣告製作與傳播並不是無限制的行為，所謂廣告法規管理是指工商行政部門和其他部門依據《廣告法》《廣告管理條例》《中華人民共和國消費者權益保護法》及其他政策、法規，對廣告活動的參與者進行監督、檢查、控制和協調、指導的過程，是廣告管理的重要組成部分，也是廣告監管部門最主要的管理手段，對維護廣告市場的公平競爭和促進廣告業的健康發展起著巨大作用。本部分從廣告法規管理的基礎知識入手，分析中國廣告法規管理的現狀，比較國內外廣告法規的異同，圍繞國內廣告法規管理中的問題進行探討。

　　學習知識，就如建設樓房，優秀的設計藍圖是基礎，而實際建設過程的好壞直接決定了樓房最終的質量。如果將前兩部分的內容比作設計藍圖，那麼本部分的內容就是為具體實踐作指導。優秀的廣告創意必須要通過高質量的廣告製作，方能轉化為具體的廣告作品；優秀的廣告作品，又必須經過合理的廣告媒體，才能到達消費者。無論廣告製作還是廣告媒體選擇，都必須接受國家廣告法規管理。因此，本部分的內容更為強調廣告的現實意義，旨在為讀者進行廣告的具體實踐提供幫助。

第七部分
世界著名廣告公司

18 概述

18.1 廣告公司的產生及發展

　　1841年，沃爾尼·B. 帕默（Volney B Pdmer）在美國費城開辦了一家以代理報紙廣告為主營業務的公司，該公司被視為世界上第一家廣告公司。在1845年和1847年，帕默又先後在波士頓和紐約開辦公司，不僅是報紙和廣告界的仲介，而且常為客戶撰寫文案，並向報紙抽取25%的佣金（後逐漸減至15%）。

　　廣告公司的業務在發展中不斷完善，從仲介代理向設計策劃完美轉變。直至被廣告歷史學家稱為「現代廣告公司的先驅」的艾耶父子廣告公司（N.W.Ayer & Son）於1869年在費城成立，世界上出現了首家被認為具有近似現代意義的廣告代理公司。

　　19世紀末20世紀上半葉，廣告公司進入快速發展期，公司數量不斷增加、服務功能不斷完善、服務領域不斷擴大，形成由國內向國外發展的大趨勢。其中，一批實力雄厚的廣告公司以驚人的速度展現於世界面前，成為跨國廣告公司的代表。

　　1849年，英國的美瑟—克勞瑟廣告公司（Mather & Gowther）已有員工100人，並提供類似於美國艾耶父子廣告公司的廣告服務。1880年，日本第一家廣告代理店「空氣堂組」在東京開業，隨後「弘報堂」「廣告社」「三成社」「正喜路社」紛紛成立。現存歷史最悠久的日本廣告公司「博報堂」也在這一時期（1895年10月）正式開業，並於1901年7月，成立了具有股份制性質的「日本廣告株式會社」。至此廣告公司迅猛發展，逐漸遍布世界的每一個角落。

18.2 全球廣告行業格局

　　隨著經濟全球化的擴張，跨國廣告集團應運而生，廣告行業的競爭也愈演愈烈。奧姆尼康（Omnicom）集團、WPP集團、Interpublic（IPG）集團、陽獅（Publics）集團、電通集團以及哈瓦斯（Havas）集團成為當今廣告市場最具影響力的六大廣告公司，雄踞廣告行業。各集團下設許多子公司，為客戶提供廣告、市場行銷、公關、網絡行銷、客戶關係管理和諮詢等服務。2003年，這六大集團的業務量占全球廣告市場總份額的66%。

　　奧姆尼康——全球最富創意的廣告與傳播集團。奧姆尼康總部位於美國紐約，通過其全球網絡和下屬的眾多專業公司在100多個國家和地區為超過5,000個客戶提供廣告、戰略媒體規劃和購買、直銷、促銷、公共關係以及其他專業傳播諮詢服務。奧姆尼康下屬主要公司有：天聯廣告（BBDO）、恒美廣告（DDB）、李岱艾、浩騰媒體。

　　WPP集團——世界上最大的廣告與傳播集團。WPP集團總部位於英國倫敦，擁有60多個子公司，主要服務於本地、跨國及環球客戶，提供廣告、媒體投資管理、信息顧問、

公共事務及公共關係、建立品牌及企業形象、醫療及制藥專業傳播服務。WPP 集團下屬主要公司有：奧美（Ogilvy & Mather，O&M）、智威湯遜（J Walter Thompson，JWT）、電揚廣告的、傳力媒體、尚揚媒介、博雅公關、偉達公關。

　　Interpublic 集團——美國第二大廣告與傳播集團。Interpublic 集團總部位於美國紐約，超過 20 個國家和地區擁有 40 個代理商。Interpublic 集團下屬主要公司有：麥肯環球廣告、靈獅廣告公司、博達大橋廣告公司、盟諾廣告公司、萬博宣偉公關、高誠公關。

　　陽獅集團——法國最大的廣告與傳播集團。陽獅集團創建於 1926 年，總部位於法國巴黎，以廣告代理服務、媒介服務、媒體經營、公共關係服務和市場行銷服務為主要業務。陽獅集團下屬主要公司有：陽獅中國、盛世長城、李奧貝納、實力傳播、星傳媒體。

　　電通集團——日本最大的廣告與傳播集團。電通集團總部位於日本東京，在 30 多個國家和地區設有子公司，與 50 餘個國家和地區成立了合作據點。電通集團下屬主要公司有：電通傳媒、電通公關、Beacon Communications。

　　哈瓦斯集團——法國第二大廣告與傳播集團。哈瓦斯集團總部位於法國巴黎，業務遍布全球 70 多個國家和地區，擁有 14,400 多名雇員。哈瓦斯集團下屬主要公司有：靈智大洋、傳媒企劃集團、Arnold Worldwide Partners。

19　世界著名廣告公司簡介

19.1　恒美廣告公司

19.1.1　公司簡介

恒美廣告公司（Doyle Dane Bernbach，DDB）於1949年在美國紐約成立，是一家具有60多年歷史的世界頂極4A廣告公司，世界著名十大廣告公司之一。DDB是傳播公司奧姆尼康集團（Omnicom集團，又譯宏盟集團）的子公司。截至目前，DDB在96個國家和地區設有206個分公司（辦事處），其客戶包括百威、保時捷、聯想等世界知名公司。

19.1.2　公司起源

1949年，比爾·伯恩巴克（Bill Bernbach）、道爾（Ned Doyle）和戴恩（Maxwell Dane）三位廣告大師在美國紐約創立了DDB。三位創始人驚醒了當時的美國廣告業，他們開創了一種依賴對人性的洞察、對消費者的尊重和創造的全新市場行銷方式。用他們的話說就是：「讓我們停止對人們的單項灌輸，讓我們開啓能付諸行動的對話。」

DDB的主要創始人比爾·伯恩巴克（Bill Bernbach）被認為是二戰後「最具有影響力的創意人」之一，他最先在廣告中引入了具有諷刺意味的幽默和鮮明領導形象的運動。伯恩巴克曾說：「規則是供藝術家打破的，循規蹈矩永遠無法產生令人難忘的想法。」這句話至今影響著DDB的廣告精英們，激勵著一代又一代的DDB人，推動著DDB成為世界十大廣告公司之一。DDB因其獨特的創意和先進的理念，獲得了合作夥伴的充分信任，樹立起了在業界的聲譽。

19.1.3　公司理念

DDB所能提供的是能夠讓品牌和業務成長的「有創意的解決方案」，創意是廣告公司前進的動力。DDB的發展一直遵循著與創意相關的一系列相關理念。

第一，創造力是商業中最強大的力量。DDB通過與客戶在合作關係中發現並釋放人的潛能、品牌的潛能和商業業務的潛能，通過創造力來打造品牌影響力。

第二，洞察人性。DDB始終相信偉大創意來自敏銳的洞察力，一個好的創意可以推動品牌的持久發展。

第三，尊重消費者。在不斷發展中，DDB認識到品牌掌握在消費者手中，而不是品牌經理手中。

第四，尊重世界。作為有影響力的信息傳播者，DDB一直致力於將創意用於善舉。正如伯恩巴克所說的那樣：「所有專業使用大眾媒體的人都是社會的塑造者。我們可以使這社會庸俗化，我們可以殘酷地對待它，或者我們可以幫助它提高到一個更高的水準。」

第五，充分尊重個人自由。即使是最優秀的人才，若沒有一個鼓勵個人自由與成長的環境，他的想像力也不可能得到完全激發。因此，DDB 首席執行官凱茨·雷恩哈德（Keith Reinhard）提出四個自由，即免於恐懼的自由、無畏失敗的自由、避免混亂的自由和為所應為的自由，借此將 DDB 打造成能夠激發人自由表達的土壤。

19.1.4 廣告風格

想像奇特，以情動人，這是 DDB 在廣告創作中最為突出的風格。廣告中最重要的東西就是獨創性和新奇性，令消費者眼前一亮，從而對產品留下深刻印象。DDB 的作品往往能在一般人熟視無睹的地方提煉出與眾不同的創意，在看似反常的廣告文字之中，告訴人們真實可信的事實和重要信息，形成與目標消費群體的生活形態有關和與企業期望的公眾行為相關的廣告創意，運用與眾不同的特色在瞬間引起受眾的注意並在其心靈深處產生震動，有效地推出產品形象，與競爭對手形成產品概念的差異，提高品牌整體形象和市場競爭力。

下面以 DDB 為上海大眾 Lavida 品牌上市提供的行銷解決方案為例，對 DDB 的廣告風格產生更直觀的認識。

2013 年 11 月 14 日，上海大眾汽車的標誌性品牌 Lavida 家族首次震撼上市。由 DDB 集團（上海）與上海大眾汽車攜手重磅打造的「Lavida，投入的生活」品牌上市宣傳方案讓人耳目一新，頗能引發主流大眾的共鳴——真正「生活」著的人是強大的，他們沒有驚天動地的夢想，卻有著讓世界動容的真摯感情。在由 DDB 設計的視頻廣告中，是年輕的情侶投入地去表達愛、去追尋愛的片段，或者是對世界充滿向往的年輕人聽從靈魂的聲音投入地探索未知、去體驗世界等。除了獨具創意的「Lavida 生活」圖標，DDB 設計的手指平面廣告，更是讓人眼前一亮，配上輕鬆愉快的音樂，能充分激起受眾那顆熱愛生活的心。相信所有熱愛生活的人，都會為之動容（見圖 19-1、圖 19-2）。

圖 19-1　「Lavida，投入的生活」視頻網視頻廣告截圖
圖片來源：優酷網視頻截圖

圖 19-2　Lavida 家族上線 Teaser Video 手指篇視頻廣告截圖（請欣賞視頻 19-1）
圖片來源：優酷網視頻截圖

19.1.5　啟示

DDB 創立於 1949 年，迄今已有 60 多年的歷史。已是花甲之年的 DDB 公司卻始終保持著先進的行銷理念，具有獨特的廣告見解與創意，這是頗為不易的。其成功的理念與經驗是值得探究學習的。

首先，這與其獨特的公司理念和企業文化分不開。DDB 公司強調創意是廣告公司發展前進的動力，管理層致力於營造自由的企業氛圍，以激發員工的創意思維。

其次，DDB 獨特的創意概念與方法是其馳騁廣告界的法寶。DDB 公司的創意手段——ROI 法。ROI 是一種速記法，簡述客戶需要的是什麼及廣告如何解決客戶的需要。以相關性（Relevance）、原創性（Originality）、衝擊性（Impact）為原則來創作廣告傳播，為客戶帶來投資上的回報（Return on Investment）。基於 ROI 法，DDB 提出了機會跳板法、品牌基石跳板法、品牌經歷跳板法、構思跳板法等幾種創意工具。

最後，DDB 大量的優秀人才儲備為其豐富的廣告創意提供了來源。DDB 以其充滿創新和激情的公司文化，鼓勵個人自由與任意創造的公司氛圍，吸引了一大批優秀的廣告人才。簡言之，優秀的內部行銷，為 DDB 儲備了大量廣告人才。

19.2　天聯廣告公司

19.2.1　公司簡介

天聯廣告公司（Batten, Barton, Durstine & Osborn, BBDO, 下同）是世界排名第一的廣告公司，隸屬於全球最大的傳播集團，奧姆尼康集團，擁有 323 家分公司，遍布 70 多個國家和地區，雇員超過 1.7 萬人。BBDO 在 2007—2011 年連續五年獲得法國戛納廣告節（Cannes Festival）「年度最佳廣告公司（Network of the Year）」稱號；2006—2010 年連續五年

被 The Gunn Report 評選為「年度廣告公司」；在 2008—2010 年摘下 The Big Won Report 評選的「年度最佳廣告公司」桂冠。BBDO 的主要客戶有蒂芙尼（Tiffany）珠寶、寶潔（P&G）、聯邦快遞、肯德基（KFC）、維薩（VISA）等。

19.2.2　公司起源

100 多年以前，一個叫喬治·巴騰（George Batten）的美國人在紐約開了一家以自己名字命名的傳播公司 Batten 公司。他創作了許多那個年代膾炙人口的案例，而他本人留在廣告史上最大的貢獻是為後來名震全球的 BBDO 貢獻了首字母「B」。

1919 年，布魯斯·巴頓（Bruce Barton）與羅伊·德斯汀（Roy Durstine）在紐約成立 Barton & Durstine 公司，BBDO 的第二個和第三個字母有了著落。一年以後，Barton & Durstine 公司和 Alex Osborn 公司合併。1928 年，Batten 公司與 Barton Durstine Osborn 公司合併，正式宣告了 BBDO 的誕生。

隸屬於奧姆尼康集團的「出身名門」的地位和 100 多年的創意經驗，讓 BBDO 在中國很快發展壯大。2005 年 Proximity China 成立，BBDO 在活動及互動領域變得更加全能。

19.2.3　公司理念

BBDO 堅信核心競爭力，即傑出的創意不僅使其成了卓越的創意領導公司，更重要的是幫助客戶建立起了強大的品牌，並為客戶的銷售帶來了贏利。

「促成卓越工作成就的原因，只有創意。」這句話在 BBDO 的經營理念上得到了很好的體現。

第一，重視創意。BBDO 相信創意能力是衡量廣告公司實力的唯一標準，因此其專注於優秀的創意，從而幫助客戶建立偉大的品牌。

第二，重視員工。一個由關心偉大創意工作的精英組成的廣告公司會持續創造出更偉大的創意來，因此 BBDO 對於員工的創意性有著極高的要求。

第三，重視客戶。BBDO 堅信好的創意、好的作品必須是能為廣告客戶帶去利益的作品。

第四，重視作品。BBDO 堅持只有好的作品才能吸引更多的員工和客戶。

BBDO 的營運在此基礎上自然形成了良性循環，從過去 7 年的 4 個年度國際大獎冠軍的佳績中，可看出 BBDO 的堅持確實為其開創了一條獨特的道路。

19.2.4　廣告風格

BBDO 始終堅信創新、創異、創優。BBDO 是以創意出彩，以創意取勝的。正如 BBDO 的前總裁所說：「創造性是廣告公司生存的理由。越是好的創意，越能改變消費者的意見和態度並喚起行動。廣告主選擇廣告公司的基準，就是這種無可替代的創意性。」天聯公司為箭牌益達量身打造的「酸甜苦辣」系列，使得其榮膺「2011 年度中國最傑出廣告宣傳作品代理機構」。

家喻戶曉的箭牌益達廣告作品旨在傳達給中國消費者一種良好的理念，旨在改變大家的一些飯後習慣，培養「咀嚼的習慣」。然而身處於如此多樣食物文化的社會中，尋找大家共同的理想追求點是其面臨的挑戰及關鍵所在，在中國被定義為「口味」。這一概念詞語成了整個廣告作品創意的主線點，最初的構想來源於成語「酸甜苦辣」，英語翻譯為「Sour, Sweet, Bitter, Spicy」，而此處有著雙重的意義，即「生活百味」。

整個廣告把所有故事歸於味道,「甜——甜蜜的開始,總是充滿美味」「酸——越覺得心酸,越是在乎對方」「辣——火辣的爭吵,是愛的調味劑」「苦——最酷的總是愛得不夠勇敢」。廣告中的「益達」在兩個人的愛情中起著很大的作用,讓兩個人相識,又讓兩個人相愛。從某些程度上符合了當代年輕人的一些人生態度,可以使他們對此產生共鳴。通過趣味事情的發生,讓觀眾印象深刻,成功地推銷了產品(見圖19-3、圖19-4)。

圖 19-3　益達酸甜苦辣大結局（請欣賞視頻 19-2、視頻 19-3）

圖片來源：http://waaaat.welovead.com/cn/top/detail/91eBgowz.html

圖 19-4　益達酸甜苦辣 III 廣告（請欣賞視頻 19-4）

圖片來源：http://www.uuuu.cc/news/81905.html

19.2.5　啟示

　　BBDO 從一個小小的創作「鋪子」,發展到今天在世界各地設有數百家分支機構的大公司,必然有其制勝的法寶。BBDO 將其經營規範稱為「四點法」。「四點法」突破了各地不同的語言、文化、風俗、國情的障礙,有效地控制了廣告作業水準。「四點法」的主要內容如下:

第一，認清潛在消費者。BBDO認為廣告必須首先對潛在消費者市場有透澈的瞭解。潛在消費者研究一般包括人口分佈、消費態度、消費行為、生活方式及購買形態等。BBDO在紐約設立了資料管理服務中心，對其所屬的分支機構提供消費者的背景資料。而各地分支機構也設有小型資料管理中心，貯存與本地消費者有關的背景資料及當地的市場基本資料。

第二，認清潛在消費者的問題。BBDO特別創制了一套研究程序，稱為「問題探索系統」。該操作程序分兩個階段：第一階段「列出潛在問題」，做法是由專家邀請消費者，請消費者對商品本身和使用這種商品後發表意見，盡量地讓消費者發表不滿和抱怨，而不收集正面意見。第二階段「分析和研究問題」。「PDS」是BBDO獨創的一種方法，用這種方法可向廣告主提供潛在市場機會中有效、可靠而又經濟的調查。這種方法還可以分析世界各地消費者對同一產品的要求和不滿，哪些大致相同，哪些是由於文化、國情、經濟狀況、市場等不同因素而產生的差異。

第三，認清產品。如果廣告製作者對產品的基本銷售對象及產品存在的問題不清楚，就會閉門造車，製作出的廣告就如同隔靴搔癢，無法打動消費者，更談不上改變消費習慣。BBDO為此制定了一種方法，即列出同一類產品的所有品牌，然後研究到底哪些品牌在相互競爭，並請消費者回答其對某一特定品牌的問題與使用形態，然後將所有資料輸入電腦處理，用電腦將消費者所有輕易改變選購品牌的心理因素加以分類整理，這樣就可能獲得使消費者購買的決定因素，這是製作廣告的重要依據。

第四，突破創作障礙。BBDO認為製作廣告的兩大致命障礙一是為創作而創作。二是根本談不上創作。第一種情形也許可將廣告信息傳播出去，但效果不佳；第二種情形根本無法引起消費者的興趣。因此，必須在廣告創作中克服這兩種情況。

19.3　李奧貝納廣告公司

19.3.1　公司簡介

李奧貝納廣告公司（Leo Burnett Worldwide）是一家美國廣告公司，於1935年由李奧·貝納創立，現在是全球最大的跨國廣告公司之一，在全球80多個國家和地區設有將近100個辦事處，擁有1萬多名員工。李奧貝納廣告公司的客戶包括全球25個最有價值品牌當中的7個——麥當勞、可口可樂、迪士尼、萬寶路、家樂氏（Kellogg）、丹碧斯（Tampax）和任天堂（Nintendo）。

19.3.2　公司起源

李奧貝納廣告公司的創始人李奧·貝納生於1891年10月21日。1915年，24歲的李奧·貝納進入凱迪拉克汽車公司任公司內部刊物編輯，與當時提倡廣告應與消費者共鳴的廣告大師西奧多·麥克馬納斯（Theodore F MacManus）一起工作。後者為凱迪拉克汽車公司設計的「領袖的代價」曾轟動一時。

李奧·貝納任職的第一家廣告公司是Homer McKee。他在那家公司連續干了10年，任資深創意總監。後來，李奧·貝納去了紐約，進入Erwin Wasey廣告公司，被派往芝加哥5年，任創意副總裁。但是李奧·貝納與Erwin Wasey廣告公司的理念卻越來越遠。終於

李奧·貝納無法忍受「就像洗碗水一樣乏味」的廣告創意。於是李奧·貝納變賣所有財產，籌組自己的李奧貝納廣告公司。

李奧貝納廣告公司建立之始只有一家客戶，營業額是 20 萬美元。李奧·貝納艱苦創業，經過 3 年努力，終於把李奧貝納廣告公司發展成一家大公司。

李奧·貝納從事廣告工作長達半個多世紀，被譽為美國 20 世紀 60 年代廣告創意革命的代表人物之一，是芝加哥廣告學派的創始人及領袖。他所代表的芝加哥學派在廣告創意上的特徵是強調「與生俱來的戲劇性」(Inherent Drama)，他說：「每件商品，都有戲劇化的一面。我們當前急務，就是要替商品發掘出其特點，然後令商品戲化地成為廣告裡的英雄。」

19.3.3　公司理念

正如李奧·貝納所言：公司生存的主要目的，在於創造世界上最棒的廣告，絕不輸給任何一家公司。我們製作的廣告，必須具備震撼、大膽、新鮮、有吸引力、人性化、具有說服力、主題概念明確等特色。長期而言，要能建立優良品質的聲譽；在短期內，則要創造銷售佳績。為了實現這一目的，李奧貝納廣告公司有著獨特的經營理念：

第一，成功的定義，即為客戶製作卓越的廣告。

第二，相信客戶。李奧貝納廣告公司認為其客戶相信廣告，依賴卓越的廣告來創造業績，並具有相當的發展潛力，相信夥伴關係的重要性，而且在薪酬制度及企業道德方面與本公司理念一致。

第三，相信員工。李奧貝納廣告公司認為自己的員工必定具有才華、極富創意、要求很高、熱愛廣告、尊重他人以及喜歡從競爭中獲得成就感，迫切希望有卓越的表現，重視客戶的利益甚於自己的利益。

第四，相信自己。李奧貝納廣告公司認為不論是工作條件、人際關係、成長機會、自我表達或實質待遇，其環境都能夠吸引最優秀的人才參與，同時其提供了廣告業界最具挑戰、回饋最大、最有樂趣的工作。李奧貝納廣告公司規劃並採取積極的新業務計劃，同時也瞭解新客戶以及現有客戶的新業務能夠替公司帶來新的挑戰與機會。

19.3.4　廣告風格

作為芝加哥廣告學派的創始人，李奧·貝納的廣告也一直以清新樸實著稱，他喜歡很大眾化的語言，真誠、自然、溫情可以說是李奧貝納廣告公司的廣告最為貼切的表達。「受信任」「使人溫暖」的要素，使得消費者更易接受廣告所要傳達的信息。下面我們以李奧貝納廣告公司為可口可樂「昵稱瓶」做的創意廣告為例。

2013 年夏季到來，正是全中國年輕人共同尋求冰爽的好時候。李奧貝納廣告公司把可口可樂的包裝替換成個性化的昵稱，像是「老兄」「你的甜心」等，以獨具匠心的方式讓美好時光更加深刻。

李奧貝納廣告公司的消費者調查發現，一些特定的昵稱和稱讚語在主流社交媒體上非常流行。年輕人暑假會將大把的時間花在網上，特別是社交媒體，而與家人和朋友面對面交流的時間則較少。當他們見面時，有時候會找不到表達自己的最佳方式，所以他們喜歡相互在線上和線下取昵稱。李奧貝納廣告公司挖掘出了這個令人興奮的結論，創造出「昵稱」的概念，在人與人的間隙上架起橋樑，並以社交和文化的方式加以連接。這一做法不僅會增加年輕人面對面的交流，鼓勵他們與想要交流的人分享合適的昵稱，而且符合中國人喜歡新鮮和獵奇的特點。

這個戰略性的嘗試果然吸引了大量年輕人的注意，讓他們以全新的方式看待一款經典的飲料。更重要的是，這使他們與可口可樂度過了一個不一樣的夏天（見圖19-5、圖19-6）。

圖 19-5　可口可樂「暱稱瓶」

圖片來源：http://brand.cnad.com/html/Article/2013/1105/20131105151913517.shtml

圖 19-6　可口可樂「暱稱瓶」夏日戰役

圖片來源：http://finance.21cn.com/stock/express/a/2013/1119/17/25090431.shtml

19.3.5　啟示

作為廣告公司，唯一的資產就是人才，廣告人在公司的時間比在家多，上班就是回家。李奧貝納廣告公司給員工營造家的氛圍，讓員工放心工作、專心投入，從而發揮出潛力，做到人力增值。李奧貝納廣告公司關注點除了公司的擴張以外，更重要的就是好的創意。廣告依靠團隊作業，每個人都需要想創意，從而相互啓發，沒有嚴格工作範圍，員工也是顧客，需要提高員工的滿意度。

每個季度，李奧貝納廣告公司在全球80多個國家和地區、200多個分支機構遴選創意作品進行評比。在全球評估系統對不同創意作品的分析中，李奧貝納廣告公司創建了一套叫做「7+」的創意評估體系，精確而又細緻地將廣告作品劃分為10個等級，如7分為優秀的廣告創意表達，8分為所在產品行業的廣告新標準，9分為廣告界的新標準等。這樣通過評估體系，不僅有效促進了內部創意交流，更使李奧貝納廣告公司的廣告保持全球一致的創意高水準。

19.4　智威湯遜廣告公司

19.4.1　公司簡介

　　智威湯遜（JWT）是世界四大頂尖廣告公司之一，是全球第一家廣告公司，也是全球第一家開展國際化作業的廣告公司。智威湯遜的1萬多名成員，300多個分公司及辦事處，遍布全球六大洲的主要城市，為客戶提供全方位的品牌服務。目前智威湯遜隸屬於全球最大的傳播集團WPP集團，其客戶主要有雀巢、嘉士伯、中國聯通、伊利等。

19.4.2　公司起源

　　智威湯遜創始於19世紀80年代。1864年，詹姆斯・沃爾特・湯普遜在紐約花了500美元買下了一家在宗教雜志賣廣告版面的小公司，並以自己的名字為這家公司命名。到了1870年，湯普遜利用增加廣告篇幅的方法來銷售雜志，並請作家和藝術家來設計廣告，幫助廣告主以更好的方式傳達他們想要表達的訊息。此後，湯普遜還開創了文案撰寫、版面策劃、全套設計、商標開發、市場調查等特色服務，這使得該公司在1897年登上行業霸主地位。1899年，智威湯遜在倫敦開辦了第一家分公司，從此邁開了其進軍國際市場的步伐。

　　智威湯遜從成立至今的100多年歷史中，為現代廣告業留下了各種創舉：首次使用性訴求、首次使用衛星製作第一個越洋商業電視廣播、首次在其電視廣告中出現折價券以及首次使用電腦策劃與購買媒體等。

19.4.3　公司理念

　　異於其他廣告公司，智威湯遜以其獨特的品牌全行銷規劃（Thompson Total Branding）工具，策略性地將傳統的廣告與直效行銷、促銷、贊助、公關活動等結合在一起，以協助客戶達成短期業績成長，並創造長期的品牌價值。

　　智威湯遜的創新和成功與其獨特的廣告理論和方法論——「全方位品牌傳播（TTB）」密切相關，這是智威湯遜用以幫助客戶提升短期的銷售額，同時建立長期的品牌價值的重要工具。全方位品牌傳播由4個核心要素組成，即消費者洞察、品牌遠景、品牌意念、傳播計劃，將具有洞察力的策略與突破性的創意融合在一起，再從中發展出富有創意的廣告作品，使之適用於任何媒介。

　　第一，消費者洞察。這是智威湯遜的品牌傳播的起點，要求從研究消費者個體行為開始，進而探索其共通性，從而找出能夠激發消費者個體行為的根本動機。

　　第二，品牌遠景。這是用以引導消費者，統一定義了產品所代表的意義，滿足了消費者的某種精神性需求。品牌遠景必須是品牌所獨有的，能將品牌與競爭對手區分開的藍圖；必須定義清晰、準確，從而能聚焦從促銷、公關到廣告、銷售管理的市場活動；必須源於敏銳而且根本的消費者洞察。品牌遠景溝通的信息，真正在品牌和消費者之間建立起有意義的關係，是品牌的DNA，是品牌根本的精華之所在，是一切品牌運作的靈魂。

　　第三，品牌意念。這是從消費者洞察和品牌遠景的概念性的策略中發展出來的，立體的、生動的創意性描述，全方位地向消費者傳遞品牌形象、品牌所代表的意義。品牌意念雖然來源於創意部門，但是遠遠超出一個電視廣告或者一個平面創意的範疇，具有突破性

的意念能夠經得起時間的考驗,而且能夠在任何媒介上予以執行體現。

第四,傳播計劃。傳播計劃將創意(如品牌意念)和媒介結合在一起,是分析性的,必須確定行銷目標、適合媒體、傳播時間。智威湯遜是最具洞察力的廣告公司,比任何廣告公司都能夠更加深入地洞察消費者的心理。

19.4.4　廣告風格

自成立以來,智威湯遜一直以「不斷自我創新,也不斷創造廣告事業」著稱於世。智威湯遜究竟是如何來實現這句話的呢?下面我們將解析一個案例。

2012年,智威湯遜和新秀麗啓動了新的亞太區「闊步人生,一路向前」廣告戰役,這個戰役緊緊抓住了突破局限、不斷向前這一胸懷抱負的冒險精神的精髓,或是抵達另一里程碑,或擁抱內心的渴望,或只是單純地追尋新鮮事物。

這一新的廣告戰役將「闊步人生,一路向前」帶到了新的高度,將旅行者踏入一個新的環境這一標志性畫面進行進一步描述,但是融入了更多的細節和新人物情節。

三位衣著光鮮的人物走出房間,從他們日常生活的環境進入個人追求的環境中,每個人的內心都裝著一個流浪的夢。豐富的視覺和故事內容深入到每個人內心深處深藏的情感領域,在新秀麗遍及亞洲的不同客戶群中產生了強烈的情感吸引力。智威湯遜東北亞區執行創意總監兼中國區主席勞雙恩(Lo Sheung-Yan)說:這個廣告展示的不僅僅是產品本身。它體現了我們所有人內心深處對追求的內在期望,這激起了我們所有人內心對遊牧生活的向往。隨著新秀麗品牌的逐步發展,新秀麗已經不再僅僅提供旅行產品,而其品牌信息也上升為代表生活中的無限可能性(見圖19-7、圖19-8、圖19-9)。

圖19-7　新秀麗:闊步人生,一路向前
圖片來源:http://fashion.163.com/11/0602/11/75HQ9OCQ00264KBF.html

图 19-8　新秀丽：阔步人生，一路向前
图片来源：http://fashion.163.com/11/0602/11/75HQ9OCQ00264KBF.html

图 19-9　新秀丽：阔步人生，一路向前
图片来源：http://fashion.163.com/11/0602/11/75HQ9OCQ00264KBF.html

19.4.5　启示

作为世界上最成功的广告公司之一，智威汤逊有其独特的竞争优势。

第一，线上线下合二为一。同样是国际知名的4A广告公司，智威汤逊一直在探索、坚持走一条不同于其他广告公司的发展之路。智威汤逊意识到，大众传媒广告只是整个传播项目的一部分，而越来越注重行销的客户群都要求能有整合线上创意和线下资源的方案。因此，关键是创造出一个整合的、深深地扎根于消费者根本行为和喜好的意念，并将这个意念渗入不同的渠道和媒体，甚至是零售商店这一级。这样不但可以迅速提升短期的销售额，而且可以增强长期统一的品牌形象。智威汤逊未来的公司架构，也将以此为核心，循序渐进地开展。有了具体可循的发展模式，更需要稳定的内部管理作为发展的内核动力，智威汤逊能够在激烈的竞争中不断发展、取得连续成功，与稳定的管理团队也是分不开的。这种内部的稳定性折射到业务上，就表现为稳定的客户构成。智威汤逊的客户包括国际与客户本土客户，都是长期合作关系，智威汤逊也从不依赖于单独的项目取胜。

第二，「太阳系模型」下的收购之路。在过去的几年，智威汤逊开始了一系列大规模的收购，收购了中国本土最大的促销网络之一的上海奥维思市场行销服务有限公司。此外，智威汤逊还建立了RMG Connect（一个互动性方案的设计应用公司），并且与Cohn & Wolfe达成战略联盟（后者是欧美最负盛名的消费品公共关系管理公司）。

19.5 奧美廣告公司

19.5.1 公司簡介

大衛·奧格威於 1948 年創立的奧美廣告公司（Ogilvy & Mather），為眾多世界知名品牌提供全方位傳播服務，業務涉及廣告、媒體投資管理、一對一傳播、顧客關係管理、數碼傳播等。奧美集團旗下已有涉及不同領域專業的眾多子公司，如奧美廣告、奧美互動、奧美公關、奧美世紀、奧美紅坊等。今天的奧美集團已經從兩個員工成長到躋身全球八大廣告事業集團之一。

過去的幾十年裡，奧美與眾多全球知名品牌並肩作戰，創造了無數市場奇跡，包括美國運通（American Express）、西爾斯（Sears）、福特（Ford）、殼牌（Shell）、芭比（Barbie）、旁氏（Pond's）、多芬（Dove）、麥斯威爾（Maxwell House）、國際商業機器公司（IBM）、柯達（Koldak）、聯想（Lenovo）等。

19.5.2 公司起源

大衛·奧格威（David Ogilvy）是著名的奧美廣告公司創始人，生於 1911 年英國蘇格蘭，大學肄業，曾做過廚師、廚具推銷員、市場調查員、農夫及英國情報局職員、外交官和農夫，對市場一無所知，從未寫過一篇文案，38 歲尚未涉足廣告業，囊中只有 5,000 美元創業資金。

在廣告業的星河之中，大衛·奧格威是一顆明亮的星。他憑藉非凡的創造力、深邃的思想、勤奮的努力躋身現代廣告業的巨擘之列，享譽世界。堪稱現代廣告業一代宗師的奧格威，既是品牌發展的偉大思考者之一，又是樹立品牌意識的先驅。

19.5.3 公司理念

奧美廣告公司以「成為那些最有價值品牌的客戶最看重的廣告代理商」為公司宗旨，履行著給客戶能幫助他們業務成長的「Big Ideas」，通過今天有效地傳達，為明天建立永久的品牌。

奧美廣告公司面對急遽變化的大環境，在競爭日益激烈的廣告行業裡，是什麼讓它保持這樣高的行業地位，引領全球廣告業發展呢？這就不得不提到奧美大衛·奧格威提出的經典廣告信條，它們已經成了當今優秀廣告公司進行廣告運作的參考準則。

第一，對自己負責。絕對不要製作不願意讓自己的太太、孩子看的廣告。大家大概不會有欺騙自己家人的念頭，當然也不能欺騙自己的家人，己所不欲勿施於人。絕對不做沒有創意的廣告，在美國一般家庭，每天接觸 1,518 件廣告，要引起消費者注意，其廣告必須別具一格。

第二，對客戶負責。絕不能忘記自己是在花廣告主的錢，不要埋怨廣告創作的艱難。時時掌握主動，不要讓廣告主支使才去做，要用出其不意妥協的神技，讓廣告主驚訝。

第三，不要隨便地攻擊其他廣告活動，不要打落鳥巢，不要讓船觸礁，不要殺雞取卵。

第四，說什麼比如何說更重要，訴求內容比訴求技巧更為重要。

19.5.4 廣告風格

深度的思考，精準的策略，出色的創意，使得奧美廣告公司創造出極具實效性和思考性的廣告。奧美廣告公司始終堅持「快樂、專業、價值」的理念，即「在一個快樂的環境」「以專業贏得尊重」「為客戶創造最大價值」。下面我們通過兩個案例來瞭解一下奧美廣告公司的廣告風格。

19.5.4.1 案例一：奧美廣告公司攜手 Lee 推出新廣告

2011 年 5 月，美國標誌性牛仔品牌 Lee 與奧美廣告公司合作，將世界最具活力的社區之一，紐約布魯克林區的創造力、激情和精神呈現給中國消費者。

Lee 的 2011 春夏季系列新廣告「Live Forever Lee」的意義，在於鼓勵人們對其周圍世界中的創作產生想法和思考。為了將「創意非凡」的主題融入現實生活，奧美廣告公司採取新的策略——為線上行銷製作了一支鼓舞人心的音樂短片（MV），讓消費者能夠在線互動並且推進個性和創意的融合。Lee 邀請消費者通過個性創作，來製作個性化的音樂短片，再通過社交網站將自創短片分享給朋友們（見圖 19-10）。

圖 19-10　將布魯克林感覺帶到中國
圖片來源：http://pps.sinoef.com/topic/8705/

19.5.4.2 案例二：奧美廣告公司為好奇（Huggies）紙尿褲設計創意廣告

好奇金裝紙尿褲旨在為寶寶提供超級舒適感受，令寶寶干爽、愉快。奧美廣告公司為好奇紙尿褲量身打造的這一系列平面廣告主要凸顯的是好奇紙尿褲的強力吸水功能。平面廣告上都有一個紙尿褲的形狀，且其特徵與周圍環境形成鮮明的對比，著重突出紙尿褲強效吸水、令寶寶干爽自在的性能。該廣告表現手法新奇，極富創意，讓人過目難忘（見圖 19-11）。

圖 19-11　好奇（Huggies）紙尿褲可不能隨便丟
圖片來源：http://www.lnuu.com/article/2308.htm

19.5.5 啟示

作為全球創意的巨擘之一，奧美廣告公司在國際市場上頻頻創造精彩，顛覆人們的眼球。奧美廣告公司在中國市場與文化的土壤裡植根並成長幾十載，活力依然，並繼續扮演著引領者的角色。奧美廣告公司一路走來的歷程，值得我們研究與借鑑。奧美廣告公司給中國的廣告產業甚至世界的廣告產業設立了準則，樹立了標準。

19.5.5.1 廣告運作方面

第一，廣告設計先求對再求妙。精彩的創意點子令人眼前一亮，印象深刻，但正確的訴求才會改變人的態度，影響人們的行為。奧美廣告公司的創意人就像高明的模特，利用身體語言，盡情表現服飾的獨特，而且沒有讓自己高明的條件掩蓋服飾的風采。然而，現在很多的廣告創作者總是將消費者的注意力吸引到了其高明的創意上，而忘了產品本身才是主角。因此，奧美廣告公司的創作理念很好地使藝術效果和廣告效果相結合，沒有讓純粹的創意掩蓋了廣告本身宣傳產品的意義。

第二，廣告要簡潔明瞭。消費者看廣告是一種手段而不是一種目的，把廣告當做購買決策的參考。多半情況下，消費者是被動接受廣告訊息。相比奧美廣告公司的廣告設計，目前很多廣告公司的廣告作品刻意將創意做得很大、很有深度，忙於構建複雜的邏輯，套用結構式的文字，拼湊模棱兩可的畫面，使消費者難以理解。因此，在廣告創意與簡潔清晰之間的取捨，奧美廣告公司或許給了廣告業值得借鑑的答案。

19.5.5.2 公司運作方面

第一，全球化視野，本土化執行。近年來，廣告業受到「上壓下奪」的挑戰日趨嚴重。「上壓」主要是來自一些戰略諮詢公司，如麥肯錫公司等對企業高層決策的影響，以市場戰略、全球化視野和強大的資源優勢贏得了客戶尊敬，並得到更多業務；「下奪」主要是來自一些小型公司提供更加細分、專業的服務，甚至通過價格戰和大型廣告公司競爭。奧美廣告公司有很清楚的目標：必須成為最具影響力、最具世界水準的國際廣告公司。因此，質量的產出一定是世界水準。具體就是在創意上、品牌上必須做得更好。除此之外，還有本土化的策略，要做最國際化的本土公司，最本土化的國際公司。奧美廣告公司同樣感受到上壓下奪的市場威脅，採取了一系列的對策。奧美廣告公司通過收購各個區域的廣告公司，來滿足不同區域消費者的習慣和文化，適應不同層級地區的銷售渠道。通過把奧美廣告公司的理念傳遞給當地的合資公司，然後由它們在本地為客戶服務。作為最早進入中國的外資廣告公司之一，奧美廣告公司從廣告起家，包括在很多領域完成資源的整合，實現了奧美廣告公司對中國的完美進軍。

第二，人本思想。廣告行業最難的就是找對人。奧美廣告公司堅持不變的就有對人的尊重和對知識的尊重。人才是一個廣告公司成長的基石，也是一個廣告公司成敗的關鍵。奧美廣告公司在中國的發展歷程正是尋找人才、培養人才，與中國廣告人才共進的旅程。基於對人的細微觀察與深刻理解之上，去打動人、去影響人，廣告一直是在做和人有關的事情。因此，好的人（適合做廣告的人）是解決一切問題的關鍵所在。的確，人作為不可控制因素，在人才的尋找、培養等各個環節都因為人才本身的不可控制而容易出現問題。找到好的人才、培養好的人才、判斷好的人才、留住好的人才，是奧美廣告公司一直在摸索的。尊重個人是奧美文化的核心。來自對廣告的尊重，本身也是對人的尊重。但是，這

種思想更多是一種期望，細微到具體的工作中，也具有一定的困難性。因此，在公司工作的每一個環節中，奧美廣告公司都試圖將人本思想落實到具體的環節之中。

參考文獻

［1］唐銳濤. 智威湯遜的智［M］. 北京：機械工業出版社，1998.

［2］黃倩. 淺析「益達」無糖口香糖《酸甜苦辣》系列廣告行銷［J］. 大眾文藝，2013（4）.

［3］許正林，等. 李奧·貝納：關於創意的100個提醒［J］. 中國廣告，2012（3）：115-118.

第八部分
整合行銷的
廣告策劃案例

20 廣告整合行銷的案例

案例：成都府河音樂花園物業服務質量提升與品牌內涵提煉的故事[①]

摘要：本案例描述了成都府河音樂花園這一國家一級住宅物業管理項目，其物業管理公司在面對一系列日常管理困境中如何利用現代服務運作管理的手段，以業主滿意度調查為工具，以精細化管理為理念，同時獲得控制人工成本、提升服務品質和提高業主滿意度，提煉並塑造其品牌的管理實踐過程。本案例以提出、分析和解決問題的基本框架進行各類相關信息的整合與描述。由此，本案例首先以物業行業的現狀與發展趨勢為背景，以顧客滿意度為視角，對中國現代物業管理企業管理的各類問題進行列舉；隨後導入了精細化管理中細節化與個性化管理核心內容，並展示了這些理論在府河音樂花園物業管理公司日常管理實踐的思考；最後將上述管理實踐與企業品牌內涵提煉工作中的具體決策與過程結合起來，引導學生進行相關的提煉與思考。本案例涉及企業管理中的戰略制定、顧客滿意度、服務質量感知、精細化管理、品牌內涵以及廣告管理等相關專業知識，並通過真實且具有典型性的案例故事為主線將上述知識進行有機串聯，形成具有可操作性的案例啟示，供學生討論、分析與解讀。

關鍵詞：顧客滿意度　精細化管理　服務感知質量　品牌內涵　廣告管理

一、刻不容緩

袁曉蔓站在辦公室窗前向外望去。窗外一片嘈雜，那是一條繁忙的街道，週末休閒的人群熙熙攘攘，來來往往。袁曉蔓這才意識到了今天是週六，「週末了，我們的忙碌卻剛剛開始！」她走回到辦公桌，一邊翻看著員工收集返回的業主滿意度問卷，一邊對府河音樂花園項目的經理們感嘆道：「這就是服務行業，別人忙的時候，你也忙；別人下班了，你更忙！」

在分管府河音樂花園物業項目之初，袁曉蔓作為物業總公司改革的主要負責人，對公

[①] 本案例由西南財經大學工商管理學院副教授艾進博士後、副教授李文勇博士後與成都森宇集團袁靜蔓女士共同撰寫，作者擁有著作權中的署名權、修改權和改編權。

本研究得到四川省科技廳「軟科學」規劃項目（2016ZR0101）——「基於人本化多學科交叉體系下的中國現代物業精細化管理與產業融合創新策略的實證研究」、四川省教育廳「西部旅遊發展研究中心」以及2017年西南財經大學教師教學發展項目（2017JS05）的共同資助。

本案例授權中國管理案例共享中心使用，中國管理案例共享中心享有複製權、修改權、發表權、發行權、信息網絡傳播權、改編權、匯編權和翻譯權。

本案例得到了成都府河音樂花園物業管理公司的授權和認可，案例中的數據和有關名稱皆為真實的和有效的。

本案例只供課堂討論之用，並無意暗示或說明某種管理行為是否有效。

司的管理部門按照物業公司基本業務職能進行了重新分工，成立了負責小區業主財務和人身安全的安保部，成立了負責公共區域衛生的保潔部，成立了負責公共綠化的綠化部；成立了負責公共區域和業主設施設備維護維修的工程部，成立了負責其他與業主溝通、涉及多種經營管理和收費等業務的客戶服務部。各個部門的負責人由具備該專業多年管理經驗的專業人士擔任。當然，這也參考了國內外一流的物業和不動產管理公司的基本構架和分工。

然而，這看似合理和專業的分工卻仍然無法解決現實中業主們對物業公司服務質量提升的要求，府河音樂花園業主滿意度仍然普遍不高！

「亂七八糟，自相矛盾！」在細細地閱讀了幾份問卷後，袁曉蔓更加迷惑了，「這樣的問卷究竟有什麼意義？」

剛才那幾份問卷最後的開放式問題的回答內容分別是：「我家門口的路燈一點都不亮，晚上回家很不方便，要求整改！」「客戶服務中心的辦事人員一點笑容也沒有，冷冰冰的，辦事效率也很低！」「保潔大姐們每天清晨打掃衛生時，與其他業主高聲聊天，嚴重影響我和家人的睡眠⋯⋯我常常上夜班，孩子也才幾個月大，實在是沒有一天休息好了！」「對面單元有人養的狗，晚上不停地叫，你們為什麼都不管一下？年初鄉下親戚送我一只活雞，我暫時沒殺。你們卻天天上門要求我處理掉。這不是雙重標準嗎？我少交了物管費了嗎？」

「這些問卷都成了業主抱怨發泄的機會了！」曉蔓感嘆道。她還記得，剛才客戶服務部的李經理還在談及業主們近期投訴和表揚記錄。對於路燈，有不少業主表示太亮；對於客戶服務中心員工和保潔員工，有不少業主稱讚他們兢兢業業的態度和親人般的友好；而對於小區內雞、狗的管理，有業主認為太嚴格，並且形容「雞犬相聞，世外桃源般的小區」才是和諧美好的。

李經理還談到了前幾天在府河音樂花園項目五號門看到的一幕，與這些問卷的評價何其相似：一名保安主動幫助一名年長的業主拿送包裹，在眾人誇獎的聲音中，也有不少業主顯示出不滿之情。不滿的業主認為付出物管費不是為了滿足哪一家的需求，保安就應該是堅守崗位，負責小區的安保和秩序的，而不是搞個人服務。

「每一個業主的需求都有所不同，每一個人對於服務品質的理解也不同！這就像是看戲劇表演，一千個人眼裡就有一千個哈姆雷特。」想到這裡，袁曉蔓感到有些無奈。

當然，袁曉蔓也知道，這些問題的產生也是公司業務拓展和規模擴大後的必然結果。光就公司旗下正在開發的峨眉山七里坪項目、金堂科瑪小鎮項目和南湖國際社區項目就分別包括了七期住宅項目、度假公園項目、主題公園項目和精品商業街項目。項目多了意味著管理面積變大，公司人員不足和管理能力不足的問題就開始凸顯。再加上隨著時間的推移，多數已開發項目面臨著設施設備老舊和損壞情況嚴重等問題，讓本就捉襟見肘的管理預算更加吃緊。例如，公司在成都華陽街道的標誌性住宅項目——府河音樂花園項目，占地達到 1,000 多畝，業主接近 1 萬戶，現有員工超過 500 人，已經成為成都市天府新區直管區最大的住宅社區之一。該項目從 2006 年至今被評為國家級優秀示範小區，一直是公司項目質量的樣板和公司品牌的象徵，並且已經成為業內重要的標杆。然而現在府河音樂花園項目卻面臨著小區業主對其物業服務各方面品質不滿以及管理成本不斷上漲等問題。府河音樂花園業主滿意度問題還直接影響到了集團公司其他在售和在管項目。潛在的購買者與其他公司項目的購買者十分關注公司已開發項目的聲譽和口碑，因為這也關係著他們未來的投資或居住風險。因此，如何提升府河音樂花園項目的物業管理質量的問題是公司目前的工作重點，亟待解決。

「眾口難調啊！」袁曉蔓不由地感嘆道。她整理思緒，繼而總結性地說：「這麼多來自不同背景和區域的人搬遷到此，沒有形成一種合適的人居文化以及在此基礎上產生的具有高認同感的社區品牌，應該是這些問題產生的根源。」

「我們前幾年都在不計成本地補貼公司的各類物業項目，為的是形成良好市場口碑和公司品牌，為公司的後期房地產開發項目贏得更多的客源和發展空間。然而，這一切看來不僅收效甚微，甚至還導致了業主們的期盼值不合理上漲。」袁曉蔓對經理們繼續說道：「當然，不停地補貼是不可持續的，效果也是有限的。在如今的經濟形勢下，集團高層要求我們必須降低管理成本！」

「啊！」辦公室裡一片嘩然。來自各個部門的經理驚訝甚至驚恐地相互對望著，他們七嘴八舌，「降低成本，提升品質？這根本就不可能嘛！」

「是啊，雪上加霜！」袁曉蔓心裡也這樣認為，但是袁曉蔓決不能表現出來。她緩緩地環顧四周，對辦公室裡的每個人說道：「這是要求！」

袁曉蔓隨即在筆記本上記錄道：「提煉品牌內涵，降低成本，提升服務品質和提高業主滿意度。」在這些關鍵詞後，她劃了一個大大的問號和感嘆號。

「一切要從府河音樂花園項目開始，刻不容緩！」袁曉蔓放下筆，下定決心。

二、疑問

袁曉蔓望著走出她辦公室的那幾位經理的背影，嘆了口氣，目光轉向桌上的盆栽，心裡默念著筆記本上的關鍵詞，陷入了沉思。降低人工費用意味著兩方面的難題。一方面，沒有競爭力的薪資肯定無法招募合適的員工，從而無法進行服務品質的提升以滿足業主不斷提高的期盼值；另一方面，在資金無法支持甚至減少的情況下還要要求讓數量越來越少的員工與管理人員主動增加工作量，並提高工作效率和服務績效。這些看上去似乎都絕不可能！袁曉蔓有點困惑了。

「這些關鍵詞都自相矛盾啊！」袁曉蔓感慨道，一邊順手開始翻看回收的業主滿意度調研問卷。

問卷是這樣設計的：題目是「業主滿意度問卷調查」，下面就是具體內容與評價的勾劃處。具體內容涉及了府河音樂花園項目的基本職能管理部門，即安保、綠化、保潔與客戶服務的基本工作，問題是按照職能分工對應的業主體驗節點來設計的，一共34個問題。而評分是按照李克特五級標準設計的，即非常好、好、一般、不好、非常不好，供業主選擇。問卷的最後是業主的開放式意見和評論。

一邊翻看問卷，袁曉蔓心裡卻一直回響著筆記本上的記錄：提煉府河音樂花園品牌內涵，降低人工費用，提升服務品質和提高業主滿意度！

袁曉蔓隨後在筆記本上總結了關鍵詞對應的具體問題：

第一，業主滿意度如何提升？沒有經費支持的業主滿意度又該如何提升？

第二，如何降低營運費用，特別是人工費用？

第三，服務品質如何提升？降低了成本下的服務品質又該如何提升？

第四，府河音樂花園項目的品牌內涵應該如何提煉和總結？

第五……

「這麼多工作，怎麼開始？」袁曉蔓很是困惑。

三、中國式的物業管理

「煩!」回想起這些年的工作情景，袁曉蔓不由自主地嘆了口氣。

袁曉蔓思緒很多很亂，她甚至後悔加入現在的這個「萬惡」的物業行業。擁有 MBA 學習經歷的她在加入公司之前，對物業行業做過一次調研。她當時是這麼認為的：作為「朝陽」服務產業的現代物業管理行業是在打破了傳統的行政福利性的房產管理理念後建立起來的。現代物業管理公司的發展趨勢是這樣：其經營的範圍已經不僅僅局限於傳統的小區管理，還涵蓋了商業地產、旅遊景區、主題公園、酒店、航空公司、政府政務大廳、寫字樓、商業大廈、大型綜合性商場以及綜合性居民和商業社區管理等。

在西方，現代物業管理行業（西方稱為不動產管理行業），由酒店管理的理念發展而來，是現代接待業與服務業的重要分支，已經是以實現社會、經濟、政治和環境效益的同步增長和和諧發展為最終目的的重要經濟和政治體（如社區會被作為政治和市場主體參與其相關決策）。因此，縱觀國內外物業行業發展的趨勢，可以這麼說，中國的物業行業是發展潛力巨大的一個行業！

然而，在加入公司之後，袁曉蔓就真切地感受到落差。

首先，對於中國的物業管理企業來說，雖然國外的物業管理起步很早，發展也相對比較完善，但與國外相比由於制度和文化等方面都存在巨大的差異，因此能夠從國外借鑑的經驗相當有限。國內的物業管理還停留在很簡單和粗放的階段。

其次，中國的物業行業的從業人員平均素質較低。占員工數量最多的一線保潔、保安和綠化人員往往是項目周邊的失地農民，平均文化只有小學水準。這給物業管理企業的管理、品質的提升和顧客服務質量標準的執行帶來了巨大的障礙。

最後，就目前而言，物業管理的理念在國內並沒有真正深入人心，業主也往往不理解和不支持。因此，全國範圍內的物業企業普遍都遇到了管理工作內容與業主需求之間的矛盾。同時，由於物業管理公司沒有執法權，在具體管理工作中很難去維護和堅持公共條約和制度，這使得公司管理常常陷入被動和兩難。由於現在政府管理強調和諧，社區、城管和派出所以及城建部門往往不願意處理物業方面的糾紛（如亂搭亂建、住改商和噪音擾民等），物業管理企業更是無法進行有效且正常的管理……拿袁曉蔓的話來說就是：「我們很苦，不僅每天要被迫接受業主的負面情緒，還受到來自多個主管部門的約束，而不是支持！」

現在，當問及物業行業時，袁曉蔓一定還會強調說，我們（物業）是微利，甚至是無利行業，就成都地區來說，接近一元錢一平方米的物管費已經算是中等收費了；而設施設備需要維護，綠化、清潔、衛生需要精心處理，安全需要監管和保證，其他客戶服務還要求上門……很多開發商都是貼錢進行物業管理以求得後期開發樓盤的順利銷售。

當然，袁曉蔓一直認為，這樣做是不可持續的，就像公司現在要求控制成本就是最好的證明。「要麼漲價，要麼節流，這往往是所有物業公司面臨的選擇！」

四、爭論

「怎麼辦？」描述完自己的疑問後，袁曉蔓最後問道。袁曉蔓目光掃視著會議室的每個人。這是一次集團物業公司高層管理人員的討論會，並邀請了集團公司負責行銷和營運的顧問。

一時之間，眾人紛紛小聲議論。有人竊竊私語，譴責公司的自私自利，也有不少有共鳴的管理人員開始相互控訴自己主管工作中的不公與不滿。

「是啊，在今天的經濟形勢下，公司將裁員降薪的傳言已經引起了大家的恐慌。在這個時候提出提升品質和打造品牌，無疑增加了大家的不滿。」曉蔓很清楚這一點。

「問題實質是關於如何實行物業日常精細化管理！」負責公司營運的梁總監總結性地回覆道。

「怎麼著手是目前的關鍵！」有人針鋒相對地回覆了一句。袁曉蔓看了看，是府河音樂花園項目的客戶服務部劉經理。

袁曉蔓不由開始整理思路，對自己提問：「降低人工費用，提升服務品質和提高業主滿意度，提煉並總結府河項目的品牌內涵。」她頓了頓，在記事本加上了一句：「其中的邏輯是什麼？哪個工作優先？從哪裡開始？」她在這句話後面又加上了一個大大的問號。

但是，從工作本身的角度而言，袁曉蔓卻認為問題的核心應該是如何完善公司管理中的規範化、細節化以及個性化的過程重組。

「我認為，先提煉我們的品牌，明確府河音樂花園項目是什麼以及業主需要什麼，由此來安排其他工作才是可行之路！」府河音樂花園項目市場部的李總監從行銷的角度進行總結。

「那麼，如何明確府河音樂花園項目是什麼呢？」梁總監針鋒相對地問，「如果我們提出的品牌內涵和形象業主不接受呢？況且，品牌打造是個費錢的事，短期內出不了效益，不是當務之急吧！」

之後是一陣沉默。

集團公司行銷顧問劉博士咳嗽一聲開始發言，他說：「剛才提出的四件工作應該是有個順序的，我認為提煉項目品牌是重點，或者說是這四個要求中的最終目的。」劉博士接著說：「提升服務品質是手段和方法，而控制人工成本也是限制性條件。至於提高業主滿意度則是這一切工作的衡量標準！」

劉博士開始滔滔不絕了：我認為，「應該首先明確如何根據提升業主滿意度為目的來提升服務品質，並由此去重新安排工作職能。這樣不就可以確定保留或刪除哪些崗位以及規範各崗位應該幹什麼和怎麼干嗎？由此，在業主滿意度隨之提高的同時，我們也就會瞭解業主們認同的物業特徵。這樣品牌核心內容的挖掘不也就有了基本的參考嗎？這四件任務不就一次性都解決了嗎？」

眾人有些明白了，但是李總監質疑道：「沒有經費如何進行品質提升？如何具體啓動並開展工作？這不是又回到了起點嗎？」

這樣一問，大家都有同感。是啊，畢竟新的工作需要更多的人員，設施設備的優化也需要資金。會議又陷入爭論中。

五、業主滿意度

見眾人並無定論，袁曉蔓輕輕咳嗽一聲，說：「要不我先給大家分享一下這次業主滿意度調研的基本結果吧。說不定如何開展下一步工作的答案就在其中。」

「我們這次的問卷設計是通過對各項職能工作的業主滿意度評價來開展的。」曉蔓接著說，「粗略一看有很多自相矛盾的地方，但是通過隨後的基本統計和分析，結果大概是這樣的。」

「根據對業主信息的統計，目前府河音樂花園項目的多數業主的構成是收入中等偏上且穩定、教育程度較高的年輕四川本地業主。業主們目前最認同的是『公司對重要信息發布的準確性和及時性』，而相對最不認同的是『小區服務設施質量』『健身娛樂休閒設施的質

量』『噪音控制』『電梯設備的管理』等」。

「這些要麼我們早就知道，要麼並不能說明什麼啊！」客戶服務部劉經理在座位上小聲嘀咕。

「是的，這並不是我們想要的答案！」袁曉蔓聽到了劉經理的嘀咕，笑了笑，接著說，「但是，接下來我們根據這些數據進行的分析結果很有意思。」

的確，在進行了針對數據的因子分析、交叉分析以及T檢驗後，袁曉蔓看到了不一樣的信息。

首先，對於府河音樂花園項目物業服務質量的因子分析的結果是現有的34個業主體驗節點可以用9個公因子來總結。按照其解釋權重，它們分別是品牌正面整體滿意度和忠誠度因子、公平工作能力和態度因子、安全設施設備和附加服務因子、基本管理服務質量因子、基本安全維護和控制服務質量因子、基本環境維護服務質量因子等。而對於整體服務滿意度的因子分析結果是9個相關指標可以分為兩類：第一個因子在「設施設備、服務項目、專業技術、交流方式」上有高負荷，可以解讀為可視化硬件和服務因子；第二個因子在「小區安全、人員素質、辦事效率、誠信問題、合理收費」上有較高的負荷，可以解釋為不可見服務軟件因子。

其次，T檢驗的結果是：不同性別的業主在看待發布各類重要信息、通知和合理收費的問題上有顯著性差異；不同年齡的業主在設施設備、交流方式和辦事效率上的看法有顯著性差異；不同職業的人在對人車分流管理、進出小區人員管理、設施設備管理等服務指標的評價具有顯著性的差異；不同收入水準業主在大部分服務指標的評價和判斷上卻不具有任何的顯著性差異……

最後，通過聚類分析，可以看出：月工資收入在 6,000~10,000 元、年齡在 45 歲以下的業主，對府河音樂花園項目目前服務滿意度的影響最大，對服務的要求也最高，同時他們對現有服務滿意度評價較低。

但是這些信息應該如何解讀，如何得到關於細節化與個性化的管理決策與應用，並最終獲得品牌內涵提煉工作的啟示呢？

會議室裡的眾人都陷入了沉默。

（關於袁曉蔓此次調研的部分數據結果請參考案例後的附錄1，問卷及問卷設計思路詳見案例後的附錄2。）

六、精細化管理的措施與結果

雖然並不完全明確調研結論中各項分析的作用機制以及核心問題的相互關係，但是袁曉蔓根據上述業主滿意度調研的分析結論進行了一系列的工作調整。

首先是針對各個職能崗位標準化與規範化的強制推行工作。袁曉蔓首先提出了「真誠公平、誠信透明、嚴謹細緻、體貼高效」的府河音樂花園項目服務理念，並明確了公司的經營定位是「服務」而非「管理」。在推行並這些理念的同時，袁曉蔓要求各職能部門負責人需要與公司人力資源部負責人一同對所轄部門的各個崗位重新進行職位說明書的編寫，明確各部門的管理規程、工作紀律、服務禮儀、維修回應機制、訓練培訓制度、以業主反饋為主的考核獎罰措施。公司接下來以行業的龍頭企業萬科為標杆，將制定的相關文件和制度與萬科的全方位服務體系進行比較。在財務部門參與討論後，相關文件和制度進行了調整與優化。關於這些工作，袁曉蔓提醒公司經理和主管們：「我們要規範到什麼程度？要保潔大姐都知道每次清掃工作，一格樓梯應該掃幾次，見到業主應該說什麼、怎麼笑、音

量和時間怎麼控制；要客服人員接到電話，應該知道首先說什麼、最後說什麼以及處理一次客戶問題的標準時間是多久。」

其次是根據調研結果中整體服務滿意度的因子分析結果，公司總部開展對整個管理營運過程的系統化與流程化的重新調整工作。例如，總部崗位進行了一次裁員和重新調整，整合了與以前四大職能對應的總部四大管理部門為營運和品質兩大部門。營運部負責各個項目的業主不可見管理部分和設備管理，而品質部統籌一切業主可視可接觸的服務標準、員工培訓和員工考核等管理工作。當然，這兩個部門的主要工作是以袁曉蔓調研中涉及的34個業主體驗點的因子分析結論中的9個公因子來進行分工和參考的。

最後是針對公司服務管理中的細節化與個性化的梳理工作。例如，在通知通告的發布上，公司品質部要求，統一加上這樣的稱呼——「尊敬的業主先生/女士」，或者直接使用「親」，同時用詞更為親切和詳細，盡量將每個通知的來龍去脈和與之對應的家庭影響與推薦措施進行說明等。

當然，這一切並沒有帶來公司多餘的資金投入，反而降低了總人工成本，符合集團公司領導的要求。府河音樂花園項目在當年年底第一次實現了物業管理方面的盈利。

關於此次大規模的改革工作，袁曉蔓的個人體會是：「一切的關鍵在於執行！」

但是，袁曉蔓心中一直有這樣的疑問：「提升業主滿意度，提高服務質量，實現精細化管理以及降低營運成本之間的關係究竟是什麼？怎麼樣形成未來工作的基本機制？另外就是品牌內涵的提煉工作，應該從哪裡開始呢？」

當然，她也還有這樣的遺憾：「至於數據分析結論提到的，為什麼不同經濟收入的業主對於眾多的物業體驗環節沒有差異這一點，我還不知道該如何解釋，更不知道如何應用！」

七、品牌內涵的提煉

半年後的4月中旬，袁曉蔓邀請集團公司行銷顧問劉博士到府河音樂花園項目的物業辦公室。那是棟位於該小區配套公園內的獨立小樓。小區綠化環境優美而清靜，4月的西府海棠靜靜地開放在那千樹萬樹的枝頭。劉博士不經意間注意到小區的停車場就如同一個豪華車的展示中心，一輛輛高檔轎車和跑車有序排放著。當然，其中也不乏平凡的經濟型汽車。劉博士突然間如醍醐灌頂，恍然大悟。

這次來訪，劉博士是應袁曉蔓邀請參與公司物業品牌推廣宣傳的設計和策劃的。當然，這也是上次調研提到的排在第一的「品牌正面整體滿意度和忠誠度因子」的提示。

辦公室裡，劉博士有感而發，很快就有了宣傳的主題構想——「海棠無香自從容」。

劉博士這樣在主題描述中寫道：「國人愛花實質是愛其品質。蓮之美，是因其清雅高潔，出淤泥而不染。梅之美，是因其臨寒獨香的傲氣，堅貞與豪邁。而海棠之美，卻是如此的普通。沒有偉岸的枝幹，沒有繁茂的葉子，沒有誘人的芬芳，甚至沒有蜂蝶紛飛的點綴，有的只是些瑣碎的小花……但是在繁花盛開的季節裡，唯獨開於早春的海棠花早已歸於沉寂。其有的只是花開花謝後的蔥蔥綠綠和萬花叢中的寧靜與淡泊。因此，海棠之美是驕傲之美，是大氣之美。她一枝獨秀先把春來報；她不做作、不吝嗇，沒有炫耀、沒有保留。她將和煦的春光留給了後來的鮮花，給後來的翩翩蜂蝶讓出了空間。她，乾脆利落！她，寧靜從容！」

在與袁曉蔓的討論中，劉博士對他的「海棠」主題這樣解釋道：「就在剛才，透過小區那一輛輛蘭博基尼，我看到了幾輛洗得干乾淨淨的經濟型汽車。這讓我明白了為什麼問卷調研中的不同收入群體對各項服務體驗細節的評價沒有差異。這就是公司的業主特徵啊！他們收入各異，但是對於生活的態度和智慧是一致的呀！這就是海棠式的人居生活理念和

哲學——像海棠一樣智慧的、靜靜的、從容的生活，以那種『嫣然一笑竹籬間』與『且教桃李鬧春風』的姿態，用寬容之心善待他人，用平常之心面對滾滾紅塵，以大愛謙讓之心對待自然萬物。」

「這也是我們公司品牌的特徵！」袁曉蔓也笑了。她也明白了，並笑著繼續說：「我們開發管理的物業不是最豪華的，設施不是最完善的，地段不是最繁華的。但是我們提供的服務、環境氛圍和建築設計卻是如海棠般的，也應該是海棠般的大氣從容、寧靜淡泊、謙讓寬容！這既是業主認同我們的地方，也將是我們開發管理理念的一貫特色和設計與管理理念。」

但是，接下來的工作卻是需要明確何時何地，通過什麼樣的新媒體和媒體計劃去有效推廣此次宣傳的內容，當然宣傳經費也需要好好籌劃，而且是有限的。

案例使用說明：
成都府河音樂花園物業服務質量提升與品牌內涵提煉的故事——基於精細化管理與顧客滿意度調研的實踐與啟示

一、教學目的與用途

本案例主要適用於管理類本科和工商管理碩士服務行銷、廣告管理、品牌管理、企業管理以及服務運作管理等課程的課堂教學討論。本案例還可用於管理研究方法等相關課程中關於管理學研究方法等內容的分析與討論。

本案例適用對象：本案例適用於工商管理碩士、旅遊管理碩士以及全日制管理類本科生和研究生的上述課程。

本案例的教學目標如下：

第一，通過對本案例的公司與行業信息的分析與討論，學生能更好地理解和掌握物業不動產服務的核心本質；能夠更好地理解精細化管理的內涵以及精細化管理核心內容——規範化、細節化、個性化管理三者的內部聯繫。學生將能夠通過精細化管理的理念去更系統地分析並提煉企業經營環境中的優勢和劣勢以及外部的機遇與挑戰；能夠更加深入地瞭解服務性企業競爭戰略、定位、組織流程與職能分工在企業經營管理中的重要地位，並系統地掌握企業戰略的分析工具。

第二，通過對本案例關於管理決策的制定過程與執行過程內容的閱讀與討論，學生能更好地掌握精細化管理的內容、過程和執行細節。學生能掌握廣告主題、廣告策劃、廣告媒體計劃、品牌內涵、服務質量、顧客滿意度、購後行為意向、顧客特徵識別等廣告學、市場行銷學、管理學和消費者行為學中的關鍵概念。

第三，通過教師對案例的講解與數據的分析解讀，學生將在瞭解服務質量感知、滿意度測量、購後行為意向結構的主流模型和理論以及掌握其應用方法的同時，熟悉問卷設計及數據分析的具體手段與解讀方法。由此，學生最終將獲得獨立展開流程管理及精細化管理等方面科學研究的能力和實踐應用能力。

二、啟發思考題

按照案例內容的順序進行提問：

問題1：中國物業行業的發展現狀、趨勢和主要特徵是什麼？未來的中國式物業管理將

何去何從？

問題2：物業管理的核心產品與核心價值是什麼？其產品結構維度有哪些？

問題3：什麼是服務？服務的特徵有哪些？

問題4：目前府河音樂花園物業日常管理的主要問題有哪些？試分析問題的關係與根源。

問題5：請結合SWOT戰略分析方法，並以問題為導向，確定府河音樂花園項目未來工作重點和工作內容。

問題6：顧客是如何感知並評價物業產品或服務質量的？結合體驗經濟的理論來說明業主是如何具體體驗、感知和評價府河音樂花園物業的服務質量的。

問題7：顧客滿意度是什麼？在府河音樂花園物業的產品或服務結構中，其具體的業主滿意度評價應該如何去獲得。

問題8：什麼是精細化管理？為什麼劉博士提示袁曉蔓業主滿意度評價結論的主要問題其實是精細化管理的問題？精細化管理的理念與內容如何體現在府河音樂花園物業的管理中。

問題9：試評價劉博士提出的在降低人員成本的基礎上提高現有服務品質並提升業主滿意度，並根據業主滿意度的具體內容去獲得業主認同的物業特徵，進而挖掘得出品牌內涵的核心內容。這樣的工作思路對應的理論原理與機制何在？

問題10：顧客識別的原理和依據是什麼？具體到本案例，你將如何使用上述原理和分類以及具體什麼樣的問題選項去指導袁曉蔓測量和識別府河音樂花園項目的業主。

問題11：根據案例中提到的工作要求，你將如何具體設計此次調研，為什麼？

問題12：你如何解讀案例中提到的調研數據的結果？怎樣根據這些結果解決府河音樂花園項目現有的問題，並做好精細化管理和品牌內涵提煉工作？

問題13：你怎麼解讀府河音樂花園物業的精細化管理措施？這些措施的根據是什麼？根據精細化管理的理念，你還建議有哪些措施可以作為補充？

問題14：什麼是品牌？建立品牌的目的是什麼？什麼是品牌內涵與品牌定位？如何進行有效的品牌（主題）內涵提煉和品牌定位。

問題15：對於案例最後提到的以「海棠」作為公司物業的品牌內涵的解讀，你是如何理解的？是否贊同？為什麼？請結合案例內容來說明。

問題16：何時何地，通過什麼樣的新媒體和媒體計劃去有效推廣此次物業品牌宣傳的內容呢？

問題17：如何控制此次品牌宣傳活動的經費使用，並同時確保宣傳效果。

三、分析思路

案例課堂教學前一週，授課教師先要求學生對產品或服務質量、SWOT戰略分析方法、PEST分析方法、顧客滿意度、精細化管理、品牌內涵與品牌定位等概念通過教材、相關研究等進行收集、提煉和解讀；對問卷設計方法與原則進行學習；對基本的統計方法的原理與內容進行學習。這部分內容可以讓學生參考案例說明中的「四、理論依據與分析」［（一）（三）（四）（五）（六）（七）（八）］部分相關內容，也可選擇性地讓學生通過閱讀相關教材與文獻進行準備。

本案例分析的第一階段，教師讓學生重點閱讀並分析案例中涉及物業行業、府河音樂花園物業項目的相關信息。首先，對於現代物業管理的實質是什麼與服務的特徵是什麼需

403

要授課教師引導學生進行思考和總結。這期間，授課教師可以根據案例中提到的物業管理的現狀與困境讓學生對現有的物業行業加以認識。案例中描繪的人物袁曉蔓與其他職業經理人，因工作背景、經歷和視角的差異，他們各自對物業行業的認識與現有問題的思考應該是比較主觀的，而且是單一的。授課教師因此應提示學生，案例人物的評價將不能作為唯一有效信息用於對物業行業和府河音樂花園項目物業公司的評價。授課教師可以使用「你怎麼評價中國的物業管理行業以及怎麼評價府河音樂花園項目物業」等問題來測試學生的態度，並強調中立與客觀對於管理者和研究者的重要性。這一步中，問題1、2、3可以提出。

結合問題4，授課教師和學生可以根據案例前半部分的內容去瞭解府河音樂花園項目物業的內部和外部現狀，並結合相關延伸閱讀（如搜索中國物業行業現狀、問題，參考閱讀案例的「四、理論依據與分析」部分的「中國現代物業管理行業的現狀」部分）分析各個問題的產生根源與背景。上述信息可以用於初步SWOT或PEST模型的分析（對應問題5）。學生可以由此得出府河音樂花園項目物業未來的戰略基本方向，並由此初步確立其未來經營管理的方向。在這一步中，授課教師還可以引導學生根據上述內容去總結提煉現代物業產品或服務質量與業主滿意度構成維度以及產品體驗過程和環節，讓學生初步瞭解如何去評價和測量這一類產品和服務。學生之後將被要求回答問題6和7。

授課教師應該指引學生根據之前對府河音樂花園項目問題的提煉，導入精細化管理的理論與服務運作管理的理念（提出問題8），對業主爭論的問題提出分析，並引導其逐步提煉府河音樂花園項目的業主反應強烈的問題本質是什麼、其日常管理重點什麼以及回答如何在降低人工成本的同時獲得更好的服務品質，優化並規範各職能崗位，並最終獲得物業品牌內涵的核心內容。問題9可以提出並討論。

授課教師應要求學生結合府河音樂花園項目物業此次工作任務的要求，嘗試去設計一份關於其業主滿意度的調研問卷。學生需要對設計的問卷進行說明。這一步中，問題10和11可以對學生選擇性地提出。

授課教師安排學生閱讀案例說明中的「四、理論依據與分析」部分以及附錄1和2中的問卷結果與設計部分。這一階段，教師可以參考案例附錄中的問卷進行引導和講解，也可通過自己的理解對附錄問卷進行評判性的討論，如對問卷的全面性、客觀性提出質疑並讓學生思索；提出根據研究問題來設計問卷的思路，並讓學生對問卷的每一道小題提出評價和分析等。這一步的主要目的是讓學生去嘗試根據研究問題和關鍵詞及模型的知識去獨立設計並評價問卷問題。

案例中袁曉蔓的管理決策和管理優化的過程是對其調研數據結果的一個總結與提煉。授課教師和學生可以通過上述內容，結合具體的調研數據結論對府河音樂花園項目的具體決策與管理過程進行解讀和補充，並說明原因。在進行數據解讀中，授課教師應該對描述性統計分析、因子正交旋轉、T檢驗以及方差檢驗的具體指標、目的以及啟示進行解說。學生將由此根據這些知識對附錄中的具體數據進行識別和解讀。這一階段，授課教師可以嘗試用SPSS軟件演示每一種統計方法的使用過程（根據學生需求與培養目的，這部分可以省略）。這部分對應了問題12和13。

授課教師要求學生根據案例學習前對有關品牌內涵與品牌定位的概念界定、總結進行回顧，之後要求學生對案例中提出的以「海棠」為品牌內涵的原因及細節做出分析與評價。由此，授課教師提出問題14和15。在這一階段，授課教師應該要求學生把顧客滿意度和精細化管理與品牌內涵提煉的過程進行總結，提煉出基於顧客滿意度的精細化管理措施與品

牌定位的形成機制。

授課教師通過讓學生回顧廣告的主題與表達、廣告策劃的過程以及廣告新媒體和媒體計劃的相關內容，提出問題 16 和 17，並由此總結整個案例由管理問題的提出到關鍵問題的分析，再到問題通過廣告管理來解決和執行的過程與邏輯。學生也將獲得基於管理實例的廣告與媒體策劃經驗。

四、理論依據與分析

(一) 中國現代物業管理行業的現狀

中國的物業管理起步比較晚，物業管理進入中國市場不足 30 年，發展卻是異常迅猛的。目前，全國物業管理企業已逾 2 萬家，物業管理從業人員 200 多萬人，管理物業類型已涉及住宅、寫字樓、商場、公園、學校、醫院、工業廠房、社會後勤物業等各類物業，管理物業面積達到數百億平方米。另外，中國擁有數以億計的物業基礎，而且隨著房地產業的迅速發展，物業的規模將越來越大，整個物業管理的市場需求和發展潛力都是巨大的。

但是隨著物業管理行業的飛速發展，其中也逐漸地暴露出了許多問題，中國的物業管理行業面臨各方面的挑戰。

首先是管理與服務的自我定位不明確的問題。物業管理的核心是為業主提供優質的物業環境、維持物業配套設施的正常運行，物業企業的首要目標是要滿足業主的需要。然而有相當一部分的物業管理企業以管理者自居，過分強調管理，使得物業管理的服務特徵被淡化了。表現之一就是服務質量不高，一方面是由於主觀意識上的錯誤定位，另一方面就是過低的收費標準造成了服務質量降低、收費率下降的惡性循環。一些企業經營不規範，經營意識不強，只注重企業的單一管理，而服務意識、經營意識淡薄。這就造成了業主對物業服務的感知質量偏低，業主的滿意度普遍不高。

其次是物業行業整體管理水準低下，缺乏專業人才的問題。物業管理作為專業化的管理，需要各類高素質的管理人才。但由於中國物業管理專業教育起步晚，培養的人才有限，而且未建立起完善的行業管理標準和從業人員行為規範，在職專業物業管理人員的培訓不足和各種上崗專業培訓流於形式、監管不足，更加之觀念上認為物業管理不需高素質人員的誤區等，使得中國物業管理行業從業人員整體素質偏低，制約了行業的良性發展，影響了行業地位的提高。

最後是物業管理立法滯後，理論體系不健全的問題。物業管理在中國是新興行業，國家與地方各級的法律和法規都欠完善，開發商、業主、物業管理企業之間的權利、義務、責任的界定還不夠明確。一方面，物業管理企業缺乏約束，服務層次不到位；另一方面，物業管理單位的法律地位得不到保障，管理難收成效。因此，盡快完善符合中國國情的物業管理法律法規體系，已成為物業管理發展的一個很重要問題。

(二) 業主特徵識別與測量

1. 消費者市場細分標準

顧客特徵識別相關概念是基於行銷學中市場細分的概念演化而來的。顧客特徵識別是 20 世紀 50 年代中期由美國市場學家溫德爾·斯密（Wendell R.Smith）在總結企業按照消費者的不同需求組織生產的經驗中提出來的一個概念。國內外多數學者關於顧客特徵識別及市場細分的概念研究趨於一致，並都認同科特勒的市場細分標準。根據科特勒的理論，消費者市場細分標準可以概括為地理因素、人口統計因素、心理因素和行為因素四個方面，

每個方面又包括一系列的細分變量，如表 20-1 所示。顧客特徵識別往往是指其中的人口統計變量部分。

表 20-1　　　　　　　　消費品市場細分標準及變量一覽表

細分標準	細分變量
地理因素	地理位置、城鎮大小、地形、地貌、氣候、交通狀況、人口密集度等
人口統計因素	年齡、性別、職業、收入、民族、宗教、教育、家庭人口、家庭生命週期等
心理因素	生活方式、性格、購買動機、態度等
行為因素	購買時間、購買數量、購買頻率、購買習慣（品牌忠誠度）以及對服務、價格、渠道、廣告的敏感程度等

2. 業主市場細分相關研究

國內外關於業主（Property Owner）的識別標準和內容並無定論。但是由於物業管理是由酒店管理理念發展而來的，因此可以參考國內外旅遊與不動產管理相關的文獻。

國內學者，如程圩等，建議採用消費動機、消費目的與人口因素進行聚類，消費者（遊客）細分為 4 類：探求型、社交型、逃逸型和迷茫型。[①] 與之類似的是許峰採用聚類分析將消費者（遊客）細分為表象者、商務者、休閒者、文化者和深度者。

國外學者則普遍以行為學與心理學原理結合人口細分指標，對不動產的消費者進行描述和總結。綜合國內外關於酒店及不動產市場研究中的消費者特徵識別文獻，可以看出這些消費者個人特徵通常都採用的是多個系列變量因素組合法，即根據影響其消費過程中的需求和行為表現的多種因素作為識別的標準。其中最為常用的是根據消費者來自的地理位置、性別、年齡段、收入水準、職業分類、消費頻次、消費時間、消費動機和花費等變量因素識別顧客。

（三）產品/服務質量的概念

質量的廣義定義為「優越或優秀程度」（Narsono & Junaedi, 2006）。澤絲曼爾（Zeithaml, 1998）認為，質量有兩種形態：客觀質量和感知質量。客觀質量是指產品在實際技術上的優越性或優秀程度。從這種意義講，客觀質量可用預先設定的理想化標準來證實。由於學術界對什麼是理想的標準存在爭議，測量客觀質量的屬性選擇和權重一直是研究者和專家關心的焦點。邁恩斯（Maynes, 1976）則認為客觀質量是不存在的，所有的質量評估都是一種主觀的行為。該觀點有力地支持了質量的另一形態：感知質量。

感知質量的概念最早由奧爾森和雅各比（Olson & Jacoby）[②] 在 1972 年提出，被定義為對產品質量的「評價判斷」。

（四）顧客感知質量的評價模型與測量方法

1. 有形產品的感知維度

無論是對管理者還是研究者，想要為所有產品確定一個普遍適用的質量標準是很困難的。產品種類不同，其具體屬性或核心內部屬性就會不同，顧客用來判斷質量的標準也會

---

① 程圩, 馬耀峰, 隋麗娜. 不同利益細分主體對韓國旅遊形象感知差異研究 [J]. 社會科學家, 2007 (4)：118-120.

② Olson J C, Jacoby. Research of Perceiving Quality [J]. Emerging Concepts in Marketing, 1972 (9)：220-226.

不同。儘管如此，學者們還是對建立盡可能普遍適用的、高度概括的質量維度進行了努力的探索。卡文（Carvin）提出的產品感知質量維度包括五個方面：產品的性能、特徵、可靠性、審美性和產品或品牌形象，他試圖通過這五個維度來厘清行銷人員、工程師和消費者等一些相關團體提出的關於質量的複雜含義（Brucks, Zeithaml & Naylor, 2000）。

有學者（Stone-Romero & Stone, 1997）參考奧爾森和雅各比對產品屬性的劃分，將產品感知質量分為四個維度：無瑕疵性、耐用性、外觀和獨特性。其中，前三個維度屬於內部屬性，而最後一個維度屬於外部屬性。

2. 服務產品的感知維度

學術界公認，服務產品的感知質量因素與有形產品並不相同。其主要的劃分基礎是 SERVQUAL 理論。帕拉舒拉曼（Parasuraman）、澤絲曼爾（Zeithaml）以及貝利（Berry）三位教授（P2B 組合）研究了電器維修、零售銀行、長途電話、保險經紀以及信用卡業務的服務質量的顧客感知質量情況，提出的一種新的服務質量評價體系，其理論核心是「服務質量差距模型」，即服務質量取決於用戶感知的服務水準與用戶期望的服務水準之間的差別程度（因此又稱為「期望-感知」模型）。其模型為：SERVQUAL 分數＝實際感受分數－期望分數。SERVQUAL 模型將服務質量分為五個層面：可靠性，即可靠地、準確地履行服務承諾的能力；回應性，即幫助顧客並提供進一步服務的意願；保證性，即員工具有的知識、禮節以及表達出自信和可信的能力；移情性，即關心並為顧客提供個性化服務；有形性，即包括實際設施、設備以及服務人員的外表等。每一層面又被細分為若干個問題，通過調查問卷的方式，讓用戶對每個問題的期望值、實際感受值以及最低可接受值進行評分，並由其確立相關的 22 個具體因素來說明，然後通過問卷調查、顧客打分和綜合計算得出服務質量的分數。

3. 顧客感知質量的評價模型與測量方法

關於服務質量的評價與測評，代表性的觀點主要有美國 PZB 組合的服務質量差距模型和北歐學派的全面可感知質量模型。現把上述理論梳理歸納如下：

（1）服務質量差距模型（The Gaps Model）。1985 年，PZB 組合提出了服務質量差距模型，他們指出，無論何種形式的服務，要能完全正確地滿足消費者的需求，必須突破顧客期望、管理者感知、服務質量標準、服務傳遞以及外部溝通之間的差距。服務質量的差距分析模型能夠引導服務企業的管理者發現服務存在的問題、原因是什麼、應當如何解決。通過該模型的運用，管理者可以逐步縮小顧客期望與實際服務體驗之間的差距，由此提高顧客感知的服務質量。

1988 年，PZB 組合提出了用以具體測量服務質量水準的 SERVQUAL 模型及相應的量表，包含五個維度，共 22 個測量項目。

（2）全面可感知服務質量模型（Total Perceived Quality Model）。帕拉舒拉曼（Parasuraman）等提出服務質量是顧客感知的一種態度，是由期望服務質量與感知服務質量之間的差距得來，即服務質量等於期望的服務-感知的服務。格魯諾斯等（Cronroos, 1990）認為，期望對服務質量的影響並不明顯，主張僅使用績效感知測量服務質量。因此，格魯諾斯提出了全面可感知服務質量模型。

帕拉舒拉曼等人的理論被認為是對服務質量量化研究的一個完整體系，被認為是適用於評價服務質量的典型方法。之後的學者，如克羅寧和泰勒（Cronin & Taylor, 1994）在 1992 年對銀行業、洗衣業、快餐業進行調查後，提出了服務質量的新評價方法——SERVPERF 量表。量表採用五個維度，22 項指標的研究模式，但是減少了對服務期望的評判。

(3) 其他測量工具。SERVQUAL 量表和 SERVPERF 量表是測量顧客感知服務質量的兩個重要工具，它們都遵循一個基本思路，即首先歸納出服務的若干屬性，然後通過問卷調查的方式瞭解顧客對這些屬性的看法，最後根據收集的信息來判斷企業的服務質量狀況。因此，學術界認為它們是以屬性為基礎的測量方法（Attributes-based Approach）。

斯特勞斯和魏魯利施（Stauss & Weiulich, 1997）認為，還有一種測量服務質量的方法是以事件為基礎的（Incident-based Approach）。此類方法並不是去瞭解顧客對某些服務屬性的看法，而是要求顧客敘述他們的服務遭遇，並根據顧客講述的信息來評價企業的服務質量。

關鍵事件技術（Critical Incident Technique, CIT）由弗拉甘（Flanagan, 1954）提出，其要求受訪者講述一些印象深刻的事件，然後對這些所謂的關鍵事件進行內容分析，以尋求導致關鍵事件發生的深層次的原因。目前，關鍵事件技術已被運用於管理學、教育學等多個領域。

4. 物業（不動產）綜合產品感知質量的構成

國內外學者普遍[1]認為，不動產管理產品一般包括有形部分和無形部分（服務）。有形部分就是一般意義上的商品，這部分在質量的確定上根據具體產品的屬性可以測量。不動產管理產品的無形部分也就是服務，主要包括從業人員的表現、服務設施和環境的狀況以及服務活動的水準等。

物業服務質量主要反應在服務人員的行為表現、服務的設施條件和服務的管理等方面。對物業服務質量評價的理論體系建立在傳統服務質量評價理論的基礎之上。其中SERVQUAL 模型來測量和比較物業服務和產品的感知價值是目前的主流手段。

5. 物業服務感知質量的測量研究

關於物業服務質量的評價與測量體系，國內外學者並無定論。在實際的研究中，不少學者是通過帕拉舒曼、澤絲曼爾和貝利（Parasuraman, Zeithaml & Berry），為代表的觀點，將服務評價指標直接使用在對物業項目評價的體系中。其中，以程鴻群、邱輝凌、鄒敏和汪程程為代表的研究者的研究最為全面。根據上述方法，四位學者對武漢的住宅物業提出了六個因素的業主感知質量維度對應 23 個具體指標的住宅物業服務質量評價體系。在此體系中，六個業主感知質量構成要素是功能性、經濟性、安全性、時間性、舒適性、文明性。[2] 各要素的具體含義如下：

（1）功能性指物業服務發揮的效能和作用，體現了物業服務最本質的使用價值，包括滿足業主各種需求、提供規範服務、及時處理問題等方面。

（2）經濟性指業主為物業服務支付費用的合理、透明、增值程度。這裡的費用指物業服務全過程中的所有費用，不只是物業公司向業主收取的物業費這一項。

（3）安全性指在物業服務過程中保證業主的生命財產不受到威脅、身體和心理不受到傷害、個人信息得到保密以及小區設施安全可靠的能力。

（4）時間性指物業服務在時間上能滿足業主需要的能力，包括及時、準時、省時三個方面。

（5）舒適性指在滿足上述四個特性的情況下物業服務提供過程的舒適程度，包括設施的完備、舒適、方便和適用以及物業小區環境的整潔、美觀和有序。

---

[1] 馬駿. 旅遊產品質量分析評價方法初探 [J]. 商場現代化，2006（11）：267.
[2] 程鴻群，邱輝凌，鄒敏，等. 住宅物業服務質量評價 [J]. 珞珈管理評論，2013（2）：94-96.

（6）文明性指業主在接受物業服務過程中精神上的滿足程度，主要表現為住宅小區的氛圍是否自然、友好、親切，物業公司員工的著裝規範、文明禮貌程度以及整個小區的人際關係和諧與否。

根據中國著名質量和標準化專家郎志正的觀點，服務質量由一些特性組成，表現為區別於其他事物的內在品質，須從顧客需要和社會需要兩個方面考察服務質量的特性因素，也可以將各種需要直接轉變成特性。[1] 根據郎志正的觀點，服務質量特性分為兩類：一類是可以通過視覺、聽覺、嗅覺、觸覺等直接觀察感受的，通常需要顧客來進行評價；另一類是在服務過程中不能通過感官觀察和感受，但又直接影響服務效果的，通常與服務組織的固有條件相關。因此，住宅物業服務質量的構成要素應該包含兩個部分，即業主感知部分與組織支撐部分。

（五）體驗的概念和維度

1. 體驗的概念

1970年，美國未來學家托夫勒（Toffler）[2] 把體驗作為一個經濟術語來使用，這標誌著體驗開始進入經濟學的研究範疇，而市場行銷對體驗的研究的時間就更晚一些，早期的研究主要集中在情感體驗（Havlena & Holbrook，1986；Westbrook & Oliver，1991；Richins，1997）、消費體驗（Lofman，1991；Mano & Oliver，1993）、服務體驗（Padgett & Allen，1997）等方面。[3]

2. 體驗的構成維度和測量指標

在現有的研究成果中，許多國內外學者從不同的視角對體驗的構成維度及其測量指標進行構建。學者們的主要研究結果和觀點如下：

施密特（Schmitt）[4] 從心理學、社會學、哲學和神經生物學等多學科的理論出發，依據人腦模塊說把顧客體驗分成感官（Sense）體驗、情感（Feel）體驗、思考（Think）體驗、行動（Act）體驗和關聯（Relate）體驗五種類型，並把這些不同類型的體驗稱為戰略體驗模塊（Strategic Experience Modules，SEM）。

除了施密特（Schmitt）對體驗維度構成做了研究之外，其他一些學者也做了大量的相關研究，如派恩、吉爾摩根據顧客的參與程度（主動參與、被動參與）和投入方式（吸入方式、沉浸方式）兩個變量將體驗分成四種類型，即娛樂（Entertainment）、教育（Education）、逃避現實（Escape）和審美（Estheticism）。

郭肇元提出將體驗分為情感、活力、認知有效性、動機、滿足感、放鬆性與創造力等七個體驗維度。王俊超依據郭肇元的衡量維度進行添加和優化，提出了從情感、活力、滿足感、放鬆、創造性、投入程度、自由感、硬性服務以及社交等這些維度衡量消費的體驗的研究思路。

（這部分關於體驗的文獻是用於學生瞭解並參考體驗原理對服務過程的總結。其目的在於檢驗設計的服務過程評價指標是否完整和合理。一部分關於業主對物業質量的感知評價文獻解決了問卷設計的具體內容框架問題，這一部分是對該框架進行過程的驗證，業主生理、心理以及業主間的動態補充。如何根據體驗理論和原理進行指標體系的再造和優化將

---

[1] 程鴻群，邱輝凌，鄒敏，等. 住宅物業服務質量評價［J］. 珞珈管理評論，2013（2）：94-96.
[2] 阿爾文·托夫勒. 未來的衝擊［M］. 蔡申章，譯. 北京：中信出版社，2006.
[3] 黃燕玲. 基於旅遊感知的西南少數民族地區農業旅遊發展模式研究［D］. 南京：南京師範大學，2008.
[4] Schmitt B H. Experiential Marketing［J］. Marketing Management，1999，15（1）：53-67.

考驗學生的創新與科研能力。)

(六) 滿意度的概念與測量模型

1. 顧客滿意度的界定

顧客滿意度概念最先由美國學者卡多佐(Cardozo)[1] 在 1964 年提出。其基本內容為探討顧客預期與實際的差距以及滿意度對再購意願的影響。哈姆(Hample, 1977)認為顧客的滿意程度決定於顧客預期的產品或服務的實現程度。之後的學者,如奧利弗(Oliver)[2] 則更重視個人心理上的感受,將滿意度定義為滿意是一種消費者在獲得滿足後的反應,是消費者在消費過程中,感受產品本身或其屬性所提供之愉悅程度的一種判斷與認知。國內學者晁鋼令(2003)提出,客戶滿意是一個人通過對一個產品的可感知的效果(或結果)與他的期望值相比較後,形成的愉悅或失望的感知狀態。[3] 多數學者借鑑哈姆(Hample)的理論,認同顧客滿意度是指顧客把對產品的感知效果與期望值相比較後,形成的愉悅或失望的感覺狀態。

2. 業主滿意度構成維度和測量指標

根據上述分析可以看出,業主滿意度實質上是顧客對於物業服務中具體各指標的具體滿意狀態。根據美國學者奧立弗於 2000 年提出了顧客滿意感形成過程模型,在消費過程中或消費之後,顧客會根據自己的期望、需要、理想的實績、公平性以及其他可能的實績標準,評估產品和服務的實績。顧客對實績的評估結果以及顧客對評估結果的歸因,都會影響顧客的情感,而顧客的情感會直接影響顧客的滿意程度。由此可以得出滿意度的評價首先來自顧客一系列心理活動後對具體評價環節的評估,其次來自對其心理狀態的感受,並受到其他因素的影響。

2006 年,普渡大學的兩位韓籍學者在對中國香港餐飲企業滿意度研究中,根據奧利弗的上述理論進一步驗證了滿意度的構成。他們指出,滿意度應該是對整體體驗過程的評價,同時還是對心理狀態的評估(高興度),最後還應該體現在對該企業產品、品牌的喜愛度與認同度方面。[4]

綜上所述,對於現代物業的業主滿意度的構成,應該是考慮其對物業服務環節的滿意度評價,並綜合考慮其對物業整體服務的滿意度評價,最後還應考慮業主對於選擇該物業公司所管小區的心理高興程度以及對選擇該物業公司(品牌)的認同度等。當然,這並不是說關於業主滿意度評價應該完全依靠上述標準和結構。

(這部分文獻的目的在於讓授課教師可以根據這些理論提出讓學生嘗試進行多維度的滿意度評價設計。)

(七) 精細化管理

精細化管理起源於 20 世紀 50 年代的日本,是建立在常規管理的基礎上,並將常規管理引向深入的基本思想和管理模式,是一種以最大限度地減少管理占用的資源和降低管理

---

[1] Cardozo Richard. Customer Satisfaction: Laboratory Study and Marketing Action [J]. Journal of Marketing Research, 1964 (2): 244-249.

[2] Oliver R L. Satisfaction: A Behavioral Perspective on the Consumer [M]. New York: McGraw-Hill, 1997.

[3] 晁鋼令. 市場行銷學 [M]. 上海: 上海財經大學出版社, 2003.

[4] Young Namkung, Jang Soo Cheong. Does Food Quality Really Matter Inrestaurants? [J] Journal of Hospitality and Tourism Research, 2007 (8): 390.

成本為主要目標的管理方式。

精細化管理的基礎是標準化和規範化管理。精細化管理首先強調以標準化管理來獲得高效的流程管理。在此基礎上，精細化管理強調細節化的管理以獲得管理結果的精準性以及在精準性之後的管理措施個性化。精細化管理以專業化為前提、系統化為保證、數據化為標準、信息化為手段，把服務者的焦點聚集到滿足被服務者的需求上，以獲得更高效率、更多效益和更強競爭力。[①] 因此，精細化管理是以管理流程的優化為出發點，同時強調規範化、精緻化（細節化）與個性化的管理理念。其實質是管理者用來調整產品、服務和營運過程的基本思路和執行理念。

精細化管理也是一種追求，並非某種具體標準。精細化管理啓迪人們要打破常規和經驗定勢，用創新的思維對工作流程、組織系統等的持續改進、不斷優化，將系統內的各環節、各崗位細化為一個個不可再分或不必再分的基本單元，並在保持基本單元有機銜接的基礎上，努力做好每個單元的工作，追求精益求精、永無止境。精細化管理如同「零庫存」「零等待」「零缺陷」等企業管理理論一樣，都是追求一種理想的境界。

精細化管理還是一種過程，並非某種既定目標。精細化管理的管理層次從低級到高級，方式從粗放到精細，員工意識從不自覺到自覺，行為從不習慣到習慣，由淺入深，循序漸進，是一個長期、複雜、艱鉅的過程，不能一蹴而就。精細化管理的運行過程循環往復，層次水準螺旋提升。

因此，可以這麼說，精細化管理是一種理念，並非某種具體管理模式和方法。精細化管理倡導凡事應堅持一種認真的態度和科學的精神，堅持以顧客群體間的差異化需要為導向，提倡管理人員養成用心做事、重視細節、把小事做細、把細事做透的職業習慣和個性化工作管理過程的特徵。

(八) 品牌內涵

品牌內涵（Brand Connotation）最初的定義是有關有形的產品，指消費者可以辨別生產廠家的一個詞、名稱或符號等，尤其指製造商或商人為了在同類產品中區別出自己產品的特色而合法註冊的商標。很明顯這個定義僅僅停留在品牌的認知上，在無形的服務業成為經濟發展主導力量的今天，品牌的內涵應該遠遠不只這些。綜合國內外研究與企業實踐，可以這樣認為，較為全面的品牌內涵就是品牌的核心內容，即該品牌在目標消費者心中和腦海裡所形成印象。基本的品牌內涵應該包括品牌核心訴求描述、品牌性格、品牌競爭力和消費者品牌體驗（Equities that Consumers Experiences）。[②] 在發展成熟的品類和品牌中，品牌內涵的範圍還可以延伸到品牌構架、品牌創新戰略和品牌溝通戰略。換一角度來說，品牌內涵是品牌戰略的載體和表現方式。基於完整的品牌內涵構架，所有的市場行為都將圍繞品牌內涵展開，並通過逐年的新品和市場推廣策略逐一打造品牌在消費者心中期望留下的印象和核心優勢。

(九) 廣告表現及其過程

廣告表現是將廣告主題、創意概念或意圖，用語言、文字、圖形等信息傳遞形式表達出來的過程。廣告表現是整個廣告工作的一個中心轉折點，其前面的工作多為科學調研、分析，提出構思、創意；其後面的工作多是將前面工作的結果，即停留在紙上和腦海中的

---

① 汪中求，吳宏彪，劉興旺. 精細化管理 [M]. 北京：中國法制出版社，2005.
② 張銳，張炎炎，周敏. 論品牌的內涵與外延 [J]. 管理學報，2010（1）：15.

語言文字、構想轉化成具體的、實實在在的廣告作品。廣告表現的結果是具體實在的廣告作品，而正因為要與廣告接觸者直接見面，廣告表現就應當以適合接受者的接受習慣和互動關係的形成為目標進行有效的廣告表現。其具體過程如下：

第一步，進行行銷分析，即通過對企業和產品的歷史分析、產品評價、消費者評價以及市場競爭狀況評價等，確立該廣告表現的基礎。這是確定廣告概念的前提。

第二步，確定廣告概念。這往往由廣告主向廣告公司進行說明，一般稱為定向，即根據商品屬性、市場競爭狀態、廣告目標等決定廣告表現的基本設想和基本方針。這是廣告設計者確定主題、進行原稿設計和編製廣告計劃的依據。

第三步，選擇並確定廣告主題，即根據廣告主的說明和希望，確定具體的廣告主題，也就是廣告的中心思想，借以傳遞廣告概念。

第四步，通過創意形成原稿或圖像，開始具體的廣告設計、編製工作。

（十）廣告策劃的內容與過程

完整的廣告策劃通常包括市場調查與分析、廣告目標、目標市場、產品定位、廣告創意表現、廣告媒體選擇、廣告預算、廣告實施計劃、廣告效果評估等內容。因此，完整的廣告策劃書的內容主要包括三大塊：環境分析描述、整合行銷傳播策略描述、廣告執行。

廣告執行中需要考慮的因素如表 20-2 所示。

表 20-2　　　　　　　　廣告執行中需要考慮的因素

因素	具體內容
表現方面及訴求內容	根據前期確定的各策略大方向，進行廣告表現的方向及其理性或感性的訴求點論述。審核其是否與前期的策略方向相關聯和吻合。
創意策略	圍繞表現方向開發的多套創意方案論述，審核中注意其創意方案在媒介中如何相互運用和組合。
創意表現方式基調	創意方案對表現形式、主題、視覺和聽覺等基調進行說明。此部分屬感性內容，需要依賴講解、演示等形式進行。如有形象代表則應審視其是否具有權威性、親和性、信賴、傳播性等並與企業形象個性吻合。
創意表現作品草案	完整的策劃書中應包含創意表現作品的草案、效果稿。電視廣告創意則應有腳本文案及畫稿，審議時不應注意表現形式而應注意內容的準確。
媒介策略組合	媒介選擇和組合運用及競爭說明應明確傳播目標主次對象，在月度、季節上如何分配投放預算，要細化的頻次、段位、時間等，如何組合排期。
媒介選擇	從成本效益和企業產品適宜性兩方面審議電視、報紙、廣播等媒體的選擇是否恰當，是否從收視率、閱讀率以及偏好度等指標向企業予以論述說明。
媒介發布時機及週期	此內容為很複雜的專業問題，應結合其是否根據企業產品的上市時機、購買週期、廣告作品風格、競爭態勢等綜合因素來考慮廣告發布的分配密度、發布間隔、時間長短等。
效果預測評估	本部分內容許多廣告公司從自身考慮，常常不會主動提及或粗略帶過。應從產品知名度、廣告認知度、產品偏好度、購買慾望、銷售量等指標對廣告活動實施前的情況做出分析。提出在一定階段內的效果達成的目標預測，廣告活動實施後進行對照評估。在策劃書中對效果指標、評估時間、方法等應予以充分說明。

表20-2(續)

因素	具體內容
促銷策略	企業對短期實際銷售成果重視，則可以要求策劃書中包含銷售促進活動與促銷廣告的策劃內容。
公關等其他傳媒配合	完成的策劃方案中，應包含公關、活動、新聞、直效行銷、展覽、展示等傳播活動配合方案內容。評估的重點應為主題的統一性、內容的可行性、執行的落實性等。
費用預算分配	策劃書的最後應對整體策劃活動所要支出的費用按項目與月份進行預算分配。企業審議時應注重其合理性並與企業實際資金支付狀況相吻合。

(十一)統計方法

1. 李克特量表（Likert Scale）的說明

李克特量表（Likert Scale）是評分加總式量表最常用的一種，其項目是用加總方式來計分，單獨或個別項目是無意義的。李克特量表的五種答案形式使回答者能夠很方便地標出自己的位置。在定量研究的目標性方面，李克特量表更容易被不同教育背景和不同文化程度的研究對象理解，不易出現理解性偏差，從而降低理解風險。

2. 統計分析方法

（1）描述性統計分析。描述性統計分析是對樣本的基本資料及研究的各變量和問題選項進行百分比、頻數、平均數、方差、標準差等的基本統計分析。

（2）聚類分析。聚類分析（Cluster Analysis）是指將物理或抽象對象的集合分組成為由類似的對象組成的多個類的分析過程。聚類就是按照事物的某些屬性，把事物聚集成類，使類間的相似性盡可能小，類內的相似性盡可能大。聚類分析的目標就是在相似的基礎上收集數據來分類。這個技術方法被用於描述數據，衡量不同數據源間的相似性以及把數據源分類到不同的簇中。

（3）因子分析。因子分析又叫因素分析，就是通過尋找眾多變量的公共因素來簡化變量中存在複雜關係的一種統計方法。因子分析將多個變量綜合為少數幾個「因子」以再現原始變量與「因子」之間的相關關係，即用較少幾個因子反應原始數據的大部分信息的統計方法。在多元統計中，經常遇到諸多變量之間存在強相關的問題，這會給分析帶來許多困難。通過因子分析，可以找出幾個較少的有實際意義的因子，反應出原始數據的基本結構。

（4）方差分析。方差分析可以用來檢驗多組相關樣本之間的均值有無差異。這裡主要採用單因素方差分析來檢驗不同類型旅遊景區在遊客統計特徵及旅遊行為特徵上的差異性，不同遊客統計特徵及旅遊行為特徵在旅遊體驗上的差異性，不同旅遊景區遊客在景區體驗及滿意度上的差異性。

（5）T檢驗。T檢驗又稱Student T檢驗（Student's T Test），主要用於樣本含量較小（例如 $n<30$），總體標準差 σ 未知的正態分佈資料。它是用T分佈理論來推斷差異發生的概率，從而判定兩個平均數的差異是否顯著。p 值為結果可信度指標，p 值是樣本有效同時樣本對總體代表性的差異的概率。p 越小，樣本的代表性越強，$p=0.05$ 表明差異的5%是由偶然性因素造成的，這個差異可以忽略。因此當檢驗值小於等於0.05，這個樣本是有效的。

五、背景信息

關於成都府河音樂花園項目所屬的物業公司的官方資料，授課教師和學生可以直接訪問網站（http://www.senyuproperty.com）獲取。案例中涉及的成都市區域和基本經濟信息，學生可以通過成都市政府官方網站獲取。

圖 20-1~圖 20-3 為物業公司此次宣傳的一部分實例資料供授課教師參考。

圖 20-1　物業公司宣傳的主題內容與主題風格

圖 20-2　物業公司宣傳的主題描述與品牌內涵

圖 20-3　物業公司品牌宣傳的主要內容策劃

六、關鍵點

(一) 案例分析的關鍵

本案例的關鍵點在於：第一，讓學生對真實管理問題有客觀和清晰的分析能力，不受其他人觀點的誤導。第二，讓學生具備快速初步分析企業戰略方向和發展趨勢的能力，為具體問題的解決夯實基礎。第三，讓學生具備獨立科學研究管理問題的能力，即熟悉科學範式和手段，可以獨立開展相關前期理論基礎框架搭建和後期實地開展研究工作。第四，讓學生理論聯繫實際，能夠從精細化管理的理念出發，根據對顧客滿意度與品牌內涵的基本認識，展開對相關管理決策和管理過程的分析、提煉與制定；能夠通過科學客觀的手段，對現代服務業的運作管理、品牌內涵和廣告策劃提煉工作的基本思路、基本要素以及基本過程進行評價、歸納與設計。這種能力的培養是本案例的設計和講解的重點。

(二) 關鍵知識點的應用說明

1. 物業管理行業現狀和問題的分析與解讀

由之前理論依據與分析部分對物業行業現狀的總結可見，中國物業管理行業提供的是物業服務，其核心應該是發現具體業主的需求，並努力嘗試滿足這些需求。物業服務質量的好壞直接影響著業主的感知質量和體驗質量，而這些質量又影響著業主的滿意度。滿意度高的業主會積極配合物業管理工作，並且會向親朋好友推薦，這是公司營造好口碑的重要途徑，這些都會直接或間接地給物業管理公司帶來利潤。因此，物業管理公司的經營管理中，根據其業主特徵來識別其具體需求，並根據這些需求來努力提高公司的服務質量，進而提升業主的感知質量和滿意度是其工作的核心內容與手段。

要研究上述一系列問題，首先需要依次弄清這樣一系列關鍵專業內容：業主特徵識別因素具體有哪些？什麼是感知質量？什麼是物業服務感知質量？什麼是滿意度？什麼是業主滿意度？

上述理論和界定內容應該最終進入調研量表的選擇項目，並根據調研對象的具體情境展開，成為具體的調研問題。因此，在上述理論上參考和開發其測評體系與維度成為研究本類問題的關鍵。

要通過客觀的企業實踐和調研獲得上述問題的結論還需要一系列數學統計原理和方法。其應用邏輯在於：因子分析可以降維，可以用於提煉以業主滿意度為基礎的公司日常管理主要工作重點；T檢驗可以對比不同業主的認知，得出有關精細化管理中細節化和個性化管理措施的啟示；交叉分析可以用來識別不同服務節點之間的相互聯繫。

2. 產品核心價值

順利地瞭解研究的產品的核心價值是本案例的前期重點之一。任何個人和團體都不可能對所有產品和服務的細節了如指掌。因此，如何剝離產品價值，如核心價值、有型價值、附加價值、潛在價值、物理價值、消費價值以及精神價值是行銷者和管理者的基本能力之一。授課教師可以參考萊維特的產品結構模型及消費者行為中的購買動機等概念進行引導。

3. 服務運作管理的理念和應用

服務運作管理的理念也是本案例的前期重要理論基礎之一，是指對服務內容、服務提供系統以及服務運作過程的設計、計劃、組織與控制活動。服務運作過程和產品生產過程一樣，都是把各種資源要素變換為有形產品的過程，服務運作管理與產品生產管理要控制的對象也都是產出的時間、質量、成本等因素。但是，服務運作的產出結果是一種無形的、

不可觸的服務，服務產出的這種特點決定了服務產品本身的設計、服務提供系統的設計、服務提供過程的控制等，都與有形產品不同。

服務的特殊性，使得服務運作管理更加注重從顧客體驗的視角去設計服務生產整個過程，而不是以生產者或管理者的角度去進行服務的生產。可以說，服務管理是基於顧客需求的對各種服務要素的綜合管理，它強調流程的系統性和要素的整合性。服務管理貫穿於服務生產過程中的每個階段。

由此，本案例的前期分析階段，授課教師應該提示和導入該內容，並以此引導學生用此理念進行前期府河音樂花園項目物業管理問題的分析以及後期問卷量表的系統設計。

4. 精細化管理的理念啟示

本案例涉及了精細化管理的理念，其目的在於要求學生以科學、客觀的視角來關注不同業主群體的差異化需求和感知服務質量評價標準，進行細節化的日常管理；要求學生瞭解精細化管理涉及的標準化、細節化以及個性化的管理內容和要求的具體應用與實踐。

5. 品牌內涵的提煉

本案例涉及的品牌內涵的提煉任務，主要是指如何從消費者（業主）的角度，以其共性與認同感來總結提煉公司品牌內容、品牌主題與品牌傳播的相關決策。學生將被要求在充分瞭解案例公司行業、區位、業態以及業主滿意度的基礎上通過提煉該項目的共性，選擇其差異化（與其他競爭對手不同）的特徵，結合業主需求與公司資源，對其品牌內涵進行分析、總結與提煉。由於該案例在結尾處已經明確了公司的選擇，學生應由此對公司的選擇進行評價與解讀。

6. 整合行銷傳播

整合行銷傳播是一項高度完善的系統工程，以實現更好的傳播效果和經濟效益，而這一目標的達成要靠系統與各組成部分的配合，廣告作為其中重要的組成部分，更要積極參與整合行銷傳播活動。同時，廣告傳播作為整合行銷傳播系統工程中的一個子系統，也要以整合的優勢進行傳播，配合使用不同的傳播媒體，保持廣告信息的一致，讓不同媒體的受眾能獲得對於同一品牌的清晰一致的信息，同時還要對不同發展階段的廣告進行整合，以保持廣告傳播在時間上的一致性[1]。本案例涉及的物業品牌內涵的傳播內容、媒體選擇、傳播時間等廣告策劃具體問題需要授課教師在讓學生回顧上述知識點後，由學生逐步按照廣告策劃的內容與步驟一一確定。

7. 統計方法的管理學應用與解讀

本部分內容的具體講解與討論詳細程度，與培養對象的培養目標對應。MBA 與 MTA 學生可以只瞭解以下概念的基本原理和使用目的；全日制研究型碩士應該詳細掌握以下內容的應用與實際操作。下列內容可以根據授課教師的選擇，進行進一步深化，配以結構性路徑研究與分析的方法（線性迴歸分析、結構方程模型）進行說明。

關於數據的分析，本案例一步步引導學生在描述性統計分析的基礎上，針對調研問題的相關性進行深入的數據挖掘和探究性總結。此部分的核心理論基礎是這樣的：顧客感知質量的高低決定顧客滿意度的高低，並由此導致顧客購後（體驗後）的行為意向；或者顧客感知質量的高低決定顧客滿意度的高低，並同時決定顧客購後（體驗後）的行為意向。以此理論核心展開的研究，可以定義出如下研究問題：

---

[1] 聶豔梅. 整合之下話廣告——廣告傳播與整合行銷傳播 [J]. 廣告大觀，2000（10）：20-22.

第一，基於精細化管理的理念，現代物業管理的業主感知質量的決定因素有哪些？

第二，現代物業管理中業主滿意度衡量的指標有哪些？

第三，現代業主對於現代物業管理的態度和行為取向可以分為幾類？如何識別這些業主？

第四，戶型、收入、性別、教育背景、年齡對於業主的物業質量感知是否具有差異性？如果有，表現何在？（用來回答精細化管理的問題。）

第五，業主感知質量、業主滿意度、產品和服務的品牌內涵和定位以及業主個人因素等各個相關因素之間的關係是怎樣的？

第六，府河音樂花園物業未來的工作重點是怎樣的？應該如何在這些重點中進一步優化管理內容？（用來回答工作職能與工作流程的優化、滿意度提升以及崗位規範化等問題。）

由此，根據上述問卷研究問題的定義，在深入的數據挖掘和建模的分析部分中，學生應首先採用因子正交旋轉分析對眾多質量感知評價變量進行分析，目的在於濃縮數據指標，尋找關鍵的衡量指標。由此，通過尋求起決定作用的基本因素，找到未來府河音樂花園項目物業日常管理的工作重點和中心。這樣就可以得到如何進行精細化管理流程再造的啟示。

其次，指導教師應該提示學生採用聚類分析，將問卷中業主所反應的質量評價指標、滿意度評價以及購後（體驗後）意向決策進行整合重組。目的在於提煉有效的業主行為並對其進行分類，由此進行對業主類別的識別工作，找到對小區滿意度影響力最大的重點顧客群。這樣就可以獲得精細化管理的主要針對需求以及配套的措施。

再次，學生可以採用線性相關分析，尋找相關因素的因果依存關係。在本案例中，線性分析的使用是在尋找每項質量感知因素的關係，並由此得出精細化管理中涉及的細節化管理啟示——具體服務改進的措施和配套手段。

最後，學生應該建立 T 檢驗模型，對不同戶型和不同層次（收入、教育背景、職業等）的業主感知質量評價進行比較，目的在於揭示不同類業主對物業基本質量評價的差異何在以及如何針對不同類業主採取有的服務改進和提升措施，最終獲得精細化管理的個性化管理措施的啟示。

8. 業主特徵識別與測量的應用和提示

之前理論依據與分析部分的文獻總結僅僅說明了指標使用的原則和範圍。在具體指標的使用中，指標使用的目標以及區域地域的具體特點也應該考慮在設計過程中。例如，關於收入，最客觀的方法應該是根據該地區社會職工平均工資作為起點，分段以符合該地區收入水準的低、中、中高、高收入的標準進行劃分來設計。另外，關於職業劃分，也應該根據中國最新的社會學相關研究對職業性質和種類進行優化和提煉。需要注意的是，設計的指標需要與問卷調研目的匹配，即能夠最好地識別出具體人群且保證人群容量的有效性以及管理決策的可達到性。（這些具體原則還可以參考市場行銷學中的市場細分原則與標準部分內容。）

9. 物業服務感知質量的總結與使用

綜合各學者的對物業服務質量體系的研究，授課教師和學生可以參考這樣的定義：物業管理中的服務感知質量是指業主能認知到的，能辨別且能判斷的物業管理公司為了滿足小區內業主綜合性和多樣性需求提供的各種多元化服務，最終以獲取利潤為目的的服務手段。其具體指標可分為按照上述各理論進行設計，並可以最終參考這樣的標準：指標體系在硬件和軟件上的具體表現是什麼以及服務過程中業主對其各個要素或關鍵環節的評價是否完整等。

10. SWOT 評估矩陣

SWOT 分析方法是一種通過對比企業內外變量確定企業發展戰略方向的分析方法。其中，S 代表 Strength（優勢），W 代表 Weakness（弱勢），O 代表 Opportunity（機會），T 代表 Threat（威脅），S 和 W 是內部因素，O 和 T 是外部因素。按照企業競爭戰略的完整概念，戰略應是一個企業「能夠做的」（即組織的強項和弱項）和「可能做的」（即環境的機會和威脅）之間的有機組合。在 SWOT 評估矩陣中，企業戰略方向可以有四種選擇：積極進取、多元化經營、戰略轉移和戰略防守。每一個企業因為其內外環境和資源的不同，其選擇也是不同的。值得一提的是，要明確企業未來的決策，戰略方向是重要的參考和指導。

需要說明的是 SWOT 的評估結果應該放入其評估矩陣中進行解讀。單獨的分析每個象限是無效的。另外，S、W、O 和 T 的每項指標可以量化後進行內因與外因之間的對比。

七、建議的課堂計劃

本案例應該作為專門的案例討論課來進行。授課教師應該將本案例課程安排在專業授課內容基本結束或即將結束之時，利用本案例做課程總結或課程補充。以下是按照時間進度提供的計劃建議，僅供參考。

整個案例課程應該由 2 次課程來完成，每次課堂時間不得少於 3 小時。學生應該至少有兩次課外閱讀要求。整個案例共計需要約 6 個小時的課堂討論。

（一）課前計劃

課前一週左右，授課教師首先要求學生對產品或服務質量、SWOT 戰略分析方法、PEST 分析法、顧客滿意度、精細化管理、品牌內涵與品牌定位等概念通過教材、相關研究等進行收集、提煉和解讀；對問卷設計方法與原則進行學習；對基本的統計方法的原理與內容進行閱讀。這部分內容可以讓學生先獨立參考案例說明中的「四、理論依據與分析」部分相關內容［（一）（三）～（八）］，也可選擇性地讓學生通過閱讀相關教材與文獻進行準備。

同時，授課教師還應該要求學生提前去相關網站瞭解成都市物業管理行業的基本情況和中國物業管理公司的發展現狀和問題（明確要求學生通過中國知網查閱國內外物業管理行業的相關資料、發展趨勢以及主要研究文獻）。

最後，授課教師按照案例啓發思考問題 1～3 向學生提問，請學生在課前完成對這些問題的思考並完成基本回答。

（二）第一次課中計劃：使用案例正文

（1）首先陳訴中國物業行業的基本特徵和發展趨勢，介紹服務的基本特徵與對應例子，提出案例中提出的問題（1～3），並要求學生代表重點描述行業經營管理中的問題與原因。（30 分鐘）

（2）授課教師講解精細化管理的理論與內容後，提出問題 4，讓學生對府河音樂花園項目物業的管理問題、現狀與未來工作方向進行總結，並提出自己的評價觀點，並陳訴原因。（控制在 30 分鐘左右）

（3）授課教師引入 SWOT 評估方法說明，並當場演示，為系統性的初步分析提供思路。（10 分鐘）

（4）授課教師讓學生使用 SWOT 評估方法對府河音樂花園項目物業的未來戰略方向進行分析和總結，提出案例問題 5，並討論與其戰略方向匹配的管理決策（針對袁曉蔓所面

臨的問題），並陳述理由。（30分鐘左右）

（5）授課教師組織學生討論啓發問題6~9。授課教師做好記錄工作，並點評學生分析結論。授課教師最後需要根據學生對問題6~9的回答，引導學生總結提升業主滿意度、提高服務感知質量、實現物業精細化管理和提煉品牌內涵與定位等工作的相互關係與形成機制。（60~70分鐘）

（6）授課教師介紹管理調研和問卷設計的基本方法與路徑，之後要求學生準備下次上課時陳訴並解說自己的調研量表的選項、結構和細節（對應問題10~11）。（10~15分鐘）

（三）第一次課後計劃

（1）要求學生課後詳細閱讀「四、理論依據與分析」部分的相關文獻知識點〔（二）和（九）〕，提出問題10~15作為引導。

（2）要求學生對案例涉及的關鍵詞及統計方法原理進行總結和解讀。

（3）要求學生完成自己的調研問卷設計。

（4）要求學生閱讀案例附錄1和附錄2部分，並與自己設計的問卷進行對比。

（5）要求學生對案例中與案例附錄中的調研數據結論進行分析和解說，要求學生根據業主滿意度、精細化管理的理論和品牌內涵的內容對府河音樂花園項目物業決策進行評價與解讀，並最終形成自己的系統的管理決策。

（四）第二次課中計劃

（1）授課教師明確科學調研的系統性和客觀性，明確解讀數據的困難性和重要性，簡單說明各類統計調研方法的目的性與應用原理，引入本次主題。（20分鐘）

（2）授課教師可以參考附錄2的量表設計以及「四、理論依據與分析」部分的專業知識點的說明，對學生的量表設計進行評價和引導，明確調研量表的設計步驟和調研問題及可行性調研方法之間的關係。（30分鐘）

（3）授課教師根據問題12要求學生根據統計分析的原理對案例中的調研統計結果以及附錄1中的數據統計結果進行分析和解讀。（30分鐘）

（4）授課教師根據問題13重點要求學生評價府河音樂花園項目物業管理實踐的措施，之後讓學生提出補充性決策與措施的方案，並陳述原因；讓學生進行這些內容的相互評價。（30~40分鐘）

（5）集中探討關於案例對於精細化管理和品牌內涵提煉工作實踐的啟示，組織學生討論對問題14~17的理解與評價。（40~50分鐘）

（五）第二次課後計劃

授課教師要求學生一個人為單位，採用報告形式上交具體的完整版案例解讀報告書與廣告策劃書。報告要求對案例中府河音樂花園項目物業的精細化管理實踐的啟示進行總結與說明；對物業服務的標準化、細節化與個性化內容進行總結；對案例描述的職能重組進行評價；對府河音樂花園項目物業的決策和措施進行補充；對府河音樂花園項目的品牌內涵及定位的具體內容、推廣措施和計劃提出建議。該報告可以作為本課程的期中考核或平時成績考核來使用。

八、案例的後續進展

本案例已經在西南財經大學 MBA 的服務管理與旅遊企業管理前沿課程中使用多次。部

分內容已經根據學生反饋進行了調整和優化，目前學生反應良好。整體來說，本案例的使用視角與深度均可根據學生的先行課程的具體內容進行調整。建議先行課程應該涵蓋統計學與市場行銷調研等相關內容。根據學生的反饋，本案例還可以結合 MBA 畢業論文的指導來使用。

九、附錄

（一）附錄 1

表 20-2　　　　　　　　府河音樂花園項目物業業主個人特徵統計結果

被調查者背景資料		人數（人）	頻率	被調查者背景資料		人數（人）	頻率
性別	男	63	44.7	婚姻狀況	已婚	96	68.6
	女	78	55.3		未婚	44	31.4
年齡	30 歲以下	74	52.5	教育程度	大學以下	38	28.4
	30~45	57	40.4		大學（含專科和本科）	88	65.7
	45~60	8	5.7		碩士及以上	8	5.9
	60 歲以上	2	1.4	職業	企業管理人員	31	22.0
收入	2,200 元以下	12	8.8		政府官員（公務員）	9	6.4
	2,200~6,000 元	80	58.8		個體經營者	24	17.0
	6,000~10,000 元	30	22.1		農民	2	1.4
	10,000 元以上	14	10.3		教師	14	9.9
籍貫	成都本地	25	17.9		學生	9	6.4
	四川省（非成都本地）	87	62.1		企業普通員工	10	7.1
	外省	28	20		軍人	1	0.7
	港澳臺同胞	0	0		離退休人員	3	2.1
	其他	0	0		自由職業者	14	9.9
					航空工作員工	15	10.6
					航空管理人員	2	1.4
					其他	7	5.0

資料來源：由袁曉蔓團隊整理提供

表 20-3　　　　　　　　府河音樂花園項目物業業主感知質量統計結果

	問卷問題分解	平均數	眾數	標準差	信度	分項排
硬件方面	客服中心人員	3.74	4	0.763,9	0.895	43
	保潔綠化	3.62	4	0.838,0		35
	工程服務	3.63	4	0.812,6		37
	秩序服務	3.58	4	0.945,8		32
	功能規劃和佈局	3.50	4	0.788,5		28
	綠化維護	3.72	4	0.698,0		42
	環境衛生	3.44	4	0.958,9		22
	噪音控制	3.01	3	1.126,1		9
	園區園林	3.64	4	0.747,4		38
	健身娛樂休閒設備	2.90	3	1.012,6		8
	電梯設備	3.05	3	0.958,6		10
	保潔設備	3.24	3	0.917,3		12
	安全設備	3.48	4	0.928,7		26
	車輛停放、車速控制	3.47	4	0.914,6		24
	人車分流管理和控制	3.67	4	0.849,7		41
	郵件配送服務	3.35	3	0.899,2		17
	公共區域照明服務	3.16	4	1.122,2		11
	發布各類重要信息、通知	3.79	4	0.827,7		44
	其他	2.82	3	1.160,7		7
軟件方面	人員進出管理	3.52	4	0.833,3	0.915	30
	安全巡邏實施效果	3.60	4	0.783,6		34
	消防工作的評價	3.54	4	0.728,6		31
	電梯安全以及報警系統	3.30	3	0.860,0		14
	周圍圍牆監控系統	3.50	4	0.747,9		29
	處理投訴事件，解決問題	3.26	3	0.842,2		13
	維修技術以及辦事效率	3.62	4	0.798,8		36
	特約服務	3.65	4	0.706,5		39
	關心業主	3.37	3	0.831,6		20
	服務主動性	3.36	3	0.786,3		19
	回應服務需求的及時性	3.35	3	0.820,6		18
	履行物業管理協議	3.45	3	0.771,1		23
	收費合理性	3.42	3	0.732,1		21

資料來源：由袁曉蔓團隊整理提供

表 20-4　　　　府河音樂花園項目物業業主總體滿意度統計結果

	問卷問題分解	平均數	眾數	標準差	信度	分項排
整體服務	設施設備	4.52	5	0.580,4	0.791	50
	小區安全	4.82	5	0.418,9		55
	人員素質	4.59	5	0.574,1		51
	專業技術	4.45	5	0.628,2		49
	服務項目	4.38	5	0.634,2		46
	交流方式	4.39	5	0.624,6		47
	服務態度	4.60	5	0.576,6		52
	辦事效率	4.71	5	0.579,9		54
	誠信問題	4.60	5	0.515,5		53
	合理收費	4.40	5	0.618,1		48
	整體服務態度滿意程度	3.66	4	0.799,5		
	喜歡現在所居住小區	3.58	4	0.788,7		
	最使您滿意的服務人員	3.47	5	1.212,9		
	對比滿意度	3.48	4	0.833,1		
	向您的親朋好友推薦	3.33	4	0.934,0		
	繼續選擇	4.01	5	0.878,2		
	感到身心快樂和自豪	3.34	4	0.893,1		

資料來源：由袁曉蔓團隊整理提供

表 20-5　　　　府河音樂花園項目物業業主資料統計結果

	問卷問題分解	眾數	標準差	信度	分項排
基本信息	性別	2	0.498,9		52
	婚姻狀況	1	0.477,2		27
	年齡	1	0.669,4		14
	教育背景	2	0.656,1		10
	職業	1	3.945,3		13
	收入	2	0.881,6		12

資料來源：由袁曉蔓團隊整理提供

(二) 附錄 2

1. 調研問卷設計的過程

袁曉蔓先是查詢了關於顧客體驗的相關資料，總結整理出來了有關物業體驗的具體內容。袁曉蔓又以一個業主的視角，將自己會如何體驗物業服務質量的具體細節一一進行整

理。隨後，袁曉蔓把所有的體驗質量細節（環節）進行分類和整合，分別歸入了硬件質量感知、軟件（配套）質量感知和整體質量感知三類。由此，她在問卷中設計了測試各個環節的相應問題，並以業主滿意度作為評價選項。

在設計業主相關個人信息問題時，袁曉蔓遇到了困難：應該有哪些問題，而問題的具體結構，如職業和收入的選項怎樣才合理呢？當然這些細節最終還是在劉博士的指導下一一解決了。

按照正規調研的流程，袁曉蔓將設計出的調研表進行了小範圍的業主和一線員工的試調研和訪談。之後，袁曉蔓並根據這些測試的結果修改優化了調研表的初稿。隨後便是為期一週的在府河音樂花園項目的隨機抽樣（隨機發放問卷150份，回收有效問卷141份）。

2. 正式的調研表

府河音樂花園物業業主滿意度調查表

1 _____ 2 _____ 3 _____
　　　　　A _____ B _____

尊敬的業主：

您好！通過這次調研，我們將對您提供的意見進行仔細的分析與提煉，希望能夠瞭解到您對府河音樂花園項目物業最真實的感受和期望。我公司也會根據我們的調研報告結果做出相應的改進，從而進一步提升公司的服務質量。因此，希望您放心、認真地填寫此問卷，謝謝您的合作！

物業研究調研團隊

註：請在對應選項出打√，其中選項「一般」可以理解為「不知道，不清楚」。

硬件管理方面

1. 您對物業服務人員儀容、儀表的評價：

客服中心服務人員	□非常滿意	□滿意	□一般	□不滿意	□非常不滿意
保潔服務人員、綠化維護人員	□非常滿意	□滿意	□一般	□不滿意	□非常不滿意
工程部服務人員	□非常滿意	□滿意	□一般	□不滿意	□非常不滿意
秩序部服務人員（門崗、巡邏人員、車庫管理員）	□非常滿意	□滿意	□一般	□不滿意	□非常不滿意

2. 您對小區居住環境的滿意程度：

小區功能規劃和佈局的維護工作	□非常滿意	□滿意	□一般	□不滿意	□非常不滿意
公共區域的綠化維護	□非常滿意	□滿意	□一般	□不滿意	□非常不滿意
環境衛生狀況及維護	□非常滿意	□滿意	□一般	□不滿意	□非常不滿意
噪音控制（非規定時間裝修、員工工作期間喧嘩）	□非常滿意	□滿意	□一般	□不滿意	□非常不滿意

3. 您對小區的基礎設施、設備滿意程度：

園區公共園林區域	□非常滿意	□滿意	□一般	□不滿意	□非常不滿意
健身娛樂休閒設備、場所	□非常滿意	□滿意	□一般	□不滿意	□非常不滿意
電梯設備（外形、穩定性、容量）	□非常滿意	□滿意	□一般	□不滿意	□非常不滿意
保潔設備（垃圾桶、垃圾袋等）	□非常滿意	□滿意	□一般	□不滿意	□非常不滿意
安全設備（如門禁、安檢、報警系統及消防等）	□非常滿意	□滿意	□一般	□不滿意	□非常不滿意

4. 您對小區其他服務方面的滿意程度：

車輛停放、車速控制	□非常滿意	□滿意	□一般	□不滿意	□非常不滿意
人車分流管理和控制	□非常滿意	□滿意	□一般	□不滿意	□非常不滿意
郵件配送服務	□非常滿意	□滿意	□一般	□不滿意	□非常不滿意
公共區域照明服務	□非常滿意	□滿意	□一般	□不滿意	□非常不滿意
發布各類重要信息、通知（如成都市養犬條例、停電提前公告等）及時性	□非常滿意	□滿意	□一般	□不滿意	□非常不滿意
其他	□非常滿意	□滿意	□一般	□不滿意	□非常不滿意

軟件配套方面

5. 您對小區人員進出管理方面滿意程度：
A. 非常滿意　B. 滿意　C. 一般　D. 不滿意　E. 非常不滿意

6. 您對小區內安全巡邏實施效果的滿意程度：
A. 非常滿意　B. 滿意　C. 一般　D. 不滿意　E. 非常不滿意

7. 您對小區內的消防工作的評價：
A. 非常滿意　B. 滿意　C. 一般　D. 不滿意　E. 非常不滿意

8. 您對電梯公寓裡面電梯的安全及報警系統評價：
A. 非常滿意　B. 滿意　C. 一般　D. 不滿意　E. 非常不滿意

9. 您對小區周圍圍牆監控系統的評價：
A. 非常滿意　B. 滿意　C. 一般　D. 不滿意　E. 非常不滿意

10. 您對物業公司處理投訴事件，解決問題的能力評價：
A. 非常滿意　B. 滿意　C. 一般　D. 不滿意　E. 非常不滿意

11. 您對維修人員技術以及辦事效率的評價：
A. 非常滿意　B. 滿意　C. 一般　D. 不滿意　E. 非常不滿意

12. 您對物業公司提供特約服務（維修更換鎖芯、可視對講服務等）滿意程度：
A. 非常滿意　B. 滿意　C. 一般　D. 不滿意　E. 非常不滿意

13. 物業公司員工對業主非常關心，您認為_____
A. 非常滿意　B. 滿意　C. 一般　D. 不滿意　E. 非常不滿意

14. 您對物業公司各部門員工服務主動性的滿意程度：

A. 非常滿意　B. 滿意　C. 一般　D. 不滿意　E. 非常不滿意
15. 您對物業公司處理投訴、回應服務需求的及時性的滿意程度：
A. 非常滿意　B. 滿意　C. 一般　D. 不滿意　E. 非常不滿意
16. 您對物業公司認真履行物業管理協議，公平對待業主的滿意程度：
A. 非常滿意　B. 滿意　C. 一般　D. 不滿意　E. 非常不滿意
17. 您對物業公司收取物業管理費合理性的滿意程度：
A. 非常滿意　B. 滿意　C. 一般　D. 不滿意　E. 非常不滿意

整體服務

18. 您認為對於一流的物業公司，下列因素的重要程度：

設施設備	□非常重要	□重要	□一般	□不重要	□非常不重要
小區安全	□非常重要	□重要	□一般	□不重要	□非常不重要
人員素質	□非常重要	□重要	□一般	□不重要	□非常不重要
專業技術	□非常重要	□重要	□一般	□不重要	□非常不重要
服務項目	□非常重要	□重要	□一般	□不重要	□非常不重要
交流方式	□非常重要	□重要	□一般	□不重要	□非常不重要
社區活動	□非常重要	□重要	□一般	□不重要	□非常不重要
服務態度	□非常重要	□重要	□一般	□不重要	□非常不重要
辦事效率	□非常重要	□重要	□一般	□不重要	□非常不重要
誠信問題（如按要求履行物業管理協議）	□非常重要	□重要	□一般	□不重要	□非常不重要
合理收費	□非常重要	□重要	□一般	□不重要	□非常不重要

19. 您對小區工作人員整體服務態度的滿意程度：
A. 非常滿意　B. 滿意　C. 一般　D. 不滿意　E. 非常不滿意
20. 您喜歡現在所居住的小區嗎？
A. 非常滿意　B. 滿意　C. 一般　D. 不滿意　E. 非常不滿意
21. 整體來講，小區中最使您滿意的服務人員是：
A. 秩序維護人員　B. 工程維護人員　C. 客服部人員　D. 環境、綠化人員
22. 在您的印象中，與其他物業公司相比，您對府河音樂花園項目物業的評價是_____
A. 非常滿意　B. 滿意　C. 一般　D. 不滿意　E. 非常不滿意
23. 您願意向您的親朋好友推薦府河音樂花園項目物業嗎？
A. 非常滿意　B. 滿意　C. 一般　D. 不滿意　E. 非常不滿意
24. 如果您要再購房，您會繼續選擇府河音樂花園項目物業管理的樓盤嗎？
A. 會　B. 不會　C. 不清楚
25. 住進這個小區後，業主感到身心快樂和自豪，您同意嗎？
A. 非常同意　B. 同意　C. 一般　D. 不同意　E. 非常不同意

您的個人基本信息

26. 您的性別：　A. 男　B. 女
27. 婚姻狀況：　A. 已婚　B. 未婚
28. 您的年齡：　A. 30 歲以下　B. 30~45 歲　C. 45~60 歲　D. 60 歲以上
29. 請問您的教育背景：
 A. 大學以下　B. 大學（含專科和本科）　C. 碩士以上（含碩士）
30. 請問您的職業：
 A. 企業管理人員　B. 政府官員（公務員）　C. 個體經營者　D. 農民　E. 教師
 F. 學生　G. 工人／企業普通員工　H. 軍人　I. 離退休人員
 J. 自由職業者　K. 航空工作員工　L. 航空管理人員　M. 其他_____
31. 請問您的月總收入：
 A. 2,200 元以下　B. 2,200~6,000 元　C. 6,000~10,000 元　D. 10,000 元以上
32. 請問您（老家）來自何處？
 A. 成都本地　B. 四川省（非成都本地）　C. 外省　D. 香港、澳門或臺灣　E. 其他國家或地區（註明）_____

再次感謝您抽出寶貴的時間填寫我們的問卷，祝您天天開心！

物業調研團隊

國家圖書館出版品預行編目（CIP）資料

體驗經濟下的廣告與新媒體管理 / 艾進, 李先春 主編. -- 第一版.
-- 臺北市：財經錢線文化, 2019.05
　　面；　　公分
POD版

ISBN 978-957-680-347-5(平裝)

1.廣告策略 2.廣告管理

497　　　　　　　　　　　　　　　　　　　108007230

書　　名：體驗經濟下的廣告與新媒體管理
作　　者：艾進、李先春 主編
發 行 人：黃振庭
出 版 者：財經錢線文化事業有限公司
發 行 者：財經錢線文化事業有限公司
E－mail：sonbookservice@gmail.com
粉絲頁：　　　　　　　網　址：
地　　址：台北市中正區重慶南路一段六十一號八樓 815 室
8F.-815, No.61, Sec. 1, Chongqing S. Rd., Zhongzheng
Dist., Taipei City 100, Taiwan (R.O.C.)
電　　話：(02)2370-3310　傳　真：(02) 2370-3210
總 經 銷：紅螞蟻圖書有限公司
地　　址：台北市內湖區舊宗路二段 121 巷 19 號
電　　話:02-2795-3656 傳真:02-2795-4100　　網址：
印　　刷：京峯彩色印刷有限公司（京峰數位）

本書版權為西南財經大學出版社所有授權崧博出版事業股份有限公司獨家發行電子書及繁體書繁體字版。若有其他相關權利及授權需求請與本公司聯繫。

定　　價：750元
發行日期：2019 年 05 月第一版
◎ 本書以 POD 印製發行